选择走程序员之路，兴趣是第一位的，当然还要为之付出不懈的努力，而拥有一本好书和一位好老师会让您在这条路上走得更快、更远。或许这并不是一本技术最好的书，但却是最适合初学者的书。

CSDN 总裁 

该书从易到难、内容丰富、案例实用，适合初学者使用，是一本顶好的教材。希望它能够帮助更多的编程爱好者走向成功！

工信部移动互联网人才培养办公室主任 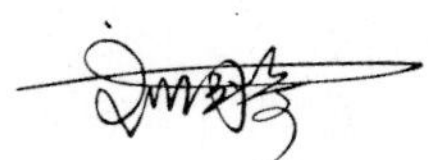

无论你是软件开发的初学者，还是软件开发方面的专家，这本书都是你学习、深入研究软件开发的不二之选。

国家示范性教学实验中心副主任 

如果你没有基础，想要在软件开发方面快速入门；如果你对主流的开发平台感兴趣，想要增强信息系统开发的实际动手能力，这本书是个不错的选择。

天津理工大学 信息管理与信息系统教授

对于初学者来说，系统学习非常必要。本书将为你提供全面的指导，它讲解了软件开发中基础知识到项目实战的方方面面，强烈推荐学习和参考！

极客学院 CEO

软件开发新课堂

JSP基础与案例开发详解

邱加永　孙连伟　编　著

清华大学出版社
北　京

内 容 简 介

本书以Java为平台，结合应用实例，全面地介绍了JSP语言的基础知识及应用方向。主要内容是JSP的基本运用，其中包括网页布局与修饰、JDBC的应用、Servlet的应用、JSP的应用、EL表达式的应用、自定义标签的应用、标准标签库的应用、Log4j的应用、JUnit的应用、Ant的应用、SVN的应用等。在讲解的过程中，引用了大量的实例，且每一部分内容都包含详细的操作步骤和技巧提示。这一切将有助于初学者仿效和理解，并把握问题的关键，从而保证在短时间内能够迅速掌握JSP程序设计的知识，应用到实际的项目开发过程中。

书中理论知识讲解透彻，实例开发步骤清晰，既适合初学者和具有一定的Java编程经验的用户使用，也适合广大软件开发者和编程爱好者作为参考用书，同时也是大中专院校及社会培训机构的首选教材。

图书在版编目(CIP)数据

JSP基础与案例开发详解/邱加永，孙连伟编著. --北京：清华大学出版社，2014（2015.1重印）
(软件开发新课堂)
ISBN 978-7-302-34002-7

Ⅰ. ①J…　Ⅱ. ①邱…　②孙…　Ⅲ. ①Java语言—网页制作工具　Ⅳ. ①TP312　②TP393.092

中国版本图书馆CIP数据核字(2013)第228791号

责任编辑：杨作梅　桑任松
装帧设计：杨玉兰
责任校对：宋延清
责任印制：宋　林

出版发行：清华大学出版社
　　网　　址：http://www.tup.com.cn，http://www.wqbook.com
　　地　　址：北京清华大学学研大厦A座　　**邮　　编**：100084
　　社 总 机：010-62770175　　**邮　　购**：010-62786544
　　投稿与读者服务：010-62776969，c-service@tup.tsinghua.edu.cn
　　质 量 反 馈：010-62772015，zhiliang@tup.tsinghua.edu.cn
　　课 件 下 载：http://www.tup.com.cn,010-62791865
印 刷 者：清华大学印刷厂
装 订 者：三河市新茂装订有限公司
经　　销：全国新华书店
开　　本：190mm×260mm　**印　张**：35.5　**插　页**：1　**字　　数**：867千字
(附DVD1张)
版　　次：2014年1月第1版　　**印　　次**：2015年1月第2次印刷
印　　数：3501～5000
定　　价：68.00元

产品编号：051151-01

丛书编委会

丛　书　序

首先，感谢并祝贺您选择本系列丛书！《软件开发新课堂》系列是为了满足广大读者的需求，在原《软件开发课堂》系列书的基础上进行的升级和重新编辑。秉承了原系列书的精髓，通过大量的精彩实例、完整的学习视频，让您完全融入编程实战演练，从零开始，逐步精通相关知识，成为自学成才的编程高手。哪怕您没有任何编程基础，都可以轻松地实现职场的梦想和生活的愿望！

1. 丛书内容

随着软件行业的不断升温，程序员这一职业正在成为IT界中的佼佼者，越来越多的程序设计爱好者开始投入相关软件开发的学习中。然而很多朋友在面对大量的代码时又有些望而却步，不知从何入手。

实际上，一本好书不仅要教会读者怎样去实现书中的内容，更重要的是要教会读者如何去思考、去探究、去创新。鉴于此，我们精心编写了《软件开发新课堂》系列丛书。

本丛书涉及目前流行的各种相关编程技术，均以最常用的经典实例，来讲解软件最核心的知识点，让读者掌握最实用的内容。首次共推出10册：

- 《Java基础与案例开发详解》
- 《JSP基础与案例开发详解》
- 《Struts 2基础与案例开发详解》
- 《JavaScript基础与案例开发详解》
- 《ASP.NET基础与案例开发详解》
- 《C#基础与案例开发详解》
- 《C++基础与案例开发详解》
- 《PHP基础与案例开发详解》
- 《SQL Server基础与案例开发详解》
- 《Oracle数据库基础与案例开发详解》

2. 丛书特色

本丛书具有以下特色。

(1) 内容精练、实用。本着“必要的基础知识+详细的程序编写步骤”原则，摒弃琐碎的东西，指导初学者采取最有效的学习方法和获得最良好的学习途径。

(2) 过程简洁、步骤详细。尽量以可视化操作讲解，讲解步骤做到详细但不繁琐，避免直接使用大量代码占用读者的阅读时间。而对关键代码则进行详细的讲解，做到清晰和透彻。

(3) 讲解风格通俗易懂。作者均是一线工作人员及教学人员，项目经验丰富，传授知识的能力强。所选案例精练、实用，具有实战性和代表性，能够使读者快速上手。

(4) 光盘内容丰富。不仅包含书中的所有代码及实例，还包含书中主要操作步骤的视频录像，有利于多媒体视频教学和自学，最大程度地提高了书中案例的可操作性。

3. 作者队伍

本丛书由知名培训师徐明华老师任主编，作者团队主要有北京达内科技、北京电子商务学院、郑州中原工学院、天津程序员俱乐部、徐州力行文化传媒工作室等机构和学院的专业人员及教师。正是有了他们无私的付出，本丛书才能顺利出版。

4. 读者对象

本丛书定位于初、中级读者。书中每个实例都是从零起步，初学者只需按照书中的操作步骤、图片说明，或根据多媒体视频，便可轻松地制作出实例的效果。不仅适合程序设计初学者以及普通编程爱好者使用，也可作为大、中专院校，高职高专学校，及各种社会培训机构的教材与参考书。

5. 特别感谢

本丛书从立项到写作受到广大朋友的热心支持，在此特别感谢达内科技的王利锋先生、北大青鸟的张宏先生，还有单兴华，吴慧龙、聂靖宇、刘烨、孙龙、李文清、李红霞、罗加顺、冯少波、王学锋、罗立文、郑经煜等朋友，他们对本丛书的编著提供了很好的建议。祝所有关心和支持本丛书的朋友身体健康，工作顺利。

最后还要特别感谢已故的北京传智播客教学总监张孝祥老师，感谢他在原《软件开发课堂》系列书中无私的帮助与付出。

6. 提供的服务

为了有效地解答读者在阅读过程中遇到的问题，丛书专门在 http://bbs.022tomo.com/中开辟了论坛，以方便读者交流。

丛书编委会

前　　言

JSP(Java Server Pages)是由 Sun Microsystems 公司倡导，由众多公司参与建立的一种动态网页技术标准。在传统的网页 HTML 文件(*.htm、*.html)中加入 Java 程序片段和 JSP 标记，就构成了 JSP 网页(*.jsp)。它是 Java Web 开发技术的基础，是一门易学易掌握的语言。本书基础部分不仅讲解了 JSP 的相关知识，而且还讲解了与其相关的 HTML 的制作、数据库的应用等内容，最后给出了多个完整的系统开发案例。

本书在前次版本的基础上进行了改版和升级，知识点更加新、结构也更加合理。主要升级内容包括：开发工具使用 MyEclipse 10.6、JDK 7、Tomcat 7；新增 Servlet 3.0 的使用；所有章节中案例的升级，JAR 包的升级；SVN 的使用介绍；升级书中的实际案例，添加了企业真实项目案例开发。

本书共分为 16 章。从最基本的概念开始，依次介绍开发 JSP 应用程序所依赖的环境、网页布局与修饰、JDBC 的应用、Servlet 的应用、JSP 的应用、EL 表达式、自定义标签、JSTL 标准标签库、开发中的实用技术等内容。其中前 9 章是理论知识讲解，第 10~13 章是扩展知识讲解，最后 3 章是实例开发。各章的具体内容如下。

第 1 章：JSP 开发的基本知识以及一些常用软件的安装和配置。

第 2 章：网页布局与修饰，为前端开发做一些必要的知识储备。

第 3 章：JDBC 的应用，这是 JSP 开发中与 Java 联系最为紧密的知识点。

第 4 章：Servlet 的应用，Servlet 3.0 的应用，这是 JSP 开发中最核心、最基础的部分。

第 5 章：JSP 的应用，这是 JSP 开发中最基础的部分，是读者必须掌握的部分。

第 6 章：EL 表达式的使用，这是提高 JSP 编码质量的部分，建议读者掌握。

第 7 章：自定义标签的使用，这是 JSP 学习中较难于理解的部分，建议读者了解。

第 8 章：JSTL 的使用，这是优化 JSP 编码的部分，建议读者掌握。

第 9 章：JSP 开发中的实用技术，通过学习来提高 JSP 编程的质量与效率。

第 10~13 章：一些实用工具的用法，通过这些实用工具的学习，有助于读者从事一些管理角色的工作。

第 14~16 章：留言管理系统、在线商店系统、商家信息管理系统。

本书对理论知识讲解步骤清晰、通俗易懂，实例部分由浅入深，在讲解过程中也引用了大量的实例、截图并详细讲解了操作步骤，相关代码列举清晰，使用户更容易理解和模仿编程。此外还添加了一些提示和注意等内容，都是作者一些经验的总结。另外每章的例题都已加入配书光盘中，以便让读者更加深入地学习每一章节。

本书由邱加永、孙连伟编著。同时参加本书编写和核对的还有徐明华、于坤、单兴华、郑经煜、周大庆、卞志城、赵晓、聂静宇、尼春雨、张丽、王国胜、张石磊、伏银恋、蒋军军、蒋燕燕、王海龙、曹培培等。当然，由于编者水平有限，书中难免有疏漏和不足之处，恳请专家和广大读者指正。

编　者

目　录

第 1 章　基础工具 1

1.1　JDK 的安装与配置 2

1.2　Tomcat 的安装与配置 8

1.3　MyEclipse 的安装与配置 13

1.4　MySQL 的安装与配置 16

1.5　SQLyog 的设置与使用 24

1.5.1　SQLyog 的安装与设置 25

1.5.2　表的相关操作 27

1.6　JSP 常用开发软件介绍 30

1.7　上机练习 31

第 2 章　网页布局与修饰 33

2.1　HTML 开发应用 34

2.1.1　全局架构标签 35

2.1.2　格式标签 36

2.1.3　文本标签 39

2.1.4　超链接标签 42

2.1.5　图像标签 42

2.1.6　框架标签 43

2.1.7　表格标签 44

2.1.8　表单标签 47

2.1.9　头元素标签 50

2.1.10　区域标签 51

2.2　CSS 的运用 52

2.2.1　样式规则选择器 54

2.2.2　样式规则的注释 57

2.3　JavaScript 语言的运用 57

2.3.1　应该在何处编写 JavaScript 58

2.3.2　JavaScript 中的注释 59

2.3.3　JavaScript 中函数的使用 59

2.4　DIV 的运用 60

2.5　常见样式分析 61

2.6　上机练习 67

第 3 章　JDBC 的应用 69

3.1　JDBC 概述 70

3.2　JDBC 数据类型 70

3.3　JDBC 连接数据库 71

3.4　JDBC 的事务控制和批量处理 75

3.4.1　JDBC 的事务控制 75

3.4.2　JDBC 的批量处理 77

3.5　JDBC 的基本应用 79

3.5.1　学生信息管理 79

3.5.2　PreparedStatement 的使用 86

3.5.3　对 JDBC 操作数据库的工具类的封装 89

3.5.4　JDBC 对 LOB 的读写 93

3.5.5　JDBC 调用存储过程 98

3.6　ResultSet 的光标控制 99

3.7　ResultSetMetaData 结果集元数据 101

3.8　上机练习 102

第 4 章　Servlet 的应用 103

4.1　Web 应用程序基础 104

4.1.1　Web 应用程序简介 104

4.1.2　HTTP 协议 105

4.1.3　Java Web 应用程序的规范目录结构 110

4.1.4　Java Web 应用程序的开发过程 110

4.2　Servlet 概述 111

4.2.1　Servlet 简介 111

4.2.2　Servlet 的运行原理 111

4.2.3　Servlet 的优点 112

4.3　第一个 Servlet 示例 112

4.4　Servlet 的生命周期 114

4.4.1　Servlet 如何被加载和实例化 115

4.4.2 Servlet 如何处理请求 115
4.4.3 Servlet 如何被释放 116
4.5 使用 Servlet API 116
4.5.1 HttpServletRequest 接口 117
4.5.2 HttpServletResponse 接口 117
4.5.3 获取请求中的数据 118
4.5.4 重定向和请求分派 118
4.5.5 利用请求域属性传递对象数据 124
4.5.6 ServletConfig 和 ServletContext 126
4.5.7 Servlet 的线程安全问题 129
4.6 会话跟踪 130
4.6.1 会话及会话跟踪简介 130
4.6.2 实现有状态的会话 131
4.6.3 Cookie 技术 131
4.6.4 Session 技术 137
4.6.5 会话跟踪技术 138
4.7 Servlet 过滤器 139
4.8 Servlet 监听器 144
4.9 Servlet 3.0 的新特性 149
4.9.1 新增标注支持 150
4.9.2 异步处理支持 158
4.9.3 可插性支持 160
4.9.4 ServletContext 的性能增强 163
4.10 本章小结 164
4.11 上机练习 164

第 5 章 JSP 的应用 165

5.1 JSP 概述 166
5.2 JSP 页面的构成 168
5.2.1 指令元素 168
5.2.2 脚本元素 171
5.2.3 JSP 的动作 174
5.2.4 注释 178
5.3 JSP 的执行过程 178
5.4 JSP 的异常处理机制 181
5.5 JSP 的隐式对象 183
5.5.1 输入和输出对象 184
5.5.2 作用域通信对象 185
5.5.3 Servlet 对象 185
5.5.4 错误对象 exception 186
5.5.5 表单验证的示例 186
5.6 JSP 的设计模式 192
5.7 上机练习 196

第 6 章 EL 表达式 197

6.1 EL 表达式概述 198
6.2 EL 表达式的基本语法 198
6.2.1 语法结构 198
6.2.2 []与.运算符 199
6.2.3 变量 199
6.2.4 文字常量 199
6.2.5 操作符 199
6.3 EL 表达式的隐式对象 204
6.3.1 与范围有关的隐含对象 204
6.3.2 与输入有关的隐含对象 204
6.3.3 其他隐含对象 205
6.3.4 范围相关隐式对象的使用示例 205
6.3.5 输入相关隐式对象的使用示例 210
6.4 禁用 EL 212
6.5 上机练习 212

第 7 章 自定义 JSP 标签 213

7.1 自定义 JSP 标签概述 214
7.1.1 自定义 JSP 标签的执行过程 214
7.1.2 自定义 JSP 标签的开发流程 214
7.2 JSP 标签 API 215
7.3 标签库描述符 216
7.4 传统标签的开发 218
7.4.1 TagSupport 类的生命周期 218
7.4.2 BodyTagSupport 类的生命周期 220
7.4.3 用 TagSupport 类开发自定义标签 221
7.4.4 用 BodyTagSupport 类开发自定义标签 226

7.4.5 处理空标签..230

7.5 简单标签的开发..231

7.5.1 SimpleTagSupport 类的生命周期..231

7.5.2 用 SimpleTagSupport 类开发自定义标签..232

7.6 开发标签库函数..235

7.7 打包自定义标签库..237

7.8 自定义标签的高级特性..238

7.8.1 开发嵌套标签..238

7.8.2 使用动态属性..242

7.8.3 使用标签文件来开发自定义标签..245

7.9 实用案例：自定义分页标签..251

7.10 上机练习..257

第 8 章 JSP 标准标签库..259

8.1 JSTL 概述..260

8.2 Core 标签库..261

8.2.1 通用标签..261

8.2.2 条件标签..267

8.2.3 迭代标签..270

8.2.4 URL 相关的标签..275

8.2.5 实例运用..280

8.3 i18n formatting 标签库..285

8.3.1 国际化标签介绍..285

8.3.2 几种主要的国际化标签..285

8.3.3 国际化标签示例..289

8.3.4 格式化标签..294

8.4 数据库标签库..303

8.5 上机练习..304

第 9 章 实用技术浅析..305

9.1 彻底解决中文乱码问题..306

9.2 文件上传功能的实现..309

9.2.1 下载 Commons FileUpload..309

9.2.2 Commons FileUpload API 介绍..310

9.2.3 Commons FileUpload 上传示例..313

9.3 验证码功能的实现..317

9.3.1 图片生成原理..317

9.3.2 JSP 版数字验证码..319

9.3.3 JSP 版英文与数字混合验证码..322

9.3.4 JSP 版中文验证码..324

9.3.5 JSP 版表达式验证码..326

9.4 水印图片效果的实现..329

9.5 DAO 设计模式的理解..334

9.6 上机练习..339

第 10 章 Log4j 的应用..341

10.1 Log4j 概述..342

10.1.1 日志记录器(Logger)..342

10.1.2 日志输出目的地(Appender)..343

10.1.3 日志格式化器(Layout)..344

10.2 Log4j 的下载与环境搭建..344

10.3 Log4j 的使用..345

10.3.1 Log4j 的配置文件..345

10.3.2 Log4j 的使用..349

10.4 Log4j 实例应用..352

10.5 Log4j 的性能调优..357

10.6 使用 commons-logging..358

10.6.1 commons-logging 概述..358

10.6.2 commons-logging 的下载和环境搭建..358

10.6.3 commons-logging 的使用..359

10.7 上机练习..360

第 11 章 JUnit 的应用..361

11.1 JUnit 概述..362

11.2 JUnit 的安装与配置..362

11.2.1 下载 JUnit 插件..362

11.2.2 安装 JUnit 插件..363

11.3 JUnit 的使用..364

11.3.1 JUnit 帮助文档..365

11.3.2 JUint 实例的应用..367

11.3.3 了解 JUnit 的新特性..373

11.4 上机练习..377

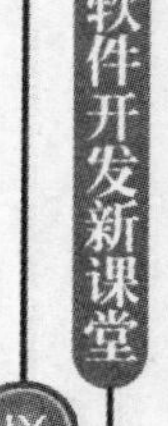

第 12 章 Ant 的应用 379

12.1 Ant 概述 380
12.2 Ant 的下载与安装 380
12.2.1 下载 Ant 工具 380
12.2.2 配置与运行 Ant 381
12.3 Ant 构建文件 383
12.3.1 Ant 的数据类型 383
12.3.2 与文件操作相关的属性 386
12.3.3 与 Java 相关的属性 389
12.3.4 与打包相关的属性 390
12.4 Ant 的使用示例 391
12.4.1 编译 Java 程序 392
12.4.2 制作 JAR 文件 393
12.4.3 制作 War 文件 394
12.5 以 Ant 与 JUnit 结合进行单元测试 395
12.6 上机练习 400

第 13 章 SVN 的应用 401

13.1 SVN 概述 402
13.2 SVN 的下载与配置 403
13.2.1 SVN 服务器端/客户端下载 403
13.2.2 服务器端 SVN 的安装 405
13.2.3 客户端 SVN 的安装 408
13.2.4 SVN 服务器端的配置 411
13.2.5 SVN 客户端的使用 416
13.3 SVN 的使用实例 420
13.4 上机练习 425

第 14 章 留言管理系统 427

14.1 系统概述 428
14.2 系统需求 428
14.2.1 前台留言板块 428
14.2.2 管理留言模块 429
14.3 系统功能描述 429
14.3.1 浏览留言 429
14.3.2 管理员后台操作 432
14.4 系统设计 433
14.4.1 系统架构设计 433
14.4.2 业务实体设计 434
14.4.3 业务逻辑设计 434
14.5 数据库设计 435
14.5.1 E-R 图设计 435
14.5.2 物理建模 435
14.5.3 设计表格 436
14.5.4 表格脚本 436
14.6 通用功能的实现 437
14.6.1 分页查询功能 437
14.6.2 汉字编码过滤器 442
14.7 功能模块实现 442
14.7.1 用户登录 442
14.7.2 监听用户 444
14.7.3 添加留言 445
14.7.4 权限管理 449
14.7.5 连接数据库代码 451
14.7.6 退出登录功能 452
14.8 运行工程 452
14.8.1 使用工具 452
14.8.2 工程部署 453
14.8.3 运行程序 453
14.9 总结 455
14.10 上机练习 455

第 15 章 网上商店 JPetStore 457

15.1 系统概述 458
15.2 系统需求 458
15.3 系统功能描述 459
15.4 系统设计 464
15.4.1 系统架构设计 464
15.4.2 业务实体设计 464
15.4.3 业务逻辑设计 465
15.5 数据库设计 466
15.5.1 E-R 图设计 466
15.5.2 物理建模 467
15.5.3 设计表格 468
15.5.4 表格脚本 472
15.6 通用功能的实现 475

15.7 功能模块的实现......476
15.7.1 大类别显示......476
15.7.2 小类别显示......479
15.7.3 商品显示......482
15.7.4 添加商品到购物车......485
15.7.5 购物车中商品的管理......488
15.8 运行工程......490
15.8.1 使用工具......490
15.8.2 工程结构......491
15.8.3 工程部署......492
15.8.4 运行程序......493
15.9 上机练习......493
第 16 章 商家信息管理系统......495
16.1 系统功能概述......496
16.2 系统需求......496
16.2.1 前台功能模块......498
16.2.2 后台功能模块......498
16.3 系统功能描述......498
16.3.1 前台展示......498
16.3.2 后台管理......502
16.4 系统设计......508
16.4.1 系统架构设计......508
16.4.2 业务实体设计......508
16.4.3 业务逻辑设计......509
16.5 数据库设计......510
16.5.1 E-R 图的设计......510
16.5.2 物理建模......510
16.5.3 设计表格......511
16.5.4 表格脚本......515
16.6 通用功能的实现......518
16.6.1 操作数据库......518
16.6.2 验证码工具类......521
16.7 功能模块的实现......524
16.7.1 后台管理员登录模块......524
16.7.2 商品分类管理......531
16.7.3 商品管理......537
16.7.4 相册管理......538
16.7.5 其他功能介绍......549
16.8 运行工程......551
16.8.1 使用工具......551
16.8.2 工程结构......551
16.8.3 工程部署......552
16.9 上机练习......554

第1章 基础工具

学前提示

“工欲善其事，必先利其器”。在学习 Java Web 的相关知识之前，需要先了解一些必备的工具。如果读者对相关的工具已经能够熟练使用，可以直接进入下一章的学习。本章所要介绍的内容包括 JDK、Tomcat、MyEclipse、MySQL、SQLyog 的安装和使用，以及 JSP 常用开发软件等。

知识要点

- JDK 的安装与配置
- Tomcat 的安装与配置
- MyEclipse 的安装与配置
- MySQL 的安装与配置
- SQLyog 的设置与使用
- JSP 常用开发软件介绍

1.1 JDK 的安装与配置

SDK 的英文全称为 Software Develop Kit，中文即“软件开发工具包”之意。这是一个覆盖面相当广泛的名词；可以这样说：辅助开发某一类软件的相关文档、范例和工具的集合都可以称为 SDK。各种不同类型的软件开发都可以有自己的 SDK。Windows 有 Windows SDK，DirectX 有 DirectX SDK，.NET 开发也有 Microsoft .NET Framework SDK。当然 Java 开发也不例外，也有自己的 Java SDK。

JDK 也即 Java SDK，它是 Sun Microsystems 公司针对 Java 开发者的产品。英文全称是 Java Software Develop Kit，亦即 Java 开发工具包之意。它是整个 Java 的核心，包括了 Java 运行环境(Java Runtime Environment，JRE)、Java 工具和 Java 基础类库(rt.jar)，不论哪一种 Java 应用服务器，实质都是内置了某个版本的 JDK。因此掌握 JDK 是学好 Java 的第一步。

目前最主流的 JDK 是 Sun 公司发布的 JDK，除了 Sun 公司之外，还有很多公司和组织都开发了自己的 JDK，例如 IBM 公司开发的 JDK、BEA 公司的 JRocket，还有 GNU 组织开发的 JDK 等。其中 IBM 的 JDK 包含的 JVM(Java Virtual Machine，Java 虚拟机)运行效率要比 Sun JDK 包含的 JVM 高出许多。专门运行在 x86 平台的 JRocket 在服务端的运行效率也要比 Sun JDK 好一些，但是从应用层面上考虑，掌握 Sun JDK 还是很有必要的。

提示

从事 Java 相关开发前，建议先了解 Sun 公司的背景。1982 年，Sun Microsystems 公司诞生于美国斯坦福大学校园。Sun 公司 1986 年上市。它是世界上最大的 Unix 系统供应商。主要产品有 UltraSPARC 系列工作站、服务器和存储器等计算机硬件系统、Sun ONE 品牌软件、Solaris 操作环境、Java 系列开发工具和应用软件，以及各类服务等，并以其高度灵活性、伸缩性、可靠性和可用性等特性赢得全球各个行业客户的青睐。2009 年 4 月 Sun 公司被 Oracle 公司收购。

Java 技术于 1995 年 5 月由 Sun 公司正式推出。Java 已从一种编程语言发展成为全球第一大通用开发平台，其跨平台的技术优势为网络计算带来了划时代的变革。Java 技术已为计算机行业主要公司所采纳，同时也被越来越多的国际技术标准化组织所接受。

对 JDK 的相关操作可以具体归纳如下。

1. 下载 JDK

JDK 目前最新的版本是 JDK 7.0，读者可以从 Sun 的官方网站上免费获取 JDK 安装程序。JDK 免费下载地址如下：

```
http://www.oracle.com/technetwork/java/javase/downloads/index.html
```

在 IE 地址栏中输入该下载地址，将显示如图 1.1 所示的页面。

2. 安装 JDK

安装 JDK 的具体步骤如下。

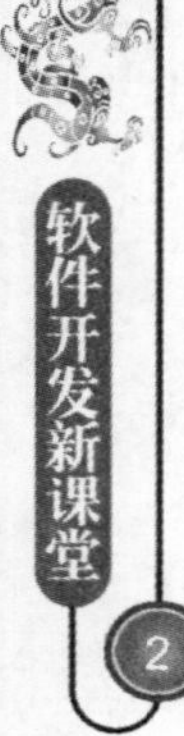

图 1.1　下载 JDK 的页面

(1) 双击下载的可安装程序，将出现安装向导对话框，如图 1.2 所示。

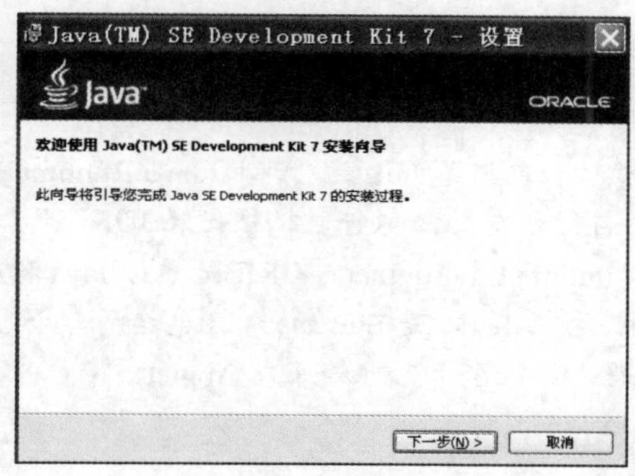

图 1.2　安装向导对话框

(2) 单击“下一步”按钮进入安装过程。

(3) 选择安装的程序功能，确定 JDK 安装路径，选择完安装路径后单击“下一步”按钮继续安装，如图 1.3 所示。

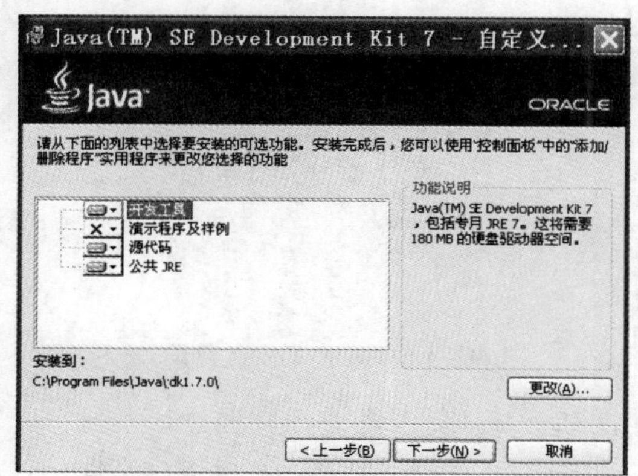

图 1.3　选择 JDK 的安装路径

(4) 安装 JRE 的过程中，将 JRE 安装到与 JDK 相同的目录下，单击“下一步”按钮继续安装。等到出现如图 1.4 所示的界面时，单击“完成”按钮，JDK 安装完成。

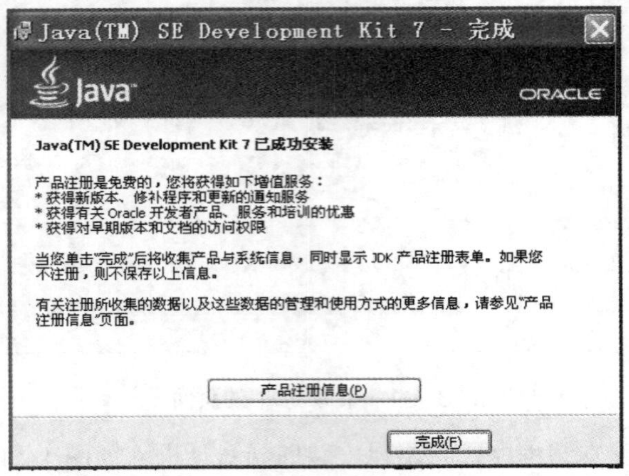

图 1.4　JDK 安装完成

提示

JDK 是整个 Java 的核心，包括了 Java 运行环境(Java Runtime Environment)、Java 工具和 Java 基础类库(rt.jar)。自行开发 Java 软件时必须安装 JDK。

Java 运行环境(Java Runtime Environment，JRE)是运行 Java 程序所必需的环境的集合，包含 JVM 标准实现及 Java 核心类库，是 Sun 的产品，包括两部分：JavaRuntimeEnvironment (JRE)和 JavaPlug-in。如果只需要运行 Java 程序或 Applet，下载并安装 JRE 即可。

3. JDK 的安装目录

JDK 的安装目录如图 1.5 所示。

图 1.5　JDK 的安装目录

对图 1.5 中的各项说明如下。

- bin：存放 Java 的编译器、解释器等工具(可执行文件)。
- db：JDK 7 附带的一个轻量级的数据库，名叫 Derby。

- demo：存放演示文件。
- include：存放用于本地方法的文件。
- jre：存放 Java 运行环境文件。
- lib：存放 Java 的类库文件。
- sample：一些范例程序。
- src.zip：JDK 提供的类的源代码。

JDK 安装完毕，在设置环境变量之前，先了解一下两个环境变量，即 Path 和 classpath 变量的作用。

(1) Path：用于指定操作系统的可执行指令的路径。

(2) classpath：虚拟机在运行某个类时会按 classpath 指定的目录顺序去查找这个类。

4. 配置环境变量

为了使系统能够认识和找到安装的 JDK，需要配置环境变量。

配置环境变量的具体步骤如下。

(1) 右击“计算机”，从弹出的快捷菜单中选择“属性”命令，如图 1.6 所示。

(2) 从弹出的对话框中选择“高级系统设置”选项，如图 1.7 所示。

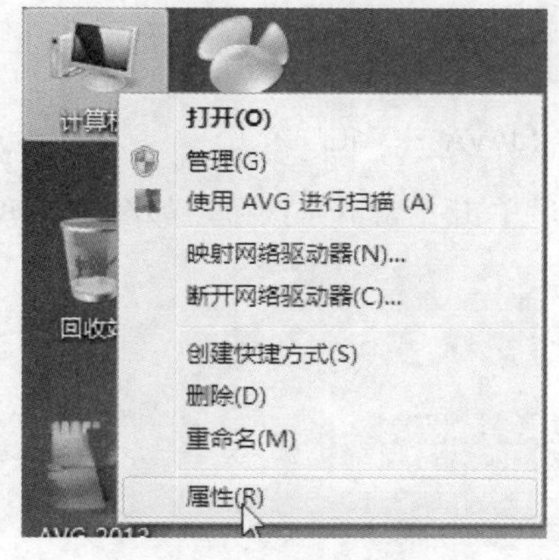

图 1.6　选择“属性”命令

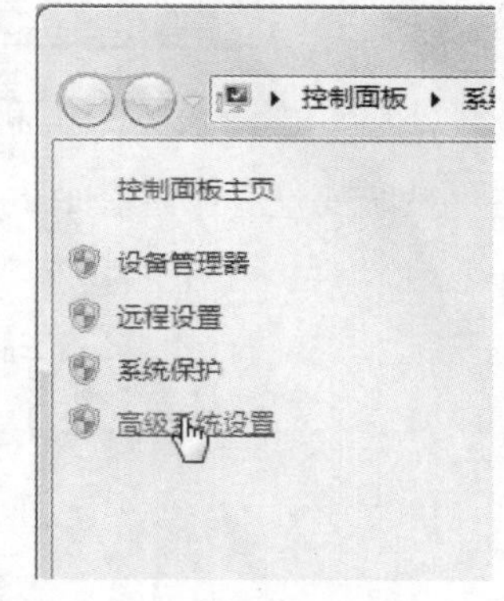

图 1.7　选择“高级系统设置”

(3) 在“系统属性”对话框中选择“高级”→“环境变量”，如图 1.8 所示。

提示

“环境变量”对话框中有用户变量和系统变量两项内容，具体区别在于它们的使用范围不同，用户变量是针对当前用户所设置的变量，当用其他用户名登录时，相关设置就失效。而系统变量则是对所有用户都起作用。如果用户变量和系统变量有相同的变量名而变量值不同时，用户变量要优先于系统变量。

(4) 弹出“新建系统变量”对话框，新建一个名为“JAVA_HOME”的系统变量，变量值为 JDK 安装目录下的 bin 目录，如图 1.9 所示。

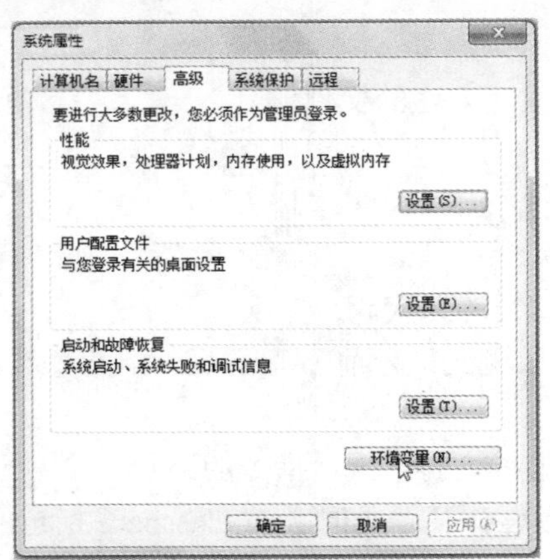

图 1.8　单击“环境变量”按钮

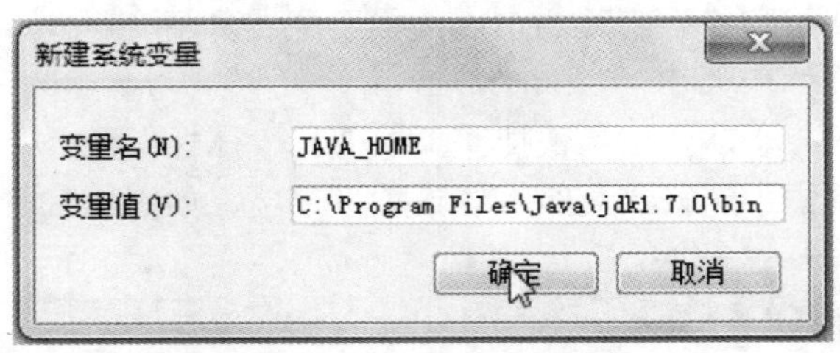

图 1.9　新建系统变量“JAVA_HOME”

(5) 在“系统变量”中选择 Path 变量，然后单击“编辑”按钮，如图 1.10 所示。

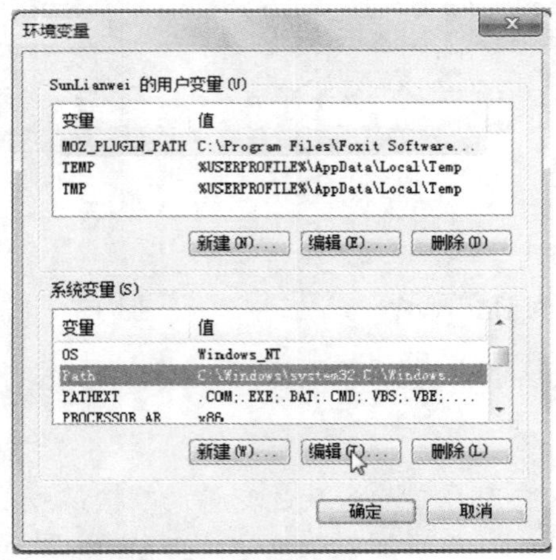

图 1.10　编辑系统变量 Path

(6) 在打开的“编辑系统变量”对话框的“变量值”文本框中，把刚才新建的 JAVA_HOME 引用过来。可以使用%JAVA_HOME%;引用。

对于 Path，可以在原有值的基础上添加新的路径，因为想在任意路径下运行 java.exe、javac.exe 等程序，所以应当在%JAVA_HOME%末尾加上分号(;)，然后再加上 Java 编译器所在的路径，最后单击“确定”按钮，如图 1.11 所示。

图 1.11　JAVA_HOME 的配置

(7)　设置完 Path 后，接下来就是设置 classpath 了，在系统变量列表下方单击“新建”按钮，弹出“新建系统变量”对话框。在“变量名”文本框中输入“classpath”，在“变量值”文本框中输入“.”，表示可在本地任意路径下运行 Java 程序。设置完之后，单击“确定”按钮，如图 1.12 所示。这样环境变量就设置完成了。

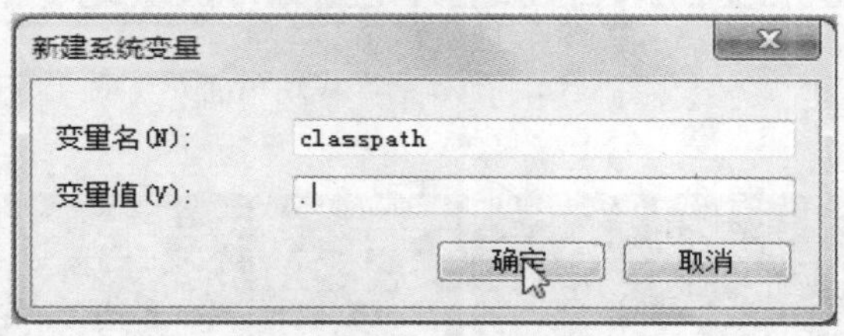

图 1.12　classpath 的配置

5. 测试 JDK 的安装及环境变量的设置

(1)　打开一个命令行窗口，执行 javac 命令，以查看刚才的设置结果。如果出现如图 1.13 所示的界面，说明设置成功，若非此界面，则说明安装失败。

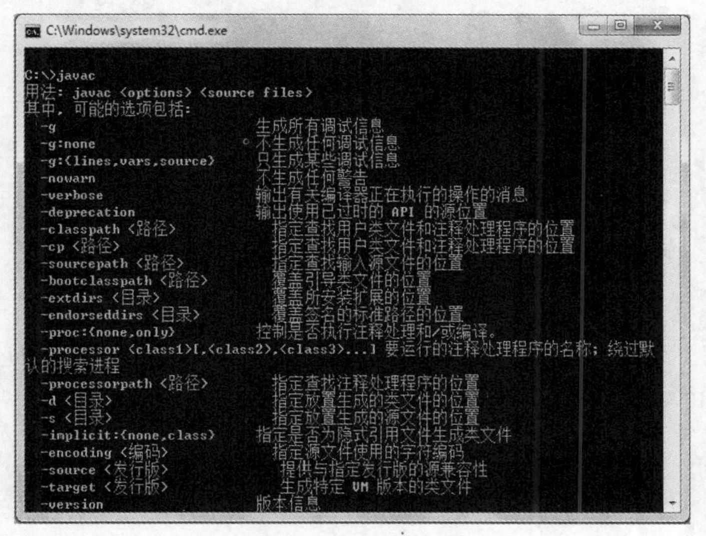

图 1.13　javac 命令成功界面

(2)　在命令行执行 java 命令，若出现如图 1.14 所示的界面，说明 java 命令可用。
(3)　在命令行执行 javadoc 命令，若出现如图 1.15 所示的界面，说明 javadoc 命令可用。

```
C:\Windows\system32\cmd.exe

C:\>java
用法: java [-options] class [args...]
           (执行类)
   或  java [-options] -jar jarfile [args...]
           (执行 jar 文件)
其中选项包括:
    -d32          使用 32 位数据模型 (如果可用)
    -d64          使用 64 位数据模型 (如果可用)
    -client       选择 "client" VM
    -server       选择 "server" VM
    -hotspot      是 "client" VM 的同义词 [已过时]
                  默认 VM 是 client.

    -cp <目录和 zip/jar 文件的类搜索路径>
    -classpath <目录和 zip/jar 文件的类搜索路径>
                  用 ; 分隔的目录, JAR 档案
                  和 ZIP 档案列表, 用于搜索类文件。
    -D<name>=<value>
                  设置系统属性
    -verbose[:class|gc|jni]
                  启用详细输出
    -version      输出产品版本并退出
    -version:<value>
                  需要指定的版本才能运行
    -showversion  输出产品版本并继续
    -jre-restrict-search | -no-jre-restrict-search
```

图 1.14　java 命令成功界面

```
C:\Windows\system32\cmd.exe

C:\>javadoc
javadoc: 错误 - 未指定程序包或类。
用法: javadoc [options] [packagenames] [sourcefiles] [@files]
-overview <file>          从 HTML 文件读取概览文档
-public                   仅显示 public 类和成员
-protected                显示 protected/public 类和成员 (默认值)
-package                  显示 package/protected/public 类和成员
-private                  显示所有类和成员
-help                     显示命令行选项并退出
-doclet <class>           通过替代 doclet 生成输出
-docletpath <path>        指定查找 doclet 类文件的位置
-sourcepath <pathlist>    指定查找源文件的位置
-classpath <pathlist>     指定查找用户类文件的位置
-exclude <pkglist>        指定要排除的程序包列表
-subpackages <subpkglist> 指定要递归加载的子程序包
-breakiterator            计算带有 BreakIterator 的第一个语句
-bootclasspath <pathlist> 覆盖由引导类加载器所加载的
                          类文件的位置
-source <release>         提供与指定发行版的源兼容性
-extdirs <dirlist>        覆盖所安装扩展的位置
-verbose                  输出有关 Javadoc 正在执行的操作的信息
-locale <name>            要使用的区域设置, 例如 en_US 或 en_US_WIN
-encoding <name>          源文件编码名称
-quiet                    不显示状态消息
-J<flag>                  直接将 <flag> 传递到运行时系统
-X                        输出非标准选项的提要
```

图 1.15　javadoc 命令成功界面

1.2　Tomcat 的安装与配置

Tomcat 官方下载路径是 http://tomcat.aptech.org/，也可以到当前流行的 Java 开发网和论坛中去下载。Tomcat 官方下载页面如图 1.16 所示。

在安装 Tomcat 之前，必须确认已安装 JDK。

1. 安装 Tomcat

目前 Tomcat 的最新版本是 Tomcat 7.x，建议读者下载最新版本。Tomcat 安装的具体步骤如下。

(1) 双击打开 Tomcat 安装程序，进入 Tomcat 安装向导，如图 1.17 所示。

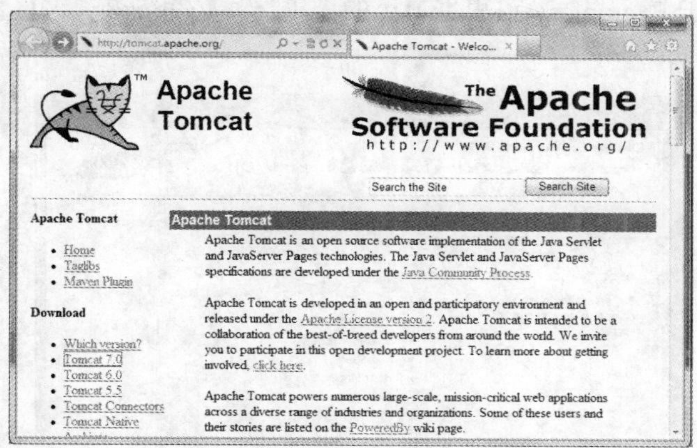

图 1.16　Tomcat 官方下载页面

图 1.17　Tomcat 安装向导

(2) 单击 Next 按钮进入下一步安装，阅读 Tomcat 的许可协议条款，如图 1.18 所示。单击 I Agree 按钮，进入下一步安装。

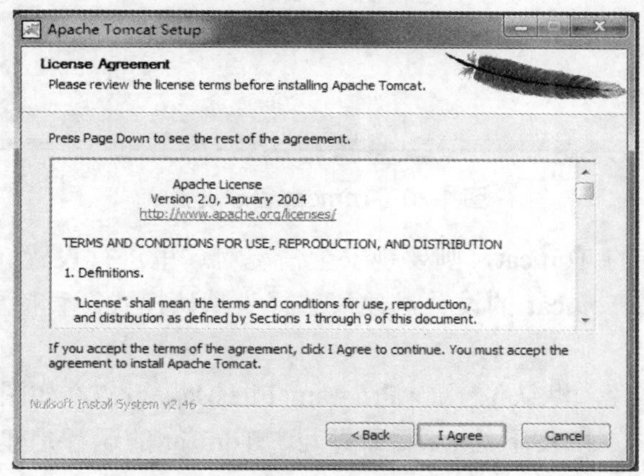

图 1.18　Tomcat 的许可协议条款

(3) 选择 Tomcat 的安装设置，默认已选择 Tomcat、Start Menu Items、Documentation，如图 1.19 所示。至于 Examples，可根据自己的需求选择是否安装，这里直接单击 Next 按钮进入下一步安装。

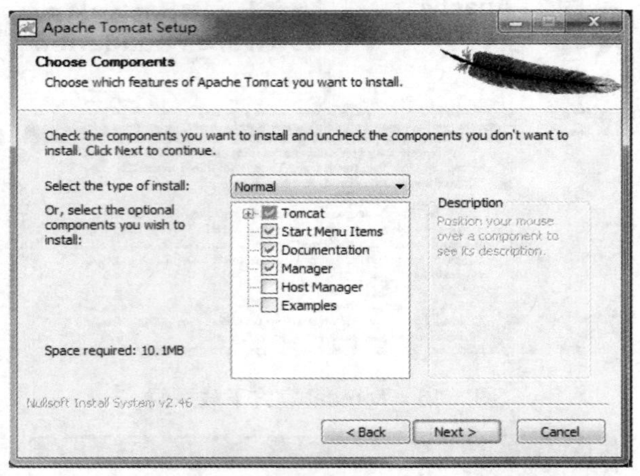

图 1.19 选择安装的组件

(4) 在这一步骤选择 Tomcat 提供服务的端口号以及管理员的用户名和密码，如图 1.20 所示。默认情况下，端口号是 8080，管理员登录用户名默认为空，根据需要可以进行设置。

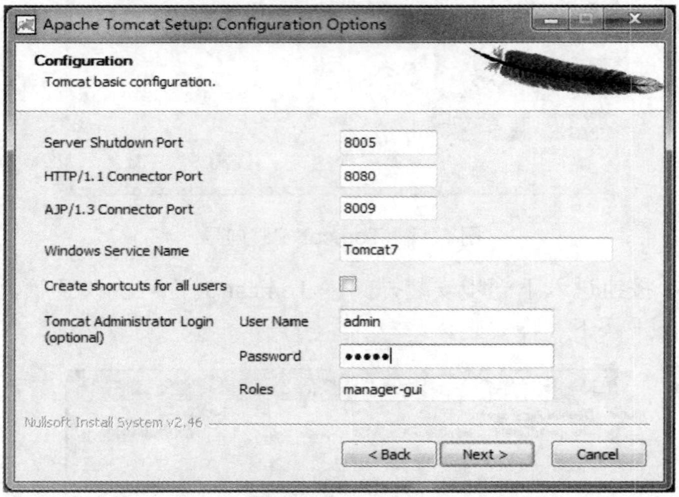

图 1.20 Tomcat 管理设置

如果设置服务器端的 Tomcat，则要视安全情况对这里进行设置。由于本书的重点在于程序的学习，所以有关 Tomcat 的设置，建议选择为默认模式。直接单击 Next 按钮进入下一步安装。

(5) 选择安装的路径。默认位于 C:\Program Files\Java\jre7，如图 1.21 所示。这里可以手动设置，定位于所安装 JDK 下的 jre 目录即可。Tomcat 的运行是建立在 JDK 基础上的，所以在安装 Tomcat 之前，要先安装 JDK。

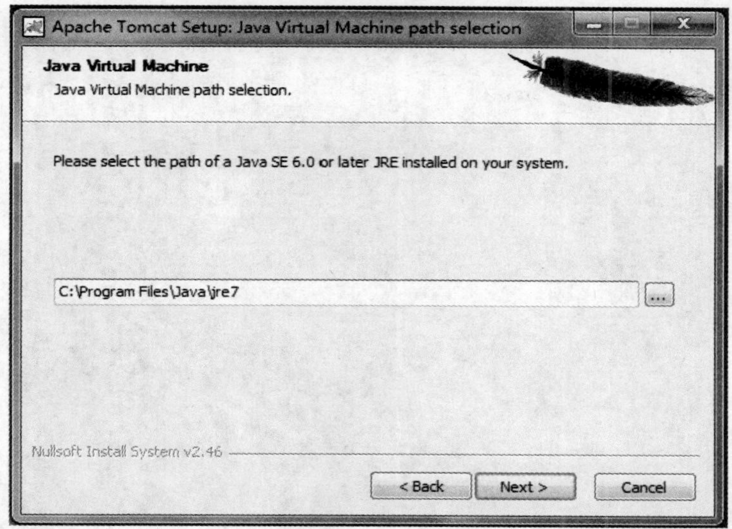

图 1.21　设置 JDK 目录

(6)　选择 Tomcat 的安装路径，默认是在 C:\Program Files\Apache Software Foundation\Tomcat 7.0，也可以改变它的安装路径，但是注意尽量不要有中文路径名。在这里不改变它，直接单击 Next 按钮进入下一步安装，如图 1.22 所示。

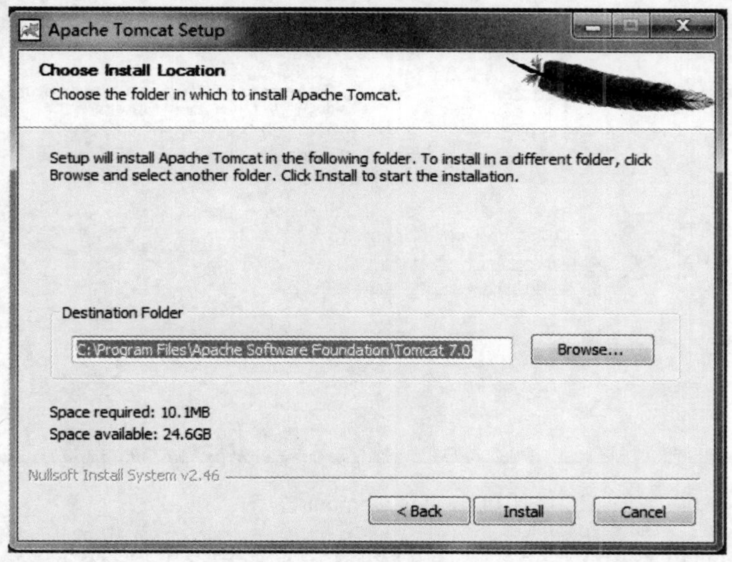

图 1.22　设置 Tomcat 的安装路径

(7)　直接单击 Install 按钮进行安装，稍待片刻，安装完成。

2. 测试 Tomcat

Tomcat 安装完成后，下面对 Tomcat 进行测试，方法如下。

(1)　启动 Tomcat 服务器。进入安装路径下的/bin 文件夹，找到 tomcat7.exe，并双击打开，出现如图 1.23 所示的界面，说明 Tomcat 已安装成功。

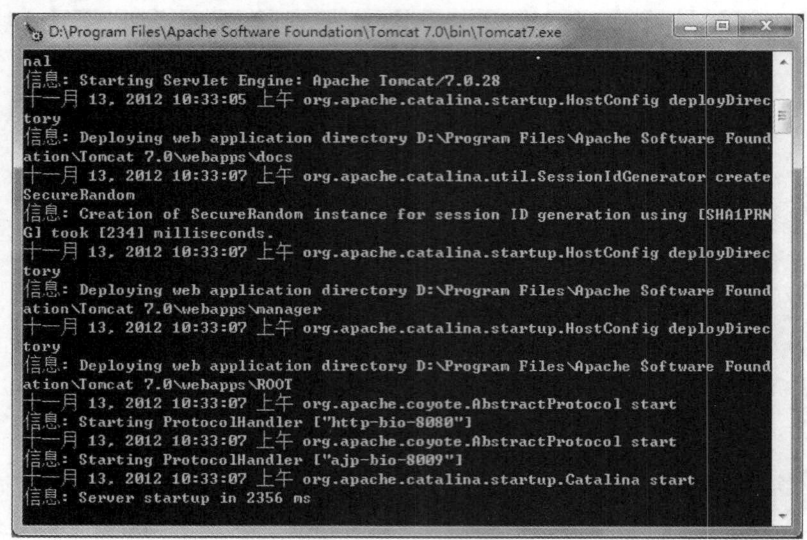

图 1.23　Tomcat 启动

(2) Tomcat 服务器启动后，在浏览器的地址栏中键入“http://localhost:8080/”，会出现如图 1.24 所示的界面。

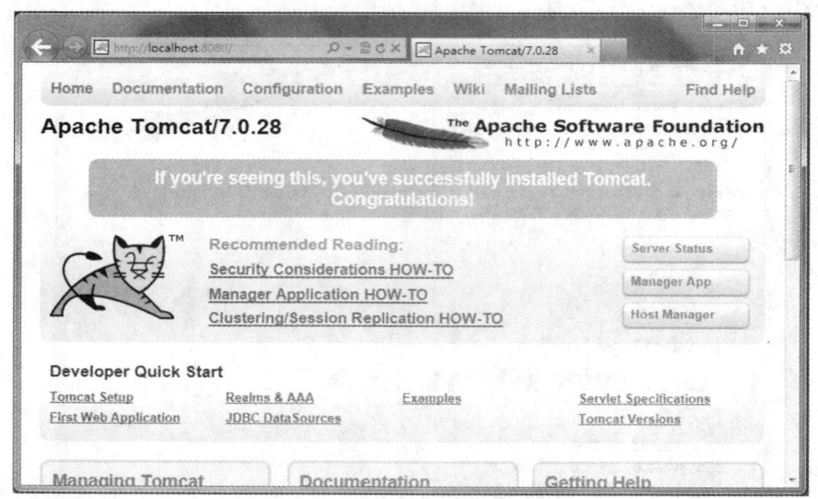

图 1.24　Tomcat 首页

(3) 单击 Manager App 按钮，弹出用户登录界面，键入用户名和密码，单击“确定”按钮，如图 1.25 所示。

(4) 用户名和密码若正确，则进入如图 1.26 所示的界面。

提示

Tomcat 启动后，如果访问失败，大多数情况下都是因为 Tomcat 安装失败或者 8080 端口被占用。如果是 8080 端口被占用，可以通过修改 Tomcat 的端口来解决。如果 Tomcat 安装失败，可换一个版本，或下载免安装版本。

图 1.25　Tomcat 的登录

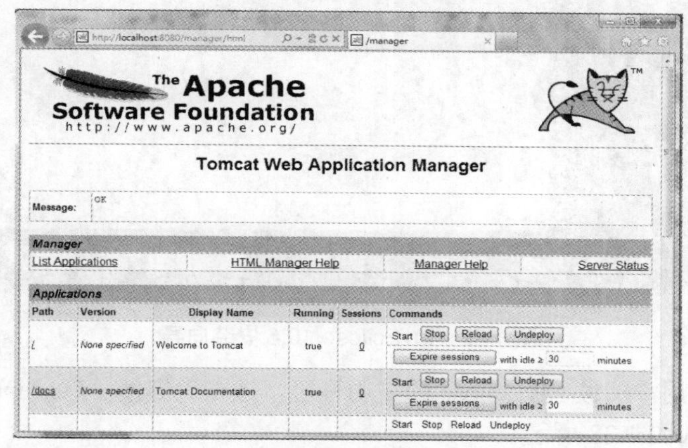

图 1.26　Tomcat 的工程管理页面

1.3　MyEclipse 的安装与配置

Eclipse 是一个集成开发环境(Integrated Development Environment，IDE)，它是一个功能完整且成熟的软件，由 IBM 公司于 2001 年首次推出。Eclipse 是一个开放源代码、基于 Java 的可扩展开发平台。

MyEclipse 企业级工作平台(MyEclipse Enterprise Workbench，简称 MyEclipse)是对 Eclipse IDE 的扩展，利用它可以在数据库和 Java EE 的开发、发布，以及应用程序服务器的整合方面极大地提高工作效率。它是功能丰富的 Java EE 集成开发环境，包括了完备的编码、调试、测试和发布功能。

读者可以从官方网站 http://www.myeclipseide.com/下载 MyEclipse 安装程序，只要遵循 MyEclipse 的公共许可协议，任何个人或组织都可到该网站下载 MyEclipse。其中 MyEclipse 软件开发工具箱的下载地址是：

```
http://downloads.myeclipseide.com/downloads/products/eworkbench/indigo/
installers/myeclipse-10.6-offline-installer-windows.exe
```

提示

MyEclipse 目前推出了 10.6 版，该版本支持 JDK 7，在安装 MyEclipse 前，应确认是否已经安装 JDK。

打开 MyEclipse 10.6 安装程序，双击进入解压安装，将出现安装向导。

(1) 在安装向导界面中，单击 Next 按钮。如图 1.27 所示。

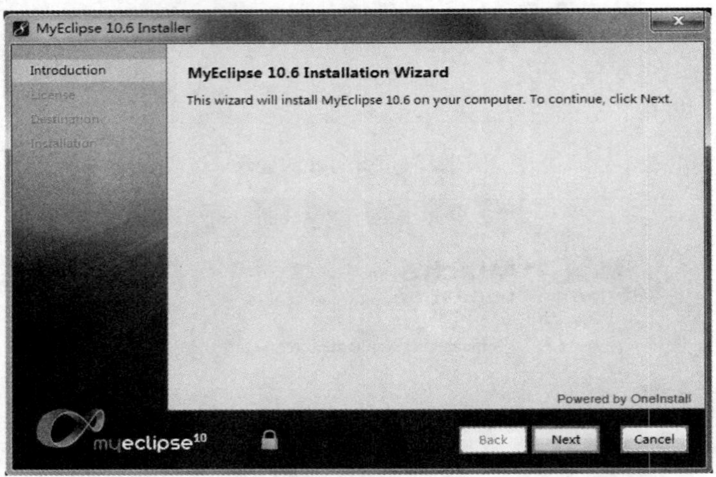

图 1.27　MyEclipse 10.6 安装向导

(2) 这里要求用户阅读 MyEclipse 的使用许可，选中下方的“I accept…”复选框即可，单击 Next 按钮，如图 1.28 所示。

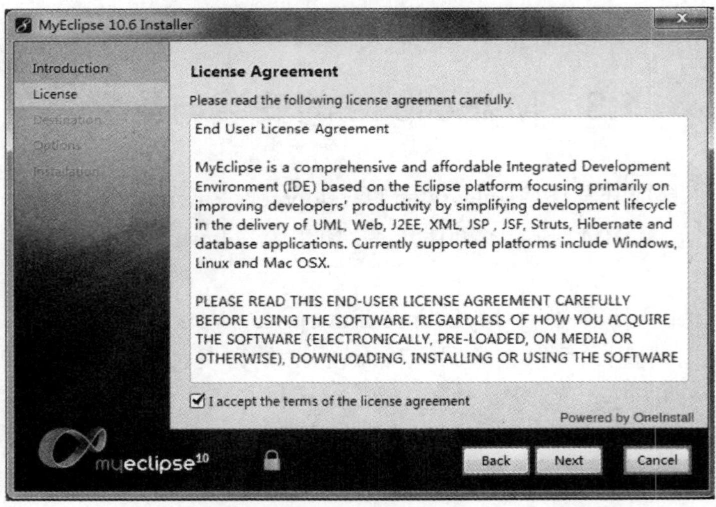

图 1.28　接受 MyEclipse 的许可协议

(3) 选择 MyEclipse 的安装路径，然后单击 Next 按钮，如图 1.29 所示。

(4) 选择要安装的组件，这里选择默认，单击 Next 按钮，如图 1.30 所示。

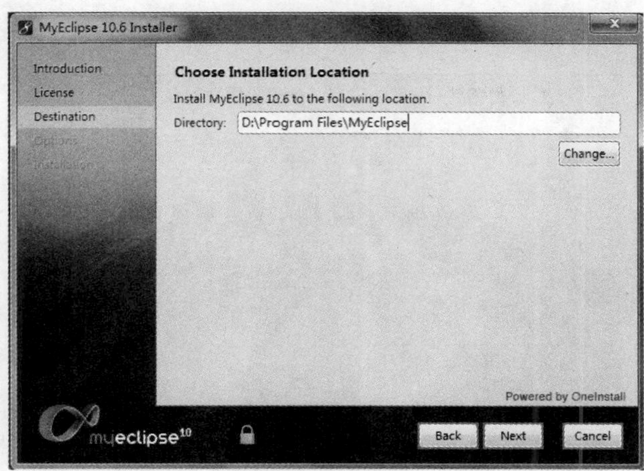

图 1.29　选择 MyEclipse 安装路径

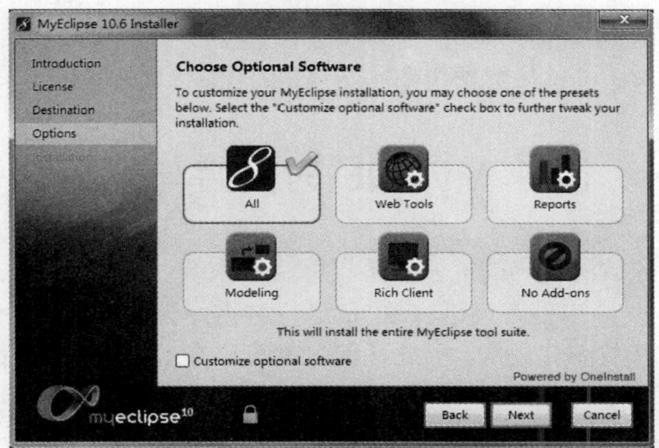

图 1.30　选择 MyEclipse 安装组件

(5)　开始安装 MyEclipse，如图 1.31 所示。

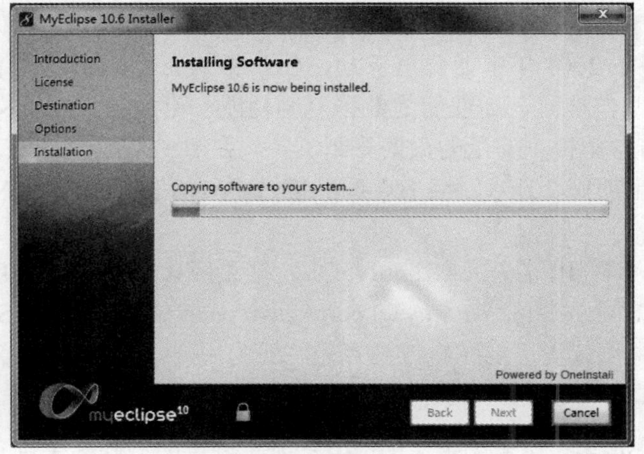

图 1.31　MyEclipse 正在安装

(6) 安装成功，单击 Finish 按钮即可，如图 1.32 所示。

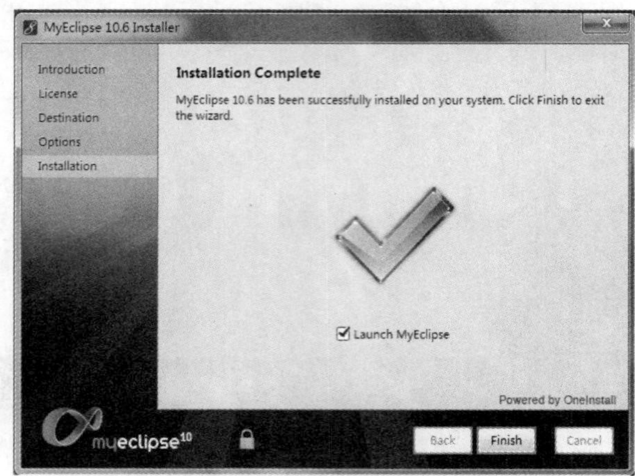

图 1.32 程序安装成功

安装完 MyEclipse，可以免费使用 30 天，功能不受任何限制。

1.4 MySQL 的安装与配置

MySQL 是一种开放源代码的关系型数据库管理系统，MySQL 数据库系统使用最常用的数据库管理语言——结构化查询语言(SQL)进行数据库管理。

由于 MySQL 是开放源代码的，因此任何人都可以在 General Public License 的许可之下下载源代码，并可以根据个人需要对其进行修改。MySQL 因为其速度、可靠性和适应性而备受关注。MySQL 在全球的安装量已经超过 1000 万。

MySQL 关系型数据库于 1998 年 1 月发行第一个版本。它使用系统核心提供的多线程机制提供完全的多线程运行模式，提供了面向 C、C++、Eiffel、Java、Perl、PHP、Python 以及 Tcl 等编程语言的编程接口，支持多种字段类型，并且提供了完整的操作符，支持查询中的 SELECT 和 WHERE 操作。

MySQL 开发组于 2001 年中期公布了 MySQL 4.0 版。在这个版本中有以下新的特性被提供：新的表定义文件格式、高性能的数据复制功能、更加强大的全文搜索功能。在此之后，MySQL 开发着希望提供安全的数据复制机制、在 BeOS 操作系统上的 MySQL 实现以及对延时关键字的定期刷新选项。随着时间的推进，MySQL 逐渐对 ANSI 92 / ANSI 99 标准完全兼容。

2008 年 Sun 宣布以 10 亿美元收购 MySQL，这无疑让 MySQL 的使用者更有信心。

读者可以从官方网站 http://dev.mysql.com/downloads/免费获取 MySQL。在安装的过程中需要用户注册，所以读者需要在官方站点先注册为用户，注册 URL 为：

```
http://www.mysql.com/register.php
```

在获得了 MySQL 后，接着所需要的就是安装。这里的安装版本是 mysql-5.5.20-win32，整个安装过程可分为如下几步。

(1) 双击 MySQL 的安装程序，进入欢迎界面，直接单击 Next 按钮，如图 1.33 所示。

(2) 选择接受用户使用协议，单击 Next 按钮，如图 1.34 所示。

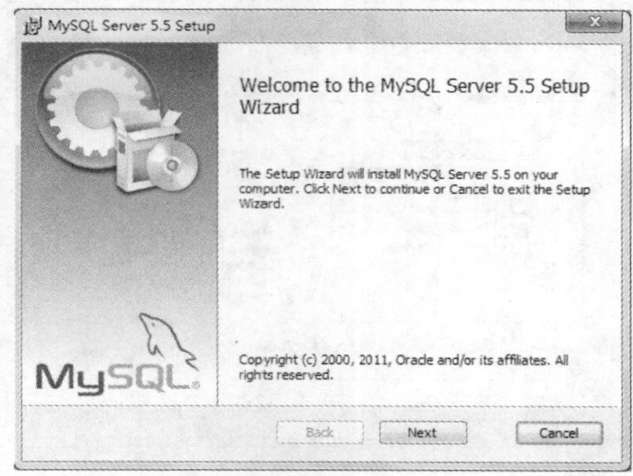

图 1.33　MySQL 的安装欢迎界面

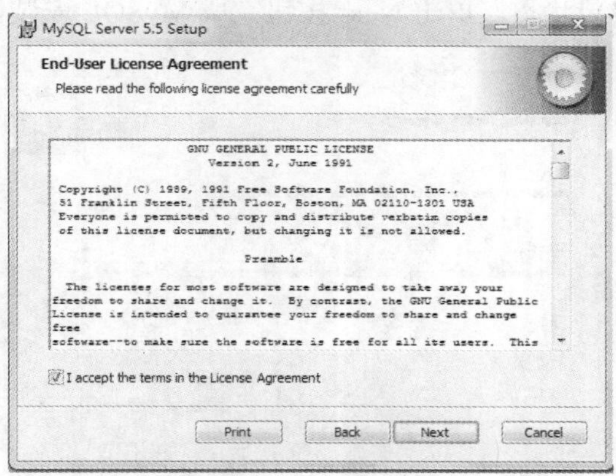

图 1.34　MySQL 的使用协议界面

(3) 选择安装类型，可选类型有 Typical(默认)、Complete(完全)、Custom(用户自定义)，选择 Custom，单击 Next 按钮继续安装，如图 1.35 所示。

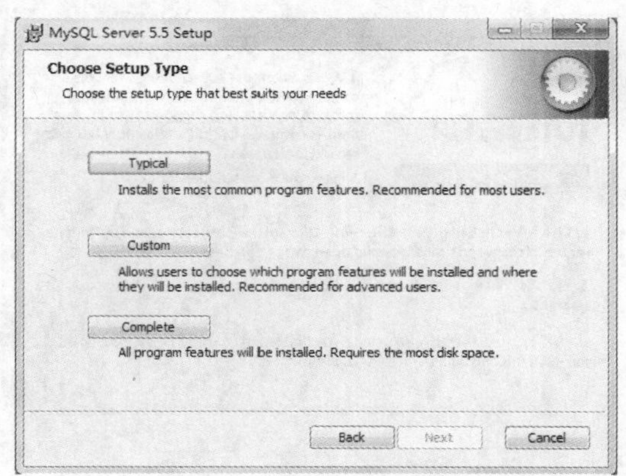

图 1.35　选择 MySQL 安装类型

(4) 设置 MySQL 的组件包和安装路径，单击 Next 按钮继续安装，如图 1.36 所示。

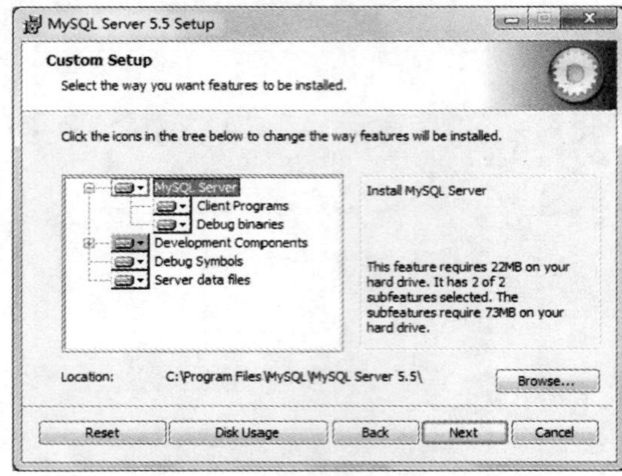

图 1.36 自定义 MySQL 组件包和安装路径

(5) MySQL 进入安装状态，单击 Next 按钮完成 MySQL 安装，如图 1.37 所示。

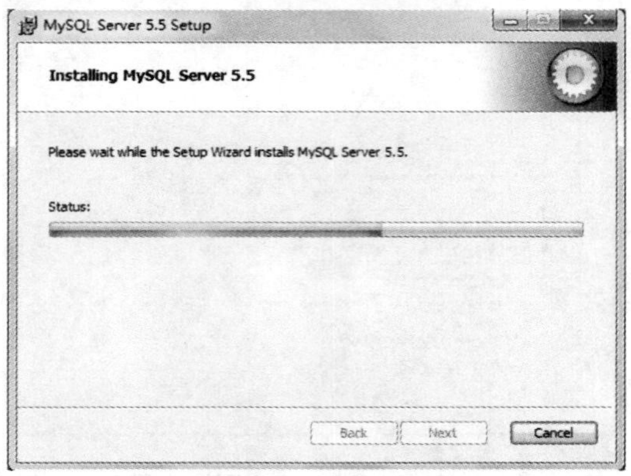

图 1.37 MySQL 正在安装

(6) 出现 MySQL 的安装信息，单击 Next 按钮，如图 1.38 所示。

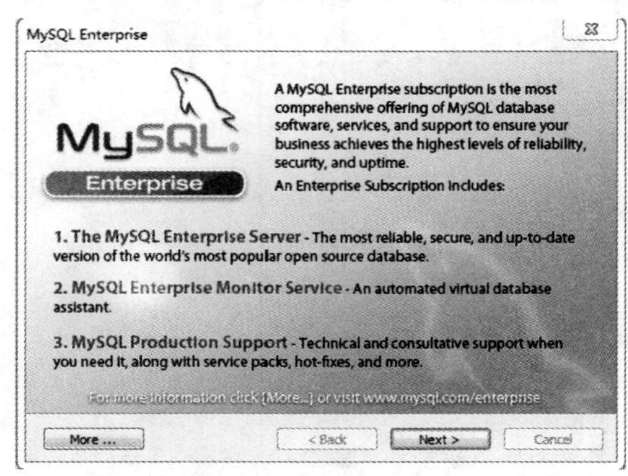

图 1.38 MySQL 的安装信息

(7) 仍然是 MySQL 的安装信息，单击 Next 按钮，如图 1.39 所示。

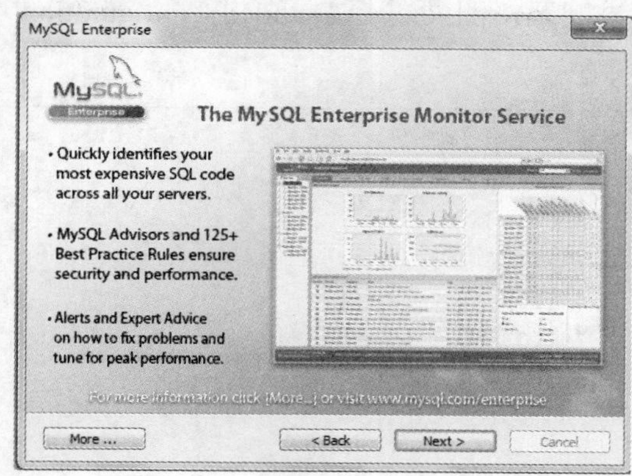

图 1.39　仍然是 MySQL 的安装信息

(8) 单击 Finish 按钮完成 MySQL 的安装，如图 1.40 所示。

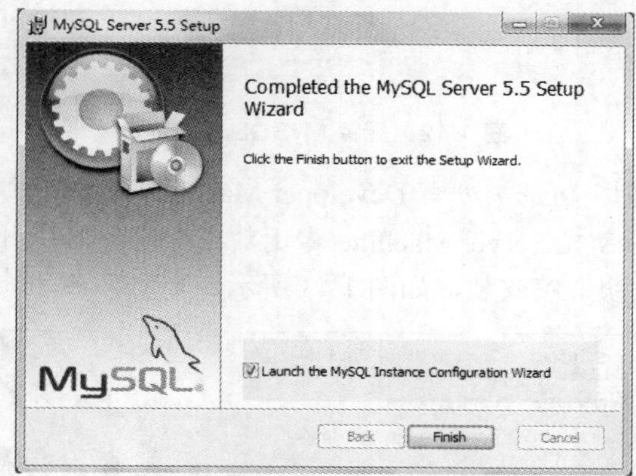

图 1.40　MySQL 安装完成

(9) 出现 MySQL 服务器配置的欢迎界面，单击 Next 按钮，如图 1.41 所示。

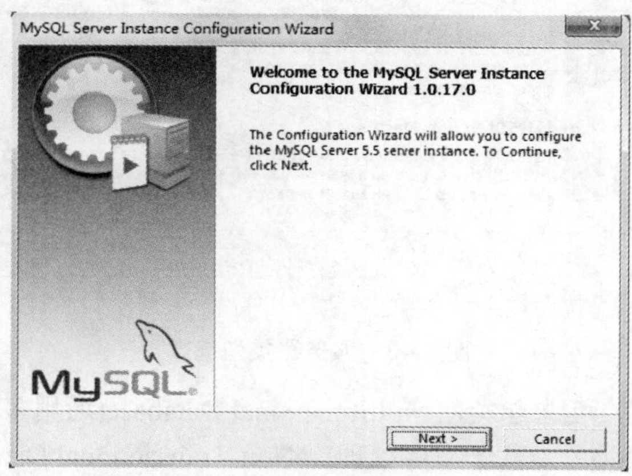

图 1.41　MySQL 服务器配置的欢迎界面

(10) 配置 MySQL 服务器，可选配置方式有 Detailed Configuration(手动精确配置)、Standard Configuration(标准配置)，此处选择 Detailed Configuration 单选按钮，单击 Next 按钮继续安装，如图 1.42 所示。

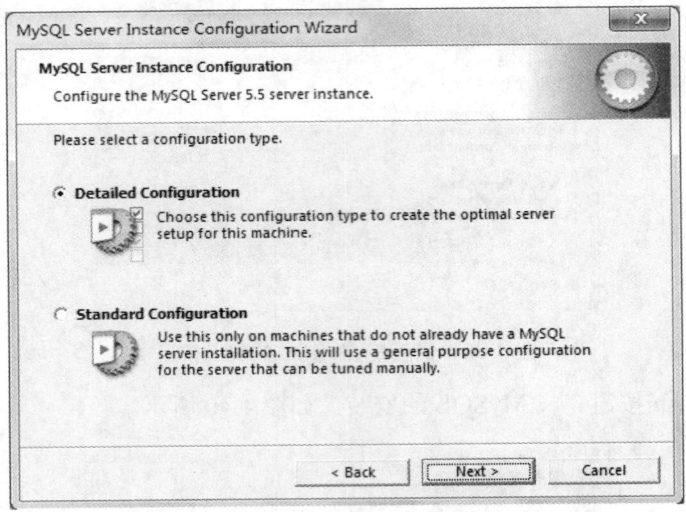

图 1.42　配置 MySQL 服务器

(11) 选择服务器类型，可选类型有 Developer Machine(开发测试类)、Server Machine(服务器类型)、Dedicated MySQL Server Machine(专用数据库服务器)，此处选择 Server Machine 单选按钮，单击 Next 按钮继续安装，如图 1.43 所示。

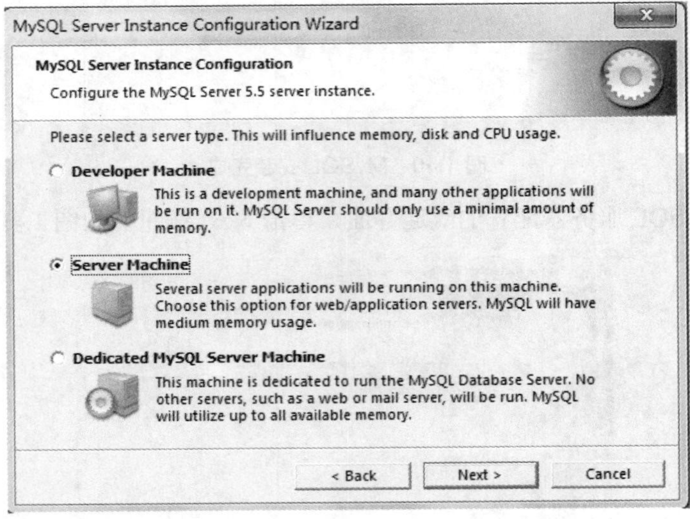

图 1.43　服务器类型选择

(12) 安装类型设置，可选方式有 Multifunctional Database(通用多功能型)、Transactional Database Only(服务器类型，专注于事务处理)、Non-Transactional Database Only(非事务处理类型)，此处选择 Transactional Database Only，单击 Next 按钮继续安装，如图 1.44 所示。

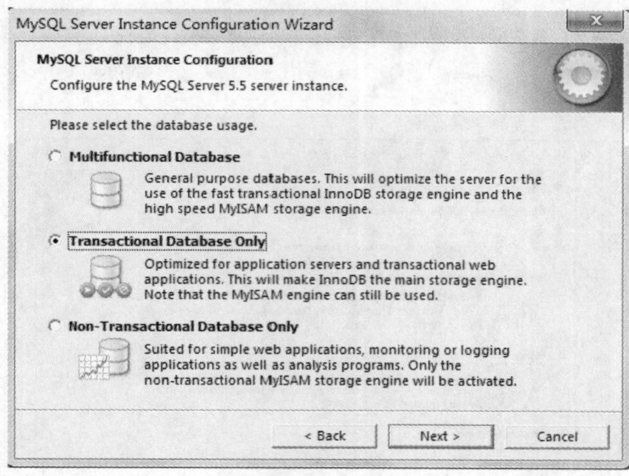

图 1.44　安装类型选择

(13) 进行 MySQL 表空间的设置，采用默认配置即可，单击 Next 按钮，如图 1.45 所示。

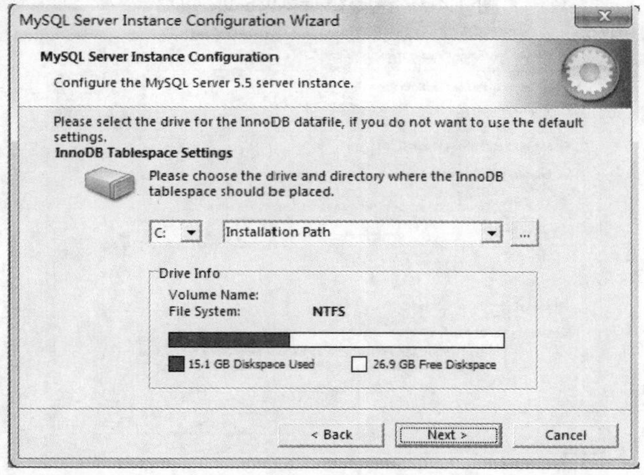

图 1.45　表空间设置

(14) 设置网站允许访问 MySQL 的最大数目，可选值有 Decision Support(DSS)/OLAP(20 个左右)、Online Transaction Processing(OLTP)(500 个左右)、Manual Setting(手动设置)，此处选择 Online Transaction Processing(OLTP)，单击 Next 按钮，如图 1.46 所示。

(15) 进行 MySQL 的端口设置，默认设置为 3306，选中 Enable Strict Mode 复选框，单击 Next 按钮继续安装，如图 1.47 所示。

(16) 进行 MySQL 字符集的设置，设置字符集如图 1.48 所示，单击 Next 按钮继续安装。

提示

MySQL 对于字符集的指定可以细化到一个数据库，一张表，一列，安装 MySQL 时，可以在配置文件(my.ini)中指定一个默认的字符集，如果没指定，这个值继承自编译时指定的；在创建数据库、表、字段的时候会使用这个默认的字符集。所以在安装 MySQL 的时候要注意字符集的设置。如果字符集的设置选择默认值，那么所有的数据库的所有表的所

有栏位的都用 latin1 存储。然而客户一般都会考虑多语言支持，所以需要将默认值设置为 UTF-8。

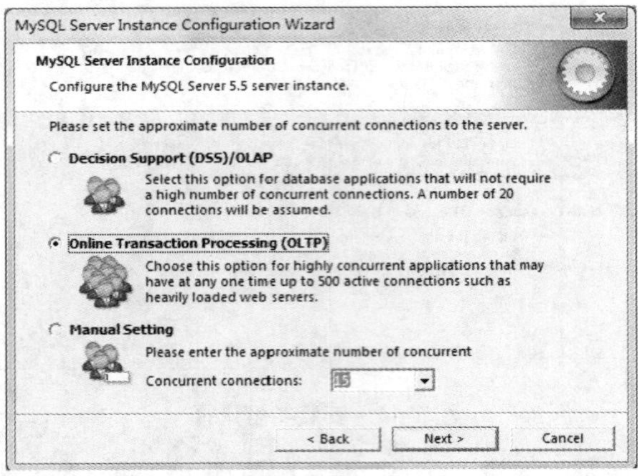

图 1.46 选择链接 MySQL 数目

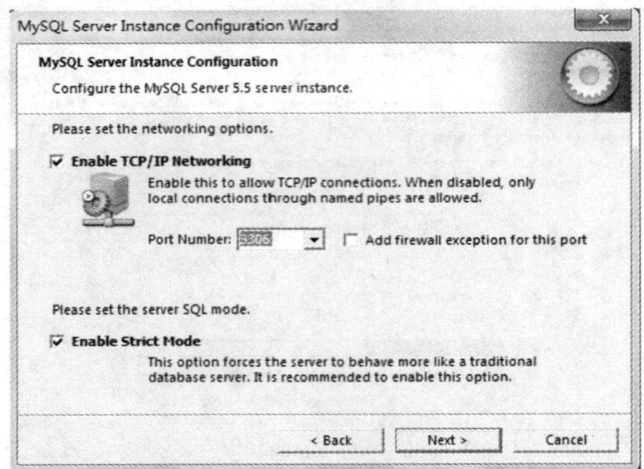

图 1.47 进行 MySQL 端口设置

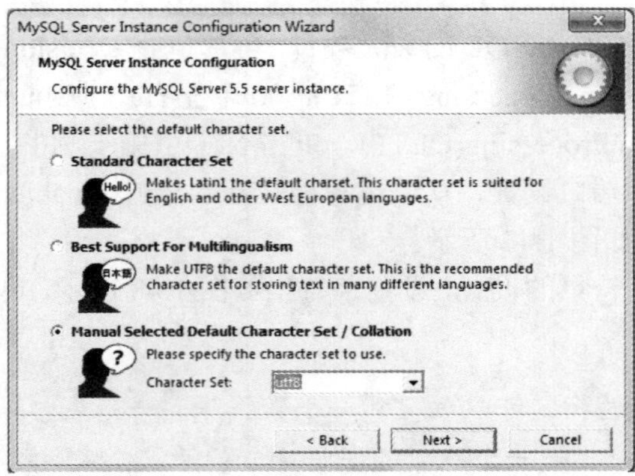

图 1.48 进行字符集设置

(17) 进行数据库注册，选中 Install As Windows Service 复选框，Service Name 的值指定默认的即可，选中 Include Bin Directory in Windows PATH 复选框，系统变量中添加安装 Bin 目录，单击 Next 按钮继续安装，如图 1.49 所示。

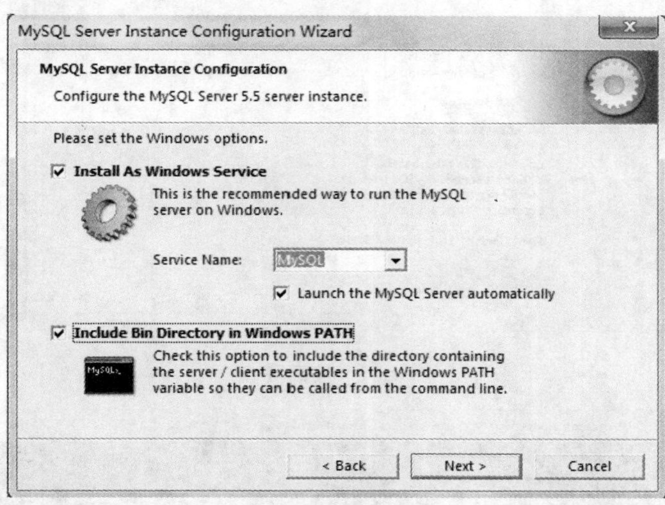

图 1.49　数据库注册

(18) 进行权限设置，设置超级管理员 root 用户的密码，设置完成后单击 Next 按钮继续安装，如图 1.50 所示。

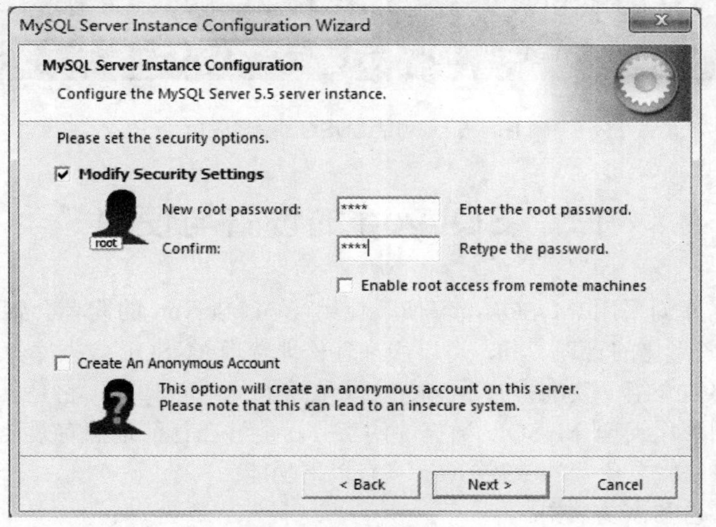

图 1.50　设置超级管理员的密码

(19) 安装成功，显示的界面如图 1.51 所示，单击 Finish 按钮完成安装。

安装完毕后，需要如下操作来测试 MySQL 是否安装成功。

在命令行输入 mysql -uroot -proot(-u 后面为用户名，-p 后面为数据库密码)，将会显示如图 1.52 所示效果，说明 MySQL 安装成功。

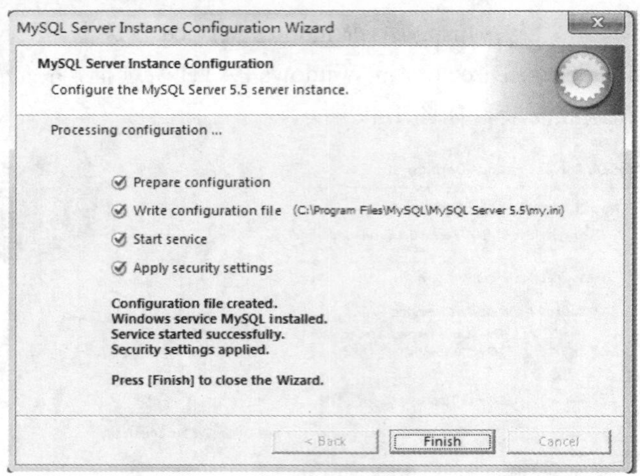

图 1.51 安装完成

```
管理员: C:\Windows\system32\cmd.exe - mysql -uroot -proot
Microsoft Windows [版本 6.1.7601]
版权所有 (c) 2009 Microsoft Corporation。保留所有权利。

C:\Users\SunLw>mysql -uroot -proot
Welcome to the MySQL monitor.  Commands end with ; or \g.
Your MySQL connection id is 4
Server version: 5.5.20 MySQL Community Server (GPL)

Copyright (c) 2000, 2011, Oracle and/or its affiliates. All rights reserved.

Oracle is a registered trademark of Oracle Corporation and/or its
affiliates. Other names may be trademarks of their respective
owners.

Type 'help;' or '\h' for help. Type '\c' to clear the current input statement.

mysql> _
```

图 1.52 测试 MySQL 安装成功

1.5 SQLyog 的设置与使用

本书的数据库均采用 MySQL，习惯于使用 SQL Server 的读者会感觉不方便。其实 MySQL 有很多图形化的管理工具，可以用来轻松地管理 MySQL 数据库。

下面就简要地介绍一款优秀的 MySQL 管理工具——SQLyog。它是一个易于使用的、快速而简洁的图形化管理 MySQL 数据库的工具，能够在任何地点有效地管理我们的数据库，而且它本身是完全免费的。SQLyog 具有以下功能：

- 快速备份和恢复数据。
- 以 GRID/TEXT 格式显示结果。
- 支持客户端挑选、过滤数据。
- 批量执行很大的 SQL 脚本文件。
- 快速执行多重查询，并能够返回每页超过 1000 条的记录集，而这种操作是直接生成在内存中的。
- 程序本身非常短小精悍，压缩后只有 348KB。

- 完全使用 MySQL C APIs 程序接口。
- 以直观的表格界面建立或编辑数据表。
- 以直观的表格界面编辑数据。
- 进行索引管理。
- 创建或删除数据库。
- 操纵数据库的各种权限：库、表、字段。
- 编辑 BLOB 类型的字段，支持 Bitmap/GIF/JPEG 格式。
- 输出数据表结构/数据为 SQL 脚本。
- 支持输入/输出数据为 CSV 文件。
- 可以输出数据库清单为 HTML 文件。
- 为所有操作建立日志。
- 个人收藏管理操作语句。
- 支持语法加亮显示。
- 可以保存记录集为 CSV、HTML、XML 格式的文件。
- 99%的操作都可以通过快捷键完成。
- 支持对数据表的各种高级属性的修改。
- 查看数据服务器的各种状态、参数等。
- 支持更改数据表类型为 ISAM、MYISAM、MERGE、HEAP、InnoDB、BDB。
- 刷新数据服务器、日志、权限、表格等。
- 诊断数据表——检查、压缩、修补、分析。

下面简要介绍 SQLyog 的基本使用。

1.5.1　SQLyog 的安装与设置

针对 SQLyog 的简要操作步骤如下。

1. 下载并安装 SQLyog

SQLyog 软件可以在 SQLyog 的官方网站(http://www.webyog.com/en/)或者华军软件园(http://www.onlinedown.net)下载，目前的最新版本为 10.03。双击下载的 EXE 文件，按照相应的提示进行安装即可。

2. 通过 SQLyog 来连接 MySQL

(1) 执行 File → New connection 命令。将打开连接提示对话框。单击“新建”按钮，将创建一个新的连接，给新连接定义一个名字“slw”，如图 1.53 所示。

(2) 单击“确定”按钮，在 MySQL 的设置界面中输入相关的数据，如图 1.54 所示。注意：Port 是安装 MySQL 时默认的访问端口，如果安装时未修改，则默认值为 3306。

(3) 当单击“连接”按钮时，将弹出“是否保存当前连接信息”的对话框，如图 1.55 所示。如果提示连接失败，应确认输入的用户名、密码或端口号是否正确。

(4) 当单击“是”按钮后，就完成了 SQLyog 与 MySQL 的连接。接下来就可以通过 SQLyog 进行 MySQL 的相关操作了，如图 1.56 所示。

图 1.53　创建新连接

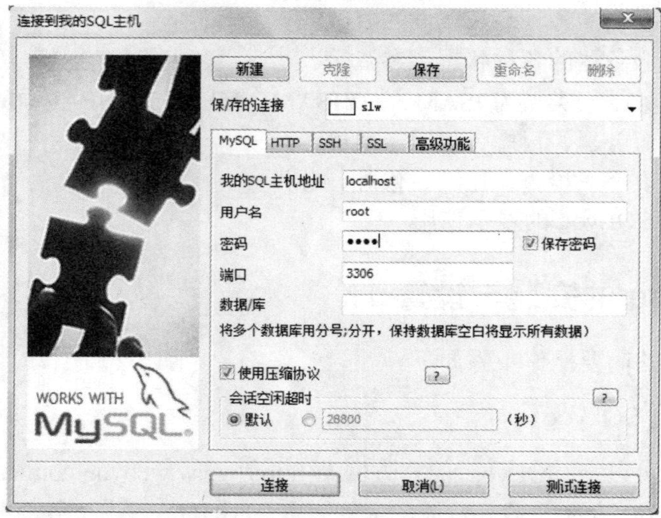

图 1.54　MySQL 的设置界面

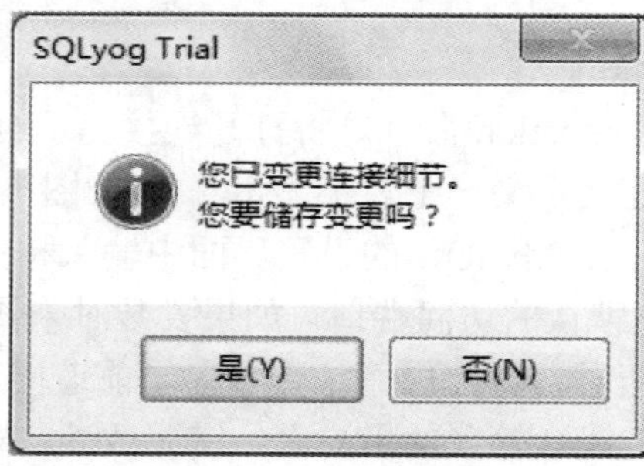

图 1.55　连接信息反馈对话框

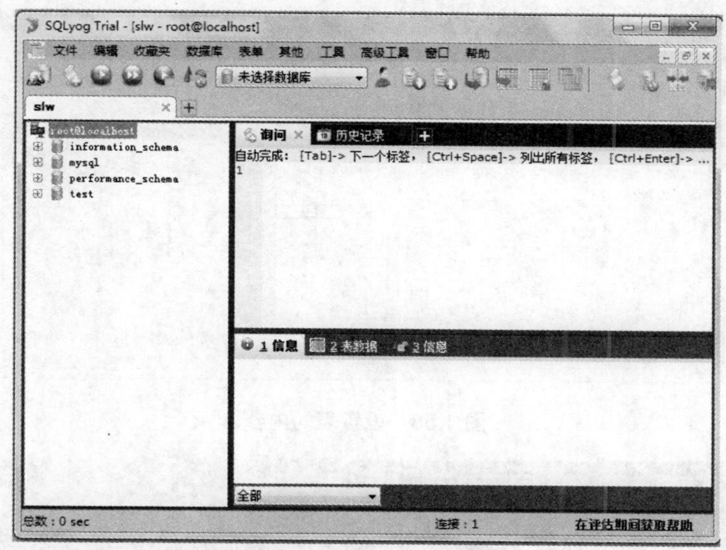

图 1.56　SQLyog 的操作界面

1.5.2　表的相关操作

SQLyog 的最大优点就是简化了对 MySQL 的操作，这里只是简要地罗列了与表相关的操作。

1. 创建表

在左侧的导航中选择所要操作的数据库，单击鼠标右键，从弹出的快捷菜单中选择“创/建”→“表”命令，创建新表，如图 1.57 所示。

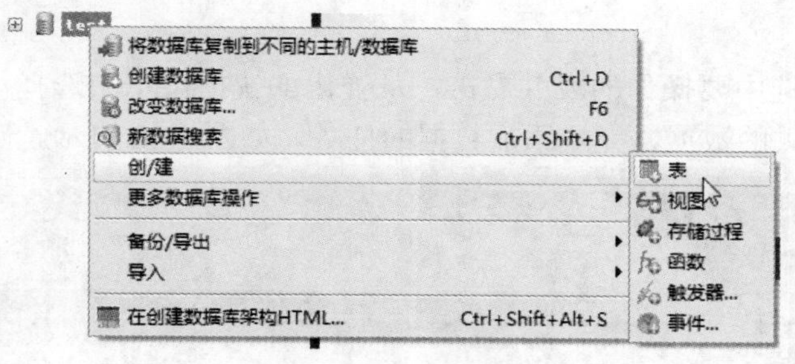

图 1.57　创建新表

2. 设置字段

在弹出的界面中，输入字段名，设置字段类型，设置字段长度，对于一些字段还可以设置相关的约束——常用的选项有主键约束(PK)、非空约束(Not Null)、自增长(Auto Increment)，如图 1.58 所示。

字段内容设置完之后，单击“保存”按钮，设置表名，即可完成表的创建。

当然也可以直接运行 SQL 语句，在代码区域输入相应的 SQL 语句，然后执行语句，即可完成相应的操作，如图 1.59 所示。

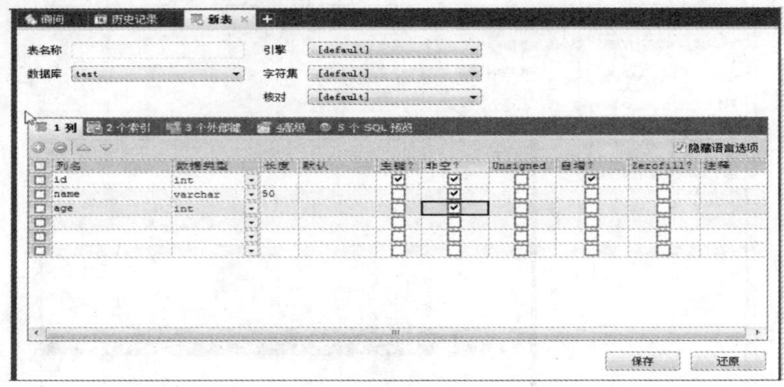

图 1.58　设置表的内容

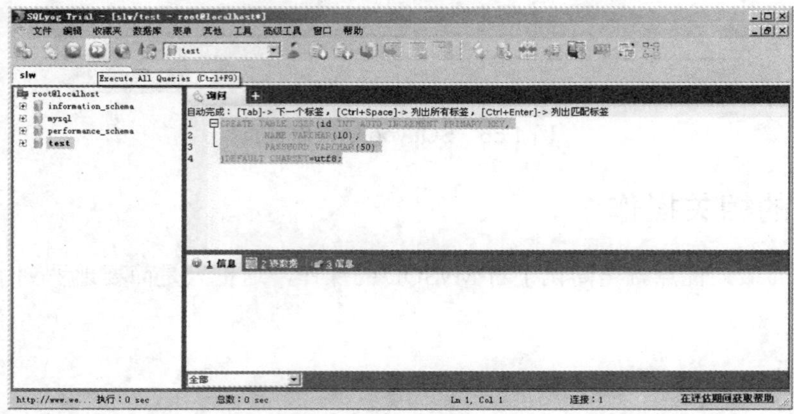

图 1.59　执行 SQL 语句

3. 添加数据

在左边的导航选中要操作的表并右击，从弹出的快捷菜单中选择“打开表”命令，然后可以直接输入相关的数据，完成添加数据的任务，如图 1.60 所示。

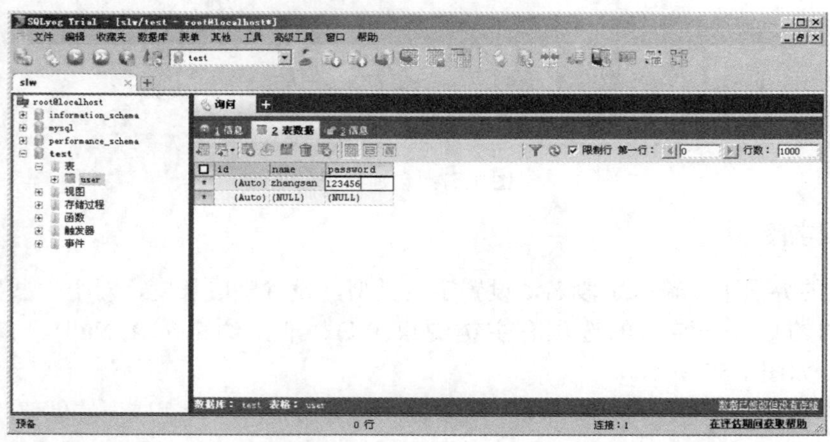

图 1.60　添加数据

4. 备份数据

选中数据库名称并右击，从弹出的快捷菜单中选择“备份/导出”→“备份数据库，转储到 SQL...”命令，可以将此数据库下的表输出为各种格式保存，常用的是保存为 SQL 语句，在保存的时候，可以选择要输出的字段，如图 1.61 所示。

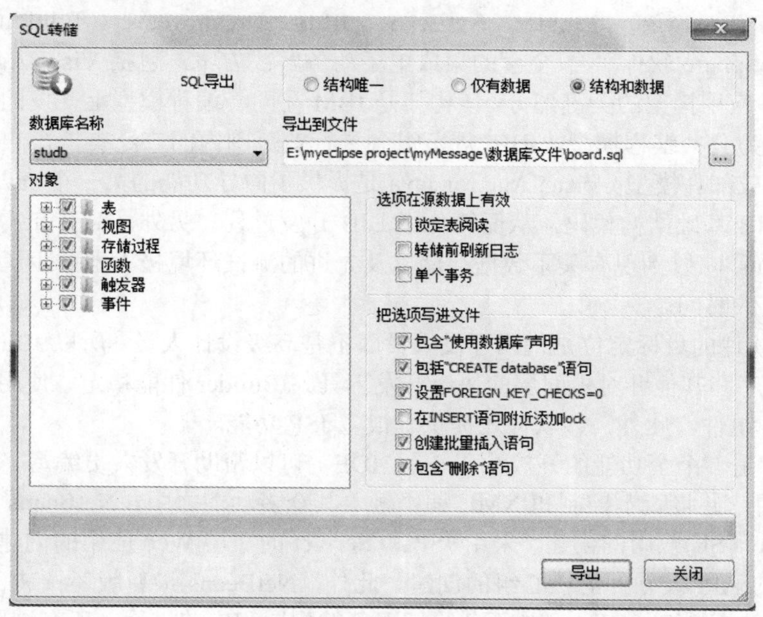

图 1.61　输出数据

也可以在数据库上单击鼠标右键，从弹出的快捷菜单中选择“导入”→“执行 SQL 脚本”命令，将指定的 SQL 文件中的表结构和数据导入到指定的数据库中，如图 1.62 所示。

图 1.62　备份数据库文件

以上内容只是对本书所涉及的 MySQL 操作进行概括的介绍，SQLyog 的功能越来越丰富。本小节并不是用来详细阐述 SQLyog 的详细功能，主要是基于开发中常用的功能来简要地讲解它的使用过程，如果需要详细地了解 SQLyog，可查阅它的官方帮助手册，或者其他相关的书籍。

1.6 JSP 常用开发软件介绍

JSP 引擎搭建起来后，就可以着手使用开发工具进行 JSP 的编程了，目前流行的 JSP 开发工具主要有 VisualAge、JBuilder、NetBeans、JRun、Dreamweaver、EditPlus 等。

IBM WebSphere 软件平台(全套的集成电子商务解决方案，包括 VisualAge for Java 1.2 版)是电子商务应用构架的关键部分，该构架是 IBM 在同一编程模型上开发的统一的端对端体系结构。作为公共编程模型，EJB 规范得到了行业范围内的广泛支持，它也是电子商务应用构架的集成部件模型。VisualAge for Java 是提供了向导功能的第一个 Java IDE，它可以生成大量的 EJB 基础结构代码，从而简化了 EJB 开发过程。另外，对话和实体 Beans 的创建向导把 Beans 映射到现有关系数据存储以及先进的测试环境极大地减少了创建、测试和部署 EJB 所花的时间。

JBuilder 软件的目标定位是代码开发人员而不是高级设计人员，所以 JBuilder 中包含了大量的向导程序和其他针对中间层的快速开发工具。JBuilder 性能稳定、使用方便，特别适用于创建 Java 组件。此外，该软件还提供了很多 JSP 功能。

NetBeans 是一个全功能的开放源码 Java IDE，可以帮助开发人员编写、编译、调试和部署 Java 应用，并将版本控制和 XML 编辑融入其众多功能之中。NetBeans 可支持 Java 2 平台标准版(Java SE)应用的创建、采用 JSP 和 Servlet 的 2 层 Web 应用的创建，以及用于二层 Web 应用的 API 及软件的核心组的创建。此外，NetBeans 最新版还预装了两个 Web 服务器，即 Tomcat 和 GlassFish，从而免除了繁琐的配置和安装过程。所有这些都为 Java 开发人员创造了一个可扩展的开源多平台的 Java IDE，以支持他们在各自所选择的环境中从事开发工作，如 Solaris、Linux、Windows 或 Macintosh。

NetBeans 是一个为软件开发者而设计的自由、开放的 IDE(集成开发环境)，可以在这里获得许多需要的工具，包括建立桌面应用、企业级应用、Web 开发和 Java 移动应用程序开发、C/C++，甚至 Ruby。NetBeans 可以非常方便地安装于多种操作系统平台，包括 Windows、Linux、Mac OS 和 Solaris 等操作系统。

JRun 是由 Allaire 公司开发的 Java 服务器软件，它支持 JSP 1.1、Servlet 2.2 规范，目前的最新版本是 JRun 4，但它的下载是要付费的，它是 Micromedia 的一个应用服务器，它基于 Sun 公司的 Java 2 平台企业版(Java EE)。JRun 由 Java 服务器页面(JSP)、Java Servlet、企业版 JavaBean、Java 事务服务(JTS)和 Java 消息服务(JMS)组成。JRun 和许多最流行的 Web 服务器一起合作，其中包括 Apache、Microsoft 的 Internet 信息服务器(IIS)，以及任何其他支持 Internet 服务器应用程序接口(ISAPI)或 Web 的公共网关接口(CGI)的 Web 服务器。

JRun 有 4 个版本：开发者版、专业版、高级版和企业版。开发者版本包括了整个的 JRun 包，但是它只对开发使用具有权限，并且限制在 3 个并发的连接。高级版本是为在机群服务器环境中配置 JSP 和 Servlet 应用程序而设计的。只使用一个服务器上的 Servlet 和基于 JSP 的 Web 应用程序的公司应该使用专业版。建立和开展 Java 应用程序电子商务的公司可以使用企业版。

Dreamweaver 是美国 Macromedia 公司开发的集网页制作和管理网站于一身的所见即所

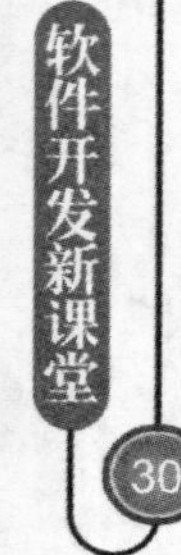

得的网页编辑器，它是第一套针对专业网页设计师特别开发的可视化网页开发工具，利用它可以轻而易举地制作出跨越平台限制和跨越浏览器限制的充满动感的网页。Macromedia 公司现在已被 Adobe 公司收购。

EditPlus 是一款由韩国人编写的小巧但是功能强大的可处理文本、HTML 和程序语言的 32 位编辑器，甚至可以通过设置用户工具将其作为 C、Java、PHP 等语言的简单 IDE。

虽然以上工具各有优势，但考虑在实际的开发过程中 Eclipse 或 MyEclipse 占绝大多数，所以本书所选用的 IDE 为 MyEclipse。

1.7 上机练习

(1) 下载并安装 JDK 软件，安装并配置好环境变量，然后通过记事本编写一个“HelloWorld.java”程序，使用 javac 命令编译 HelloWorld.java，并使用 java 命令运行。

(2) 下载并安装 Tomcat 软件，启动 Tomcat，测试安装是否正确。

(3) 下载并安装 MySQL 软件，启动 MySQL，创建一个名为 testmysql 的数据库，并创建一张表，设置其名为 person，并为之设置 3 个字段，分别为 id、name、score，类型分别为整型、字符串型、整型。并插入 5 条含有中文字符的数据。

(4) 将 testmysql 数据库导出为 backmysql.sql。

上机练习

第2章

网页布局与修饰

学前提示

做 Web 开发肯定离不开页面设计与修饰，可能读者觉得这只是美工所必备的技术，其实作为程序员，也应该有所了解。所以本书专门辟出此章来讲解 HTML、CSS、JavaScript 等技术，使读者对以上内容有清晰的认识。

知识要点

- HTML 的开发应用
- CSS 的运用
- JavaScript 语言的运用
- div 的运用

2.1 HTML 的开发应用

HTML 是 HyperText Markup Language 的缩写，其意思是“超文本标签语言”，HTML 语言文件的扩展名为.html 或.htm，就是网页文件。本章介绍的 HTML 的规范是 HTML 4.0.1，是 HTML 规范的最终版本。

HTML 语言中的标签是成对使用的，它使用一个开始标签和一个结束标签来标识文本，用<标签名>标识标签的开始，用</标签名>标识这个标签的结束。如果一对标签中嵌套了其他标签，这种标签也称为容器标签。HTML 中另外一种标签是不需要有结束标签的，它可以单独使用，这种标签称为空标签。

一个网页文件中的标签有一定的组成结构，不能随意打乱这种关系，下面的代码展示了最基本的网页文件的组成结构：

```
<html>
    <head>
        <title>标题部分</title>
    </head>
    <body>
        主体部分
    </body>
</html>
```

将上面的代码保存为*.html 或*.htm 格式的文件，然后使用浏览器打开这个文件，将显示如图 2.1 所示的效果。

图 2.1　htmldemo1.html 页面在浏览器中的显示效果

通过以上的效果，很容易就可以看出，这些标签都在各尽其责。下面就来介绍 HTML 的这些常用标签。

HTML 主要拥有以下标签。

- 全局架构标签：<html>、<head>、<title>、<body>。
- 格式标签：<p>、
、<nobr>、<blockquote>、<center>、<marquee>、<dl>、<dt>、<dd>、<ol>、<ul>、<li>、<pre>。
- 文本标签：<h1> ~ <h6>、<b>、<i>、<u>、<sub>、<sup>、<tt>、<cite>、<em>、<strong>、<font>。
- 超链接标签：<a>。
- 图像标签：<img>、<hr>。

- 表格标签：<table>、<tr>、<td>、<th>、<caption>。
- 框架标签：<frameset>、<frame>、<noframes>、<iframe>。
- 表单标签：<form>、<input>、<select>、<textarea>、<label>。
- 头元素标签：<base>、<link>、<meta>。
- 区域标签：<div>、<span>、<p>。

2.1.1　全局架构标签

1. <html>标签

该标签用于标记 HTML 文件，网页中所有其他的内容都要放在<html>和</html>之间。该标签的使用语法如下：

```
<html>
   ...
</html>
```

2. <head>标签

该标签用于标记网页的头部信息，标签内可使用<title>、<meta>等标签。该标签的使用语法如下：

```
<html>
   <head>
      ...
   </head>
</html>
```

3. <title>标签

该标签用于标记 HTML 的标题，即浏览器左上端的标题栏内容。

该标签的使用语法如下：

```
<html>
   <head>
      <title>
         网页的标题
      </title>
   </head>
</html>
```

4. <body>标签

该标签用于定义 HTML 的主体部分，即浏览器显示的窗口内容部分。该标签的使用语法如下：

```
<html>
   <head>...</head>
   <body>
```

```
        主体内容
    </body>
</html>
```

2.1.2 格式标签

1. <p>标签

该标签用来创建一个段落，标签可使用 align 属性，该属性可设置的值有 left、center 和 right 三个，分别用于标记页面文字信息的左对齐、居中和右对齐。

该标签的使用语法如下：

```
<html>
    <head>...</head>
    <body>
    <p align="center">段落内容</p>
    </body>
</html>
```

2.
标签

换行标签，该标签没有标签体。该标签的使用语法如下：

```
<html>
    <head>...</head>
    <body>
    主体内容<br />换行后继续显示的主体内容
    </body>
</html>
```

3. <nobr>标签

该标签用于防止浏览器对数据过长的数据进行自动换行的操作。

该标签的使用语法如下：

```
<html>
    <head>...</head>
    <body>
    主体内容<nobr>不自动换行的内容(一行数字、货币、日期等类型)</nobr>
    </body>
</html>
```

4. <blockquote>标签

该标签用于在浏览器中显示标签内的内容为缩进的效果。该标签的使用语法如下：

```
<html>
    <head>...</head>
    <body>
        <blockquote>需要缩进的内容</blockquote>
    </body>
</html>
```

5. <center>标签

该标签用于将标签内的内容水平居中显示。该标签的使用语法如下：

```
<html>
    <head>...</head>
    <body>
        <center>需要水平居中的内容</center>
    </body>
</html>
```

6. <marquee>标签

该标签用于在浏览器中移动显示标签体内的图像或文字，该标签有一属性 direction，该属性用于指定移动的方向，可以设置的值有 left、right、down、up，分别表示水平向左、水平向右、垂直向上、垂直向下。该标签的另外一个属性是 behavior，该属性用于指定移动的行为，可以设置的值有 scroll、alternate、slide 三个。该标签的使用语法如下：

```
<html>
    <head>...</head>
    <body>
        <marquee direction="方向" behavior="行为">需要移动的内容</marquee>
    </body>
</html>
```

7. <dl>标签

该标签用于创建一个列表，与嵌套在内部的 dt、dd 一起使用。该标签的使用语法如下：

```
<html>
    <head>...</head>
    <body>
        <dl>
            <dt>第一层内容</dt>
                <dd>第二层内容</dd>
        </dl>
    </body>
</html>
```

8. <dt>标签

该标签必须嵌套在<dl>标签内，在浏览器中，该标签内的内容将在列表的第一层显示。该标签的使用语法如下：

```
<html>
    <head>...</head>
    <body>
        <dl>
            <dt>第一层内容</dt>
                <dd>第二层内容</dd>
        </dl>
```

```
    </body>
</html>
```

9. <dd>标签

该标签嵌套在<dl>标签内，配合<dt>一起使用，在浏览器中该标签的内容作为列表的第二层显示。该标签的使用语法如下：

```
<html>
    <head>...</head>
    <body>
        <dl>
            <dt>第一层内容</dt>
                <dd>第二层内容</dd>
        </dl>
    </body>
</html>
```

10. <ol>标签

该标签用来创建一个有序的列表，该标签内有一子标签<li>，多个<li>标签同时嵌套在<ol>中，在浏览器中显示的时候列表前的数字以递增的形式显示。该标签的使用语法如下：

```
<html>
    <head>...</head>
    <body>
        <ol>
        <li>列表内容</li>
        </ol>
    </body>
</html>
```

11. <ul>标签

该标签用来创建一个无序的列表，该标签内有一子标签<li>，每个列表内容前都有一圆点。该标签的使用语法如下：

```
<html>
    <head>...</head>
    <body>
        <ul>
            <li>列表内容</li>
        </ul>
    </body>
</html>
```

12. <li>标签

该标签是<ol>、<ul>标签的子标签，用于定义标签的内容。
该标签的使用语法如下：

```
<html>
    <head>...</head>
    <body>
        <ol>
            <li>列表内容</li>
        </ol>
        <ul>
            <li>列表内容</li>
        </ul>
    </body>
</html>
```

13. <pre>标签

该标签用于对文本进行预格式化处理，该标签内不可以使用<img>标签插入图片，也不可以使用<object>标签插入 ActiveX 控件或 Java 小程序。该标签的使用语法如下：

```
<html>
    <head>...</head>
    <body>
        <pre>
        需要预格式化的文本内容
        </pre>
    </body>
</html>
```

2.1.3　文本标签

1. <h1> ~ <h6>标签

该标签用于设置标题的大小，分为 6 个级别，其中<h6>为字号最小的标题标签，<h1>为字号最大的标题标签。该标签的使用语法如下：

```
<html>
    <head>...</head>
    <body>
        <h1>标题内容</h1>
        <h2>标题内容</h2>
        <h3>标题内容</h3>
        <h4>标题内容</h4>
        ...
    </body>
</html>
```

2. <b>标签

该标签用于使标签内的文字以粗体显示。该标签的使用语法如下：

```
<html>
    <head>...</head>
    <body>
```

```
        <b>需要加粗的文字</b>
    </body>
</html>
```

3. <i>标签

该标签用于使标签内的文字以斜体显示。该标签的使用语法如下：

```
<html>
    <head>...</head>
    <body>
        <i>需要以斜体显示的文字</i>
    </body>
</html>
```

4. <u>标签

该标签用于使标签内的文字以带下划线的形式显示。该标签的使用语法如下：

```
<html>
    <head>...</head>
    <body>
        <u>需要添加下划线的文字</u>
    </body>
</html>
```

5. <sub>标签

该标签用于建立一个下标。该标签的使用语法如下：

```
<html>
    <head>...</head>
    <body>
        <sub>需要设置为下标的内容</sub>
    </body>
</html>
```

6. <sup>标签

该标签用于创建一个上标。该标签的使用语法如下：

```
<html>
    <head>...</head>
    <body>
        <sup>需要设置为上标的内容</sup>
    </body>
</html>
```

7. <tt>标签

该标签用于显示打字机风格的文本。该标签的使用语法如下：

```
<html>
```

```
    <head>...</head>
    <body>
        <tt>文本内容</tt>
    </body>
</html>
```

8. <cite>标签

该标签用于显示引用方式的字体，通常为斜体。该标签的使用语法如下：

```
<html>
    <head>...</head>
    <body>
        <cite>需要显示引用方式的内容</cite>
    </body>
</html>
```

9. <em>标签

该标签用于显示强调的文本，通常为斜体加粗。该标签的使用语法如下：

```
<html>
    <head>...</head>
    <body>
        <em>需要强调的文本</em>
    </body>
</html>
```

10. <strong>标签

该标签用于显示加重文本，通常为黑体加粗。该标签的使用语法如下：

```
<html>
    <head>...</head>
    <body>
        <strong>需要加重的文本内容</strong>
    </body>
</html>
```

11. <font>标签

该标签用于设置文本的字体、颜色、字号，该标签的 3 个属性分别为 face、color、size，face 属性用于设置文本的字体样式，color 用于设置文本的颜色，size 用于设置文本的字体大小。该标签的使用语法如下：

```
<html>
    <head>...</head>
    <body>
        <font face="字体样式(宋体..)" color="颜色" size="大小(-7~7 之间的数字)">
            需要加重的文本内容
        </font>
```

```
    </body>
</html>
```

2.1.4 超链接标签

1. <a href=“ ”>标签

该标签用于将标签内的内容设置为超链接，并用 href 属性设置链接到的 URL，该标签的另外一个属性是 target，用于设置是否在新窗口中打开 URL 链接的页面。该标签的使用语法如下：

```
<html>
    <head>...</head>
    <body>
        <a href="链接的 URL" target="是否在新窗口显示">
            需要创建超链接的文本或图像</a>
    </body>
</html>
```

2. <a name=“ ”>标签

该标签用于定制一个锚点，配合<a href=“”>标签使用，可以使<a href=“”>标签链接到<a name=“”>标签的位置。

该标签的使用语法如下：

```
<html>
    <head>...</head>
    <body>
        <a name="锚点">定制锚点位置
        ...
        <a href="#锚点">跳转到定制锚点的位置</a>
    </body>
</html>
```

2.1.5 图像标签

1. <img>标签

该标签用于插入一个图像内容，该标签的 src 属性用于设置图像文件的相对或绝对 URL 地址。该标签的其他属性如下。

- alt 属性：该属性用于指定当鼠标移动到图像上时，图像上显示的提示文本。当图像无法加载的时候，浏览器将在图像处显示 alt 属性设置的文本信息。
- align 属性：该属性用于设置图像与其周围文本的对齐方式，可设置 top、bottom、left、right 等值。
- border 属性：该属性用于指定图像的边框宽度，设置值可以是大于或者等于 0 的整数，默认的单位是像素。
- width 和 height 属性：该属性用于指定图像在浏览器中显示的宽度和高度，默认单位是像素。

该标签的使用语法如下：

```
<html>
    <head>...</head>
    <body>
        <img src="图像文件的地址" alt="提示文本" align="对齐方式"
            border="边框宽度" width="图像显示的宽度" height="图像显示的高度">
    </body>
</html>
```

2. <hr>标签

该标签用于显示一条水平线，可设置的属性如下。

- size：设置水平线的粗细。
- color：设置水平线的颜色。
- width：设置水平线的宽度。
- noshade：可直接使用，用于说明水平线显示时无阴影。

该标签的使用语法如下：

```
<html>
    <head>...</head>
    <body>
        <hr size="粗细" color="颜色" width="宽度" noshade(无阴影)>
    </body>
</html>
```

2.1.6　框架标签

1. <frameset>标签

该标签用于创建一个框架集，并对框架集中的各帧进行定位。该标签可设置的主要属性如下。

- rows：用来规定主文档中有几行帧窗口及各个帧窗口的大小，该属性取值可以由多个百分数、绝对像素值或星号(*)组成，各值之间以逗号隔开。
- cols：用来规定主文档中有几列帧窗口及各个帧窗口的大小，该属性取值可以由多个百分数、绝对像素值或星号(*)组成，各值之间以逗号隔开。

该标签的使用语法如下：

```
<frameset rows="80,*" cols="*" frameborder="no" border="0"
  framespacing="0">
    <frame src="..." name="topFrame" .../>
    <frame src="..." name="bottomFrame" .../>
</frameset>
```

2. <frame>标签

该标签用于定义具体的帧窗口，该标签必须嵌套在<frameset>标签内使用。该标签可设

置的主要属性如下。

- src：用来指定帧窗口中装载的网页文件的 URL 地址。
- name：用来指定该帧窗口的名字。如果其他窗口的超链接标签<a href="" target="">中的 target 属性指定的名字为该帧窗口的名字，那么单击超链接的时候，则在该帧窗口显示链接的 URL 内容。

该标签的使用语法如下：

```
<frameset>
   <frame src="装载的 URL 地址" name="帧窗口的名字" .../>
</frameset>
```

3. <noframes>标签

该标签用于在不支持帧的浏览器中显示文本或图像信息。该标签的使用语法如下：

```
<html>
    <head>...</head>
    <frameset cols="25%,*">
        <frame ...>
        <frame ...>
        <noframes>
            <body>
                <center>您的浏览器不支持“帧”窗口</center>
            </body>
        </noframes>
    </frameset>
</html>
```

4. <iframe>标签

该标签是在一个网页中插入一个简单的帧窗口。该标签可设置的主要属性如下。

- name：指定该帧窗口的名字。
- src：指定帧窗口中装载的网页文件的 URL 地址。

该标签的使用语法如下：

```
<html>
    <head>...</head>
    <body>
        ...
        <iframe name="myiframe" src="index.html">
        ...
    </body>
</html>
```

2.1.7 表格标签

1. <table>标签

该标签用来创建表格，该标签可设置的属性如下。

- bgcolor：设置表格的背景颜色。
- border：设置边框的宽度，如不设置，则默认为 0。
- bordercolor：设置边框的颜色。
- bordercolorlight：设置边框明亮部分的颜色。
- bordercolordark：设置边框昏暗部分的颜色。
- cellspacing：设置单元格之间的间距大小。
- cellpadding：设置单元格边框与其内部内容之间的间隔大小。
- width：设置表格的宽度。
- height：设置表格的高度。

该标签的使用语法如下：

```
<html>
    <head>...</head>
    <body>
        <table border="边框宽度" bgcolor="背景颜色" ...>
            <tr>
                <td>
                    列信息
                </td>
            </tr>
        </table>
    </body>
</html>
```

2. <tr>标签

该标签用于标识一个行信息，该标签必须在<table>标签内部使用，与子标签<td>组合使用，形成一个表格。该标签属性如下。

- align：该属性用于设置单元格的内容与单元格的水平对齐方式，该属性可设置的值为 center(居中对齐)、left(左对齐)、right(右对齐)。
- valign：该属性用于设置单元格的内容与单元格的垂直对齐方式，该属性可设置的值为 top(顶部对齐)、middle(居中对齐)、bottom(底部对齐)。
- bgcolor：该属性用于设置某一行的背景颜色。

该标签的使用语法如下：

```
<html>
    <head>...</head>
    <body>
        <table>
            <tr align="水平对齐方式" valign="垂直对齐方式" bgcolor="背景颜色">
                <td>
                    列信息
                </td>
            </tr>
        </table>
    </body>
</html>
```

3. <td>标签

该标签用于给表格的行创建列，标签必须嵌套在<tr>标签内使用。该标签的属性如下。

- align：设置单元格的内容在单元格内的水平对齐方式，该属性可设置的值为center(居中对齐)、left(左对齐)、right(右对齐)。
- valign：设置单元格的内容的垂直对齐方式，该属性可设置的值为 top(顶部对齐)、middle(居中对齐)、bottom(底部对齐)。
- colspan：设置单元格所跨占的列数。
- rowspan：设置单元格所跨占的行数。
- nowrap：禁止单元格内容的自动换行。
- height：设置单元格的高度。
- width：设置单元格的宽度。

该标签的使用语法如下：

```
<html>
    <head>...</head>
    <body>
        <table>
            <tr>
                <td align="水平对齐方式" colspan="跨列数" rowspan="跨行数" ...>
                    列信息
                </td>
            </tr>
        </table>
    </body>
</html>
```

4. <th>标签

该标签的用法与<td>标签用法完全一样，只是<th>标签的内容显示的字体是黑体居中的。通常情况下，该标签用于表格的第一行，作为表格的头部。该标签的使用语法如下：

```
<html>
    <head>...</head>
    <body>
        <table>
            <tr>
                <th align="水平对齐方式" clospan="跨列数" rowspan="跨行数" ...>
                    列表头信息
                </th>
            </tr>
        </table>
    </body>
</html>
```

5. <caption>标签

该标签紧跟在<table>标签之后，标签的内容作为表格的标题显示。

该标签的使用语法如下：

```
<html>
    <head>...</head>
    <body>
        <table>
            <caption>标题</caption>
            <tr>
                <th align="水平对齐方式" clospan="跨列数" rowspan="跨行数" ...>
                    列表头信息
                </th>
            </tr>
        </table>
    </body>
</html>
```

2.1.8　表单标签

1. <form>标签

该标签用于定义一个表单，在标签之间需要嵌入表单元素，如文本框、列表框、复选框、单选按钮、提交按钮等。该标签的主要属性如下。

- action：该属性用于设置表单提交到的服务器程序的 URL。
- method：该属性用于设置表单提交的方式，取值为 GET 和 POST 之一。
- target：该属性用于指定服务器返回的结果显示的目标窗口。
- title：该属性用于设置当鼠标在表单任意位置停留的时候，浏览器用黄色小浮标显示的文本信息。

该标签的使用语法如下：

```
<html>
    <head>...</head>
    <body>
    <form action="表单提交到的 URL" method="POST" target="结果显示的窗口"
      title="表单名字">
        ...表单内元素...
    </form>
    </body>
</html>
```

2. <input>标签

该标签用于定义一个表单元素，根据类型的不同，可以定义出各类的标签，如文本框、单选按钮、提交按钮等。该标签的可选类型如下。

- submit：用于创建一个提交按钮。
- reset：用于创建一个重置按钮。
- text：用于创建一个文本输入框。
- checkbox：用于创建一个复选框。

- radio：用于创建一个单选按钮。
- hidden：用于创建一个隐藏域。
- password：用于创建一个密码输入框。
- button：用于创建一个普通类型的按钮。
- file：用于创建一个文件上传域。
- image：用于创建一个图像域。

下面使用表单标签绘制如图 2.2 所示的表单示例效果。

图 2.2　表单示例效果

该页面的源代码如下所示：

```
<html>
<head>表单页测试</head>
<body>
<form action="表单提交到的 URL" method="POST" target="结果显示的窗口"
  title="表单名字">
    <input type="hidden" name="id" value="1">
    照片：<input type="image" name="myphoto" src="myphoto.jpg"><br>
    用户名：<input type="text" name="username"/><br>
    密码：<input type="password" name="password"/><br>
    性别：<input type="radio" name="sex" value="男" checked="checked">男 
    <input type="radio" name="sex" value="女">女<br>
    语言：<input type="checkbox" name="language" value="China">
    China  <input type="checkbox" name="language" value="English">
    English<br>
    上传附件：<input type="file" name="myfile">
    <input type="submit" value="Submit" name="Submit"> 
    <input type="reset" value="Reset" name="Reset"> 
    <input type="button" value="Close" name="Close">
</form>
</body>
</html>
```

3. <select>标签

该标签用于创建一个下拉列表框或可复选的列表框，标签的 size 属性用于设定列表框显示的选项数目，默认为 1。该标签需要包含<option>标签一起使用，<option>标签的属性如下。

- value：保存列表框的值。
- selected：设置列表框默认选择的选项。

该标签的使用语法如下：

```
<html>
    <head>...</head>
    <body>
    <form ...>
        <select name="列表的名字" size="1">
            <option value="选项的值 1" selected>列表 1</option>
            <option value="选项的值 2">列表 2</option>
        </select>
    </form>
    </body>
</html>
```

4. <textarea>标签

该标签用于创建一个文本域。该标签的属性如下。

- cols：设置文本框的列数。
- rows：设置文本框的行数。

该标签的使用语法如下：

```
<html>
    <head>...</head>
    <body>
    <form ...>
        <textarea cols="列数" rows="行数">文本域</textarea>
    </form>
    </body>
</html>
```

5. <label>标签

该标签可以用快捷键在表单字段元素之间进行切换，选中或取消选中复选框，选择单选按钮。该标签的属性如下。

- for：该属性用于指定作用于表单字段元素的快捷键，设置值必须与某个表单字段元素的 id 值相同。
- accesskey：该属性用于设置快捷键，设置的值使用时需同时按下 Alt 键。

该标签的使用语法如下：

```
<html>
    <head>...</head>
```

```
    <body>
    <form ...>
        <label for="uname" accesskey="a">用户名：</label>
        <input type="text" name="username" id="uname">
        ...
    </form>
    </body>
</html>
```

2.1.9 头元素标签

1. <base>标签

该标签用于指定网页中的超链接的地址，以改变网页中所有使用相对地址的 URL 的基准地址。该标签的属性如下。

href：该属性用于设定该网页中所有使用 HTTP 协议的相对 URL 地址的基地址。

该标签的使用语法如下：

```
<html>
    <head>
        <base href="http://www.bj-java.com"/>
    </head>
    <body>
        ...
    </body>
</html>
```

2. <link>标签

该标签只能用于文件的开头部分，即标签<head>与</head>之间，它定义了当前文档和另一个文档或资源之间的关系。

该标签的属性如下。

- href：该属性是必须设定的，并且该属性包含着第二个资源的 URL。
- title：该属性说明链接的关系。
- rel、rev：定义链接的资源之间的关系类型，两者必须只能选其一。
- type：指定目标资源的类型。如 CSS 样式文件的类型是“text/css”。
- media：该属性用于指定目标资源被接受的方式。

该标签的使用语法如下：

```
<html>
    <head>
        <link rel="stylesheet" type="text/css" href="URL"/>
    </head>
    <body>
        ...
    </body>
</html>
```

3. <meta>标签

该标签用于设置网页的描述信息。该标签的使用语法如下：

```
<html>
    <head><meta name="值" content="值内容信息"/></head>
    <body>
        ...
    </body>
</html>
```

2.1.10 区域标签

1. <div>标签

该标签用于将 HTML 标签组合成一个区域块。标签内可包含任何 HTML 标签。该标签的使用语法如下：

```
<html>
    <head>...</head>
    <body>
        <div>
        <table>...任何 HTML 元素...</table>
        </div>
    </body>
</html>
```

2. <span>标签

该标签是一个文本片段标签，用于在同一行文本内选取一个片段。该元素内只可以为文本级元素。该标签的使用语法如下：

```
<html>
    <head>...</head>
    <body>
        <span>文本信息</span>文本信息
    </body>
</html>
```

3. <p>标签

该标签是段落标签，用于为文本设定一个段落。该标签的使用语法如下：

```
<html>
    <head>...</head>
    <body>
        <p>段落 1</p>
        <p>段落 2</p>
    </body>
</html>
```

提示

div(division)是一个块级元素，可以包含段落、标题、表格，乃至诸如章节、摘要和备注等。而 span 是行内元素，span 的前后是不会换行的，它没有结构的意义，纯粹是应用样式，当其他行内元素都不合适时，可以使用 span。

2.2 CSS 的运用

在 HTML 中虽然有很多标签都可以控制页面的效果，但是它们的功能都很有限，CSS 就是要对网页的效果实现得更完美一些。就 HTML 语言的特点来看，每一种风格样式都需要用一个样式名称和相关的设置值来标识，CSS 就是规定了各种显示风格样式的名称和设置值的规则。读者只需要从整体结构上了解 CSS 和知道 CSS 的几种设置方式即可，不需要死记硬背 CSS 中的种类繁多的样式名称和具体细节。在实际的开发中，使用网页制作工具软件来辅助完成这些工作就可以了。

CSS 有 4 种方式可以将样式表加入到 HTML 文件中。4 种方式分别是内联样式表、嵌入样式表、外联样式表、输入样式表，下面依次对这 4 种引入 CSS 的方式进行简要介绍。

1. 内联样式表

HTML 标签直接使用 style 属性，称为内联样式(Inline Style)。它适用于只需要简单地将一些样式应用于某个独立的元素的情况。在使用内联样式的过程中，建议读者在<head>标签中添加<meta>标签，添加的<meta>标签如下：

```
<head>
    <meta http-equiv="Content-Style-Type" content="text/css">
</head>
```

下面通过一个示例来演示内联样式的用法：

```
<input style="border:3px" name="uname" type="text">
```

以上代码设置输入框的边框宽度为 3px，效果如图 2.3 所示。

图 2.3　内联样式效果

因为内联样式和需要展示的内容混合在一起，这样将失去样式表的一些优点。一般使用 id 属性来代替 style 属性。

2. 嵌入样式表

嵌入样式是在<head>标签内添加<style></style>标签对，在标签对内定义需要的样式。嵌入样式的使用示例如下：

```
<html>
<head>
<style type="text/css">
<!--
td{font:9pt;color:red}
.font105{font:10.5pt;color:blue}
-->
</style>
</head>
<body>
...
</body>
</html>
```

3. 外联样式表

外联样式是将<style>标签内的样式语句定义在扩展名为.css 的文件中。通过使用<link>标签引入样式文件。外联样式的使用示例如下：

```
<html>
<head>
<link rel="stylesheet" href="/css/default.css">
</head>
<body>
...
</body>
</html>
```

属性 rel 用来说明<link>元素在这里要完成的任务是连接一个独立的 CSS 文件。而 href 属性给出了所要连接 CSS 文件的 URL 地址。

4. 导入样式表

导入样式是使用 CSS 的@import 命令将一个外部样式文件输入到另外一个样式文件中，被输入的样式文件中的样式规则定义语句就成了输入到的样式文件中的一部分。导入样式的使用示例如下：

```
<html>
<head>
<style type="text/css">
<!--
@import url(/css/style.css);
-->
</style>
<body>
...
</body>
</html>
```

关于引入 CSS 的方式，外联样式表和导入样式表都是推荐的使用方式，因为它们具有

以下优点。

① 多个 HTML 文档可以共享同一个样式表。

② 修改样式表文件的时候不用打开 HTML 文档。

如果样式设置冲突怎么办？外联样式表拥有最低的优先级，因此一旦产生样式冲突，则外联样式属性不会产生作用。

2.2.1 样式规则选择器

样式的定义可分为两部分，第一部分定义样式规则的选择器，样式规则选择器主要分为 HTML 标签选择器、类选择器、ID 选择器、通用选择器和伪类选择器；第二部分定义样式规则。下面分别予以介绍。

1. HTML 标签选择器

在 HTML 页面中使用的标签，如果在 CSS 中被定义，那么此网页的所有该标签都将按照 CSS 中定义的样式显示。下面通过一个示例来演示 HTML 标签选择器的使用：

```
<html>
<head>
<style>
h2 { color: orange; }
h4 { color: green; }
p { font-weight: bold; }
</style>
</head>
<body>
...
</body>
</html>
```

这段代码的意思即——页面中所有 h2、h4、p 元素将自动匹配相应的样式设置。例如 h2 元素所修饰的内容显示为桔黄色，h4 元素所修饰的内容显示为绿色，p 元素所修饰的内容文字加粗显示。

2. 类选择器

使用 HTML 标签的 class 属性引入 CSS 中定义的样式规则的名字，称为类选择器，class 属性指定的样式名字必须是以“.”开头。下面通过一个示例来演示类选择器的使用。

嵌入式样式代码写法如下：

```
<style type="text/css">
<!--
.mycss {
    //设置背景颜色
    background-color: #99CCCC;
}-->
</style>
```

在页面中使用类选择器：

```
<table width="200" border="1" cellpadding="0" cellspacing="0">
    <tr>
        //在两列上使用类选择器方式来设置样式
        <td class="mycss"> </td>
        <td class="mycss"> </td>
    </tr>
    <tr>
        <td> </td>
        <td> </td>
    </tr>
</table>
```

代码实现的效果如图 2.4 所示。

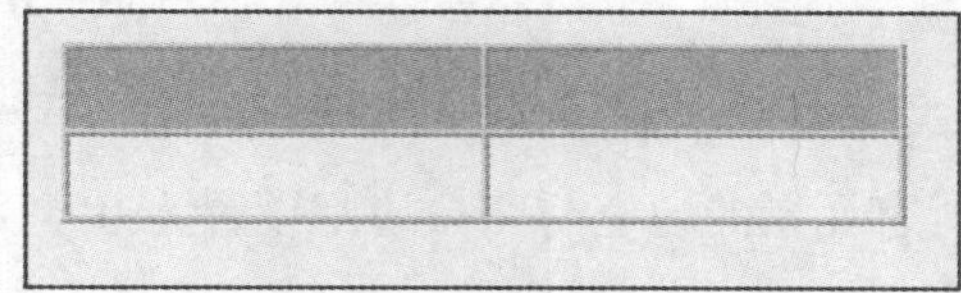

图 2.4　使用类选择器

3. ID 选择器

ID 属性是用来定义某一特定的 HTML 元素，与 class 属性刚好相反，class 属性是用来定义一组功能或格式相同的 HTML 元素。ID 选择器定义的 CSS 名称必须以“#”开头，下面通过一个示例来演示 ID 选择器的使用。

样式代码设置如下：

```
<style type="text/css">
<!--
#mycss {
   background-color: #99CCCC;
}-->
</style>
```

在页面中使用 ID 选择器：

```
<table width="200" border="1" cellpadding="0" cellspacing="0">
   <tr>
      <td id="mycss"> </td>
      <td id="mycss"> </td>
   </tr>
   <tr>
      <td> </td>
      <td> </td>
   </tr>
</table>
```

代码实现的效果与类选择器中实例显示的效果相同。

提示

究竟在开发中选择哪一种选择器呢?

类选择器和 ID 选择器都是推荐的使用方式，因为它们具有以下优点。

① 多个 HTML 文档或多个元素可以共享同一个样式。

② 修改样式时不用打开 HTML 文档。

4. 通用选择器

通用选择器可能是所有选择器中最强大却最少使用的。通用选择器的作用就像是通配符，它匹配所有可用的元素。下面通过一个示例来演示通用选择器的使用：

```
* {
    padding: 0
    margin: 0
}
```

这段代码的含义是将所有元素的填充与空白边都设置为 0。

5. 伪类选择器

伪类选择器是指对同一 HTML 元素的各种状态和其所包括的部分内容的一种定义方式。下面通过一个示例来演示伪类选择器的使用。

样式设置内容如下所示：

```
<style type="text/css">
<!—
//
td.t1 {
    background-color: #003399;
}
td.t2 {
    background-color: #99CC99;
}
td.t3 {
    background-color: #666600;
}
td.t4 {
    background-color: #FF99CC;
}-->
</style>
```

在页面中使用伪类选择器：

```
<table width="200" border="1" cellpadding="0" cellspacing="0">
    <tr>
        <td class="t1"> </td>
        <td class="t2"> </td>
    </tr>
    <tr>
        <td class="t3"> </td>
```

```
        <td class="t4"> </td>
    </tr>
</table>
```

以上代码显示的效果如图 2.5 所示。

图 2.5　使用伪类样式

提示

"td.t1"和"td .t1"写法的区别："td.t1"就是指 td 下 class 为 t1 的元素，而"td .t1"是指 td 元素和 class 为 t1 的元素，读者可以修改本例，体验它们的差别。

2.2.2　样式规则的注释

样式规则的注释是使用/*需要注释的内容*/进行的。即在需要注释的内容前使用"/*"标记开始注释，在内容的结尾使用"*/"结束。注释可以多行内容注释。其注释范围在"/*"与"*/"之间。下面通过一个示例来演示注释的使用：

```
.header {
    /*头部样式*/
    FONT-SIZE: 11px;
    COLOR: black;
}
```

2.3　JavaScript 语言的运用

在 HTML 学习中可以发现，它只能定义内容的表现形式，不具有逻辑性，不能与用户进行交互。为了让页面文件拥有一定的程序逻辑，可以与用户进行交互，让网页的功能大大扩展，现在很有必要学习一种嵌入在 HTML 中的程序语言，即脚本语言(JavaScript)，这种语言由浏览器负责解释和执行。

脚本程序代码放在 HTML 文档的<script></script>标签对之间，当浏览器读取到网页文件的<script>标签后，就会自动地把其中的内容作为某种程序语言进行解释和执行，而不再把它们看作网页中的普通文本。

首先来看一段简单的脚本语言的应用，编写一个网页文件(htmldemo2.html)如下：

```
<html>
    <script>
        alert("你好，我是秀秀");
    </script>
</html>
```

用浏览器打开文件，显示效果如图 2.6 所示。

图 2.6　alert 示例的效果

在用浏览器打开 htmldemo2.html 文件的时候，弹出一个对话框，在对话框中显示“你好，我是秀秀”的字样。这一点就是 HTML 语言无法做到的。

一般情况下，当浏览器打开一个 HTML 文件的时候，它会从头到尾逐句解释整个文件中的 HTML 标签和脚本代码块，若脚本代码块中有可直接执行的语句，浏览器就会在读取到该语句的时候立即解释和执行。

JavaScript 是一种基于对象(Object)的和事件驱动(Event Driven)的，并具有安全性的脚本语言。JavaScript 的编程与 C++、Java 非常相似，只是提供了一些专有的类、对象和函数。对于已经具备 C++或 C 语言基础，特别是具备 Java 语言基础的人来说，学习 JavaScript 脚本语言是非常容易的。

JavaScript 脚本语言与其他语言不一样，有它自身的基本数据类型、表达式和运算符。

2.3.1　应该在何处编写 JavaScript

JavaScript 脚本代码的编写可以在 3 个地方，具体如下。

(1)　在网页文件中的<script></script>标签对之间直接编写。这种做法前面已经演示过。

(2)　将脚本代码写在一个单独的文件中。即把脚本代码放置在一个扩展名为.js 的文件中，然后在网页文件中引入脚本文件即可。

例如，将如下代码放入 myscript.js 文件中：

```
alert("你好，我是秀秀");
```

然后在网页文件中引入脚本文件，如下：

```
<html>
   <script src="myscript.js" language="javascript"></script>
</html>
```

用浏览器打开网页文件，会显示如图 2.7 所示的效果。

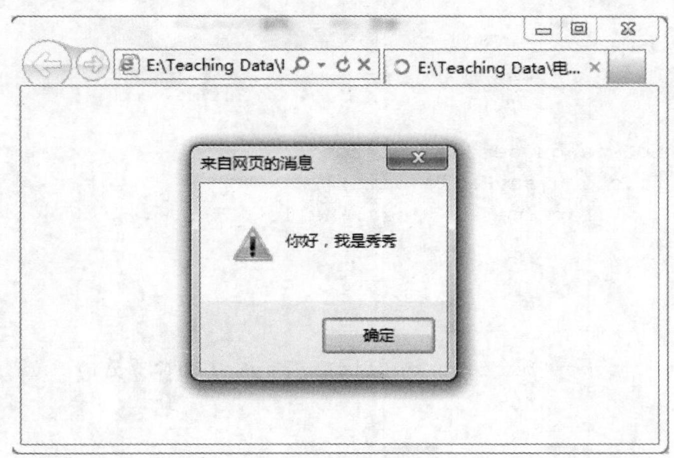

图 2.7　使用 JavaScript 脚本文件运行 alert 的效果

(3)　将脚本代码作为某个标签的事件属性值或超链接的 href 属性值。例如，以脚本代码作为超链接的 href 属性的值，单击超链接，即可执行脚本代码，如下：

```
<html>
   <a href="javascript:alert("你好，我是秀秀")">javascript</a>
</html>
```

用浏览器打开网页文件，单击超链接“javascript”，会显示与前面同样的效果。

2.3.2　JavaScript 中的注释

JavaScript 脚本语言与其他语言一样，都有自己的注释，在 JavaScript 中有两种注释，一种是单行注释，另外一种是多行注释，如下：

```
//单行注释
/*多行注释
...*/
```

2.3.3　JavaScript 中函数的使用

在进行一个复杂的程序设计时，总是根据所要完成的功能，将程序划分为一些相对独立的部分，每部分用一个函数来完成，从而使各部分充分独立、任务单一、程序清晰、易读/易维护。

在 JavaScript 中定义函数时，必须以 function 关键字开头。定义一个函数的格式如下：

```
function 函数名(参数列表)
{
   程序代码
   return 表达式;
}
```

从以上格式可以看出，函数在处理的过程中需要传递需要的参数。参数之间用逗号(,)隔开，参数的个数可以是固定的，也可以是可变的。这里先做一个简单的参数个数固定的

应用，代码如下所示：

```
<html>
    <head>
        <script language="javascript">
            function sayHello(name){
                alert(name + "say:'Hello'。");
            }
        </script>
    </head>
    <body>
        <input type="button" onClick="sayHello('秀秀')" value="say">
    </body>
</html>
```

用浏览器打开文件，单击 say 按钮，会显示如图 2.8 所示的效果。

图 2.8　onClick 事件的执行效果

2.4　DIV 的运用

div 元素是用来为 HTML 文件的内容提供结构和背景的元素。div 的起始标签和结束标签之间的所有内容都是用来构成这个块的，其中所包含元素的特性由 div 标签的属性来控制，或者是通过使用样式表格式化这个块来进行控制。

我们都知道，在网页上利用 HTML 定位文字和图像是一件“令人心烦”的事情。通常必须使用表格标签和隐式 GIF 图像，即使这样也不能保证定位的精确，因为浏览器和操作平台的不同，会使显示的结果发生变化。

而 div 能使我们看到希望的曙光。

利用 div 可以精确地设定要素的位置，还能将定位的要素叠放在彼此之上。下面给出用 div 设计的一个效果，如图 2.9 所示。

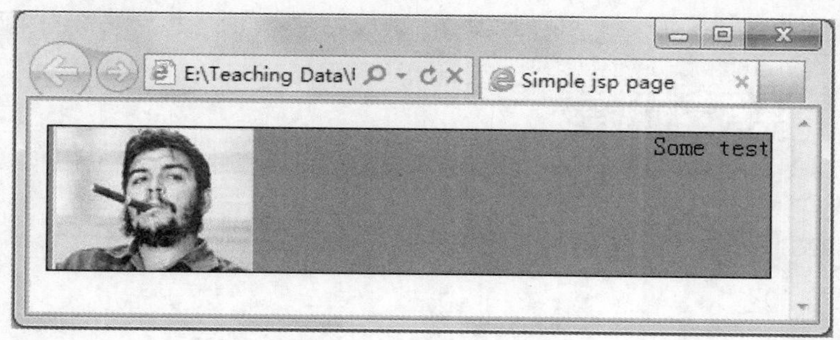

图 2.9　DIV+CSS 的效果

图 2.9 中，左边是一个小图片，右边是一段文字“Some test”，底纹是灰色。用 DIV 和 CSS 实现此效果的代码清单如下：

```
<html>
    <head>
    <title>Simple jsp page</title>
    <style type="text/css">
        .news {
            background-color: gray;
            border: solid 1px black;
        }
        .news img { float: left; }
        .news p { float: right; }
        .clear { clear: both; }
    </style>
    </head>
    <body>
        <div class="news">
            <img src="myphoto.jpg" alt="news"/>
            <p>Some test</p>
            <div class="clear"/>
        </div>
    </body>
</html>
```

2.5　常见样式分析

随着网络的发展，互联网上的网站也越来越漂亮，也出现了很多经典的页面。CSS+DIV+JavaScript 的应用，可以制作出绚丽的效果。下面分析一个求职网站的简历管理页面，效果如图 2.10 所示。

在简历管理页中，开发人员对注册用户的注册信息用 JavaScript 进行验证，比如用户的姓名为必须输入的，E-mail 只能为****@**.com 格式等。

另外开发人员还对日期选项和现居住地址进行了级联验证。在用户选择证件类型的时候，如果用户选择的类型为身份证，那么证件号码只能由 18 位或 15 位的数字组成，如果用户选择的证件类型为军人证，那么证件号码就必须符合军人证的证件号的规则。

图 2.10　简历管理页面

简历管理页面中简历信息注册表单的主要代码如下：

```
<!--简历注册开始-->
<DIV>
<FORM action="http://210.31.39.188:8090/job/intro.html"
  method="post" name="myform" onSubmit="return check()">
    <TABLE width="99%" border="0" cellspacing="0" cellpadding="0"
     align="right">
        <TR>
        <TD width="80" height="30"><SPAN class="yellow">*</SPAN>姓名</TD>
        <TD width="300"><INPUT name="username" type="text"></TD>
        <TD width="80"><SPAN class="yellow">*</SPAN> 性别</TD>
        <TD>
        <INPUT name="sex" type="radio" value="男"
            checked style="border:0;"> 男 
        <INPUT name="sex" type="radio" value="女"
            style="border:0;"> 女
        </TD>
```

```
</TR>
<TR>
<TD height="30"><SPAN class="yellow">*</SPAN>出生日期</TD>
<TD>
    <SELECT name="BirthYear">
        <OPTION value=1997 selected>1997</OPTION>
        <OPTION value=1996>1996</OPTION>......
    </SELECT> 年
    <SELECT name="BirthMonth">
        <OPTION value=1 selected>1</OPTION>
        <OPTION value=2>2</OPTION>
        ......
    </SELECT> 月
    <SELECT  name="BirthDay">
        <OPTION value=1 selected>1</OPTION>
        <OPTION value=2>2</OPTION>
        ......
    </SELECT> 日
</TD>
<TD><SPAN class="yellow">*</SPAN> 工作年限</TD>
<TD>
    <SELECT style="width: 110px" name="WorkYear">
        <OPTION value="0" selected>--请选择--</OPTION>
        <OPTION value="在读学生">在读学生</OPTION>
        <OPTION value="应届毕业生">应届毕业生</OPTION>
        ......
    </SELECT>
</TD>
</TR>
<TR>
<TD height="30">国家或地区</TD>
<TD>
    <SELECT style="WIDTH: 130px"
        onchange="JavaScript:SetIDType()" name="Nation">
            <OPTION value="中国大陆" selected>中国大陆</OPTION>
            <OPTION value="新加坡">新加坡</OPTION>
        ......
    </SELECT>
</TD>
<TD>  户    口</TD>
<TD>
    <SELECT style="WIDTH: 110px" name=HuKou>
        <OPTION value=00 selected>请选择</OPTION>
        <OPTION value="北京">北京</OPTION>
        <OPTION value="上海">上海</OPTION>
        <OPTION value="国外">国外</OPTION>
        ......
    </SELECT>
</TD>
</TR>
<TR>
```

```
<TD height="30"><SPAN class="yellow">*</SPAN> 证件类型</TD>
<TD>
    <SELECT style="WIDTH: 130px" name="CardType">
        <OPTION value="身份证" selected>身份证</OPTION>
        <OPTION value="护照">护照</OPTION>
        <OPTION value="其他">其他</OPTION>
    </SELECT>
</TD>
<TD><SPAN class="yellow">*</SPAN> 证 件 号</TD>
<TD><INPUT name="CardNumber" type="text"></TD>
</TR>
<TR>
<TD height="30">  目前年薪</TD>
<TD>
    <SELECT style="WIDTH: 130px" name="Salary">
        <OPTION value=0 selected>--请输入--</OPTION>
        <OPTION value="2 万以下">2 万以下</OPTION>
        <OPTION value="2-3 万">2-3 万</OPTION>
        ......
    </SELECT> / 年
</TD>
<TD>  币    种</TD>
<TD>
    <SELECT style="WIDTH: 80px" name="CurrType">
        <OPTION value="人民币" selected>人民币</OPTION>
        <OPTION value="港币">港币</OPTION>
        <OPTION value="其他">其他</OPTION>
    </SELECT>
</TD>
</TR>
<TR>
<TD height="30"><SPAN class="yellow">*</SPAN> 现居住地</TD>
<TD colspan="3">
    <SELECT name="selProvince" id="selProvince"
        onChange="changeCity()" style="WIDTH: 130px">
            <OPTION>--选择省份--</OPTION>
    </SELECT>
    <SELECT name="selCity" id="selCity" style="WIDTH: 130px">
        <OPTION>--选择城市--</OPTION>
    </SELECT>
</TD>
</TR>
<TR>
<TD height="30"><SPAN class="yellow">*</SPAN> 联系方式</TD>
<TD><INPUT class=textstyle style="WIDTH: 160px" name="tel"></TD>
<TD><SPAN class="yellow">*</SPAN> E-mail</TD>
<TD><INPUT name="email" type="text"></TD>
</TR>
<TR>
<TD height="30">  地址</TD>
<TD><INPUT name="address" type="text" size="35"></TD>
```

```
<TD>  邮编</TD>
<TD><INPUT name="ZipCode" type="text" size="5"></TD>
</TR>
<TR>
<TD height="30">  个人主页</TD>
<TD colspan="3"><INPUT name="homepage" type="text" size="35"></TD>
</TR>
<TR>
<TD colspan="4" id="jianli">
<DIV class="intro-l1">
    <IMG src="image/register-arrow.gif"
        tppabs="image/register-arrow.gif"> 我的简历
</DIV>
<DIV>
    <TABLE width="100%" border="0" cellspacing="0" cellpadding="0">
    <TR height="1"><TD width="100%" bgColor="#dddddd"></TD></TR>
    <TR height="1"><TD width="100%" bgColor="#eeeeee"></TD></TR>
    <TR height="3"><TD width="100%" bgColor="#f7f7f7"></TD></TR>
    <TR height="8"><TD width="100%" bgColor="#ffffff"></TD></TR>
    </TABLE>
</DIV>
</TD>
</TR>
<TR>
<TD height="60">  工作经验</TD>
<TD colspan="3">
    <TEXTAREA name="Cwork" cols="60" rows="3">
    </TEXTAREA>
</TD>
</TR>
<TR>
<TD height="60"><SPAN class="yellow">*</SPAN> 教育经历</TD>
<TD colspan="3">
<TEXTAREA name="edu" cols="60" rows="3"></TEXTAREA>
</TD>
</TR>
<TR>
<TD height="60">  培训经历</TD>
<TD colspan="3">
    <TEXTAREA name="train" cols="60" rows="3"></TEXTAREA>
</TD>
</TR>
<TR>
<TD height="60">
<SPAN class="yellow">*</SPAN> 求职意向
</TD>
<TD colspan="3">
    <TEXTAREA name="introself" cols="60" rows="3"></TEXTAREA>
</TD>
</TR>
<TR>
```

```
        <TD colspan="4" id="gaoji">
        <DIV class="intro-l1">
        <IMG src="image/register-arrow.gif"
            tppabs="http://localhost:8090/job/image/register-arrow.gif">
            人才附加信息
        </DIV>
        <DIV>
            <TABLE width="100%" border="0" cellspacing="0"
                cellpadding="0">
                    <TR height="1"><TD width="100%" bgColor="#dddddd"></TD></TR>
                    <TR height="1"><TD width="100%" bgColor="#eeeeee"></TD></TR>
                    <TR height="3"><TD width="100%" bgColor="#f7f7f7"></TD></TR>
                    <TR height="8"><TD width="100%" bgColor="#ffffff"></TD></TR>
            </TABLE>
        </DIV>
        </TD>
        </TR>
        <TR>
        <TD height="60">  附加信息</TD>
        <TD colspan="3">
        <TEXTAREA name="otheredit" cols="60" rows="3"></TEXTAREA>
        </TD>
        </TR>
        <TR>
        <TD height="60">  IT 技能</TD>
        <TD colspan="3">
        <TEXTAREA name="ITedit" cols="60" rows="3"></TEXTAREA>
        </TD>
        </TR>
        <TR>
        <TD height="60">  项目经验</TD>
        <TD colspan="3">
        <TEXTAREA name="project" cols="60" rows="3"></TEXTAREA>
        </TD>
        </TR>
        <TR>
        <TD colspan="4">
        <HR size="2" color="#ff7000" width="96%" align="center">
        </TD>
        </TR>
        <TR>
        <TD colspan="4" height="40" align="center">
        <img src="image/save.gif">
        </TD>
        </TR>
    </TABLE>
</FORM>
</DIV>
```

该页面内容主要部分是一个 div，这个 div 中添加了一个 form 表单，即用户注册的表单。这个注册信息的表单由文本框、下拉菜单、单选按钮、文本域等组成。然后给表单添加了

各种样式，再运用 JavaScript 脚本进行表单验证，就组成了这个复杂而又美观的简历管理页面的个人信息注册表单。这里只简单介绍了 DIV+CSS+JS 的页面组成原理，如果想要深入学习 DIV、CSS、JavaScript(JS)，还请参阅相关的专业书籍。

2.6 上机练习

(1) 使用 Dreamweaver 设计一个表单，表单中含有姓名、性别、学历、兴趣爱好、个人简介等内容。在设计表单的时候要求将单行文本域、多行文本域、下拉列表框、单选按钮、复选框等形式全部用上。

(2) 要求用 CSS 美化表单。

(3) 要求用 JavaScript 对表单进行验证，比如提交表单时，各选项不能为空。

第 3 章

JDBC 的应用

学前提示

JDBC 是由 Sun 公司开发的针对数据库应用程序的 API，由于 JDBC 是用 Java 语言编写的，所以 JDBC 同样拥有 Java 语言与生俱有的跨平台性，JDBC 应用于数据库程序的开发，使得程序开发更快捷、方便，更容易理解。本章从 JDBC 的概况、优缺点、数据类型、连接数据库、事务控制等方面介绍 JDBC 的操作。

知识要点

- JDBC 概述
- JDBC 数据类型
- JDBC 连接数据库
- Statement 和 PreparedStatement 的区别和使用
- 处理 ResultSet 中的数据
- JDBC 的事务控制
- JDBC 的基本应用

3.1 JDBC 概述

JDBC 是一种可以执行 SQL 语句并可返回结果的 Java API，其全称是 Java DataBase Connectivity，也是一套面向对象的应用程序接口(API)，它由一组用 Java 编程语言编写的类和接口组成，制定了统一的访问各类关系数据库的标准接口，为各种常用数据库提供了标准接口的实现，通过它可访问各类关系数据库，使开发者能够用纯 Java API 来编写数据库应用程序。

JDBC 的最大特点是它独立于具体的关系数据库。与 ODBC(Open Database Connectivity)类似，JDBC API 中定义了一些 Java 类，分别用来表示与数据库的连接(Connections)、SQL 语句(SQL Statements)、结果集(Result Set)以及其他的数据库对象，使得 Java 程序能方便地与数据库交互并处理所得的结果。使用 JDBC，所有 Java 程序(包括 Java Application、Applet 和 Servlet)都能通过 SQL 语句或存储在数据库中的过程(Stored Procedure)来存取数据库。

要通过 JDBC 来存取某一特定的数据库，必须有相应的 JDBC Driver(驱动程序)，它往往是由生产数据库的厂家提供，它是连接 JDBC API 与具体数据库之间的桥梁。

(1) JDBC 的优点如下：

- JDBC 与 ODBC 十分相似，有利于软件开发人员理解。
- JDBC 使软件开发人员从复杂的驱动程序编写工作中解脱出来，可以完全专注于业务逻辑的开发。
- JDBC 支持多种关系型数据库，使软件的可移植性大大增加。
- JDBC 的 API 是面向对象的，软件开发人员可以将常用的方法进行二次封装，从而提高代码的重用性。

(2) JDBC 的缺点如下：

- 通过 JDBC 访问数据库时速度将受到一定影响。
- 虽然 JDBC API 是面向对象的，但通过 JDBC 访问数据库依然是面向关系的。
- JDBC 提供了对不同数据库厂商的支持，将对数据源带来影响。

3.2 JDBC 数据类型

JDBC 数据类型在 Java 语言类型和具体数据库数据类型之间充当转换的中介，在 JDBC 规范中有如表 3.1 所示的对照关系，它显示了 JDBC 数据类型和 Java 数据类型的对应关系。

表 3.1 JDBC 数据类型到 Java 数据类型的对应关系

JDBC 类型	Java 类型
CHAR	String
VARCHAR	String
LONGVARCHARA	String
NUMERIC	java.math.BigDecimal

续表

JDBC 类型	Java 类型
DECIMAL	java.math.BigDecimal
BIT	Boolean
BOOLEAN	Boolean
TINYINT	byte
SMALLINT	short
INTEGET	int
BIGINT	long
REAL	float
FLOAT	double
BOUBLE	double
BINARY	byte[]
VARBONARY	byte[]
LONGVARBINARY	byte[]
DATE	java.sql.Date
TIME	java.sql.Time
TIMESTAMP	java.sql.Timestamp
CLOB	Clob
BLOB	Blob
ARRAY	Array
DISTINCT	mapping of underlying type
STRUCT	struct
REF	Ref
DATALINK	java.net.URL
JAVA_OBJECT	underlying Java class

3.3　JDBC 连接数据库

创建一个以 JDBC 连接数据库的程序，包括如下 7 个步骤。

1. 加载 JDBC 驱动程序

在连接数据库之前，首先要加载想要连接的数据库的驱动到 JVM(Java 虚拟机)，这通过 java.lang.Class 类的静态方法 forName(String className)实现。例如，加载 MySQL 驱动程序的代码如下所示：

```
try {
    Class.forName("com.mysql.jdbc.Driver");
} catch (ClassNotFoundException e) {
```

```
    System.out.println("找不到驱动程序类!");
    e.printStackTrace();
}
```

当成功加载后，会将 Driver 类的实例注册到 DriverManager 类中，如果加载失败，将抛出 ClassNotFoundExcepton 异常，即没有找到 Driver 类，所以在加载数据库驱动类时需要捕捉可能抛出的异常。

2. 提供 JDBC 连接的 URL

连接 URL 定义了连接数据库时的协议、子协议、数据源标识。

形式如下：

```
协议:子协议:数据源标识
```

- 协议：在 JDBC 中总是以 jdbc 开始。
- 子协议：是桥连接的驱动程序或是数据库管理系统名称，例如 MySQL 就是 mysql。
- 数据源标识：标记找出数据库来源的地址和连接端口。

如 MySQL 5 的连接 URL 编写方式如下：

```
jdbc:mysql://localhost:3306/test?userUnicode=true&characterEncoding=gbk.
```

其中，useUnicode=true 表示使用 Unicode 字符集，如果参数 characterEncoding 设置为 gb2312 或 GBK，本参数必须设置为 true，characterEncoding=gbk 为字符编码方式。

3. 创建数据库的连接

要连接数据库，可以向 java.sql.DriverManager 请求并获得 Connection 对象，该对象就代表一个数据库连接，可以使用 DriverManager 的 getConnection(String url, String username, String password)方法传入指定的欲连接的数据库的路径、数据库的用户名和密码来获得。具体实现代码如下：

```
String url= "jdbc:mysql://localhost:3306/test";
String username = "root";
String password = "root";
try {
    Connection onn = DriverManegr.getConnection(url, username, password);
} catch(SQLException se) {
    System.out.println("Failed to get connection :" + e.getMessage());
    e.printStackTrace();
}
```

说明

上面的代码连接的是本机上的 MySQL 数据库，用户名和密码都为 root。

4. 创建一个 Statement

要执行 SQL 语句，必须获得 java.sql.Statement 实例，Statement 实例又可分为以下 3 种类型：

- 执行静态 SQL 语句。通常通过 Statement 实例实现。
- 执行动态 SQL 语句。通常通过 PreparedStatement 实例实现。
- 执行数据库存储过程。通常通过 CallableStatement 实例实现。

上面给出三种不同类型的 Statement，其中 Statement 是最基本的，PreparedStatement 继承 Statement，并做了相应的扩展。而 CallableStatement 又继承 PreparedStatement，继续进行了扩展，从而实现各自完成不同的工作。

具体实现代码如下：

```
Statement stmt = conn.createStatement();
PreaparedStatement pstmt = conn.prepareStatement(sql)
CallableStatement cstmt = conn.prepareCall("{CALL demoSp(?, ?)}");
```

Statement 接口的比较如表 3.2 所示。

表 3.2　Statement、PreparedStatement 和 CallableStatement 功能的对比

	Statement	PreparedStatement	CallableStatement
写代码位置	客户端	客户端	服务器端
编写代码技术	Java，SQL 操作	Java，SQL 操作	数据库编程语言，如 PL/SQL
可配置性	高	第一次高，以后低	低
可移植性	高	若支持 PreparedStatement，移植性高	
传输效率	低	第一次低，以后高	高

5. 执行 SQL 语句

Statement 接口提供了三种执行 SQL 语句的方法：executeQuery、executeUpdate 和 execute，具体使用哪一个，由 SQL 语句所产生的内容来决定。

(1) ResultSet executeQuery(String sqlString)：执行查询数据库的 SQL，如 SELECT 语句，返回一个结果集(ResultSet)对象。

(2) int executeUpdate(String sqlString)：用于执行 INSERT、UPDATE 或 DELETE 语句以及 SQL DDL(数据定义语言)语句，例如 CREATE TABLE 和 DROP TABLE。INSERT、UPDATE 或 DELETE 的效果是修改表中零行或多行中的一列或多列，所以 executaUpdate 的返回值是一个整数，表示受影响的行数(即更新计数)。对于 CREATE TABLE 或 DROP TABLE 等不操作行的语句，executeUpdate 的返回值总为零。

(3) execute(sqlString)：用于执行返回多个结果集、多个更新计数或二者组合的语句。

具体实现代码如下：

```
ResultSet rs = stmt.executeQuery("SELECT * FROM ...");
int rows = stmt.executeUpdate("INSERT INTO ...");
boolean flag = stmt.execute(Sring sql);
```

6. 处理结果

执行的结果可能会出现如下两种情况：

- 执行更新返回的是本次操作影响到的记录数。
- 执行查询返回的结果是一个 ResultSet 对象。

ResultSet 包含符合 SQL 语句中条件的所有行，并且它通过一套 get 方法提供了对这些行中数据的访问。

(1) 使用结果集(ResultSet)对象的访问方法获取数据。

- next()：用于移动到 ResultSet 中的下一行，使下一行成为当前行。
- first()：将光标移动到此 ResultSet 对象的第一行。
- last()：将光标移动到此 ResultSet 对象的最后一行。
- previous()：将光标移动到此 ResultSet 对象的上一行。

(2) 通过字段名或列索引取得数据：

```
String name = rs.getString("name");
String pass = rs.getString(1);  //此方式较为高效
```

注意

列是从左到右编号的，并且从列 1 开始。

(3) 使用行和光标。

ResultSet 维护指向其当前数据行的光标。每调用一次 next()方法，光标向下移动一行，初始化位置为第一行记录之前，因此第一次应先调用 next()将光标置于第一行上，使它成为当前行。

随着每次调用 next()，导致光标向下移动一行，按照从上到下的顺序获得 ResultSet 行。

在 ResultSet 对象或 Statement 对象关闭之前，光标一直保持有效。

7. 关闭 JDBC 对象

在操作完成以后，要把所使用的 JDBC 对象全都关闭，以释放 JDBC 资源，关闭的顺序是声明顺序的反序。

(1) 关闭记录集。

(2) 关闭声明。

(3) 关闭连接对象。

具体实现代码如下：

```
...
finally {
    // 关闭记录集
    if (null != rs) {
        try {
            rs.close();
        } catch (SQLException e) {
            e.printStackTrace();
        }
    }
    // 关闭声明
    if (null != stmt) {
```

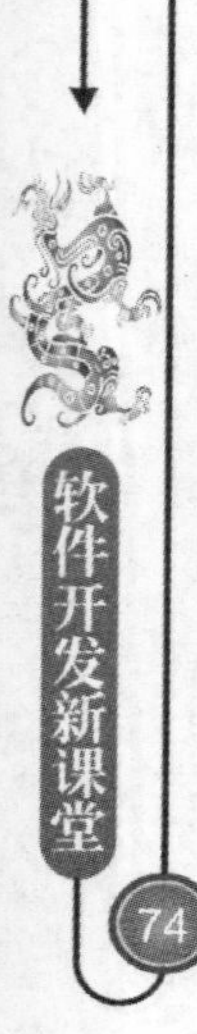

```
        try {
            stmt.close();
        } catch (SQLException e) {
            e.printStackTrace();
        }
    }
    // 关闭连接对象
    if (null != conn) {
        try {
            conn.close();
        } catch (SQLException e) {
            e.printStackTrace();
        }
    }
}
```

3.4　JDBC 的事务控制和批量处理

在实际的应用中，很少只局限于对单表进行操作，通常会涉及到多表操作。例如银行的取款操作，它至少需要两个步骤——首先进行取款操作，取款成功后更改账户金额；其次记录日志，记录此次取款的时间及金额等。这两个步骤是需要同时成功才算完成取款交易的。要完成上述的需求就需要借助于 JDBC 的事务管理。下面从 JDBC 事务控制和 JDBC 的批量处理来讲解 JDBC 事务的相关用法。

3.4.1　JDBC 的事务控制

所谓事务，是指一组原子操作(一组 SQL 语句的执行)的工作单元。这个工作单元中的所有原子操作在进行期间，与其他事务隔离，免于因数据来源的交相更新而发生混乱，事务中的所有原子操作要么全部执行成功，要么全部失败。

创建 JDBC 的事务主要分以下步骤。

(1) 设置事务的提交方式为非自动提交：

```
conn.setAutoCommit(false);
```

(2) 将需要添加事务的代码放在 try、catch 块中：

```
try {
    //需要添加事务的业务代码
    ...
} catch (SQLException e) {
    ...
}
```

(3) 在 try 块内添加提交操作，表示操作无异常，提交事务：

```
conn.commit();    //正常流程，提交事务
```

(4) 在 catch 块内添加回滚事务，表示操作出现异常，撤消事务：

```
conn.rollback();   //发生异常，撤消事务
```

(5) 设置事务提交方式为自动提交：

```
conn.setAutoCommit(true);  //自动提交事务
```

在 JDBC 处理事务的过程中，也可以设置事务的回滚点，当事务回滚的时候，自动回滚到保存点，代码片段如下所示：

```
Savepoint savepoint = conn.setSacepoint(); //设置 save point
roll.rollback(savepoint);  //回滚到保存点
stmt.releaseSavepoint(savepoint);  //记得释放 save point
```

注意

的数据表必须支持事务，才可以执行以上所提供的功能，如在 MySQL 中要建立成 InnoDB 类型的表。

下面的示例演示了如何使用 JDBC 的事务。

Transaction.java 代码如下：

```
package org.njy.transation;

import java.sql.Connection;
import java.sql.PreparedStatement;
import java.sql.SQLException;
import org.njy.db.ConnectionFactory;
import org.njy.db.DbClose;

// 该类用来演示 JDBC 事务的用法
public class TestTransation {
    public static void main(String[] args) {
        Connection conn = ConnectionFactory.getConnection();

        PreparedStatement pstmt = null;
        String sql =
          "INSERT INTO stuinfo(name, content, image) VALUES(?,null,null)";
        String sql2 = "DELETE FROM student Where id=1";
        try {
            // 1. 设置是否自动提交事务为 false
            conn.setAutoCommit(false);

            pstmt = conn.prepareStatement(sql);
            pstmt.setString(1, "测试事务");
            System.out.println("第一条语句执行....");
            pstmt.executeUpdate();

            pstmt = conn.prepareStatement(sql2);
            System.out.println("第二条语句执行....");
            pstmt.executeQuery();
```

```
            // 2. 提交事务
            conn.commit();
            System.out.println("提交事务....");
        } catch (SQLException e) {
            try {
                // 3. 如果出现异常则回滚事务
                conn.rollback();
                System.out.println("回退事务....");
            } catch (SQLException e1) {
                e1.printStackTrace();
            }
            e.printStackTrace();
        } finally {
            try {
                //4. 设置自动提交事务为 true
                conn.setAutoCommit(true);
            } catch (SQLException e) {
                e.printStackTrace();
            }
            DbClose.close(pstmt, conn);
        }
    }
}
```

运行程序，如果操作成功，则输出正确的提示信息，如图 3.1 所示。

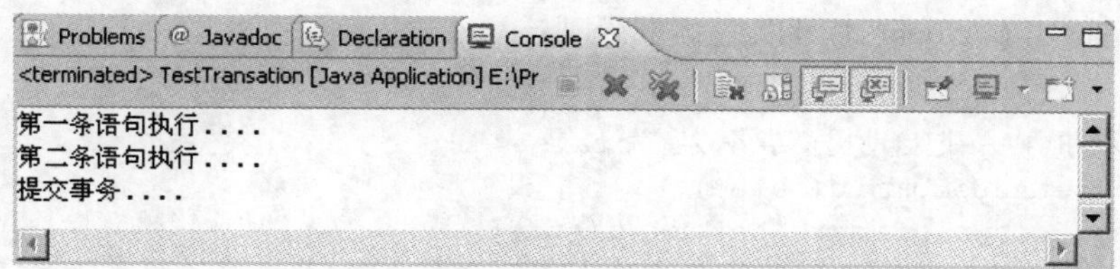

图 3.1　操作成功的效果

如果操作失败，则输出错误提示信息，如图 3.2 所示。

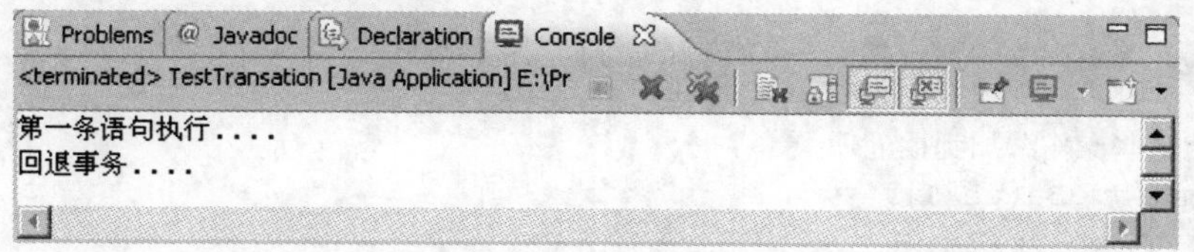

图 3.2　操作失败的效果

3.4.2　JDBC 的批量处理

Statement 的 execute()等方法一次只能执行一条 SQL 语句，如果同时有多条 SQL 语句要执行的话，可以使用 addBatch()方法将要执行的 SQL 语句加入进来，然后执行 executeBatch()方法，这样就可以在一次方法调用中执行多条 SQL 语句，以提高执行效率。

为了保证这一批语句要么全部成功，要么全部失败，应该把批处理放置在事务中进行：

```
try {
    conn.setAutoCommite(false);  //把自动提交事务设置为 false
    Statement stmt = conn.createStatement();
    stmt.addBatch("..."); //添加 SQL 语句
    stmt.addBatch("..."); //添加 SQL 语句
    ...
    stmt.executeBatch();  //执行批处理
    conn.commit();   //提交事务
} catch(SQLException e) {
    try {
        conn.rollback();    //回滚事务
    } catch (SQLException e1) {
        e1.printStackTrace();
    }
    e.printStackTrace();
} finally {
    try {
        conn.setAutoCommit(true);  //把自动提交事务设置为 true
    } catch (SQLException e) {
        e.printStackTrace();
    }
   //关闭资源
   ...
}
```

使用 PreparedStatement 也可以进行批处理：

```
try {
   //启动事务---把自动提交事务设置为 false
   conn.setAutoCommit(false);
   pstmt = conn.prepareStatement(sql);
   pstmt.setXXX(1, ...);  //给占位符设置值
   ...
   //把这些操作添加到批处理中
   pstmt.addBatch();

   pstmt.setXXX(1, ...);  //给占位符设置值
   ...
   //把这些操作添加到批处理中
   pstmt.addBatch();

   pstmt.executeBatch();  //执行批处理
   //提交事务
   conn.commit();

} catch (SQLException e) {
    //回滚事务   -- 把所有的操作都取消
    try {
        conn.rollback();
    } catch (SQLException e1) {
        e1.printStackTrace();
```

```
    }
    e.printStackTrace();
} finally {
    //关闭事务  -- 把自动提交事务设置为 true
    try {
        conn.setAutoCommit(true);
    } catch (SQLException e) {
        e.printStackTrace();
    }
    //关闭资源
    ...
}
```

提示

批处理中执行的语句只能是更新语句(insert、delete、update)，否则会抛出异常。

3.5　JDBC 的基本应用

简单地说，JDBC 可做三件事：与数据库建立连接、发送 SQL 语句并处理结果。通过前面的介绍，读者对 JDBC 已经有了大概的印象。究竟如何操作 JDBC 呢？接下来通过几个简单的示例，来演示 JDBC 的应用。

3.5.1　学生信息管理

首先建立如图 3.3 所示的数据库表：test.student。

名称	类型	空	默认值	属性
主索引(P)	id			unique
id	int(4)	no	<auto_increment>	
name	varchar(20)	yes	<空>	
myclass	varchar(20)	yes	<空>	
score	int(3)	yes	0	

图 3.3　student 表的结构

可以使用如下语句创建该表：

```
#数据库
CREATE DATABASE test;
USE test;
#学生表
CREATE TABLE student (
    id INT(4) NOT NULL auto_increment,
    name VARCHAR(20) default NULL,
    myclass VARCHAR(20) default NULL,
    score INT(3) default 0,
    PRIMARY KEY  (id)
)
```

下面通过 MyEclipse 编写一段 Java 代码来实现对 student 表的相关操作，具体的创建步骤如下。

(1) 打开 MyEclipse，依次选择 File → New → Java Project，出现的界面如图 3.4 所示，输入工程的名字“jdbc_test”，单击 Finish 按钮，Web 工程创建完成。

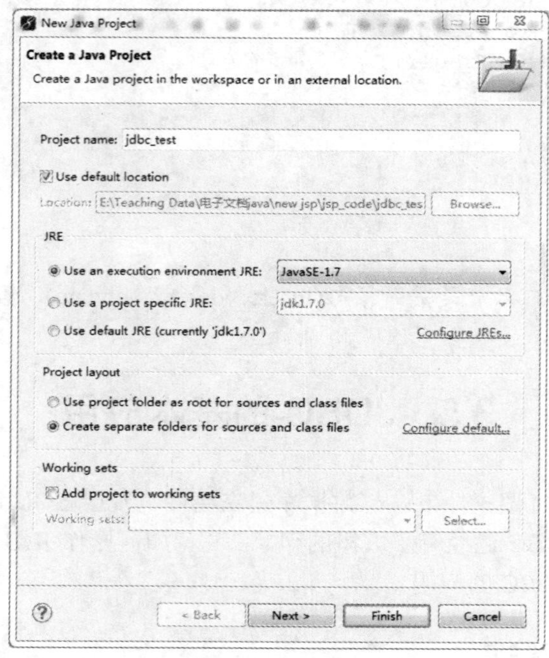

图 3.4 创建 jdbc_test 工程

(2) 在该工程下建一个名为 jars 的文件夹，把 MySQL 的 JAR 包放进去，参照如图 3.5 所示操作。

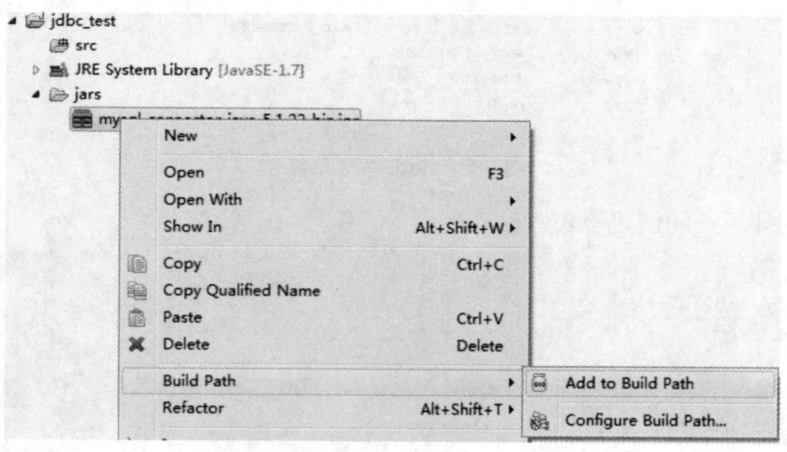

图 3.5 添加 MySQL 的 JAR 文件

(3) 在 src 下建立名为 org.tjitcast.model 的包，并创建名为 Student 的 JavaBean 类，该类用来封装学生的信息。代码如下：

```
package com.tjitcast.model;
/**
 * @author SunLw
 * 提供学生实体的 JavaBean
 */
public class Student {
    //学生 Id
    private int id;
    //学生姓名
    private String name;
    //班级
    private String myClass;
    //分数
    private double score;

    //提供一个公共无参数的构造方法
    public Student() {

    }
    //此处省略属性的 setter 和 getter 方法
}
```

(4) 在 src 下建立名为 org.tjitcast.jdbc 的包，并创建名为 DoInsert.java 的类，该类用来实现添加的操作。

完成上述操作后的工程结构如图 3.6 所示。

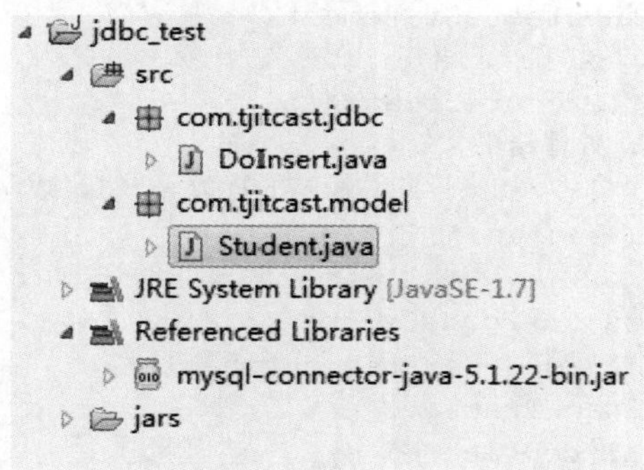

图 3.6　工程结构

用鼠标双击“DoInsert.java”，为它添加如下代码：

```
package com.tjitcast.jdbc;

import java.sql.Connection;
import java.sql.DriverManager;
import java.sql.SQLException;
import java.sql.Statement;

import com.tjitcast.model.Student;

/**
```

```
 * @author SunLw
 *
 */
public class DoInsert {
    //step2: 提供连接数据库所需的 url,user,password
    private String url = "jdbc:mysql://localhost:3306/test";
    private String user = "root";
    private String password = "root";

    public boolean addStudent(Student stu){
        //声明一个局部的 Connection 对象
        Connection conn = null;
        //声明一个局部的 Statement 对象
        Statement st = null;
        //定义 SQL 语句
        String sql = "INSERT INTO student(name,myclass,score) values('"
          + stu.getName() + "',"
          + "'" + stu.getMyClass() + "'," + stu.getScore() + ")";
        //保存返回结果
        boolean flag = false;
        try {
            //step1: 加载数据库厂商提供的驱动 JAR 包
            Class.forName("com.mysql.jdbc.Driver");
            //step3: 通过 DriverManager 获取一个数据库连接对象
            conn = DriverManager.getConnection(url, user, password);
            //step4: 创建一个 Statement 对象
            st = conn.createStatement();
            //step5: 执行 sql 语句
            int i=st.executeUpdate(sql);
            //step6: 处理结果
            if(i==1) { //如果返回的影响的行数等于 1，表示添加成功
                flag = true;
            }
        } catch (ClassNotFoundException e) {
            // TODO Auto-generated catch block
            e.printStackTrace();
        } catch (SQLException e) {
            // TODO Auto-generated catch block
            e.printStackTrace();
        } finally {
            //step7: 关闭连接数据库资源
            if(st!=null) {
                try {
                    st.close();
                } catch (SQLException e) {
                    // TODO Auto-generated catch block
                    e.printStackTrace();
                }
            }
            if(conn!=null) {
                try {
```

```
                conn.close();
            } catch (SQLException e) {
                // TODO Auto-generated catch block
                e.printStackTrace();
            }
        }
    }
    return flag;
}

/**
 * @param args
 */
public static void main(String[] args) {
    //TODO Auto-generated method stub
    DoInsert doinsert=new DoInsert();
    //创建 Student 对象
    Student stu = new Student();
    stu.setName("孙连伟");
    stu.setMyClass("java001");
    stu.setScore(98.00);

    //调用添加的方法
    boolean flag = doinsert.addStudent(stu);
    if(flag) {
        System.out.println("学生信息添加成功!");
    } else {
        System.out.println("学生信息添加失败!");
    }
}
}
```

以上代码中的注释部分共有 7 步，现在综合一下，操作一次数据库，至少需要以下 6 步。

① 加载驱动。
② 获取连接。
③ 创建环境。
④ 执行 SQL 语句。
⑤ 处理结果。
⑥ 关闭连接。

运行该程序，如果操作添加成功，将在控制台输出如图 3.7 所示的结果。

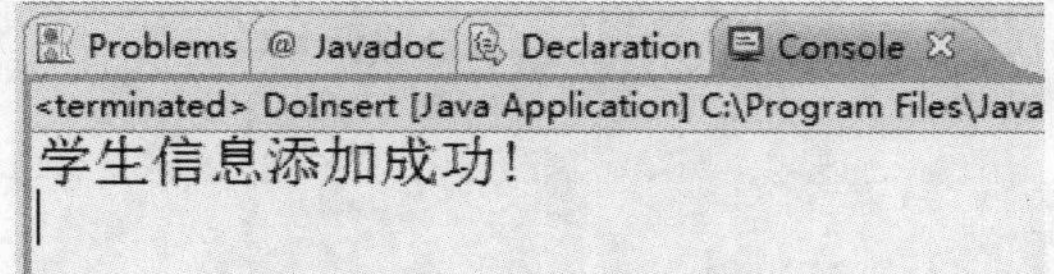

图 3.7　添加成功的效果

如果添加不成功，则输出情况如图 3.8 所示。

Problems @ Javadoc Declaration Console
<terminated> DoInsert [Java Application] C:\Program Files\Java
学生信息添加失败！

图 3.8　添加失败的效果

(5) 程序输出添加信息成功，这条信息究竟有没有保存到数据库呢？现在做个查询测试一下。

在 com.tjitcast.jdbc 包下新建 DoSelect 类，代码清单如下：

```
package com.tjitcast.jdbc;

import java.sql.Connection;
import java.sql.DriverManager;
import java.sql.ResultSet;
import java.sql.SQLException;
import java.sql.Statement;
import java.util.ArrayList;
import java.util.List;

import com.tjitcast.model.Student;

/**
 * @author SunLw
 *
 */
public class DoSelect {
    //step2: 提供连接数据库所需的 url,user,password
    private String url = "jdbc:mysql://localhost:3306/test";
    private String user = "root";
    private String password = "root";

    public List<Student> findAll() {
        //声明一个局部的 Connection 对象
        Connection conn = null;
        //声明一个局部的 Statement 对象
        Statement st = null;
        //声明一个 ResultSet 结果集对象
        ResultSet rs = null;
        //定义 SQL 语句
        String sql = "select * from student";
        //保存返回结果
        List<Student> list = new ArrayList<Student>();
        try {
            //step1: 加载数据库厂商提供的驱动 JAR 包
            Class.forName("com.mysql.jdbc.Driver");
            //step3: 通过 DriverManager 获取一个数据库连接对象
            conn = DriverManager.getConnection(url, user, password);
            //step4: 创建一个 Statement 对象
```

```
            st = conn.createStatement();
            //step5: 执行 sql 语句
            rs=st.executeQuery(sql);
            //step6:处理结果集
            while(rs.next()) {
                Student stu = new Student();
                stu.setId(rs.getInt("id"));
                stu.setName(rs.getString("name"));
                stu.setMyClass(rs.getString("myclass"));
                stu.setScore(rs.getDouble("score"));
                list.add(stu);
            }
        } catch (ClassNotFoundException e) {
            // TODO Auto-generated catch block
            e.printStackTrace();
        } catch (SQLException e) {
            // TODO Auto-generated catch block
            e.printStackTrace();
        } finally {
            //step7: 关闭连接数据库资源
            if(rs!=null) {
                try {
                    rs.close();
                } catch (SQLException e) {
                    // TODO Auto-generated catch block
                    e.printStackTrace();
                }
            }
            if(st!=null) {
                try {
                    st.close();
                } catch (SQLException e) {
                    // TODO Auto-generated catch block
                    e.printStackTrace();
                }
            }
            if(conn!=null) {
                try {
                    conn.close();
                } catch (SQLException e) {
                    // TODO Auto-generated catch block
                    e.printStackTrace();
                }
            }
        }
        return list;
    }

    /**
     * @param args
     */
```

```
    public static void main(String[] args) {
        // TODO Auto-generated method stub
        DoSelect select = new DoSelect();
        //调用查询的方法
        List<Student> list = select.findAll();
        for(Student stu : list) {
            System.out.println("Id:" + stu.getId() + "姓名:" + stu.getName()
              + "班级:" + stu.getMyClass() + "分数:" + stu.getScore());
        }
    }
}
```

执行 DoSelect.java，运行输出结果如图 3.9 所示。

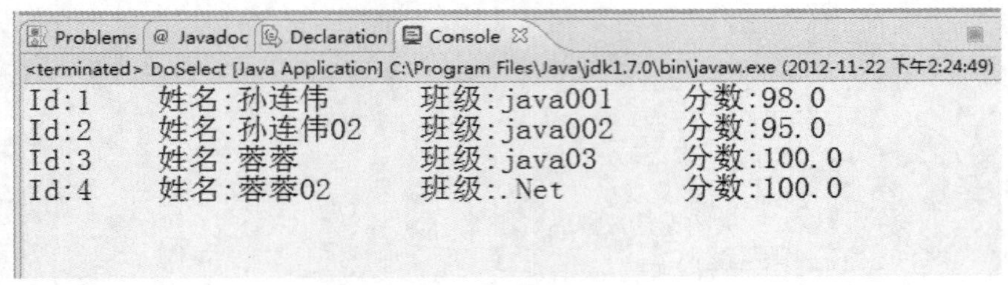

图 3.9　查询结果

通过控制台输出的结果不难看出，先前插入的数据确实已保存到数据库中。

3.5.2　PreparedStatement 的使用

前面已经提到过 PreparedStatement 接口，那么它究竟有什么用处呢？Statement 主要用于执行静态的(内容固定不变的)SQL 语句。如果有些操作只是 SQL 语句中某些参数会有些不同，其余的 SQL 子句皆相同，则可以使用 PreparedStatement 来提高执行效率，而且能防止 SQL 注入问题。

小知识

关于 SQL 漏洞，说明如下。

SQL 漏洞可能会使客户遭受巨大损失，这里通过一个登录的示例来演示它的灾难性：

```
Sql = "Select * from 用户表 where 姓名='"+name+"' and 密码='"+password+"'"
```

其中 name 和 password 存放用户输入的用户名和口令，通过执行上述语句来验证用户和密码是否合法。但是通过分析可以发现，上述语句中存在着致命的漏洞。如果在用户名称中输入下面的字符串：111 'or' 1=1，然后口令随便输入，假设为 aaaa。变量代换后，SQL 语句就变成了下面的字符串：

```
Sql="Select * from 用户表 where 姓名='111' or '1=1' and 密码='aaaa'
```

当 Select 语句在判断查询条件时，遇到或(or)操作就会忽略下面的与(and)操作，而在上面的语句中 1=1 的值永远为 true，这意味着无论在密码中输入什么值，均能通过上述的密码验证！

PreparedStatement 表示预编译的 SQL 语句的对象。SQL 语句被预编译并存储在 PreparedStatement 对象中。然后可以使用此对象多次高效地执行该语句。

下面的示例根据传入不同的 id 查询学生信息。

在包 org.tjitcast.jdbc 下新建 PreparedSelect.java，在 PreparedSelect.java 中添加如下代码：

```
package com.tjitcast.jdbc;
import java.sql.Connection;
import java.sql.DriverManager;
import java.sql.PreparedStatement;
import java.sql.ResultSet;
import java.sql.SQLException;
import java.sql.Statement;
import java.util.ArrayList;
import java.util.List;
import com.tjitcast.model.Student;
/**
 * @author SunLw
 *
 */
public class PreparedSelect {
    //step2: 提供连接数据库所需的 url,user,password
    private String url = "jdbc:mysql://localhost:3306/test";
    private String user = "root";
    private String password = "root";
    public Student findById(int id) {
        //声明一个局部的 Connection 对象
        Connection conn = null;
        //声明一个局部的 Statement 对象
        PreparedStatement pst = null;
        //声明一个 ResultSet 结果集对象
        ResultSet rs = null;
        //定义 SQL 语句
        String sql = "select * from student where id=?";
        //保存返回结果
        Student stu = null;
        try {
            //step1: 加载数据库厂商提供的驱动 JAR 包
            Class.forName("com.mysql.jdbc.Driver");
            //step3: 通过 DriverManager 获取一个数据库连接对象
            conn = DriverManager.getConnection(url, user, password);
            //step4: 创建一个 PreparedStatement 对象
            pst = conn.prepareStatement(sql);
            pst.setInt(1, id);
            //step5: 执行 SQL 语句
            rs = pst.executeQuery();
            //step6: 处理结果集
            if(rs.next()) {
                stu = new Student();
                stu.setId(rs.getInt("id"));
                stu.setName(rs.getString("name"));
```

```
                stu.setMyClass(rs.getString("myclass"));
                stu.setScore(rs.getDouble("score"));
            }
        } catch (ClassNotFoundException e) {
            e.printStackTrace();
        } catch (SQLException e) {
            e.printStackTrace();
        } finally {
            //step7: 关闭连接数据库资源
            if(rs!=null) {
                try {
                    rs.close();
                } catch (SQLException e) {
                    e.printStackTrace();
                }
            }
            if(pst!=null) {
                try {
                    pst.close();
                } catch (SQLException e) {
                    e.printStackTrace();
                }
            }
            if(conn!=null) {
                try {
                    conn.close();
                } catch (SQLException e) {
                    e.printStackTrace();
                }
            }
        }
        return stu;
    }
    /**
     * @param args
     */
    public static void main(String[] args) {
        // TODO Auto-generated method stub
        PreparedSelect ps = new PreparedSelect();
        //调用查询方法
        Student stu = ps.findById(1);
        System.out.println("Id:" + stu.getId() + "\t 姓名:" + stu.getName()
            + "\t 班级:" + stu.getMyClass() + "\t 分数:" + stu.getScore());
    }
}
```

运行后，输出结果如图 3.10 所示。

通过观察不难发现，与先前的 DoSelect.java 相比，代码只是有了些许的变化，这些正是 preparedStatement 的不同之处。

首先，使用 Connection 的 preparedStatement()方法建立好一个预编译的 SQL 语句——其

中参数会变动的部分先用“?”来占位。

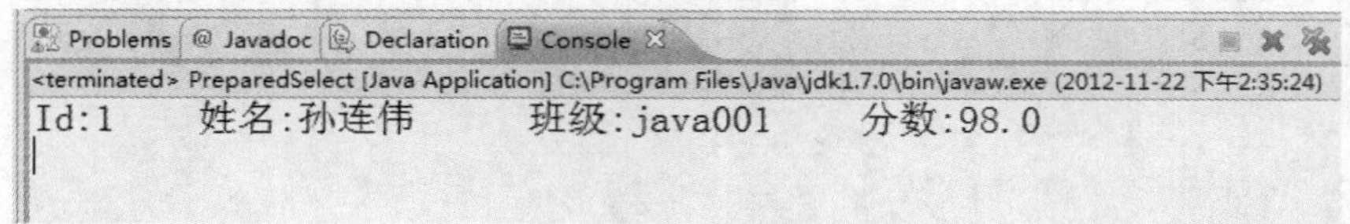

图 3.10　使用 PreparedStatement 执行查询功能的效果

等到需要真正指定参数执行时，再使用相对应的 setXXX(int parameterIndex, 值)方法，指定“?”处真正应该有的参数值。这可以有效地解决 SQL 注入的问题。

3.5.3　对 JDBC 操作数据库的工具类的封装

观察前面写的三个类文件，读者会发现有很多代码是重复的，常说在编程时要提高代码的重用性，那这里该如何做呢？很简单，把相同的代码部分抽取出来封装成一个类就可以了。接下来将分别对其进行封装。

(1)　对获得 Connection 对象进行封装

将数据库的配置信息写到一个属性文件中，然后用 I/O 流去获取，当需要修改数据库连接的时候，只要改动配置文件即可。

在 src 下新建属性文件 jdbc.properties，添加如下内容：

```
//数据库驱动对象
driver=com.mysql.jdbc.Driver
//数据库 URL
url=jdbc:mysql://localhost:3306/test
//用户名
username=root
//用户密码
password=root
```

把数据库的配置信息写到属性文件中，用户要换数据库的问题很容易就解决了。并且修改相关数据时，因为它不是 Java 文件，无须编译。

创建 ConnectionFactory.java 文件，它是一个工厂类，用来生产连接对象，打开此文件，添加如下代码：

```
package com.tjitcast.db;
import java.io.IOException;
import java.io.InputStream;
import java.sql.Connection;
import java.sql.DriverManager;
import java.sql.SQLException;
import java.util.Properties;
/**
 * @author SunLw
 * 数据库连接对象(Connection)工厂类
 */
public class ConnectionFactory {
```

```
    /** database driver class name */
    private static String DB_DRIVER;
    /** database URL associated with the URL */
    private static String DB_URL;
    /** user name of the database */
    private static String DB_USERNAME;
    /** password for the current user */
    private static String DB_PASSWORD ;
    private ConnectionFactory() {}
    /**
     * 在静态代码块中，获得属性文件中的driver,url,username,password
     */
    static {
        //step1: 创建一个Properties对象
        Properties p = new Properties();
        //step2: 以流的形式读取属性文件中的内容
        InputStream is = Thread.currentThread().getContextClassLoader()
          .getResourceAsStream("jdbc.properties");
        try {
            //step3: 加载流is到p对象中
            p.load(is);
            //step4: 获取指定键的值
            DB_DRIVER = p.getProperty("driver");
            DB_URL = p.getProperty("url");
            DB_USERNAME = p.getProperty("username");
            DB_PASSWORD = p.getProperty("password");
        } catch (IOException e) {
            // TODO Auto-generated catch block
            e.printStackTrace();
        }
    }
    /**
     * 该方法用来加载驱动，并获得数据库的连接对象
     *
     * @return 数据库连接对象conn
     */
    public static Connection getConnection() {
        Connection conn = null;
        try {
            //加载驱动
            Class.forName(DB_DRIVER);
        } catch (ClassNotFoundException e) {
            e.printStackTrace();
        }
        try {
            //获得数据库连接的对象
            conn = DriverManager.getConnection(
              DB_URL, DB_USERNAME, DB_PASSWORD);
        } catch (SQLException e) {
            e.printStackTrace();
        }
```

```
        return conn;
    }
    /**
     * @param args
     */
    public static void main(String[] args) {
        //测试有没有获得 Connection 对象
        Connection conn = getConnection();
        if(conn==null) {
            System.out.println("未获取数据库连接对象");
        } else {
            System.out.println("已获取数据库连接对象");
        }
    }
}
```

(2)　对关闭 JDBC 资源类的封装

每次操作数据库结束后，都要及时关闭数据库连接，释放连接占用的数据库和 JDBC 资源，这样一来很多类中都有关闭的代码，写重复的代码做同一件事，这是多么的无聊！接下来将对关闭连接的代码进行简单的封装。

新建 DbClose.java 类，添加如下代码：

```
package com.tjitcast.db;

import java.sql.Connection;
import java.sql.ResultSet;
import java.sql.SQLException;
import java.sql.Statement;

/** 该类用来关闭数据库连接 */
public class DbClose {
    //关闭 Connection
    public static void close(Connection conn) {
        //关闭前先判断连接对象是否存在
        if (null != conn) {
            try {
                conn.close();
            } catch (SQLException e) {
                e.printStackTrace();
            }
        }
    }
    //关闭 Statement
    public  static void close(Statement stmt) {
        if (null != stmt) {
            try {
                stmt.close();
            } catch (SQLException e) {
                e.printStackTrace();
            }
```

```
        }
    }

    //关闭 ResultSet
    public static void close(ResultSet rs) {
        if (null != rs) {
            try {
                rs.close();
            } catch (SQLException e) {
                e.printStackTrace();
            }
        }
    }

    //关闭执行 Select 的 JDBC 资源
    public static void close(ResultSet rs, Statement stmt, Connection conn) {
        close(rs);
        close(stmt, conn);
    }

    //关闭用来执行 Insert,Update,Delete 的 JDBC 资源
    public static void close(Statement stmt, Connection conn) {
        close(stmt);
        close(conn);
    }
}
```

在执行增加、删除、修改的时候可以使用如下代码关闭连接：

```
DbClose.close(Statement stmt, Connection conn);
```

在执行查询之后使用如下代码关闭连接：

```
DbClose.close(ResultSet rs, Statement stmt, Connection conn);
```

(3) 对执行数据库操作类的封装

在一个程序中会有很多地方要操作数据库，那么对执行数据库操作同样需要修改。新建 ControlDB.java，添加如下代码：

```
package com.tjitcast.db;

import java.sql.Connection;
import java.sql.ResultSet;
import java.sql.SQLException;
import java.sql.Statement;

/** ControlDB 该类用来执行对数据库的操作 */
public class ControlDB {
    /**
     * 执行 Select 语句
     *
     * @param sql
```

```
     * @return
     * @throws Exception
     */
    public ResultSet executeQuery(String sql) throws Exception {
        ResultSet rs = null;
        Connection conn = null;
        Statement stmt = null;
        try {
            conn = ConnectionFactory.getConnection();
            stmt = conn.createStatement();
            rs = stmt.executeQuery(sql);

        } catch (SQLException e) {
            throw e;
        }
        return rs;
    }

    /**
     * 执行 Insert、Update、Delete 语句
     *
     * @param sql
     * @throws Exception
     */
    public void executeUpdate(String sql) throws Exception {
        Connection conn = null;
        Statement stmt = null;
        try {
            conn = ConnectionFactory.getConnection();
            stmt = conn.createStatement();
            stmt.executeUpdate(sql);
        } catch (SQLException ex) {
            ex.printStackTrace();
            System.err.println("执行 SQL 语句出错: " + ex.getMessage());
        } finally {
            DbClose.close(stmt, conn);
        }
    }
}
```

对各个阶段操作的封装已完成，上述代码均具有实用价值，可以直接将其运用在一些小型项目之中。

3.5.4　JDBC 对 LOB 的读写

在 JDBC 中提供了 java.sql.Blob 和 java.sql.Clob，两个类分别代表 BLOB 与 CLOB 数据。

- BLOB(Binary Large Object)：用于存储大量的二进制数据。
- CLOB(Character Large Object)：用于存储大量的文本数据。

1. LOB 的写入

可以使用 PreparedStatement 的 setBinaryStream()、setCharacterStream()、setAsciiStream()、setUnicodeStream()等方法将其存入数据库中。

下面通过一个示例演示 LOB 的写入。

实例——blobdemo：向 image 列插入一张图片。

创建 stuinfo 表，并添加 id 字段、姓名字段、简介字段、头像字段等内容，在这里将头像字段设置为 BLOB 类型。完整的 SQL 语句如下所示：

```
CREATE TABLE stuinfo (
  id int(11) NOT NULL auto_increment,
  name varchar(20) default NULL,
  content longText,
  image longBlob,
  PRIMARY KEY (id)
) ENGINE=InnoDB DEFAULT CHARSET=utf8 ROW_FORMAT=REDUNDANT;
```

提示

下面介绍 MySQL 中的大容量字段类型。

BLOB、TEXT 最大 64KB。BLOB 是大小敏感的，而 TEXT 不是大小写敏感的。

MEDIUMBLOB、MEDIUMTEXT 最大 16MB。MEDIUMBLOB 是大小写敏感的，而 MEDIUMTEXT 不是大小敏感的。

LONGBLOB、LONGTEXT 最大 4GB。LONGBLOB 是大小写敏感的。

首先准备一个文本文件，里面的内容可以由读者自行设置，本例中的文本文件命名为 text.txt；再准备一张图片，本例将图片命名为 tjitcast.png。将文本文件与图片放置于 src 目录下。新建 MyBlobTest.java，添加如下代码：

```
package com.tjitcast.jdbc;
import java.io.BufferedReader;
import java.io.IOException;
import java.io.InputStream;
import java.io.InputStreamReader;
import java.sql.Connection;
import java.sql.PreparedStatement;
import java.sql.SQLException;
import com.tjitcast.db.ConnectionFactory;
import com.tjitcast.db.DbClose;
/**
 * @author SunLw
 *
 */
public class MyBlobTest {

    public static void insert() {
        Connection conn = ConnectionFactory.getConnection();
        PreparedStatement pstmt = null;
```

```
        String sql =
          "INSERT INTO stuinfo(name, content, image) VALUES(?,?,?)";
        BufferedReader br = null;
        InputStream isimg = null;
        try {
            pstmt = conn.prepareStatement(sql);
            pstmt.setString(1, "test");
            //从文件中获取输入流--读取文本
            InputStream istxt =
              Thread.currentThread().getContextClassLoader()
                            .getResourceAsStream("test.txt");
            br = new BufferedReader(new InputStreamReader(istxt));
            //设置Clob
            pstmt.setCharacterStream(2, br);
            //从文件中获取输入流--读取图片
            isimg = Thread.currentThread().getContextClassLoader()
                            .getResourceAsStream("tjitcast.png");
            //设置Blob
            pstmt.setBinaryStream(3, isimg);
            if (pstmt.executeUpdate() == 1) {
                System.out.println("恭喜您成功添加记录!");
            } else {
                System.out.println("对不起，添加记录失败!");
            }
        } catch (SQLException e) {
            e.printStackTrace();
        } finally {
            try {
                br.close();
            } catch (IOException e) {
                e.printStackTrace();
            }
            try {
                isimg.close();
            } catch (IOException e) {
                e.printStackTrace();
            }
            DbClose.close(pstmt, conn);
        }
    }
    /**
     * @param args
     */
    public static void main(String[] args) {
        // TODO Auto-generated method stub
        MyBlobTest.insert();
    }
}
```

操作成功之后，通过 SQLyog 查看 content 和 image 字段的内容，效果如图 3.11~3.12 所示。

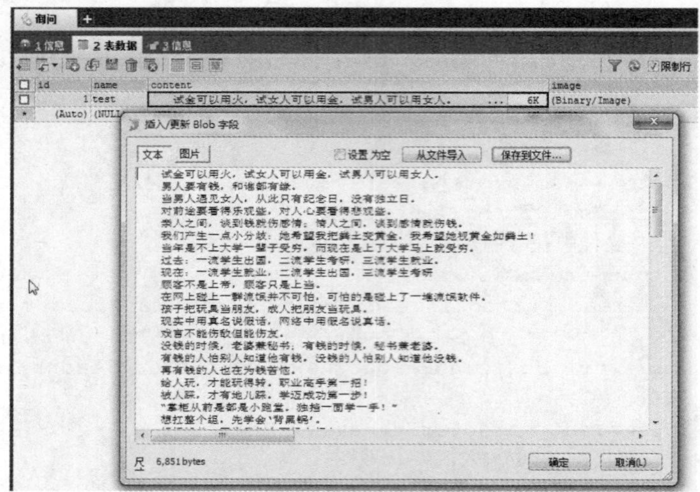

图 3.11　content 字段的内容效果

图 3.12　image 字段的内容效果

2. LOB 的读取

刚才把文本和图片插入到数据库，如果不看数据库，能不能检验对错呢？答案是肯定的，只要把放进去的数据查出并显示就可以了，下面来解决这个问题。

新建 MyBlobTestSelect.java，添加如下代码：

```
package com.tjitcast.jdbc;
import java.io.BufferedInputStream;
import java.io.BufferedOutputStream;
import java.io.BufferedReader;
import java.io.FileOutputStream;
import java.io.IOException;
import java.io.Reader;
import java.sql.Blob;
import java.sql.Connection;
import java.sql.PreparedStatement;
```

```
import java.sql.ResultSet;
import java.sql.SQLException;
import com.tjitcast.db.ConnectionFactory;
import com.tjitcast.db.DbClose;
/**
 * @author SunLw
 *
 */
public class MyBlobTestSelect {
    public static void selectBlob() {
        Connection conn = ConnectionFactory.getConnection();
        PreparedStatement pstmt = null;
        String sql =
          "SELECT id,name,content,image FROM stuinfo WHERE name=?";
        ResultSet rs = null;
        BufferedReader br = null;
        try {
            pstmt = conn.prepareStatement(sql);
            pstmt.setString(1, "test");
            rs = pstmt.executeQuery();
            while (rs.next()) {
                Reader rd = rs.getCharacterStream(3);
                br = new BufferedReader(rd);
                String str = null;
                while((str=br.readLine()) != null) {
                    System.out.println(str);
                }
                Blob blob = rs.getBlob(4);
                BufferedInputStream bis =
                 new BufferedInputStream(blob.getBinaryStream());
                BufferedOutputStream bos = new BufferedOutputStream(
                 new FileOutputStream("d:/tjitcast.png"));

                byte[] buffer = new byte[1024];
                int count = -1;
                while ((count=bis.read(buffer, 0, 1024)) != -1) {
                    bos.write(buffer, 0, count);
                }
                bos.flush();
                bos.close();
                System.out.println("\n------->图片写好了!");
            }
        } catch (SQLException e) {
            e.printStackTrace();
        } catch (IOException e) {
            e.printStackTrace();
        } finally {
            DbClose.close(pstmt, conn);
        }
    }
    /**
```

```
     * @param args
     */
    public static void main(String[] args) {
        // TODO Auto-generated method stub
        MyBlobTestSelect.selectBlob();
    }
}
```

运行程序，会输出如图 3.13 所示的结果。

```
Problems  @ Javadoc  Declaration  Console
<terminated> MyBlobTestSelect [Java Application] C:\Program Files\Java\jdk1.7.0\bin\javaw.exe (2012-11-22 下午3:34:30)
    试金可以用火，试女人可以用金，试男人可以用女人。
    男人要有钱，和谁都有缘。
    当男人遇见女人，从此只有纪念日，没有独立日。
    对前途要看得乐观些，对人心要看得悲观些。
    亲人之间，谈到钱就伤感情；情人之间，谈到感情就伤钱。
    我们产生一点小分歧：她希望我把粪土变黄金，我希望她视黄金如粪土！
    当年是不上大学一辈子受穷，而现在是上了大学马上就受穷。
    过去：一流学生出国，二流学生考研，三流学生就业。
    现在：一流学生就业，二流学生出国，三流学生考研
    顾客不是上帝，顾客只是上当。
    在网上碰上一群流氓并不可怕，可怕的是碰上了一堆流氓软件。
```

图 3.13　控制台显示大字段内容效果

这里输出的正是刚写在 test.txt 里的，然后看 D 盘，里面同样存在一张名为 tjitcast.png 的图片。

3.5.5　JDBC 调用存储过程

JDBC API 中定义了一个 CallableStatement 接口，用于执行 SQL 存储过程。它是从 Connection 实例上获得的：

```
CallableStatement cstmt = conn.prepareCall(String sql);
```

其中的参数 sql 是包含一个或多个"?"参数占位符的调用存储过程的 SQL 语句，类似{call 存储过程名(?...)}的格式。

而 CallableStatement 是用于执行 SQL 存储过程的接口，它可以通过 setXXX(int parameterIndex, 参数值)或 setXXX(String paramenterName, 参数值)方法(其中的 XXX 代表参数的数据类型)来给存储过程的输入参数传入值；也可以通过 registerOutParameter(int parameterIndex, JDBC 类型代码)或 registerOutParameter(String parameterName, JDBC 类型代码)为输出参数指定 JDBC 类型。

通过调用 CallableStatement 接口提供的 execute()方法，就可以执行指定的存储过程，然后根据其返回结果判断是否有结果集，有的话，可以进行相应的处理。

这里举一个示例来详细了解 JDBC 是如何调用存储过程来处理结果的。

有如下针对 MySQL 5 数据库的存储过程：

```
CREATE PROCEDURE demoSp(IN inputParam VARCHAR(255), INOUT inOutParam INT)
BEGIN
    DECLARE z INT;
    SET z = inOutParam + 1;
    SET inOutParam = z;
```

```
    SELECT inOutParam;
    SELECT CONCAT('JDBC:', inputParam);
END
```

这个存储过程名为“dempSp”，它需要一个类型为 VARCHAR 的输入参数 inputParam 和一个类型为 INT 的输入参数 inOutParam。同时它还有一个类型为 INT 的输出参数 inOutParam；这个存储过程的功能比较简单，就是把 inOutParam 输入参数加 1 再返回；同时把 inputParam 输入参数的值与常量字符串“JDBC”拼接后返回。

该存储过程的 JDBC 调用代码片段如下所示：

```
String sql = "{CALL demoSp(?,?)}";
cstmt = conn.prepareCall(sql);
cstmt.setString(1, "大家好");  //给第 1 个输入参数传值
cstmt.setInt(2, 100);  //给第 2 个输入参数传值
//给第二占位符的输出参数指定 JDBC 类型
cstmt.registerOutParameter(2, Types.INTEGER);
//也可以按输出参数名来指定 JDBC 类型
//cstmt.registerOutParameter("inOutParam", Types.INTEGER);

boolean hadResults = cstmt.execute();  //执行这个调用存储过程的语句
while (hadResults) {    //如果有结果集返回
    rs = cstmt.getResultSet();    //获取第一个结果集
    System.out.println("结果集");
    while(rs.next()) {   //处理结果集数据
        System.out.println(" |--" + rs.getString(1));
    }
    hadResults = cstmt.getMoreResults();  //继续获取下一个结果集
}
int outputValue = cstmt.getInt(2); //获取存储过程第 2 个占位符的输出参数的值
outputValue = cstmt.getInt("inOutParam"); //也可以以参数名字的方式来获取
System.out.println(outputValue);
```

运行这个程序，得到如下输出结果：

```
结果集
 |--101
结果集
 |--JDBC:大家好
101
```

3.6 ResultSet 的光标控制

在创建 Statement 或 PreparedStatement 时使用的是 Connection 的无参数 createStatement()方法或 preparedStatement()方法。这样获取到的 Statement 或 PreparedStatement 对象在执行 SQL 后所得到的 ResultSet 只能使用 next()方法来逐条取得查询到的每条结果记录。

在建立 Statement 对象时，是可以指定结果集类型的，可以指定的类型如下。

- ResultSet.TYPE_FORWARD_ONLY：只能前进的结果集。即结果集 ResultSet 中的

光标只能向前移动(只能调用它的 next()方法)，每移动一次可获取一条结果记录。

- ResultSet.TYPE_SCROLL_INSENSITIVE：可滚动的结果集，但其中的数据不受其他会话中用户对数据库更改的影响。
- ResultSet.TYPE_SCROLL_SENSITIVE：可滚动的结果集，当其他会话中用户更改数据库表的数据时，这个结果集的数据也会同步改变。

在指定了结果集的类型时，也需要同时指定结果集的并发策略，可以指定的类型如下。

- ResultSet.CONCUR_READ_ONLY：只读的结果集。结果集中的数据是只读的，不能修改。
- ResultSet.CONCUR_UPDATABLE：可修改的结果集。结果集中的数据可以修改，修改后会同步到数据库中。

提示

用无参的 createStatement()或 preparedStatement()创建的 Statement 或 PreparedStatement，默认的类型是 ResultSet.TYPE_FORWARD_ONLY，默认的并发策略是 ResultSet.CONCUR_READ_ONLY。

如下示例代码演示了使用可滚动的结果集来获取满足参数指定的数据：

```
/**
 * 根据参数获得数据
 * @param firtResult 从哪一条记录开始
 * @param MaxResults 总共取几条记录
 */
public void testPager(int firtResult, int maxResults) {
    Connection conn = null;
    PreparedStatement pstmt = null;
    ResultSet rs = null;
    String sql = "SELECT help_keyword_id,name FROM help_keyword";
    try {
        conn = ...; //获取数据库连接
        //可滚动的，只读的结果集
        pstmt = conn.prepareStatement(sql,
                ResultSet.TYPE_SCROLL_INSENSITIVE,
                ResultSet.CONCUR_READ_ONLY);

        rs = pstmt.executeQuery();

        //光标移到最后一行
        rs.absolute(-1); //rs.last();
        //获取总记录数
        int count = rs.getRow();
        System.out.println("总共有" + count+ "条记录");

        //光标移到指定行的前一行
        rs.absolute(firtResult - 1);

        for(int i=0; i<maxResults; i++) {
```

```
            if(rs.next()) {
                System.out.println(rs.getInt(1) + ", " + rs.getString(2));
            } else {
                break;
            }
        }
    } catch (SQLException e) {
        e.printStackTrace();
    } finally {
        ...//关闭资源
    }
}
```

ResultSet 光标控制最常见的用法就是用来获取分页数据，即根据指定的分页参数通过移动光标就可以获取相应的数据。但这种移动光标来获取结果集数据的方式效率很低，如果有其他的选择，就不要使用它。

3.7　ResultSetMetaData 结果集元数据

ResultSet 用来表示查询到的数据，而 ResultSetMetaData 表示的是所查询到的数据背后的数据描述——如表名称、列名称、列类型等。

ResultSetMetaData 提供了很多的方法，用来获取查询到的数据的描述数据，具体可以参见如下示例代码：

```
Connection conn = null;
PreparedStatement pstmt = null;
ResultSet rs = null;
String sql = "SELECT * FROM empl";

try {
    conn = ...; //获取数据库连接
    pstmt = conn.prepareStatement(sql);
    rs = pstmt.executeQuery();

    //在结果集上获取元数据
    ResultSetMetaData rsmd = rs.getMetaData();
    int count = rsmd.getColumnCount();  //得到总列(字段)数
    System.out.println("总共有" + count + "列");

    for (int i=1; i<=count; i++) {
        System.out.println("第" + (i) + "列所在的 Catalog 名字 : "
          + rsmd.getCatalogName(i));
        System.out.println("第" + (i) + "列对应数据类型的类名:"
          + rsmd.getColumnClassName(i));
        System.out.println("第" + (i) + "列的数据库类型的最大标准宽度:"
          + rsmd.getColumnDisplaySize(i));
        System.out.println("第" + (i) + "列的默认标题:" + rsmd.getColumnLabel(i));
        System.out.println("第" + (i) + "列的类型，返回 SqlType 中的编号:"
```

```
            + rsmd.getColumnType(i));
        System.out.println("第" + (i) + "列在数据库中的类型,返回类型全名:"
            + rsmd.getColumnTypeName(i));
        System.out.println("第" + (i) + "列类型的精确度(类型的长度):"
            + rsmd.getPrecision(i));
        System.out.println("第"+(i)+"列小数点后的位数:"+rsmd.getScale(i));
        System.out.println("第" + (i) + "列对应的模式的名称:"
            + rsmd.getSchemaName(i));
        System.out.println("第"+(i)+"列对应的表名:"+rsmd.getTableName(i));
        System.out.println("第" + (i) + "列是否自动递增:"
            + rsmd.isAutoIncrement(i));
        System.out.println("第" + (i) + "列在数据库中是否为货币型:"
            + rsmd.isCurrency(i));
        System.out.println("第"+(i)+"列是否可以为空:"+rsmd.isNullable(i));
        System.out.println("第"+(i)+"列是否为只读:"+rsmd.isReadOnly(i));
        System.out.println("第" + (i) + "列能否出现在 where 中:"
            + rsmd.isSearchable(i));
        System.out.println();
    }
} catch (SQLException e) {
    e.printStackTrace();
} finally {
    ...//关闭资源
}
```

利用 ResuletSetMetaData 可以完成表的反向设计，即 JDBC 可以查询数据库表来获取它的结构，从而利用这些表结构来完成对应实体类的生成等。

3.8 上机练习

(1) 使用 JDBC 完成对 MySQL 中单表的增、删、改、查的功能。这个表的结构如下：

名称	类型	空	默认值	属性
主索引(P)	isbn			unique
isbn	varchar(255)	yes	<空>	
price	double	yes	<空>	
pub_time	datetime	yes	<空>	
title	varchar(255)	yes	<空>	

(2) 新建日志表 booklog，包括的字段有 id、actionname、actiontime。使用 JDBC 完成这样的需求。当在第 1 题中进行相关增、删、改、查的操作时，同时将操作的名称和时间记录在日志表中。

(3) 新建用户表 person，包括的字段有 id、name、headimg、intro。其中 heading 的类型为 image，intro 的类型为 mediumtext。使用 JDBC 完成这样的需求——向用户表中插入三条数据。

第 4 章

Servlet 的应用

学前提示

Servlet 是一种独立于平台和协议的服务器端的 Java 应用程序，可以生成动态的 Web 页面。它担当 Web 浏览器或其他 HTTP 客户程序发出请求、与 HTTP 服务器上的数据库或应用程序之间交互的中间层。本章将从 Servlet 的优点、生命周期、部署和线程安全等方面进行介绍。

知识要点

- 理解 HTTP 协议
- Web 应用程序的开发过程
- Servlet 的运行原理
- Servlet 的生命周期
- Servlet API 介绍
- Servlet 的初始化参数和应用
- 上下文初始化参数
- 请求重定向和请求分派
- ServletConfig 和 ServletContext
- Servlet 的线程安全问题
- 会话跟踪技术
- Servlet 过滤器
- Servlet 监听器
- Servlet 3.0 的新特性

4.1 Web 应用程序基础

当今越来越多的应用程序迁移到 Web 平台上。由于没有平台的限制和安装的要求，所以 Web 应用程序对用户非常有吸引力，并且可以让用户花更少的精力和时间去完成事情。下面就来简要介绍 Web 应用程序的相关知识。

4.1.1 Web 应用程序简介

应用程序是指允许用户执行特定任务的软件程序，主要分为桌面应用程序和 Web 应用程序两种类型。

1. 桌面应用程序(Desktop Application)

所谓桌面应用程序，一般是指采用客户机/服务器结构(Client/Server，简称 C/S 结构)的应用程序。

服务器端程序主要等待响应客户程序发来的请求。客户端需要安装专用的客户端程序。如 QQ、Outlook 程序都是桌面应用程序。

2. Web 应用程序(Web Application)

随着互联网技术的发展，越来越多的企业和个人用户青睐于使用 Web 应用程序。

Web 应用程序一般是指采用浏览器和服务器结构(Browser/Server，简称 B/S 结构)的应用程序。

服务器端程序等待响应客户端发来的请求。客户机上只要安装一个浏览器(Browser)，如 Netscape Navigator 或 Internet Explorer，浏览器通过网络跟服务器端程序进行数据交互。

如各种类型的网站，都是 Web 应用程序构成的。

Web 应用程序的维护和升级方式简单，与客户机/服务器结构的程序相比，成本降低。

由于 Web 应用的客户端只是浏览器，开发 Web 应用程序就只需要开发服务器端程序了，维护和升级也只需要针对服务器进行，无论用户的规模有多大，有多少分支机构，都不会增加任何维护升级的工作量。

Web 应用程序由 Web 服务器和 Web 客户端两部分组成。

- Web 服务器：Web 服务器上装有某个应用程序，这个 Web 服务器应用程序主要负责接收客户请求，进行处理，然后向客户返回结果(响应)。
- Web 客户端：Web 客户端允许用户请求服务器上的某个资源，并且向客户端返回结果。Web 应用程序的客户端一般是指 Web 浏览器。Web 浏览器就是一个软件，它知道怎样与服务器通信，它还有一个重要任务，就是解释 HTML 代码，并把 Web 页面呈现给用户。

Web 应用程序完整的“请求-响应”流程如图 4.1 所示。

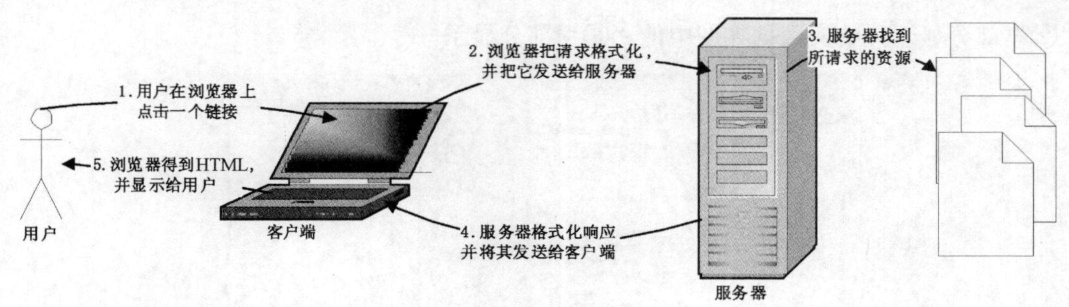

图 4.1　Web 应用程序的“请求-响应”流程

4.1.2　HTTP 协议

Web 客户端和 Web 服务器之间的通信依赖于 HTTP 协议，该协议支持简单的请求和响应会话。客户发送一个 HTTP 请求，服务器会用一个 HTTP 响应做出应答。

Web 浏览器除了可以从本地硬盘上打开网页文档外，还可以使用 HTTP 网络协议从网络上的 Web 服务器上获取网页文档的内容。

Web 浏览器通过 URL(统一资源定位符)与 Web 服务器建立 TCP 网络连接后，Web 浏览器按照 HTTP 协议的规定向 Web 服务器发出请求信息，Web 服务器接收到浏览器的请求后，再按照 HTTP 协议的要求将结果发送给 Web 浏览器。在正常情况下，Web 服务器返回的结果中包含 Web 浏览器请求的网页文档内容，Web 浏览器接收到这些内容后，再进行解释和显示。

概括地说，HTTP 会话就是一个简单的请求/响应序列——浏览器发出 HTTP 请求，而服务器做出 HTTP 响应。

为了理解 HTTP 协议的机制，可以使用一个叫“HttpWatch”的辅助工具软件，它可以监听和截获本地机器每次向服务器发送的HTTP请求数据和服务器向本地机器返回的HTTP响应数据。

1. HttpWatch 工具的使用

HttpWatch 的官方网址是 http://www.httpwatch.com/，它是一个商业软件，有 30 天的试用时间，30 天后觉得满意，可以向该公司购买 License。这里使用的是 v7.0，浏览器版本是 IE9。

下载后，直接双击下载文件安装即可。

之后打开 IE 浏览器，选择“工具”→“HttpWatch Professional”，如图 4.2 所示。

这样操作之后，就可以打开 HttpWatch 工具了，效果如图 4.3 所示。

如果要进入“监听”状态，需要单击“记录”按钮，监听状态如图 4.4 所示。

HttpWatch 工具处于监听状态后，就可以监听和截取请求或响应数据了。

在浏览器的地址栏输入某个 Web 服务器应用的 URL 并按下 Enter 键时，浏览器就会向指定 URL 的 Web 服务器发送一个 HTTP 请求。如图 4.5 所示是访问百度时的截获请求和响应数据。

在图 4.5 中，“①”部分就是浏览器刚才访问的链接，其中的 HTTP 请求数据在图中的

“②”部分显示，响应数据在图中的“③”部分显示。

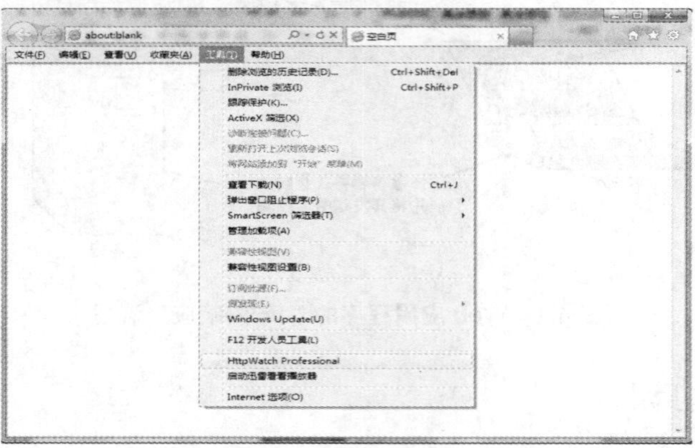

图 4.2　打开 HttpWatch 工具

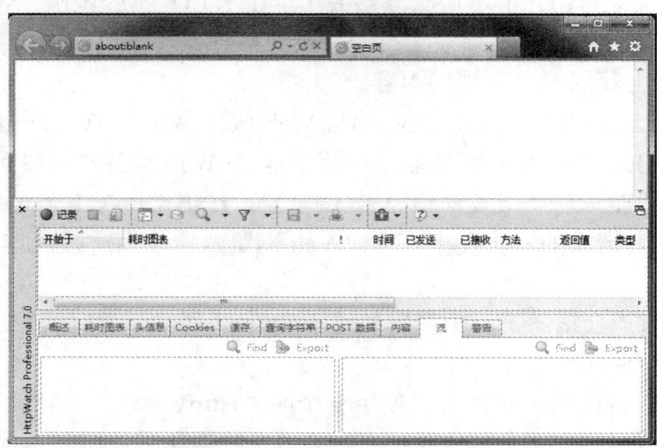

图 4.3　HttpWatch 工具

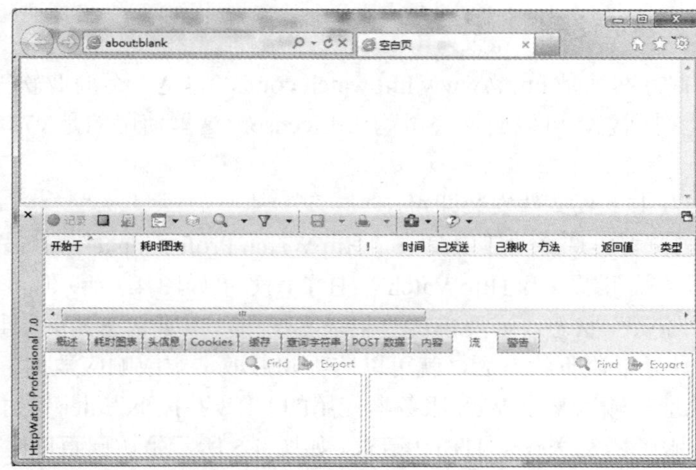

图 4.4　HttpWatch 的监听状态

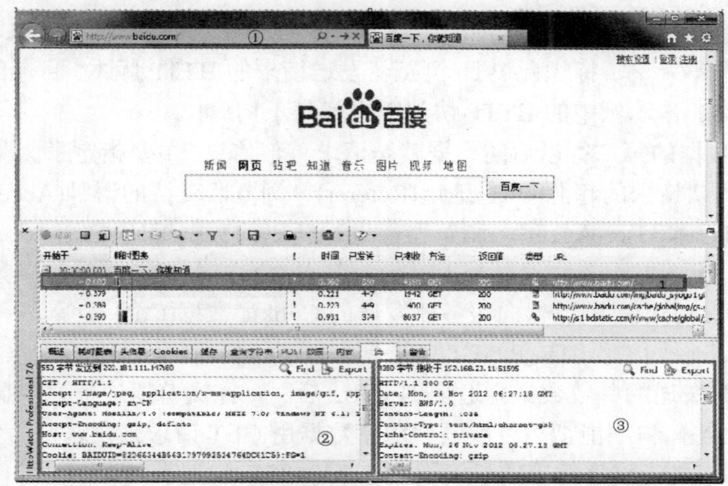

图 4.5　访问百度网站时截获的请求和响应数据

2. HTTP 请求

(1)　GET 请求

在百度的搜索栏中搜索“java”关键字的相关内容时，浏览器发送的就是 HTTP GET 请求，它的请求数据格式如下：

```
GET
/s?ie=utf-8&bs=java&f=8&rsv_bp=1&rsv_spt=3&wd=java&inputT=0 HTTP/1.1
Accept: image/jpeg, application/x-ms-application, image/gif, application/
xaml+xml, image/pjpeg, application/x-ms-xbap, application/vnd.ms-excel,
application/ vnd.ms-powerpoint, application/msword, */*
Referer:
http://www.baidu.com/s?wd=java&rsv_bp=0&rsv_spt=3&rsv_sug3=7&rsv_sug=0&
rsv_sug4=16412&inputT=6656
Accept-Language: zh-CN
User-Agent: Mozilla/4.0 (compatible; MSIE 7.0; Windows NT 6.1; Trident/5.0;
SLCC2; .NET CLR 2.0.50727; .NET CLR 3.5.30729; .NET CLR 3.0.30729; Media Center
PC 6.0; .NET4.0C)
Accept-Encoding: gzip, deflate
Host: www.baidu.com
Connection: Keep-Alive
Cookie: BAIDUID=82D66344B563179709252476 4DC61C59:FG=1;
H_PS_PSSID=1441_1540_1543_1582
```

HTTP 请求数据的第一行数据格式是：

```
请求类型(GET/POST) 请求的路径及参数 HTTP 协议版本
```

- 请求类型：主要有 GET 和 POST 两种类型。本示例中的 GET 表示此请求是 GET 类型的。
- 请求的路径及参数：包括请求的 URL，如果是 GET 请求，还包含请求要发送的参数名/值对。请求 URL 和参数用“?”分隔，参数名/值对的形式是“参数名=参数值”，多个参数名/值对用&连接。本示例中的请求 URL 是“/search”，请求参数

名/值对是“ie=utf-8&bs=java&f=8&rsv_bp=1&rsv_spt=3&wd=java&inputT=0”。

- HTTP 协议版本：标识此 Web 浏览器发送请求的 HTTP 版本。目前的主流是 HTTP 1.1 版本。本示例中的 HTTP 协议版本就是 1.1 版本。

HTTP 请求数据的第二行以后的数据就是请求首部信息。主要指定了浏览器支持的数据类型(Accept)、本次请求的起源 URL 地址(Referer)、浏览器支持的语种(Accept-Language)、浏览器的类型和版本(User-Agent)、浏览器能进行解码的数据编码方式(Accept-Encoding)、资源所在的服务器名和端口号(Host and Port)、完成本次请求后浏览器与服务器是否还要继续保持连接(Connection)、浏览器向服务器发送的 Cookie 数据(Cookie)等。

从以上分析可以归纳出 HTTP GET 请求具有以下特征：

① 用 GET 发送的参数数据会追加到 URL 后面，在浏览器地址栏中显示出来，所以发送的数据会完全暴露(不能把口令或其他敏感数据用 GET 请求来发送)。

② GET 请求中查询字符串的长度限制在 240~255 个字符。

(2) POST 请求

打开 www.iteye.com 网站进行用户登录，如图 4.6 所示。

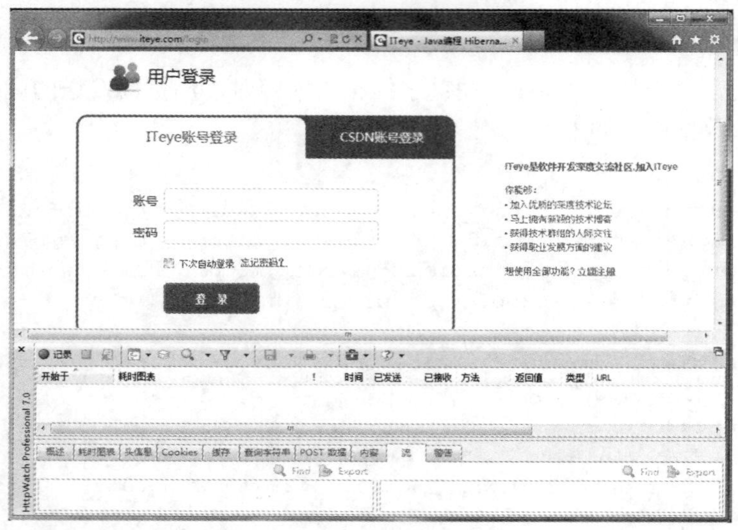

图 4.6 ITeye 网站的用户登录

此时 HttpWatch 截获的 HTTP 请求数据格式如下：

```
POST /login HTTP/1.1
Accept: text/html, application/xhtml+xml, */*
Referer: http://www.iteye.com/login
Accept-Language: zh-CN
User-Agent: Mozilla/5.0 (compatible; MSIE 9.0; Windows NT 6.1; Trident/5.0)
Content-Type: application/x-www-form-urlencoded
Accept-Encoding: gzip, deflate
Host: www.iteye.com
Content-Length: 162
Connection: Keep-Alive
Cache-Control: no-cache
```

```
Cookie: _javaeye_cookie_id_=1353912761179817; _javaeye3_session_=
BAh7CToRb3JpZ2luYWxfdXJpIhpodHRwOi8vd3d3Lml0ZXllLmNvbS86D3Nlc3Npb25faWQi
JTAzMzY4NzBmMzIwYzdlZGNkY2E1Y2RjZGRmOTU4OTVlOhBfY3NyZl90b2tlbiIxclQ5dW1z
RkNZck1naTVKL1h4cW1EVlpZTFRIMUMrdVdhUnZ2cGVKakNJdz0iCmZsYXNoSUM6J0FjdGlv
bkNvbnRyb2xsZXI6OkZsYXNoOjpGbGFzaEhhc2h7AAY6CkB1c2VkewA%3D--280d2d594c8c
007c65c4bbafe5fe6d15f4836593;
__utma=191637234.874553375.1353912768.1353912768.1353912768.1;
__utmb=191637234.6.10.1353912768; __utmc=191637234;
__utmz=191637234.1353912768.1.1.utmcsr=(direct)|utmccn=(direct)|utmcmd=(
none); remember_me=no
authenticity_token=rT9umsFCYrMgi5J%2FXxqmDVZYLTH1C%2BuWaRvvpeJjCIw%3D&
name=beijing2008_jiawei@163.com&password=********&button=%E7%99%BB%E3%80
%80%E5%BD%95
```

从这个数据中可以看出，本请求使用了 POST 方式，请求参数名/值对没有添加到请求 URL 上，而是单独放置在请求的消息主体中。所以 POST 请求发送的数据量没有限制。

3. HTTP 响应

服务器在接收到 HTTP 请求后，针对这个请求进行处理，然后向客户端返回 HTTP 响应，以“在百度中搜索 java 关键字”为例，服务器返回的 HTTP 响应数据格式如下：

```
HTTP/1.1 200 OK
Date: Mon, 26 Nov 2012 07:00:17 GMT
Server: BWS/1.0
Content-Length: 22145
Content-Type: text/html;charset=utf-8
Cache-Control: private
Content-Encoding: gzip
Set-Cookie: H_PS_PSSID=1441_1540_1543_1582; path=/; domain=.baidu.com
Connection: Keep-Alive
_?_______ 琙{撥F_ 烐ㄖ蔺](17)绢够Z搰_
```

响应首部中第 1 行文本“HTTP/1.1 200 OK”指定了响应使用的 HTTP 版本是 1.1，200 是响应的状态码(表示请求处理成功)，OK 是响应的状态描述。

响应首部的第 5 行文本 Content-Type:text/html;charset=UTF-8 指定了响应内容的类型是 HTML 文本，采用的字符编码方式是 UTF-8。

响应首部的第 8 行文本 H_PS_PSSID=1441_1540_1543_1582; path=/; domain=.baidu.com 指定了向客户端返回的 Cookie 信息。

响应的主体内容和响应首部用一个空行隔开，这个响应中的主体内容是经过压缩后的内容，所以看来都是乱码。

其中响应的状态码是比较重要的，它表示了服务器对请求的各种不同处理结果和状态，表 4.1 是一些常见的状态码。

提示

理解 HTTP 协议对 Servlet 的理解有很大的帮助。

表 4.1 常见状态码及描述

状态码值	描 述
200	正常。请求处理正常
204	无内容。浏览器应该继续显示前面缓存中的文档
302	找到。重写向响应中 Location 给出的 URL
400	无效请求，请求中有语法错误
404	找不到。请求的资源未找到
500	服务器内容错误。服务器由于遇到错误而不能完成该请求
503	服务不可用。由于当前负载过大

4.1.3 Java Web 应用程序的规范目录结构

当前开发 Web 应用程序的语言有很多，其中 Java 就是比较突出的一种，它在安全性、移植性方面都做得很好。

Java Web 应用程序必须使用规范的目录结构，具体目录结构如下所示：

```
应用程序根目录
    |-- WEB-INF 目录：必须目录
          |-- web.xml：Web 应用部署描述文件，必须目录
          |-- classes 目录：存放字节码文件
          |-- lib 目录：存放第三方类库文件
          |-- TLD 文件：标签库描述文件
    |-- 其他静态文件：HTML、CSS、JavaScript、图片等
```

4.1.4 Java Web 应用程序的开发过程

开发 Java Web 应用程序的大致流程如下。

1. 设计目录结构

根据具体业务需要，遵照规范的目录结构设计好 Web 应用程序的目录结构。

2. 编写 Web 应用程序代码

编写业务逻辑所需要的 Java 代码。

3. 编写部署描述文件

把 Servlet、初始化参数等定义到部署描述文件 web.xml 中。

4. 编译代码

把编写好的 Java 源代码编译成字节码。

5. 将 Web 应用程序打包

把整个 Web 应用程序打成 War 包，以方便部署。

6. 部署 Web 应用程序

把打好的 War 包部署到 Web 服务器上。

7. 执行 Web 应用程序

启动 Web 服务器，利用客户端浏览器进行访问测试。

在具体的开发过程中，一般都会使用 IDE 工具(如 Eclipse)。使用 IDE 工具进行 Web 应用程序开发时，只需要开发人员完成前三个步骤，其他步骤 IDE 工具可以自动完成。

4.2　Servlet 概述

Servlet 是用 Java 编写的 Server 端程序，它与协议和平台无关。Servlet 运行于 Java 服务器中。Java Servlet 可以动态地扩展服务器的能力，并采用请求-响应模式提供 Web 服务。

4.2.1　Servlet 简介

Servlet 是使用 Java Servlet 应用程序设计接口及相关类和方法的 Java 程序。它在 Web 服务器上或应用服务器上运行并扩展了该服务器的能力。Servlet 装入 Web 服务器并在 Web 服务器内执行。Java Servlet API 定义了 Servlet 和服务器之间的一个标准接口，这使得 Servlet 具有跨服务器平台的特性。

Servlet 是以 Java 技术为基础的服务器端应用程序组件，Servlet 的客户端可以提出请求并获得该请求的响应，它可以是任何 Java 程序、浏览器或任何设备。对于所有的客户端请求，只需创建 Servlet 的实例一次，因此节省了大量的内存。Servlet 在初始化后即驻留在内存中，因此每次请求时无须加载。

4.2.2　Servlet 的运行原理

当 Web 服务器接收到一个 HTTP 请求时，它会先判断请求内容——如果是静态网页数据，Web 服务器将会自行处理，然后产生响应信息；如果牵涉到动态数据，Web 服务器会将请求转交给 Servlet 容器。此时 Servlet 容器会找到对应的处理该请求的 Servlet 实例来处理，结果会送回 Web 服务器，再由 Web 服务器传回用户端，如图 4.7 所示。

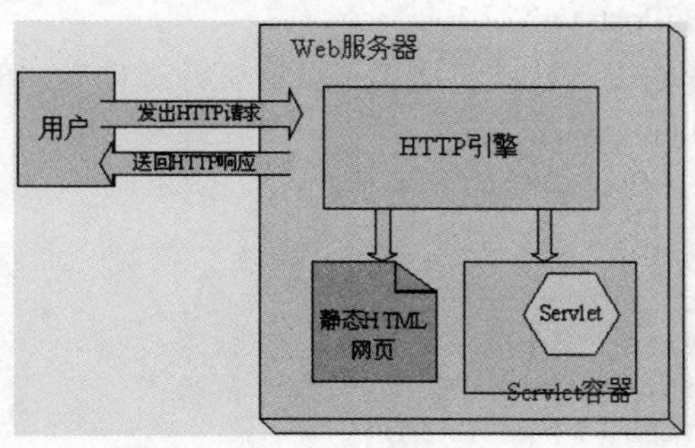

图 4.7　Servlet 处理客户端请求的过程

针对同一个 Servlet，Servlet 容器会在第一次收到 HTTP 请求时建立一个 Servlet 实例，然后启动一个线程。第二次收到 HTTP 请求时，Servlet 容器无须建立相同的 Servlet 实例，而是启动第二个线程来服务客户端请求。所以多线程的方式不但可以提高 Web 应用程序的执行效率，也可以降低 Web 服务器的系统负担。

4.2.3　Servlet 的优点

Servlet 拥有与生俱来的跨平台的特性，使得 Servlet 程序完全可以在不同的 Web 服务器上执行，Servlet 跟普通的 Java 程序一样，是被编译成字节码后在 Servlet 容器管理的 Java 虚拟机中运行，被客户端发来的请求激活，在虚拟机中装载一个 Servlet 就能够处理多个新的请求，每个新请求可以使用内存中的同一个 Servlet 副本，执行效率高，很适合用来开发 Web 服务器应用程序。

Servlet 的优点总的来说可以分以下几个方面。

1. 可移植性好

Servlet 是用 Java 语言编写的，具有完善的 Servlet API 标准，企业编写的 Servlet 程序可以轻松地移植到其他服务器中。

2. 执行效率高

Servlet 请求到来的时候激活 Servlet，请求处理完，等待新的请求，新的请求将生成一个线程，而不是进程。

3. 使用方便

Servlet 可以轻松地处理 HTML 表单数据，并读取和设置 HTTP 头，处理 Cookie，跟踪会话。

4.3　第一个 Servlet 示例

手动编写一个 Servlet 类需要以下几步。

(1)　创建 SecondServlet 类，此类继承自 HttpServlet。

(2)　重写 doGet()和 doPost()方法中的一个。

(3)　定义初始化的 init()方法，此方法用于获取资源文件里面的初始化信息。

(4)　定义清除资源的 destroy()方法。

创建 FirstServlet.java，代码清单如下所示：

```
//FirstServlet.java
package com.tjitcast.servlet;
import java.io.IOException;
import java.io.PrintWriter;
import javax.servlet.ServletException;
import javax.servlet.http.HttpServlet;
import javax.servlet.http.HttpServletRequest;
```

```
import javax.servlet.http.HttpServletResponse;
/**
* @author SunLw
* 第一个 Servlet 示例
*/
public class FirstServlet extends HttpServlet {
    //处理 HTTP GET 请求
    @Override
    protected void doGet(HttpServletRequest req, HttpServletResponse resp)
      throws ServletException, IOException {
        //调用 doPost 方法
        doPost(req, resp);
    }
    //处理 HTTP POST 请求
    @Override
    protected void doPost(HttpServletRequest req, HttpServletResponse resp)
      throws ServletException, IOException {
        //设置响应内容类型
        resp.setContentType("text/html;charset=utf-8");
        //从响应对象中获取打印流
        PrintWriter out = resp.getWriter();
        //写字符串
        out.println("这是我的第一个 Servlet 应用示例");
    }
    //销毁 Servlet 实例对象时的回调方法
    @Override
    public void destroy() {
        //TODO Auto-generated method stub
        super.destroy();
    }
    //初始化 Servlet 时的回调方法
    @Override
    public void init() throws ServletException {
        //TODO Auto-generated method stub
        super.init();
    }
}
```

(5) 注册和运行 Servlet。

如果要用浏览器打开并查看运行结果，Servlet 程序必须通过 Web 服务器和 Servlet 容器来启动运行。Servlet 程序的存储目录有特殊要求，通常需要存储在<Web 应用程序目录>\WEB-INF\classes 目录中。另外，Servlet 程序必须在 Web 应用程序的 web.xml 文件中进行注册和映射其访问路径，才可以被 Servlet 容器加载和被外界访问。

① 注册和映射 Servlet。

在 web.xml 文件中，<servlet>元素用于注册 Servlet，<servlet>元素中包含有两个主要的子元素，即<servlet-name>和<servlet-class>，它们分别用于设置 Servlet 的注册名称和指定 Servlet 的完整类名。<servlet-mapping>元素用于映射已经注册的 Servlet 的对外访问路径，客户端将使用映射路径访问 Servlet。

<servlet-mapping>元素中含有两个子元素，即<servlet-name>和<url-pattern>，它们分别用于指定 Servlet 的注册名称和设置 Servlet 的访问路径。

web.xml 的相关代码如下所示：

```
<?xml version="1.0" encoding="UTF-8"?>
<web-app version="2.5"
  xmlns="http://java.sun.com/xml/ns/javaee"
  xmlns:xsi="http://www.w3.org/2001/XMLSchema-instance"
  xsi:schemaLocation="http://java.sun.com/xml/ns/javaee
  http://java.sun.com/xml/ns/javaee/web-app_2_5.xsd">
    <!-- 声明一个 Servlet 类 -->
    <servlet>
        <!-- Servlet 的标识名 -->
        <servlet-name>firstServlet</servlet-name>
        <!-- Servlet 类的全限定名(包名.类名) -->
        <servlet-class>com.tjitcast.servlet.FirstServlet</servlet-class>
    </servlet>
    <!-- Servlet 的映射配置 -->
    <servlet-mapping>
        <!-- Servlet 的标识名 -->
        <servlet-name>firstServlet</servlet-name>
        <!-- URL 匹配模式 -->
        <url-pattern>/firstServlet</url-pattern>
    </servlet-mapping>
</web-app>
```

② 运行 Servlet。

部署工程，启动 Tomcat，在浏览器中输入：

```
http://localhost:8080/jsp_04_servlet/firstservlet
```

显示如图 4.8 所示的效果。

图 4.8　运行效果

4.4　Servlet 的生命周期

Servlet 的生命周期定义了一个 Servlet 如何被加载、初始化，以及它怎样接收请求、响应请求、提供服务。

在代码中，Servlet 生命周期由接口 javax.servlet.Servlet 定义。所有的 Servlet 必须直接或间接地实现 javax.servlet.Servlet 接口，这样才能在 Servlet 容器中运行。

Servlet 提供 service 方法、init 方法和 destroy 方法等。在 Servlet 的生命周期中，运行 javax.servlet.Servlet 接口中定义的这些方法，方法会在特定时间按照一定的顺序被调用，如图 4.9 所示。

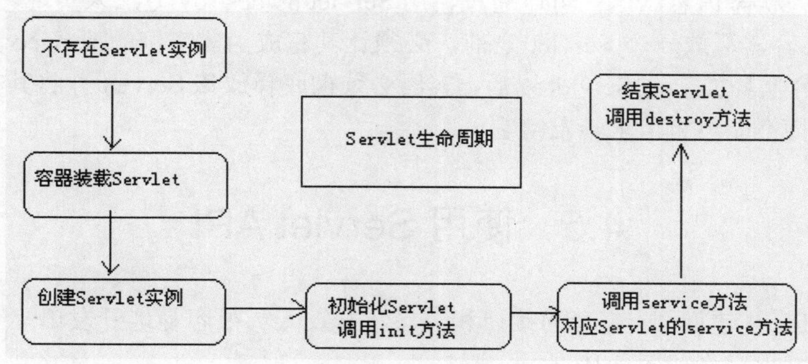

图 4.9　Servlet 的生命周期

4.4.1　Servlet 如何被加载和实例化

Servlet 容器负责实例化和加载 Servlet，这个过程可以在 Servlet 容器加载时执行，可以在 Servlet 响应请求时执行，也可以在两者之间的任何时候执行。

Servlet 是如何被初始化的呢？

Servlet 容器加载完 Servlet 后，首先必须初始化它。初始化时 Servlet 调用 init()方法，该方法可以以一个 ServletConfig 类型的引用为参数，该参数可以让 Servlet 从部署描述文件中读取一些键值对形式的参数值，以初始化这些数据，ServletConfig 对象的引用还可以让 Servlet 接受 ServletContext 对象。

Servlet 初始化时也可以从数据库里读取初始数据，建立 JDBC 连接，或者创建其他有价值的资源信息的引用。

4.4.2　Servlet 如何处理请求

Servlet 被初始化以后，就处于能响应请求的就绪状态。每个 Servlet 都有一个请求的 Servlet Request 对象和响应的 Servlet Response 对象。当处理客户端的请求时，Servlet 容器将 ServletRequest 和 ServletResponse 对象转发给 Servlet，这两个对象以参数的形式传给 Service 方法。

Servlet 还可以实现 ServletRequest 和 ServletResponse 接口。ServletRequest 接口可以让 Servlet 获取客户端请求中的参数，如 request 信息、协议类型等。

Servlet 可以从 ServletInputStream 流中读取 request 数据。

ServletResponse 接口允许 Servlet 设置 response headers 和 status codes。实现这个接口可以使 Servlet 能访问 ServletOutputStream 流，用来向客户端返回数据。

4.4.3　Servlet 如何被释放

Servlet 容器可以随时使用或释放 Servlet。当 Servlet 容器判断一个 Servlet 应当被释放时(例如容器准备释放或需要回收资源)，容器必须让 Servlet 能释放其正在使用的任何资源，并保存持续性的状态信息。这些可以通过调用 Servlet 的 destroy 方法来实现。

在 Servlet 容器释放一个 Servlet 之前，必须让其完成当前实例的 service 方法或是等到时间超时。当容器释放一个 Servlet 以后，容器必须彻底释放该 Servlet 并将其标明为可回收的，此时容器将不能再将请求转发给它。

4.5　使用 Servlet API

Servlet API 中定义了一整套的接口和类，让开发人员很容易地开发出一个 Servlet，这套接口和类的继承层次如图 4.10 所示。

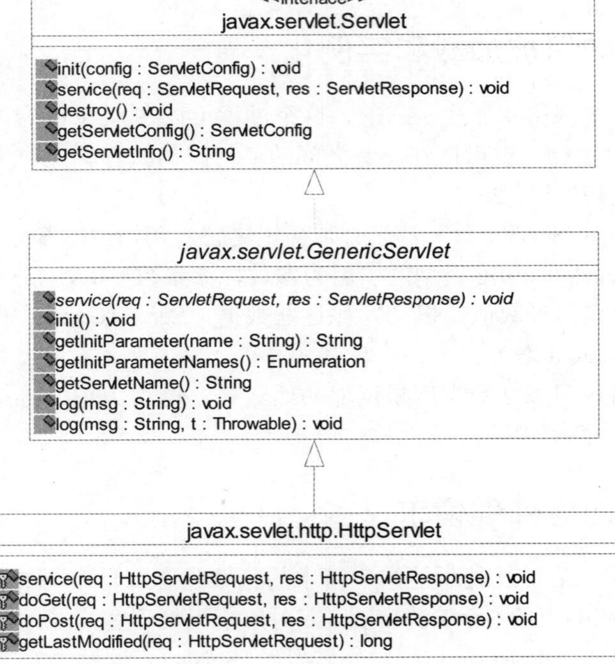

图 4.10　Servlet 的继承层次

开发人员在编写 Servlet 时，一般都继承自 HttpServlet 类，然后重写 doGet()方法来处理客户端提交的 GET 请求，或者重写 doPost()方法来处理客户端提交的 POST 请求；如果需要在 Servlet 实例化时进行一些初始化工作，可以重写 init()方法；如果需要在 Servlet 被释放时进行一些资源清理工作，可以重写 destroy()方法。这些方法会在 Servlet 的生命周期相应阶段得到容器的回调。

4.5.1　HttpServletRequest 接口

容器在调用 Servlet 的 doGet()或 doPost()方法时，会创建一个 HttpServletRequest 接口的实例和一个 HttpServletResponse 接口的实例，作为参数传给 doGet()或 doPost()方法。

HttpServletRequest 接口代表客户的请求，它提供了许多获取客户请求数据的方法，具体的继承层次如图 4.11 所示(仅列出了一些常用方法)。

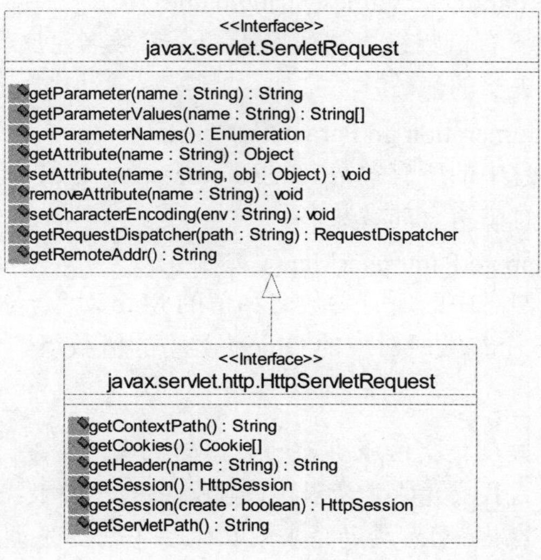

图 4.11　HttpServletRequest 接口的继承层次

4.5.2　HttpServletResponse 接口

HttpServletResponse 接口代表返回给客户端的响应，它提供了许多把数据写往客户端的方法，具体的继承层次如图 4.12 所示(仅列出了一些常用方法)。

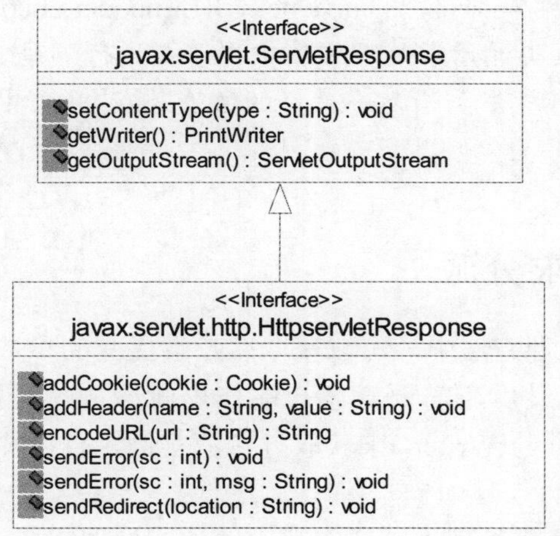

图 4.12　HttpServletResponse 接口的继承层次

4.5.3 获取请求中的数据

在 Servlet 类的请求处理方法中(如 doGet()或 doPost()方法)，要想获取客户端请求中提交过来的数据，需要使用 HttpServletRequest 提供的以下方法。

(1) public String getParameter(String name)

获取指定名称的参数值。这是最为常用的方法之一。

(2) public String[] getParameterValues(String name)

获取指定名称参数的所有值数组。它适用于一个参数名对应多个值的情况。如页面表单中的复选框，多选列表提交的值。

(3) public java.util.Enumeration getParameterNames()

返回一个包含请求消息中的所有参数名的 Enumeration 对象。通过遍历这个 Enumeration 对象，就可以获取请求消息中所有的参数名。

(4) public java.util.Map getParameterMap()

返回一个保存了请求消息中的所有参数名和值的 Map 对象。Map 对象的 key 是字符串类型的参数名，value 是这个参数所对应的 Object 类型的值数组。

小知识

在此说明如何解决客户端提交给服务器的数据的乱码问题。

若客户端以 POST 方式提交请求，请求消息主体中的参数数据是按 HTML 页面中指定的编码方式进行编码的，在 Servlet 类的请求处理方法中需要先调用 HttpServletRequest 接口的 setCharacterEncoding(String enc)方法对请求消息主体中的数据按参数指定的编码方式进行编码，然后才能使用以上介绍的方法正确获取参数值。

若客户端是以 GET 方式提交请求的，即请求中的参数数据是拼接在 URL 后面提交的，则 setCharacterEncoding(String enc)方法也不管用了。因为浏览器会针对 URL 中的非 ASCII 字符按浏览器默认方式对 URL 进行编码(最糟糕的是，不同厂商的浏览器或不同语言环境的浏览器默认编码方式还不相同)。这时最好的解决办法是，在发送这些数据前先手工把它们按页面指定的编码方式编码好(使用 java.net.URLEncoder.encode(String s, String enc)方法)，然后再发送。在 Servlet 类的请求处理方法中再手工进行解码(使用 java.net.URLDecoder.decode(String s, String enc)方法)。当然，最好的做法是在 URL 中不要使用中文等非 ASCII 字符。

4.5.4 重定向和请求分派

在 Servlet 类的请求处理方法中，可以获取客户端提交的参数数据，也可以编写逻辑代码对请求数据进行处理。最后还需要对客户端作出响应，比较简单的做法是，直接调用 HttpServletResponse 接口的 getWriter()来获取打印流实例，直接往这个打印流实例中写入字符串就可以了。

有时，可能这个 Servlet 类处理不了请求或不能独立处理完毕这个请求，需要其他 Servlet 类进行辅助处理，这时就需要用到“重定向”或“请求分派”了。

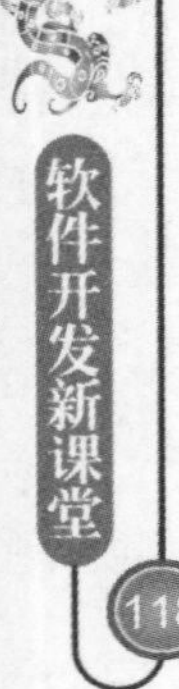

1. 重定向

HttpServletRequest 接口提供的 sendRedirect()方法用于生成 302 响应码和 Location 响应头，从而通知客户端去重新访问 Location 响应头中指定的 URL，其完整的定义语法如下：

```
public void sendRedirect(String location) throws IOException;
```

其中的 location 参数指定了重定向的 URL，它可以使用绝对 URL 和相对 URL，Servlet 容器会自动将相对 URL 转换成绝对 URL 后，再生成 location 头字段。

sendRedirect()方法不仅可以重定向到当前应用程序中的其他资源，还可以重定向到同一个容器中的其他应用程序中的资源，甚至是使用绝对 URL 重定向到其他站点的资源。

小知识

在此澄清对绝对路径和相应路径的理解。

绝对 URL：是以“/”开头的路径，指的是相对于 Web 应用根目录的路径。

相对 URL：不是以“/”开头的路径，指的是相对于当前路径目录的路径。

例如，有一个名为“jsp_04_servlet”的 Web 应用根目录，当前路径目录是“/sendredirect”，对于“/servlet2”这个绝对路径来说，它的完整路径是“http://服务器名或 IP 地址:端口号/jsp_04_servlet/servlet2”；对于“servlet2”这个相对路径来说，它的完整路径是“http://服务器名或 IP 地址:端口号/jsp_04_servlet/sendredirect/servlet2”。

下面举一个示例来讲解重定向的应用：客户端发出 URL 为“http://localhost:8080/jsp_04_servlet/servlet1?name=test”的请求，服务器用 Servlet1 来处理这个请求，在处理方法中通过 sendRedirect 重定向到第二个 Servlet，即 Servlet2 上。

Servlet1 类的代码如下所示：

```
//Servlet1.java
package com.tjitcast.servlet;
import java.io.IOException;
import java.io.PrintWriter;
import javax.servlet.ServletException;
import javax.servlet.http.HttpServlet;
import javax.servlet.http.HttpServletRequest;
import javax.servlet.http.HttpServletResponse;
/**
* @author SunLw
* Servlet1 重新定向到 Servlet2
*/
public class Servlet1 extends HttpServlet {
    //处理 HTTP GET 请求
    @Override
    protected void doGet(HttpServletRequest req, HttpServletResponse resp)
      throws ServletException, IOException {
        //调用 doPost 方法
        doPost(req, resp);
    }
    //处理 HTTP POST 请求
```

```
    @Override
    protected void doPost(HttpServletRequest req, HttpServletResponse resp)
      throws ServletException, IOException {
        resp.sendRedirect("servlet2");  //重新定向到 Servlet2
    }
}
```

Servlet2 类的代码如下所示：

```
//Servlet2.java
package com.tjitcast.servlet;
import java.io.IOException;
import java.io.PrintWriter;
import javax.servlet.ServletException;
import javax.servlet.http.HttpServlet;
import javax.servlet.http.HttpServletRequest;
import javax.servlet.http.HttpServletResponse;
/**
* @author SunLw
* 在 Servlet2 获取请求中的参数
*/
public class Servlet2 extends HttpServlet {
    //处理 HTTP GET 请求
    @Override
    protected void doGet(HttpServletRequest req, HttpServletResponse resp)
      throws ServletException, IOException {
        //调用 doPost 方法
        doPost(req, resp);
    }
    //处理 HTTP POST 请求
    @Override
    protected void doPost(HttpServletRequest req, HttpServletResponse resp)
      throws ServletException, IOException {
        //设置响应内容类型
        resp.setContentType("text/html;charset=utf-8");
        //从响应实例中获取打印流
        PrintWriter out = resp.getWriter();
        out.println("<html>");
        out.println("  <head><title>servlet2</title></head>");
        out.println("  <body>");
        out.print("在 Servlet2 中获取请求参数 name 的值:");
        out.print(req.getParameter("name"));
        out.println("  </body>");
        out.println("</html>");
    }
}
```

把这两个 Servlet 声明到 web.xml 文件中，如下所示：

```
<?xml version="1.0" encoding="UTF-8"?>
<web-app version="2.5"
  xmlns="http://java.sun.com/xml/ns/javaee"
```

```
xmlns:xsi="http://www.w3.org/2001/XMLSchema-instance"
xsi:schemaLocation="http://java.sun.com/xml/ns/javaee
http://java.sun.com/xml/ns/javaee/web-app_2_5.xsd">
  <!--Servlet1 配置 -->
  <servlet>
     <!-- Servlet 的标识名 -->
     <servlet-name>servlet1</servlet-name>
     <!-- Servlet 类的全限定名(包名.类名) -->
     <servlet-class>com.tjitcast.servlet.Servlet1</servlet-class>
  </servlet>
  <!--Servlet1 的映射配置 -->
  <servlet-mapping>
     <!--Servlet 的标识名 -->
     <servlet-name>servlet1</servlet-name>
     <!-- URL 匹配模式 -->
     <url-pattern>/servlet1</url-pattern>
  </servlet-mapping>
  <!-- Servlet2 配置 -->
  <servlet>
     <!-- Servlet 的标识名 -->
     <servlet-name>servlet2</servlet-name>
     <!-- Servlet 类的全限定名(包名.类名) -->
     <servlet-class>com.tjitcast.servlet.Servlet2</servlet-class>
  </servlet>
  <!--Servlet2 的映射配置 -->
  <servlet-mapping>
     <!-- Servlet 的标识名 -->
     <servlet-name>servlet2</servlet-name>
     <!-- URL 匹配模式 -->
     <url-pattern>/servlet2</url-pattern>
  </servlet-mapping>
</web-app>
```

把这个 Web 应用程序部署到 Web 容器 Tomcat 中，启动 Tomcat。然后在浏览器地址栏中输入 http://localhost:8080/jsp_04_servlet/servlet1?name=test，重定向后效果如图 4.13 所示。

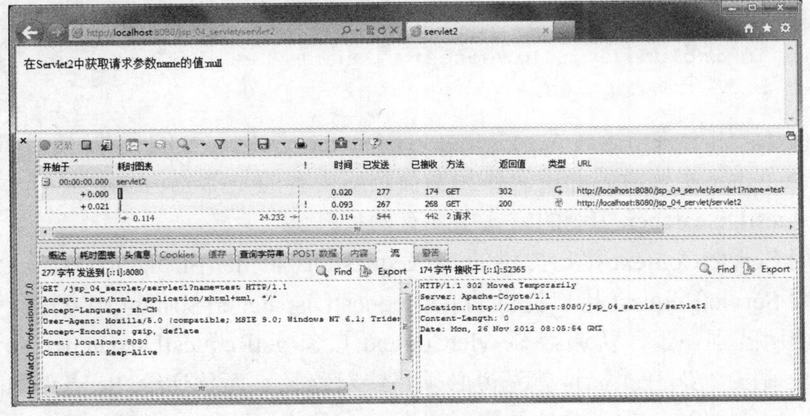

图 4.13　重定向后的结果

从响应结果中可以看出，浏览器的地址栏的 URL 已经被自动改成“http://localhost:8080/jsp_04_servlet/servlet2”了。而且在 Servlet2 类中获取请求参数 name 的值是 null，也就是说无法获取初始请求中的参数数据了。通过分析 HttpWatch 工具所截获的 HTTP 请求和 HTTP 响应数据，可以把重定向的原理用图 4.14 表示出来。

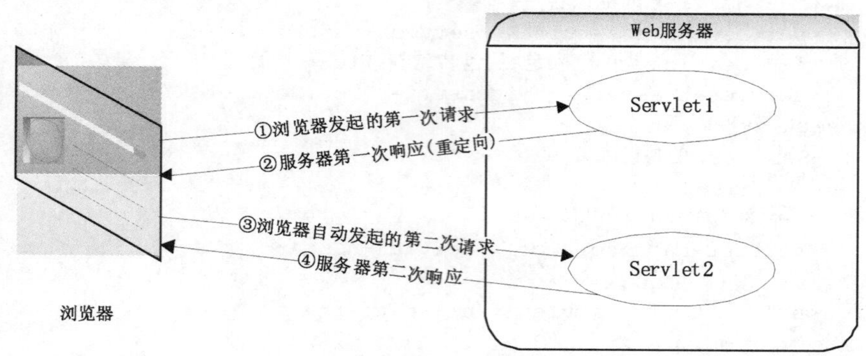

图 4.14　重定向的原理

浏览器第一次发出“http://localhost:8080/jsp_04_servlet/servlet1?name=test”的请求，服务器调用 Servlet1 实例的相应方法来处理，在处理方法中重定向到了新的路径“servlet2”，它把这个路径转换成绝对 URL，即“http://localhost:8080/jsp_04_servlet/servlet2”，再生成 location 头字段添加到响应消息头中，并设置响应状态码为“302”，客户端浏览器收到服务器返回的这个响应消息后，根据响应消息头中 location 字段指定的路径自动发起第二次请求到“http://localhost:8080/jsp_04_servlet/servlet2”，服务器就调用 Servlet2 实例的相应方法来处理，在这个处理方法中，HttpServletRequest 实例中肯定不会再包含第一次请求中的参数了，所以参数 name 的值为 null。

2. 请求分派

Servlet API 中定义了一个 RequestDispatcher 接口，俗称请求分派器。它定义了如下两个方法：

```
public void forward(ServletRequest request, ServletResponse response)
  throws ServletException, IOException;
public void include(ServletRequest request, ServletResponse response)
  throws ServletException, IOException;
```

forward()方法用于将请求转发到 RequestDispatcher 实例封装的资源；include()方法用于将 RequestDispatcher 实例封装的资源作为当前响应内容的一部分包含进来。

获取 RequestDispatcher 实例的方式主要有两种：

- 调用 ServletContext 接口提供的 getRequestDispatcher(String url)方法。
- 调用 ServletRequest 接口提供的 getRequestDispatcher(String url)方法。

它们的使用区别在于，传递给 ServletContext 接口 getRequestDispatcher(String url)方法的路径参数必须以“/”开头，也就是说必须是绝对路径。而传递给 ServletRequest 接口的 getRequestDispatcher(String url)方法的路径参数可以是相对路径，也可以是绝对路径。

搞清楚这些问题之后，接下来重点理解如何用 RequestDispatcher 接口的 forward()方法

来实现请求转发。

RequestDispatcher 接口的 forward()方法用于将请求转发到 RequestDispatcher 实例封装的资源，由新的资源对客户端做出响应，它的原理可以用图 4.15 来表示。

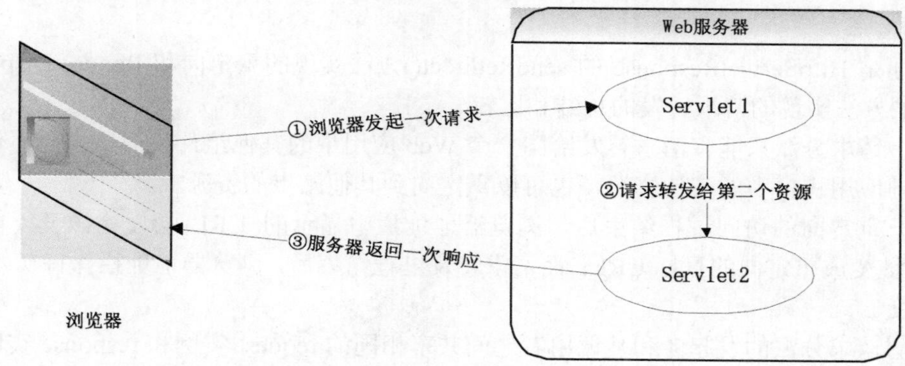

图 4.15　请求转发的原理

为了演示请求转发的原理，只需要把前面 Servlet1.java 中 doPost()方法中的代码改成如下片段即可：

```
//获取请求分派器
RequestDispatcher dispatcher = request.getRequestDispatcher("servlet2");
//将请求转发至指定路径的资源
dispatcher.forward(request, response);
```

同样使用“http://localhost:8080/jsp_04_servlet/servlet1?name=test”路径访问这个 Servlet1，客户端浏览器将得到如图 4.16 所示的效果。

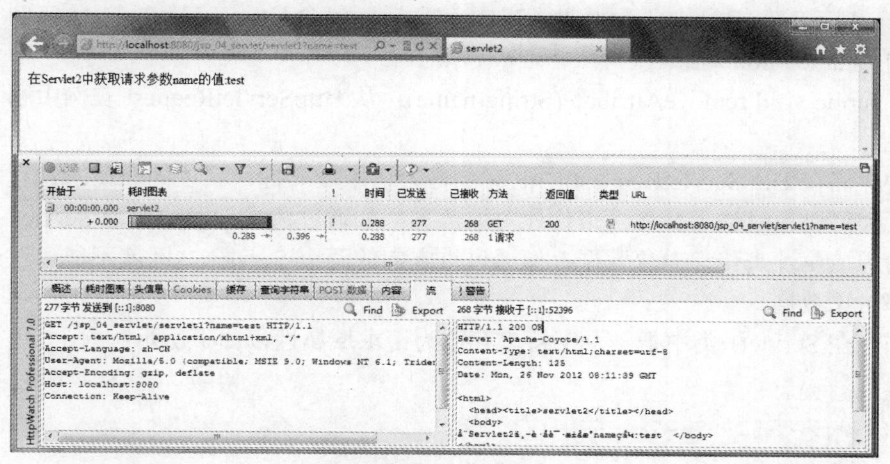

图 4.16　请求转发的结果

从 HttpWatch 工具所截获的 HTTP 请求和 HTTP 响应数据看出，这种情况下浏览器只发出一次请求，服务器也只返回一次响应。浏览器地址栏的 URL 仍然是“http://localhost:8080/jsp_04_servlet/servlet1?name=test”，但服务器却是用 Servlet2 来进行响应的。在 Servlet2 中也可以获取客户端请求 Servlet1 时发送的参数数据。

3. 重定向和请求分派的比较

虽然 HttpServletResponse 的 sendRedirect()方法和 RequestDispatcher 的 forward()方法都可以让浏览器获得另一个 URL 所指向的资源所做出的响应，但两者的内部运行机制有着很大的区别。

下面是 HttpServletResponse 的 sendRedirect()方法实现的重定向和 RequestDispatcher 的 forward()方法实现的请求转发的总结和比较。

(1) 请求分派只能将请求转发给同一个 Web 应用中的其他组件；而重定向不仅可以定向到当前应用程序中的其他资源，也可以重定向到其他站点的资源上。

(2) 重定向的访问过程结束后，浏览器地址栏中显示的 URL 会发生改变，由初始的 URL 地址变成重定向的目标 URL；而请求转发过程结束后，浏览器地址栏保持初始的 URL 地址不变。

(3) 请求分派的发起者和被调用者之间共享相同的 request 实例和 response 实例，它们属于同一个“请求/响应”过程；而重定向的发起者和被调用者使用各自的 request 实例和 response 实例，它们各自属于独立的“请求/响应”过程。

4.5.5 利用请求域属性传递对象数据

HttpServletRequest 接口中提供了几个方法，用来操作请求实例中存储的对象。

(1) public void setAttribute(String name, Object obj)：将对象存储进 HttpServletRequest 实例中。

(2) public Object getAttribute(String name)：检索存储在 HttpServletRequest 实例中的对象。

(3) public Enumeration getAttributeNames()：返回包含 HttpServletRequest 实例中的所有属性名的 Enumeration 对象。

(4) public void removeAttribute(String name)：从 HttpServletRequest 实例中删除指定名称的属性。

这种存储在 HttpServletRequest 中的对象称为请求域属性，属于同一请求过程的多个处理模块之间可以通过请求域属性来传递对象数据，如通过请求转发的两个 Servlet 之间就可以通过请求域属性来传递对象数据，但通过重定向的两个 Servlet 之间就不能通过请求域属性来传递对象数据。

例如，在 Servlet1 类中把一个字符串存放为请求域属性，如下所示：

```
//Servlet1.java
package com.tjitcast.servlet;

import java.io.IOException;
import javax.servlet.RequestDispatcher;
import javax.servlet.ServletException;
import javax.servlet.http.*;

public class Servlet1 extends HttpServlet {
   public void doGet(HttpServletRequest request,
```

```
        HttpServletResponse response) throws ServletException, IOException {
            this.doPost(request, response);
    }
    public void doPost(HttpServletRequest request,
        HttpServletResponse response) throws ServletException, IOException {
            String str = "在 Servlet1 中存放请求域属性";
            request.setAttribute("string", str);
            //获取请求分派器
            RequestDispatcher dispatcher =
              request.getRequestDispatcher("servlet2");
            //将请求转发至指定路径的资源
            dispatcher.forward(request, response);
    }
}
```

在请求转发的目标资源 Servlet2 中就可以从请求属性域中取出这个对象了，如下所示：

```
//Servlet2.java
package com.qiujy.web.sendredirect;

import java.io.IOException;
import java.io.PrintWriter;
import javax.servlet.ServletException;
import javax.servlet.http.*;

public class Servlet2 extends HttpServlet {
    public void doGet(HttpServletRequest request,
        HttpServletResponse response) throws ServletException, IOException {
            this.doPost(request, response);
    }

    public void doPost(HttpServletRequest request,
        HttpServletResponse response) throws ServletException, IOException {
            //设置响应内容类型
            response.setContentType("text/html;charset=utf-8");
            //从响应实例中获取打印流
            PrintWriter out = response.getWriter();
            out.println("<html>");
            out.println("  <head><title>servlet2</title></head>");
            out.println("  <body>");
            //获取名为“string”的请求域属性的值
            String str = (String)request.getAttribute("string");
            out.print("Servlet2 中:" + str);
            out.println("  </body>");
            out.println("</html>");
    }
}
```

浏览器访问后，显示返回的结果如图 4.17 所示。

利用请求域属性传递对象数据在实际项目开发中是非常常用的一种方式，通常在 Servlet 中处理客户请求，然后把需要返回给用户的动态数据利用请求域属性传递到 JSP 页

面(也是一种 Servlet)，在 JSP 页面中解析成 HTML，再返回给客户端。

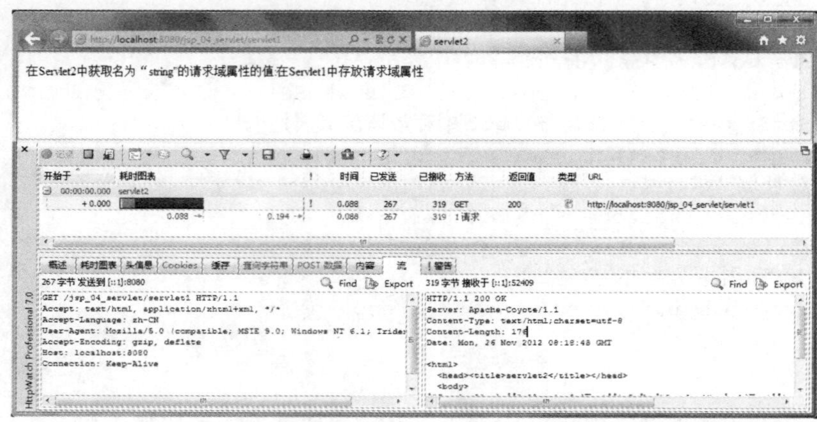

图 4.17　访问请求域属性的值

4.5.6　ServletConfig 和 ServletContext

1. ServletConfig

在 Web 容器初始化 Servlet 实例时，都会为这个 Servlet 准备一个唯一的 ServletConfig 实例(俗称 Servlet 配置对象)，Web 容器会从部署描述文件中“读出”该 Servlet 类的初始化参数，并设置到 ServletConfig 实例中，然后再把这个 ServletConfig 实例传递给该 Servlet 实例的 init()方法。

(1)　如何给 Servlet 类配置初始化参数

通过在 web.xml 文件中声明 Servlet 时添加<init-param>元素来配置，如下所示：

```
<?xml version="1.0" encoding="UTF-8"?>
<web-app version="2.5"
  xmlns="http://java.sun.com/xml/ns/javaee"
  xmlns:xsi="http://www.w3.org/2001/XMLSchema-instance"
  xsi:schemaLocation="http://java.sun.com/xml/ns/javaee
  http://java.sun.com/xml/ns/javaee/web-app_2_5.xsd">
    <servlet>
        <servlet-name>initparamservlet</servlet-name>
        <servlet-class>
            com.tjitcast.servlet.InitParamServlet
        </servlet-class>
        <!-- 定义一个 Servlet 初始化参数 -->
        <init-param>
        <!-- 参数名 -->
        <param-name>encoding</param-name>
        <!-- 参数值 -->
        <param-value>utf-8</param-value>
        </init-param>
    </servlet>
    <servlet-mapping>
```

```
        <servlet-name>initparamservlet</servlet-name>
        <url-pattern>/initparamservlet</url-pattern>
    </servlet-mapping>
</web-app>
```

(2)　如何在 Servlet 类中获取它的初始化参数值

一个 Servlet 类的实例初始化完毕之后，Web 容器已经为它准备好了 ServletConfig 实例，在这个 Servlet 类中只需使用 getServletConfig()方法就可以获取到这个实例。而 ServetConfig 接口中提供了 getInitParameter(String name)方法来获取指定名称的初始化参数的字符串值。所以，在 Servlet 类的方法中可以用如下所示的代码获取初始化参数值：

```
//InitParamServlet.java
package com.tjitcast.servlet;
import java.io.IOException;
import java.io.PrintWriter;
import javax.servlet.ServletConfig;
import javax.servlet.ServletException;
import javax.servlet.http.HttpServlet;
import javax.servlet.http.HttpServletRequest;
import javax.servlet.http.HttpServletResponse;
/**
* @author SunLw
*
*/
public class InitParamServlet extends HttpServlet {
    //处理 HTTP GET 请求的方法
    public void doGet(HttpServletRequest request,
      HttpServletResponse response) throws ServletException, IOException {
        this.doPost(request, response);
    }
    //处理 HTTP POST 请求的方法
    public void doPost(HttpServletRequest request,
      HttpServletResponse response) throws ServletException, IOException {
        //获取 ServletConfig 实例
        ServletConfig config = this.getServletConfig();
        //获取指定名称的初始化参数的字符串值
        String str = config.getInitParameter("encoding");
        response.setContentType("text/html;charset=utf-8");
        PrintWriter out = response.getWriter();
        out.println("<html>");
        out.println("  <head><title>servlet2</title></head>");
        out.println("  <body>");
        out.print("获取 InitParamServlet 的初始化参数\"encoding\"的字符串值:");
        out.print(str);
        out.println("  </body>");
        out.println("</html>");
    }
}
```

Servlet 的初始化参数只是针对当前这个 Servlet 类有效，在本 Servlet 类中只能获取自身

的初始化参数，无法获取其他 Servlet 类的初始化参数。

2. ServletContext

如果在多个 Servlet 类要获取相同的初始化参数值，给每个 Servlet 都配置相同的初始化参数值显然是不太可取的。这时就可以把参数配置成 Web 应用上下文初始化参数。

Web 容器部署某个 Web 应用程序后，会为每个 Web 应用程序创建一个 ServletContext 实例(俗称 Web 应用上下文对象)。通过这个 ServletContext 实例就可以获取到所有的 Web 应用上下文初始化参数的值。

ServletContext 可以被认为是对于 Web 应用程序的一个整体性存储区域。每一个 Web 应用程序都只有一个 ServletContext 实例，存储在 ServletContext 之中的对象将一直被保留，直到它被删除。

(1) 如何配置 Web 应用上下文初始化参数

通过在 web.xml 文件中添加<context-param>元素就可以定义 Web 应用上下文初始化参数，代码片段如下：

```
<?xml version="1.0" encoding="UTF-8"?>
<web-app version="2.5"
  xmlns="http://java.sun.com/xml/ns/javaee"
  xmlns:xsi="http://www.w3.org/2001/XMLSchema-instance"
  xsi:schemaLocation="http://java.sun.com/xml/ns/javaee
  http://java.sun.com/xml/ns/javaee/web-app_2_5.xsd">
    <!-- 定义一个 Web 应用上下文初始化参数 -->
    <context-param>
        <!-- 参数名 -->
        <param-name>appName</param-name>
        <!-- 参数值 -->
        <param-value>JSP 企业开发实战</param-value>
    </context-param>
    ...
</web-app>
```

(2) 如何在 Servlet 类中获取 Web 应用上下文的初始化参数值

Web 容器也为每个 Web 应用程序准备好了一个 ServletContext 实例，在这个实例中保存着本 Web 应用中的所有应用上下文初始化参数。

在 Servlet 类中都可以使用 getServletContext()方法来获取本应用的 ServletContext 实例，通过 ServletContext 接口提供的 getInitParameter(String name)方法就可以获取指定名称的 Web 应用上下文初始化参数的值，代码片段如下：

```
//获取 ServletContext 实例
ServletContext context = this.getServletContext();
//获取指定名称的 Web 应用上下文初始参数的字符串值
String appName = context.getInitParameter("appName");
```

3. ServletContext 的其他用途

一个 Web 应用程序中的所有 Servlet 都共享一个 ServletContext 上下文实例。因此，

ServletContext 实例也被称为 application 对象，它也可以用来存放和获取属性。

存放在 application 对象中的属性(也叫 application 域范围属性)可以被该 Web 应用程序内的所有 Servlet 程序访问。

ServletContext 中提供属性操作的方法有以下几个。

- public void setAttribute(String name, Object obj)：根据指定名 name 把对象 obj 存放到应用上下文范围中。
- public Object getAttribute(String name)：根据指定名从应用上下文范围中获取到该属性对象。
- public void removeAttribut(String name)：根据指定名从应用上下文范围中移除该属性。

4. ServletConfig 和 ServletContext 的区别

整个 Web 应用只有一个 ServletContext，在部署 Web 应用的时候，容器会建立这一个 ServletContext 对象，这个上下文对 Web 应用中的每个 Servlet 和 JSP 都可用。

Web 应用中的各个 Servlet 都有自己的 ServletConfig，它只对当前 Servlet 有效。

4.5.7　Servlet 的线程安全问题

Servlet 默认是以多线程模式执行的，当有多个客户同时并发请求一个 Servlet 时，容器将启动多个线程调用相应的请求处理方法，此时，请求处理方法中的局部变量是安全的，但对于成员变量和共享数据就是不安全的，因为这多个线程有可能同时都操作到这些数据，此时就需要进行同步处理。所以，在编写代码时，需要非常细致地考虑多线程的安全性问题。然而，很多人编写 Servlet 程序时并没有注意到多线程安全性的问题，这往往造成编写的程序在少量用户访问时没有任何问题，而在并发用户达到一定数量时，就会经常出现一些莫明其妙的问题。本小节将探讨这一问题的解决方案。

1. 使用 synchronized

使用 synchronized 关键字同步操作成员变量和共享数据的代码，就可以防止可能出现的线程安全问题。但这也意味着线程需要排队处理。因此，在使用同步语句块的时候，要尽可能缩小同步代码的范围，不要直接在请求处理方法(如 doGet()或 doPost()方法)使用同步，否则会严重影响性能。

2. 尽量少使用成员变量和共享数据

ServletContext 是可以多线程同时读/写成员变量和共享数据的，线程是不安全的。因此，在 Servlet 中需要对成员变量的读写进行同步处理。所以在 Servlet 类尽量不要定义成员变量，在可以由多个 Servlet 共享数据的实例(如 ServletContxt、HttpSession)中尽可能少保存会被修改(写)的数据，可以采取其他方式在多个 Servlet 中共享，也可以使用单例模式来处理共享数据。

HttpSession 对象在用户会话期间存在，只能在处理属于同一个 Session 的请求的线程中被访问，因此 Session 对象的属性访问理论上是线程安全的。当用户打开多个同属于一个进

程的浏览器窗口时，在这些窗口的访问属于同一个 Session，会出现多次请求，需要多个工作线程来处理请求，可能造成同时多线程读写属性。这时我们需要对属性的读写进行同步处理——使用同步块 Synchronized 和使用读/写器来解决。对于每一个请求，ServletRequest 由一个工作线程来执行，都会创建一个新的 ServletRequest 对象，所以 ServletRequest 对象只能在一个线程中被访问。所以 ServletRequest 是线程安全的。ServletRequest 对象在 service 方法的范围内是有效的，不要试图在 service 方法结束后仍然保存请求对象的引用。

对于集合，使用线程安全的 Vector 代替 ArrayList，使用 Hashtable 代替 HashMap。不要在 Servlet 中创建自己的线程来完成某个功能。Servlet 本身就是多线程的，在 Servlet 中再创建线程，将导致执行情况复杂化，出现多线程安全问题。

在多个 Servlet 中对外部对象(例如文件)进行修改操作一定要加锁，做到互斥的访问。对于为什么要在 doGet 方法里加上同步块，就是因为当 a、b 同时访问时，如果 a 比 b 稍慢一些，就会出现这样的情况：a 页面空白，而 b 页面出现了服务端返回给 a 的结果。假如是比较敏感的个人信息(不能让他人知道的)，而这种情况就会出现严重的安全问题。使用同步块并加锁可以做到 a、b 访问时两者的信息不会被对方及第三方知道。

4.6 会 话 跟 踪

HTTP 是一种无状态协议，每当用户发出请求时，服务器就做出响应，客户端与服务器之间的联系是离散的、非连续的。当用户在同一网站的多个页面之间转换时，根本无法知道是否是同一个客户，会话跟踪是一种灵活、轻便的机制，它使在页面上的状态编程变为可能。当一个客户在多个页面间切换时，服务器会保存该用户的信息。

4.6.1 会话及会话跟踪简介

会话，在日常生活中也很常见。例如朋友之间的一次电话通信过程、在超市的一次购物过程、在银行的一次存取款流程等，这都是一个会话的过程。Web 应用中的会话过程也很类似于日常生活中的会话过程，Web 应用中的会话是指一个客户端浏览器与 Web 服务器之间连续发生的一系列请求和响应过程。例如一个客户在某个网站上的整个购物过程就是一个会话。

在日常生活的超市购物过程中，人们总会推着购物车来装下在整个购物过程中所购的物品，同样，在客户端浏览器与 Web 服务器的会话过程中，Web 服务器也需要记住会话过程中的状态信息。

Web 应用的会话状态是指定 Web 服务器与浏览器在会话过程中产生的状态信息。例如在购物过程中，Web 服务器需要记住客户的账号以及订购的产品，以便在购物结算时能正确地结算。

借助于会话状态，Web 服务器能够把同一会话中的一系列的请求和响应过程关联起来，使得它们之间可以互相依赖和传递信息。例如在购物过程中，在进行购物结算时，必须知道用户的登录结果(登录成功或失败)，产品订购的结果(订购了哪些产品，订购了几件)等，所以，在购物会话中，用户的登录账户信息和订购的产品就是这个会话的状态信息。

4.6.2　实现有状态的会话

几乎所有的 Web 应用程序、客户端浏览器与 Web 服务器的会话过程都是要有状态的，即 Web 服务器程序在处理客户端浏览器发出的请求时，能够把它与用户的会话信息关联起来。例如，对于前面示例中介绍的在线购物过程，Web 服务器程序必须能够区分每个请求分别属于哪一个客户账号，否则，购物结算就会出现计算错误。

但是，HTTP 协议是一种无状态的协议，浏览器主动发出一个请求，Web 服务器接收请求并返回一个响应，Web 服务器并不能区分这个请求是从哪一个主机上的哪种浏览器发出的。Web 服务器接收到一个客户端浏览器的请求时，根本无法确定该浏览器先前的访问请求信息。对于这种无状态的会话过程，浏览器的每一次请求都是完全孤立的，Web 服务器端根本就不认为同一个浏览器发出的请求之间有任何关联。

由于 HTTP 协议本身不具有会话状态，所以，要想在 Web 应用程序中维持会话状态信息和实现有状态的会话管理，必须采用一些专门的技术来进行解决。

Web 服务器在一段时间内通常都会接收到多个客户端浏览器的访问请求，Web 服务器端程序首先要从大量的请求消息中区分出哪些请求消息属于同一个会话，即要识别出来自同一个浏览器的访问请求。那么，怎样可以使 Web 服务器识别哪些请求是来自同一个浏览器呢？这需要浏览器对其发出的每个请求消息进行标识，属于同一个会话中的请求消息都附带同样的标识 ID，而不同会话的请求消息总是附带不同的标识 ID，这个标识 ID 俗称为会话 ID(SessionID)。

归纳起来，要实现有状态的会话，就需要在 Web 服务器程序和客户端浏览器之间来回传递会话 ID，以关联同一客户端浏览器向 Web 服务器程序发出的连续请求。实现在 Web 服务器程序和客户端浏览器之间来回传递会话 ID 的技术被称为会话跟踪技术。

会话跟踪技术主要有两种：一种是通过 Cookie 技术在请求消息首部中传递会话 ID；另一种是通过 URL 重写，即在 URL 的末尾添加上这个会话 ID。本章后面还将详细地介绍会话跟踪技术。

4.6.3　Cookie 技术

Cookie 为浏览器和 Web 服务器之间提供了一种有效的状态信息交换方式。那么 Cookie 到底是什么呢？

1. 什么是 Cookie

Cookie 是在浏览器访问 Web 服务器的某个资源时，由 Web 服务器在 HTTP 响应消息头中附带传送给浏览器的一段数据。浏览器可以决定是否保存这段数据。一旦浏览器保存了这段数据，那么它在以后每次访问该 Web 服务器时，都会在 HTTP 请求头中将这段数据传回给 Web 服务器。很显然，Cookie 最先是由 Web 服务器发出的，是否发送 Cookie 和发送的 Cookie 的具体内容，完全由 Web 服务器端程序决定。

Web 服务器程序是通过在 HTTP 响应消息头中增加 Set-Cookie 字段将 Cookie 信息发送给浏览器的，浏览器则通过在 HTTP 请求消息头中增加 Cookie 字段将 Cookie 信息回传给 Web 服务器。

2. Set-Cookie 响应头字段

Set-Cookie 响应头字段用于指定 Web 服务器向客户端传送的 Cookie 内容，一般是在 Web 服务器程序想要启动一个有状态的会话时，它就会在响应消息头中添加 Set-Cookie 字段来传送会话 ID 及相关的信息。

Set-Cookie 头字段中设置的 Cookie 内容是具有一定格式的字符串，具体格式如下：

```
Set-Cookie: Cookie 名称=值;属性名=属性值;属性名 2=属性值 2
```

其中 Cookie 名称只能由普通的英文 ASCII 字符组成。下面再分别介绍 Set-Cookie 头字段中的各个常用属性。

- Comment：指定一些提示信息。
- Domain：指定 Cookie 在哪个域中有效，浏览器访问这个域中的所有主机时，都将回传这个 Cookie 信息。默认值为当前主机名。
- Max-Age：指定 Cookie 在客户端保持有效的时间，值是以秒为单位的十进制整数。不同的值表示的意义也不同——当值设置为正整数时，表示要求客户端将这个 Cookie 信息保存在硬盘文件系统中，在没有超过这个指定的秒数之前，该 Cookie 都是有效的；当值设置为 0 时，表示通知浏览器立即删除这个 Cookie 信息。设置值为负整数时，表示要求客户端浏览器将这个 Cookie 信息保存在自身进程的内存中，Cookie 信息随着这个浏览器进程的关闭而消失，并且这个 Cookie 消息对同一台计算机上的其他浏览器进程无效，这与没有设置 Max-Age 属性是同样的效果。
- Path：用于指定 Cookie 对服务器上的哪个 URL 目录和其子目录有效。它的默认值是产生 Set-Cookie 头字段时的那个请求 URL 地址所有的目录。
- Port：指定浏览器通过哪些端口访问此 Web 服务器时 Cookie 才有效。

提示

Servlet 规范规定用于会话跟踪的 Cookie 的名字必须是 JSESSIONID。另外，IE 浏览器不支持 Max-Age 属性，它是用 Expires 属性来代替的。

使用示例如下：

```
Set-Cookie:username=qiujy;Domain=localhost;Path=/
```

最后说明一点：一个响应消息首部可以包含多个 Set-Cookie 字段来同时设置多个 Cookie 信息。在同一个 Set-Cookie 字段最好不要设置多个 Cookie 信息，否则是不规范的格式。

3. Cookie 请求头字段

如果浏览器同意接受 Web 服务器发送过来的 Cookie 消息，它会存储 Cookie 消息，并在以后对该 Web 服务器的每次访问请求中都使用一个 Cookie 请求头字段将 Cookie 消息回送给 Web 服务器。如果有多个 Cookie 消息，也是通过这一个 Cookie 请求头字段来回送的。

浏览器每次向服务器发送访问请求时，都会根据以下几个规则决定是否要发送某个 Cookie 的信息：

- 请求的主机名是否与该 Cookie 的 Domain 属性值匹配。
- 所请求的端口号是否在该 Cookie 的 Port 属性值列表中。

- 所请求的资源路径是否在该 Cookie 的 Path 属性指定的目录及子目录中。
- 该 Cookie 的有效期是否已过。

如果 Cookie 满足了以上的规则，浏览器将把这些 Cookie 信息都添加到一个 Cookie 请求头字段中。Cookie 头字段的格式示例如下：

```
Cookie:username=qiujy;$Path=/jsp_04_servlet
```

4. 在 Servlet 类中操作 Cookie

Servlet API 中提供了一个 javax.servlet.http.Cookie 类来封装 Cookie 信息。它包含有生成 Cookie 信息和提取 Cookie 信息的方法。

- public Cookie(String name, String value)：Cookie 类中提供的一个构造方法，用来创建 Cookie 实例，name 用来指定 Cookie 的名称，value 用来指定它的值。
- getName()：用于获取该 Cookie 的名称。
- setValue()和 getValue()：用于设置和获取 Cookie 的值。
- setMaxAge()和 getMaxAge()：用于设置和获取 Cookie 在客户端浏览器上保持有效的时间秒值。
- setPath()和 getPath()：用于设置和获取 Cookie 的有效目录路径。
- setDomain()和 getDomain()：用于设置和获取 Cookie 的有效域。

另外，如果想把一个构造好的 Cookie 实例的信息添加到响应消息头中，可以使用 HttpServletResponse 接口中提供的 addCookie()方法。如果有多个 Cookie 实例信息要添加到响应消息头中，可以多次调用这个方法。相反，如果想从 HTTP 请求消息头中读取所有的 Cookie 信息，可以使用 HttpServletRequest 接口中提供的 getCookies()方法，这个方法会读取该请求消息头中的所有 Cookie 消息，并封装成各个 Cookie 实例，存储在一个数组中再返回。遍历这个 Cookie 数组，就可以获取想要的 Cookie 信息了。

5. Cookie 综合示例

cookiedemo：演示 Cookie 的相关用法。

编写一个名为 CookieServlet 的 Servlet 类，在它的请求处理方法中往响应中写入 Cookie 信息，同时还从用户的这个请求消息中获取当前所有的 Cookie 信息，具体代码如下所示：

```
package com.tjitcast.servlet;
import java.io.IOException;
import java.io.PrintWriter;

import javax.servlet.ServletException;
import javax.servlet.http.Cookie;
import javax.servlet.http.HttpServlet;
import javax.servlet.http.HttpServletRequest;
import javax.servlet.http.HttpServletResponse;
public class CookieServlet extends HttpServlet{

    //处理 GET 请求
    public void doGet(HttpServletRequest request,
      HttpServletResponse response) throws ServletException, IOException {
```

```
        this.doPost(request, response);
    }
    //处理 POST 请求
    public void doPost(HttpServletRequest request,
      HttpServletResponse response) throws ServletException, IOException {
        //创建一个 Cookie 实例
        Cookie cookie = new Cookie("username", "qiujy");
        //设置有效时间为 1 天
        cookie.setMaxAge(24 * 3600);
        response.setContentType("text/html;charset=utf-8");
        PrintWriter out = response.getWriter();
        //往响应中写入 Cookie
        response.addCookie(cookie);
        //获取 Cookie 数组
        Cookie[] cookies = request.getCookies();
        if(cookies == null) {
            out.println("<h3>还没有 Cookie</h3>");
        } else {
            out.println("<h3>Cookie 列表</h3>");
            //遍历 Cookie 信息
            for(int i=0; i<cookies.length; i++) {
                out.println("Cookie 名称:" + cookies[i].getName());
                out.println(",对应的值:" + cookies[i].getValue());
                out.println("<br/>");
            }
        }
    }
}
```

此 Servlet 类在 web.xml 中的配置如下：

```
...
<!-- CookieServlet 的配置 -->
<servlet>
    <servlet-name>cookieservlet</servlet-name>
    <servlet-class>com.tjitcast.servlet.CookieServlet</servlet-class>
</servlet>
<servlet-mapping>
    <servlet-name>cookieservlet</servlet-name>
    <url-pattern>cookieservlet</url-pattern>
</servlet-mapping>
...
```

第一次用 http://localhost:8080/jsp_04_servlet/cookieservlet 这个 URL 来请求 CookieServlet 时，CookieServlet 将会调用到 doPost()中的代码，创建好一个 Cookie，准备往响应消息头中写入，但此时客户端的请求消息头中还没有 Cookie 信息，所示客户端浏览器会显示如图 4.18 所示的效果。

第二次用 http://localhost:8080/jsp_04_servlet/cookieservlet 这个 URL 请求 CookieServlet，由于上次响应中添加了 Cookie 信息到响应消息体中，客户端浏览器默认也会把这个 Cookie 信息保存起来，所以，这次请求消息头中就有了 Cookie 信息。最终显示结果如图 4.19 所示。

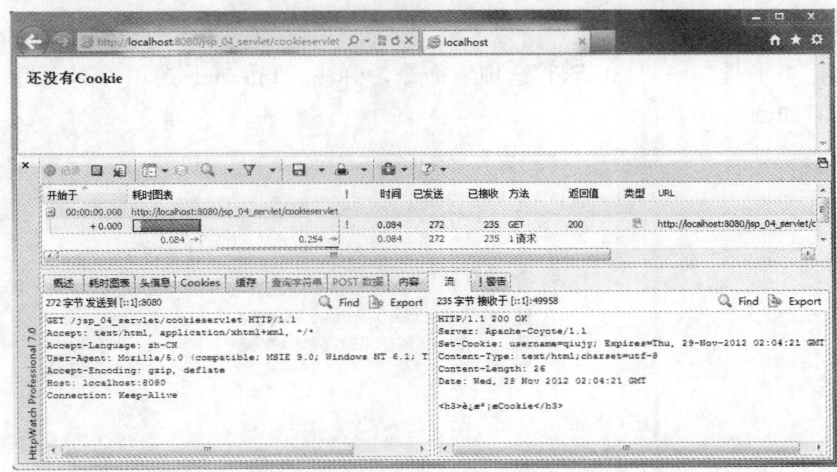

图 4.18　第一次访问 CookieServlet 后返回的响应结果

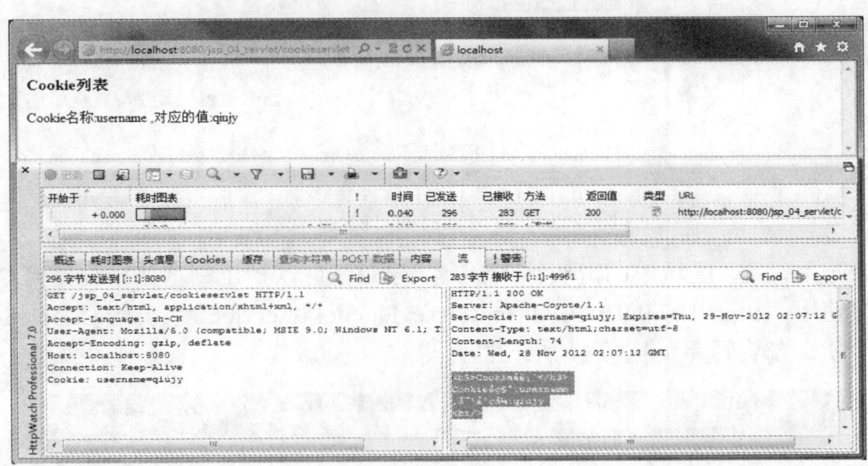

图 4.19　第二次访问 CookieServlet 后返回的响应结果

在 Windows XP 操作系统中，每个系统用户会使用对应主目录下(如 Administrator 用户的主目录为 C:\Documents and Settings\Administrator)名为 Cookies 的子目录来保存 Cookie 信息，如刚才的示例就会在这个目录下创建一个名为 administrator@localhost[x].txt 的文本文件来保存 Cookie 信息，用 UltraEdit 工具打开这个文件，可以看到如下内容：

```
username
qiujy
localhost/jsp_04_servlet/
1024
1049692160
30264790
346148313
30264589*
```

在这个文本文件中保存了名为 username 的 Cookie 信息。在浏览器下一次请求 http://localhost:8080/jsp_04_sevlet 路径下的任何一个路径时，都会自动带上该 Cookie 信息。

另外说明一点，在 IE 浏览器中可以设置是否允许使用 Cookie 的设置选项，在浏览器的菜单栏中选择“工具”→“Internet 选项”命令，弹出“Internet 选项”对话框，单击“隐私”选项卡，如图 4.20 所示。

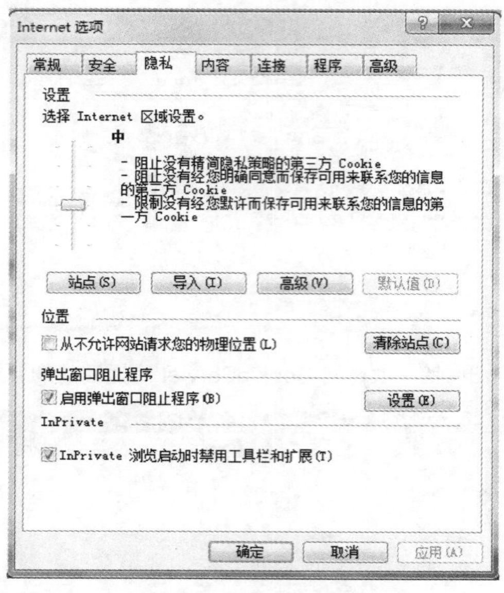

图 4.20　IE 浏览器的“隐私”设置

只需要把“设置”区域中的滑块移动到最上端，就可以禁止浏览器接收任何 Cookie 了。此时，我们使用“http://127.0.0.1:8080/jsp_04_sevlet/cookieservlet”来访问 CookieServlet，不管访问多少次，都会显示如图 4.21 所示的结果。

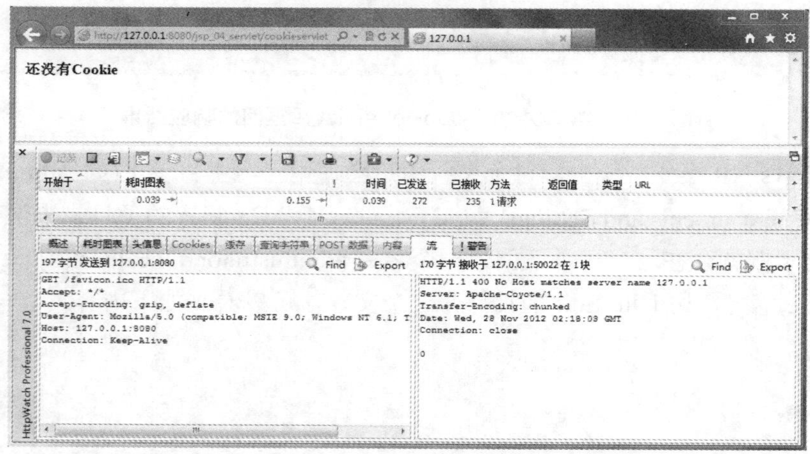

图 4.21　IE 浏览器禁用 Cookie 后的访问结果

此时，Web 服务器依然会向浏览器发送 Cookie 信息，但是，由于浏览器已经禁用 Cookie 了，它没有把 Cookie 信息保存起来，也不会在请求消息中带上 Cookie 信息了。所以 Servlet 类始终也访问不到客户端的 Cookie 信息。

4.6.4　Session 技术

为了在服务器端保存用户会话的状态信息，Servlet API 规范中提供了一个 javax.servlet.http.HttpSession 接口，这个接口中定义了各种管理和操作会话状态的方法。一个客户端在 Web 服务器端对应一个各自的 HttpSession 实例。Web 容器并不在每个客户端第一次访问时就自动创建 HttpSession 实例。只有客户端访问某个编写了创建 HttpSession 实例代码的 Servlet 时，才会创建一个 HttpSession 实例，Web 容器创建这个 HttpSession 实例时，会为它分配一个独一无二的会话 ID，再返回响应给客户端时会在响应消息中把这个会话 ID 以 Cookie 的方式传递给客户端。客户端需要记住这个会话 ID，并在后续的每次访问请求中都带上这个会话 ID，传回给 Web 服务器，Web 服务器程序会根据传回的会话 ID 找到对应的 HttpSession 实例。

在客户端跟 Web 服务器之间的会话过程中，每次的请求都可共享 Web 服务器上与当前客户端关联的那个 HttpSession 实例，可以往这个 HttpSession 实例中存放对象数据，也可以随时从这个 HttpSession 实例中取出对象数据或移除对象数据。这个 HttpSession 实例就相当于现实生活购物过程中所使用的购物车，它可以跟随用户的整个购物过程并存放所要订购的货物。

1. 创建 HttpSession 实例

HttpServletRequest 接口中提供了两个方法来创建 HttpSession 实例。

- public HttpSession getSession()：调用此方法时，容器会先检查客户端先前送出的请求是否建立过 HTTP 会话：如果没有，容器会新建一个会话，并赋予一个唯一的会话 ID；如果有，容器会根据客户请求中的会话 ID 找到相匹配的会话。
- public HttpSession getSession(boolean flag)：此方法的 flag 参数用来指定是否有必要创建一个会话。调用 getSession(false)时，若客户先前没有建立过会话，则方法将返回 null。

2. Session 的常用操作

HttpSession 接口中提供了以下一些常用的方法。

- public boolean isNew()：判断当前会话对象是不是一个新创建的会话。
- public Object getAttribute(String name)：根据指定名从会话中取出某个属性。
- public void setAttribute(String name, Object value)：根据指定名将某个对象存放(绑定)到会话中。
- public void removeAttribute(String name)：根据指定名从会话中移除某个属性。
- public long getCreationTime()：返回 Session 创建的时间毫秒值。
- public String getId()：获取会话 ID。
- public long getLastAccessedTime()：得到最后一次访问此会话的时间毫秒值。
- public long getMaxInactiveInterval()：得到会话超时的时间秒值。
- public void setMaxInactiveInterval(int interval)：设置会话超时的时间秒值。
- public void invalidate()：使会话失效。

3. 会话的超时管理

在 HTTP 协议中，Web 服务器无法判断当前的客户端浏览器是否还会继续访问，也无法检测客户端浏览器是否关闭。所以，即使客户已经离开或关闭了浏览器，Web 服务器也还要保留与之对应的 HttpSession 对象。随着时间的推移，服务器端内存中会累积大量不再被使用的 HttpSession 对象。为此，Web 服务器采用“超时限制”的办法来判断客户端是否还在继续访问，如果某个客户端在一定的时间之内没有发出后续请求，Web 服务器则认为客户已经停止了活动，就可以结果这个会话，使 HttpSession 变成垃圾，等待 GC 的内存回收了。

一般的 Web 容器，默认的会话超时时间间隔为 30 分钟。当然，也可以在 web.xml 文件中进行更改，代码片段如下所示：

```
...
<session-config>
    <session-timeout>20</session-timeout>
</session-config>
...
```

4.6.5 会话跟踪技术

1. Cookie

在默认情况下，会话的跟踪都是使用 Cookie 技术来实现的。

如果 Web 服务器处理某个访问请求时创建了新的 HttpSession 实例，它将把会话 ID 作为一个 Cookie 加入到响应消息首部中，通常情况下，浏览器在以后发出的请求中都会以 Cookie 的形式回传给 Web 服务器，服务器根据回传的会话 ID 就知道以前已经为该客户端创建了 HttpSession 实例，不必再为它创建了，只需要根据该会话 ID 找到对应的 HttpSession 实例即可。这样就实现了对同一个客户端的会话状态的跟踪。

使用 Cookie 作为会话跟踪技术的优点是，Cookie 在客户和服务器之间的传送都是自动进行的，不需要人为介入。

但 Cookie 被证明存在一些安全隐患，现在好多谨慎的用户都会在浏览器中设置禁用 Cookie。在禁用 Cookie 的情况下，就无法自动使用 Cookie 进行会话跟踪了。此时就要用到另一种技术，即“URL 重写”，来维持会话。

2. URL 重写

URL 重写的原理是将会话 ID 添加到 URL 结尾，以标识该会话，这样服务器就可以从请求 URL 中取出会话 ID，并用它查找匹配的会话了。

现在就有一个问题存在，何时需要把会话 ID 添加到 URL 结尾来跟踪会话，何时又不需要将会话 ID 添加到 URL 结尾而是用 Cookie 来跟踪会话呢？HttpServletResponse 接口中定义了两个用于自动完成 URL 重写的方法。

- public String encodeURL(String url)：用于对超链接和 form 表单的 action 属性的 URL 进行自动 URL 重写。

- public String encodeRedirectURL(String url)：用于对要传递给 HttpServletResponse.sendRedirect()方法的 URL 进行自动 URL 重写。

这两个方法都会先判断客户请求消息中有没有包含 Cookie 字段，如果没有包含 Cookie 字段，表示客户端不支持 Cookie，它将把会话 ID 作为 JSESSIONID 参数的值拼接到 URL 的末尾。如果客户请求消息中包含 Cookie 字段，表示客户端支持 Cookie，说明肯定可以使用 Cookie 进行会话跟踪，就不会在 URL 加上这个会话 ID。

4.7　Servlet 过滤器

Filter(过滤器)技术是 Servlet 2.3 以上版本新增加的功能，目前 Servlet 2.5 对 Filter 的支持又进一步增强，所以很有必要专门来了解 Filter 技术，至少它也是 JSP 应用程序开发中必备的技能之一。

Filter 可以改变一个 request(请求)和修改一个 response(响应)。Filter 不是一个 Servlet，它不能产生一个 response，它能够在一个 request 到达 Servlet 之前预处理 request，也可以在离开 Servlet 时处理 response。换种说法，Filter 其实是一个“Servlet Chaining”，即 Servlet 链。一个 Filter 包括：

(1) 在 Servlet 被调用之前截获。

(2) 在 Servlet 被调用之前检查 Servlet Request。

(3) 根据需要修改 request 头和 request 数据。

(4) 根据需要修改 response 头和 response 数据。

(5) 在 Servlet 被调用之后截获。

Filter 常被称为过滤器，它和用户及 Web 资源间的关系如图 4.22 所示。

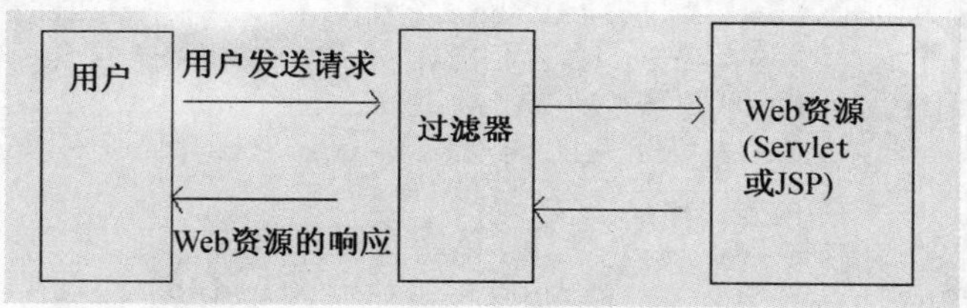

图 4.22　用户、过滤器和 Web 资源的关系

一个 Filter 必须实现 javax.servlet.Filter 接口并定义三个方法。

- public void init(FilterConfig config)：Filter 实例化后进行初始化的回调方法。
- public void doFilter(ServletRequest req, ServletResponse res, FilterChain chain)：处理过滤业务的方法。
- public void destroy()：Filter 在释放时回调的方法。

服务器在实例化一个 Filter 时，会为这个 Filter 准备好一个 FilterConfig 实例，FilterConfig 接口有方法可以找到 Filter 名字及初始化参数信息。

每一个 Filter 从 doFilter()方法中得到当前的 request 及 response。在这个方法里，可以进行任何针对 request 及 response 的操作。Filter 调用 chain.doFilter()方法把控制权交给下一个

Filter，一个 Filter 在 doFilter()方法中结束，如果一个 Filter 想停止 request 处理而获得对 response 的完全的控制，那它可以不调用下一个 Filter。

在 JSP 应用程序开发中，过滤器一般可用来解决中文乱码和权限控制等方面的问题，下面基于实用的角度来学习过滤器的用法。

1. 用过滤器解决中文乱码问题

前面的章节中已经学习过请求数据的传递和显示，对于中文出现乱码的解决方案，采用单个转码的形式(即 new String(字符串值.getBytes(“原编码方式”), “目录编码方式”))，如果表单有多个字段，则这样的操作就显得非常繁琐。有没有简单的解决方案呢？按以下步骤进行操作，便可以找到答案。

(1) 定义一个 Filter 实现类，它实现 Filter 接口，代码清单如下：

```
//CharacterEncodingFilter.java
package com.tjitcast.servlet;
import java.io.IOException;
import javax.servlet.Filter;
import javax.servlet.FilterChain;
import javax.servlet.FilterConfig;
import javax.servlet.ServletException;
import javax.servlet.ServletRequest;
import javax.servlet.ServletResponse;
public class CharacterEncodingFilter implements Filter {
   private FilterConfig config;
   //此 Filter 被释放时的回调方法
   public void destroy() {}
   //主要做过滤工作的方法
   //FilterChain 用于调用过滤器链中的下一个过滤器
   public void doFilter(ServletRequest request, ServletResponse response,
     FilterChain chain) throws IOException, ServletException {
      //获取此 Filter 的初始参数的值
      String encoding = config.getInitParameter("encoding");

      if(null!=encoding && !"".equals(encoding)) {
         request.setCharacterEncoding(encoding);  //设置请求数据的编码方式
      }

      //把请求和响应对象传给过滤链中的下一个要调用的过滤器或 Servlet
      chain.doFilter(request, response);
   }

   //Filter 初始化时的回调方法
   //FilterConfig 接口实例中封装了这个 Filter 的初始化参数
   public void init(FilterConfig config) throws ServletException {
      this.config = config;
   }
}
```

(2) 在配置文件 web.xml 中注册这个 Filter 实现类，并配置初始化参数，代码如下：

```
<?xml version="1.0" encoding="UTF-8"?>
<web-app version="2.5"
  xmlns="http://java.sun.com/xml/ns/javaee"
  xmlns:xsi="http://www.w3.org/2001/XMLSchema-instance"
  xsi:schemaLocation="http://java.sun.com/xml/ns/javaee
  http://java.sun.com/xml/ns/javaee/web-app_2_5.xsd">
    <filter> <!-- 定义一个过滤器 -->
        <!-- 过滤器的标识名 -->
        <filter-name>characterEncodingFilter</filter-name>
        <!-- 过滤器实现类的全限定名 -->
        <filter-class>
            com.qiujy.web.filter.CharacterEncodingFilter
        </filter-class>
        <init-param> <!-- 配置初始化参数 -->
            <!-- 参数名 -->
            <param-name>encoding</param-name>
            <!-- 参数值 -->
            <param-value>UTF-8</param-value>
        </init-param>
    </filter>
    <!-- 过滤器的映射配置 -->
    <filter-mapping>
        <!-- 过滤器的标识名 -->
        <filter-name>characterEncodingFilter</filter-name>
        <!-- 过滤器的 URL 匹配模式 -->
        <url-pattern>/*</url-pattern>
    </filter-mapping>
    <welcome-file-list>
        <welcome-file>index.jsp</welcome-file>
    </welcome-file-list>
</web-app>
```

此处“/*”是过滤所有文件，用户可以根据需要，过滤指定的页面或者指定文件夹下所有的页面。

这样处理之后，本应用中所有的客户请求数据在提交到目标 Servlet 类之前，都会经过这个过滤器的处理，都会对请求中的数据进行统一的编码。

2. 过滤链的使用

在一个 Web 应用中可以有多个过滤器，这就形成了一个过滤器链，客户端的请求到达目标资源之前，会依次经过过滤器链中的每一个过滤器，服务器程序的响应返回到客户端之前，也会按相反的顺序经过过滤器链中的第一个过滤器。具体流程如图 4.23 所示。

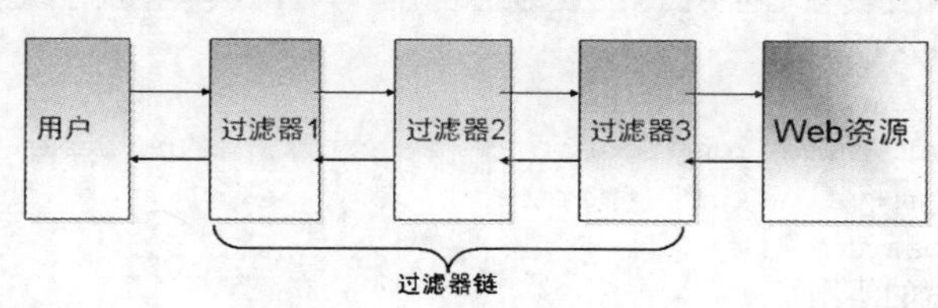

图 4.23　过滤器链的处理流程

接下来，我们为上一示例中的 Web 应用再添加一个可以自动压缩响应输出流的 Filter，目前，浏览器几乎都支持压缩后的数据，这样可以提高数据的传输效率。

这个过滤器在 Tomcat 的示例应用中已经提供了，存放在 Tomcat 安装目录\webapps\examples\WEB-INF\classes\compressionFilters 下。把这个目录下的 Java 文件复制到我们的 Web 应用的源代码中。

然后，可以在 web.xml 文件中添加它的配置，代码如下所示：

```
<?xml version="1.0" encoding="UTF-8"?>
<web-app version="2.5"
  xmlns="http://java.sun.com/xml/ns/javaee"
  xmlns:xsi="http://www.w3.org/2001/XMLSchema-instance"
  xsi:schemaLocation="http://java.sun.com/xml/ns/javaee
  http://java.sun.com/xml/ns/javaee/web-app_2_5.xsd">
    ...
    <!-- 定义一个过滤器 -->
    <filter>
        <!-- 过滤器的标识名 -->
        <filter-name>characterEncodingFilter</filter-name>
        <!-- 过滤器实现类的全限定名 -->
        <filter-class>
            com.tjitcast.servlet.CharacterEncodingFilter
        </filter-class>
        <!-- 配置初始化参数 -->
        <init-param>
            <!-- 参数名 -->
            <param-name>encoding</param-name>
            <!-- 参数值 -->
            <param-value>UTF-8</param-value>
        </init-param>
    </filter>
    <!-- 过滤器的映射配置 -->
    <filter-mapping>
        <!-- 过滤器的标识名 -->
        <filter-name>characterEncodingFilter</filter-name>
        <!-- 过滤器的 URL 匹配模式 -->
        <url-pattern>/*</url-pattern>
    </filter-mapping>

    <!-- 定义自动压缩响应输出流的过滤器 -->
    <filter>
        <filter-name>Compression Filter</filter-name>
        <filter-class>compressionFilters.CompressionFilter</filter-class>
        <!-- 缓冲区的大小 -->
        <init-param>
            <param-name>compressionThreshold</param-name>
            <param-value>512</param-value>
        </init-param>
        <!-- 调试的级别 -->
        <init-param>
```

```
            <param-name>debug</param-name>
            <param-value>0</param-value>
        </init-param>
    </filter>
    <!-- 过滤器的映射配置 -->
    <filter-mapping>
        <!-- 过滤器的标识名 -->
        <filter-name>Compression Filter</filter-name>
        <!-- 过滤器的 URL 匹配模式 -->
        <url-pattern>/*</url-pattern>
    </filter-mapping>
    ...
</web-app>
```

从以上配置中可以看出，当用户请求这个 Web 应用中的某个 Servlet 类时，请求先会经过 characterEncodingFilter，然后再经过 Compression Filter，响应返回客户端时先经过 Compression Filter，然后再经过 characterEncodingFilter。

提示

在 Servlet 2.5 中，对于 web.xml 引入几个小的变动，使得 Filter 的使用更加方便。

(1) Servlet 名称的通配符化

现在可以在<Servlet-name>标签中使用*号来代表所有的 Servlets。而以前，必须一次把一个 Servlet 绑定到过滤器上，如下所示：

```
<filter-mapping>
   <filter-name>Image Filter</filter-name>
   <servlet-name>ImageServlet</servlet-name>
</filter-mapping>
```

现在，可以一次绑定所有的 Servlets：

```
<filter-mapping>
   <filter-name>Image Filter</filter-name>
   <servlet-name>*</servlet-name>
</filter-mapping>
```

(2) 映射的复合模式

现在可以在同一的标签中采用复合匹配的标准。以前一个<Servlet-mapping>只支持一个<url-pattern>元素，现在它不只支持一个，例如：

```
<servlet-mapping>
   <servlet-name>color</servlet-name>
   <url-pattern>/color/*</url-pattern>
   <url-pattern>/colour/*</url-pattern>
</servlet-mapping>
```

同样地，以前<filter-mapping>也是只支持一个<url-pattern>或者一个<Servlet-name>。现在它对于每个元素都可以支持任意多个：

```
<filter-mapping>
   <filter-name>Multipe Mappings Filter</filter-name>
```

```
    <url-pattern>/foo/*</url-pattern>
    <servlet-name>Servlet1</servlet-name>
    <servlet-name>Servlet2</servlet-name>
    <url-pattern>/bar/*</url-pattern>
</filter-mapping>。
```

4.8 Servlet 监听器

监听器可以使你的应用对某些事件做出反应。Servlet API 2.3 以上版本提供了以下几个监听器接口。

- ServletContextListener：应用上下文生命周期监听器。用于监听 Web 应用的启动和销毁事件。
- ServletContextAttributeListener：应用上下文属性事件监听器。用于监听 Web 应用上下文中的属性改变的事件。
- ServletRequestListener：请求生命周期监听器。用于监听请求的创建和销毁事件。
- ServletRequestAttributeListener：请求属性事件监听器。用于监听请求中的属性改变的事件。
- HttpSessionListener：会话生命周期监听器。用于监听会话的创建和销毁事件。
- HttpSessionActivationListener：会话激活和钝化事件监听器。用于监听会话的激活和钝化的事件。
- HttpSessionAttributeListener：会话属性事件监听器。用于监听会话中的属性改变的事件。
- HttpSessionBindingListener：会话值绑定事件监听器。这是唯一不需要在 web.xml 中设定的 Listener。

在每个监听器接口中都定义了一些回调方法，当对应的事件发生前或发生后，Web 容器会自动调用对应监听器实现类中的相应方法。

接下来，用监听器来实现一个统计网站在线人数的示例。

(1) 创建一个监听器实现类

要大致统计一个网站的在线人数，首先，可以通过 ServletContextListener 监听，当 Web 应用上下文启动时，在 ServletContext 中添加一个 List，用来准备存放在线的用户名；然后，可以通过 HttpSessionAttributeListener 监听，当用户登录成功，把用户名设置到 Session 中时，同时将用户名存放到 ServletContext 中的 List 列表中；最后通过 HttpSessionListener 监听，当用户注销会话时，将用户名从应用上下文范围中的 List 列表中删除。

所以，编写 OnLineListener 类实现 ServletContextListener、HttpSessionAttributeListener、HttpSessionListener 接口，具体代码如下：

```
//OnlineListener.java
package com.qiujy.web.listener;

import java.util.*;
import javax.servlet.*;
```

```
import javax.servlet.http.*;

//在线人数统计监听器实现类
public class OnlineListener implements ServletContextListener,
  HttpSessionAttributeListener,HttpSessionListener {
    private ServletContext application = null;

    //往会话中添加属性时会回调的方法
    public void attributeAdded(HttpSessionBindingEvent arg0) {
        //取得用户名列表
        List<String> online =
          (List<String>)this.application.getAttribute("online");

        if("username".equals(arg0.getName())) {
            //将当前用户名添加到列表中
            online.add((String)arg0.getValue());
        }
        //将添加后的列表重新设置到 application 属性中
        this.application.setAttribute("online", online);
    }

    //以下方法用空实现
    public void attributeRemoved(HttpSessionBindingEvent arg0) {}
    public void attributeReplaced(HttpSessionBindingEvent arg0) {}
    public void sessionCreated(HttpSessionEvent arg0) {}

    //会话销毁时会回调的方法
    public void sessionDestroyed(HttpSessionEvent arg0) {
        //取得用户名列表
        List<String> online =
          (List<String>)this.application.getAttribute("online");
        //取得当前用户名
        String username =
          (String)arg0.getSession().getAttribute("username");
        //将此用户名从列表中删除
        online.remove(username);
        //将删除后的列表重新设置到 application 属性中
        this.application.setAttribute("online", online);
    }

    public void contextDestroyed(ServletContextEvent arg0) {}

    //应用上下文初始时会回调的方法
    public void contextInitialized(ServletContextEvent arg0) {
        //初始化一个 application 对象
        this.application = arg0.getServletContext();
        //设置一个列表属性，用于保存在线用户名
        this.application.setAttribute("online", new LinkedList<String>());
    }
}
```

(2) 在 web.xml 中注册监听器

监听器实现类创建好之后，还需要在 web.xml 文件中进行注册才能起作用，只需要在 web.xml 中按如下方式添加元素即可：

```
<!-- 注册一个监听器 -->
<listener>
    <!-- 指定监听器实现类的全限定名 -->
    <listener-class>
        com.qiujy.web.listener.OnlineListener
    </listener-class>
</listener>
```

最后，我们创建几个 Servlet 来测试这个监听器实现类的功能。下面是用来处理用户登录的 Servlet 类的代码：

```
//LoginServlet.java
package com.qiujy.web.servlet;
import java.io.*;
import java.util.List;
import javax.servlet.ServletException;
import javax.servlet.http.*;
//处理用户登录的 Servlet
public class LoginServlet extends HttpServlet {
    public void doGet(HttpServletRequest request,
      HttpServletResponse response)
      throws ServletException, IOException {
        this.doPost(request, response);
    }
    public void doPost(HttpServletRequest request,
      HttpServletResponse response)
      throws ServletException, IOException {
        request.setCharacterEncoding("utf-8");    //设置响应内容类型
        String username =
          request.getParameter("username");    //获取请求参数中的用户名
        //往 session 中添加属性,
        //会触发 HttpSessionAttributeListener 中的 attributeAdded 方法
        if(username!=null && !username.equals("")) {
            request.getSession().setAttribute("username", username);
        }
        //从应用上下文中获取在线用户名列表
        List<String> online =
          (List<String>)getServletContext().getAttribute("online");
        response.setContentType("text/html;charset=utf-8");
        PrintWriter out = response.getWriter();
        out.println("<HTML>");
        out.println("  <HEAD><TITLE>用户列表</TITLE></HEAD>");
        out.println("  <BODY>");
        out.println("当前用户是: " + username);
        out.print("    <hr/><h3>在线用户列表</h3>");
        int size = online == null ? 0 : online.size();
        for (int i=0; i<size; i++) {
```

```
            if(i > 0) {
                out.println("<br/>");
            }
            out.println(i + 1 + "." + online.get(i));
        }
        //注意：要对链接 URL 进行自动重写处理
        out.println("<hr/><a href=\""
          + response.encodeURL("logout") + "\">注销</a>");
        out.println("  </BODY>");
        out.println("</HTML>");
        out.flush();
        out.close();
    }
}
```

下面是用来处理用户登录的 Servlet 类的代码：

```
//LogoutServlet.java
package com.qiujy.web.servlet;
import java.io.*;
import java.util.List;
import javax.servlet.ServletException;
import javax.servlet.http.*;
//处理用户注销会话的 Servlet
public class LogoutServlet extends HttpServlet {
    public void doGet(HttpServletRequest request,
      HttpServletResponse response)
      throws ServletException, IOException {
        this.doPost(request, response);
    }
    public void doPost(HttpServletRequest request,
      HttpServletResponse response)
      throws ServletException, IOException {
        request.setCharacterEncoding("utf-8");    //设置响应内容类型
        //销毁会话，会触发 SessionLinstener 中的 sessionDestroyed 方法
        request.getSession().invalidate();

        //从应用上下文中获取在线用户名列表
        List<String> online =
         (List<String>)getServletContext().getAttribute("online");

        response.setContentType("text/html;charset=utf-8");
        PrintWriter out = response.getWriter();
        out.println("<HTML>");
        out.println("  <HEAD><TITLE>用户列表</TITLE></HEAD>");
        out.println("  <BODY>");
        out.print("    <h3>在线用户列表</h3>");

        int size = online == null ? 0 : online.size();
        for (int i=0; i<size; i++) {
            if(i > 0) {
```

```
                out.println("<br/>");
            }
            out.println(i + 1 + "." + online.get(i));
        }
        out.println("<hr/><a href=\"index.html\">主页</a>");
        out.println("  </BODY>");
        out.println("</HTML>");
        out.flush();
        out.close();
    }
}
```

在 web.xml 中配置 LoginServlet 和 LogoutServlet，如下：

```
<!-- 配置 LoginServlet -->
<servlet>
    <servlet-name>login</servlet-name>
    <servlet-class> com.qiujy.web.servlet.LoginServlet</servlet-class>
</servlet>
<servlet-mapping>
    <servlet-name>login</servlet-name>
    <url-pattern>/login</url-pattern>
</servlet-mapping>
<!-- 配置 LogoutServlet -->
<servlet>
    <servlet-name>logout</servlet-name>
    <servlet-class> com.qiujy.web.servlet.LogoutServlet</servlet-class>
</servlet>
<servlet-mapping>
    <servlet-name>logout</servlet-name>
    <url-pattern>/logout</url-pattern>
</servlet-mapping>
```

然后创建一个 index.html 文件，用来供用户登录，代码如下所示：

```
<!DOCTYPE HTML PUBLIC "-//W3C//DTD HTML 4.01 Transitional//EN">
<html>
<head>
<meta http-equiv="Content-Type" content="text/html; charset=UTF-8"/>
<title>login</title>
</head>
<body>
    <form action="login" method="post" >
        用户名：<input type="text" name="username"/>
        <input type="submit" value="登录"/><br/><br/>
    </form>
</body>
</html>
```

把这个 Web 应用程序部署到 Tomcat 容器中，并启动 Tomcat。打开浏览器访问 index.html，效果如图 4.24 所示。

图 4.24　用户登录页面

在输入文本框中输入用户名“test”，单击“登录”按钮提交表单，将会显示如图 4.25 所示结果。

图 4.25　当前用户列表显示页面

在这个页面中，单击“注销”链接，来提交页面，会显示如图 4.26 所示的结果。

图 4.26　注销当前用户时的当前用户列表显示页面

4.9　Servlet 3.0 的新特性

Servlet 3.0 作为 Java EE 6 规范体系中的一员，随着 Java EE 6 规范一起发布。该版本在前一版本(Servlet 2.5)的基础上提供了若干新特性，用于简化 Web 应用的开发和部署。其中

有几项新特性的引入让开发者感到非常兴奋，同时也获得了 Java 社区的一片赞誉之声。

4.9.1　新增标注支持

Servlet3.0 新增了若干标注，用于简化 Servlet、过滤器(Filter)和监听器(Listener)的声明，这使得 web.xml 部署描述文件从该版本开始不再是必选的了。在 Servlet 3.0 的部署描述文件 web.xml 的顶层标签<web-app>中有一个 metadata-complete 属性，如果把该属性的值设置为 true，则容器在部署时只依赖与 web.xml 部署文件中的配置，会忽略所有的标注(同时也会跳过 web-fragment.xml 的扫描，即禁用可插性支持)；如果把该属性的值设置为 false 或者不配置该属性，则表示启用标注支持和可插性支持。

1. @WebServlet 标注

@WebServlet 用于将一个类声明为 Servlet，该标注将会在部署时被容器处理，容器将根据具体的属性配置将相应的类部署为 Servlet。该标注具有表 4.2 给出的一些常用属性(以下所有属性均为可选属性，但是 vlaue 或者 urlPatterns 通常是必需的，且二者不能共存，如果同时指定，通常是忽略 value 的取值)。

表 4.2　@WebServlet 标注常用属性

属性名称	类　型	描　述
name	String	用来指定 Servlet 的 name 属性，等价于<servlet-name>。如果没有显式指定，则该 Servlet 的取值即为类的全限定名
value	String[]	该属性等价于 urlPatterns 属性。两个属性不能同时使用
urlPatterns	String[]	指定一组 Servlet 的 URL 匹配模式，等价于<url-pattern>标签
loadOnStartup	int	指定 Servlet 的加载顺序，等价于<load-on-startup>标签
initParams	WebInitParam[]	指定一组 Servlet 初始化参数，等价于<init-param>标签
asyncSupported	boolean	声明 Servlet 是否支持异步操作，等价于<async-supported>标签
description	String	该 Servlet 的描述信息，等价于<description>标签
displayName	String	该 Servlet 的显示名，通常配合工具使用，等价于<display-name>标签

@WebInitParam 标注通常不单独使用，而是配合@WebServlet 或者@WebFilter 使用。它的作用是为 Servlet 或者过滤器指定初始化参数，这等价于 web.xml 中<servlet>和<filter>的<init-param>子标签。常用属性列表如表 4.3 所示。

表 4.3　@WebInitParam 的常用属性

属 性 名	类　型	是否可选	描　述
name	String	否	指定参数的名字，等价于<param-name>
value	String	否	指定参数的值，等价于<param-value>
description	String	是	关于参数的描述，等价于<description>

接下来，用 Servlet 3.0 的新特性，写一个基于标注的示例。

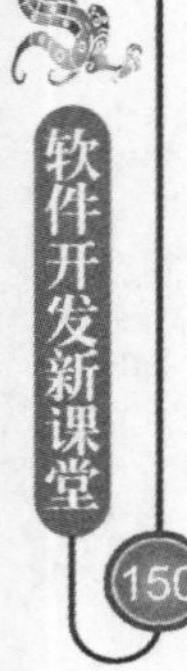

(1) 创建一个基于 Java EE 6.0 的项目，项目名称为 jsp_04_servlet3，如图 4.27 所示。

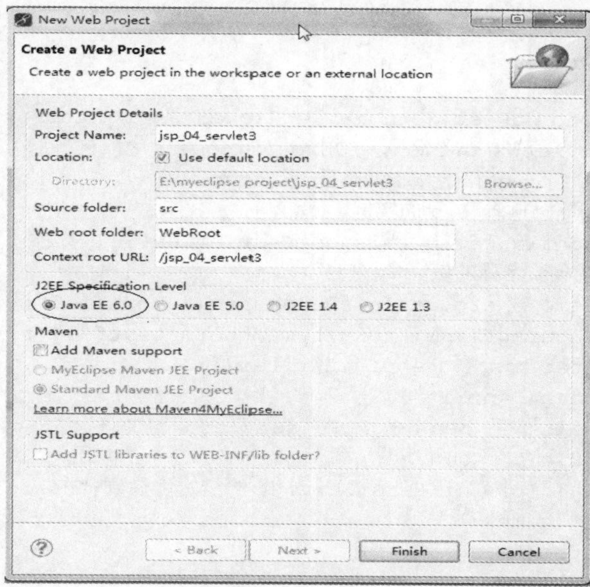

图 4.27 创建一个基于 Java EE 6.0 的 Web 项目

(2) 创建一个 Servlet3Annotation 类，并且继承 HttpServlet，代码如下：

```
package com.tjitcast.servlet3;
import java.io.IOException;
import java.io.PrintWriter;
import javax.servlet.ServletConfig;
import javax.servlet.ServletException;
import javax.servlet.annotation.WebInitParam;
import javax.servlet.annotation.WebServlet;
import javax.servlet.http.HttpServlet;
import javax.servlet.http.HttpServletRequest;
import javax.servlet.http.HttpServletResponse;
/**
* @author SunLw
* 基于标注的 Servlet 3.0 应用示例
*/

@WebServlet(name="servlet3Annotation",urlPatterns={"/servlet3"},
  description="servletinfo",displayName="abc",asyncSupported=true,
  loadOnStartup=-1,
  initParams={@WebInitParam(name="username",value="SunLianwei")})

public class Servlet3Annotation extends HttpServlet {
    //处理 GET 请求
    @Override
    protected void doGet(HttpServletRequest req, HttpServletResponse resp)
      throws ServletException, IOException {
        // TODO Auto-generated method stub
```

```
        doPost(req, resp);
    }

    //处理 POST 请求
    @Override
    protected void doPost(HttpServletRequest req, HttpServletResponse resp)
      throws ServletException, IOException {
        // TODO Auto-generated method stub
        //获取 ServletConfig 的实例
        ServletConfig cfg = this.getServletConfig();
        //获取指定参数名称的值
        String name = cfg.getInitParameter("username");
        resp.setContentType("text/html;charset=utf-8");
        PrintWriter out = resp.getWriter();
        out.println("<html>");
        out.println("  <head><title>servlet3 应用示例</title></head>");
        out.println("  <body>");
        out.print("获取 InitParamServlet 的初始化参数\"username\"的字符串值:");
        out.print(name);
        out.println("  </body>");
        out.println("</html>");
    }
}
```

(3) 到此配置之后，就可不必在 web.xml 中配置相应的<servlet>和<servlet-mapping>元素了，容器会在部署时，根据指定的属性，将该类发布为 Servlet。

打开浏览器，输入“http://localhost:8080/jsp_04_servlet3/servlet3”进行访问，输出结果如图 4.28 所示。

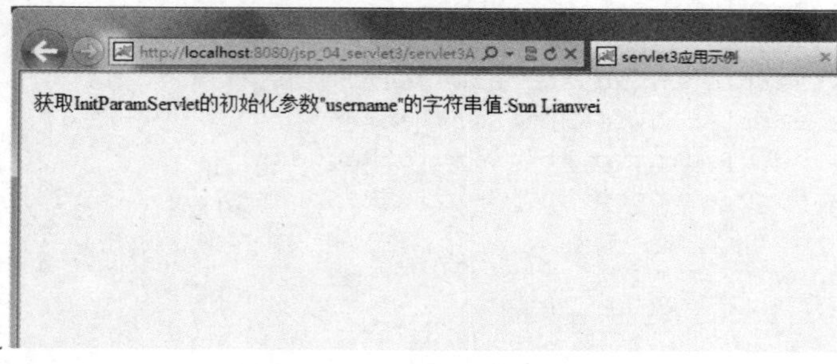

图 4.28　运行效果

基于 Servlet 3.0 的项目一定要使用 Tomcat 7.0 才能看到效果。

2. @ WebFilter 标注

@WebFilter 用于将一个类声明为过滤器，该标注将会在部署时被容器处理，容器将根据具体的属性配置，将相应的类部署为过滤器。该标注具有表 4.4 给出的一些常用属性(以下所有属性均为可选属性，但是 value、urlPatterns、servletNames 三者必需至少包含一个，

且 value 和 urlPatterns 不能共存，如果同时指定，通常忽略 value 的取值)。

表 4.4　@WebFilter 的常用属性

属性名称	类　型	描　述
filterName	String	指定过滤器的 name 属性，等价于<filter-name>
value	String[]	该属性等价于 urlPatterns 属性。两个属性不能同时使用
urlPatterns	String[]	指定一组 Servlet 的 URL 匹配模式，等价于<url-pattern>标签
servletNames	String[]	@WebServlet 中的 name 属性的取值，或者是 web.xml 中<servlet-name>的取值
initParams	WebInitParam[]	指定一组 Servlet 初始化参数，等价于<init-param>标签
dispatcherTypes	DispatcherType	指定过滤器的转发模式。具体取值包括：ASYNC、ERROR、FORWARD、INCLUDE、REQUEST
asyncSupported	boolean	声明过滤器是否支持异步操作模式，等价于<async-supported>标签
description	String	该 Servlet 的描述信息，等价于<description>标签
displayName	String	该 Servlet 的显示名，通常配合工具使用，等价于<display-name>标签

下面是一个基于标注的过滤器应用，用来统一请求参数编码的示例：

```
package com.tjitcast.servlet3;
import java.io.IOException;
import javax.servlet.Filter;
import javax.servlet.FilterChain;
import javax.servlet.FilterConfig;
import javax.servlet.ServletException;
import javax.servlet.ServletRequest;
import javax.servlet.ServletResponse;
import javax.servlet.annotation.WebFilter;
import javax.servlet.annotation.WebInitParam;
/**
* @author SunLw
* 基于标注的过滤器
*/
@WebFilter(servletNames =
  {"servlet3Annotation"},filterName="characterFilter",
  initParams={@WebInitParam(name="encoding",value="UTF-8")})
public class FilterAnnotation implements Filter {
   private FilterConfig config;
   @Override
   public void destroy() {
      // TODO Auto-generated method stub
   }
   @Override
   public void doFilter(ServletRequest arg0, ServletResponse arg1,
     FilterChain arg2) throws IOException, ServletException {
```

```
        // TODO Auto-generated method stub
        //获取此 Filter 的初始参数的值
        String encoding = config.getInitParameter("encoding");
        //输出获取到的编码值
        System.out.println(encoding);
        //设置请求数据的编码方式
        arg0.setCharacterEncoding(encoding);
        //把请求和响应对象传给过滤链中的下一个要调用的过滤器或 Sevlet
        arg2.doFilter(arg0, arg1);
    }
    @Override
    public void init(FilterConfig arg0) throws ServletException {
        // TODO Auto-generated method stub
        this.config = arg0;
    }
}
```

如此配置之后，就可以不必在 web.xml 中配置相应的<filter>和<filter-mapping>元素了，容器会在部署的时候，根据指定的属性将该类发布为过滤器。它等价的 web.xml 中的配置形式为：

```
<filter>
    <filter-name> characterFilter </filter-name>
    <filter-class>com.tjitcast.servlet3.FilterAnnotation </filter-class>
</filter>
<filter-mapping>
    <filter-name> characterFilter </filter-name>
    <servlet-name>/ servlet3Annotation </servlet-name>
</filter-mapping>
```

3. @ WebListener 标注

该标注用于将类声明为监听器，被@WebListener 标注的类必须实现以下至少一个接口：

- ServletContextListener
- ServletContextAttributeListener
- ServletRequestListener
- ServletRequestAttributeListener
- HttpSessionListener
- HttpSessionAttributeListener

该标注使用非常简单，其属性如表 4.5 所示。

表 4.5 @WebListener 的常用属性

属 性 名	类 型	是否可选	描 述
value	String	是	该监听器的描述信息

以下示例没有实现任何功能，只是告诉读者如何定义基于标注的监听器，具体用来完成哪些功能，读者可以根据自己的实际情况来实现不同的接口，如下所示：

```
package com.tjitcast.servlet3;

import javax.servlet.ServletRequestEvent;
import javax.servlet.ServletRequestListener;
import javax.servlet.annotation.WebListener;

/**
* @author SunLw
* 基于标注的监听器
*/
@WebListener("This is the first Listener")
public class ListenerAnnotation implements ServletRequestListener {}
```

如此，则不需要在 web.xml 中配置<listener>标签了。其等价的 web.xml 中的配置形式如下：

```
<listener>
    <listener-class>
        com.tjitcast.servlet3.ListenerAnnotation
    </listener-class>
</listener>
```

4. @ MultipartConfig 标注

该标注主要是为了辅助 Servlet 3.0 中 HttpServletRequest 提供的对上传文件的支持。该标注标注在 Servlet 上，表示该 Servlet 希望处理的请求的 MIME 类型是 multipart/form-data。

另外，它还提供了若干属性，用于简化对上传文件的处理。@MultipartConfig 的常用属性具体如表 4.6 所示。

表 4.6　@MultipartConfig 的常用属性

属 性 名	类　型	是否可选	描　述
fileSizeThreshold	int	是	当数据量大于该值时，内容将被写入文件
location	String	是	存放生成的文件地址
maxFileSize	long	是	允许上传的文件最大值。默认值为-1，表示没有限制
maxRequestSize	long	是	针对该 multipart/form-data 请求的最大数量，默认值为-1，表示没有限制

HttpServletRequest 对文件上传的支持：此前，对于处理上传文件的操作，一直是让开发者头疼的问题，因为 Servlet 本身没有对此提供直接的支持，需要使用第三方框架来实现，而且使用起来也不够简单。如今这都成为了历史，Servlet 3.0 已经提供了这个功能，而且使用也非常简单。为此，HttpServletRequest 提供了两个方法用于从请求中解析出上传的文件：

- Part getPart(String name)
- Collection<Part> getParts()

前者用于获取请求中给定 name 的文件，后者用于获取所有的文件。每一个文件用一个 javax.servlet.http.Part 对象来表示。该接口提供了处理文件的简易方法，比如 write()、delete()

等。至此，结合 HttpServletRequest 和 Part 来保存上传的文件变得非常简单。

另外，开发者可以配合前面提到的@MultipartConfig 标注来对上传操作进行一些自定义的配置，比如限制上传文件的大小，以及保存文件的路径等。其用法非常简单，故不在此赘述了。需要注意的是，如果请求的 MIME 类型不是 multipart/form-data，则不能使用上面的两个方法，否则将抛出异常。

Servlet 3.0 文件上传示例的代码如下。

(1) index.jsp 上传页面：

```
<%@ page language="java" import="java.util.*" pageEncoding="UTF-8"%>
<%
String path = request.getContextPath();
String basePath = request.getScheme() + "://" + request.getServerName()
 + ":" + request.getServerPort() + path + "/";
%>
<!DOCTYPE HTML PUBLIC "-//W3C//DTD HTML 4.01 Transitional//EN">
<html>
<head>
<title>Servlet3.0 文件上传应用示例</title>
</head>
<body>
<form action="upFile" method="post" enctype="multipart/form-data">
   <table>
      <tr>
         <td>
            选择文件：
         </td>
         <td>
            <input type="file" name="file">
         </td>
      </tr>
      <tr>
         <td>
            描述：
         </td>
         <td>
            <input type="text" name="description">
         </td>
      </tr>
      <tr>
         <td colspan="2">
            <input type="submit" value="提交">  
            <input type="reset" value="重置">
         </td>
      </tr>
   </table>
</form>
</body>
</html>
```

(2) 处理上传文件的 Servlet：

```
package com.tjitcast.servlet3;
import java.io.File;
import java.io.IOException;
import java.util.UUID;
import javax.servlet.ServletException;
import javax.servlet.annotation.MultipartConfig;
import javax.servlet.annotation.WebServlet;
import javax.servlet.http.HttpServlet;
import javax.servlet.http.HttpServletRequest;
import javax.servlet.http.HttpServletResponse;
import javax.servlet.http.Part;
/**
* @author SunLw
*
*/
@WebServlet(name="upFile",urlPatterns={"/upFile"})
@MultipartConfig(maxFileSize=500000,maxRequestSize=-1)
public class FileUploadServlet extends HttpServlet {
    //处理 GET 请求
    @Override
    protected void doGet(HttpServletRequest req, HttpServletResponse resp)
      throws ServletException, IOException {
        // TODO Auto-generated method stub
        doPost(req, resp);
    }
    //处理 POST 请求
    @Override
    protected void doPost(HttpServletRequest req, HttpServletResponse resp)
      throws ServletException, IOException {
        //获取请求参数值
        Part part = req.getPart("file");
        //存储路径
        String storePath = req.getServletContext().getRealPath("/temp");
        //Servlet3 没有提供直接获取文件名，后缀名的方法，需要从请求头中解析出来
        //获取请求头
        String header = part.getHeader("content-disposition");
        //获取文件后缀名
        String suffix = parseFileName(header);
        //重新命名
        String name = UUID.randomUUID() + suffix;
        //把文件写到指定路径
        part.write(storePath + File.separator + name);
        //获得文件描述信息
        String description = req.getParameter("description");
        req.setAttribute("f", name);
        req.setAttribute("des", description);
        req.getRequestDispatcher("info.jsp").forward(req, resp);
    }
```

```
    /**
    * 根据请求头解析出上传文件的后缀名称
    * @param header
    * @return
    */
    public String parseFileName(String header) {
        return header.substring(header.lastIndexOf("."),
          header.length()-1);
    }
}
```

(3) 显示上传文件和描述信息的页面 info.jsp：

```
<%@ page language="java" import="java.util.*" pageEncoding="UTF-8"%>
<%
String path = request.getContextPath();
String basePath = request.getScheme() + "://" + request.getServerName()
  + ":" + request.getServerPort() + path + "/";
%>

<!DOCTYPE HTML PUBLIC "-//W3C//DTD HTML 4.01 Transitional//EN">
<html>
<head>
    <title>Servlet3.0 文件上传应用示例</title>
</head>
<body>
    <h3><%=request.getAttribute("des") %></h3>
    <img alt="" src="<%=basePath %>temp/<%=request.getAttribute("f")%>">
</body>
</html>
```

4.9.2 异步处理支持

Servlet 3.0 之前，一个普通 Servlet 的主要工作流程大致如下：首先，Servlet 接收到请求之后，可能需要对请求携带的数据进行一些预处理；接着，调用业务接口的某些方法，以完成业务处理；最后，根据处理的结果提交响应，Servlet 线程结束。其中第二步的业务处理通常是最耗时的，这主要体现在数据库操作，以及其他的跨网络调用等，在此过程中，Servlet 线程一直处于阻塞状态，直到业务方法执行完毕。在处理业务的过程中，Servlet 资源一直被占用而得不到释放，对于并发较大的应用，这有可能造成性能的瓶颈。

Servlet 3.0 针对这个问题做了开创性的工作，现在通过使用 Servlet 3.0 的异步处理支持，之前的 Servlet 处理流程可以调整为如下的过程。

首先，Servlet 接收到请求之后，可能首先需要对请求携带的数据进行一些预处理；接着，Servlet 线程将请求转交给一个异步线程来执行业务处理，线程本身返回至容器，此时 Servlet 还没有生成响应数据，异步线程处理完业务以后，可以直接生成响应数据(异步线程拥有 ServletRequest 和 ServletResponse 对象的引用)，或者将请求继续转发给其他 Servlet。

如此一来，Servlet 线程不再是一直处于阻塞状态以等待业务逻辑的处理，而是启动异步线程之后可以立即返回。

异步处理特性可以应用于 Servlet 和过滤器两种组件，由于异步处理的工作模式和普通工作模式在实现上有着本质的区别，因此默认情况下，Servlet 和过滤器并没有开启异步处理特性，如果希望使用该特性，则必须按照如下的方式启用。

(1) 对于使用传统的部署描述文件(web.xml)配置 Servlet 和过滤器的情况，Servlet 3.0 为<servlet>和<filter>标签增加了<async-supported>子标签，该标签的默认取值为 false，要启用异步处理支持，则将其设为 true 即可。以 Servlet 为例，其配置方式如下所示：

```
<servlet>
    <servlet-name>DemoServlet</servlet-name>
    <servlet-class>footmark.servlet.Demo Servlet</servlet-class>
    <async-supported>true</async-supported>
</servlet>
```

(2) 对于使用 Servlet 3.0 提供的@WebServlet 和@WebFilter 进行 Servlet 或过滤器配置的情况，这两个标注都提供了 asyncSupported 属性，默认该属性的取值为 false，要启用异步处理支持，只需将该属性设置为 true 即可。异步示例的代码如下：

```
package com.tjitcast.servlet3;
import java.io.IOException;
import java.io.PrintWriter;
import java.util.Date;
import javassist.bytecode.analysis.Executor;
import javax.servlet.AsyncContext;
import javax.servlet.ServletException;
import javax.servlet.annotation.WebServlet;
import javax.servlet.http.HttpServlet;
import javax.servlet.http.HttpServletRequest;
import javax.servlet.http.HttpServletResponse;
/**
* @author SunLw
*
*/
@WebServlet(urlPatterns = "/demo", asyncSupported = true)
public class AsyncDemoServlet extends HttpServlet {
    @Override
    protected void doGet(HttpServletRequest req, HttpServletResponse resp)
    throws ServletException, IOException {
        // TODO Auto-generated method stub
        doPost(req, resp);
    }
    @Override
    protected void doPost(HttpServletRequest req, HttpServletResponse resp)
      throws ServletException, IOException {
        // TODO Auto-generated method stub
        resp.setContentType("text/html;charset=UTF-8");
        PrintWriter out = resp.getWriter();
        out.println("进入 Servlet 的时间：" + new Date() + ".");
        out.flush();
```

软件开发新课堂

```
        //在子线程中执行业务调用，并由其负责输出响应，主线程退出
        AsyncContext ctx = req.startAsync();
        new Thread(new Executor(ctx)).start();
        out.println("结束 Servlet 的时间: " + new Date() + ".");
        out.flush();
    }

    public class Executor implements Runnable {
        private AsyncContext ctx = null;
        public Executor(AsyncContext ctx) {
            this.ctx = ctx;
        }
        public void run() {
            try {
                //等待 10 秒钟，以模拟业务方法的执行
                Thread.sleep(10000);
                PrintWriter out = ctx.getResponse().getWriter();
                out.println("业务处理完毕的时间: " + new Date() + ".");
                out.flush();
                ctx.complete();
            } catch (Exception e) {
                e.printStackTrace();
            }
        }
    }
}
```

(3) 除此之外，Servlet 3.0 还为异步处理提供了一个监听器，使用 AsyncListener 接口表示。它可以监控如下 4 种事件：

- 异步线程开始时，调用 AsyncListener 的 onStartAsync(AsyncEvent event)方法。
- 异步线程出错时，调用 AsyncListener 的 onError(AsyncEvent event)方法。
- 异步线程执行超时，则调用 AsyncListener 的 onTimeout(AsyncEvent event)方法。
- 异步执行完毕时，调用 AsyncListener 的 onComplete(AsyncEvent event)方法。

要注册一个 AsyncListener，只需将准备好的 AsyncListener 对象传递给 AsyncContext 对象的 addListener()方法即可，如下所示：

```
AsyncContext ctx = req.startAsync();
ctx.addListener(new AsyncListener() {
    public void onComplete(AsyncEvent asyncEvent) throws IOException {
        //做一些根据实际需要所要完成的工作
    }
});
```

4.9.3 可插性支持

Servlet 3.0 新增的可插性(Pluggability)支持则将 Servlet 配置的灵活性提升到了新的高度。使用该特性，现在我们可以在不修改已有 Web 应用的前提下，只需将按照一定格式打成的 JAR 包放到 WEB-INF/lib 目录下，即可实现新功能的扩充，不需要额外的配置。Servlet

3.0 引入了称为“Web 模块部署描述文件片段”的 web-fragment.xml 来实现可插性的。

Web-fragment.xml 部署描述文件可以定义一切可以在 web.xml 中定义的内容。

Servlet 3.0 可插性应用示例的代码如下。

(1)　新建一个 Servlet，代码如下：

```
package com.tjitcast.servlet.fragment;
import java.io.IOException;
import java.io.PrintWriter;
import javax.servlet.ServletException;
import javax.servlet.http.HttpServlet;
import javax.servlet.http.HttpServletRequest;
import javax.servlet.http.HttpServletResponse;
/**
* @author SunLw
* Servlet03 可插性示例
*/
public class FragmentDemoServlet extends HttpServlet {
    @Override
    protected void doGet(HttpServletRequest req, HttpServletResponse resp)
      throws ServletException, IOException {
        doPost(req, resp);
    }
    @Override
    protected void doPost(HttpServletRequest req, HttpServletResponse resp)
      throws ServletException, IOException {
        resp.setContentType("text/html;charset=utf-8");
        PrintWriter out = resp.getWriter();
        out.print("这是我 Servlet03 的第一个可插性示例");
        out.flush();
    }
}
```

(2)　在项目的 META-INF 目录下新建一个 web-fragment.xml 模块部署描述符文件片段：

```
<?xml version="1.0" encoding="UTF-8"?>
<web-fragment
  xmlns="http://java.sun.com/xml/ns/javaee"
  xmlns:xsi="http://www.w3.org/2001/XMLSchema-instance"
  version="3.0"
  xsi:schemaLocation="http://java.sun.com/xml/ns/javaee
  http://java.sun.com/xml/ns/javaee/web-fragment_3_0.xsd"
  metadata-complete="true">
    <!-- 给当前配置文件定义一个名称 -->
    <name>FragmentA</name>
    <servlet>
        <servlet-name>fragmentDemo</servlet-name>
        <servlet-class>
            com.tjitcast.servlet.fragment.FragmentDemoServlet
        </servlet-class>
    </servlet>
    <servlet-mapping>
```

```
        <servlet-name>fragmentDemo</servlet-name>
        <url-pattern>/fragment</url-pattern>
    </servlet-mapping>
</web-fragment>
```

(3) 将 FragmentDemoServlet 和 META-INF 目录一起打成 JAR 包，假如 JAR 包叫 fragment.jar。

(4) 将 fragment.jar 放到其他 Web 项目中的 WEB-INF\lib 目录中，例如将该 JAR 包放到 jsp_o4_servlet3 项目的 WEB-INF\lib 中，然后启动该项目，直接访问：http://localhost:8080/jsp_04_servlet3/fragment，效果如图 4.29 所示。

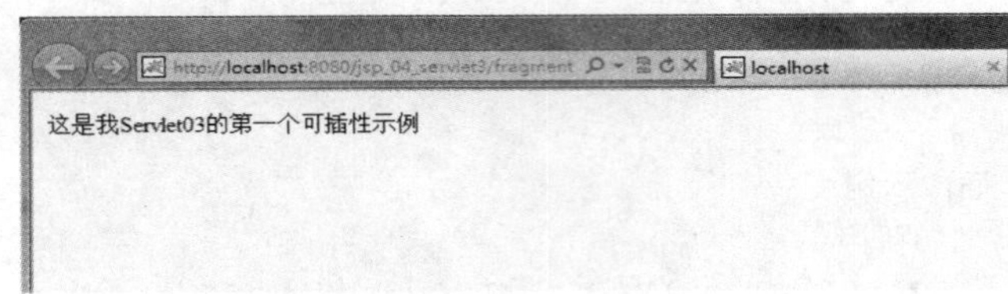

图 4.29　运行效果

从上面的示例可以看出，web-fragment.xml 与 web.xml 除了在头部声明的 XSD 引用不同之外，其主体配置与 web.xml 是完全一致的。由于一个 Web 应用中可以出现多个 web-fragment.xml 声明文件，加上一个 web.xml 文件，加载顺序便成了不得不面对的问题。在 Servlet 3.0 中提供两种解决方式。

第一种利用 web.xml 文件中的元素来实现绝对顺序。这个元素具有一个子元素，它可以用来规定 Web 片段的名称，并且按照 Web 片段的绝对顺序进行处理。如果多个 Web 片段具有相同的名称，容器会忽略重复的 Web 片段。代码如下：

```
<web-app>
    <name>DemoApp</name>
    <absolute-ordering>
        <name>WebFragment1</name>
        <name>WebFragment2</name>
    </absolute-ordering>
</web-app>
```

第二种则是利用 web-fragment.xml 文件中的元素来实现相对顺序。web-fragment.xml 包含了两个可选的顶层标签，<name>和<ordering>，如果希望为当前的文件指定明确的加载顺序，通常需要使用这两个标签，<name>主要用于标识当前的文件，而<ordering>则用于指定先后顺序。一个简单的示例如下：

```
<web-fragment ...>
    <name>FragmentA</name>
    <ordering>
        <after>
            <name>FragmentB</name>
            <name>FragmentC</name>
        </after>
        <before>
```

```
            <others/>
        </before>
    </ordering>
    ...
</web-fragment>
```

如上所示，<name>标签的取值通常是被其他 web-fragment.xml 文件在定义先后顺序时引用的，在当前文件中一般用不着，它起着标识当前文件的作用。在<ordering>标签内部，我们可以定义当前 web-fragment.xml 文件与其他文件的相对位置关系，这主要是通过<ordering>的<after>和<before>子标签来实现的。在这两个子标签内部，可以通过<name>标签来指定相对应的文件。比如：

```
<after>
    <name>FragmentB</name>
    <name>FragmentC</name>
</after>
```

以上片段则表示当前文件必须在 FragmentB 和 FragmentC 之后解析。<before>的使用与此相同，它所表示的是当前文件必须早于<before>标签里所列出的 web-fragment.xml 文件。

除了将所比较的文件通过<name>在<after>和<before>中列出之外，Servlet 还提供了一个简化的标签<others/>，它作为 after 和 before 的子标签出现。它表示除了当前文件之外的其他所有的 web-fragment.xml 文件。该标签的优先级要低于使用<name>明确指定的相对位置关系。

4.9.4　ServletContext 的性能增强

除了以上的新特性之外，ServletContext 对象的功能在新版本中也得到了增强。现在，该对象支持在运行时动态部署 Servlet、过滤器、监听器，以及为 Servlet 和过滤器增加 URL 映射等。这里以 Servlet 为例，过滤器与监听器与之类似。

ServletContext 为动态配置 Servlet 增加了如下方法：

- ServletRegistration.Dynamic addServlet(String servletName, Class<? extends Servlet> servletClass)
- ServletRegistration.Dynamic addServlet(String servletName, Servlet servlet)
- ServletRegistration.Dynamic addServlet(String servletName, String className)
- <T extends Servlet> T createServlet(Class<T> clazz)
- ServletRegistration getServletRegistration(String servletName)
- Map<String,? extends ServletRegistration> getServletRegistrations()

其中前三个方法的作用是相同的，只是参数类型不同而已；通过 createServlet()方法创建的 Servlet，通常需要做一些自定义的配置，然后使用 addServlet()方法来将其动态注册为一个可以用于服务的 Servlet。两个 getServletRegistration()方法主要用于动态为 Servlet 增加映射信息，这等价于在 web.xml(或 web-fragment.xml)中使用<servlet-mapping>标签为存在的 Servlet 增加映射信息。

以上 ServletContext 新增的方法要么是在 ServletContextListener 的 contexInitialized 方法

中调用，要么是在 ServletContainerInitializer 的 onStartup()方法中调用。

ServletContainerInitializer 也是 Servlet 3.0 新增的接口，容器在启动时使用 JAR 服务 API(JAR Service API)来发现 ServletContainerInitializer 的实现类，并且容器将 WEB-INF/lib 目录下 JAR 包中的类都交给该类的 onStartup()方法处理，我们通常需要在该实现类上使用 @HandlesTypes 标注来指定希望被处理的类，过滤掉不希望给 onStartup()处理的类。

4.10 本章小结

本章介绍了 Servlet 的基本运行方式和原理，以及 Servlet 的生命周期和线程安全等问题，本章是学好 JSP 的重点和难点，希望读者通过本章的学习，能迅速理解 Servlet 的原理并熟练运用 Servlet 进行简单的开发，以便为后面章节的学习做好充分的准备。

4.11 上机练习

(1) 使用 Servlet 类来完成一个用户登录验证的示例。即提供一个页面，让用户输入用户名和密码，这个页面提交到一个 Servlet 中，在这个 Servlet 中判断如果用户名是“test”，密码是“123456”，就返回“用户登录成功”的信息，否则返回“用户登录失败”的信息。

(2) 利用 Cookie 技术记录客户浏览器中客户端每次访问本应用程序的次数，并且把它读取和显示出来。

(3) 使用 Servlet 3.0 的 Filter 标注，完成一个拒绝 IP 为“192.168.1.13”的用户访问的示例。

第 5 章

JSP 的应用

学前提示

在上一章中讲到了如何使用 Servlet 生成动态网页，在代码中输出了大量的 HTML 标签，虽然提供了转换器，但是程序员和美工仍然不能很好地配合工作，使得开发进度缓慢，而且效率不高，为了解决代码与页面相分离的问题，Sun 公司推出了 JSP 技术，使页面代码与 Java 代码完全分离。本章主要介绍 JSP 的页面构成、执行过程、字符转译、隐式对象等技术。

知识要点

- JSP 概述
- JSP 页面的构成
- JSP 的执行过程
- JSP 的异常处理机制
- JSP 的隐式对象
- JSP 的设计模式

5.1 JSP 概 述

上一章系统地学习了 Servlet 的应用，虽然 Servlet 在许多方面都有不凡的表现，但通常只限于程序员使用。看下面这段代码：

```
...
public class FirstServlet extends HttpServlet {
    public FirstServlet() {
        super();
    }
    public void destroy() {
        super.destroy(); // Just puts "destroy" string in log
        // Put your code here
    }
    public void doGet(HttpServletRequest request,
      HttpServletResponse response)
      throws ServletException, IOException {
        //设置输出流格式
        response.setContentType("text/html");
        //获得输出对象
        PrintWriter out = response.getWriter();
        Out.println(
        "<!DOCTYPE HTML PUBLIC \"-//W3C//DTD HTML 4.01 Transitional//EN\">");
        out.println("<HTML>");
        out.println("  <HEAD><TITLE>A Servlet</TITLE></HEAD>");
        out.println("  <BODY>");
        out.print("hello servlet ");
        out.println("  </BODY>");
        out.println("</HTML>");
        out.flush();
        out.close();
    }

    public void doPost(HttpServletRequest request,
      HttpServletResponse response)
      throws ServletException, IOException {

        //设置输出流格式
        response.setContentType("text/html");
        //获得输出对象
        PrintWriter out = response.getWriter();
        Out.println(
        "<!DOCTYPE HTML PUBLIC \"-//W3C//DTD HTML 4.01 Transitional//EN\">");
        out.println("<HTML>");
        out.println("  <HEAD><TITLE>A Servlet</TITLE></HEAD>");
        out.println("  <BODY>");
        out.print("    This is ");
        out.print(this.getClass());
```

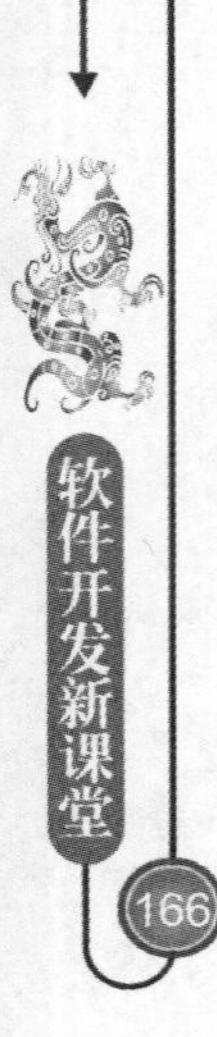

```
        out.println(", using  the POST method");
        out.println("  </BODY>");
        out.println("</HTML>");
        out.flush();
        out.close();
    }
    ...
```

如果在 Servlet 容器中为上面的代码配置完整并运行，结果就显示为如图 5.1 所示的一个页面。

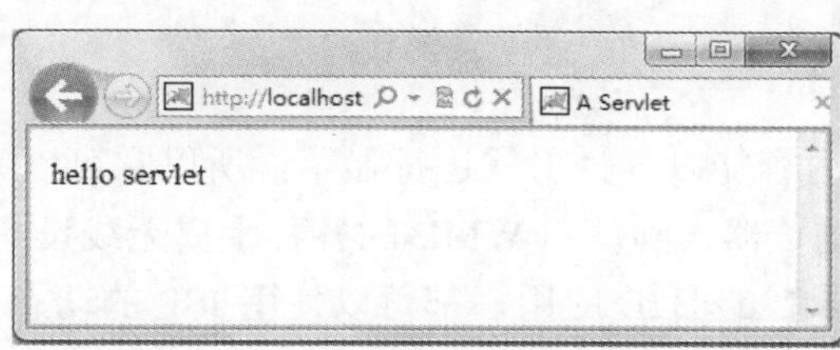

图 5.1　Servlet 的示例效果

如果只是为了显示一个页面而编写上述代码，则显得有些本末倒置。如果不是一位程序员，可能无法理解此代码的功能，如果要修改这个页面的显示效果，显然交给一位页面设计人员是不太合适的，因为用 Dreamweaver 或类似设计页面的软件在此已经无能为力。

纯粹基于 Servlet 的方法存在一些弊端，总结起来主要有以下几条：

- 开发者和维护应用程序的成员必须对 Java 编程知识有全面的了解，因为处理代码和处理 HTML 元素混合在一块儿。
- 如果要改变应用的外观，或者增加对新客户类型的支持(如 WML 客户)，则需要对 Servlet 代码进行更新和重编译。
- 在设计应用界面时，很难充分利用 Web 页面开发工具。如果这种工具用于开发 Web 页面布局，所生成的 HTML 就必须手工地嵌入到 Servlet 代码中，这个过程相当耗费时间，很容易出错。虽然在第 4 章已经提供了 HTML 和 Servlet 互换的功能代码，但仍未从根本上解决问题。

本章所要讲述的 JSP，能将请求处理和业务逻辑代码与表示相分离，可以解决以上问题。

JSP(Java Server Pages)是由 Sun Microsystems 公司倡导开发的以 Java 语言作为脚本语言建立在 Servlet 规范提供的功能之上的动态网页技术，用来在网页上显示动态内容。由 Java 程序片段或 JSP 标记等构成 JSP 网页。页面后缀名为“.jsp”。

JSP 技术的应用一次编写，就可以在任何具有符合 Java 语法结构的环境上运行。Sun 通过开放源代码，使许多公司一起参与建立技术标准，JSP 应用程序接口(API)毫无疑问已经取得成功，并将随 Java 组织不断开放扩大而继续完善。JSP 的成功取决于它自身的优点，这些优点简要归纳如下。

1. 简便性和有效性

通过前面对 JSP 的组成的介绍，可以知道 JSP 动态网页的编写与一般的静态 HTML 的网页的编写是十分相似的。只是在原来的 HTML 网页中加入一些 JSP 专有的标签，或是一

些脚本程序(而且此项不是必需的)。这样，一个熟悉 HTML 网页编写的设计人员可以很容易进行 JSP 网页的开发。而且开发人员完全可以不自己编写脚本程序，而只是通过 JSP 独有的标签利用别人已写好的部件来实现动态网页的编写。这样，一个不熟悉脚本语言的网页开发者，完全可以利用 JSP 做出漂亮的动态网页。

2. 程序的独立性

JSP 是 Java API 家族的一部分，它拥有一般的 Java 程序的跨平台的特性，换句话说，就是拥有程序对平台的独立性。即可以实现“一次编写，处处运行”。

3. 程序的兼容性

因为 JSP 中的动态内容能以各种形式进行显示，所以它可以为各种客户提供服务。从使用 HTML/DHTML 的浏览器，到使用 WML 的各种手提无线设备(如移动电话和个人数字设备 PDA)，再到使用 XML 的 B2B 应用，都可以使用 JSP 的动态页面。

4. 程序的可重用性

前面已经提到，在 JSP 页面中可以不直接将脚本程序嵌入，而只是将动态的交互部分作为一个部件加以引用。这样，一旦部件写好，就可以为多个程序重复引用，实现程序的可重用性。现在，大量的标准 JavaBean 程序库就是一个很好的例证。

在后面的示例中，将深入体会 JSP 的上述优点。

5.2 JSP 页面的构成

JSP 页面就是带有 JSP 元素的常规 Web 页面，它由静态内容和动态内容构成。其中，静态内容指 HTML 元素，在前面的章节中已经讲到，此处不做深入介绍。这里主要学习动态内容的知识，动态内容(JSP 元素)包括指令元素、脚本元素、动作元素、注释等内容。下面将一一进行讲解，最后再通过一个示例来加强对 JSP 元素的理解。

5.2.1 指令元素

指令元素主要用于为转换阶段提供 JSP 页面的相关信息，指令不会产生任何输出到当前的输出流中，它指定了有关页面本身的信息，这些信息在请求之间一直保持不变，指令的语法如下：

```
<%@ directive{attr="value"}* %>
```

注意

在开始符号“<%@”和结束符号“%>”之间的内容可以有空格，也可也不加空格，但起始符号<与%之间，%和@之间不能有空格，结束符号%和>之间也不能有空格。

指令元素有三种：page、include 和 taglib，下面分别予以介绍。

1. page 指令

该指令用于整个页面，定义与页面相关的属性，它是 JSP 页面和容器的通信员，一般放在 JSP 页面的第一行，语法如下：

```
<%@ page 属性名 1="值 1" 属性名 2="值 2" ... %>
```

示例：

```
<%@ page language="java" import="java.util.*" pageEncoding="UTF-8"%>
```

page 的属性共有 13 个，其中最常用的有以下几个。

(1) import="导包列表"

该属性用于指定脚本在环境中可以使用的 Java 类，它与 Java 程序中的 import 声明类似，当有几个属性值时，之间用逗号分开，也可以重复设置 import 的属性值，如表 5.1 所示。

表 5.1 page 指令的呈现形式

指令特征	样 式
有多个属性值，用逗号分开	<%@ page import="java.util.*, java.io.* "%>
重复设置 import 属性	<%@ page import="java.util.* " %> <%@ page import="java.io.* " %>
import 默认属性值	java.lang.*, javax.servlet.*, javax.servlet.JSP.*, javax.servlet.heep.*

提示

import 参数是 page 命令的参数中唯一一个可以在同一个页面中出现多次的。

(2) language="scriptingLangeuage"

该属性用于指定在脚本元素使用的脚本语言，默认的是 Java。

(3) contentType="ctinfo"

contentType 参数指定 HTTP 响应的头部(Response Header)的 Content-Type 值。客户端的浏览器会根据我们在 contentType 中指定的 MIME 类型和字符集代码来显示 Servlet 输出的内容。MIME(Multipurpose Internet Mail Extention)的内容一直在增加，现在包括的应用程序文档格式已经很多了。表 5.2 列出了一些常见的 MIME 类型。

表 5.2 常见的 MIME 类型

MIME 类型	文件格式
application/msword	Microsoft Word 文档
application/pdf	Acrobat PDF 文件
application/vnd.ms-excel	Microsoft Excel 表格
audio/x-wav	WAV 格式的音频文件
text/html	HTML 格式的文本文档

续表

MIME 类型	文件格式
text/css	HTML 层叠样式表
text/plain	普通文本文档
image/jpeg	JPEG 格式图片
video/mpeg	MPEG 格式视频文件

常见的用法为：

```
<%@ page contentType="text/html;charset=utf-8" %>
```

实际上，设置 page 命令的 contenType 参数和下面的代码功能上完全等价：

```
<% response.setContentType("MIME-Type"); %>
```

但是，这样用 Scriplet 直接调用 setContentType 函数的方式有一个缺陷，书写的位置不像 page 命令一样是位置无关的(在 Servlet 的输出流没有设置缓冲区的情形下)。

JSP的默认 MIME 类型是 text/html，普通的 Servlet 则是 text/plain。不过两者的默认 charset 都是 ISO-8859-1。这样若使用了 Dreamweaver 等网页制作工具来编写 JSP 页面的话，最好删除其自动加上的 Content-Type 设置，以免引起可能的冲突。

(4) pageEncoding =“peingo”

该属性指定页面使用的字符编码，如果设置了这个属性，则 JSP 页面的字符编码就是它指定的字符集，如果没有就使用 contentType 属性的值，如果都没有，页面默认的是 ISO-8859-1。

提示

在什么位置插入 page 命令并不重要，因为 page 命令和其他的命令一样，只在 JSP 页面编译的时候起作用。page 命令的参数包括 import、contentType、isThreadSafe、errorPage、isErrorPage、session、buffer、autoflush、extends、info、language。注意这些参数的名称是大小写敏感的。良好的编程习惯是把它放在 JSP 页面的顶部。

2. include 指令

include 指令用于在 JSP 页面中包含一个文件，该文件可以是 JSP 页面、HTML 网页、文本文件或一段 Java 代码，用它可以简化页面代码，提高代码的重用性，语法如下：

```
<%@ include file="相对于当前文件的 url" %>
```

注意

在包含的文件中，最好不要使用<html>、</html>、<body>、</body>等标签。

3. taglib 指令

taglib 指令允许页面使用用户定制的标签，语法如下：

```
<%@taglib (uri="具有唯一标识和前缀相关的标签描述符地址" prefix="前缀")%>
```

5.2.2　脚本元素

使用 JSP 脚本元素可以将 Java 代码嵌入到 JSP 页面里，这些 Java 代码将出现在由当前 JSP 页面生成的 Servlet 中，使 JSP 将静态内容与动态内容分离出来。

脚本元素包含表达式、脚本和声明等。

1. 表达式

表达式是对数据的表示，系统将其作为一个值进行计算。

语法如下：

```
<%= expression %>
```

例如：

```
<%= user.getName()%>
```

表达式的本质：在将 JSP 页面转换成 Servlet 后，使用 out.print()将表达式的值输出。这样，如果 user.getName()的返回值是“liky”，则实际上在 Servlet 中就转换成 out.print(“liky”)。

提示

如果表达式是调用一个方法，那么这个方法必须要有返回值，而不应是 void，也就是说，void getName()这样的方法是不能被调用的。另外，在方法的后面不能有分号；例如<%=getName();%>是不允许的。

例如，下面的表达式在页面上的显示的结果是 18：

```
<%= 9+9 %>
```

2. 脚本

脚本是在<% %>里嵌入的 Java 代码，这里的 Java 代码与一般的 Java 代码没有什么区别，所以每一条语句同样要以分号“;”结束，这和表达式是不相同的。

语法如下：

```
<% code %>
```

脚本的本质，就是将代码插入到 Servlet 的 service 方法中。例如：

```
<%
if (user != null) {
%>
   Hello <B><%=user%></B>
<%
} else {
%>
   You haven''t login!
<%
}
%>
```

转译成：

```
if (user != null ) {
    out.println("Hello <B>" + user + "</B>");
} else {
    out.println("You haven''t login!");
}
```

3. 声明

声明就是允许用户定义 Servlet 中的变量、方法。

语法如下：

```
<%! code %>
```

例如：

```
<! String getName() {return name;} >
```

声明的本质其实就是将声明的变量加入到 Servlet 类(在任何方法之外)中，方法就成了 Servlet 的方法。

4. 实例练习

实例——JiuJiudemo。

本实例通过完成一个九九乘法表来掌握脚本元素的相关用法。这里用了两个页面，一个提交数字的 index2.jsp 页面，一个处理结果并显示的 result2.jsp 页面。提交页面需要提交两个数，分别用于打印乘法表的开始和结束。

(1) 创建一个 Web Project 工程。

(2) 编写 index2.jsp 页面，页面中提供两个输入文本框，用来收集用户提交的数据，并提供“提交”和“取消”按钮，方便用户提交或取消相应的操作，具体的页面代码如下：

```
<%@ page contentType="text/html;charset=utf-8"%>
<!DOCTYPE html PUBLIC "-//W3C//DTD XHTML 1.0 Transitional//EN"
  "http://www.w3.org/TR/xhtml1/DTD/xhtml1-transitional.dtd">
<html xmlns="http://www.w3.org/1999/xhtml">
<head>
<meta http-equiv="Content-Type" content="text/html; charset=utf-8" />
<title>九九乘法表</title>
</head>
<body><br/>
<form id="form1" name="form1" method="post" action="result2.JSP">
    <p align="center">请输入两个自然数给你打印乘法表</p>
    <p align="center">要求: startNumber &lt; endNumber <br /></p>
    <table width="350" border="1" align="center" cellpadding="0"
      cellspacing="0" bgcolor="#aaccdd" bordercolor="#cccccc">
        <tr>
            <td width="101">startNumber</td>
            <td width="113">
            <label>
                <input name="d" type="text" id="textfield" size="15"
```

```
                axlength="8"  height="20"/>
            </label>
            </td>
            <td width="68"> <br></td>
        </tr>
        <tr>
            <td>endNumber</td>
            <td>
            <label>
                <input name="c" type="text" id="textfield2" size="15"
                 axlength="8"  height="20"/>
            </label>
            </td>
            <td> <br /></td>
        </tr>
        <tr>
            <td> </td>
            <td>
            <label>
                <input type="submit" name="button" id="button"
                 value="submit" />
                <input name="button2" type="reset" id="button2"
                 value="reset" />
            </label>
            </td>
            <td> </td>
        </tr>
    </table>
</form>
</body>
</html>
```

在这个 JSP 页面上，主要是一个<form>的数据提交，提交的方式是 POST，它将表单中的数据按 POST 方式包装后提交，提交的目标是 result2.jsp 页面。

(3)　编写 result2.jsp 页面，根据用户提交的数字，显示基于这个数字所形成的乘法表，具体的页面代码清单如下：

```
<%@ page contentType="text/html;charset=utf-8"%>
<!DOCTYPE html PUBLIC "-//W3C//DTD XHTML 1.0 Transitional//EN"
 "http://www.w3.org/TR/xhtml1/DTD/xhtml1-transitional.dtd">
<html xmlns="http://www.w3.org/1999/xhtml">
<head>
<meta http-equiv="Content-Type" content="text/html; charset=utf-8" />
<title>表单提交</title>
</head>

<body>
<%
int c = Integer.parseInt(request.getParameter("c"));
int d = Integer.parseInt(request.getParameter("d"));
for(int i=0; i<=c; i++) {
```

```
    for(int j=d; j<=i; j++) {
        out.print(j + " * " + i + " = " + i*j);
        out.print("   ");
    }
    out.print("<br/>");
}
%>
<br/>
<a href="index2.JSP">返回</a>
</body>
```

这个页面是显示的结果页面，在这个页面中，需要接收 index.jsp 提交来的数据，然后将数据进行处理，再将结果显示在网页上。因为不管是 POST 方式提交还是 GET 方式提交，提交的内容都是字符串，所以在这里我们要进行数学运算，就必须把提交来的字符串转换成基本的数据类型(int)后，再进行运算。

(4) 启动 Tomcat，运行程序，显示的首页效果如图 5.2 所示。

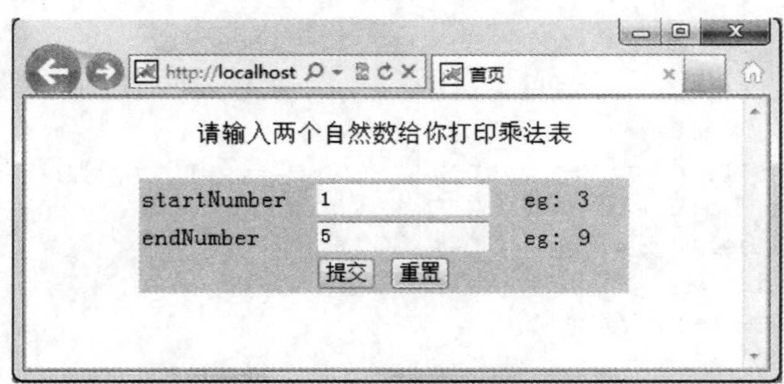

图 5.2 首页面的效果

(5) 输入后单击“提交”按钮，显示结果如图 5.3 所示。

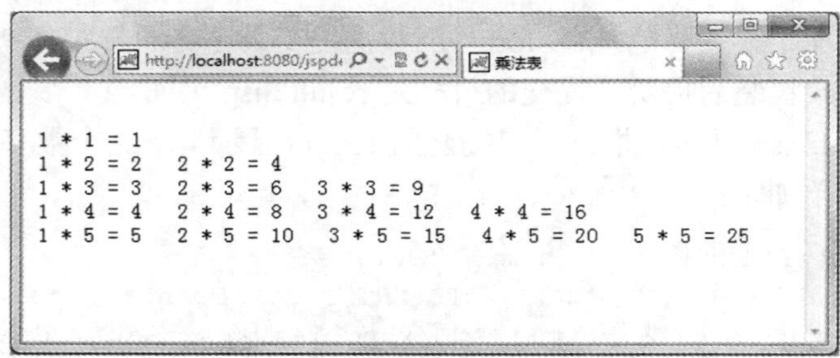

图 5.3 结果页面的效果

5.2.3 JSP 的动作

JSP 的动作元素用来控制 JSP 容器的动作，可以动态插入文件、重用 JavaBean 组件、导向另一个页面等。动作元素与指令元素不同，动作元素是在客户端请求时动态执行的，每次有客户端请求时，可能都会被执行一次，而指令元素是在编译时被编译执行，它只会被编译一次。

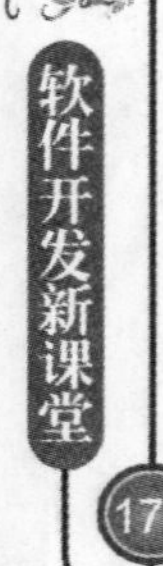

常用的标准动作元素介绍如下。

1. <jsp:useBean>

useBean 动作用于创建引用，并将现有的 Bean 组件嵌入 JSP。

JavaBean 实际上是一个类，这个类可以重复使用。在 JSP 程序中，JavaBean 常用来封装事务逻辑、数据库操作等。

useBean 的语法如下：

```
<jsp:useBean id="BeanName" class="BeanClass"
  scope="page/request/session/application"/>
```

其中：

- id：专用于创建 Bean 的引用名。
- class：指定 Bean 的类。
- scope：指定 Bean 的范围，默认为 page。

通常，一个 JavaBean 类必须是一个公有的类，具有默认构造函数，具有私有属性并且针对属性提供有 get()和 set()方法，以便读取和写入 Bean 的属性。

2. <jsp:setProperty>

setProperty 动作用于设置 useBean 中指定的 Bean 的属性的值。setProperty 动作指定名称、属性、值和参数，用于赋给 Bean 的属性。

setProperty 的语法如下：

```
<jsp:setProperty name="BeanAlias" property="PropertyName" value="Value"
  param="Parameter"/>
```

其中：

- name：指定 useBean 中使用的 Bean 的 ID。
- property：指定要为之设置的 Bean 的属性名称。
- value：指定要为属性设置的显式值。
- param：指定用于输入并给属性赋值的 HTML 标签。

提示

param 属性不能与 value 属性一起使用。

3. <jsp:getProperty>

getProperty 动作用于获取 Bean 中指定的属性中的值。系统先将收到的值转换为字符串，然后再将其作为输出结果发送。

getProperty 的语法如下：

```
<jsp:getProperty name="BeanAlias" property="PropertyName"/>
```

其中：

- name：指定 useBean 中指定的 Bean 的 ID。

- property：指定要从中检索值的属性名称。

4. <jsp:include>

include 动作用于将其他 HTML 页面或 JSP 页面中的内容合并到当前页面，或将其中的文件插入到当前页面。include 动作有两种形式。

(1) 不带参数的 include 动作：

```
<jsp:include page="weburl" flush="true"/>
```

其中：

- page：指定要嵌入当前页面的页面的网址。
- flush：用于在嵌入其他响应前清空存储在缓冲区中的数据。

(2) 带参数的 include 动作：

```
<jsp:include page="weburl" flush="true">
   <jsp:param name="ParamName" value="ParamValue"/>
</jsp:include>
```

其中：

- name：指定被嵌入到页面中的参数的名称。
- value：指定参数的值。

注意

<JSP:include>动作和<%@ include %>指令的区别参见表 5.3。

表 5.3 <JSP:include>与<%@ include %>之间的区别

语 法	相对路径	发生时间	包含对象	描 述
<%@ include file="uri"%>	相对于当前文件	转换期间	静态	包含的对象被 JSP 容器分析
<JSP: include page="uri">	相对于当前页面	请求处理期间	静态和动态	包含的内容不进行分析，但在相对应的位置被包含

5. <jsp:forward>

forward 动作用来把当前的 JSP 页面重定向到另一个页面(HTML 文件、JSP 页面、Servlet)。地址还是当前页面的地址。内容则是另一个页的内容。forward 动作有两种形式。

(1) 不带参数的 forward 动作：

```
<jsp:forward page="url"/>
```

(2) 带参数的 forward 动作：

```
<jsp:forward page="url">
   <jsp:param name="ParamName" value="ParamValue"/>
</jsp:forward>
```

6. <jsp:param>

param 提供其他 JSP 动作的名称/值信息。param 语法如下：

```
<jsp:param name="ParamName" value="ParamValue"/>
```

7. <jsp:plugin>

plugin 用于连接客户端的 Applet 和 Bean 插件。plugin 动作为 Web 开发人员提供了一种在 JSP 文件中嵌入客户端运行的 Java 程序(如 Applet、JavaBean)的方法。在处理这个动作的时候，根据客户端浏览器的不同，JSP 在执行以后将分别输出为 OBJECT 或 EMBED 这两个不同的 HTML 元素。

plugin 语法如下：

```
<jsp:plugin type="bean|applet"
   code="classFile"
   codebase="objectCodebase"
    [align="alignment"]
    [archive="archiveList]"
    [height="height"]
    [jreversion="jreversion"]
    [name="componentName"]
    [title="title"]
    [vspace="vspace"]
    [width="width"]
    [nspluginurl="url"]
    [iepluginurl="url"]
    [<jsjp:params>
    [<jsp:param name="ParamName" value="ParamValue"]
   </jsp:params>]
    [<jsp:fallback>arbitrary_text</jsp:fallback>]
</jsp:plugin>
```

其中：

- type：标记组件的类型，JavaBean 或 Applet。
- code：对象类的文件名。
- codebase：类的存储位置的 URL。
- align：控制对象相对于文字基线的水平对齐方式(top、middle、bottom、right、left)。
- archive：标记包含对象的 Java 类的.jar 文件的 URL。
- height：定义对象的显示区域的高度。
- hspace：对象与环绕文本之间的水平空白空间。
- jreversion：标记组件需要的 Java 运行环境的规范版本号。
- name：Bean 或 Applet 实例的名字，将会在 JSP 其他地方调用。
- title：使用的对象标题。
- vspace：对象与环绕文本之间的垂直空白空间。
- width：定义对象显示区域的宽度。
- nspluginurl：指示对于 Netscape Navigator 的 JRE 插件的下载地址(URL)。
- iepluginurl：指示对于 Internet Explorer 的 JRE 插件的下载地址(URL)。

传递给 Applet 或 JavaBean 的参数是通过<jsp:param>动作来完成的，而<jsp:fallbacek>

是在用户浏览器不支持 Java 的情况下显示的文件。

5.2.4 注释

JSP 有两种注释方式。

- <!-- ... -->：在客户端查看源代码时能看见注释。
- <%-- ... --%>：在客户端查看源代码时不能看见注释。

5.3 JSP 的执行过程

虽然 JSP 感觉上很像一般的 HTML 网页，但事实上它是以 Servlet 的形式被运行的。因为 JSP 文件在第一次运行的时候会先解释成 Servlet 源文件，然后编译成 Servlet 类文件，最后才会被 Servlet 容器运行，JSP 的执行过程主要可以分为以下几点。

(1) 客户端发出请求。

(2) Web 容器将 JSP 转译成 Servlet 源代码。

(3) Web 容器将产生的源代码进行编译。

(4) Web 容器加载编译后的代码并执行。

(5) 把执行结果响应至客户端。

执行过程如图 5.4 所示。

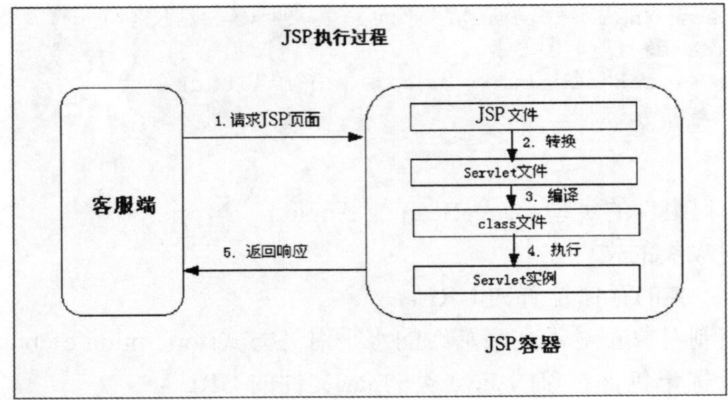

图 5.4 执行过程

根据 JSP 的执行过程可以知道，JSP 页面实际上被容器转译成为 Servlet 源代码，例如，打开 tomcat\work\Catalina\localhost\JSPtest\org\apache\jsp\index_jsp.java，这是某个 JSP 程序转译后的 Servlet 源代码，清单如下所示：

```
package org.apache.jsp;

import javax.servlet.*;
import javax.servlet.http.*;
import javax.servlet.jsp.*;
import java.util.*;
//index_jsp 是类的声明，它继承了 HttpJspBase 类，因为每个 Servlet 容器供应商都可以
```

```
//自行设计 JSP 编译后产生的基本类，对于 Tomcat 容器而言，这个类就是 HttpJspBase
public final class index_jsp extends org.apache.jasper.runtime.HttpJspBase
implements org.apache.jasper.runtime.JspSourceDependent {

    int sum = 0;
    int a=9, b=9;
    String result = "";

    private static final JspFactory _jspxFactory =
      JspFactory.getDefaultFactory();

    private static java.util.List _jspx_dependants;

    private javax.el.ExpressionFactory _el_expressionfactory;
    private org.apache.AnnotationProcessor _jsp_annotationprocessor;

    public Object getDependants() {
        return _jspx_dependants;
    }
    //初始化方法
    public void _jspInit() {
        _el_expressionfactory =
          _jspxFactory.getJspApplicationContext(getServletConfig()
          .getServletContext()).getExpressionFactory();
        _jsp_annotationprocessor = (org.apache.AnnotationProcessor)
          getServletConfig().getServletContext()
          .getAttribute(org.apache.AnnotationProcessor.class.getName());
    }
    //释放资源的方法
    public void _jspDestroy() {}
    //服务方法
    public void _jspService(HttpServletRequest request,
      HttpServletResponse response)
      throws java.io.IOException, ServletException {

        PageContext pageContext = null;
        HttpSession session = null;
        ServletContext application = null;
        ServletConfig config = null;
        JspWriter out = null;
        Object page = this;
        JspWriter _jspx_out = null;
        PageContext _jspx_page_context = null;
        try {
            response.setContentType("text/html;charset=UTF-8");
            pageContext =
              _jspxFactory.getPageContext(this, request, response,
                ll, true, 8192, true);
            jspx_page_context = pageContext;
            application = pageContext.getServletContext();
            config = pageContext.getServletConfig();
```

```
            session = pageContext.getSession();
            out = pageContext.getOut();
            _jspx_out = out;
            out.write("<!—设置 page 指令  --> \r\n");
            out.write("\r\n");
            out.write("<!DOCTYPE HTML PUBLIC \"-//W3C//DTD HTML 4.01
              transitional//EN\">\r\n");
            out.write("<html>\r\n");
            out.write("\t<head>\r\n");
            out.write("\t\t<title>this is JSP say hello!</title>\r\n");
            out.write("\t</head>\r\n");
            out.write("\t<!—声明变量 -->\r\n");
            out.write("\t");
            out.write("\r\n");
            out.write("\t<body>\r\n");
            out.write("\t");
            out.write("\r\n");
            out.write("\t\t");
            sum = a + b;
            result =" 9 + 9 =";
            out.write("\r\n");
            out.write("\t\t<br>\r\n");
            out.write("\t\t<h3>\r\n");
            out.write("\t\t\tHello ! This is my JSP page.\r\n");
            out.write("\t\t\t<h3>\r\n");
            out.write("\t\t\t\t<hr>\r\n");
            out.write("\t\t\t\t");
            out.write("\r\n");
            out.write("\t\t\t\t");
            out.print(result );
            out.write("\r\n");
            out.write("\t\t\t\t");
            out.print(sum);
            out.write("\r\n");
            out.write("\t</body>\r\n");
            out.write("</html>\r\n");
        } catch (Throwable t) {
            if (!(t instanceof SkipPageException)) {
                out = _jspx_out;
                if (out!=null && out.getBufferSize()!=0)
                    try { out.clearBuffer(); }
                    catch (java.io.IOException e) {}
                if (_jspx_page_context != null)
                    _jspx_page_context.handlePageException(t);
            }
        } finally {
            _jspxFactory.releasePageContext(_jspx_page_context);
        }
    }
}
```

5.4　JSP 的异常处理机制

JSP 中除了 HTML 代码，其他的就是 Java 脚本元素，所以在 JSP 页面中想使用 try-catch 来处理异常是比较困难的。如何完成 JSP 的异常处理呢？JSP 规范中定义了异常处理机制。JSP 异常处理有以下两个步骤。

1. 撰写一个 JSP “错误页面”

异常处理文件中需要使用 page 指令的 isErrorPage 属性，格式如下：

```
<%@ page isErrorPage="true"%>
```

如果在页面上进行了这样的设置，页面就具有了一项特殊的功能，能够访问异常对象 exception。exception 是 JSP 的内部对象，当页面在运行过程中产生异常的时候，会抛出异常对象 exception，该对象包含了异常信息。下面是一个异常处理文件 errorPage.jsp：

```
<%@ page contentType="text/html;charset=gb2312"%>
<%@ page isErrorPage="true"%>
页面产生异常，异常信息如下：<%= exception.message %>。
```

2. 在 JSP 内指定异常发生时应该回应到哪个“错误页面”

要想让页面产生异常的时候由专门的异常处理文件对异常进行处理，需要在该页面中使用 page 指令的 errorPage 指定专门的异常处理页面，格式如下：

```
<%@ page errorPage="异常处理文件"%>
```

假设要设置前面编写的 errorPage.jsp 页面为当前页面的异常处理文件，可以使用下面的代码：

```
<%@ page errorPage="errorPage.jsp"%>
```

为页面指定异常处理文件还可以通过 web.xml 进行配置。

如果不想为每个页面设置异常处理文件，可以为同一种类型的异常指定统一的异常处理文件。还有一些异常的处理是没有办法通过页面设置来完成的，例如用户输入了网站中的一个不存在的文件，这时候应该告诉用户文件不存在，但是这种异常是没有办法通过在页面设置来解决的。

要想为每种类型的异常指定一个异常处理文件，可以通过 web.xml 进行配置。在 web.xml 中可以根据错误类型配置，例如 NullPointException、IOException 等，也可以根据错误编码配置。常见的异常编码如下。

- 400 错误：错误请求。
- 401 错误：访问被拒绝。
- 403 错误：文件被禁止访问。
- 404 错误：文件没有找到。
- 500 错误：文件在运行过程中发生未知错误。

根据异常类型进行配置，可以使用下面的代码：

```
<error-page>
    <eception-type>java.lang.NullPointerException</exception-type>
    <location>/nullpointer.jsp</location>
</error-page>
```

根据异常编码进行配置，可以使用下面的代码：

```
<error-page>
    <error-code>401</error-code>
    <location>/401.jsp</location>
</error-page>
```

下面通过一个实例程序来加强对 JSP 异常处理机制的理解。

实例——errordemo。具体操作如下。

(1) 编写测试页面

新建一个 Web 工程，命名为“errordemo”，在工程的 WebRoot 下新建 JSP 页面，命名为 index.jsp，代码清单如下：

```
<%@ page pageEncoding="utf-8"%>
<html>
    <head></head>
    <body>
    <%
    //这里故意设置了一个异常
    String[] strlen = { "hello", "error", "beijing" };
    for (int i=0; i<10; i++) { out.print(strlen[i] + "--test"); i++; }
    %>
    </body>
</html>
```

(2) 指定异常处理的页面

发布 Web 工程，运行 Tomcat，访问 index.jsp 页面，显示效果如图 5.5 所示。

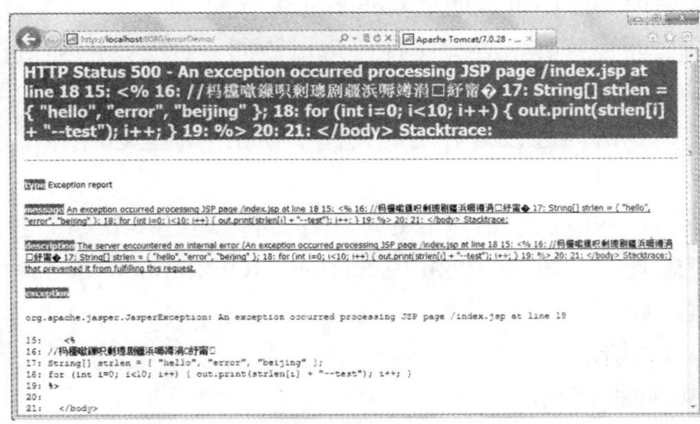

图 5.5　500 错误截图

由于代码中故意设置为数据越界的异常，所以报出的是 500 错误。在配置文件 web.xml

中指定此错误处理页面，即添加如下代码：

```
<error-page>
    <!--为响应状态码声明错误页面-->
    <error-code>500</error-code>
    <location>/500.jsp</location>
</error-page>
<error-page>
    <!--为特定的异常类型声明错误页面-->
    <exception-type>java.lang.Throwable</exception-type>
    <location>/500.jsp</location>
</error-page>
```

<error-page>包括一个<exception-type>或一个<error-code>元素，外加一个<location>元素，<location>元素包括处理此错误的 Servlet、JSP 页面或静态页面的上下文相对路径。<exception-type>元素包含了所要处理的异常类型的完全限定名。<error-code>元素包含了所要处理的 HTTP 响应状态码。

(3) 编写异常处理的页面

在工程的 WebRoot 下新建 JSP 页面，命名为 500.jsp，代码清单如下：

```
<%@ page pageEncoding="utf-8"%>
<%@ page isErrorPage="true"%>
<html>
    <head>
        <title>500 错误处理</title>
    </head>
    <body>
        这是 500 的错误页面！！
        <br>
        异常信息为<%=exception.getClass().getName()%>
    </body>
</html>
```

(4) 发布与测试应用程序

发布 Web 工程，运行 Tomcat，访问 index.jsp 页面，显示效果如图 5.6 所示。

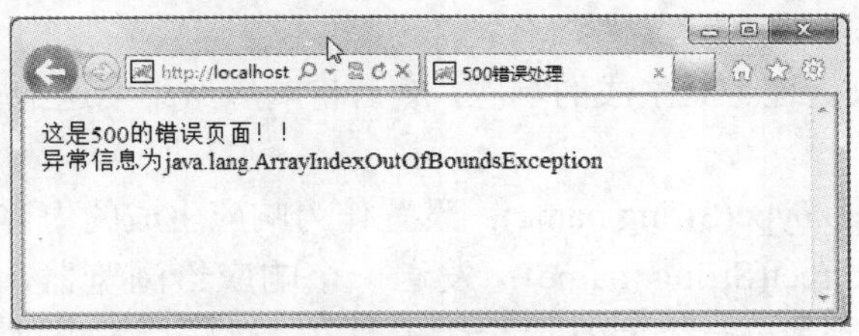

图 5.6　错误结果显示

5.5　JSP 的隐式对象

JSP 隐式对象是 Web 容器加载的一组类的实例。它是可以直接在 JSP 页面使用的对象。

分为 4 个主要类别。

- 输入和输出对象：控制页面的输入和输出(request、response、out)。
- 作用域通信对象：检索与 JSP 页面的 Servlet 相关的信息(session、application、pageContext)。
- Servlet 对象：提供有关页面环境的信息(page、config)。
- 错误对象：处理页面中的错误(exception)。

读者可以参照图 5.7 来快速记忆 9 大隐式对象。

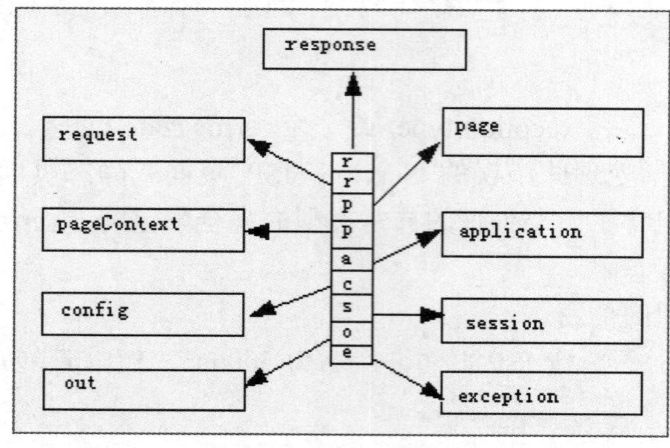

图 5.7 隐式对象的简洁记忆图

5.5.1 输入和输出对象

1. request 对象

request 隐式对象表示客户端的请求，包含了所有的请求信息，下面列出几个常用的方法。

- String getParameter(String name)：根据页面表单组件名称获取请求页面提交的数据。
- String getParameterValues(String name)：获取页面请求中一个表单组件对应多个值时的用户的请求数据(例如复选框)。

2. response 对象

response 隐式对象处理 JSP 生成的响应，然后将响应结果发送给客户端，下面列出几个常用的方法。

- void setContentType(String name)：设置作为响应生成的内容的类型和字符编码。
- void sendRedirect(String name)：发送一个响应给浏览器，指示其应请求另一个 URL(重定向到另外一个 URL，会丢失数据，跳转后不再执行 sendRedirect 方法下面的代码)。

3. out 对象

out 对象表示输出流，此输出流将作为请求的响应发送到客户端，常用方法有 print()、println()和 write()。

5.5.2　作用域通信对象

JSP 作用域通信对象从小到大有 pageContext 对象、session 对象、application 对象。

1. pageContext 对象

pageContext 对象使用户可以访问当前页面作用域中定义的所有隐式对象。pageContext 对象最常用的方法如下。

- void setAttribute(String name, Object value)：以名称/值的方式，将一个对象的值存放到 pageContext 中(存的值的类型为 Object)。
- void getAttribute(String name)：根据名称去获取 pageContext 中存放对象的值(获取的值的类型为 Object)。

2. session 对象

session 对象表示用户的会话状况，用此项机制可以轻易识别每一个用户，能保存和跟踪用户的会话状态。session 对象最常用的方法如下。

- void setAttribute(String name, Object value)：以名称/值的方式，将一个对象的值存放到 session 中(存的值的类型为 Object)。
- void getAttribute(String name)：根据名称去获取 session 中存放对象的值(获取的值的类型为 Object)。

3. application 对象

application 对象作用于整个应用程序，所有的客户端窗口都可以共享该对象，从服务器开始就存在，直到服务器关闭为止。application 对象最常用的方法如下。

- void setAttribute(String name, Object value)：以名称/值的方式，将一个对象的值存放到 application 中(存的值的类型为 Object)。
- void getAttribute(String name)：根据名称去获取 application 中存放对象的值(获取的值的类型为 Object)。

5.5.3　Servlet 对象

1. page 对象

page 对象提供对网页上定义的所有对象的访问。page 对象表示页面本身，它是 java.lang.Object 类的一个实例。

2. config 对象

config 对象存储 Servlet 的一些初始信息。config 对象是 javax.servlet.ServletConfig 接口的一个实例，ServletConfig 接口提供方法以检索 Servlet 初始化参数。config 对象表示编译 JSP 页面的 Servlet 初始化数据的配置。

5.5.4 错误对象 exception

exception 对象处理 JSP 页面中的错误。printStackTrace()方法用于显示异常的堆栈跟踪。

5.5.5 表单验证的示例

学完了 JSP 知识，现在我们用 JSP + Servlet 来做一个表单验证的示例。这个示列通过一页面提交表单信息给 Servlet，Servlet 获取信息，经过处理后，把信息放入 request 对象中，如果用户提交的姓名为空，将重新返回到登录首页，否则，把提交的信息全部显示出来。具体操作如下。

(1) 新建一个 Web Project 工程(JSPdemo2)。

(2) 编写 formtt.jsp 页面，页面效果如图 5.8 所示。

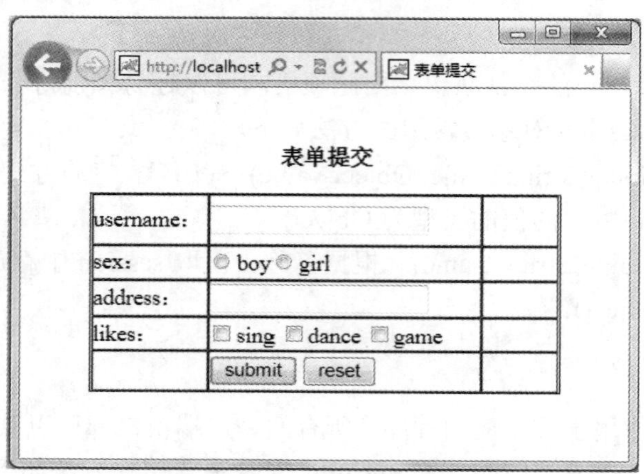

图 5.8 表单效果

formtt.jsp 页面的代码清单如下所示：

```
<%@ page contentType="text/html;charset=utf-8"%>
<!DOCTYPE html PUBLIC "-//W3C//DTD XHTML 1.0 Transitional//EN"
  "http://www.w3.org/TR/xhtml1/DTD/xhtml1-transitional.dtd">
<html xmlns="http://www.w3.org/1999/xhtml">
<head>
<meta http-equiv="Content-Type" content="text/html; charset=utf-8" />
<title>表单提交</title>
</head>
<body><br/>
<form id="form1" name="form1" method="post" action="test">
    <p align="center"><strong>表单提交</strong></p>
    <table width="331" height="147" border="1" align="center"
      cellpadding="0" cellspacing="0">
        <tr>
            <td width="76" height="35">username: </td>
            <td width="183">
            <label>
```

```
            <input type="text" name="name" id="textfield" height="20"/>
          </label>
          </td>
          <td width="50"> </td>
        </tr>
        <tr>
          <td>sex: </td>
          <td>
          <input type="radio" name="sex" value="boy"/>boy
          <input type="radio" name="sex"  value="girl"/>girl
          </td>
          <td> </td>
        </tr>
        <tr>
          <td>address: </td>
          <td>
          <input type="text" name="address" id="textfield3" height="20"/>
          </td>
          <td> </td>
        </tr>
        <tr>
          <td>likes: </td>
          <td>
          <label>
          <input type="checkbox" name="likes" id="checkbox" value="sing"/>
          sing
          <input type="checkbox" name="likes" id="checkbox2"
            value="dance"/>
          dance
          <input type="checkbox" name="likes" id="checkbox3" value="game"/>
          game
          </label>
          </td>
          <td> </td>
        </tr>
        <tr>
          <td> </td>
          <td>
          <input name="" type="submit" value="submit" />
          <input name="" type="reset" value="reset" />
          </td>
          <td> </td>
        </tr>
    </table>
</form>
</body>
</html>
```

这个页面是首页面，提供了一个提交数据的表单，这个表单由文本框、单选按钮和复选框、提交按钮和重置按钮组成。

(3) 在 Servlet 中处理业务逻辑，代码如下：

```
package org.luojs.servlet;

import java.io.IOException;
import javax.servlet.ServletException;
import javax.servlet.http.HttpServlet;
import javax.servlet.http.HttpServletRequest;
import javax.servlet.http.HttpServletResponse;

public class TestServlet extends HttpServlet {

    public void destroy() {
        super.destroy();
    }

    public void doGet(HttpServletRequest request,
      HttpServletResponse sponse)
      throws ServletException, IOException {
        this.doPost(request, response);
    }

    public void doPost(HttpServletRequest request,
      HttpServletResponse sponse)
      throws ServletException, IOException {
        // 获取表单信息
        String name = request.getParameter("name");
        String sex = request.getParameter("sex");
        String address = request.getParameter("address");
        String[] likes = request.getParameterValues("likes");
        String URL = "index.JSP";
        String likes2 = "";
        if (null != likes) {
            for (String string : likes) {
                likes2 += string + "  ";
            }
        }
        if (null!=name && !name.equals("")) {
            // 把从页面获取的内容放入 request 中
            request.setAttribute("name", name);
            request.setAttribute("sex", sex);
            request.setAttribute("address", address);
            request.setAttribute("likes", likes2);
            URL = "result.JSP";
        }
        request.getRequestDispatcher(URL).forward(request, response);
    }
    public void init() throws ServletException {}
}
```

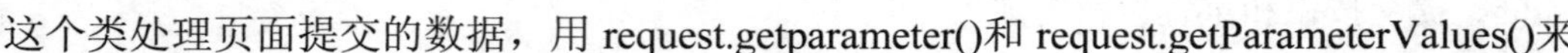

这个类处理页面提交的数据，用 request.getparameter()和 request.getParameterValues()来

获取数据，把获取的数据提取出来，并将之存储于 request 对象中，然后把输出结果转向到 result.jsp 页面。

(4)　在 web.xml 文件中注册 Servlet 信息，代码如下：

```
<?xml version="1.0" encoding="UTF-8"?>
<web-app version="3.0"
  xmlns="http://java.sun.com/xml/ns/javaee"
  xmlns:xsi="http://www.w3.org/2001/XMLSchema-instance"
  xsi:schemaLocation="http://java.sun.com/xml/ns/javaee
  http://java.sun.com/xml/ns/javaee/web-app_3_0.xsd">
    <!-- 注册 servlet 信息 -->
    <servlet>
        <servlet-name>TestServlet</servlet-name>
        <servlet-class>org.luojs.servlet.TestServlet</servlet-class>
    </servlet>
    <servlet-mapping>
        <servlet-name>TestServlet</servlet-name>
        <url-pattern>/test</url-pattern>
    </servlet-mapping>
    <welcome-file-list>
        <welcome-file>index.jsp</welcome-file>
    </welcome-file-list>
</web-app>
```

在 web.xml 文件中配置 TestServlet.java，程序访问时，根据提交的 Test 找到配置的类。

(5)　编写 result.jsp 页面，代码如下：

```
<%@ page contentType="text/html;charset=utf-8"%>
<!DOCTYPE html PUBLIC "-//W3C//DTD XHTML 1.0 Transitional//EN"
  "http://www.w3.org/TR/xhtml1/DTD/xhtml1-transitional.dtd">
<html xmlns="http://www.w3.org/1999/xhtml">
<head>
<meta http-equiv="Content-Type" content="text/html; charset=utf-8" />
<title>结果页面</title>
</head>

<body><br/>
<form id="form1" name="form1" method="post" action="">
<p align="center"><strong>表单 提交<br /></strong></p>
<table width="331" height="147" border="1" align="center" cellpadding="0"
  cellspacing="0">
    <tr>
        <td width="76" height="35">username: </td>
        <td width="183">
        <label><%=request.getAttribute("name") %></label>
        </td>
        <td width="50"> </td>
    </tr>
    <tr>
        <td>     sex: </td>
        <td> <%= request.getAttribute("sex")%></td>
```

```
        <td> </td>
    </tr>
    <tr>
        <td> address: </td>
        <td><%= request.getAttribute("name") %></td>
        <td> </td>
    </tr>
    <tr>
        <td>   likes: </td>
        <td>
        <label><%= request.getAttribute("likes") %></label>
        </td>
        <td> </td>
    </tr>
    <tr>
        <td> </td>
        <td>
        <a href="index.JSP">back index.JSP<br /></a>
        </td>
        <td> </td>
    </tr>
</table>
</form>
</body>
</html>
```

这是结果页面，在这个页面中，需要显示 index.jsp 提交的数据，在页面上运用表达式直接就能获取 TestServlet 中放入在 request 中的值。

(6) 发布运行程序，运行程序显示首页 index.jsp 的效果，如图 5.9 所示。输入信息后单击 submit 按钮，显示结果页面 result.jsp，效果如图 5.10 所示。

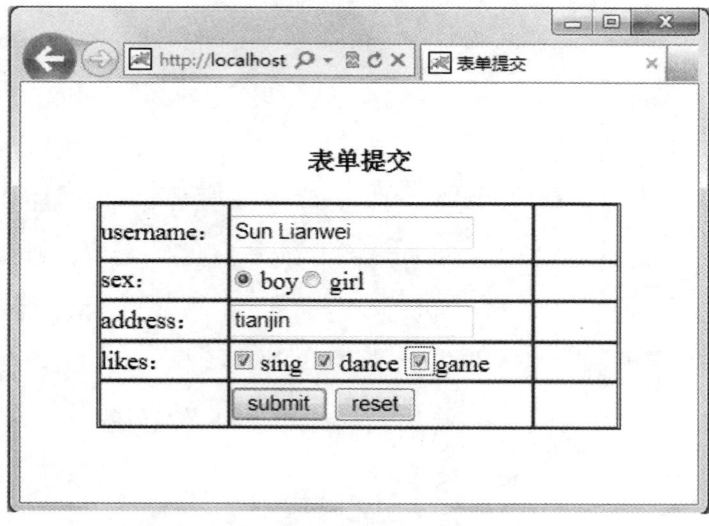

图 5.9　表单页面

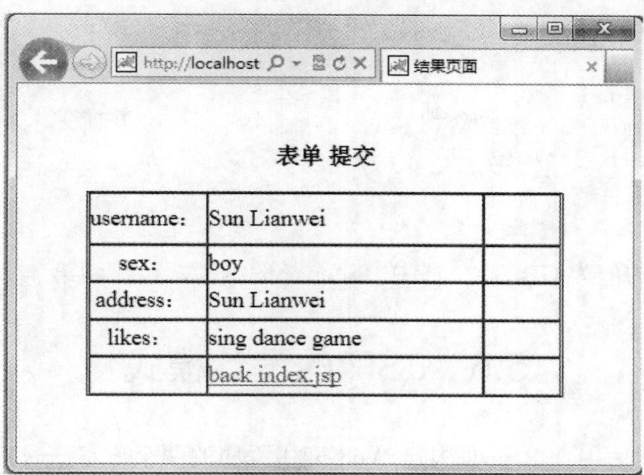

图 5.10　结果页面

如果用户在 username 这个输入框中提交的是中文字符，则有可能出现乱码，下面提供两种解决方案。

1. 硬编码方式

首先在 formtt.jsp 页面修改字符集设置：

```
<%@ page contentType="text/html; charset=GB2312" %>
```

该行代码的作用是告诉 JSP 引擎(如 Tomcat、Resin)，本页面使用的字符集是 GB2312。如果 JSP 页面中包含有汉字，一定要包含本行代码。否则 JSP 引擎使用默认的字符集(通常为 utf-8)，这可能会导致 JSP 输出页面乱码。

其次更改 Servlet 中的相关代码。

例如设置输出页面的字符集为 GB2312，并且对获取的内容进行强制转码：

```
//JSP 引擎会自动把输出的页面转换成指定的字符集
response.setContentType("text ml; charset=GB2312");
//在 JSP 中，可以使用 request.getParameter("参数名")获得参数值，
//参数值的默认字符集是 ISO8859_1，如果不进行字符集转换，将导致汉字乱码
String szUserName = request.getParameter("username");
szUserName = new String(szUserName.getBytes("ISO8859_1"), "GB2312");
```

2. 采用过滤器方式

修改配置文件 web.xml：

```
<?xml version="1.0" encoding="UTF-8"?>
...
<filter>
    <filter-name>FormFilter</filter-name>
    <filter-class>org.bzc.filter.FormFilter</filter-class>
    <init-param>
        <param-name>encoding</param-name>
        <param-value>GB2312</param-value>
```

```
    </init-param>
</filter>
<filter-mapping>
    <filter-name>FormFilter</filter-name>
    <url-pattern>/*</url-pattern>
</filter-mapping>
</web-app>
```

设置 encoding 的值为 GB2312，有关 Filter 类的编写，可参阅第 4 章的相关内容。

5.6 JSP 的设计模式

JSP 规范给出了使用 JSP 页面构建 Web 应用程序的两个方案——JSP 模型 1 和模型 2 体系结构。这两个模型的区别在于处理的位置。下面分别讲解这两个模型的使用。

1. JSP 模型 1(JSP + JavaBean)

在模型 1 的体系结构中，JSP 页面负责处理请求，并将响应发送给客户端，如图 5.11 所示。

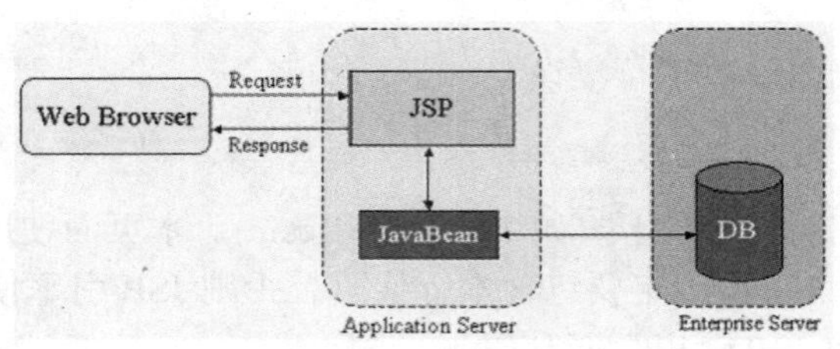

图 5.11　JSP 模型 1 体系结构

下面通过一个实例来了解 JSP 模型 1 的使用，实例所涉及的文件列表如表 5.4 所示。

表 5.4　模型 1 实例所含文件的说明

文件类型	文 件 名	备　注
JSP 页面文件	login.html	
	loginchk.jsp	
	welcome.jsp	
JavaBean 文件	UserBean.java	
	UserCheckBean.java	

完成这个示例需要按以下步骤操作。

(1)　编写登录页面(login.html)：

```
<html>
    <head><title>登录页面</title></head>
    <body>
```

```
        <form method="post" action="loginchk.jsp">
            用户名：<input type="text" name="name"><br>
            密  码：<input type="password" name="password"><p>
            <input type="reset" value="重填">
            <input type="submit" value="登录">
        </form>
    </body>
</html>
```

(2) 编写验证页面(loginchk.jsp)：

```
<%@ page contentType="text/html;charset=GB2312" %>
<%@ page import="bean.UserCheckBean" %>
<%request.setCharacterEncoding("GB2312");%>
<jsp:useBean id="user" scope="session" class="bean.UserBean"/>
<jsp:setProperty name="user" property="*"/>
<%
UserCheckBean uc=new UserCheckBean(user);
if(uc.validate())
{
%>
    <jsp:forward page="welcome.jsp"/>
<%
}
else
{
    out.println("用户名或密码错误，请<a href=\"login.html\">重新登录</a>");
}
%>
```

(3) 编写欢迎页面(welcome.jsp)：

```
<%@ page contentType="text/html;charset=GB2312" %>
<jsp:useBean id="user" scope="session" class="bean.UserBean"/>
欢迎你，<jsp:getProperty name="user" property="name"/>!
```

由于相应的 JavaBean 文件内容比较简洁，所以在此不再列出，详细内容可查阅光盘源代码部分。

2. JSP 模型 2(MVC)

模型 2 体系结构集成使用了 Servlet 和 JSP 页面。在该模型中，JSP 页面用于表示层，并且 Servlet 负责处理各类任务。

Servlet 作为一个控制器，负责处理请求并创建 JSP 页面所需的任何 Bean。该控制器也负责确定将该请求传递到哪个 JSP 页面。JSP 页面检索 Servlet 创建的对象，并提取动态内容插入在一个模板中，如图 5.12 所示。

该模型促进了模型视图控制器(MVC)体系结构风格设计模式的使用。MVC 其实是模型、视图、控制器的缩写，也就是说，在使用 JSP 时，有相应的文件去实现相应的操作。通常 JSP 只负责视图，也就是只负责显示页面。业务逻辑等由 Bean 去实现。

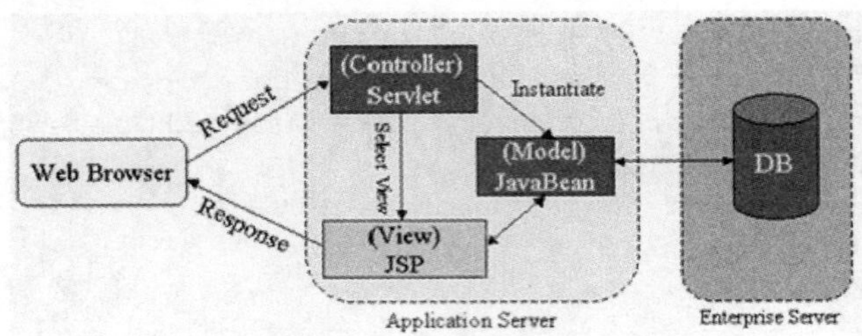

图 5.12　JSP 模型 2 体系结构

下面通过一个实例来了解 JSP 模型 2 的使用，实例所涉及的文件列表如表 5.5 所示。

表 5.5　模型 2 实例所含文件的说明

文件类型	文 件 名	备　注
JSP 页面文件	login.html	视图
	loginchk.jsp	
	welcome.jsp	
JavaBean 文件	UserBean.java	模型
	UserCheckBean.java	
Servlet 文件	ControllerServlet.java	控制器
配置文件	web.xml	

实例——mvcdemo。

完成这个示例需要按以下步骤操作。

(1)　编写页面，相关页面可参考 JSP 模型 1 中的页面。

(2)　编写控制器代码，由名为 ControllerServlet 的 Serlvet 类担任控制器角色。ControllerServlet.java 的代码清单如下：

```
...
public class ControllerServlet extends HttpServlet
{
   public void service(HttpServletRequest request,
     HttpServletResponse response)
     throws ServletException, IOException
     {
       request.setCharacterEncoding("GBK");
       response.setContentType("text/html;charset=GBK");

       String action = request.getParameter("action");

       if (!isValidated(request) && !("login".equals(action)))
       {
          gotoPage("login.html", request, response);
          return;
       }
       if("login".equals(action))
       {
```

```
        UserBean user = new UserBean();
        user.setName(request.getParameter("name"));
        user.setPassword(request.getParameter("password"));

        UserCheckBean uc = new UserCheckBean(user);
        if(uc.validate())
        {
            HttpSession session = request.getSession();
            //将 user 对象保存到 Session 对象中，在 welcome.jsp 中
            //通过<jsp:useBean>动作元素从 Session 中得到 user 对象
            session.setAttribute("user", user);
            //验证成功，将请求转向 welcome.jsp
            gotoPage("welcome.jsp", request, response);
        }
        else
        {
            //验证失败，将请求转向 loginerr.jsp
            gotoPage("loginerr.jsp", request, response);
        }
    }
    //对于其他的 action 请求，可在后面的 else if ... else 语句中继续处理
    /*else if() {
    }
    else{
    }*/
}

/**
* 判断用户是否已经登录了
*/
private boolean isValidated(HttpServletRequest request)
{
    HttpSession session = request.getSession();
    if (session.getAttribute("user") != null)
        return true;
    else
        return false;
}

/**
* 将请求导向指定的页面
*/
private void gotoPage(String targetURL, HttpServletRequest request,
  HttpServletResponse response)
  throws IOException, ServletException
{
    RequestDispatcher rd;
    rd = request.getRequestDispatcher(targetURL);
    rd.forward(request, response);
}
}
```

(3) 配置 web.xml，代码如下所示：

```
<?xml version="1.0" encoding="gb2312"?>
<web-app xmlns="http://java.sun.com/xml/ns/j2ee"
  xmlns:xsi="http://www.w3.org/2001/XMLSchema-instance"
  xsi:schemaLocation="http://java.sun.com/xml/ns/j2ee
  http://java.sun.com/xml/ns/j2ee/web-app_2_4.xsd"
  version="2.4">

    <servlet>
        <servlet-name>ControllerServlet</servlet-name>
        <servlet-class>bean.ControllerServlet</servlet-class>
    </servlet>

    <servlet-mapping>
        <servlet-name>ControllerServlet</servlet-name>
        <url-pattern>/controller</url-pattern>
    </servlet-mapping>

</web-app>
```

其余代码可查阅光盘的源代码部分。

提示

在 MVC 设计模式中，View 用来呈现数据处理结果，可以是 JSP、XML、HTML；Model 用来存储数据的状态，可利用 JavaBean 来实现；Controller 负责协调应用程序的运行流程，可用 Servlet 来实现。运用这种模式可以将数据呈现方式与数据处理方式分离，提高了代码的利用率。这种模式也是最常用的基本开发模式之一。

5.7 上机练习

(1) 在前面的学习中，Servlet 一直充当控制器角色，其实 JSP 也可以实现控制器角色，使用纯 JSP 技术重写 JSPdemo2 的示例。

(2) 使用 JSP 模型 1 重写 JiuJiudemo 的示例。

(3) 使用 JSP 模型 2 重写 JiuJiudemo 的示例。

第 6 章

EL 表达式

学前提示

JSP 表达式语言(Expression Language)，简称 EL，最初定义在 JSTL 1.0 规范中，直到 JSP 2.0 之后，EL 表达式才正式成为 JSP 规范中的一部分。EL 表达式提供了在 JSP 中简化表达式的方法，它基于可用的命名空间(PageContext 属性)、嵌套属性和对集合/操作符(算术型、关系型和逻辑型)的访问符，映射到 Java 类中静态方法的可扩展函数以及一组隐式对象。EL 表达式的目的是为了使 JSP 页面编写起来更简单。本章将学习 EL 表达式的相关知识。

知识要点

- EL 表达式概述
- EL 表达式的基本语法
- EL 表达式的隐式对象
- 禁用 EL 表达式

6.1 EL 表达式概述

EL 全称为 Expression Language，即表达式语言，它的诞生是从 JavaScript 脚本语言得到启发的，它借鉴了 JavaScript 多类型转换无关性的特点，在使用 EL 从 scope 中得到参数时可以自动转换类型，因此对于类型转换的限制更加宽松。使用 EL 表达式，可以简化变量和对象的访问。

EL 是为了便于存取数据而定义的一种语言，JSP 2.0 之后才成为一种标准。下面的示例就是一个简单的 EL 表达式应用：

```
<%@ page contentType="text/html; charset=UTF-8"%>
<!DOCTYPE HTML PUBLIC "-//W3C//DTD HTML 4.01 Transitional//EN">
<html>
<body>
   ${stuno + 1} <br>
</body>
</html>
```

这个示例将在 JSP 页面显示为“1”。EL 表达式必须以“${XXX}”来表示，其中“XXX”部分就是具体表达式内容，“${}”将这个表达式内容包含在其中，作为 EL 表达式的定义。这里只是展示 EL 表达式的基本用法，访问此页面的效果如图 6.1 所示。

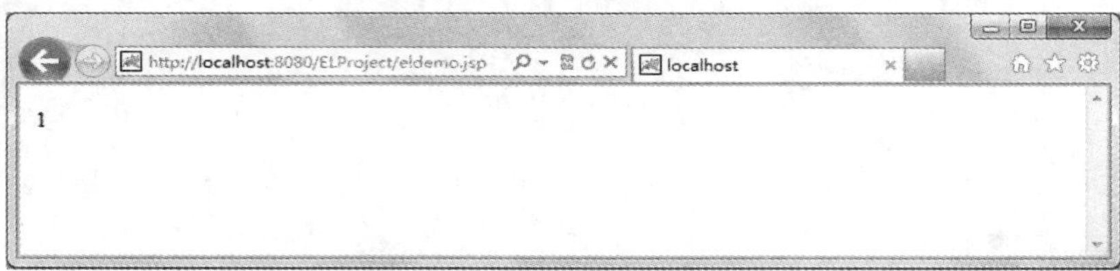

图 6.1　简单 EL 示例的效果

注意

本章所有示例如果未特别注明，所有页面均放置于 ELProject 工程之中。

6.2 EL 表达式的基本语法

EL 表达式的出现让 Web 的显示层发生了大的变革，EL 是为了便于存取数据而定义的一种语言，在 JSP 2.0 之后成为一种标准。

6.2.1 语法结构

EL 语法结构为${expression}，它必须以“${”开始，以“}”结束。其中间的 expression 部分就是具体表达式的内容。EL 表达式可以作为元素属性的值，也可以在自定义或者标准

动作元素的内容中使用，但是不可以在脚本元素中使用。EL 表达式可适用于所有的 HTML 和 JSP 标签。

6.2.2　[]与.运算符

EL 提供点(.)和方括号([])两种运算符来存取数据。点运算符和方括号运算符可以实现某种程度的互换，如${student.name}等价于${student["name"]}。通常情况下，用点运算符是较常见的方式。但是在以下情形中建议采用方括号运算符。

当要存取的属性名称中包含一些特殊字符，如.或?等并非字母或数字的符号时，就一定要使用[]。

如果要动态取值，就可以用[]来做，而.无法做到动态取值。

例如${sessionScope.student[data]}中 data 是一个变量。

6.2.3　变量

EL 存取变量数据的方法很简单，例如${username}。它的意思是取出某一范围中名称为 username 的变量。

因为我们并没有指定哪一个范围的 username，所以它会依序从 page、request、session、application 范围查找。假如途中找到 username，就直接回传，不再继续找下去，但是假如全部的范围都没有找到时，就回传 null。属性范围在 EL 中的名称如表 6.1 所示。

表 6.1　属性范围在 EL 中的对照名称

属性范围	EL 中的名称	备　注
page	pageScope	
request	requestScope	
session	sessionScope	
application	applicationScope	

6.2.4　文字常量

一个 EL 表达式包含变量、文字常量、操作符。文字常量主要包括字符串、数字和布尔值，还有 NULL。

其中字符串是由任何由单引号或双引号括起来的一串字符。数字常量包括整型、浮点型，整型表示十进制、十六进制和八进制类型的值，浮点型与 Java 类似，可以包含任何正的或者负的浮点数。布尔型包括 true 和 false。

6.2.5　操作符

EL 表达式的操作符主要有算术运算符、关系运算符、逻辑运算符、验证运算符 empty 与条件运算符。

1. 算术运算符

算术运算符主要有平时常用的“+”、“-”、“*”、“/”、“%”，如表 6.2 所示。

表 6.2　算术运算符

运算符类型	运 算 符	功　能
算术运算符	+	执行加法操作
	-	执行减法操作
	*	执行乘法操作
	/或 div	执行除法操作
	%或 mod	执行取模操作

由于读者至此应该已经有了一定的 Java 基础，对于算术运算符理解起来应该没有什么难度，所以这里并不想再对运算符做详细讲解，下面通过一个示例来演示如何在 JSP 页面中用 EL 表达式进行算术运算的操作。

在 ELProject 工程中新建名为 matheldemo 的 JSP 页面，代码清单如下：

```
<%@ page language="java" pageEncoding="UTF-8"%>
<html>
    <head>
        <title>
            算术运算
        </title>
    </head>
    <body>
    <h3>
        2+3*4-5+(8/2)+5%3 = ${2+3*4-5+(8/2)+5%3}
    </h3>
    </body>
</html>
```

启动 Tomcat，在地址栏中输入“http://localhost:8087/ELProject/matheldemo.jsp”，显示效果如图 6.2 所示。

图 6.2　算术运算示例的效果

2. 关系运算符

关系运算符主要有“==”、“!=”、“<”、“>”、“<=”、“>=”，如表 6.3 所示。

表 6.3　关系运算符

运算符类型	运 算 符	功　能
关系运算符	==或 eq	判断符号两边是否相等，相等返回 true，否则返回 false
	!=或 ne	判断符号两边是否不相等，不相等返回 true，否则返回 false
	<或 lt	判断符号左边是否小于右边，如果小于返回 true，否则返回 false
	>或 gt	判断符号左边是否小于右边，如果小于返回 true，否则返回 false
	<=或 le	判断符号左边是否小于或者等于右边，如果小于或者等于返回 true，否则返回 false
	>=或 ge	判断符号左边是否大于或者等于右边，如果大于或者等于返回 true，否则返回 false

下面通过一个示例来演示如何在 JSP 页面中使用 EL 表达式关系运算符的操作。创建一个名为 relation 的 JSP 页面，代码清单如下：

```
<%@ page language="java" pageEncoding="UTF-8"%>
<html>
    <head>
        <title>关系运算</title>
    </head>
    <body>
        <h3>
            3 = 4 ? or 3 eq 4 ?    result:   ${3==4}
        </h3>
        <h3>
            3 != 4 ? or 3 ne 4 ?    result:   ${3!=4}
        </h3>
        <h3>
            3 < 4 ? or 3 lt 4 ?   result:   ${3<4}
        </h3>
        <h3>
            3 > 4 ? or 3 gt 4 ?    result:   ${3>4}
        </h3>
        <h3>
            3 <= 4 ? or 3 le 4 ?    result:   ${3<=4}
        </h3>
        <h3>
            3 >= 4 ? or 3 ge 4 ?    result:   ${3>=4}
        </h3>
    </body>
</html>
```

启动 Tomcat，在地址栏中输入“http://localhost:8087/ELProject/relation.jsp”，显示效果如图 6.3 所示。

3. 逻辑运算符

逻辑运算符主要有“&&”、“||”、“!”，如表 6.4 所示。

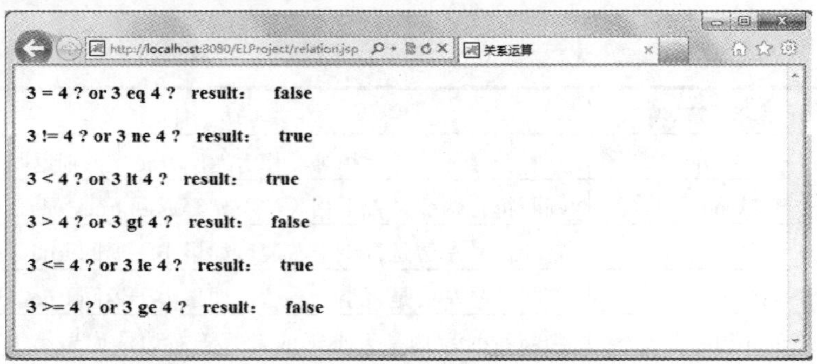

图 6.3　关系运算符示例的效果

表 6.4　逻辑运算符

运算符类型	运 算 符	功　能
逻辑运算符	&&或 and	与运算符，如果符号两边均为 true，则返回 true，否则返回 false
	||或 or	或运算符，如果符号两边任何一边为 true，则返回 true，否则返回 false
	!或 not	非运算符，在运算结果为 true 的时候，则返回 false，否则返回 true

下面通过一个示例来演示如何在 JSP 页面中使用 EL 表达式逻辑运算符的操作。创建一个名为 logic 的 JSP 页面，代码清单如下所示：

```
<%@ page language="java" pageEncoding="UTF-8"%>
<html>
    <head>
        <title>逻辑运算</title>
    </head>

    <body>
        <h3>
            true && false ? or true and false ?
              result:  ${true&&false}
        </h3>
        <h3>
            true || false ? or true or false ?
              result:  ${true or false}
        </h3>
        <h3>
            !true ? or not true ?   result:  ${not true}
        </h3>
    </body>
</html>
```

启动 Tomcat，在地址栏中输入“http://localhost:8087/ELProject/logic.jsp”，显示如图 6.4 所示。

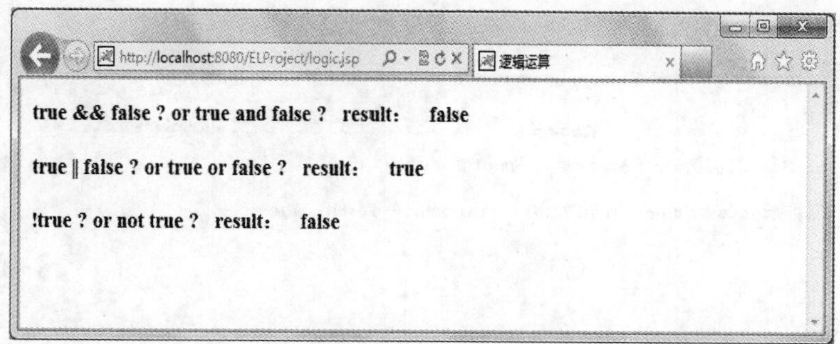

图 6.4　逻辑运算示例的效果

4. 验证运算符“empty”与条件运算符“? :”

验证运算符与条件运算符如表 6.5 所示。

表 6.5　验证运算符与条件运算符

运算符类型	运 算 符	功　能
empty 运算符	empty	empty 作为前缀，用来检索一个值是否为 null 或者 empty。 如${empty user.name}用来判断 user 对象中的 name 的值是否为 null
条件运算符	?	${条件? truevalue : falsevalue} 如果条件为真，则表达式的值为 truevalue，否则为 falsevalue

下面通过一个示例来演示如何在 JSP 页面中用 EL 表达式验证和使用条件运算符操作。创建一个名为 validation 的 JSP 页面，代码清单如下：

```
<%@ page language="java" pageEncoding="UTF-8"%>
<html>
    <head>
        <title>验证运算和条件运算</title>
    </head>

    <body>
        <jsp:useBean id="user" class="org.el.demo.UserBean"/>
        <h3>
            UserBean 的实例 user 的 name 是否为 null ?
              result:  ${empty user.name}
        </h3>
        <h3>
            条件表达式 user.name==null ? "bzc" : user.name
              result:  ${user.name==null? "bzc" : user.name}
        </h3>
    </body>
</html>
```

在页面中，初始化了 UserBean 对象，UserBean 里只有一个 name 属性(具体代码可参见光盘源代码部分)。

启动 Tomcat，在地址栏中输入“http://localhost:8080/ ELProject /eldemo4.jsp”，显示结

果如图 6.5 所示。

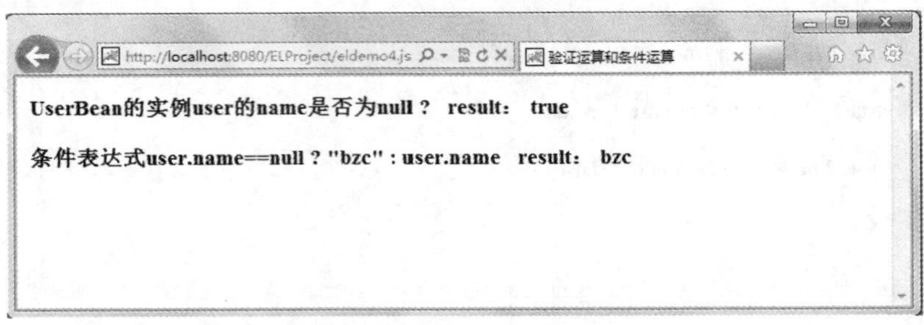

图 6.5　使用验证运算符与条件运算符

6.3　EL 表达式的隐式对象

在 JSP 中已经介绍了 9 个内置对象，在 EL 表达式中共有 11 个隐式对象，下面分别来讲述这些隐式对象的用法。

6.3.1　与范围有关的隐含对象

与范围有关的 EL 隐含对象包含以下 4 个：pageScope、requestScope、sessionScope 和 applicationScope；它们基本上与 JSP 的 pageContext、request、session 和 application 一样。

在 EL 中，这 4 个隐含对象只能用来取得范围属性值，即 getAttribute(String name)，却不能取得其他相关信息。

例如，要取得 session 中储存的一个 username 属性的值，可以利用下面的方法：

```
session.getAttribute("username")
```

在 EL 中则使用下面的方法：

```
${sessionScope.username}
```

6.3.2　与输入有关的隐含对象

与输入有关的隐含对象有两个，即 param 和 paramValues，它们是 EL 中比较特别的隐含对象。

例如要取得用户的请求参数时，可以利用下列方法：

```
request.getParameter(String name)
request.getParameterValues(String name)
```

在 EL 中则可以使用 param 和 paramValues 两者来取得数据：

```
${param.name}
${paramValues.name}
```

6.3.3　其他隐含对象

1. cookie

例如，要取得 cookie 中的一个名称为 userCountry 的值，可使用${cookie.userCountry}。

2. header 和 headerValues

header 储存用户浏览器和服务端用来沟通的数据。

例如，要取得用户浏览器的版本，可以使用${header["User-Agent"]}。

在极少的情况下，有可能同一标头名称拥有不同的值，此时必须改为使用 headerValues 来取得这些值。

3. initParam

initParam 用于取得设定 Web 站点的环境参数(Context)。

例如，一般的方法 String userid = (String)application.getInitParameter("userid");

可以使用${initParam.userid}来取得名称 userid。

4. pageContext

pageContext 用于取得其他有关用户要求或页面的详细信息：

```
${pageContext.request.queryString}        //取得请求的参数字符串
${pageContext.request.requestURL}      //取得请求的 URL，但不包括请求的参数字符串
${pageContext.request.contextPath}        //服务的 Web application 的名称
${pageContext.request.method}             //取得 HTTP 的方法(GET、POST)
${pageContext.request.protocol}           //取得使用的协议(HTTP/1.1、HTTP/1.0)
${pageContext.request.remoteUser}         //取得用户名称
${pageContext.request.remoteAddr }        //取得用户的 IP 地址
${pageContext.session.new}                //判断 session 是否为新的
${pageContext.session.id}                 //取得 session 的 ID
${pageContext.servletContext.serverInfo}    //取得主机端的服务信息
```

6.3.4　范围相关隐式对象的使用示例

下面通过一个示例，来加深对隐式对象 pageContext、requestScope、pageScope、sessionScope、applicationScope 的理解。

在工程中新建 elScope.jsp 页面，该页面主要用于演示 EL 表达式的隐式对象的使用，代码清单如下：

```
<%@ page language="java" pageEncoding="UTF-8"%>
<html>
<head>
<title>el_scope</title>
<style type="text/css">
<!--
.STYLE1 {
```

```
    font-size: 16px;
    font-weight: bold;
}
.STYLE2 {font-size: 12px}
-->
</style>
</head>
<body>
<%
//设置一个字符串变量，并赋值为 bzc
String username = "bzc";
//存储于 pageContext 范围之中
pageContext.setAttribute("user", username);
//存储于 request 范围之中
request.setAttribute("user", username);
//存储于 session 范围之中
session.setAttribute("user", username);
//存储于 application 范围之中
application.setAttribute("user", username);
%>

<table width="509" height="204" border="1" align="center" cellpadding="0"
 cellspacing="0">
    <tr>
        <td colspan="3" align="center">
            <span class="STYLE1">JSP EL 隐式对象</span>
        </td>
    </tr>
    <tr>
        <td width="199" align="center">
            <span class="STYLE2">隐式对象</span>
        </td>
        <td width="153" align="center"><span class="STYLE2">操作</span></td>
        <td width="207" align="center"><span class="STYLE2">结果</span></td>
    </tr>
    <tr>
        <td align="center">
        <span class="STYLE2">pageContext</span>
        </td>
        <td align="center"><span class="STYLE2">取值</span></td>
        <td align="center">
        <span class="STYLE2">
        ${pageContext.request.requestURI}
        </span>
        </td>
    </tr>
    <tr>
        <td align="center">
        <span class="STYLE2">pageScope</span>
        </td>
        <td align="center"><span class="STYLE2">取值</span></td>
```

```
            <td align="center">
            <span class="STYLE2">${pageScope.user}</span>
            </td>
        </tr>
        <tr>
            <td align="center">
            <span class="STYLE2">sessionScope</span>
            </td>
            <td align="center"><span class="STYLE2">取值</span></td>
            <td align="center">
            <span class="STYLE2">${sessionScope.user}</span>
            </td>
        </tr>
        <tr>
            <td align="center">
            <span class="STYLE2">requestScope</span>
            </td>
            <td align="center"><span class="STYLE2">取值</span></td>
            <td align="center">
            <span class="STYLE2">${requestScope.user}</span>
            </td>
        </tr>
        <tr>
            <td align="center">
            <span class="STYLE2">applicationScope</span>
            </td>
            <td align="center"><span class="STYLE2">取值</span></td>
            <td align="center">
            <span class="STYLE2">${applicationScope.user}</span>
            </td>
        </tr>
        <tr>
            <td align="center"> </td>
            <td align="center">
            <span class="STYLE2"><a href="elScope2.jsp">下一页</a></span>
            </td>
            <td align="center"> </td>
        </tr>
    </table>

    </body>
    </html>
```

启动 Tomcat，在地址栏中输入“http://localhost:8087/ELProject/elScope.jsp”，显示结果如图 6.6 所示。

从图 6.6 可以看出，4 个对象中均获取了存储的变量值，因为是在当前页把变量存储之后又在当前页获取变量的值，所以 pageScope 肯定能取到值，而 requestScope、sessionScope、applicationScope 的有效范围比 pageScope 要大，而获取值的范围是从小到大开始查找的，所以其他范围肯定也能获取到相应的值。

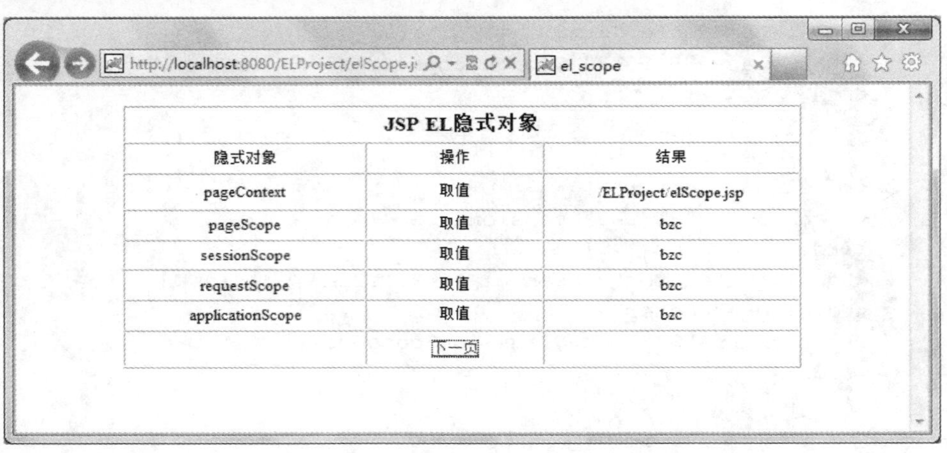

图 6.6　EL 隐式对象示例的运行效果

再新建名为 elSscope2.jsp 的页面，页面的详细代码如下所示：

```
<%@ page language="java" import="java.util.*" pageEncoding="UTF-8"%>
<html>
<head>
<title>el_scope2</title>
<style type="text/css">
<!--
.STYLE1 {
    font-size: 16px;
    font-weight: bold;
}
.STYLE2 {font-size: 12px}
-->
</style>
</head>
<body>
<table width="509" height="204" border="1" align="center" cellpadding="0"
  cellspacing="0">
    <tr>
        <td colspan="3" align="center">
        <span class="STYLE1">JSP EL 隐式对象 </span>
        </td>
    </tr>
    <tr>
        <td width="199" align="center">
        <span class="STYLE2">隐式对象</span>
        </td>
        <td width="153" align="center"><span class="STYLE2">操作</span></td>
        <td width="207" align="center"><span class="STYLE2">结果</span></td>
    </tr>
    <tr>
        <td align="center">
        <span class="STYLE2">pageContext</span></td>
        <td align="center"><span class="STYLE2">取值</span></td>
```

```
        <td align="center">
        <span class="STYLE2">${pageContext.request.requestURI}</span>
        </td>
    </tr>
    <tr>
        <td align="center">
        <span class="STYLE2">pageScope</span>
        </td>
        <td align="center"><span class="STYLE2">取值</span></td>
        <td align="center">
        <span class="STYLE2">${pageScope.user} </span>
        </td>
    </tr>
    <tr>
        <td align="center">
        <span class="STYLE2">sessionScope</span>
        </td>
        <td align="center"><span class="STYLE2">取值</span></td>
        <td align="center">
        <span class="STYLE2">${sessionScope.user} </span>
        </td>
    </tr>
    <tr>
        <td align="center">
        <span class="STYLE2">requestScope</span>
        </td>
        <td align="center"><span class="STYLE2">取值</span></td>
        <td align="center">
        <span class="STYLE2">${requestScope.user} </span>
        </td>
    </tr>
    <tr>
        <td align="center">
        <span class="STYLE2">applicationScope</span>
        </td>
        <td align="center"><span class="STYLE2">取值</span></td>
        <td align="center">
        <span class="STYLE2">${applicationScope.user }</span>
        </td>
    </tr>
</table>
</body>
</html>
```

重新启动 Tomcat，在地址栏中输入“http://localhost:8087/ELProject/elScope.jsp”，用鼠标单击“下一页”连接，显示的页面如图 6.7 所示。

因为跨页面显示，所以有效的范围只能在 sessionScope 和 applicationScope，其他范围取值为空。

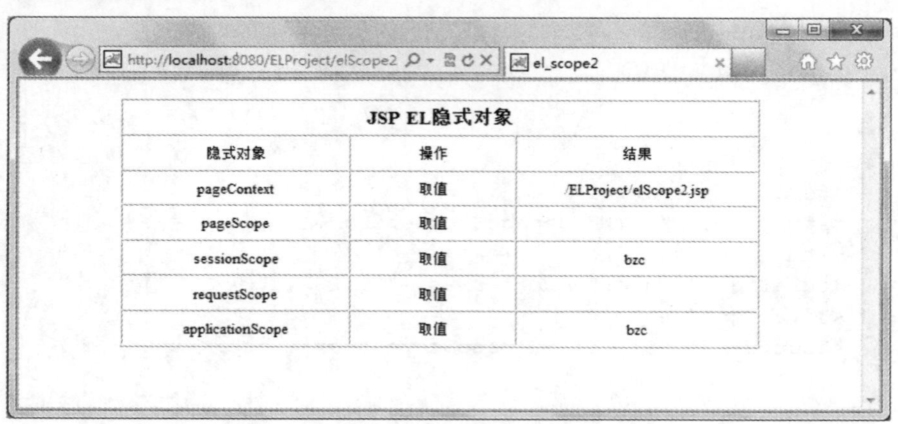

图 6.7　跨页面显示 EL 隐式对象示例的效果

6.3.5　输入相关隐式对象的使用示例

在 Web 应用程序开发中，用得较多的还有 param、paramValues。下面通过一个示例来加深对它们的用法的理解。

在工程中新建 elPparam.jsp 页面，页面的代码清单如下：

```
<%@ page language="java" pageEncoding="UTF-8"%>
<html>
<head>
<meta http-equiv="Content-Type" content="text/html; charset=gb2312" />
<title>ELDemo_param</title>
<style type="text/css">
<!--
.STYLE3 {font-size: 12}
-->
</style>
</head>

<body>
<form action="elParameterResult.jsp" method="post">
<table width="435" height="170" border="1" align="center"
  cellpadding="0" cellspacing="0">
   <tr>
       <td colspan="2">
       <div align="center">param、paramValues 练习</div>
       </td>
   </tr>
   <tr>
       <td width="101">
       <div align="center">
       <span class="STYLE3">用户名：</span>
       </div>
       </td>
       <td width="328">
```

```
        <input name="username" type="text" id="username" />
        </td>
    </tr>
    <tr>
        <td>
        <div align="center">
        <span class="STYLE3">爱好：</span>
        </div>
        </td>
        <td>
        <span class="STYLE3">
        <input name="likes" type="checkbox" id="likes" value="游泳" />游泳
        <input name="likes" type="checkbox" id="likes" value="看书" />看书
        <input name="likes" type="checkbox" id="likes" value="玩游戏" />玩
        游戏
        </span>
        </td>
    </tr>
    <tr>
        <td> </td>
        <td>
        <span class="STYLE3">
        <input type="submit" name="Submit" value="提交" />
        <input name="Reset" type="reset" id="Reset" value="重置" />
        </span>
        </td>
    </tr>
</table>
</form>
</body>
</html>
```

启动 Tomcat，在地址栏中输入“http://localhost:8087/ELProject/elParameter.jsp”，显示的页面如图 6.8 所示。

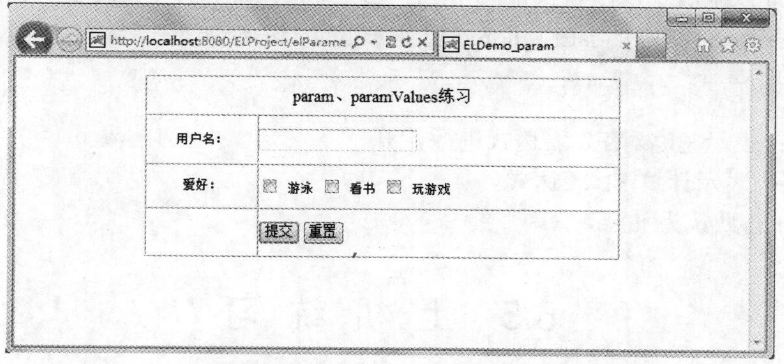

图 6.8　EL 输入相关隐式对象示例的效果

以上只是用来收集用户数据的页面，要获取页面提交过来的数据并显示出来，还需要创建 elParamResult.jsp 页面，页面的代码清单如下：

```
<%@ page language="java" pageEncoding="UTF-8"%>
<html>
<head>
<title>el_param2</title>
</head>
<body>
<%
request.setCharacterEncoding("UTF-8");
%>
用户名：${param.username}
<br>
爱好：${paramValues.likes[0]}  
${paramValues.likes[1]}  ${paramValues.likes[2]}
<br>
</body>
</html>
```

重新启动 Tomcat，在浏览器中输入地址“http://localhost:8087/ELProject/elParameter.jsp”，在显示的页面中输入相应的数据后用鼠标单击“提交”按钮，显示的效果如图 6.9 所示。

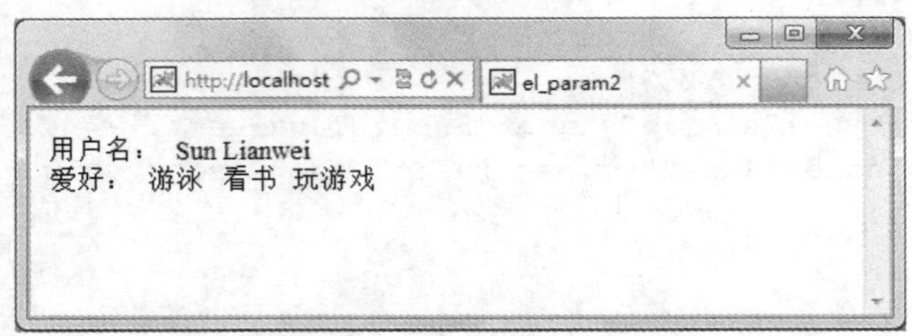

图 6.9 显示的效果

6.4 禁 用 EL

在 JSP 2.0 以上版本中，默认是启用 EL 表达式的，如果需要禁用表达式的话，需要在 JSP 页面中使用 page 指令的 isELIgnored 属性来指定，语法如下：

```
<%@page isELIgnored="true|false"%>
```

- true：表示忽略对 EL 表达式进行计算。
- false：表示计算 EL 表达式。

isELIgnored 默认为 false。

6.5 上 机 练 习

(1) 如何禁用 EL 表达式？
(2) 使用 EL 表达式改写第 5 章的 JiuJiudemo 示例。
(3) 试在本章最后的示例中添加单选项和下拉列表选项。

第 7 章

自定义 JSP 标签

学前提示

学过 HTML 的人都知道 HTML 的标签是如何的强大，但是在开发中，仅仅使用 HTML 的标签还是不够的，于是开发人员都开始撰写自己需要的标签来完成自己需要的功能，本章的目的是让读者了解如何实现自己需要的自定义标签。

知识要点

- 自定义标签的开发步骤
- JSP 标签 API
- 标签处理类
- 标签描述符文件
- 开发自定义标签
- 开发标签库函数
- 打包自定义标签库
- 嵌套标签的开发
- 动态属性的使用
- 使用 JSP 新增的标签文件开发自定义标签
- 实用数据分页标签

7.1　自定义 JSP 标签概述

在开发 JSP 程序的时候，经常需要在页面中根据一定的逻辑条件来显示某些信息，这就需要在页面上嵌入很多的代码片段。这样问题就来了，虽然显示功能完成了，但增加了页面的维护难度，美工人员也很难对页面样式进行修改，这给程序的后期维护添加了很大的难度。解决这种问题的办法就是使用自定义 JSP 标签。

自定义 JSP 标签就是程序员定义的一种 JSP 标签，这种标签把那些信息显示逻辑封装在一个单独的 Java 类中，通过一个 XML 文件来描述它的使用。当页面中需要使用类似的显示逻辑时，就可以在页面中插入这个标签，从而完成相应的功能。

使用自定义标签，可以分离程序逻辑和表示逻辑，将 Java 代码从 HTML 中剥离，便于美工维护页面；自定义标签也提供了可重用的功能组件，能够提高工程的开发效率。

7.1.1　自定义 JSP 标签的执行过程

当一个含有自定义标签的 JSP 页面被 JSP 引擎(Web 容器)转译成 Servlet 时，JSP 引擎遇到自定义的标签，会把这个自定义标签转化成对一个称为“标签处理类”的调用。之后，当这个 JSP 页面被执行时，JSP 引擎就会调用这个“标签处理类”对象，并执行其内部定义的相应操作方法，从而完成相应的功能。其执行过程如图 7.1 所示。

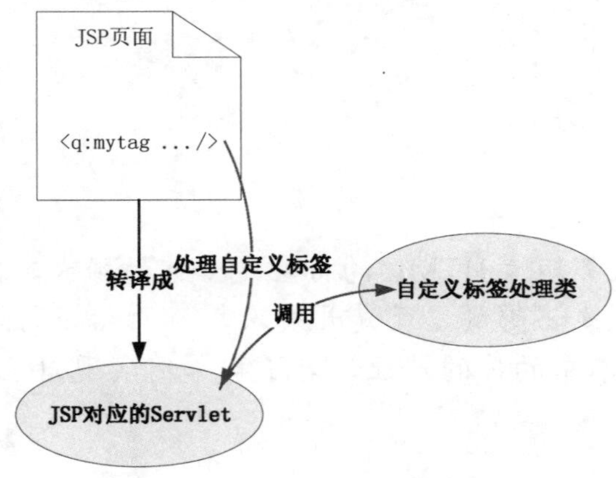

图 7.1　自定义 JSP 标签的执行过程

从这个执行过程来看，自定义标签就是把原来编写在 JSP 页面的 Java 代码单独封装到一个 Java 类中，当调用自定义标签时，其实是映射调用相应的“标签处理类”来完成工作。

7.1.2　自定义 JSP 标签的开发流程

使用 Java 处理类来开发自定义 JSP 标签时，主要分为下几个步骤。

(1)　创建标签的处理类(Tag Handle Class)。这个类用来定义标签的行为，并在 JSP 引擎遇到自定义标签时调用执行。标签处理类是一个 Java 类，这个类只需要继承了 JSP 标签 API

中提供的接口或类就可以很简单地实现自定义 JSP 标签的具体功能。

(2)　创建标签库描述文件(Tag Library Descriptor File)。这个文件是描述标签库的 XML 文档，它描述了标签库中每个标签的属性详细信息，向 JSP 引擎提供有关自定义标签的标签处理程序的信息。

(3)　在 web.xml 文件中声明 TLD 的位置。在 JSP 1.2 以上规范中此步骤是可选的。

(4)　在 JSP 文件中用 taglib 指令引入标签库，然后使用标签库描述文件中指定的标签名来使用它。

接下来，我们根据这些开发步骤，来逐步讲解使用 Java 处理类来开发自定义 JSP 标签的过程。

7.2　JSP 标签 API

要使用 Java 处理类来完成自定义标签的功能，就需要使用 JSP 的标签扩展机制，即继承或实现一组 JSP 标签 API 提供的类或接口。这组类和接口放置在 javax.servlet.jsp.tagext 包中，大致可以分成两组，如图 7.2 所示。

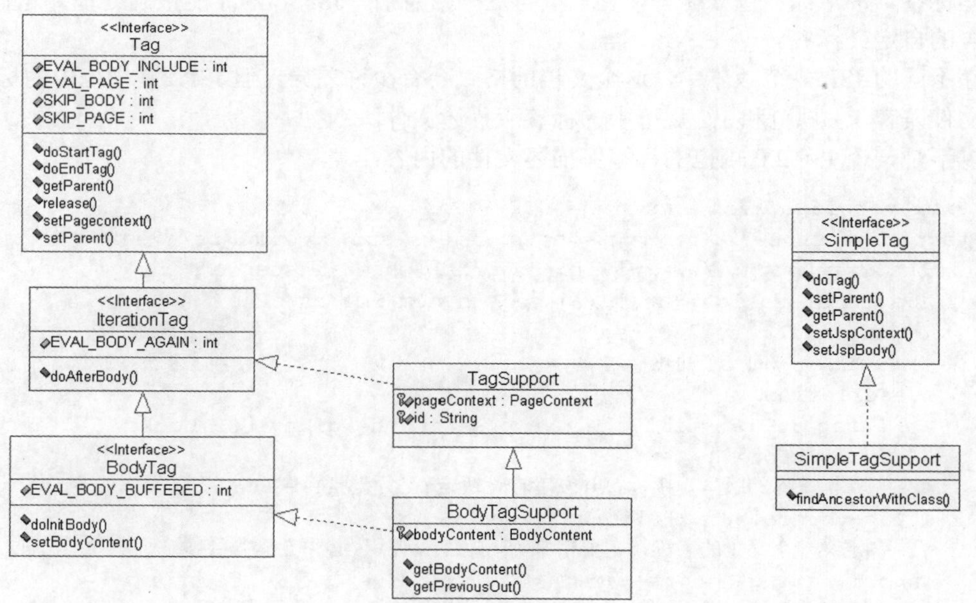

图 7.2　主要的标签处理器接口和类

图 7.2 中，左边的接口和类是 JSP 1.1 和 JSP 1.2 规范中可以使用的，而右边的接口和类只能是 JSP 2.0 规范以上才可以使用。

JSP 1.1 和 1.2 规范中常用的接口主要有以下 3 个。

- Tag：此接口定义对于所有标签处理类都需要实现的方法。
- IterationTag：此接口扩展了 Tag 接口，增加了控制重复执行标签主体的方法。
- BodyTag：此接口扩展了 IterationTag 接口，并增加了访问和操作标签主体内容的

方法。

JSP API 针对这 3 个接口，还提供了两个支持类，即 TagSupport 和 BodyTagSupport，用来简化自定义标签的开发。使用 JSP 1.1 和 JSP 1.2 规范来自定义 JSP 标签，被称为传统标签的开发。

JSP 2.0 规范在 JSP 1.2 规范的基础之上，增加了一个 SimpleTag 接口和它的一个实现类 SimpleTagSupport，来简化传统标签的开发方式，这种方式被称为简单标签的开发。之所以称其为“简单”，是指它相对于传统标签处理器，实现任务时要更加简单。

7.3 标签库描述符

当 JSP 容器处理一个页面时，它会将页面中的自定义标签转换成 Java 代码，这些代码创建和调用适当的类。为此，就需要一些信息，如哪个标签处理类实现了哪个自定义标签，这个标签处理类需要从页面获取几个属性值，属性的名、类型是什么等。这些信息将用标签库描述符文件来描述，简称 TLD 文件。

标签库描述符文件是一个以“.tld”结尾的标准 XML 文档，用来记录一个标签库内拥有哪些标签、每个标签包含哪些属性。取得这些信息后，JSP 容器才能正确处理并运行 JSP 所包含的自定义标签。

在不同的 JSP 规范版本中，这个文档的格式会有少许差异，但 JSP 2.0 规范中的标签库描述文件兼容 1.1 规范和 1.2 规范中的标签库描述文件。

以下是一个 JSP 2.0 规范的标签库描述文件的内容：

```
<?xml version="1.0" encoding="UTF-8"?>
<taglib version="2.0" xmlns="http://java.sun.com/xml/ns/j2ee"
  xmlns:xsi="http://www.w3.org/2001/XMLSchema-instance"
  xsi:schemaLocation="http://java.sun.com/xml/ns/j2ee/
  web-jsptaglibrary_2_0.xsd">
    <!-- 此标签库的一个简短描述 -->
    <description>
        A tag library for the examples in the qiujy JSP book.
    </description>
    <!-- 此标签库的版本，由标签开发者自行决定(必须元素) -->
    <tlib-version>0.9</tlib-version>
    <!-- 定义一个简短的名称，主要用来给一些工具使用(必须元素) -->
    <short-name>q</short-name>
    <!-- 定义此标签库的 URI。用于唯一标识此标签库，便于页面的引用 -->
    <uri>http://blog.csdn.net/qjyong/tags</uri>

    <!-- 此标签库中的一个标签处理器的声明 -->
    <tag>
        <!-- 简短描述 -->
        <description>say hello to Attribute</description>
        <!-- 此标签的名称(必须元素) -->
        <name>hello</name>
        <!-- 此标签对应处理类的全限定名(必须元素) -->
        <tag-class>com.qiujy.web.tags.HelloTag</tag-class>
```

```
        <!-- 指明此标签主体的类型(必须元素) -->
        <body-content>scriptless</body-content>

        <!-- 此标签的每个属性描述元素(每一个属性对应一个描述元素) -->
        <attribute>
            <!-- 此属性的名称(必须元素) -->
            <name>name</name>
            <!-- 此属性是否必要，默认为 false(必须元素) -->
            <required>true</required>
            <!-- 属性值是否可以在 JSP 运行时期动态产生，默认为 false -->
            <rtexprvalue>true</rtexprvalue>
            <!-- 属性值是否应当处理为一个代码片段，默认为 false -->
            <fragment>true</fragment>
        </attribute>
        ...
    </tag>
    ...

    <!-- 可以在 EL 表达式中使用的函数的描述 -->
    <function>
        <!-- 简短描述 -->
        <description>a function</description>
        <!-- 此函数的名称(必须元素) -->
        <name>toUpper</name>
        <!-- 此函数对应的处理类的全限定名(必须元素) -->
        <function-class>com.qiujy.functions.ToUpper</function-class>
        <!-- 此函数在对应处理类中对应的方法名称(必须元素) -->
        <function-signature>String toUpper(String)</function-signature>
    </function>
    ...
</taglib>
```

<taglib>元素是标签库描述符的根元素，它包含 12 个子元素，详细介绍如下。

(1) <description>：标签库的一个文本描述。

(2) <tlib-version>：指定标签库的版本。

(3) <short-name>：为标签定义简短的名字，在 taglib 指令中可作为首选的前缀名使用。

(4) <uri>：定义一个 URI，用于唯一地标识此标签库。

(5) <tag>：用于指定自定义标签的相关信息。<tag>元素有 12 个子元素，这里只对部分元素做介绍，如下。

① <description>：为自定义标签提供一个文本描述。

② <display-name>：为标签指定一个简短的名字。

③ <name>：指定标签的名字。

④ <tag-class>：指定标签处理类的完整路径。

⑤ <body-content>：指定标签体的格式。格式分为如下 4 种。

- empty：标识标签没有标签体。
- scriptless：表示标签体可以包含 EL 表达式和 JSP 的动作元素，但是不能包含 JSP 的脚本元素。

- JSP：表示标签体可以包含 JSP 代码。
- tagdependent：表示标签体由标签本身去解析处理。若指定 tagdependent，那么在标签体中所写的代码将作为纯文本原封不动地传给标签处理类，而不是将执行的结果传给标签处理类。

⑥ <attribute>：该标签用于设置标签的属性。该元素有 6 个子元素，具体如下。

- <description>：为属性提供一个文本描述。
- <name>：指定属性的名字
- <required>：指定该属性是否必须。默认为 false。
- <rtexprvalue>：指定属性值是否可以在 JSP 运行时期动态产生。
- <type>：指定属性的类型。
- <fragment>：指定属性是否为 JspFragment 对象，默认 false。

⑦ <example>：用于提供一个使用该标签例子的信息描述。

⑧ <variable>：定义标签处理类提供给 JSP 页面使用的脚本变量。

⑨ <dynamic-attributes>：指定标签是否支持动态属性，取值为 true 或者 false。

⑩ <icon>、<tag-extension>、<tei-class>：标签图标、扩展。

(6) <display-name>：为标签库指定一个简短的别名。

(7) <small-icon>：为标签库指定大小为 16×16 的小图标(GIF 或 JPEG 格式)，该图标可在图形界面工具中显示。

(8) <large-icon>：为标签库指定大小为 32×32 的大图标(GIF 或 JPEG 格式)，该图标可在图形界面工具中显示。

(9) <validator>：为标签库提供一个验证器。

(10) <listener>：为标签库提供一个监听器。

(11) <tag-file>：用于描述标签文件。

(12) <function>：用于指定在表达式语言中使用的函数。<function>元素有以下几个常用子元素。

① description：此函数的简短描述。可选的元素。

② name：函数的名称，这是必须有的元素。

③ function-class：函数对应的处理类的全限定名。必须有的元素。

④ function-signature：函数在对应处理类中对应的方法名。必须有的元素。

以上元素在实际使用时只会使用到其中常用的部分，在具体的标签开发示例中将会介绍到。

7.4 传统标签的开发

在开发传统标签之前，需要了解清楚两个支持类(TagSupport 和 BodyTagSupport)的生命周期。

7.4.1 TagSupport 类的生命周期

TagSupport 类的生命周期可以用图 7.3 来表示。

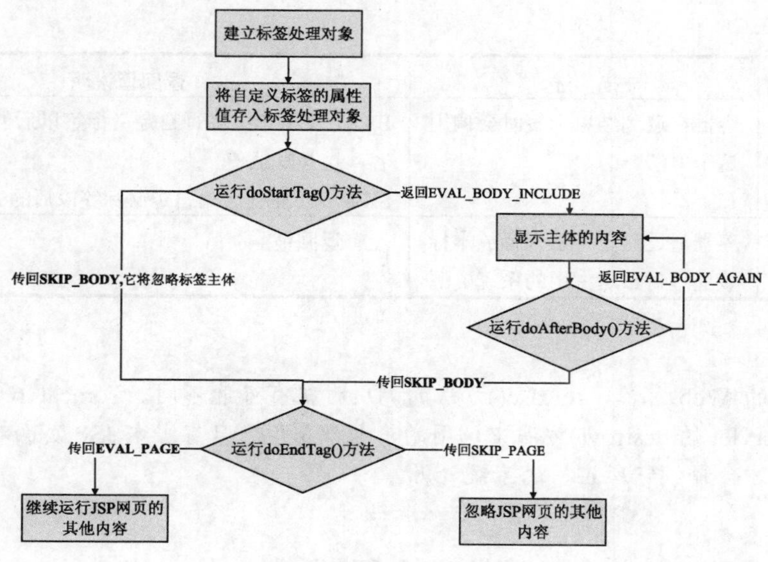

图 7.3 TagSupport 类的生命周期

从图 7.3 中也可以看出，它的生命周期各个阶段的具体执行过程如下。

(1) 当 JSP 容器在解释 JSP 页面时，如果遇到自定义标签的开始标记，将利用“标签处理类”建立一个“标签处理对象”。在建立“标签处理对象”的过程中，JSP 容器会回调 setPageContext()方法，然后根据自定义标签的属性值来初始化“标签处理对象”的属性。

(2) 接着 JSP 容器会运行 doStartTag()方法内的程序代码，然后根据此方法的返回值决定后续动作，如果返回 SKIP_BODY 常量，表示要求 JSP 容器忽略此标签主体的内容；如果返回 EVAL_BODY_INCLUDE 常量，表示要求 JSP 容器执行标签主体的内容，并将结果包括在响应中，然后再运行 doAfterBody()方法。

(3) 如果 doAfterBody()方法传回 EVAL_BODY_AGAIN 常量，表示要求 JSP 容器再次执行标签主体的内容；如果返回 SKIP_BODY 常量，JSP 容器将会运行 doEndTag()方法。

(4) 最后，JSP 容器会运行 doEndTag()方法内的程序代码，并根据此方法的返回值决定后续动作——如果返回 SKIP_PAGE 常量，JSP 容器会忽略自定义标签以后的 JSP 内容；如果返回 EVAL_PAGE 常量，JSP 容器会运行自定义标签以后的 JSP 内容。

总地归纳起来，TagSupport 类的生命周期中需要关注如表 7.1 中所列的几个方法。

表 7.1 TagSupport 类的生命周期方法

方 法 名	描 述	返回值说明
doStartTag()	容器在遇到开始标签时会调用这个方法	SKIP_BODY：忽略标签主体的内容，这是默认值。 EVAL_BODY_INCLUDE：要求 JSP 容器要执行标签主体内容并将结果包括在响应中
doAfterBody()	如果标签有主体内容，容器在执行完标签主体后，会调用这个方法	SKIP_BODY：要求 JSP 容器忽略主体，进入标签处理程序的下一步工作，是默认值。 EVAL_BODY_AGAIN：要求 JSP 容器再次显示标签主体内容

续表

方 法 名	描 述	返回值说明
doEndTag()	容器在遇到结束标签时会调用这个方法	EVAL_PAGE：运行自定义标签以后的 JSP 网页内容，这是默认值 SKIP_PAGE：忽略自定义标签以后的 JSP 网页内容
release()	容器通过这个方法来释放本标签处理对象所占用的系统资源	没有返回值

注意

对于不同的 Web 容器，release()方法的调用时机有可能不同。Tomcat 6.0 是在本 JSP 页面对应的 Servlet 的 destroy()方法中调用的，也就是说，只有当本 JSP 页面对应的对象被容器销毁时，才会释放它所占用的系统资源。

7.4.2 BodyTagSupport 类的生命周期

TagSupport 类的生命周期可以用图 7.4 来表示。

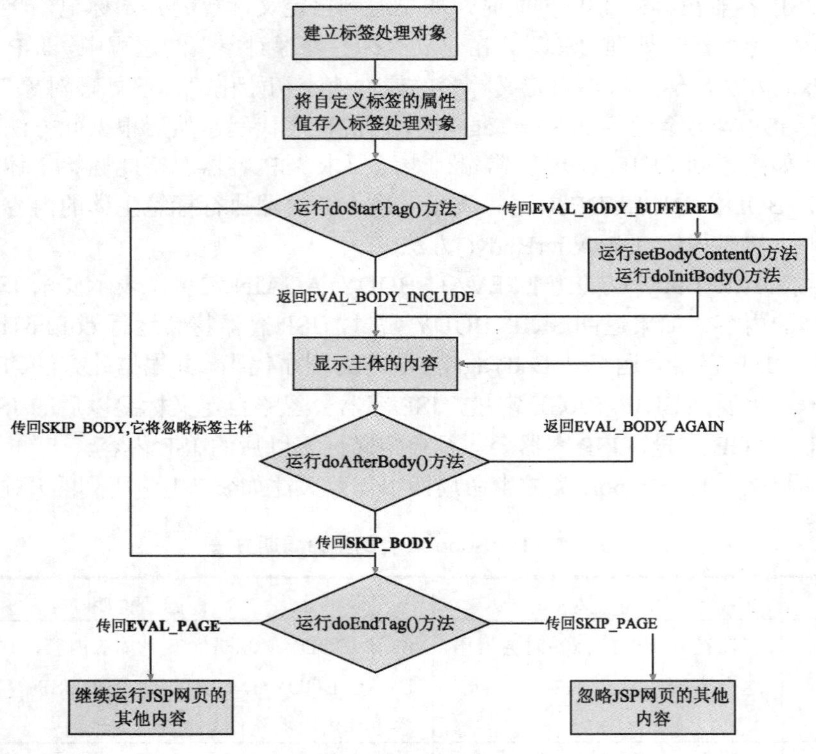

图 7.4　BodyTagSupport 类的生命周期

BodyTagSupport 类的生命周期方法归纳起来如表 7.2 所示。

表 7.2　BodyTagSupport 类的生命周期方法

方 法 名	方法描述	返回值说明
doStartTag()	容器在遇到开始标签时会调用这个方法	SKIP_BODY：要求 JSP 容器忽略主体内容。 EVAL_BODY_INCLUDE：要求 JSP 容器要显示标签主体内容。 EVAL_BODY_BUFFERED：JSP 容器会将标签主体的处理结果建立成一个 BodyContent 对象。这是默认返回值
setBodyContent()	提供 BodyContent 实例的一个引用，该实例为此标签处理类将主体计算结果加以缓存	无返回值
doInitBody()	在第一次处理标签主体内容时，它将对主体进行初始化的工作	无返回值
doAfterBody()	如果标签有主体内容，容器在执行完标签主体后，会调用这个方法	SKIP_BODY：要求 JSP 容器忽略主体，进入下一步的处理工作。 EVAL_BODY_AGAIN：要求 JSP 容器再次处理标签主体
doEndTag()	容器在遇到结束标签时会调用这个方法	SKIP_PAGE：忽略自定义标签以后的 JSP 网页内容。 EVAL_PAGE：运行自定义标签以后的 JSP 网页内容
release()	容器通过这个方法来释放本标签处理对象所占用的系统资源	无返回值

7.4.3　用 TagSupport 类开发自定义标签

在 JSP 页面中经常会有这样的一个要求：需要把一个集合(如 java.util.Collections)中的所有元素遍历并显示出来。

如果不使用自定义标签的话，就需要在页面中通过嵌入一段代码片段(<% ... %>)，在代码片段中用迭代器 Iterator 或 for 循环来完成显示。现在我们用自定义标签来完成这个功能。这个自定义标签在 JSP 页面的使用方式大致如下：

```
<q:loop items='<%= pageContext.getAttribute("coll")%>' var="str">
   <%= pageContext.getAttribute("str") %><br/>
</q:loop>
```

它实现的功能就是把 pageContext 中存放的名为“coll”的集合取出并进行遍历，用标签主体的代码将每个遍历到的元素内容显示到页面中。

从 7.4 节至 7.8.2 节的所有示例程序的完整代码，可参看配书光盘中的如下工程：
代码\ch07\jsp_07_customtag

要完成这个自定义标签的开发，按"自定义 JSP 标签的开发流程"，分以下步骤。

1. 创建一个标签处理类 LoopTag.java

自定义标签的开发，首要问题就是创建标签处理类，通过标签处理类来完成所有的功能逻辑。

从这个标签的使用方式上可以看出，这个标签需要定义两个属性：一个是名称为 items 的属性，用来接收要遍历的集合实例；另一个是名称为 var 的属性，用来临时存放每次遍历到的集合元素引用。另外这个标签还需要根据集合元素的个数，循环执行标签体的内容，来对集合中每个元素的内容进行显示。因此这个标签处理类应该继承自实现了 IterationTag 接口的 TagSupport 类，同时需要重写 doStartTag()方法和 doAfterTag()方法来完成循环功能。这个自定义标签处理类的方法调用流程如图 7.5 所示。

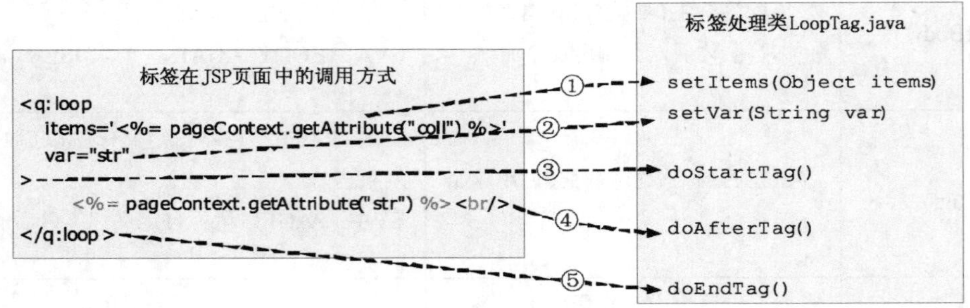

图 7.5　循环功能的标签处理类调用流程

LoopTag.java 的源代码如下：

```
//LoopTag.java
package com.qiujy.web.tags;

import java.util.Collection;
import java.util.Iterator;
import javax.servlet.jsp.JspException;
import javax.servlet.jsp.tagext.TagSupport;

/** 自定义的具有简单循环功能的标签处理类 */
@SuppressWarnings("unchecked")
public class LoopTag extends TagSupport {
    //序列化版本 UID
    private static final long serialVersionUID = 1482490071732794318L;
    private Object items; //要遍历显示的集合
    private String var;  //临时变量
    private Iterator it;  //迭代器
```

```
    //为标签的属性 items 提供 set 方法
    public void setItems(Object items) {
        this.items = items;
    }
    //为标签的属性 var 提供 set 方法
    public void setVar(String var) {
        this.var = var;
    }

    //重写 doStartTag 方法
    public int doStartTag() throws JspException {
        //如果集合是空的或者不是 Collection 类型的
        if(items == null || !(items instanceof Collection)) {
            return SKIP_BODY;  //直接跳过标签主体的处理
        }
        it = ((Collection)items).iterator(); //获取集合的迭代器
        if(it.hasNext()) { //如果集合中有元素
            //把遍历到的第一个元素用 var 属性值作为名存放到 pageContext 中
            this.pageContext.setAttribute(var, it.next());
            return EVAL_BODY_INCLUDE;  //要求容器执行标签主体内容
        } else {
            return SKIP_BODY; //如果集合中没有元素就跳过标签主体的处理
        }
    }
    //重写 doAfterBody 方法
    public int doAfterBody() throws JspException {
        if(it.hasNext()) { //开始遍历集合
            //把遍历到的元素用 var 属性值作为名存放到 pageContext 中
            this.pageContext.setAttribute(var, it.next());
            return EVAL_BODY_AGAIN;  //要求容器重复执行标签主体内容
        } else {
            return SKIP_BODY; //遍历完成后跳过标签主体的处理
        }
    }
    //重写 release 方法，容器回调这个方法时释放本标签处理类实例所占的资源
    public void release() {
        this.items = null;
        this.var = null;
        this.it = null;
    }
}
```

该标签处理类中必须要为每个属性都提供 set 方法，以便容器在执行这个标签时，把标签上的属性值通过调用相应的 set 方法传入标签处理类中。

doStartTag()方法首先为集合创建一个 Iterator。需要说明的是，这个 Iterator 必须声明为一个实例变量，因为它还要在 doAfterBody()方法中使用到。如果 Iterator 迭代到第一个元素，doStartTag()方法就会把这第一个元素存放到页面上下文中，其名字由 var 属性指定，然后返回 EVAL_BODY_INCLUDE。这就告诉容器要将运作元素体的内容增加至响应，然后调用 doAfterBody()方法。

doAfterBody()方法必须返回 EVAL_BODY_AGAIN(以循环处理标签主体)或 SKIP_BODY(以结束循环)。doAfterBody()方法中所做的工作就是先迭代集合中的元素，只要还包含一个元素，就会返回 EVAL_BODY_AGAIN。所有元素都得到处理后，则会返回 SKIP_BODY 以结束循环。

当 doAfterBody()方法返回 SKIP_BODY 时，容器将调用 doEndTag()方法。在这个示例中，TagSupport 类提供的默认实现就已经足够了，因此无须对其重写，它只是返回 EVAL_PAGE，告诉容器处理余下的页面内容。

2. 创建一个标签描述文件 mytag.tld 并描述这个标签的属性

前面已经对标签描述文件的作用及文件格式做了专门的介绍。现在创建一个名为"mytag.tld"的 TLD 文件，把它放置在 Web 应用程序的 WEB-INF 目录下(或其子目录下)或应用程序的 MATE-INF 目录下。因为 JSP 1.2 以上规范要求 JSP 容器要自动搜索 Web 应用程序的 WEB-INF 目录以及它下面的子目录，还有 MATE-INF 目录下的 TLD 文件。

mytag.tld 文件的详细内容如下：

```
<?xml version="1.0" encoding="UTF-8"?>
<taglib version="2.0" xmlns="http://java.sun.com/xml/ns/j2ee"
 xmlns:xsi="http://www.w3.org/2001/XMLSchema-instance"
 xsi:schemaLocation="http://java.sun.com/xml/ns/j2ee/
 web-jsptaglibrary_2_0.xsd">
  <!-- 此标签库的一个简短描述 -->
  <description>一个自定义标签库</description>
  <!-- 此标签库的版本 -->
  <tlib-version>0.9</tlib-version>
  <!-- 定义一个简短的名称，主要给一些工具使用-->
  <short-name>q</short-name>
  <!-- 定义此标签库的 URI。用于唯一标识此标签库，便于页面的引用 -->
  <uri>http://blog.csdn.net/qjyong/tags</uri>

  <!-- 此标签库中的一个标签处理器的声明 -->
  <tag>
      <!-- 简短描述 -->
      <description>具有对集合元素进行循环显示的标签</description>
      <!-- 此标签的名称 -->
      <name>loop</name>
      <!-- 此标签对应处理类的全限定名 -->
      <tag-class>com.qiujy.web.tags.LoopTag</tag-class>
      <!-- 指明此标签主体可以包含 JSP 元素：如脚本元素，标准动作，EL 表达式 -->
      <body-content>JSP</body-content>
      <!-- 属性描述 -->
      <attribute>
          <!-- 此属性的名称 -->
          <name>items</name>
          <!-- 此属性是必要的 -->
          <required>true</required>
          <!-- 属性值可以在 JSP 运行时期动态产生 -->
          <rtexprvalue>true</rtexprvalue>
```

```
        </attribute>
        <attribute>
            <!-- 此属性的名称 -->
            <name>var</name>
            <!-- 此属性是必要的 -->
            <required>true</required>
            <!-- 属性值可以在 JSP 运行时期动态产生 -->
            <rtexprvalue>true</rtexprvalue>
        </attribute>
    </tag>
</taglib>
```

在这个 TLD 文件中，首先声明了此标签库的引用 URI 为“http://blog.csdn.net/qjyong/tags”；然后定义了一个名为“loop”的标签，它对应的处理类为上一步骤中定义的 com.qiujy.web.tags.LoogTag；这个标签有两个必要属性：items 和 var；这个标签的主体内容可以包含所有的 JSP 元素。通过这段描述，就可以把自定义标签的页面引用与标签处理类关联起来。

3. 在 web.xml 文件中声明 TLD 的位置

前面提到过，如果这个自定义标签用在 JSP 1.2 以上规范的 Web 应用程序中，则可以不需要做这一步，否则需要在 web.xml 文件中按如下方式声明 TLD 的位置：

```
<?xml version="1.0" encoding="UTF-8"?>
<web-app version="2.4" xmlns="http://java.sun.com/xml/ns/j2ee"
  xmlns:xsi="http://www.w3.org/2001/XMLSchema-instance"
  xsi:schemaLocation="http://java.sun.com/xml/ns/j2ee
  http://java.sun.com/xml/ns/j2ee/web-app_2_4.xsd">

<jsp-config>
    <taglib>
        <!-- 指定标签库的唯一标识 URI -->
        <taglib-uri>http://blog.csdn.net/qjyong/tags</taglib-uri>
        <!-- 指定 TLD 文件的存放路径 -->
        <taglib-location>/WEB-INF/mytag.tld</taglib-location>
    </taglib>
</jsp-config>
</web-app>
```

4. 在页面中引用标签描述文件并使用这个标签

完成以上两个步骤之后，就可以在 JSP 中页面引入标签描述文件并使用这个标签了。测试这个自定义标签使用的 looptag.jsp 页面，如下所示：

```
<%@ page language="java" import="java.util.*" pageEncoding="utf-8"%>
<%--
使用 taglib 指令引入标签库描述符文件；
用 uri 属性来引用此标签库的唯一标识 URI；
用 prefix 属性来指定引用此标签库中的标签的前缀为 q
--%>
<%@ taglib uri="http://blog.csdn.net/qjyong/tags" prefix="q"%>
```

```
<!DOCTYPE HTML PUBLIC "-//W3C//DTD HTML 4.01 Transitional//EN">
<html>
    <head>
        <title>对集合元素进行循环显示的自定义标签</title>
    </head>
    <body>
    <h3>对集合元素进行循环显示的自定义标签使用示例</h3><hr/>
    <%-- 用代码片段来创建一个演示用的集合 --%>
    <%
    Collection<String> strs = new ArrayList<String>();
    strs.add("第一个元素");
    strs.add("second");
    strs.add("NO.3");
    strs.add("肆");
    //存放到页面上下文中
    pageContext.setAttribute("coll", strs);
    %>
    <%-- 使用代码片段来遍历集合 --%>
    <%
    Collection coll = (Collection)pageContext.getAttribute("coll");
    Iterator it = coll.iterator();
    while(it.hasNext()) {
        out.print(it.next() + "<br/>");
    }
    %>
    --%>
    <%-- 调用自定义标签来遍历集合--%>
    <q:loop items="${coll}" var="str">
        ${str}<br/>
    </q:loop>
    </body>
</html>
```

运行后效果如图 7.6 所示。

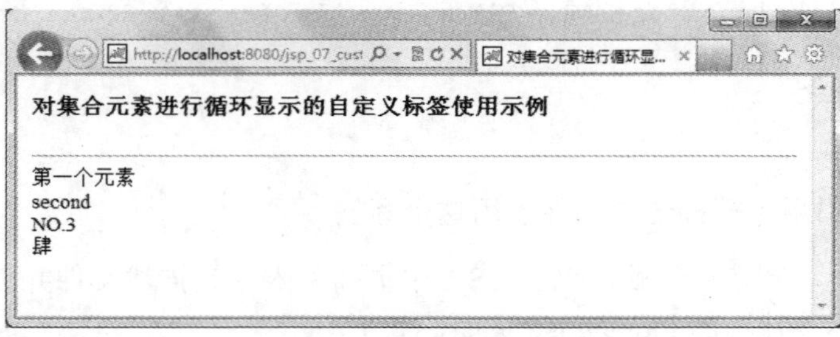

图 7.6　自定义循环标签的使用效果

7.4.4　用 BodyTagSupport 类开发自定义标签

TagSupport 只实现了 Tag 和 IterationTag 接口，不能与标签主体内容进行交互，也就是说，继承自 TagSupport 类的标签处理类不能读取标签主体的内容和改变标签主体返回的内

容，只能决定让不让容器显示标签主体返回的内容。

如果需要读取标签主体的内容或改变标签主体返回的内容，则需要使用实现了 BodyTag 接口的 BodyTagSupport 类，因为它提供了一个叫 setBodyContent(BodyContent bc)的回调方法，容器在执行这个标签处理类的实例时，将回调这个方法，把标签主体返回的内容缓存在 BodyContent 类的实例中。

BodyContent 类专门用于缓存标签主体返回的内容，包括静态文本以及由嵌套标签或脚本元素所创建的动态内容。

BodyContent 除了从父类 JspWriter 中继承了提供用于向响应体中写文本的方法，还提供了另外一些方法，可以用于获取它缓存的标签体返回的内容。

JSP 容器在遇到一个标签处理类继承自 BodyTagSupport 类(或实现了 BodyTag 接口)的自定义标签时，会将所有输入临时重写向至一个 BodyContent 实例，直到到达该自定义标签结束标记。

因此，处理标签主体时所生成的内容会缓存于 BodyContent 实例中，标签处理类就可以在此提取内容并进行更改了。同时，JSP 容器在计算标签主体之前，会给标签处理类一个机会通过调用 doInitBody()方法来进行初始化工作，即可以在 doInitBody()方法中向 BodyContent 中写入一些初始内容，这些初始内容会放置在标签主体返回的内容之前。不过，在实际开发应用中，很少会用到这个 doInitBody()方法。

还是通过一个具体的示例来理解用 BodyTagSupport 类开发自定义标签的过程——我们来实现一个能把标签主体内容转成大写并按指定次数循环显示的自定义标签。其使用方式如下：

```
<q:toUpperCase counts="3"><%= str %><br/></q:toUpperCase>
```

其中 str 的值为“Hello,World!”，使用这个自定义标签后产生的效果如图 7.7 所示。

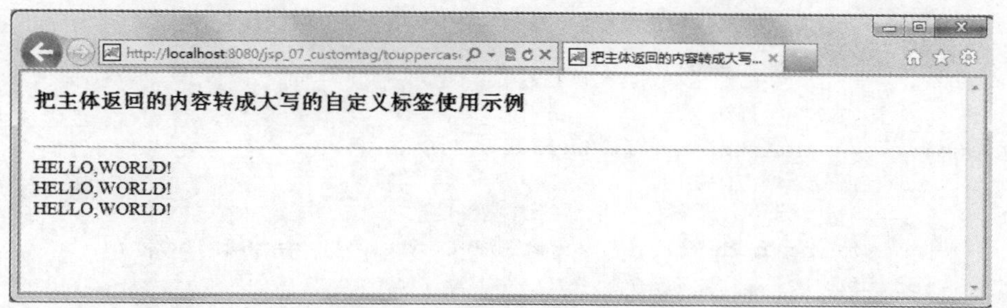

图 7.7 主体内容转成大写的自定义标签使用示例效果

同样按以下几个步骤来介绍这个标签的开发过程。

1. 创建一个标签处理类 ToUpperCaseTag.java

这个标签处理类需要对标签的主体内容进行更改，所以需要继承自 BodyTagSupport 类，它的执行流程如图 7.8 所示。

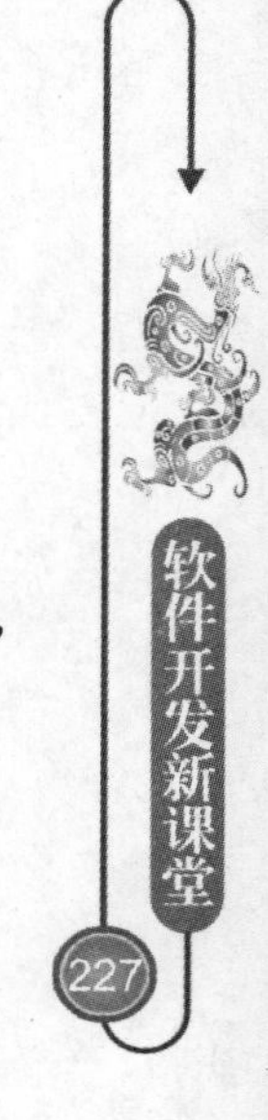

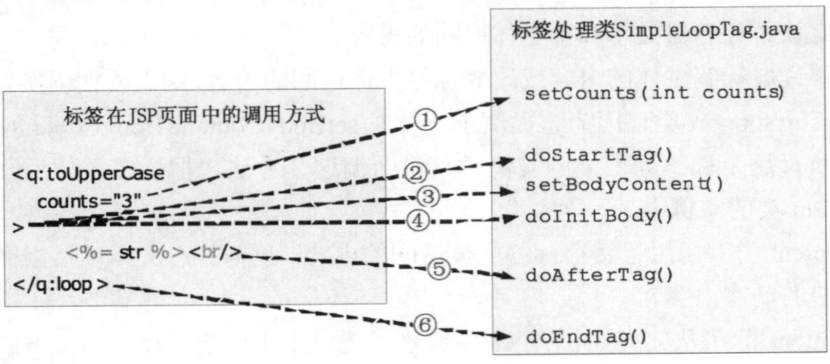

图 7.8 主体内容转大写功能的标签处理类调用流程

ToUpperCaseTag 类的源代码如下：

```
//ToUpperCaseTag.java
package com.qiujy.web.tags;

import java.io.IOException;
import javax.servlet.jsp.JspException;
import javax.servlet.jsp.JspWriter;
import javax.servlet.jsp.tagext.BodyTagSupport;

/** 标签主体返回的内容转换成大写形式 */
public class ToUpperCaseTag extends BodyTagSupport {
    //序列化版本 UID
    private static final long serialVersionUID = -2903840343586O4474L;
    private int counts = 1; //要循环的次数，默认为 1

    //提供 count 属性的 set 方法
    public void setCounts(int counts) {
        this.counts = counts;
    }

    //重写 doEndTag 方法
    public int doAfterBody() throws JspException {
        if(counts > 0) {
            //以文本方式获得标签主体的内容
            String bodyString = getBodyContent().getString();
            try {
                if(bodyString != null) {
                    //获取外层标签的输出流对象
                    JspWriter out = this.getPreviousOut();
                    out.print(bodyString.toUpperCase());
                }
                bodyContent.clearBody(); //清除缓存的标签主体内容
            } catch (IOException e) {
                e.printStackTrace();
            }
            counts--;                    //循环次数减 1
            return EVAL_BODY_AGAIN;      //继续执行标签主体内容
```

```
        } else {
            counts = 1;           //恢复要循环的次数为初始值
            return SKIP_BODY;  //循环次数完成后跳过标签主体的处理
        }
    }
}
```

这个类重写了 doAfterBody 方法，为 counts 属性提供了 set 方法。在 doAfterBody 方法中通过 getBodyContent()方法返回 BodyContent 对象的一个引用，其内容由 getString()方法读取。通过调用 getPreviousOut()方法获取了一个 JspWriter 实例，就可以利用这个输出流把修改好的内容写到响应中了。

注意

为什么要用 BodyTagSupport 实例的 getPreviousOut()方法来获取 JspWriter 实例，而不是直接从 BodyContent 实例中调用 getEnclosingWriter()来获取呢？这是因为自定义标签有可能会嵌套到其他标签中使用，这时每个标签都会有自己的 BodyContent 实例，每个内层标签处理类要通过 getProeviousOut()方法来获取上一层标签处理类的输出对象，这样每个标签的返回内容才能最终通过顶层输出对象写到响应中。

2. 在标签描述文件中添加这个标签的描述

标签处理类完成后，只需要在 7.4.3 小节示例中创建的标签描述符文件 mytag.tld 中添加它的描述，代码如下：

```
<?xml version="1.0" encoding="UTF-8"?>
<taglib version="2.0" xmlns="http://java.sun.com/xml/ns/j2ee"
 xmlns:xsi="http://www.w3.org/2001/XMLSchema-instance"
 xsi:schemaLocation="http://java.sun.com/xml/ns/j2ee/
 web-jsptaglibrary_2_0.xsd">
   <!-- 此标签库的一个简短描述 -->
   <description>一个自定义标签库</description>
   <!-- 此标签库的版本，由标签开发者自行决定-->
   <tlib-version>0.9</tlib-version>
   <!-- 定义一个简短的名称，主要给一些工具使用-->
   <short-name>q</short-name>
   <!-- 定义此标签库的 URI，用于唯一标识此标签库，便于页面的引用 -->
   <uri>http://blog.csdn.net/qjyong/tags</uri>

   <!-- 此标签库中的一个标签处理器的声明 -->
   <tag>
      ...
   </tag>
   <tag>
      <!-- 简短描述 -->
      <description>把主体返回的内容转成大写的标签</description>
      <!-- 此标签的名称 -->
      <name>toUpperCase</name>
      <!-- 此标签对应处理类的全限定名 -->
```

```
        <tag-class>com.qiujy.web.tags.ToUpperCaseTag</tag-class>
        <!-- 指明此标签主体可以包含 JSP 元素-->
        <body-content>JSP</body-content>
        <attribute>
            <!-- 此属性的名称 -->
            <name>counts</name>
            <!-- 此属性是必要的 -->
            <required>false</required>
            <!-- 属性值可以在 JSP 运行时期动态产生 -->
            <rtexprvalue>true</rtexprvalue>
        </attribute>
    </tag>
</taglib>
```

3. 在页面中引用标签描述文件并使用这个标签

自定义标签已经开发完成了，接下来创建一个 JSP 页面来测试它的使用。创建一名为“touppercase_tag.jsp”的 JSP 页面，内容如下：

```
<%@ page language="java" pageEncoding="utf-8"%>
<%@ taglib uri="http://blog.csdn.net/qjyong/tags" prefix="q" %>
<!DOCTYPE HTML PUBLIC "-//W3C//DTD HTML 4.01 Transitional//EN">
<html>
    <head>
        <title>把主体返回的内容转成大写的自定义标签</title>
    </head>
    <body>
        <h3>把主体返回的内容转成大写的自定义标签使用示例</h3><hr/>
        <% //创建一个字符串用于测试
        String str = "Hello,World!"; %>
        <%-- 调用自定义标签 --%>
        <q:toUpperCase counts="3">
            <%= str %><br/>
        </q:toUpperCase>
    </body>
</html>
```

执行这个 JSP 页面后，就可以得到如图 7.7 所示的效果。

7.4.5 处理空标签

在编写标签处理类时，需要注意一下空标签的问题。如果在 JSP 页面中使用了如下形式的自定义标签，就认为在使用一个空标签。

- 由 XML 简写空元素的表示法：<prefix:myTag />。
- 由开始标记和结束标记以及一个空主体表示法：<prefix:myTag></prefix:myTag>。

标签主体即使没有字符，只包含空白符，如空格、制表符、回车等，这个标签也不能认为是空标签。

对于自定义的空标签，若其标签处理类实现了 Tag 或 IterationTag 接口，那么它的 doAfterBody()方法就得不到调用。其他不会受任何影响。

对于自定义的空标签，若其标签处理类实现了 BodyTag 接口，容器就不会调用这些方法：setBodyContent()、doInitBody()或 doAfterBody()。这种情况下，对于可以有标签主体也可以没有标签主体的自定义标签就会带来问题，典型的错误就是认为标签处理类总是可以访问 BodyContent 实例，因此就会使用如下代码来获取输出流对象：

```
JspWriter out = this.getBodyContent().getEnclosingWriter();
//JspWriter out = this.getPreviousOut();
```

如果恰好使用这个自定义标签，而又无标签主体，那么上面的代码就会抛出一个 NullPointerException 异常，因为 setBodyContent()方法从未调用过，相应的 bodyContent 变量也就是 null。为了避免这个问题。一定要用以下代码来检查 bodyContent 是否为 null：

```
JspWriter out = null;
if(this.bodyContent != null) {
    out = this.getBodyContent().getEnclosingWriter();
    //out = this.getPreviousOut();
} else {
    out = this.pageContext.getOut();
}
```

还有一种做法，就是只在对有标签主体时才会被调用到的方法中访问 bodyContent 变量，即只在 doInitBody()和 doAfterBody()方法中访问 bodyContent 变量。

7.5　简单标签的开发

JSP 2.0 规范在 JSP 1.2 规范的基础之上增加了一个 SimpleTag 接口和它的一个实现类 SimpleTagSupport，来简化传统标签的开发方式，这种方式被称为简单标签的开发。不要被它的名字所迷惑：简单标签处理类也可以实现功能复杂的标签，之所以称为“简单”，指的是它相对于传统标签处理器实现任务更简单得多。

注意

JSP 2.0 的限制：如果自定义标签的处理类是基于简单标签 API 的，则这个标签的主体内不能使用脚本元素，如：声明(<%!...%>)、表达式(<%=...%>)和 Scriptlet(<%...%>)。

在进行简单标签方式的自定义标签开发时，标签处理类通常是继承自实现了 SimpleTag 接口的 SimpleTagSupport 支持类来实现的。所以，首先需要了解 SimpleTagSupport 类的生命周期。

7.5.1　SimpleTagSupport 类的生命周期

SimpleTagSupport 的生命周期各个阶段的具体执行过程如下。

(1)　当 JSP 容器遇到自定义标签时，JSP 容器会调用标签处理类的默认构造方法建立一个标签处理类实例。注意必须为每个标签都创建一个新的实例，这很重要。

(2) 实例创建后，JSP 容器会调用 setJspContext()方法，并以一个 JspContext 实例的形式提供上下文信息。如果是一个嵌套的标签，还将调用 setParent()方法。

(3) 然后，容器会调用该标签中所定义的每个属性的 set 方法。这样，标签处理类实例就已经初始化完成了。

(4) 接着，就由容器调用 setJspBody()方法，将该标签的主体设置为 JspFragment 实例。如果标签主体是空的，则将 null 值传递到 setJspBody()。JspFragment 实例用来代表标签主体片段的引用。

(5) 接下来，由容器调用 doTag()方法。标签要实现的所有逻辑、循环、主体赋值等都在该方法中发生。

(6) 在 doTag()方法返回后，标签处理类中所有的变量都是同步的。

7.5.2 用 SimpleTagSupport 类开发自定义标签

现在，用 SimpleTagSupport 类来开发一个自定义标签。把标签主体返回内容转成大写并根据指定循环次数进行循环输出。这个自定义标签的用法如下：

```
<q:mySimpleTag counts="5">${str}<br/></q:mySimpleTag>
```

其中的 str 是一个在 pageContext 范围中的字符串，值为“Hello,World!”，运行使用了这个自定义标签的 JSP 页面，会产生如图 7.9 所示的效果。

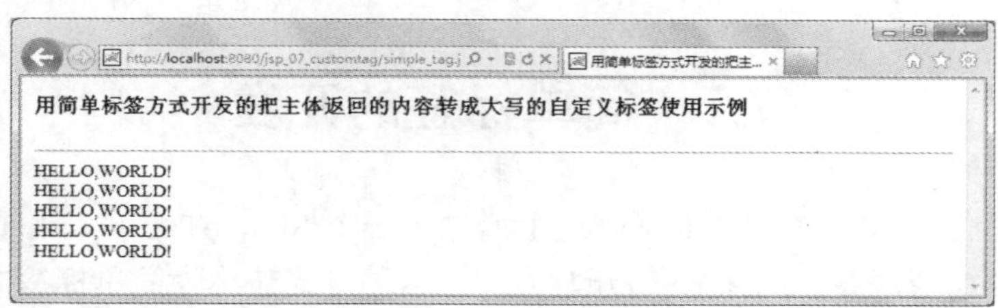

图 7.9 简单标签方式开发的自定义标签的使用效果

我们还是按照 7.1.2 节介绍的开发流程来开发这个自定义标签。

1. 创建标签处理类 MySimpleTag.java

这个标签处理类继承自 SimpleTagSupport 类，它的执行流程如图 7.10 所示。

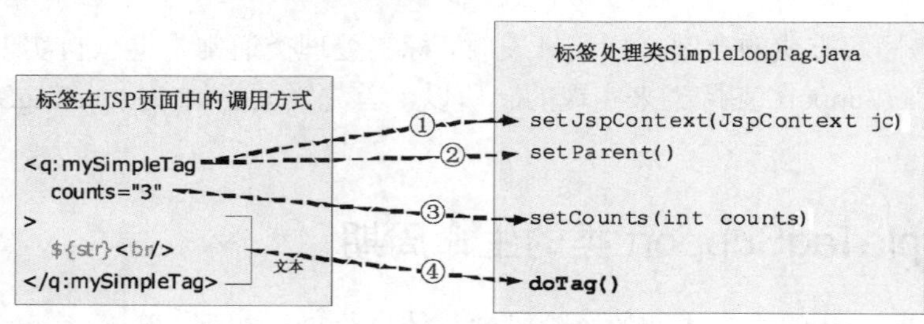

图 7.10 MySimpleTag 类的执行流程

MySimpleTag 类的源代码如下：

```
MySimpleTag.java
package com.qiujy.web.tags;

import java.io.IOException;
import java.io.StringWriter;
import javax.servlet.jsp.JspException;
import javax.servlet.jsp.JspWriter;
import javax.servlet.jsp.tagext.JspFragment;
import javax.servlet.jsp.tagext.SimpleTagSupport;

/** 用简单标签方式来实现标签主体内容转大写并循环转出的自定义标签 */
public class MySimpleTag extends SimpleTagSupport {
    private int counts = 1;  //循环次数

    //给 counts 属性提供 set 方法
    public void setCounts(int counts) {
        this.counts = counts;
    }

    public void doTag() throws JspException, IOException {
        //获取页面输出流
        JspWriter out = this.getJspContext().getOut();
        String str = invokeBody();
        for(int i=0; i<counts; i++) {
            out.println(str.toUpperCase());
        }
    }

    /** 获取标签主体返回的内容 */
    protected String invokeBody() throws JspException {
        //获取代表该标签主体的 JspFragment 实例
        JspFragment body = getJspBody();
        StringWriter sw = new StringWriter();
        try {
            if(body != null) {
                //执行标签主体片段，把返回的内容写到字符流中
                //若只想输出标签主体生成的内容，可以使用 null 参数调用 invoke()方法
                body.invoke(sw);
            }
        } catch (IOException x) {
            throw new JspException(x);
        }
        return sw.toString();  //以字符串的形式返回该缓冲区的当前值
    }
}
```

在 invokeBody()方法中，首先获取代表该标签主体的 JspFragment 实例，然后在这个实例上执行 invoke()方法，把执行主体片段返回的内容写到字符流缓冲区中，最后以字符串形式返回，这样就获取到了标签主体返回的内容了。

在 doTag 方法中，把获取到的标签主体返回的内容转成大写，再根据要循环的次数输出到响应中。

2. 在标签库描述文件中添加此标签的声明

接下来，在标签库描述文件 mytag.tld 中添加这个标签的描述信息，代码如下：

```
<?xml version="1.0" encoding="UTF-8"?>
<taglib version="2.0" xmlns="http://java.sun.com/xml/ns/j2ee"
  xmlns:xsi="http://www.w3.org/2001/XMLSchema-instance"
  xsi:schemaLocation="http://java.sun.com/xml/ns/j2ee/
  web-jsptaglibrary_2_0.xsd">
    <!-- 此标签库的一个简短描述 -->
    <description>一个自定义标签库</description>
    <!-- 此标签库的版本，由标签开发者自行决定-->
    <tlib-version>0.9</tlib-version>
    <!-- 定义一个简短的名称，主要给一些工具使用-->
    <short-name>q</short-name>
    <!-- 定义此标签库的 URI。用于唯一标识此标签库，便于页面的引用 -->
    <uri>http://blog.csdn.net/qjyong/tags</uri>
    ...
    <tag>
        <!-- 简短描述 -->
        <description>把主体返回的内容转成大写的标签</description>
        <name>mySimpleTag</name>
        <tag-class>com.qiujy.web.tags.MySimpleTag</tag-class>
        <!-- 主体内容类型只能是 empty、scriptless、tagdependent 之一 -->
        <body-content>scriptless</body-content>
        <attribute>
            <name>counts</name>
            <!-- 属性值可以在 JSP 运行时期动态产生 -->
            <rtexprvalue>true</rtexprvalue>
        </attribute>
    </tag>
    ...
</taglib>
```

在这个标签的描述信息之中，只需要注意标签主体的内容类型不能是 JSP，因为 SimpleTagSupport 不支持脚本元素的标签主体内容。

3. 在页面中引用标签描述文件并使用这个标签

在 JSP 页面中使用此自定义标签的方式如下：

```
<%@ page language="java" pageEncoding="utf-8"%>
<%--
使用 taglib 指令引入标签库描述符文件
用 uri 属性来引用此标签库的唯一标识 URI;
用 prefix 属性来指定引用此标签库中的标签的前缀为 q
--%>
<%@ taglib uri="http://blog.csdn.net/qjyong/tags" prefix="q" %>
<!DOCTYPE HTML PUBLIC "-//W3C//DTD HTML 4.01 Transitional//EN">
```

```
<html>
<head>
    <title>用简单标签方式开发的把主体返回的内容转成大写的自定义标签</title>
</head>
<body>
<h3>用简单标签方式开发的把主体返回的内容转成大写的自定义标签使用示例</h3><hr/>
<%
//创建一个字符串用于测试
String str = "Hello,World!";
pageContext.setAttribute("str", str);
%>
<q:mySimpleTag counts="5">
    ${str}<br/>
</q:mySimpleTag>
</body>
</html>
```

执行这个页面，产生的效果如图 7.9 所示。

最后说明一点，使用简单标签处理类时，可能需要根据逻辑的要求让页面的处理在该标签处理完毕后停止，此时需要通过抛出一个 javax.servlet.jsp.tagext.SkipPageException 异常来通知容器余下的页面不必执行。

代码如下所示：

```
import javax.servlet.jsp.JspException;
import javax.servlet.jsp.SkipPageException;
import javax.servlet.jsp.tagext.SimpleTagSupport;

public class XXXTag extends SimpleTagSupport {
    public void doTag() throws JspException, IOException {
        ...
        //主动抛出 SkipPageException 异常来终止容器计算页面的余下内容
        throw new SkipPageException();
    }
}
```

7.6　开发标签库函数

在标签库描述文件中，不仅可以定义标签，还可以定义 EL 函数。EL 函数的实现是一个普通 Java 类中的一个静态方法，它不需要实现任何特殊接口，也不必遵循任何特殊约定，任何静态方法都可以作为 EL 函数。

现在，我们来用 EL 函数实现把字符串小写转成大写的功能。首先定义一个叫 MyELFunction 的类，在这个类中提供一个叫 toUpperCase 的方法，完成把字符串小写转成大写的功能：

```
package com.qiujy.web.tags;
/** 自定义 EL 函数 */
public class MyELFunction {
```

```
    /** 实现把字符串小写转成大写的功能 */
    public static String toUpperCase(String source) {
        if(source == null || "".equals(source.trim())) {
            return null;
        } else {
            return source.toUpperCase();
        }
    }
}
```

之后，必须在标签库描述符文件中对它进行声明。即对 7.4.3 节中创建的 mytag.tld 进行修改，代码如下：

```
<?xml version="1.0" encoding="UTF-8"?>
<taglib version="2.0" xmlns="http://java.sun.com/xml/ns/j2ee"
  xmlns:xsi="http://www.w3.org/2001/XMLSchema-instance"
  xsi:schemaLocation="http://java.sun.com/xml/ns/j2ee/
  web-jsptaglibrary_2_0.xsd">
    <!-- 此标签库的一个简短描述 -->
    <description>一个自定义标签库</description>
    <!-- 此标签库的版本，由标签开发者自行决定-->
    <tlib-version>0.9</tlib-version>
    <!-- 定义一个简短的名称，主要用来给一些工具使用-->
    <short-name>q</short-name>
    <!-- 定义此标签库的 URI。用于唯一标识此标签库，便于页面的引用 -->
    <uri>http://blog.csdn.net/qjyong/tags</uri>
    <!-- 此标签库中的一个标签处理器的声明 -->
    <tag>
        ...
    </tag>
    ...
    <!-- EL 函数声明 -->
    <function>
        <!-- 函数名 -->
        <name>toUpperCase</name>
        <!-- 此函数对应的处理类的全限定名(必须元素) -->
        <function-class>com.qiujy.web.tags.MyELFunction</function-class>
        <!-- 此函数在对应处理类中对应的方法签名(必须元素) -->
        <function-signature>
            java.lang.String toUpperCase(java.lang.String)
        </function-signature>
    </function>
</taglib>
```

注意

在声明 EL 函数在对应处理类中对应的方法签名时，它的返回值类型和参数类型如果是引用类型的，一定要加上全限定名，例如，字符串类型一定要写成 java.lang.String。

完成这两个步骤之后，就可以在 JSP 页面来使用这个 EL 函数了。例如在 el_function.jsp 页面中进行调用，具体调用代码如下：

```
<%@ page language="java" pageEncoding="utf-8"%>
<%-- 使用 taglib 指令引入标签库描述符文件 --%>
<%@ taglib uri="http://blog.csdn.net/qjyong/tags" prefix="q" %>
<!DOCTYPE HTML PUBLIC "-//W3C//DTD HTML 4.01 Transitional//EN">
<html>
    <head>
    <title>把字符串内容转成大写的自定义 EL 函数</title>
    </head>
    <body>
    <h3>把字符串内容转成大写的自定义 EL 函数使用示例</h3><hr/>
    <%-- 注意 EL 函数的使用方式  --%>
    ${q:toUpperCase("Hello,EL Function!")}
    </body>
</html>
```

这个页面的运行效果如图 7.11 所示。

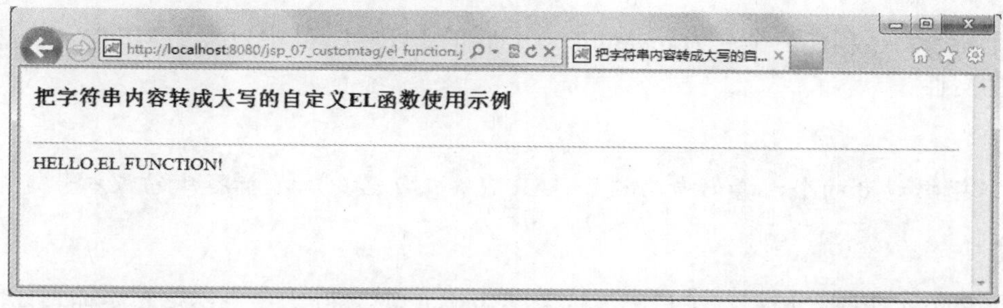

图 7.11　使用自定义 EL 函数把字符串转成大写

EL 函数只能在 EL 表达式中使用，即必须是在“${”和“}”之间调用。

7.7　打包自定义标签库

自定义的标签库在 Web 应用程序中有两种应用：一种是直接添加到 Web 应用程序结构中，另一种应用是把它打成 JAR 包，在需要使用的 Web 应用程序中以第三方类库的形式添加到类路径(classpath)中。第一种应用是比较直接、也比较简单的应用方式，大多数自定义标签都是这样使用的。但如果开发的自定义标签具有很高的可重用性(如 Sun 公司制定的 JSTL)，可以在不同业务的 Web 应用中重用的话，那么使用第二种方式把它打成 JAR 包，需要使用时就引入，可以给自定义标签的移植带来极大的方便。接下来，就详细介绍如何把以上自定义的标签打到一个 JAR 包中。

把自定义的标签打到一个 JAR 包中，就是要把标签处理类的字节码和标签库描述文件按照一定的存放方式添加到一个 JAR 包中。具体做法如下。

(1)　把标签处理类字节码和标签库描述文件按如图 7.12 所示的结构组织。

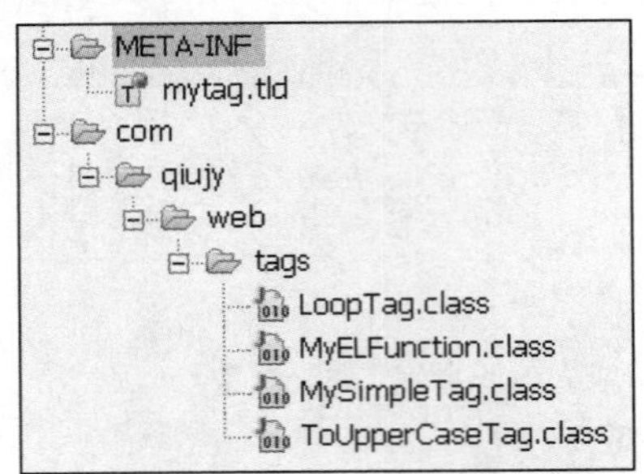

图 7.12　自定义标签库的 JAR 包结构

标签库描述文件要放置在 JAR 文件的 META-INF 目录下，标签处理类字节码的根目录和 META-INF 目录平级放置。

(2)　使用 JAR 命令来创建 JAR 文件：

```
jar cvf mytaglib_0.9.jar META-INF com
```

这个命令将会创建一个名为 mytaglib_0.9.jar 的 JAR 包，其中包含了 META-INF 和 com 目录中的文件。

提示

可以根据读者的个人喜好命名这个 JAR 包，在包名中添加标签库的版本号是个很好的做法。

完成这两个步骤之后，一个自定义标签库 JAR 包就打好了，可以把它添加到任何想使用这个标签库的 Web 应用程序的 WEB-INF/lib 目录下使用了。

提示

本节的示例程序的完整源代码，可参见随书光盘\ch07\ ch07_mytaglib_jar_test。

7.8　自定义标签的高级特性

前面介绍了自定义标签的基本开发，掌握以上内容就可以完成基本自定义标签的开发。下面再介绍一些自定义标签开发的高级特性，读者可以视自己的掌握情况和实际使用需求酌情了解。

7.8.1　开发嵌套标签

在实际项目开发中，有时会需要多个标签的嵌套来共同完成一个任务，这样的标签就存在父子关系。类似于下面的应用：

```
<q:if test="<%= 5 + 3 - 2 * 4 > 0 %>">
    <q:then>test 的值为 true</q:then>
    <q:else>test 的值为 false</q:else>
</q:if>
```

这里由if、then、else三个自定义标签组，来完成类似Java代码中的if-else功能，也就是说，如果if标签的test属性的计算结果为true，就输出then标签主体的内容；否则输出else标签主体的内容。

现在需要解决的问题是如何让子标签和父标签之间进行消息沟通。也就是说，如何让子标签then和else标签知道父标签if的test属性值为true或false。这就需要使用前面内容尚未涉及的Tag接口(或SimpleTag)中定义的两个方法：

```
public interface Tag extends JspTag {
    ...
    public void setParent(Tag t);
    public Tag getParent();
}
```

其实，JSP容器在遇到每个自定义标签执行doStartTag()方法之前，都会先调用setParent()方法来获取父标签处理类实例的一个引用(如果没有父标签，则这个引用为null)。这样嵌套的标签处理类实例总是知道其父标签处理类实例的。因此任何嵌套层次上的标签处理类都可以使用 getParent()来获取它的父标签处理类，然后再获取其父标签处理类的父标签处理类，直到一个无父标签处理类的标签处理类，这就已经到达顶层了。

在TagSupport类或SimpleTagSupport类中都有一个方法签名为如下所示的静态方法：

```
public static final Tag findAncestorWithClass(Tag from, Class klass)
```

这个静态方法正是用来为指定from标签处理类查找类型为klass的祖先标签处理类实例的。

以上这些就是一个嵌套标签与其父标签通信所需要的全部工作。了解清楚这些工作之后，来看这三个标签的处理类的源代码。

(1) IfTag类的源代码：

```
//IfTag.java
package com.qiujy.web.tags;

import javax.servlet.jsp.JspException;
import javax.servlet.jsp.tagext.TagSupport;

/** if标签的处理类 */
public class IfTag extends TagSupport {
    //序列化版本UID
    private static final long serialVersionUID = 6775853398476825901L;
    private boolean test; //标签属性

    //test属性的set方法
    public void setTest(boolean test) {
        this.test = test;
    }
    //用来让子标签访问test属性值，为防止多个线程并发访问问题，进行了同步处理
    public synchronized boolean getTest() {
        return test;
    }
```

```
    public int doStartTag() throws JspException {
        return EVAL_BODY_INCLUDE; //更改默认返回值，要求容器执行标签主体
    }
}
```

这个处理类中主要是为子标签处理类中提供一个访问 test 属性值的方法，为了防止被多个线程并发访问，对这个方法进行了线程同步处理；然后更改了 doStartTag()方法的默认返回值，让容器会处理标签主体。

(2) ThenTag 类的源代码：

```
//ThenTag.java
package com.qiujy.web.tags;

import javax.servlet.jsp.JspException;
import javax.servlet.jsp.tagext.TagSupport;

/** then 标签的处理类 */
public class ThenTag extends TagSupport {
    //序列化版本 UID
    private static final long serialVersionUID = 4310421014521611885L;

    public int doStartTag() throws JspException {
        //获取当前标签的父标签处理类实例
        IfTag parent = (IfTag)this.getParent();
        if (parent != null
          && parent.getTest()) {     //如果父标签的 test 属性值为 true
            return EVAL_BODY_INCLUDE;  //要求容器执行标签主体
        } else {
            return SKIP_BODY;           //要求容器跳过标签主体
        }
    }
}
```

在这个处理类的 doStartTag 方法中，使用 getParent()来获取它的父标签对应的处理类实例，然后调用父标签处理类中定义的 getTest()方法，根据这个方法的返回值来判断是否要执行本标签的主体。

(3) ElseTag 类的源代码：

```
//ElseTag.java
package com.qiujy.web.tags;

import javax.servlet.jsp.JspException;
import javax.servlet.jsp.tagext.TagSupport;

/** else 标签的处理类 */
public class ElseTag extends TagSupport {
    //序列化版本 UID
    private static final long serialVersionUID = 4777762407365310391L;

    public int doStartTag() throws JspException {
```

```
        //获取当前标签的父标签处理类实例
        IfTag parent = (IfTag)findAncestorWithClass(this, IfTag.class);
        if (parent != null
          && !parent.getTest()) {    //如果父标签的 test 属性值为 false
            return EVAL_BODY_INCLUDE;  //要求容器执行标签主体
        } else {
            return SKIP_BODY;          //要求容器跳过标签主体
        }
    }
}
```

在这个处理类的 doStartTag 方法中，使用了另一种方式(即使用 findAncestorWithClass 这个静态方法)来获取它的父标签对应的处理类实例，然后调用父标签处理类中定义的 getTest()方法，根据这个方法的返回值来判断是否要执行本标签的主体。

下面的代码是这三个标签在标签库描述符文件 mytag.tld 中的定义：

```
<?xml version="1.0" encoding="UTF-8"?>
<taglib version="2.0" xmlns="http://java.sun.com/xml/ns/j2ee"
  xmlns:xsi="http://www.w3.org/2001/XMLSchema-instance"
  xsi:schemaLocation="http://java.sun.com/xml/ns/j2ee/
  web-jsptaglibrary_2_0.xsd">
    <!-- 此标签库的一个简短描述 -->
    <description>一个自定义标签库</description>
    <!-- 此标签库的版本，由标签开发者自行决定-->
    <tlib-version>0.9</tlib-version>
    <!-- 定义一个简短的名称，主要给一些工具使用-->
    <short-name>q</short-name>
    <!-- 定义此标签库的 URI。用于唯一标识此标签库，便于页面的引用 -->
    <uri>http://blog.csdn.net/qjyong/tags</uri>
    ...
    <!-- 一组自定义嵌套标签的声明 -->
    <tag>
        <name>if</name>
        <tag-class>com.qiujy.web.tags.IfTag</tag-class>
        <body-content>JSP</body-content>
        <attribute>
            <name>test</name>
            <required>true</required>
            <rtexprvalue>true</rtexprvalue>
        </attribute>
    </tag>
    <tag>
        <name>then</name>
        <tag-class>com.qiujy.web.tags.ThenTag</tag-class>
        <body-content>JSP</body-content>
    </tag>
    <tag>
        <name>else</name>
        <tag-class>com.qiujy.web.tags.ElseTag</tag-class>
        <body-content>JSP</body-content>
```

```
    </tag>
    ...
</taglib>
```

这几个标签的配置跟前面介绍的标签在标签库描述符文件中的配置没什么区别。也就不多介绍了。最后来看看这三个标签在 JSP 页面中是如何配合使用的。创建一个名为 nested_tag.jsp 的 JSP 页面，内容如下：

```
<%@ page language="java" import="java.util.*" pageEncoding="utf-8"%>
<%--
使用 taglib 指令引入标签库描述符文件，
用 uri 属性来引用此标签库的唯一标识 URI；
用 prefix 属性来指定引用此标签库中的标签的前缀为 q
--%>
<%@ taglib uri="http://blog.csdn.net/qjyong/tags" prefix="q" %>
<!DOCTYPE HTML PUBLIC "-//W3C//DTD HTML 4.01 Transitional//EN">
<html>
    <head>
        <title>自定义嵌套标签 if-then-else</title>
    </head>
    <body>
    <h3>自定义嵌套标签 if-then-else 的使用示例</h3><hr/>
    <q:if test="<%= 5 + 3 - 2 * 4 > 0 %>">
        <q:then>test 的值为 true</q:then>
        <q:else>test 的值为 false</q:else>
    </q:if>
</body>
</html>
```

这个页面执行后的效果如图 7.13 所示。

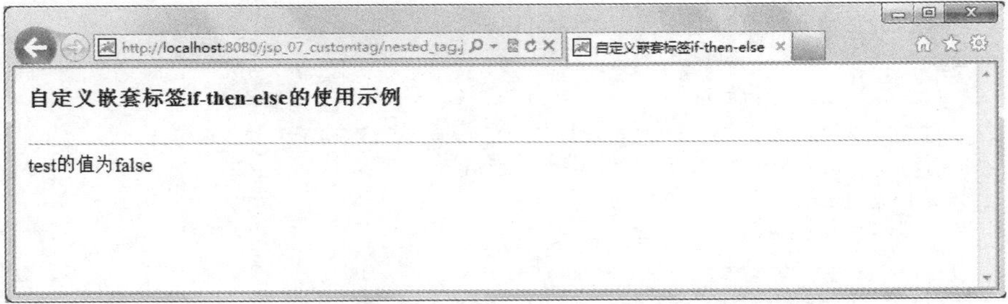

图 7.13　自定义嵌套标签 if-then-else 的使用效果

7.8.2　使用动态属性

在 JSP 1.1 或 JSP 1.2 环境中，我们必须为标签的每一个属性在标签处理类中定义对应的 setter 方法。这种做法使我们无法根据实际的运行环境增加属性。

为了解决这个在实际中经常遇见的问题，JSP 2.0 的标签库引入一个新特性——动态属性，该特性是通过接口 javax.servlet.jsp.tagext.DynamicAttributes 来做到的，传统和简单标签处理类均可实现此接口，这个接口只声明了一个方法：

```
public void setDynamicAttribute(String uri, String localName, Object value)
  throws JspException;
```

对于实现 DynamicAttributes 接口的标签处理类来说，每个未声明属性，容器都将调用此方法，参数 uri 指的是该属性的 XML 命名空间 URI(这个参数几乎不用)，localName 指的是属性名，value 指的是属性的值。

下面通过一个简单的例子来介绍如何开发支持动态属性的标签“dynaAdd”。

1. 创建标签处理类

支持动态属性的标签处理类只需要在原来的基础上实现接口 DynamicAttributes，并完成 setDynamicAttribute 方法，MyDynaAttrTag 类的代码如下所示：

```
//MyDynaAttrTag.java
package com.qiujy.web.tags;

import java.io.IOException;
import java.util.*;
import javax.servlet.jsp.JspException;
import javax.servlet.jsp.tagext.DynamicAttributes;
import javax.servlet.jsp.tagext.SimpleTagSupport;

/** 支持动态属性的标签处理类 */
@SuppressWarnings("unchecked")
public class MyDynaAttrsTag extends SimpleTagSupport
implements DynamicAttributes {
   private Map dynamicAttrs; //用来保存所有动态属性的名和值对
   private int total;   //用来保存所有属性值相加的结果

   public void setDynamicAttribute(String uri,
     String localName, Object value) throws JspException {
      if(dynamicAttrs == null) {
         dynamicAttrs = new HashMap();
      }
      dynamicAttrs.put(localName, value); //把属性名/值对添加到Map
   }

   public void doTag() throws JspException {
      if(dynamicAttrs != null) {
         Iterator it = dynamicAttrs.keySet().iterator();
         while(it.hasNext()) {
            String name = (String) it.next();
            //遍历求和
            total += Integer.parseInt(
            String.valueOf(dynamicAttrs.get(name)));
         }
      }
      try {
         getJspContext().getOut().write("所有属性值的总和为:" + total);
      } catch (IOException e) {
         throw new JspException(e);
```

```
        }
    }
}
```

在每次调用 setDynamicAttribute()方法时，属性名和值都保存在一个 Map 中，之后，在 doTag()方法中，把 Map 中所有的属性的值取出来进行求和。

2. 在标签库描述文件中描述这个标签

接下来在标签库描述文件 mytag.tld 中为这个动态属性的标签设置 dynamic-attributes 属性的值为 true，下面是本例中的配置：

```
<?xml version="1.0" encoding="UTF-8"?>
<taglib version="2.0" xmlns="http://java.sun.com/xml/ns/j2ee"
  xmlns:xsi="http://www.w3.org/2001/XMLSchema-instance"
  xsi:schemaLocation="http://java.sun.com/xml/ns/j2ee/
  web-jsptaglibrary_2_0.xsd">
    <!-- 此标签库的一个简短描述 -->
    <description>一个自定义标签库</description>
    <!-- 此标签库的版本，由标签开发者自行决定-->
    <tlib-version>0.9</tlib-version>
    <!-- 定义一个简短的名称，主要给一些工具使用-->
    <short-name>q</short-name>
    <!-- 定义此标签库的 URI。用于唯一标识此标签库，便于页面的引用 -->
    <uri>http://blog.csdn.net/qjyong/tags</uri>

    <!-- 支持动态属性的自定义标签的描述 -->
    <tag>
        <name>dynaAdd</name>
        <tag-class>com.qiujy.web.tags.MyDynaAttrsTag</tag-class>
        <body-content>empty</body-content>
        <!-- 声明本标签支持动态属性 -->
        <dynamic-attributes>true</dynamic-attributes>
    </tag>
</taglib>
```

3. 在 JSP 页面中使用这个标签

最后就是如何使用这个标签库的问题了。有两种方式来调用这个标签库，先来看看测试页面代码 dynaattrs_tag.jsp 的内容：

```
<%@ page language="java" import="java.util.*" pageEncoding="utf-8"%>
<%--
使用 taglib 指令引入标签库描述符文件，
用 uri 属性来引用此标签库的唯一标识 URI；
用 prefix 属性来指定引用此标签库中的标签的前缀为 q
--%>
<%@ taglib uri="http://blog.csdn.net/qjyong/tags" prefix="q" %>
<!DOCTYPE HTML PUBLIC "-//W3C//DTD HTML 4.01 Transitional//EN">
<html>
    <head>
```

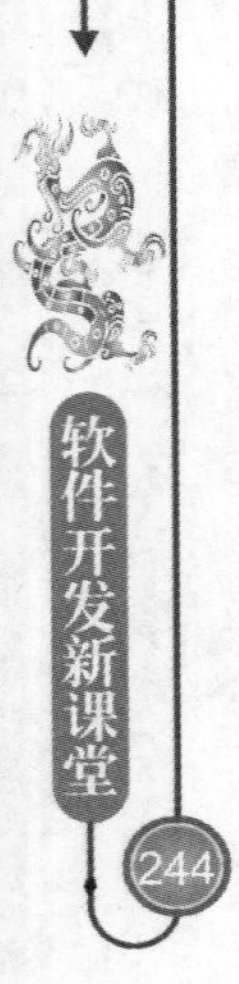

```
        <title>支持动态属性的自定义标签</title>
    </head>
    <body>
    <h3>支持动态属性的自定义标签使用示例</h3><hr/>

    <!-- 第一种调用方式：直接在开始标记中添加任意数量的属性 -->
    <q:dynaAdd x="10" y="100" z="1000"/>
    <hr/>
    <!-- 第二种调用方式：使用 jsp:attribute 来指定要添加的属性 -->
    <q:dynaAdd>
        <jsp:attribute name="x">10</jsp:attribute>
        <jsp:attribute name="y">100</jsp:attribute>
        <jsp:attribute name="z">1000</jsp:attribute>
    </q:dynaAdd>
    </body>
</html>
```

在这个 JSP 页面的第一种调用方法中，我们直接给标签的开始标记赋予几个属性，但是它们并没有在标签描述文件中定义过，这就是动态属性的意思。第二种方式是通过使用 JSP 2.0 新增一个内置的标签<jsp:attribute>来添加动态属性的。读者可以根据具体需要来选择适当的一种方式，第二种方法适于动态的属性是由某些其他的标签所生成的值。

运行这个 JSP 页面后的效果如图 7.14 所示。

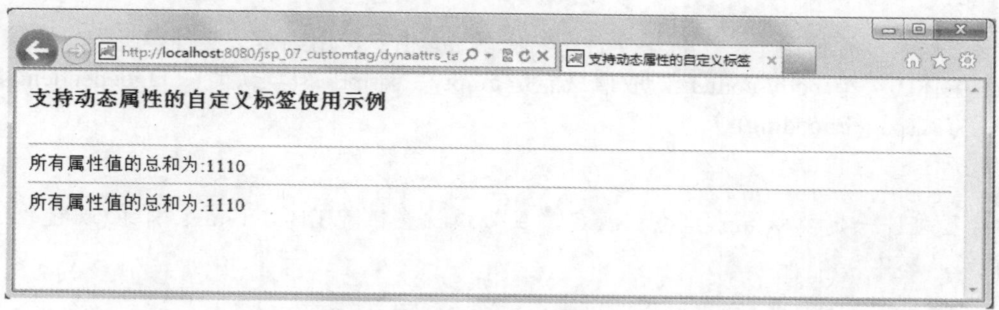

图 7.14 支持动态属性的自定义标签使用的效果

提示

本节及本节之前的所有示例程序的完整代码，可参看随书光盘中的工程：\ch07\jsp_07_customtag

7.8.3 使用标签文件来开发自定义标签

从 JSP 2.0 规范开始，自定义标签的开发有两种方式：第一种是使用标签处理类方式，先前所介绍的自定义标签都是采用这种方式开发的；第二种方式是采用包含 JSP 元素的常规文本文件，即使用标签文件方式来开发。

标签文件是包含有 JSP 元素的文本文件，这些 JSP 元素实现了标签处理的功能，它必须以.tag 作为扩展名，且必须放置在 WEB-INF/tags 目录(或它的子目录)下。在标签文件中

可以使用除了 page 指令以外的所有 JSP 元素。

1. 简单示例

创建如下内容的 footer.tag 文件：

```
<%@ tag body-content="empty" pageEncoding="utf-8" %>
<div style="font-size: 13px;text-align:center;line-height: 1.5;"
  id="footer">
    <div id="copyright">
        <hr/>
        <a href="javascript:void(null)" target="_self" onClick="">
          加入收藏</a> -
        <a href="javascript:void(null)" target="_self" onClick="">
          设为首页</a> -
        <a href="javascript:void(null)" target="_blank">隐私保护</a> -
        <a href="javascript:void(null)" target="_blank">联系我们</a> -
        <a href="javascript:void(null)" target="_blank">获得帮助</a> -
        <a href="javascript:void(null)" target="_blank">投诉举报</a>
        <br/>JSP 笔记—为 Java 人的成长添动力
        <BR>版权所有&copy;2009,
        <a href="http://blog.csdn.net/qjyong" target="_blank">++YONG</a>
    </div>
</div>
```

该文件第一行使用了一个标签文件中特有的 tag 指令，用来定义文件自身的一些信息，如标签主体的类型(body-content，取值只能是 empty、scriptless(默认值)、tagdependent)、文件编码方式(pageEncoding)等。

注意

标签文件一定要以.tag 作为扩展名，且必须放置在 WEB-INF/tags 目录(或它的子目录)下。

标签文件编写完成，就意味着一个自定义标签开发完成了。接下来，就可以直接在 JSP 页面中使用了。使用这个自定义标签的 JSP 页面 footertag_test.jsp 如下：

```
<%@ page language="java" pageEncoding="utf-8"%>
<%--
使用 taglib 指令引入标签描述符文件
用 tagdir 属性来指定要引用的标签文件所在目录的 Web 应用上下文相对路径
用 prefix 属性来指定引用此标签库中的标签的前缀为 q
--%>
<%@ taglib tagdir="/WEB-INF/tags" prefix="q" %>
<!DOCTYPE HTML PUBLIC "-//W3C//DTD HTML 4.01 Transitional//EN">
<html>
    <head>
        <title>标签文件实现的自定义标签</title>
    </head>
    <body>
        <h3>标签文件实现的自定义标签的使用示例</h3>
        <q:footer/>
```

```
    </body>
</html>
```

需要说明的是，这里使用了 tagdir 属性(而不是 uri 属性)来指定要引用的标签文件所在目录的 Web 应用上下文相对路径。

JSP 容器在处理这个 JSP 页面时，会在 WEB-INF/tags 目录中找到 footer.tag 文件，并将它转换编译成 Servlet 字节码。最后在执行时就跟先前的标签处理类实现方式完全相同了。

这个 JSP 页面运行后的效果如图 7.15 所示。

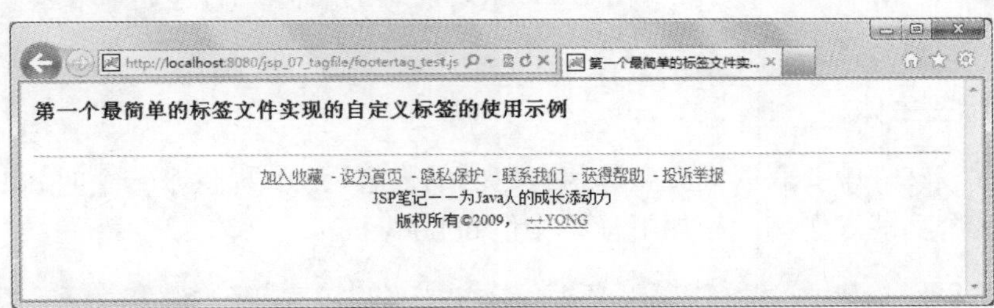

图 7.15　用标签文件实现的自定义标签

2. 访问属性值

上一示例是用最简单的标签文件实现了自定义标签的开发。在实际的应用中，经常会需要通过给自定义标签添加属性值来加以控制。也就是说，还需要在标签文件中实现如何声明、访问和使用属性值。

在标签文件中要使用属性，可以通过特有的指令 attribute 来声明属性，然后使用 EL 来访问此属性的值。修改 footer.tag 文件的内容，最终如下所示：

```
<!-- tag 指令定义标签文件自身的一些信息 -->
<%@ tag body-content="empty" pageEncoding="utf-8" %>
<!-- attribute 指令声明本标签文件所需要的属性 -->
<%@ attribute name="siteName" required="true" %>
<%@ attribute name="year" type="java.lang.Integer"%>
<div style="font-size: 13px;text-align:center;line-height: 1.5;"
 id="footer">
   <div id="copyright">
       <hr/>
       <a href="javascript:void(null)" target="_self" onClick="">
         加入收藏</a> -
       <a href="javascript:void(null)" target="_self" onClick="">
         设为首页</a> -
       <a href="javascript:void(null)" target="_blank">隐私保护</a> -
       <a href="javascript:void(null)" target="_blank">联系我们</a> -
       <a href="javascript:void(null)" target="_blank">获得帮助</a> -
       <a href="javascript:void(null)" target="_blank">投诉举报</a>
       <br/>${siteName}—为 Java 人的成长添动力
       <BR>版权所有&copy;${year}，
       <a href="http://blog.csdn.net/qjyong" target="_blank">++YONG</a>
   </div>
</div>
```

本文件中声明了需要两个属性，一个属性名叫“siteName”，它是必须属性；另一个属性名叫“year”，它是类型为 java.lang.Integer 的(数据类型不支持基本类型)，这个属性是可有可无的(因为 required 的默认值为 false)。

需要使用此自定义标签的页面应该使用类似下面这种方式来调用：

```
<q:footer2 siteName="Java之道" year="2008"/>
```

这些属性值会传递到标签文件中，标签文件会把它们以属性名作为变量名存放到页面使用域(PageContext)中，这样就可以使用 EL 来访问它们的值了(注意：不可以使用脚本元素来访问)。

3. 处理标签主体

对于在标签文件中要获取标签主体执行返回的内容，JSP 提供了一个叫 doBody 的标准动作来完成这个功能。例如，有如下标签文件 dobody.tag：

```
<%@ tag body-content="scriptless" pageEncoding="utf-8" %>
<!-- 将标签主体计算的结果保存为一个字符串,
  并用 var 指定的变量名存放于页面使用域中 -->
<jsp:doBody var="siteTitle" scope="page"/>
<div style="font-size: 13px;text-align:center;line-height: 1.5;"
  id="footer">
    <div id="copyright">
        <hr/>
        <a href="javascript:void(null)" target="_self" onClick="">
          加入收藏</a> -
        <a href="javascript:void(null)" target="_self" onClick="">
          设为首页</a> -
        <a href="javascript:void(null)" target="_blank">隐私保护</a> -
        <a href="javascript:void(null)" target="_blank">联系我们</a> -
        <a href="javascript:void(null)" target="_blank">获得帮助</a> -
        <a href="javascript:void(null)" target="_blank">投诉举报</a>
        <br/>${siteTitle}
        <BR>版权所有&copy;2009,
        <a href="http://blog.csdn.net/qjyong" target="_blank">++YONG</a>
    </div>
</div>
```

在这个标签文件中，使用 doBody 标准动作来获取标签主体执行返回的内容，把它当作字符串并用“siteTitle”变量名存放到 page 范围(这也是默认值)。之后，用 EL 就很容易获取它的值了。

4. 处理片段属性

JSP 片段是指一组动态元素(如标准运作和 EL 表达式)的可执行代码段，当标签文件调用这段片段时，该片段中的所有动态元素就会被执行。而且标记文件可以多次调用该命名片段。在标签文件中要命名片段属性，可以使用 attribute 指令(把它的 fragment 属性设置为 true)。而调用这种片段时要用<jsp:invoke>动作。

有如下 fragment.tag 标签文件：

```
<%@ tag body-content="empty" pageEncoding="utf-8" %>
<%-- 用 attribute 指令声明要使用的片段属性 --%>
<%@ attribute name="href" fragment="true" required="true" %>
<%@ attribute name="siteTitle" fragment="true" required="true" %>
<div style="font-size: 13px;text-align:center;line-height: 1.5;"
  id="footer">
    <div id="copyright">
        <hr/>
        <%-- 调用指定名称的片段属性 --%>
        <jsp:invoke fragment="href"/>
        <br/>
        <%-- 调用指定名称的片段属性 --%>
        <jsp:invoke fragment="siteTitle"/>
        <BR>版权所有&copy;2009,
        <a href="http://blog.csdn.net/qjyong" target="_blank">++YONG</a>
    </div>
</div>
```

标签文件中的 tag 指令指定了主体必须为空；也就是说，这个自定义标签的主体只能包含<jsp:attribute>元素，不能有其他文本。并用 attribute 指令声明了两个要使用到的片段属性，此指令的 fragment 属性值必须设置为 true，否则容器只计算一次<jsp:attribute>的主体。之后就可以使用<jsp:invoke>动作来调用指定名称的片段了。

此标签文件的测试页面(fragmenttag_test.jsp)如下所示：

```
<%@ page language="java" pageEncoding="utf-8"%>
<%--
使用 taglib 指令引入标签库描述符文件，
用 tagdir 属性来指定要引用的标签文件所在目录的 Web 应用上下文相对路径；
用 prefix 属性来指定引用此标签库中的标签的前缀为 q
--%>
<%@ taglib tagdir="/WEB-INF/tags" prefix="q" %>
<!DOCTYPE HTML PUBLIC "-//W3C//DTD HTML 4.01 Transitional//EN">
<html>
<head>
    <title>处理片段属性的标签文件实现的自定义标签</title>
</head>
<body>
    <h3>处理片段属性的标签文件实现的自定义标签的使用示例</h3>
    <%-- 调用标签文件定义的 fragment 标签 --%>
    <q:fragment>
        <%--
        用 attribute 动作来定义片段属性。
        片段属性名用 name 来指定，值是标签主体计算返回的内容
        --%>
        <jsp:attribute name="href">
            <a href="#" target="_self" onClick="">加入收藏</a> -
            <a href="#" target="_self" onClick="">设为首页</a> -
            <a href="#" target="_blank">隐私保护</a> -
            <a href="#" target="_blank">联系我们</a> -
            <a href="#" target="_blank">获得帮助</a> -
```

```
            <a href="#" target="_blank">投诉举报</a>
        </jsp:attribute>
        <%-- 用 attribute 动作来定义片段属性--%>
        <jsp:attribute name="siteTitle">
            JSP 笔记——为 Java 人的成长添动力
        </jsp:attribute>
    </q:fragment>
</body>
</html>
```

这个 JSP 页面使用 fragment 标签时，通过<jsp:attribute>动作来命名片段属性。运行该页面后的效果如图 7.16 所示。

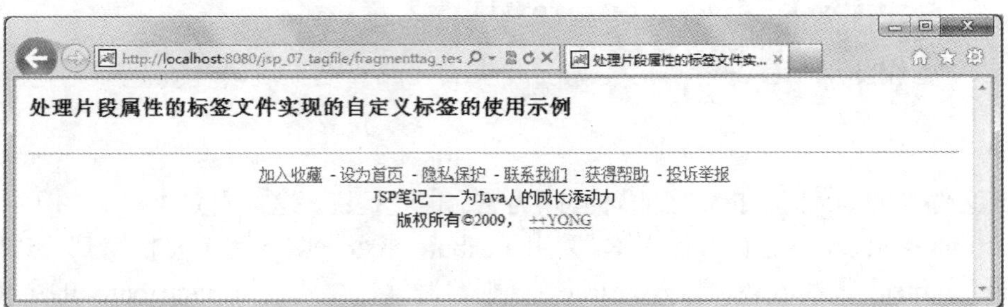

图7.16　处理片段属性的标签文件实现的自定义标签

5. 中止页面处理

JSP 规范没有为标记文件提供可用的指令或类似机制来显式地中止页面处理，但是在标签文件中使用<jsp:forward>或其他自定义的中止页面的标签也可以达到同样的效果。

6. 打包标签文件

用标签文件实现的自定义标签，也可以打成 JAR 包，以方便重用。

标签文件打成 JAR 包跟打包标签处理类的方式有很大的不同，具体步骤如下。

(1) 要打包的标签文件必须放置在 META-INF/tags 目录下。

(2) 在 META-INF 目录下必须添加一个标签库描述文件，描述各个标签文件所定义的自定义标签。例如如下所示的标签库描述文件(mytag.tld)：

```
<?xml version="1.0" encoding="UTF-8"?>
<taglib version="2.0" xmlns="http://java.sun.com/xml/ns/j2ee"
  xmlns:xsi="http://www.w3.org/2001/XMLSchema-instance"
  xsi:schemaLocation="http://java.sun.com/xml/ns/j2ee/
  web-jsptaglibrary_2_0.xsd">
    <!-- 此标签库的一个简短描述 -->
    <description>一个自定义标签库</description>
    <!-- 此标签库的版本，由标签开发者自行决定-->
    <tlib-version>0.9</tlib-version>
    <!-- 定义一个简短的名称，主要给一些工具使用-->
    <short-name>t</short-name>
    <!-- 定义此标签库的 URI。用于唯一标识此标签库，便于页面的引用 -->
    <uri>http://blog.csdn.net/qjyong/tagfiles</uri>
    <!-- 用标签文件实现的自定义标签声明 -->
```

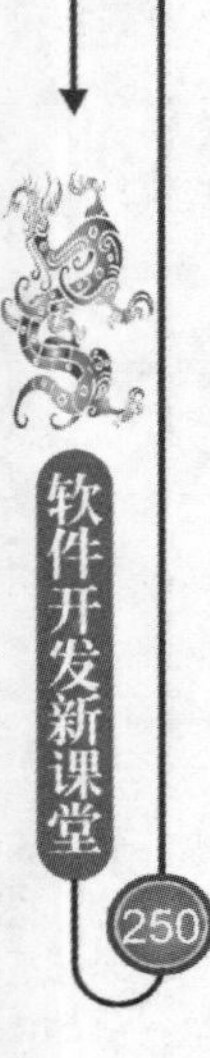

```
    <tag-file>
        <!-- 自定义的标签的名称 -->
        <name>footer</name>
        <!-- 此标签文件在 JAR 包中的路径，必须以/META-INF/tags 开头 -->
        <path>/META-INF/tags/footer.tag</path>
    </tag-file>
    <tag-file>
        <name>footer2</name>
        <path>/META-INF/tags/footer2.tag</path>
    </tag-file>
    <tag-file>
        <name>dobody</name>
        <path>/META-INF/tags/dobody.tag</path>
    </tag-file>
    <tag-file>
        <name>fragment</name>
        <path>/META-INF/tags/fragment.tag</path>
    </tag-file>
</taglib>
```

这个文件中，用<tag-file>元素来声明每个用标签文件实现的自定义标签，它的嵌套<name>元素给这个标签指定名称；<path>元素中指定了 JAR 文件中到此标签文件的路径(必须以/META-INF/tags 开头)。

最后，这个 META-INF 的目录结构如图 7.17 所示。

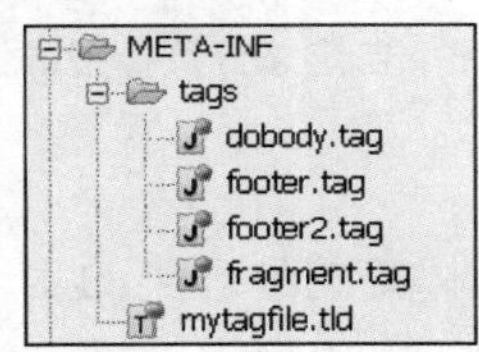

图 7.17 META-INF 目录结构

(3) 使用 jar 命令创建 JAR 文件。首先，在命令行下进入要打包的文件父目录下，并运行如下命令：

```
jar cvf mytagfile_0.9.jar META-INF
```

这就会创建一个名为 mytagfile_0.9.jar 的 JAR 文件。这个文件就可以作为第三方类库添加到任何 Web 应用程序中。在 JSP 页面中使用这个 JAR 文件中的自定义标签与其他方式的没有任何区别。

提示

本小节示例程序的完整源代码参见配书光盘：\ch07\ ch07_tagfile_jar_test。

7.9 实用案例：自定义分页标签

本章的最后，以开发一个在实际项目应用中常用的数据分页标签作为结束。这个标签的使用方式如下：

```
<q:pager pageNo="当前页号"
  pageSize="每页要显示的记录数"
  recordCount="总记录数"
  url="要跳转的 URI" />
```

通过给这个标签传入当前页号、每页要显示的记录数、总记录数和要跳转的 URI，这个标签就可以生成翻页的 HTML 元素。如图 7.18 所示是该分页标签的一个使用效果。

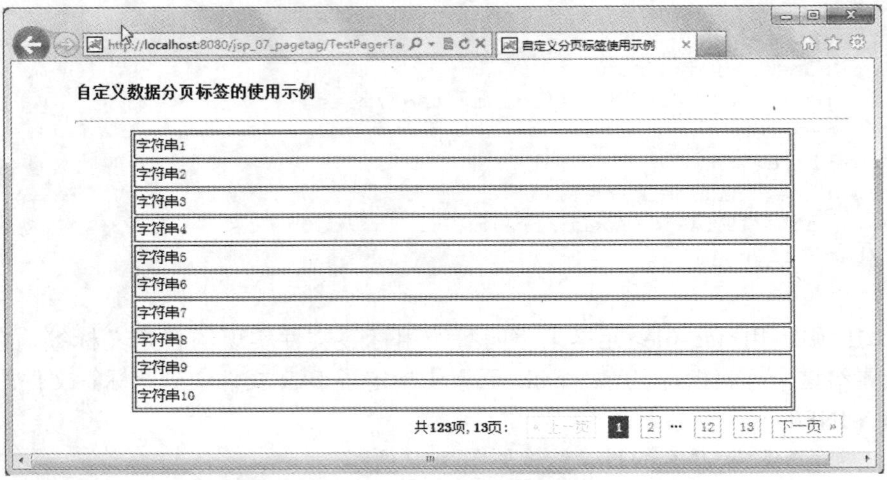

图 7.18　自定义分页标签的使用

1. 标签处理类

接下来主要分析一下这个自定义标签的处理类的实现思路。

这个标签只是通过指定属性值就可以生成所有的翻页元素，因此该标签不需要主体，可以直接继承自 TagSupport 类：

```
public class PagerTag extends TagSupport {...}
```

然后为标签定义 4 个属性，给它们提供 setter 方法，以便使用标签时，从外部传值进来：

```
private String url;              //请求 URI
private int pageSize = 10;       //每页要显示的记录数
private int pageNo = 1;          //当前页号
private int recordCount;         //总记录数

public void setUrl(String url) {
    this.url = url;
}
public void setPageSize(int pageSize) {
    this.pageSize = pageSize;
}
public void setPageNo(int pageNo) {
    this.pageNo = pageNo;
}
```

```
public void setRecordCount(int recordCount) {
    this.recordCount = recordCount;
}
```

最主要的逻辑实现都是在 doStartTag()方法中，首先通过总记录数和每页要显示的记录数计算出总页数：

```
int pageCount = (recordCount + pageSize - 1) / pageSize;
```

之后就开始准备拼写要输出到响应的 StringBuilder 实例了。在这里主要的逻辑有 3 处。

(1) 把请求对象中获取的所有请求参数都作为隐藏表单域(<input type="hidden">)生成到一个 form 表单中：

```
sb.append("<form method=\"post\" action=\"\" ")
  .append("name=\"qPagerForm\">\r\n");
//获取请求中的所有参数
HttpServletRequest request = (HttpServletRequest)pageContext.getRequest();
Enumeration<String> enumeration = request.getParameterNames();
String name = null;  //参数名
String value = null; //参数值
//把请求中的所有参数当作隐藏表单域
while (enumeration.hasMoreElements()) {
    name =  enumeration.nextElement();
    value = request.getParameter(name);
    //去除页号
    if (name.equals("pageNo")) {
        if (null!=value && !"".equals(value)) {
            pageNo = Integer.parseInt(value);
        }
        continue;
    }
    sb.append("<input type=\"hidden\" name=\"")
        .append(name)
        .append("\" value=\"")
        .append(value)
        .append("\"/>\r\n");
}
//把当前页号设置成请求参数
sb.append("<input type=\"hidden\" name=\"").append("pageNo")
  .append("\" value=\"").append(pageNo).append("\"/>\r\n");
```

这样做的主要目的是，让这个分页标签在条件查询中仍可以使用，即带条件查询时，参数在翻页时不会丢失。

(2) 生成翻页的 HTML 元素。这一段逻辑稍微复杂一些。这里一一做介绍。

① 生成“总记录数和总页数”：

```
sb.append(" 共<strong>").append(recordCount)
  .append("</strong>项")
  .append(", <strong>")
  .append(pageCount)
  .append("</strong>页: \r\n");
```

② 是否要显示“上一页”超链接的逻辑处理。

如果当前页是第一页，则“上一页”不需要超链接；否则要添加超链接：

```
if (pageNo == 1) {
    sb.append("<span class=\"disabled\">&laquo; 上一页")
      .append("</span>\r\n");
} else {
    sb.append("<a href=\"javascript:void(null)\"")
      .append(" onclick=\"turnOverPage(")
      .append((pageNo - 1))
      .append(")\">&laquo; 上一页</a>\r\n");
}
```

③ 如果总页数超过 5 页，显示“...”：

```
int start = 1;
if(this.pageNo > 4) {
    start = this.pageNo - 1;
    sb.append("<a href=\"javascript:void(null)\"")
      .append(" onclick=\"turnOverPage(1)\">1</a>\r\n");
    sb.append("<a href=\"javascript:void(null)\"")
      .append(" onclick=\"turnOverPage(2)\">2</a>\r\n");
    sb.append("&hellip;\r\n"); //生成...
}
```

④ 当前页和它附近页的显示处理：

```
int end = this.pageNo + 1;
if(end > pageCount) {
    end = pageCount;
}
for(int i=start; i<=end; i++) {
    if(pageNo == i) {   //当前页号不需要超链接
        sb.append("<span class=\"current\">")
          .append(i)
          .append("</span>\r\n");
    } else {
        sb.append("<a href=\"javascript:void(null)\"")
          .append(" onclick=\"turnOverPage(")
          .append(i)
          .append(")\">")
          .append(i)
          .append("</a>\r\n");
    }
}
```

⑤ 如果总页数比当前页数超过 2 页，显示“...”：

```
if(end < pageCount - 2) {
    sb.append("&hellip;\r\n");  //生成...
}
if(end < pageCount - 1) { //生成倒数第二页的翻页元素
    sb.append("<a href=\"javascript:void(null)\"")
```

```
        .append(" onclick=\"turnOverPage(")
        .append(pageCount - 1)
        .append(")\">")
        .append(pageCount - 1)
        .append("</a>\r\n");
}
if(end < pageCount) {   //生成倒数最后一页的翻页元素
    sb.append("<a href=\"javascript:void(null)\"")
        .append(" onclick=\"turnOverPage(")
        .append(pageCount)
        .append(")\">")
        .append(pageCount)
        .append("</a>\r\n");
}
```

⑥　是否要显示“下一页”超链接的逻辑处理：

```
if (pageNo == pageCount) {
    sb.append("<span class=\"disabled\">下一页 &raquo;")
        .append("</span>\r\n");
} else {
    sb.append("<a href=\"javascript:void(null)\"")
        .append(" onclick=\"turnOverPage(")
        .append((pageNo + 1))
        .append(")\">下一页 &raquo;</a>\r\n");
}
```

(3)　生成提交这个含有分页参数的表单的 JavaScript 函数：

```
sb.append("<script language=\"javascript\">\r\n");
sb.append("  function turnOverPage(no){\r\n");
sb.append("    var qForm=document.qPagerForm;\r\n");
sb.append("    if(no>").append(pageCount).append("){");
sb.append("no=").append(pageCount).append(";}\r\n");
sb.append("    if(no<1){no=1;}\r\n");
sb.append("    qForm.pageNo.value=no;\r\n");
sb.append("    qForm.action=\"").append(url).append("\";\r\n");
sb.append("    qForm.submit();\r\n");
sb.append("  }\r\n");
sb.append("</script>\r\n");
```

这个表单要用 JavaScript 来提交，是因为表单内有很多的隐藏表单元素，且每个翻页元素都要可以提交表单，因此采用 JavaScript 是最适用的。这个函数的逻辑主要就是获取翻页元素上指定的当前页号，把它设置到请求参数中，然后指定表单的提交动作为属性 uri 的值，最后提交表单。

在这些翻页元素全部生成之后，只需要获取当前页面的响应输出流，把这个字符串缓冲区输出到响应输出流中即可。

最后给 doStrartTag()方法返回 SKIP_BODY 跳过主体的处理：

```
try {
    pageContext.getOut().println(sb.toString());
```

```
} catch (IOException e) {
    throw new JspException(e);
}
return SKIP_BODY;  //本标签主体为空，所以直接跳过主体
```

至此，标签处理类的逻辑就完成了。当然，这个处理类也是可以用简单标签处理类方式来实现的。具体不再说明，读者若有兴趣可以自行实现。

2. 在标签库描述文件中描述这个标签的信息

这个标签的描述信息跟先前的标签描述没有区别，这边就不再写出来了，详情可参看源代码。

3. 在页面中使用该分页标签

(1) 用 taglib 指令引用该标签库描述文件：

```
<%@ taglib uri="http://blog.csdn.net/qjyong/tags/pager" prefix="q"%>
```

(2) 为该分页标签准备好一些样式，让翻页元素更美观：

```
<style type="text/css">
body {
    margin-top: 20px;
    text-align: left;
    font-family: 宋体, Arial, Verdana;
    font-size: 13px;
    line-height: 150%;
    min-width: 800px;
    word-break: break-all;
}
/* 分页标签样式 */
.pagination { padding: 5px;  float: right; }
.pagination a, .pagination a:link, .pagination a:visited {
    padding: 2px 5px 2px 5px;
    margin: 2px;
    border: 1px solid #aaaadd;
    text-decoration: none;
    color: #006699;
}
.pagination a:hover, .pagination a:active {
    border: 1px solid #ff0000;
    color: #000;
    text-decoration: none;
}
.pagination span.current {
    padding: 2px 5px 2px 5px;
    margin: 2px;
    border: 1px solid #ff0000;
    font-weight: bold;
    background-color: #ff0000;
    color: #FFF;
```

```
}
.pagination span.disabled {
    padding: 2px 5px 2px 5px;
    margin: 2px;
    border: 1px solid #eee;
    color: #ddd;
}
</style>
```

(3) 用代码片段显示数据：

```
<table border="1" width="600px" align="center">
<%
//获取分页后的数据进行显示
List<String> datas = (List<String>)request.getAttribute("datas");
for(String str : datas) {
    out.println("<tr><td>" + str + "</td></tr>");
} %>
</table>
```

(4) 调用分页标签：

```
<%-- 使用 EL 表达式简化分页标签的使用 --%>
<q:pager pageNo="${pageNo}"
  pageSize="${pageSize}"
  recordCount="${recordCount}"
  url="TestPagerTagServlet" />
```

(5) 创建一个 TestPagerTagServlet 的 Servlet，用来准备测试数据，并为分页标签准备好参数值，然后转发到测试页面，就可以看到如图 7.18 所示的效果了。

本节示例程序的完整源代码参见配书光盘：\ch07\jsp_07_pagetag。

最后说明一点，分页标签是一个非常通用的功能，几乎所有的 Web 应用系统中都会有这样的需求。所以，建议读者把它打成一个 JAR 文件，以方便重用。

7.10 上 机 练 习

(1) 用 TagSupport 类实现一个把主体内容的 HTML 特殊元素转成转义字符(如“<”转成<、“>”转成>)的标签。

(2) 用 BodyTagSupport 类实现类似 switch ... case ... default 语句功能的标签组。

(3) 用 SimpleTagSupport 类重新实现 7.9 节中的数据分页标签，并打包成 mypager.jar 文件，再创建一个工程来测试它的使用。

第 8 章

JSP 标准标签库

学前提示

JSP 标准标签库(JSP Standard Tag Library，JSTL)是一个实现 Web 应用程序中常见的通用功能的定制标签库集，软件工程师使用 JSTL 标签来避免在 JSP 页面中使用脚本编制元素。本章将介绍 JSTL 的应用基础，以及如何通过从表示层删除源代码来简化软件的维护。

知识要点

- JSTL 概述
- Core 标签库
- i18n formatting 标签库
- 数据库标签库

8.1 JSTL 概述

JSTL 英文全称是 JSP Standard Tag Library，即 JSP 标准标签库之意。它是由 JCP(Java Community Process)制定的标准规范。是一组形如 HTML 的标签(Tag)，使得读者即使不需要学习 Java 也可以编写动态 Web 页。自从 2002 年中期发布后，它已成为 JSP 平台的一个标准组成部分。JSTL 是建立在 JSP 上的某种 Custom Actions(自定义操作)或 Custom Tags(自定义标签)，表面看起来它只是 JSP 的一个插件，但事实上它也可以算是一种新的用于构建动态 Web 页的语言。它提供了诸如循环、条件、数据库访问、XML 处理、国际化(i18n)等开发上的工具和流程。

JSTL 目前最新的版本为 1.2，是一个正在不断开发和完善的开放源代码的 JSP 标签库，它支持多种标签，在开发中常用的有 5 种标签，如表 8.1 所示。

表 8.1　JSTL 的标签库

功能范围	URI	前　缀
核心标签库(Core)	http://java.sun.com/jsp/jstl/core	c
国际化/格式化标签库(i18n)	http://java.sun.com/jsp/jstl/fmt	fmt
数据库标签库(SQL)	http://java.sun.com/jsp/jstl/sql	sql
XML 标签库(XML)	http://java.sun.com/jsp/jstl/xml	x
Functions 标签库(Functions)	http://java.sun.com/jsp/jstl/functions	fn

在学习 JSTL 标签库之前，需要先下载 JSTL 所需要的 JAR 包。有两种获取方式。

(1)　通过官方网站(http://archive.apache.org/dist/jakarta/taglibs/standard/binaries/)下载，获取 API 里面的 jstl.jar、standard.jar。下载界面如图 8.1 所示。

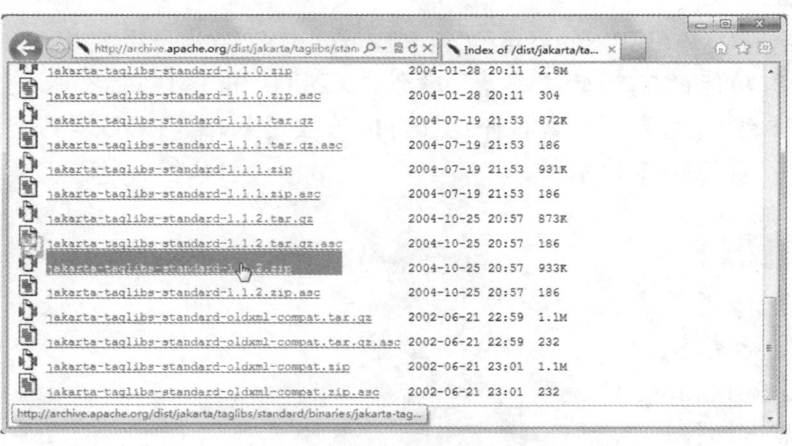

图 8.1　JSTL API 下载界面

(2)　使用 MyEclipse 自带的驱动包。在 Java EE 5.0 以上版本已经集成了 JSTL 1.2，创建 Web 工程时会自动导入 JSTL 的 JAR 包，如图 8.2 所示。

Java EE 5 Libraries
javaee.jar - D:\Program Files\MyEclipse\
jsf-impl.jar - D:\Program Files\MyEclipse
jsf-api.jar - D:\Program Files\MyEclipse\
jstl-1.2.jar - D:\Program Files\MyEclipse\

图 8.2　MyEclipse 自带 JSTL API

准备工作已经完成了。接下来将分别讲述这些标签库中标签的基本应用。

8.2　Core 标签库

核心标签库主要包括通用标签、条件标签、迭代标签和与 URL 相关的标签。下面逐个来介绍这些标签。

8.2.1　通用标签

通用标签主要有<c:out>、<c:set>、<c:remove>和<c:catch>。<c:out>用来输出表达式的值，<c:set>设置存储于各种域范围中的变量，<c:remove>是删除某种域范围内的变量，<c:catch>捕获嵌套在标签体内的内容抛出的异常对象，下面将分别讲述通用标签的相关用法。

1. <c:out>标签

用于将表达式的结果输出到当前的 JspWriter 对象中。其功能类似于 JSP 的表达式<%= ... %>，或者 EL 表达式${...}。

(1) 语法

① 不含标签体的情况，语法如下：

```
<c:out value="value" [escapeXml="{ true|false}"] [default="default value"]/>
```

② 含有标签主体的情况，语法如下：

```
<c:out value="value" [escapeXml="{true|false}"]>default value</c:out>
```

(2) 属性

<c:out>含有的属性包括 value、escapeXml、default 等，对于这些属性的约束和说明如表 8.2 所示。

表 8.2　c:out 标签的属性

属 性 名	是否支持 EL	属性类型	描 述
value	true	Object	被计算的表达式
escapeXml	true	String	确定“>”、“<”、“&”、“'”、“"”在结果字符串中是否应该转换为相应的字符实体编码，默认值为 true

续表

属 性 名	是否支持 EL	属性类型	描　述
default	true	String	如果 value 属性的值为 null，将输出 default 的值，如果没有指定 default 值，将输出空字符串

(3) 用法

使用核心标签库，必须要先引入核心标签，即<%@ taglib uri="http://java.sun.com/jsp/jstl/core" prefix="c" %>这一行必须引入标签声明，否则页面中无法识别“c”标识符。下面通过一个示例来演示<c:out>标签的用法。

【例 8.1】 <c:out>的用法。

新建名为 c_out.jsp 的页面，页面代码如下：

```
<%@page contentType="text/html; charset=UTF-8"%>
<%@ taglib uri="http://java.sun.com/jsp/jstl/core" prefix="c" %>
<html>
    <head>
        <title>JSTL_c_out</title>
    </head>
    <body>
    <c:out value="无标签主体的输出..."/><br><br>
    <!-- value 值为 NULL 时，默认值 -->
    <c:out value="${name}">
        value 值为 NULL 时，输出我
    </c:out><br/>
    <c:out value="<hr>原样输出 HTML 标签<hr>" escapeXml="true"/><br/>
    <c:out value="<hr>转换 HTML 标签并输出<hr>" escapeXml="false"/><br>
    </body>
</html>
```

启动 Tomcat，在地址栏中输入“http://localhost:8080/jstldemo/c_out.jsp”，显示的结果如图 8.3 所示。

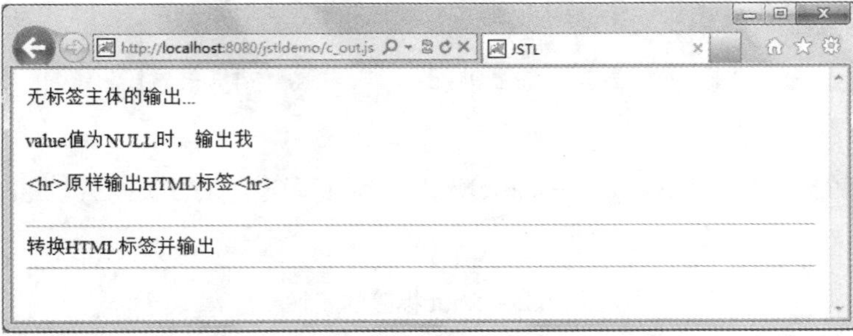

图 8.3　c_out.jsp 的执行结果

注意

① 本章未做特别说明，所有页面均放置于 jstldemo 的工程之中。
② 使用 JSTL 时，应将 jstl.jar 和 stand.jar 添加至工程的 lib 文件夹中。
③ 注意使用 JSTL 的版本不同，引入方式也略有区别。

1.0 版的声明为<%@ taglib uri="http://java.sun.com/jstl/core" prefix="c" %>
1.1 版的声明为<%@ taglib uri="http://java.sun.com/jsp/jstl/core" prefix="c" %>

2. <c:set>标签

<c:set>标签用于设置 JSP 页面的各种域范围中的变量，或者设置 java.util.Map 对象或 JavaBean 对象的属性。下面主要从<c:set>的语法、属性、用法等方面进行详细介绍。

(1) 语法

<c:set>标签的语法格式比较丰富，有 4 种格式，分别介绍如下。

① 使用 value 属性设置指定域范围中属性的值：

```
<c:set value="value" var="varName"
  [scope="{page|request|session|application}"]>
```

② 使用 value 属性的值设置 target 对象的属性：

```
<c:set value="value" [scope="{page|request|session|application}"]>
   body content
</c:set>
```

③ 使用标签体的内容设置指定域范围中属性的值：

```
<c:set value="value" target="target" property="propertyName"/>
```

④ 使用标签体的内容设置 target 对象的值：

```
<c:set target="target" property="propertyName">
   body content
</c:set>
```

(2) 属性

<c:set>含有的属性包括 value、var、scope、target、property 等，对于这些属性的约束和说明如表 8.3 所示。

表 8.3　c:set 标签的属性

属 性 名	是否支持 EL	属性类型	描　述
value	true	Object	被计算的表达式
var	false	String	标识属性值的变量，变量可以是表达式计算结果的任何类型
scope	false	String	变量的作用域
target	true	Object	要设置属性的对象，对象必须是 JavaBean 对象或 Map 对象
property	true	String	将要设置 target 对象的属性名

(3) 用法

使用<c:set>标签，与<c:out>标签类似，必须先引入标签声明，否则页面中无法识别"c"标识符。下面通过一个示例来演示<c:set>标签的用法。

【例 8.2】<c:set>的用法。

新建名为 c_set.jsp 的页面，页面代码如下：

```
<%@page contentType="text/html; charset=UTF-8"%>
<%@ taglib uri="http://java.sun.com/jsp/jstl/core" prefix="c" %>
<html>
    <head>
        <title>JSTL_c_set</title>
    </head>
    <body>
        <c:set var="username" value="bzc"/>
        输出无标签体变量：<c:out value="${username}"/><br>
        <c:set var="bodyc"scope="session">
            body content
        </c:set>
        输出有标签体变量：<c:out value="${bodyc}"/><br>
        <jsp:useBean id="userbean" class="org.bzc.bean.UserBean">
        </jsp:useBean>
        <c:set value="bzc" target="${userbean}" property="username"/>
        无标签体-输出设置 bean 中属性 name 的值：
        <c:out value="${userbean.username}"/><br>
        <c:set target="${userbean}" property="username">
            bianzhicheng
        </c:set>
        有标签体-输出设置 bean 中属性 name 的值：
        <c:out value="${userbean.username}"/><br>
    </body>
</html>
```

启动 Tomcat，在地址栏中输入“http://localhost:8080/jstldemo/c_set.jsp”，显示的结果如图 8.4 所示。

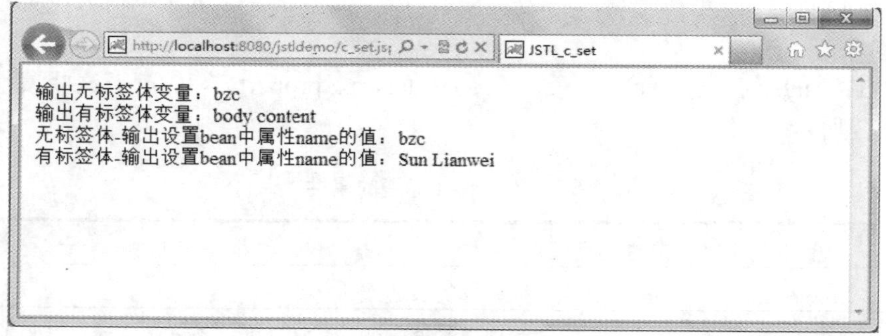

图 8.4　c_set.jsp 的显示结果

3. <c:remove>标签

<c:remove>标签用于移除 JSP 页面中指定域范围中的变量。下面主要从<c:remove>的语法、属性、用法等方面进行详细介绍。

(1) 语法

<c:remove>标签的语法如下：

```
<c:remove var="varName" [scope="{page|request|session|application}"] />
```

(2) 属性

含有的属性包括 value、scope 等，对于这些属性的约束和说明如表 8.4 所示。

表 8.4　c:remove 标签属性表

属 性 名	是否支持 EL	属性类型	描　述
var	false	String	要移除的变量的名称
scope	false	String	var 在 JSP 页面中的范围，默认为 page

(3) 用法

使用<c:remove>标签，与<c:out>标签类似，必须先引入标签声明。下面通过一个示例来演示<c: remove>标签的用法。

【例 8.3】<c:remove>的用法。

新建名为 c_remove.jsp 的页面，页面代码如下：

```
<%@ page language="java" import="java.util.*" pageEncoding="utf-8"%>
<%@ taglib uri="http://java.sun.com/jsp/jstl/core" prefix="c" %>

<html>
    <head>
        <title>JSTL_c_remove</title>
    </head>

    <body>
        <c:set var="username" value="bzc"/>
        输出无标签体变量：<c:out value="${username}"/><br>
        <c:remove var="username"/>
        输出执行 remove 命令后的变量：
        <c:out value="${username}">值为 NULL，执行此处</c:out><br>
    </body>
</html>
```

启动 Tomcat，在地址栏中输入“http://localhost:8080/jstldemo/c_remove.jsp”，执行的效果如图 8.5 所示。

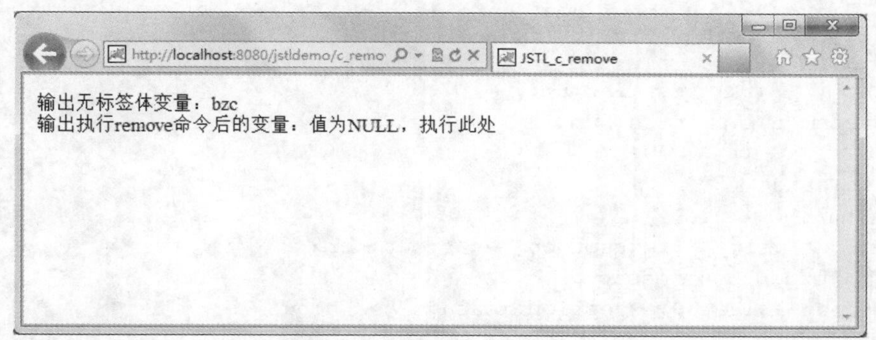

图 8.5　c_remove.jsp 的执行效果

4. <c:catch>标签

<c:catch>标签用于捕获嵌套在标签体内的内容抛出的异常对象，并将异常信息保存到变量中。下面主要从<c:catch>的语法、属性、用法等方面进行详细介绍。

(1) 语法

<c:catch>标签的语法如下：

```
<c:catch [var="varName"]>
   nested actions
</c:catch>
```

(2) 属性

<c:catch>仅含有 var 属性，有关它的说明如表 8.5 所示。

表 8.5 c:catch 标签的属性

属 性 名	是否支持 EL	属性类型	描 述
var	false	String	属性的值为字符串类型，它不支持动态值，该变量用于保存从嵌套的操作中抛出的异常，变量的作用域是 page，变量的类型是抛出的异常的类型

(3) 用法

<c:catch>标签也属于 Core 标签库中的标签，所以也必须在使用前引入 Core 标签声明。下面通过一个示例来演示<c:catch>标签的用法。

【例 8.4】<c:catch>的用法。

新建名为 c_catch.jsp 的页面，页面代码如下：

```
<%@ page contentType="text/html;charset=utf-8"%>
<%@ taglib uri="http://java.sun.com/jsp/jstl/core" prefix="c" %>
<html>
   <head>
      <title>JSTL_c_catch</title>
   </head>
   <body>
   <c:catch var="exception">
   <%
   int [] nums = new int[5];
   System.out.println(nums[5]);
   %>
   </c:catch>
   输出异常：
   <c:out value="${exception}"></c:out><br>
   异常 exception.message :
   <c:out value="${exception.message}"></c:out><br>
   异常 exception.cause :
   <c:out value="${exception.cause}"></c:out><br>
   异常 exception.stackTrace :
```

```
    <c:out value="${exception.stackTrace}" />
    </body>
</html>
```

启动 Tomcat，在地址栏中输入“http://localhost:8080/jstldemo/c_catch.jsp”，执行的效果如图 8.6 所示。

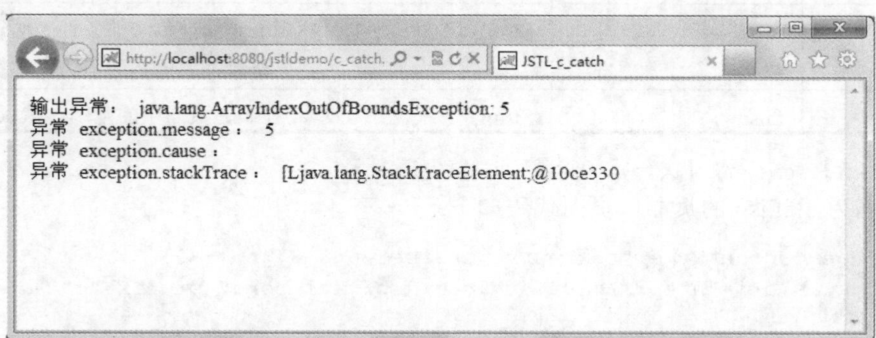

图 8.6　c_catch.jsp 的执行效果

8.2.2　条件标签

条件标签包括以下几种：<c:if>、<c:choose>、<c:when>和<c:otherwise>。在一些程序的基础科目中都会大量讲解条件语句的用法，虽然条件标签的用法与之类似，但考虑到此部分内容使用较为广泛，所以还是稍做详细讲解。

1. <c:if>标签

<c:if>标签用来做条件判断，功能类似于 JSP 中的<%if(boolean){}%>，我们将从语法、属性和用法上来了解它的相关用法。

(1)　语法

①　没有标签体，语法如下：

```
<c:if test="testCondition" var="varName"
  [scope="{page|request|session|application}"]/>
```

②　有标签体，语法如下：

```
<c:if test="testCondition" [var="varName"]
  [scope="{page|request|session|application}"]>

   Body content

</c:if>
```

(2)　属性

<c:if>含有的属性包括 test、var、scope 等，对于这些属性的约束和说明如表 8.6 所示。

(3)　用法

<c:if>标签也属于 core 标签库中的标签，也必须在使用前引入 Core 标签声明。下面通

过一个示例来演示<c:if>标签的用法。

表 8.6　c:if 标签的属性

属 性 名	是否支持 EL	属性类型	描　述
test	true	boolean	决定是否处理标签体的内容
var	false	String	标识 test 属性包含的条件表达式计算的结果变量，表达式的值为布尔类型
scope	false	String	var 在 JSP 页面中的范围，默认为 page

【例 8.5】<c:if>的用法。

新建名为 c_if.jsp 的页面，页面代码如下：

```
<%@ page contentType="text/html;charset=utf-8"%>
<%@ taglib uri="http://java.sun.com/jsp/jstl/core" prefix="c" %>
<html>
   <head>
      <title>JSTL_c_if</title>
   </head>
   <body>
   <c:set var="username" value="1"/>
   <c:if test="${username==1}">
      条件成立，执行此处
   </c:if>
   </body>
</html>
```

启动 Tomcat，在地址栏中输入“http://localhost:8080/jstldemo/c_if.jsp”，执行的效果如图 8.7 所示。

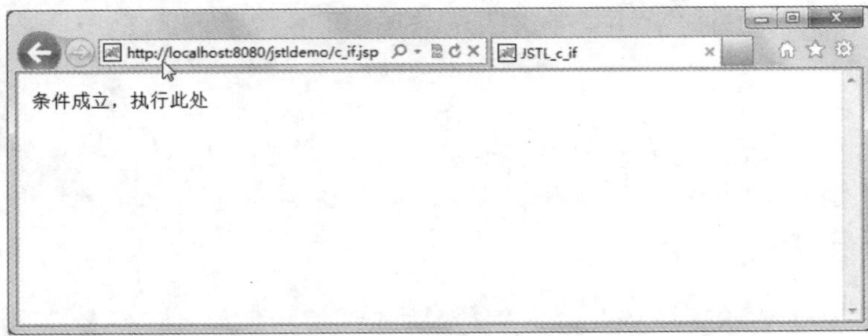

图 8.7　c_if.jsp 的执行效果

注意

对于判断标签的 test 属性，可以使用一些关系操作符，如==、!=、<、>、<=、>=等，也可以将这些关系操作符用 eq、ne、lt、le、gt、ge 取代。

2. <c:choose>、<c:when>、<c:otherwise>标签

<c:choose>标签用于提供条件选择的上下文，它必须与<c:when>和<c:otherwise>标签一

起使用。使用<c:choose>、<c:when>和<c:otherwise>三个标签，可以构造复杂的“if-else-else”条件判断结构。如果<c:choose>标签内嵌套一个<c:when>标签和<c:otherwise>标签，就相当于“if-else”的条件判断结构。

<c:choose>是作为<c:when>和<c:otherwise>的父标签使用的，除了空白字符外，<c:choose>的标签体只能包含这两个标签。<c:choose>标签没有任何属性，在它的标签体内只能嵌套一个或多个<c:when>标签和 0 个或 1 个<c:otherwise>标签，并且所有的<c:when>标签必须出现在同一个<c:choose>标签的<c:otherwise>子标签之前。

<c:when>作为<c:choose>的子标签，<c:when>有一个 test 属性，该属性的值为布尔型，如果 test 的值为 true，则执行<c:when>标签体的内容。

<c:otherwise>标签没有属性，它必须作为<c:choose>标签的最后分支出现。

(1) 语法

① <c:choose>的语法格式如下所示：

```
<c:choose>
   body content(<c:when> and <c:otherwise>)
</c:choose>
```

② <c:when>的语法格式如下所示：

```
<c:when test="testCondition">
   body content
</c:when>
```

③ <c:otherwise>的语法格式如下所示：

```
<c:otherwise>
   conditional block
</c:otherwise>
```

(2) 属性

<c:choose>仅含有 test 属性，对它的说明如表 8.7 所示。

表 8.7 c:choose 标签的属性

属 性 名	是否支持 EL	属性类型	描 述
test	true	boolean	决定是否处理标签体的内容

(3) 用法

<c:choose>标签也属于 Core 标签库中的标签，必须在使用前引入 Core 标签声明。下面通过一个示例来演示<c:choose>标签的用法。

【例 8.6】<c:choose>的用法。

新建名为 c_choose.jsp 的页面，页面代码如下：

```
<%@ page contentType="text/html;charset=utf-8"%>
<%@ taglib uri="http://java.sun.com/jsp/jstl/core" prefix="c" %>
<html>
   <head>
      <title>JSTL_c_choose</title>
   </head>
```

```
    <body>
    <c:set var="score" value="89"/>
    //可以把此部分用 if-else 来替换
    <c:choose>
        <c:when test="${score>90}">
            成绩优秀!
        </c:when>
        <c:when test="${score>80&&score<90}">
            成绩优良!
        </c:when>
        <c:when test="${score>70&&score<80}">
            成绩一般!
        </c:when>
        <c:otherwise>成绩较差! </c:otherwise>
    </c:choose>
    </body>
</html>
```

启动 Tomcat，在地址栏中输入“http://localhost:8080/jstldemo/c_choose.jsp”，执行的效果如图 8.8 所示。

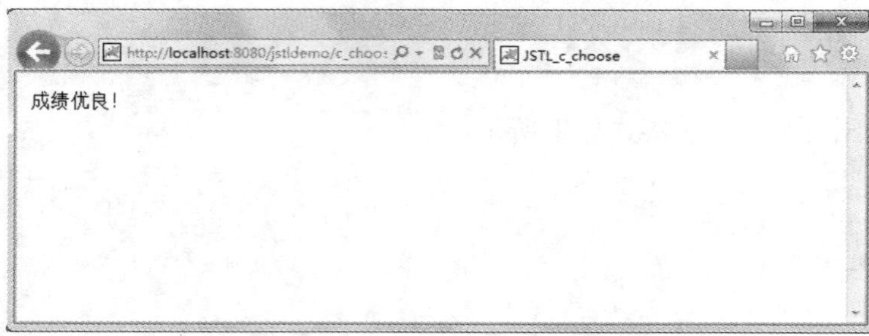

图 8.8　c_choose.jsp 的执行效果

8.2.3　迭代标签

JSTL 核心标签库的迭代标签主要有<c:forEach>和<c:forTokens>。

1. <c:forEach>标签

<c:forEach>标签用于对包含了多个对象的集合进行迭代，重复执行它的标签体，或者重复迭代固定的次数。

(1)　语法

①　对包含了多个对象的集合进行迭代：

```
<c:forEach [var="varName"] items="collection" [varStatus="varStatusName"]
  [begin="begin"] [end="end"] [step="step"]>
   body content
</c:forEach>
```

②　迭代固定的次数：

```
<c:forEach [var="varName"] [varStatus="varStatusName"]
 begin="begin" end="end" [step="step"]>
   body content
</c:forEach>
```

(2) 属性

<c:forEach>含有的属性包括 var、items、varStatus、begin、end、step 等，对于这些属性的约束和说明，如表 8.8 所示。

表 8.8 c:forEach 标签的属性

属 性 名	是否支持 EL	属性类型	描 述
var	false	String	决定是否处理标签体的内容
items	true	数组、字符串和各种集合类型	将要迭代的集合对象
varStatus	false	String	迭代的状态，可以获得迭代自身的信息
begin	true	int	如果指定 begin 属性，就从 item 的下标为 begin 的位置开始迭代，如果没有指定 begin 属性，将从 0 下标开始迭代
end	true	int	如果指定 end 属性，就在 item 的下标为 end 的位置结束迭代，如果没有指定 end 属性，将迭代到最后位置
step	true	int	迭代的步长，默认的步长是 1，相当于 for(int ; ; step)语句

(3) 用法

<c:forEach>标签也属于 Core 标签库中的标签，必须在使用前引入 Core 标签声明。下面通过一个示例来演示<c:forEach>标签，实现遍历集合的功能。

【例 8.7】<c:forEach>的用法。

新建名为 c_forEach.jsp 的页面，页面代码如下：

```
<%@ page contentType="text/html;charset=utf-8"%>
<%@ taglib uri="http://java.sun.com/jsp/jstl/core" prefix="c"%>
<html>
    <head>
        <title>JSTL_c_forEach </title>
    </head>
    <body>
        循环输出 1-8 之间的数字:
        <c:forEach var="item" begin="1" end="8">
            <c:out value="${item}" />
        </c:forEach>
        <br>
        循环输出 1-8 之间的数字,步长 2:
        <c:forEach var="item" begin="1" end="8" step="2">
            <c:out value='${item}' />
```

```
        </c:forEach>
        <br>
        forEach 遍历字符串:
        <c:forEach items="bzc,ljs,wy,njy" var="item">
            <c:out value="${item}" />
        </c:forEach>
        <br>
    </body>
</html>
```

启动 Tomcat，在地址栏中输入“http://localhost:8080/jstldemo/c_forEach.jsp”，执行的效果如图 8.9 所示。

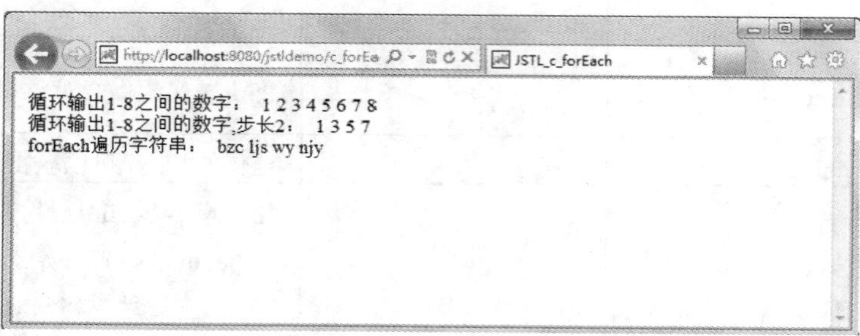

图 8.9　c_forEach.jsp 的执行效果

新建 c_forEach2.jsp 页面，以实现遍历对象，如下所示：

```
<%@ page contentType="text/html; charset=utf-8"%>
<%@ taglib prefix="c" uri="http://java.sun.com/jsp/jstl/core"%>

//UserBean 是一个简单的 JavaBean 文件，包含 username 和 password 属性，
//并提供有相应的 set/get 方法
<%@ page import="java.util.*, org.bzc.bean.UserBean"%>
<html>
    <body>
        <%
            Collection list = new ArrayList();
            for (int i=1; i<6; i++) {
                UserBean user = new UserBean();
                user.setUsername("user: bzc" + i);
                user.setPassword("pass: pass" + i);
                list.add(user);
            }
            session.setAttribute("list", list);
        %>
        <table width="219" height="113" border="1" align="center"
          cellpadding="0" cellspacing="0" bordercolor="#99CCFF">
            <tr>
                <td colspan="2" align="center">
                    UserBean List
                </td>
            </tr>
```

```
            <tr>
                <td width="107" align="center">
                    用户名
                </td>
                <td width="106" align="center">
                    密码
                </td>
            </tr>
            <c:forEach var="user" items="${list}" varStatus="varStatus">
                <tr>
                    <td align="center">
                        ${user.username}
                    </td>
                    <td align="center">
                        ${user.password}
                    </td>
                </tr>
            </c:forEach>
        </table>
    </body>
</html>
```

启动 Tomcat，在地址栏中输入“http://localhost:8080/jstldemo/c_forEach2.jsp”，执行的效果如图 8.10 所示。

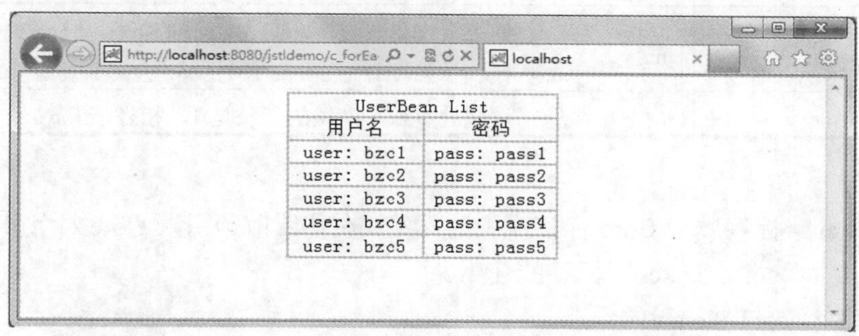

UserBean List	
用户名	密码
user: bzc1	pass: pass1
user: bzc2	pass: pass2
user: bzc3	pass: pass3
user: bzc4	pass: pass4
user: bzc5	pass: pass5

图 8.10　c_forEache2.jsp 的执行效果

注意

① 当 begin 超过 end 时将会产生空的结果。

② 当 begin 虽然小于 end，但是两者都大过容器的大小时，将不会输出任何东西。

③ 如果只有 end 的值超过集合对象的大小，则输出就与没有设定 end 的情况相同。

④ <c:forEach>并不只是用来浏览集合对象而已，items 并不是一定要有的属性，但是当没有使用 items 属性时，就一定要使用 begin 和 end 这两个属性。

2. <c:forTokens>标签

<c:forTokens>标签用来浏览一个字符串中所有的成员，其成员是由定义符号(Delimiters)所分隔的。我们将从语法、属性、用法三个方面来熟悉此标签的应用。

(1) 语法

<c:forTokens>标签的语法如下：

```
<c:forTokens items="StringOfTokens" delims="delimiters"
 [var="varName"] [varStatus="varStatusName"] [begin="begin"]
 [end="end"] [step="step"]>
   body content
</c:forTokens>
```

(2) 属性

<c:forToken>含有的属性包括 var、items、delims、varStatus、begin、end、step 等，对于这些属性的约束和说明如表 8.9 所示。

表 8.9　c:forToken 标签的属性

属 性 名	是否支持 EL	属性类型	描　述
var	false	String	决定是否处理标签体的内容
items	true	String	将要迭代的 String 对象
delims	true	String	指定分隔字符串的分隔符
varStatus	false	String	迭代的状态，可以获得迭代自身的信息
begin	true	int	如果指定 begin 属性，就从 item 的下标为 begin 的位置开始迭代，如果没有指定 begin 属性，将从 0 下标开始迭代
end	true	int	如果指定 end 属性，就在 item 的下标为 end 的位置结束迭代，如果没有指定 end 属性，将迭代到最后位置
step	true	int	迭代的步长，默认的步长是 1，相当于 for(int ; ; step)语句

(3) 用法

<c:forTokens>标签属于 Core 标签库中的标签，在使用前须引入 Core 标签声明。下面通过一个示例来演示<c:forTokens>标签的使用。

【例 8.8】<c:forTokens>的用法。

新建名为 c_forTokens.jsp 的页面，页面代码如下：

```
<%@ page contentType="text/html; charset=utf-8"%>
<%@ taglib uri="http://java.sun.com/jsp/jstl/core" prefix="c"%>
<html>
   <head>
      <title>JSTL_c_forTokens</title>
   </head>
   <body>
      forTokens 遍历字符串:
      <c:forTokens items="bzc,ljs|wy|njy" delims=",||" var="item">
         <c:out value='${item}' />
      </c:forTokens>
      <br>
      forTokens 遍历字符串:
      <c:forTokens items="(bzc ljs njy)----(wy)" delims="()" var="item">
```

```
            <c:out value="${item}" />
        </c:forTokens>
        <br>
    </body>
</html>
```

启动 Tomcat，在地址栏中输入“http://localhost:8080/jstldemo/c_forTokens.jsp”，执行的效果如图 8.11 所示。

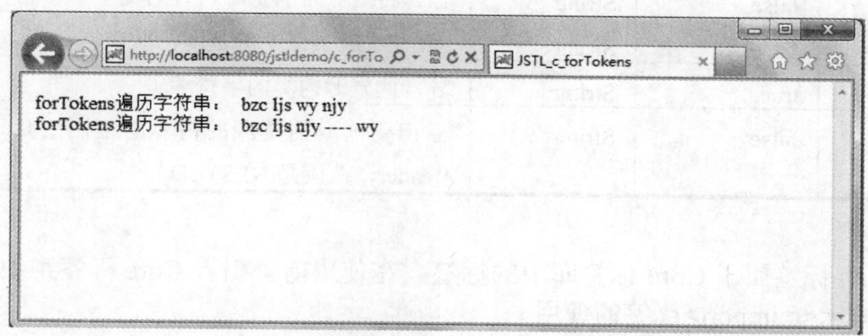

图 8.11　c_forTokens.jsp 的执行效果

8.2.4　URL 相关的标签

JSP 网页开发中经常用到超链接、页面的包含和重定向等操作，在 JSTL 中，也提供了相应的标签来完成这些功能，这些标签包括<c:import>、<c:url>、<c:redirect>和<c:param>。

1. <c:import>标签

在第 5 章对 jsp:include 进行了详细的讲解，JSTL 的 c:import 类似于 jsp:include，这里 c:import 使用各种参数以便可在 Web 站点灵活移动内容。但与 include 指令不同，c:import 并不限制访问本地文件。下面从语法、属性、用法三个方面来介绍<c:import>标签的相关用法。

(1)　语法

①　资源的内容作为 String 对象被导出，语法如下：

```
<c:import url="url" [context="context"] [var="varName"]
  [scope="{page|request|session|application}"]
  [charEncoding= "charEncoding"]/>
```

②　资源的内容作为 Reader 对象被导出，语法如下：

```
<c:import url="url" [context="context"] varReader= "varReaderName"
  [charEncoding= "charEncoding"]>
   body content where varReader is consumed by another action
</c:import>
```

(2)　属性

<c:import>含有的属性包括 url、context、var、scope、charEncoding、varReader 等，对于这些属性的约束和说明如表 8.10 所示。

表 8.10 c:import 标签的属性

属 性 名	是否支持 EL	属性类型	描 述
url	true	String	将要导入的资源的 URL
context	true	String	当使用相对路径访问一个外部资源的时候，context 属性将指定其上下文的名字
var	false	String	标识将要导入的资源内容的变量
scope	false	String	var 在 JSP 页面中的范围，默认为 page
charEncoding	true	String	导入的资源内容的字符编码
varReader	false	String	标识要读取的资源的内容的范围变量，其类型是 Reader，范围是 NESTED

(3) 用法

<c:import>标签属于 Core 标签库中的标签，在使用前须引入 Core 标签声明。下面通过一个示例来演示<c:import>标签的使用。

【例 8.9】 <c:import>的用法。

新建名为 c_imports.jsp 的页面，页面代码如下：

```
<%@ page language="java" contentType="text/html"%>
<%@ taglib uri="http://java.sun.com/jsp/jstl/core" prefix="c" %>
<html>
    <head>
        <title>imports 练习</title>
        <meta http-equiv="Content-Type"
          content="text/html; charset=utf-8" />
    </head>
    <body>
        <c:import url="http://www.baidu.com" /><hr />
    </body>
</html>
```

启动 Tomcat，在地址栏中输入“http://localhost:8080/jstldemo/c_imports.jsp”，执行的效果如图 8.12 所示。

图 8.12 c_imports.jsp 的执行效果

注意

c:import 不依当前页编码来约束包含页面。如果被包含的页中文显示为乱码，应确认：

① 被包含的页面是否指定了字符集：

<%@ page language=“java” contentType=“text/html;charset=GBK” %>

② c:import 标签是否指定了 charEncoding 属性：

<c:import url=“...” charEncoding=“GBK” />

2. <c:url>标签

<c:url>标签在 JSP 页面构造一个 URL，它提供了 3 个功能元素，它们可以在 URL 前面附加当前 Servlet 上下文的名称；可以为会话管理重写 URL；可以对请求参数名称和值进行 URL 编码，这些功能在为 Java EE Web 应用程序构造 URL 时特别有用，下面从语法、属性、用法三个方面来掌握<c:url>标签的相关用法。

(1) 语法

① 没有标签体，语法如下：

```
<c:url value="value" [context="context"] [var="varName"]
  [scope="{page|request|session|application}"]/>
```

<c:url>标记的语法中的 value 属性用来指定基本 URL。如果这个基本 URL 以一个斜杠开始，那么会在它前面加上 Servlet 的上下文名称。可以使用 context 属性提供显式的上下文名称。如果省略该属性，那么就使用当前 Servlet 上下文的名称。这一点特别有用，因为 Servlet 上下文名称是在部署期间而不是开发期间决定的。如果这个基本 URL 不是以斜杠开始的，那么就认为它是一个相对 URL，这时就不必添加上下文名称。

② 有标签体的情况，在标签体中指定查询字符串参数，语法如下：

```
<c:url value="value" [context="context"] [var="varName"]
  [scope="{page|request|session|application}"]>
    <c:param>subtags</c:param>
</c:url>
```

(2) 属性

<c:url>含有的属性包括 url、context、var、scope 等，对于这些属性的约束和说明如表 8.11 所示。

表 8.11　c:url 标签的属性

属 性 名	是否支持 EL	属性类型	描　述
url	true	String	将要处理的 URL
context	true	String	当使用相对路径标识一个外部资源的时候，context 属性将指定其上下文的名字
var	false	String	标识将要导入的资源内容的变量
scope	false	String	var 在 JSP 页面中的范围，默认为 page

(3) 用法

<c:url>标签属于 Core 标签库中的标签，在使用前须引入 Core 标签声明。下面通过一个示例来演示<c:url>标签的使用。

【例 8.10】<c:url>的用法。

新建名为 c_url.jsp 的页面，页面代码如下：

```
<%@ page contentType="text/html;charset=GBK"%>
<%@ taglib uri="http://java.sun.com/jsp/jstl/core" prefix="c"%>
<html>
<head>
    <title>url 练习</title>
    <meta http-equiv="Content-Type" content="text/html; charset=utf-8" />
</head>
<body>
    <c:url value="/content/search.jsp">;
        <c:param name="keyword" value="xmh" />;
        <c:param name="month" value="02/2003" />;
    </c:url>
    <hr />
    <a href="<c:url value='/content/sitemap.jsp'/>;">单击此处</a>;
</body>
</html>
```

启动 Tomcat，在地址栏中输入“http://localhost:8080/jstldemo/c_url.jsp”，执行的效果如图 8.13 所示。

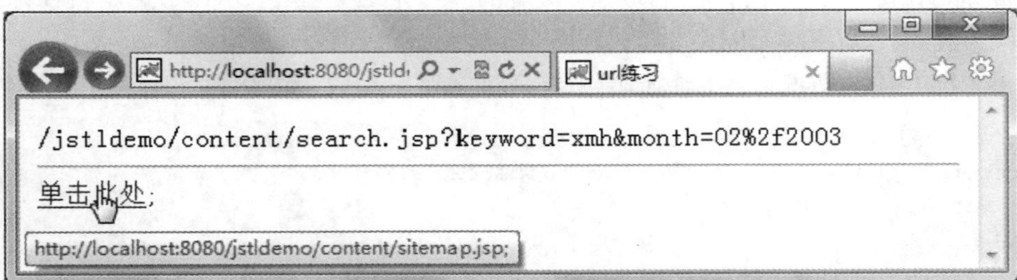

图 8.13　c_url.jsp 的执行效果

3. <c:redirect>标签

<c:redirect>标签用于向用户的浏览器发送 HTTP 重定向响应，它是 JSTL 中与 javax.servlet.http.HttpServletResponse 的 sendRedirect()方法功能相当的标记。它的行为等同于<c:import>，可以嵌套任何<c:param>，读者可以从语法、属性、用法三个方面来掌握<c:redirect>标签的相关用法。

(1) 语法

① 没有标签体，语法如下：

```
<c:redirect url="value" [context="context"]/>
```

② 有标签体，在标签体中指定查询字符串参数，语法如下：

```
<c:redirect url="value" [context="context"]>
    <c:param>subtags</c:param>
</c:redirect>
```

(2) 属性

<c:redirect>含有的属性包括 url、context 等，对于这些属性的约束和说明如表 8.12 所示。

表 8.12　c:redirect 标签的属性

属 性 名	是否支持 EL	属性类型	描　述
url	true	String	重定向到指定的 URL
context	true	String	当使用相对路径重定向到一个外部资源的时候，context 属性将指定其上下文的名字

(3) 用法

<c:redirect>标签属于 Core 标签库中的标签，在使用前须引入 Core 标签声明。下面通过一个示例来演示<c:redirect>标签的使用。

【例 8.11】<c:redirect>的用法。

新建名为 c_redirect.jsp 的页面，页面代码如下：

```
<%@ page  contentType="text/html;charset=GBK"%>
<%@ taglib uri="http://java.sun.com/jsp/jstl/core" prefix="c"%>

<html>
<head>
    <title>url 练习</title>
    <meta http-equiv="Content-Type" content="text/html; charset=utf-8" />
</head>
<body>
    <c:redirect url="http://www.163.com"/>;
</body>
</html>
```

启动 Tomcat，在地址栏中输入“http://localhost:8080/jstldemo/c_redirect.jsp”，执行的结果如图 8.14 所示。

<c:redirect>标签的用法与标准<jsp:forward>的用法类似。但后者是通过请求分派器进行转发，是在服务器端实现的，而重定向却是由浏览器来执行的。从开发者角度而言，转发比重定向更有效率，但<c:redirect>操作却更灵活一些，因为<jsp:forward>只能分派到当前 Servlet 上下文内的其他 JSP 页面，而<c:redirect>如本例所示，可以重定向到外部页面。

4. <c:param>标签

<c:param>标签的作用是为一个 URL 添加请求参数，在前面的<c:url>、<c:redirect>和<c:import>标签中都已经见过<c:param>的用法。下面从语法、属性方面再对此标签进行深入了解。

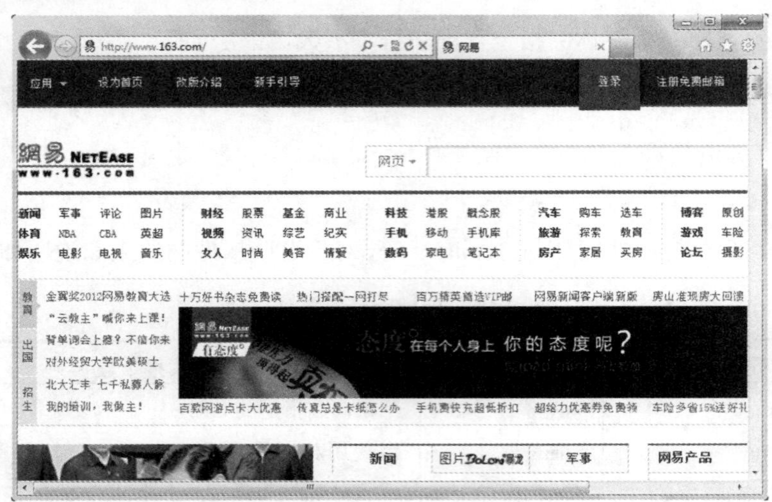

图 8.14　c_redirect.jsp 的执行效果

(1) 语法

① 在属性 value 中指定参数值，语法如下：

```
<c:param name="name" value="value"/>
```

② 在标签体中指定参数值，语法如下：

```
<c:param value="value">
   parameter value
</c:param>
```

(2) 属性

<c:param>含有的属性包括 name、value 等，对于这些属性的约束和说明如表 8.13 所示。

表 8.13　c:param 标签的属性

属 性 名	是否支持 EL	属性类型	描　述
name	true	String	查询字符串的名字
value	true	String	参数的值

有关此标签的用法，可参见前面与 URL 相关的标签。

8.2.5　实例运用

实例——jstlinstance。

前面列举了常用 JSTL 核心库中一些标签的用法，为了加强理解，下面通过一个实例来演示如何在程序中使用 JSTL Core 标签。这个例子主要是实现了对表增、删、改、查的功能。先来看一下添加页面，如图 8.15 所示。

添加页面内容比较简单，提供了三个文本框，分别来获取用户姓名、班级、分数等数据，并提供了“添加”、“重置”两个功能按钮和一个“查看全部”的链接。

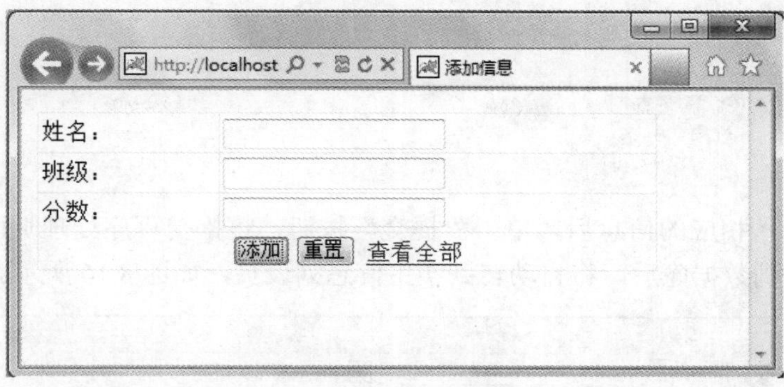

图 8.15 添加页的效果

新建名为 insert.jsp 的页面，页面代码如下：

```
<%@page contentType="text/html; charset=UTF-8"%>
<html>
    <head>
        <title>添加信息</title>
        <style>
            .xmh { font-size: 12px }
        </style>
    </head>
    <body>
        <form action="ctrol" method="post">
            <table width="402" border="1" cellpadding="1"
              cellspacing="0" style="border-style: inherit"
              bordercolordark="#FFFFFF">
                <tr>
                    <td width="115">姓名: </td>
                    <td width="280">
                        <input type="text" name="username" />
                    </td>
                </tr>
                <tr>
                    <td>班级: </td>
                    <td><input type="text" name="classes" /></td>
                </tr>
                <tr>
                    <td>分数: </td>
                    <td><input type="text" name="score" /></td>
                </tr>
                <tr>
                    <td colspan="2" align="center">
                        <input type="submit" name="Submit" value="添加" />
                        <input type="reset" name="Submit2" value="重置" />
                        <input type="hidden" name="path" value="insert" />
                        <a href="ctrol?path=view">查看全部 </a>
                    </td>
```

```
            </tr>
        </table>
    </form>
</body>
</html>
```

在添加页输入相应的信息后，单击“提交”按钮，将提交程序处理页面传入的数据，数据正确地添加到数据库后，将自动转到学生信息列表页，如图 8.16 所示。

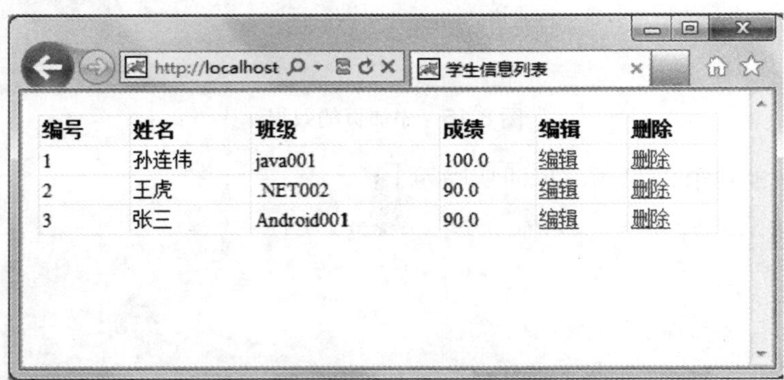

图 8.16　列表页的效果

这里只是简单地罗列了数据库中的相关数据，并提供了编辑与删除的功能链接。

新建名为 select.jsp 的页面，页面代码如下：

```
<%@page contentType="text/html; charset=UTF-8"%>
//此页面要用到核心标签，所以需要引入核心标签库
<%@taglib prefix="c" uri="http://java.sun.com/jsp/jstl/core"%>
<html>
    <head>
        <title>学生信息列表</title>
        <style>
            td {
                font-size: 13px;
            }
        </style>
    </head>
    <body bgcolor="#ffffff">
        <table width="442" border="1" cellpadding="1" cellspacing="0"
          style="border-style: inherit" bordercolordark="#FFFFFF">
            <tr height="20">
                <td><strong>编号</strong></td>
                <td><strong>姓名</strong></td>
                <td><strong>班级</strong></td>
                <td><strong>成绩</strong></td>
                <td><strong>编辑</strong></td>
                <td><strong>删除</strong></td>
            </tr>
```

```
            //程序将用户列表获取后存储于 request 范围内，
            //所以这里需要用 c:forEach 来迭代这个用户列表，获取相关的信息
            <c:forEach items="${list}" var="user" varStatus="status">
                <tr height="20">
                    <td><c:out value="${status.count}"/></td>
                    <td><c:out value="${user.name}"/></td>
                    <td><c:out value="${user.classes}"/></td>
                    <td><c:out value="${user.score}"/></td>
                    <td>
                        <a href="ctrol?path=preUp&id=${user.id}">编辑</a>
                    </td>
                    <td>
                        <a href="ctrol?path=dele&id=${user.id}">删除</a>
                    </td>
                </tr>
            </c:forEach>
        </table>
    </body>
</html>
```

当需要修改某学生的信息时，单击对应的“编辑”链接，系统将先查询出该学生的信息，然后转到编辑页面，如图 8.17 所示。

图 8.17　编辑信息的效果

在进入编辑前，要将需要编辑的数据回显在页面上。

新建名为 edit.jsp 的页面，页面代码如下：

```
<%@page contentType="text/html; charset=UTF-8"%>
<%@taglib prefix="c" uri="http://java.sun.com/jsp/jstl/core"%>
<html>
    <head>
        <title>编辑信息</title>
        <style>.xmh {font-size: 12px}</style>
    </head>
    <body>
        <form action="ctrol?path=update" method="post">
            <table width="328" border="1" cellpadding="1" cellspacing="0"
```

```
                style="border-style: inherit" bordercolordark="#FFFFFF"
                class="xmh">
                    //虽然只有单个数据，但程序在处理时仍然将其用用户列表来封闭，
                    //所以仍然要使用 c:forEach 标签，也可以考虑用其他的实现方式
                    <c:forEach items="${editlst}" var="user">
                        <tr>
                            <td colspan="2" align="center">
                                <font size="4"><b>您的详细信息如下</b></font>
                            </td>
                        </tr>
                        <tr>
                            <td>姓名： </td>
                            //请注意 c:out 标签与 EL 表达式的混合使用形式
                            <td><input name="username" type="text"
                                   value="<c:out value='${user.name}'/>">
                            </td>
                        </tr>
                        <tr>
                            <td>班级： </td>
                            <td><input name="classes" type="text"
                                  value="<c:out value='${user.classes}'/>">
                            </td>
                        </tr>
                        <tr>
                            <td>成绩： </td>
                            <td>
                                <input name="score" type="text"
                                    value="<c:out value='${user.score}'/>">
                            </td>
                        </tr>
                        <tr>
                          <td>
                               <input type="hidden" name="id"
                                 value="${user.id}" />
                                <input type="submit" name="Submit"
                                 value="确定" />
                                <input type="submit" name="Submit2"
                                 value="重置" />
                            </td>
                        </tr>
                    </c:forEach>
                </table>
            </form>
    </body>
</html>
```

本小节讲述了 JSTL Core 库多种通用的定制标签，有些标签具有极高的使用价值。例如，URL 和异常处理标签很好地补充了现有的 JSP 功能，迭代和条件操作使得无须编制脚本元素就能够实现复杂的表示逻辑。希望读者能熟练地使用这些标签。

8.3　i18n formatting 标签库

JSTL 的国际化/格式化标签库(i18n)功能也较强大，在项目开发中，也较为常用，所以本小节就从实用的角度简要地讲解这个标签库中相关标签的用法。

8.3.1　国际化标签介绍

首先应当了解什么是国际化。国际化的含义是指将应用程序中那些随着地理区域的不同而不同的东西确定下来，并提供一些方法，使得在应用程序中可以根据情况使用这些东西的不同版本，而不是使用硬编码的值。“国际化”的英语单词是 internationalization，一般将其缩写为 i18n，i18n 意思是以 i 开头，中间有 18 个字母，并以一个 n 结尾。国际化(i18n)与格式化标签可用于创建国际化的 Web 应用程序，它们可以对数字和日期时间进行标准化。国际化的应用程序支持多种语言。与前面的 Core 标签一样，在使用标签前，需要先导入标签库，在 JSP 页面中导入国际化标签库的语法如下：

```
<%@ taglib uri=" http://java.sun.com/jsp/jstl/fmt" prefix="fmt"%>
```

8.3.2　几种主要的国际化标签

在 JSTL 之中的国际化标签主要包括<fmt:setLocale>、<fmt:bundle>、<fmt:setBundle>、<fmt:message>、<fmt:param>和<fmt:requestEncoding>，它们的含义如下所示。

- <fmt:setLocale>：指定 Locale 环境。
- <fmt:bundle>：指定消息资源使用的文件。
- <fmt:setBundle>：设置消息资源文件。
- <fmt:message>：显示消息资源文件中指定 key 的消息，支持带参数消息。
- <fmt:param>：给带参数的消息置参数值。
- <fmt:requestEncoding>：设定请求的字符编码。

下面分别讲解以上标签的具体用法。

1. <fmt:setLocale>

此标签用于设置语言环境，并将指定的 Locale 保存到 javax.servlet.jsp.jstl.fmt.locale 配置变量中。

(1)　语法

<fmt:setLocale>标签的语法如下：

```
<fmt:setLocale value="locale" [varian="varian"]
  [scope="{page|request|session|application}"]/>
```

(2)　属性

<fmt:setLocale>含有的属性包括 value、variant、scope 等，对于这些属性的约束和说明如表 8.14 所示。

表 8.14　fmt:setLocale 标签的属性

属 性 名	是否支持 EL	属性类型	描　述
value	true	String 或 java.util.Locale	语言和地区代码，语言和地区代码必须以(_)或(-)分隔
variant	true	String	供应商或浏览器的代码
scope	false	String	变量的作用域，默认为 page

(3) 用法

下面看一个简单的示例：

```
<fmt:setLocale value="zh_CN"/>
```

表示设置本地环境为简体中文。

2. <fmt:bundle>

<fmt:bundle>标签用于资源配置文件的绑定。下面从语法、属性、用法三个方面来简要介绍此标签。

(1) 语法

<fmt:bundle>标签的语法如下：

```
<fmt:bundle baseName="baseName" [prefix="prefix"]>
   body content
</fmt:bundle>
```

(2) 属性

<fmt:bundle>含有的属性包括 baseName、prefix 等，对于这些属性的约束和说明如表 8.15 所示。

表 8.15　fmt:bundle 标签的属性

属 性 名	是否支持 EL	属性类型	描　述
BaseName	true	String	资源包的基名
Prefix	true	String	指定在嵌套的<fmt:message>标签消息键前要添加的前缀

(3) 用法

<fmt:bundle>标签的用法如下：

```
<fmt:bundle basename="labels">
   ...
</fmt:bundle>
```

使用此标签的时候，把所有需要实现国际化功能的代码都置于<fmt:bundle>之中。

3. <fmt:setBundle>

<fmt:setBundle>标签用于创建一个 i18n 本地上下文环境，将它保存到范围变量中或保

存到 javax.servlet.jsp.jstl.fmt.localizationContext 变量中。

(1) 语法

<fmt:setBundle>标签的语法如下：

```
<fmt:setBundle baseName="baseName" [var="varName"]
  [scope="{page|request|session|application}"]/>
```

(2) 属性

<fmt:setBundle>标签含有的属性包括 baseName、var、scope 等，对于这些属性的约束和说明如表 8.16 所示。

表 8.16　fmt:setBundle 标签的属性

属 性 名	是否支持 EL	属性类型	描　述
baseName	true	String	资源包的基名
var	false	String	标识创建的连接的变量
scope	false	String	变量的作用域，默认为 page

注意

<fmt:bundle>标签将资源配置文件绑定于它的标签体中显示，<fmt:setBundle>标签则允许将资源配置文件保存为一个变量，在之后的工作可以根据该变量进行调用。

(3) 用法

这里通过一个简单的示例来演示它的相关用法：

```
<fmt:setLocale value="zh_CN"/>
<fmt:setBundle basename="labels" var="applicationBundle"/>
```

该示例将会查找一个名为 labels_zh_CN.properties 的资源配置文件，来作为显示的 Resource 绑定。

4. <fmt:message>

<fmt:message>从资源文件中查找一个指定键的值，用于显示本地化的消息。下面从语法、属性、用法三个方面来简要介绍此标签。

(1) 语法

① 没有标签体，语法如下所示：

```
<fmt:message key="messageKey"
  [bundle="resourceBundle"]
  [var="varName"]
  [scope="{page|request|session|application}"]/>
```

② 有标签体，在标签体中指定消息参数，语法如下所示：

```
<fmt:message key="messageKey"
 [bundle="resourceBundle"]
 [var="varName"]
 [scope="{page|request|session|application}"]>
```

```
    <fmt:param>subtags</fmt:param>
</fmt:message>
```

③ 有标签体，在标签体中指定键和可选的消息参数，语法如下所示：

```
<fmt:message [bundle="resourceBundle"]
 [var="varName"]
 [scope="{page|request|session|application}"]>
    key optional<fmt:param>subtags</fmt:param>
</fmt:message>
```

(2) 属性

<fmt:message>含有的属性包括 key、bundle、var、scope 等，对于这些属性的约束和说明如表 8.17 所示。

如果指定 scope，必须指定 var 属性。

表 8.17 fmt:message 标签的属性

属 性 名	是否支持 EL	属性类型	描 述
key	true	String	要查询的消息的关键字
bundle	true	LocalizationContext	使用的资源包
var	false	String	标识本地化消息的变量
scope	false	String	变量的作用域，默认为 page

5. <fmt:param>

<fmt:param>标签用于设置资源文件中指定关键字中的参数的值，它只能嵌套在<fmt:message>标签内使用。

(1) 语法

① 通过 value 属性指定参数值：

```
<fmt:param value="messageParameter"/>
```

② 通过标签体指定参数值：

```
<fmt:param>body content</fmt:param>
```

(2) 属性

<fmt:param>仅含有 value 属性，对它的说明如表 8.18 所示。

表 8.18 fmt:param 标签的属性

属 性 名	是否支持 EL	属性类型	描 述
value	true	Object	用于参数替换的参数值

6. <fmt:requestEncoding>

<fmt:requestEncoding>标签用于设置请求的字符编码。

(1) 语法

<fmt:requestEncoding>标签的语法如下：

```
<fmt:requestEncoding [value="charsetName"]/>
```

(2) 属性

<fmt:requestEncoding>仅含有 value 属性，对它的说明如表 8.19 所示。

表 8.19　fmt:requestEncoding 标签的属性

属 性 名	是否支持 EL	属性类型	描　述
value	true	Object	字符编码的名字

8.3.3　国际化标签示例

前面介绍了相关标签的应用，下面通过一个综合示例来演示国际化标签的应用。采用国际化标签的页面如图 8.18 所示。

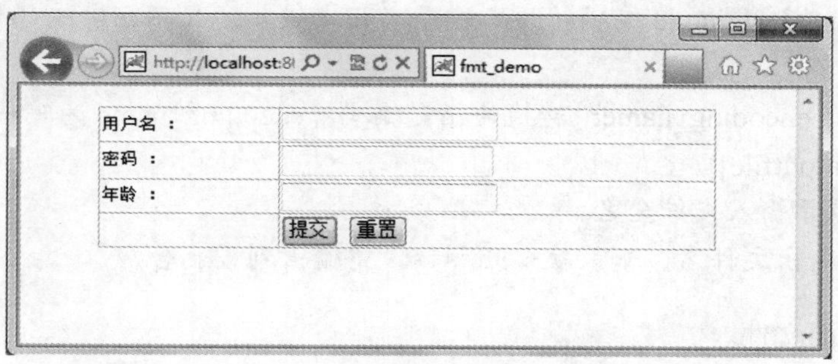

图 8.18　fmt_setbundle.jsp 的执行效果

实现页面国际化的效果需要按以下步骤进行。

(1) 创建页面需要的资源文件。

① labels_en.properties：

```
labels_en.properties
username=username
password=password
age=age
submit=Submit
reset=Reset
```

② labels_zh.properties：

```
labels_zh.properties
username=用户名
password=密码
age=年龄
submit=提交
reset=重置
```

(2) 将资源文件内容转码。

在命令行输入 native2ascii -encoding gb2312 labels_zh.properties labels_zh_CN.properties 命令，这样就将 labels_zh.properties 中的内容编码转为 Unicode 编码，可以避免中文乱码的问题，生成的 labels_zh_CN.properties 文件内容如下所示：

```
username=\u7528\u6237\u540d
password=\u5bc6\u7801
age=\u5e74\u9f84
submit=\u63d0\u4ea4
reset=\u91cd\u7f6e
```

学习提示：目前 MyEclipse 中已经支持中文自动转码。

小知识

native2ascii 用法补充。

用法：native2ascii [-reverse] [-encoding 编码] [输入文件 [输出文件]]

-[options]：表示命令开关，有两个选项可供选择——

① -reverse：将 Unicode 编码转为本地或者指定编码。在不指定编码情况下，将转为本地编码。

② -encoding encoding_name：转换为指定编码，encoding_name 为编码名称。

[inputfile [outputfile]]

inputfile：表示输入文件全名。

outputfile：输出文件名。如果缺少此参数，将输出到控制台。

(3) 创建页面文件。

将 labels_en.properties、labels_zh_CN.properties 两个文件存放在项目的 src 目录下。新建名为 fmt_setbundle.jsp 的页面，页面代码如下：

```
<%@page contentType="text/html; charset=utf-8"%>
//引入标签
<%@ taglib uri="http://java.sun.com/jsp/jstl/fmt" prefix="fmt"%>
<html>
    <head>
        <title>fmt_demo</title>
        <style>
        .bzc {
            font-size: 12px
        }
        </style>
    </head>
    //设置本地化语言
    <fmt:setLocale value="en" />
    //绑定资源文件
    <fmt:setBundle basename="labels" />
    <body>
        <table width="402" align="center" border="1"
          cellpadding="0" cellspacing="0" bordercolor="#B7B3DB"
          bordercolordark="#FFFFFF" class="bzc"
```

```
        style="border-style: inherit">
          <tr>
              <td width="115">
                  //获取资源文件中与 key 匹配的 value 值
                  <fmt:message key="username"/>
                  :
              </td>
              <td width="280">
                  <label>
                      <input type="text" name="username" />
                  </label>
              </td>
          </tr>
          <tr>
              <td>
                  <fmt:message key="password" />
                  :
              </td>
              <td>
                  <label>
                      <input type="password" name="password" />
                  </label>
              </td>
          </tr>
          <tr>
              <td>
                  <fmt:message key="age" />
                  :
              </td>
              <td>
                  <label>
                      <input type="text" name="age" />
                  </label>
              </td>
          </tr>
          <tr>
              <td> 
              </td>
              <td>
                  <input type="submit" name="Submit"
                    value="<fmt:message key="submit"/>" />
                  <input type="reset" name="Reset"
                    value="<fmt:message key="reset"/>" />
                  <input type="hidden" name="path" value="insert" />
              </td>
          </tr>
      </table>
  </body>
</html>
```

(4)　发布项目，运行服务器。

启动 Tomcat，在地址栏中输入“http://localhost:8080/jstldemo/fmt_setbundle.jsp”，执行的效果如图 8.19 所示。

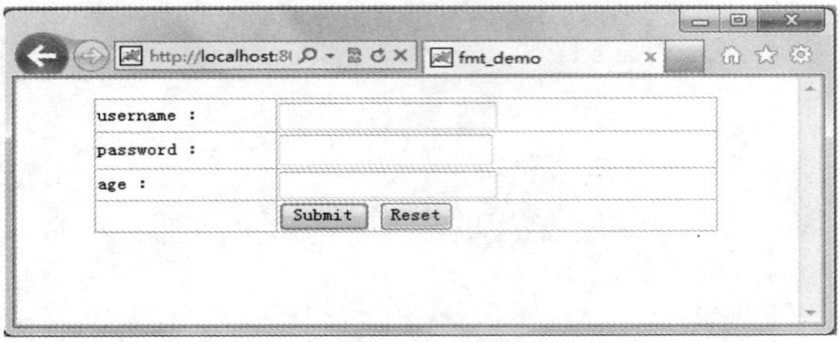

图 8.19　fmt_setbundle.jsp 的执行效果(value 属性为“en”)

如果将页面代码中的<fmt:setLocale value=“en” />修改为：

```
<fmt:setLocale value="zh_CN" />
```

刷新页面，执行效果如图 8.20 所示。

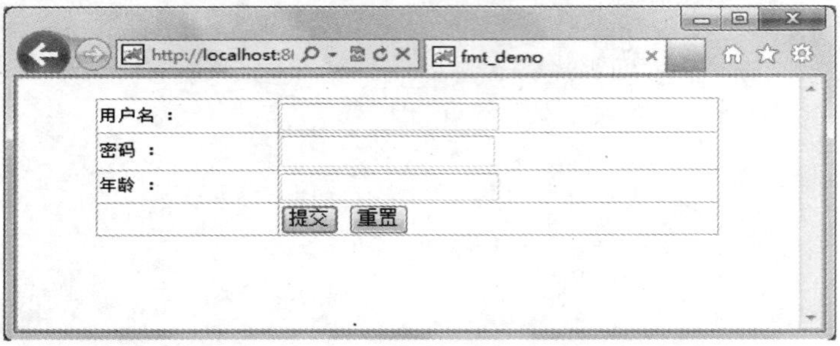

图 8.20　fmt_setbundle.jsp 的执行效果(value 属性为“zh_CN”)

实现国际化效果还可以使用<fmt:bundle>标签，通过以下步骤可以完成此效果。

(1)　修改页面文件。实现以上同样的效果，只需将 JSP 页面的代码修改即可，具体如下所示：

```
<%@page contentType="text/html; charset=GBK"%>
<%@ taglib uri="http://java.sun.com/jsp/jstl/fmt" prefix="fmt"%>
<html>
    <head>
    <title>fmt_demo</title>
    <style>
    .bzc {
        font-size: 12px
    }
    </style>
    </head>
    //注意，此部分所采用的绑定方式与前不同
    <fmt:bundle basename="labels">
    <body>
    <table width="402" align="center" border="1" cellpadding="0"
```

```
    cellspacing="0" bordercolor="#B7B3DB" bordercolordark="#FFFFFF"
    class="bzc" style="border-style: inherit">
     <tr>
        <td width="115">
           <fmt:message key="username"/>
           :
        </td>
        <td width="280">
           <label>
              <input type="text" name="username" />
           </label>
        </td>
     </tr>
     <tr>
        <td>
           <fmt:message key="password" />
           :
        </td>
        <td>
           <label>
              <input type="password" name="password" />
           </label>
        </td>
     </tr>
     <tr>
        <td>
           <fmt:message key="age" />
           :
        </td>
        <td>
           <label>
              <input type="text" name="age" />
           </label>
        </td>
     </tr>
     <tr>
        <td> 
        </td>
        <td>
           <input type="submit" name="Submit"
           value="<fmt:message key="submit"/>" />
           <input type="reset" name="Reset"
           value="<fmt:message key="reset"/>" />
           <input type="hidden" name="path" value="insert" />
        </td>
     </tr>
   </table>
</body>
</fmt:bundle>
</html>
```

(2) 设置语言选项。执行“开始”→“程序”→“Internet Explorer”命令，打开 IE 浏览器，选择“工具”→“Internet 选项”菜单命令，在弹出的“Internet 选项”对话框中单击“语言”按钮，修改语言的首选项，如图 8.21 所示。

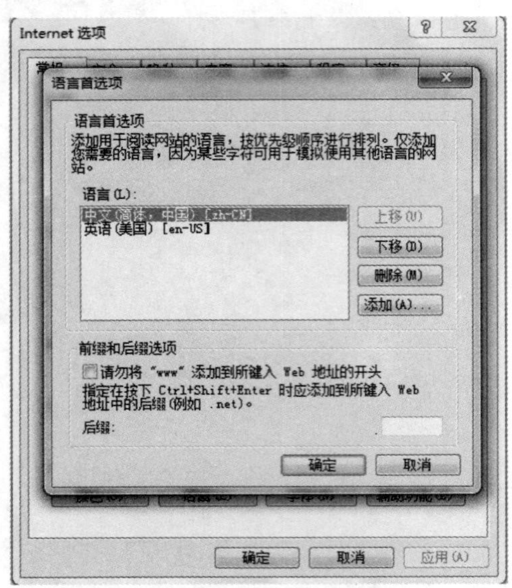

图 8.21　语言选项的设置

(3) 启动容器。启动 Tomcat，在地址栏中输入“http://localhost:8080/jstldemo/fmt_setbundle.jsp”，如果设置的语言的首选项为英语，则显示英文版的页面，如果首选语言为中文，则显示中文页面，效果如图 8.22 所示。

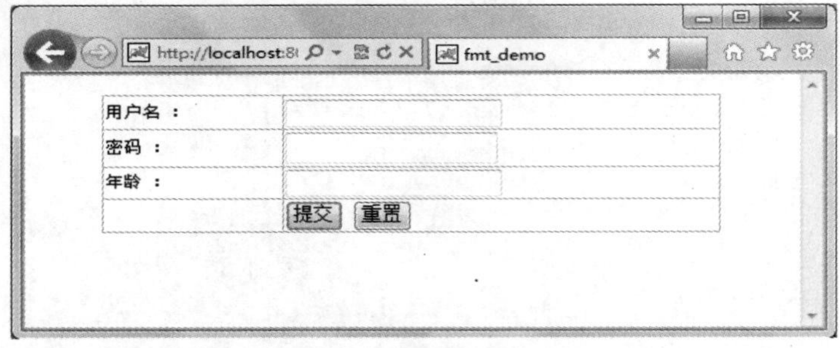

图 8.22　本地语言为简体中文时的显示效果

8.3.4　格式化标签

JSTL 中的格式化标签主要有<fmt:timeZone>、<fmt:setTimeZone>、<fmt:formatNumber>、<fmt:parseNumber>、<fmt:formatDate>和<fmt:parseDate>。

它们的含义如下。

- <fmt: timeZone>：解析时间。
- <fmt: setTimeZone>：设置时区。
- <fmt: formatNumber>：格式化数字。

- <fmt: parseNumber>：解析一个数字，并将结果作为 Number 类的实例返回。
- <fmt: formatDate>：标签将日期和时间格式化为本地的格式。
- <fmt: parseDate>：用于将日期或时间的字符串解析为 Date 对象。

下面分别讲解以上标签的具体用法。

1. <fmt:timeZone>

在地理上，地球被划分为 24 个时区，中国北京时间属于东八区，乌鲁木齐时间属于东六区，而程序中对于时间的默认实现是以伦敦时间为标准，这样就产生了 8 个小时的时差，所以为了使程序更加通用，时区问题也是国际化考虑的一个重要因素，在 JSTL 中使用<fmt:timeZone>标签可以很容易解决这个问题，<fmt:timeZone>通过指定的时区对时间信息进行格式化或者解析。

(1) 语法

<fmt:timeZone>标签的语法如下：

```
<fmt:timeZone value="timeZone">
   body content
</fmt:timeZone>
```

(2) 属性

<fmt:timeZone>仅含 value 属性，对它的说明如表 8.20 所示。

表 8.20 fmt:timeZone 标签的属性

属 性 名	是否支持 EL	属性类型	描 述
value	true	String 或 java.util.TimeZone	时区信息

2. <fmt:setTimeZone>

<fmt:setTimeZone>标签用于设置时区，并将设置的时区保存在指定的域范围的属性变量中，或保存在配置变量 javax.servlet.jsp.jstl.fmt.timeZone 中。

(1) 语法

<fmt:setTimeZone>标签的语法如下：

```
<fmt:setTimeZone value="timeZone" var="varName"
  [scope="{page|request|session|application}"] />
```

(2) 属性

<fmt:setTimeZone>标签仅含有 value 属性，对它的说明如表 8.21 所示。

表 8.21 fmt:setTimeZone 标签的属性

属 性 名	是否支持 EL	属性类型	描 述
value	true	String 或 java.util.TimeZone	时区信息
var	false	String	保存了时区的变量
scope	false	String	var 在 JSP 页面中的范围，默认为 page

注意

这两组标签都用于设定一个时区。唯一不同的是，<fmt:timeZone>标签将使得在其标签体内的工作可以使用该时区设置，<fmt:set timeZone>标签则允许将时区设置保存为一个变量，在之后的工作可以根据该变量来进行。

3. <fmt:formatNumber>

<fmt:formatNumber>标签主要按照区域或者定制的方式将数字的值格式化为数字、货币或百分数。

(1) 语法

① 没有标签体，语法如下所示：

```
<fmt:formatNumber value="numericValue"
 [type="{number|currency|percent}"]
 [pattern="customPattern"]
 [currencyCode="currencyCode"]
 [currencySymbol="currencySymbol"]
 [groupingUsed="{true|false}"]
 [maxIntegerDigits="maxIntegerDigits"]
 [minIntegerDigits="minIntegerDigits"]
 [maxFractionDigits="maxFractionDigits"]
 [minFractionDigits="minFractionDigits"]
 [var="varName"]
 [scope="{page|request|session|application}"]/>
```

② 有标签体，标签体内指定要被格式化的数字，语法如下所示：

```
<fmt:formatNumber
  [type="{number|currency|percent}"]
  [pattern="customPattern"]
  [currencyCode="currencyCode"]
  [currencySymbol="currencySymbol"]
  [groupingUsed="{true|false}"]
  [maxIntegerDigits="maxIntegerDigits"]
  [minIntegerDigits="minIntegerDigits"]
  [maxFractionDigits="maxFractionDigits"]
  [minFractionDigits="minFractionDigits"]
  [var="varName"]
  [scope="{page|request|session|application}"]>
    numeric value to be formatted
</fmt:formatNumber>
```

(2) 属性

在<fmt:formatNumber>标签中含有 value、type、pattern、currencyCode、currencySymbol、groupingUsed、maxIntegerDigits、minIntegerDigits、var、scope 等属性，对它们的说明如表 8.22 所示。

(3) 用法

<fmt:formatNumber>标签属于 fmt 标签库中的标签，在使用前须引入 fmt 标签声明。下面通过一个示例来演示<fmt:formatNumber>标签的使用。

表 8.22　fmt:formatNumber 标签的属性

属 性 名	是否支持 EL	属性类型	描　述
value	true	String 或者 Number	要格式化的数字
type	true	String	指定按什么类型(数字、货币、百分数)格式化。默认为 number
pattern	true	String	自定义的格式化形式
currencyCode	true	String	ISO4217 货币代码，只可用于格式化货币
currencySymbol	true	String	货币符号，如$，只可用于格式化货币
groupingUsed	true	boolean	指定格式化的输出是否包含用于分组的分隔符，默认为 true
maxIntegerDigits	true	int	指定格式化输出的整数部分的最大数字的位数
minIntegerDigits	true	int	指定格式化输出的整数部分的最小数字的位数
maxFractionDigits	true	int	指定格式化输出的小数部分的最大数字的位数
minFractionDigits	true	int	指定格式化输出的小数部分的最小数字的位数
var	false	String	用于保存格式化后的结果
scope	false	String	变量的作用域

新建名为 fmt_ formatNumber.jsp 的页面，页面代码清单如下所示：

```
<%@ page import="java.util.*" pageEncoding="utf-8"%>
//导入标签
<%@ taglib uri="http://java.sun.com/jsp/jstl/fmt" prefix="fmt"%>
<html>
    <head>
        <title>fmt_format</title>
    </head>
    <body>
        <fmt:formatNumber value="12" type="currency" pattern=".00 元"/><br>
        <fmt:formatNumber value="12" type="currency" pattern=".0#元"/><br>
        <fmt:formatNumber value="1234567890" type="currency"/><br>
        <fmt:formatNumber value="123456.7891" pattern="#,#00.0#"/><br>
        <fmt:formatNumber value="12" type="percent" /><br>
        <fmt:formatNumber value="500000.01" groupingUsed="false" /><br>
        <fmt:formatNumber value="98.6" minIntegerDigits="4"/><br>
        <fmt:formatNumber value="98.6" minIntegerDigits="4"
         groupingUsed="false"/><br>
        <fmt:formatNumber value="3.141592653589"
         maxFractionDigits="2"/><br>
    </body>
</html>
```

启动 Tomcat，在地址栏中输入“http://localhost:8080/jstldemo/fmt_format.jsp”，执行的效果如图 8.23 所示。

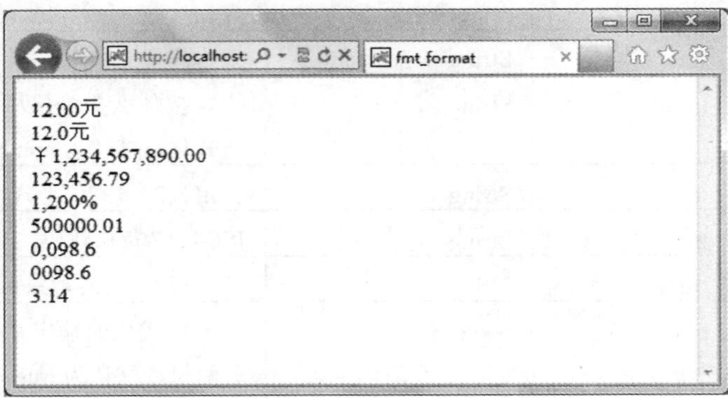

图 8.23　fmt_format.jsp 的执行效果

4. <fmt:parseNumber>

<fmt:parseNumber>标签用于解析一个数字，并将结果作为 java.lang.Number 类的实例返回。<fmt:parseNumber>标签看起来与<fmt:formatNumber>标签的作用正好相反。下面从语法、属性、用法来了解此标签的相关应用。

(1)　语法

①　没有标签体，语法如下：

```
<fmt:parseNumber value="numericValue"
  [type="{number|currency|percent}"]
  [pattern="customPattern"]
  [parseLocale="parseLocale"]
  [integerOnly="{true|false}"]
  [var="varName"]
  [scope="{page|request|session|application}"] />
```

②　有标签体，在标签体中指定要被解析的数值，语法如下所示：

```
<fmt:parseNumber
  [type="{number|currency|percent}"]
  [pattern="customPattern"]
  [parseLocale="parseLocale"]
  [integerOnly="{true|false}"]
  [var="varName"]
  [scope="{page|request|session|application}"]>

   numeric value to be parsed

</fmt:parseNumber>
```

(2)　属性

<fmt:parseNumber>含有 value、type、pattern、parseLocal、var、scope 等属性，对它们的说明如表 8.23 所示。

表 8.23　fmt:formatNumber 标签的属性

属 性 名	是否支持 EL	属性类型	描 述
value	true	String	要解析的数字
type	true	String	指定按什么类型(数字、货币、百分数)被解析。默认为 number
pattern	true	String	自定义的格式化形式
parseLocal	true	String 或 java.util.Locale	按指定地区的语言和格式解析 value 的值
integerOnly	true	boolean	是否值解析数字的整数部分，默认为 true
var	false	String	用于保存解析后的结果
scope	false	String	变量的作用域

(3)　用法

<fmt:parseNumber>标签属于 fmt 标签库中的标签，在使用前须引入 fmt 标签声明。下面通过一个示例来演示<fmt:parseNumber>标签的使用。新建名为 fmt_parseNumber.jsp 的页面，页面代码清单如下：

```
<%@ page import="java.util.*" pageEncoding="utf-8"%>
<%@ taglib uri="http://java.sun.com/jsp/jstl/fmt" prefix="fmt"%>

<html>
    <head>
        <title>fmt_format</title>
    </head>
    <body>
        <fmt:parseNumber value="12.00" type="number"/><br>
        <fmt:parseNumber value="1,234,567,890.00 " type="number"/><br>
        <fmt:parseNumber value="123,456.79" type="number"/><br>
        <fmt:parseNumber value="12000%" type="number"/><br>
    </body>
</html>
```

启动 Tomcat，在地址栏输入“http://localhost:8080/jstldemo/fmt_parseNumber.jsp”，执行的效果如图 8.24 所示。

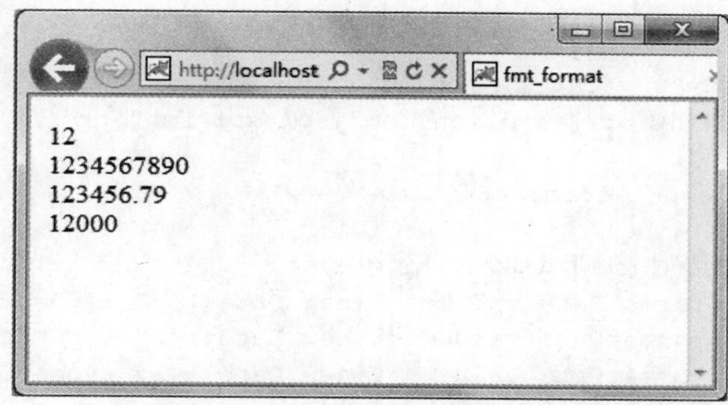

图 8.24　fmt_parseNumber.jsp 的执行效果

5. <fmt:formatDate>

<fmt:formatDate>标签将日期和时间格式化为本地的格式，或格式化为自定义的格式。

(1) 语法

<fmt:formatDate>标签的语法如下：

```
<fmt:formatDate value="date"
  [type="{time|date|both}"]
  [dateStyle="{default|short|medium|long|full}"]
  [timeStyle="{default|short|medium|long|full}"]
  [pattern="customPattern"]
  [timeZone="timeZone"]
  [var="varName"]
  [scope="{page|request|session|application}"] />
```

(2) 属性

<fmt:formatDate>标签含有 value、type、dateStyle、timeStyle、pattern、var、scope 等属性，对它们的说明如表 8.24 所示。

表 8.24 fmt:formatDate 标签的属性

属性名	是否支持 EL	属性类型	属性描述
value	true	String	要解析的日期或时间字符串
type	true	String	指定解析字符串的类型
dateStyle	true	String	日期的格式，参照 java.text.DateFormat 类。该属性仅在 type 属性取值为 date | both 时才有效
timeStyle	true	String	时间的格式，参照 java.text.DateFormat 类，该属性仅在 type 属性取值为 time | both 时才有效
pattern	true	String	自定义的解析时间字符串的格式
timeZone	true	String 或 timeZone	指定格式化的时区
var	false	String	标识格式化结果的变量
scope	false	String	变量的作用域

(3) 用法

创建 fmt_formatDate.jsp 页面，代码如下：

```
<%@ page import="java.util.*" pageEncoding="utf-8"%>
<%@ taglib uri="http://java.sun.com/jsp/jstl/fmt" prefix="fmt"%>
<html>
    <head><title>fmt_format</title></head>
    <body>
        当前时间的三种表现形式如下：<br><br>
        (1)<fmt:formatDate value="<%=new Date()%>" type="date"/><br><br>
        (2)<fmt:formatDate value="<%=new Date()%>" type="time"/><br><br>
        (3)<fmt:formatDate value="<%=new Date()%>" type="both"/>
    </body>
</html>
```

启动 Tomcat，在地址栏输入“http://localhost:8080/jstldemo/fmt_formatDate.jsp”，执行的效果如图 8.25 所示。

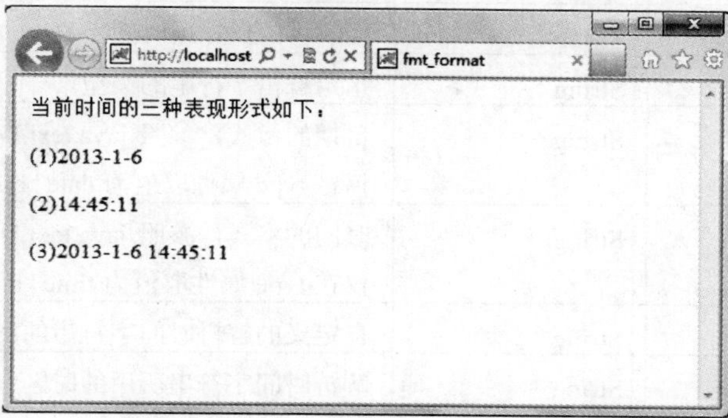

图 8.25　fmt_formatDate.jsp 的执行效果

6. <fmt:parseDate>

<fmt:parseDate>用于将日期或时间的字符串解析为 Date 对象。

(1) 语法

① 没有标签体，语法如下所示：

```
<fmt:parseDate value="dateString"
  [type="time|date|both"]
  [dateStyle="default|short|medium|long|full"]
  [timeStyle="default|short|medium|long|full"]
  [pattern="customPattern"]
  [timeZone="timeZone"]
  [parseLocale="parseLocale"]
  [var="varName"]
  [scope="{page|request|session|application}"] />
```

② 有标签体，在标签体中指定要被解析的日期和/或时间值，语法如下所示：

```
<fmt:parseDate [type="time|date|both"]
  [dateStyle="default|short|medium|long|full"]
  [timeStyle="default|short|medium|long|full"]
  [pattern="customPattern"]
  [timeZone="timeZone"]
  [parseLocale="parseLocale"]
  [var="varName"]
  [scope="{page|request|session|application}"]>
    date value to be parsed
</fmt:parseDate>
```

(2) 属性

<fmt:parseDate>标签含有 value、type、dateStyle、timeStyle、pattern、var、scope 等属性，对它们的说明如表 8.25 所示。

表 8.25　fmt:parseDate 标签的属性

属性名	是否支持 EL	属性类型	属性描述
value	true	String	要解析的日期或时间字符串
type	true	String	指定解析字符串的类型
dateStyle	true	String	日期的格式，参照 java.text.DateFormat 类。该属性仅在 type 属性取值为 date | both 时才有效
timeStyle	true	String	时间的格式，参照 java.text.DateFormat 类，该属性仅在 type 属性取值为 time | both 时才有效
pattern	true	String	自定义的解析时间字符串的格式
timeZone	true	String	解析时间字符串所用的时区
parseLocale	true	String 或 Locale	解析字符串所用的本地环境
var	false	String	标识解析结果的变量
scope	false	String	变量的作用域

(3)　用法

新建 fmt_parseDate.jsp 页面，如下：

```
<%@ pag language="java" import="java.util.*" pageEncoding="utf-8"%>
<%@ taglib uri="http://java.sun.com/jsp/jstl/fmt" prefix="fmt"%>
<html>
    <head>
        <title>fmt_format</title>
    </head>
    <body>
        将时间字符串解析为 Date 对象：<br><br>
        <fmt:parseDate value="07/09/08" pattern="MM/dd/yy" /><br><br>
        <fmt:parseDate value="2008 年 7 月 9 日 23:20"
          pattern="yyyy 年 MM 月 dd 日 HH:mm" />
    </body>
</html>
```

启动 Tomcat，在地址栏中输入“http://localhost:8080/jstldemo/fmt_parseDate.jsp”，执行的效果如图 8.26 所示。

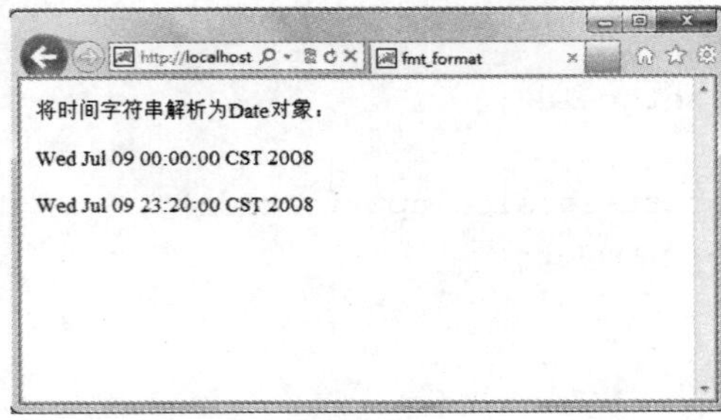

图 8.26　fmt_parseDate.jsp 的执行效果

8.4　数据库标签库

数据库标签库——包含被用来访问 SQL 数据库的标签。在实际的开发中，很少会直接从 JSP 页面中来处理数据库访问。所以本小节也只是通过一个简单示例讲解数据库标签的相关用法。

首先，先建立好 person 数据库，在数据库中创建 userinfo 表，表的结构及初始化数据可查看 SQL 代码：

```
create database if not exists `person`;
USE `person`;
DROP TABLE IF EXISTS `userinfo`;
CREATE TABLE `userinfo` (
  `id` int(8) default NULL,
  `name` varchar(30) default NULL,
  `age` int(8) default NULL,
  `intro` text
) ENGINE=InnoDB DEFAULT CHARSET=utf8;
insert  into `userinfo`(`id`,`name`,`age`,`intro`)
values (1,`zxx`,23,`1111`),(2,`zah`,32,`22222`),(3,`xmh`,32,`3333`);
```

新建名为 jstlSqldemo.jsp 的页面，它来实现访问数据库的功能，代码清单如下：

```
<%@ page contentType="text/html; charset=GBK" %>
<%@ taglib prefix="c" uri="http://java.sun.com/jsp/jstl/core" %>
<%@ taglib prefix="fmt" uri="http://java.sun.com/jsp/jstl/fmt" %>
<!--导入 SQL 所需的标签库//-->
<%@ taglib prefix="sql" uri="http://java.sun.com/jsp/jstl/sql" %>
<c:set var="ip" value="localhost"/>
<!--设置数据库端口//-->
<c:set var="port" value="3306"/>
<!--设置数据库的用户名//-->
<c:set var="user" value="root"/>
<!--设置数据库的用户密码//-->
<c:set var="pwd" value="root"/>
<!--设置数据库名//-->
<c:set var="db" value="test"/>
<!--设置要操作的表名//-->
<c:set var="table" value="userinfo"/>
<html>
<head>
<title>JSTL 操作数据库</title>
</head>
<body bgcolor="#ffffff">
<sql:setDataSource
  driver="com.mysql.jdbc.Driver"
  url="jdbc:mysql://${ip}:${port}/${db}?user=${user}&password=${pwd}"/>
<sql:query var="result">
   SELECT * FROM <c:out value="${table}"/>
```

```
</sql:query>
<c:forEach var="row" items="${result.rowsByIndex}">
    <c:out value="${row[0]}"/>  
    <c:out value="${row[1]}"/><br>
</c:forEach>
</body>
</html>
```

启动 Tomcat，在地址栏中输入“http://localhost:8087/jstldemo/jstlSqldemo.jsp”，即可显示访问的数据，效果如图 8.27 所示。

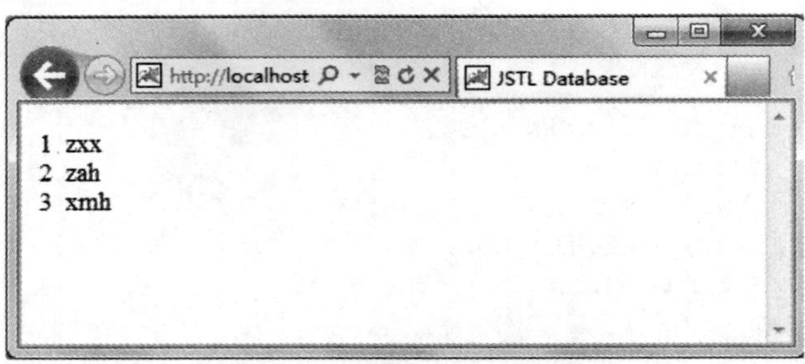

图 8.27　jstlSqldemo.jsp 的执行效果

这与 JDBC 操作数据库得到的结果是一致的。用从上述代码可以很轻松地获取数据库名及数据库的用户信息。

8.5　上 机 练 习

(1) 为 jstlinstance 实例添加国际化功能。
(2) 使用 JSTL 标准标签改写第 5 章中的 JiuJiudemo 示例。
(3) 使用 JSP 模式 2 改写 jstlinstance 示例。

第 9 章

实用技术浅析

学前提示

通过前面各章的学习，读者已经具备了 JSP 应用开发的能力，但为了快速适应工作，还需要构建百宝箱，就像武侠小说中提及的武林秘籍一样。虽然对于不同的用户可能需求不一样，但根据作者多年工作经验的积累，发现刚入门的读者通常需要解决中文乱码、文件的上传下载、验证码效果的实现、水印图片效果的实现、DAO 设计模式的实现等问题。本章将围绕这些内容展开叙述。

知识要点

- 彻底解决中文乱码问题
- 文件上传功能的实现
- 验证码功能的实现
- 水印图片效果的实现
- DAO 设计模式的理解

9.1 彻底解决中文乱码问题

在 JSP 应用中，中文乱码问题是初入门的读者觉得较为棘手的问题之一。并且有关这个问题的解决方案也是多种多样。

这里基于实用的角度，也来探讨一下此问题的解决方案，便于读者抓住问题的根本所在，提高开发效率。

中文乱码是如何产生的呢？中文乱码问题需要如何解决？要想弄清楚这个问题，需要按以下步骤学习，方可从本质上掌握解决此问题的方法。

1. 熟悉编码格式

(1) ISO8859-1

ISO8859-1 属于单字节编码，最多能表示的字符范围是 0~255，应用于英文系列。

例如，字母‘a’的编码为 0x61=97。ISO8859-1 编码表示的字符范围很窄，无法表示中文字符。但是，由于是单字节编码，与计算机最基础的表示单位一致，所以很多时候仍旧使用 ISO8859-1 编码来表示。而且在很多协议上，默认地使用该编码。

(2) GB2312/GBK

GB2312/GBK 属于汉字的国标码，专门用来表示汉字，是双字节编码，而英文字母兼容 ISO8859-1 编码。

其中 GBK 编码能够用来同时表示繁体字和简体字，而 GB2312 只能表示简体字，GBK 是兼容 GB2312 编码的。

(3) Unicode

Unicode 属于最统一的编码，可以用来表示所有语言的字符，而且是定长双字节(也有 4 字节的)编码，包括英文字母在内。

所以可以说它是不兼容 ISO8859-1 编码的，也不兼容任何其他编码。需要说明的是，定长编码便于计算机处理(注意 GB2312/GBK 不是定长编码)，而 Unicode 又可以用来表示所有字符，所以在很多软件内部是使用 Unicode 编码来处理的，例如 Java。

(4) UTF-8

考虑到 Unicode 编码不兼容 ISO8859-1 编码，而且容易占用更多的空间——因为对于英文字母，Unicode 也需要两个字节来表示。

所以 Unicode 不便于传输和存储。因而产生了 UTF 编码，UTF 编码兼容 ISO8859-1 编码，同时也可以用来表示所有语言的字符。

不过，UTF 编码是不定长编码，每一个字符的长度为 1~6 个字节不等。另外，UTF 编码自带简单的校验功能。

一般来讲，英文字母都是用一个字节表示，而汉字使用三个字节。注意，虽然说 UTF 是为了占更少的空间而使用的，但那只是相对于 Unicode 编码而言，如果已经知道是汉字，则使用 GB2312/GBK 无疑是最节省的。不过另一方面，值得说明的是，虽然 UTF 编码对汉字使用 3 个字节，但即使对于汉字网页，UTF 编码也会比 Unicode 编码节省，因为网页中包含了很多的英文字符。

2. 熟悉 Web 应用程序中与编码相关的部分

(1) JSP 编译

指定文件的存储编码，很明显，该设置应该置于文件的开头，例如：

```
<%@page pageEncoding="GBK"%>
```

另外，对于一般的 class 文件，可以在编译的时候指定编码。

(2) JSP 输出

指定文件输出到 Browser 时使用的编码，该设置也应该置于文件的开头，例如：

```
<%@page contentType="text/html; charset= GBK" %>
```

该设置与 response.setCharacterEncoding(“GBK”)等效。

(3) META 设置

指定网页使用的编码，该设置对静态网页尤其有作用。因为静态网页无法采用 JSP 的设置，而且也无法执行 response.setCharacterEncoding()。

例如：

```
<META http-equiv="Content-Type" content="text/html; charset=GBK" />
```

如果同时采用了 JSP 输出和 META 设置两种编码指定方式，则 JSP 指定的优先。因为 JSP 指定的直接体现在 Response 中。

注意

Apache 有一个设置可以给无编码指定的网页指定编码，该指定等同于 JSP 的编码指定方式，所以会覆盖静态网页中的 META 指定。

(4) form 设置

当浏览器提交表单的时候，可以指定相应的编码，例如：

```
<form accept-charset= "gb2312">
```

一般不需要进行设置，浏览器会直接使用网页的编码。

3. 熟悉 Web 应用程序乱码产生的原因

(1) JSP 页面被编译为 class 时，如果未指定字符集，默认使用 ISO8859-1 的编码格式，这样中文会出现乱码。

(2) 使用表单时如果设定提交方式为 POST 而没有设置提交的编码格式，则会以 ISO8859-1 方式进行提交，而接受的 JSP 却以 UTF-8 的方式接受，这样也会导致乱码。

(3) 表单使用时如果设定提交方式为 GET 而没有设置提交的编码格式，Tomcat 会以 GET 的默认编码方式 ISO8859-1 对汉字进行编码，编码后追加到 URL，导致接收页面得到的参数为乱码。

4. 解决乱码

(1) 设置文件本身的编码格式。这可以在 Eclipse 或 MyEclipse 中设置。执行 Window→Preferences 菜单命令，在弹出的对话框中按照图 9.1 进行设置即可。

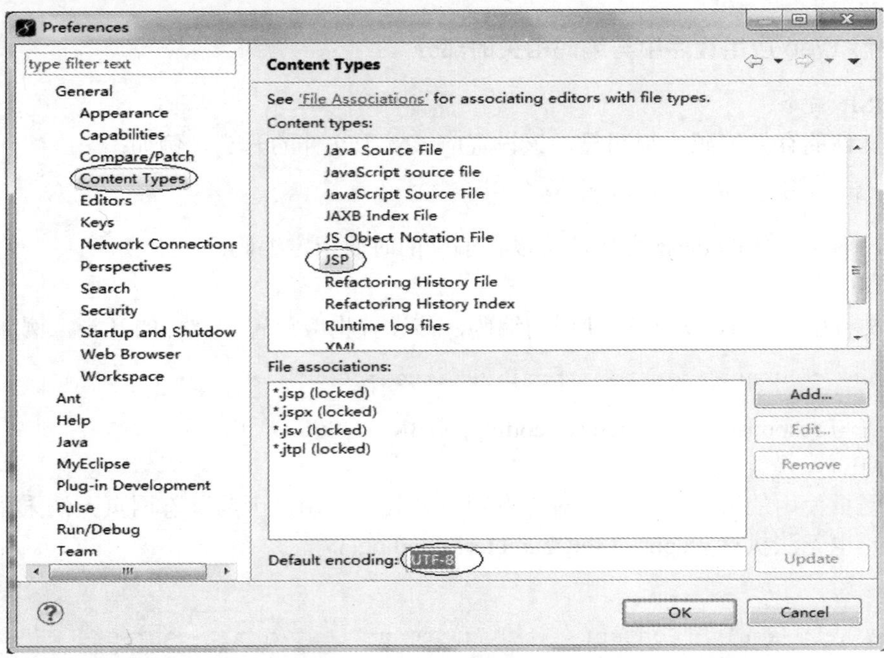

图 9.1　MyEclipse 中 JSP 文件编码格式设置的效果

(2)　在 JSP 页面上指定字符集。通常页面字符集的设置如下所示：

```
<%@ page contentType="text/html;charset=GBK"%>
<html>
   <head>
   <title>字符集设置练习</title>
   <meta http-equiv="Content-Type"content="text/html;charset=utf-8" />
   </head>
   ...
</html>
```

(3)　数据库连接时指定的字符集。

在 JDBC 操作数据库时，在设置数据库的 URL 时加入编码字符集：

```
String Url="jdbc:mysql://localhost/digitgulf?user=root&password=root
 &useUnicode=true&characterEncoding=UTF-8";
```

(4)　在程序获取页面数据时使用如下代码：

```
response.setContentType("text/html;charset=gb2312");
request.setCharacterEncoding("gb2312");
```

注意

如果需要将中文作为参数传递，需要在传递和接收时进行相应的处理，具体方法如下所示。

在参数传递时对参数编码：

...RearshRes.jsp?keywords=" + java.net.URLEncoder.encode(keywords)

然后在接收参数页面使用如下语句接收:

keywords = new String(request.getParameter("keywords").getBytes("8859_1"));

在前面的章节中还提到过一种解决乱码问题的方案——用过滤器解决 JSP 应用程序开发中的乱码问题，这也是常见的解决方案之一，在此不再赘述。

9.2 文件上传功能的实现

在许多 Web 站点应用中都需要为用户提供通过浏览器上传文档资料的功能，例如，上传邮件附件、个人相片、共享资料等。对文件上传功能，在浏览器端提供了较好的支持，只要将 FORM 表单的 enctype 属性设置为"multipart/form-data"即可；但在 Web 服务器端如何获取浏览器上传的文件，需要进行复杂的编程处理。为了简化和帮助 Web 开发人员接收浏览器上传的文件，一些公司和组织专门开发了文件上传组件，例如 JspSmart 公司的 JspSmartUpload 组件、O'Reilly 公司的 Cos 组件。

本章将详细介绍 Apache 组织的文件上传组件 Commons FileUpload 的使用。

9.2.1 下载 Commons FileUpload

Commons FileUpload 是 Apache 组织下一个开源的文件上传组件，可以直接在 Apache 官方网站下载，下载地址是 http://commons.apache.org/fileupload/download_fileupload.cgi，如图 9.2 所示。

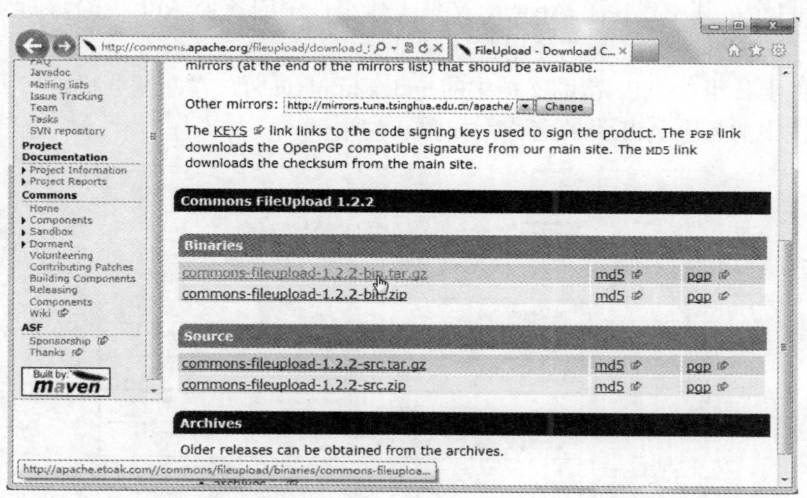

图 9.2 下载 Commons FileUpload 组件

Commons FileUpload 组件实现文件的上传它还需要依赖于 Commons IO 组件，Commons 就是一个处理 I/O 流的工具类包，能让我们很方便地实现文件的读写操作。Commons IO 组件也属于 Apache 组织下的开源组件，可以通过地址 http://commons.apache.org/io/直接下载，如图 9.3 所示。

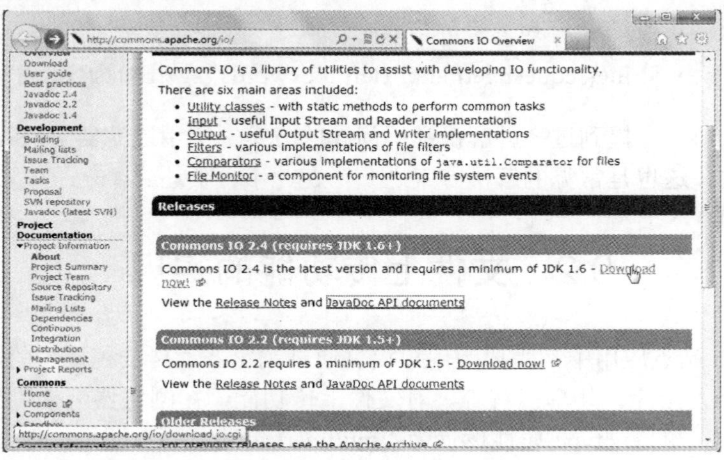

图 9.3　下载 Commons IO 组件

① 本章如未做特别说明，所有页面均放置于 jspupdemo 工程之中。

② 本章所使用的 JAR 包均可以在工程的 lib 文件中获取。

9.2.2　Commons FileUpload API 介绍

在下载的 commons-fileupload-1.2.2-bin.tar.gz 文件的解压缩目录 site 中，可以看到一个 apidocs 的子目录，其中包含了 Apache 文件上传组件中的各个 API 类的帮助文档，从这个文档中可以了解到各个 API 类的使用帮助信息。

打开文件上传组件 API 帮助文档中的 index.html 页面，在左侧分栏窗口页面中列出了文件上传组件中的各个 API 类的名称，如图 9.4 所示。

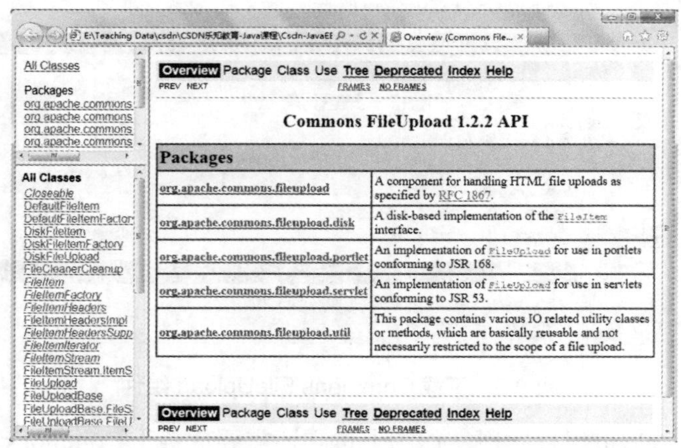

图 9.4　Commons FileUpload API 文档

读者不需要逐个去阅读图 API 中列出的各个类的使用，要想通过 Commons FileUpload 组件来实现文件的上传，只需要熟悉以下几个类的使用即可。

1. DiskFileUpload 类

DiskFileUpload 类是 Apache 文件上传组件的核心类，应用程序开发人员通过这个类来与 Apache 文件上传组件进行交互。下面介绍 DiskFileUpload 类中的几个常用的重要方法。

(1)　setSizeMax 方法

setSizeMax 方法用于设置请求消息实体内容的最大允许大小，以防止客户端故意通过上传特大的文件来塞满服务器端的存储空间，单位为字节。其完整语法定义如下：

```
public void setSizeMax(long sizeMax)
```

如果请求消息中的实体内容的大小超过了 setSizeMax 方法的设置值，该方法将会抛出 FileUploadException 异常。

(2)　setSizeThreshold 方法

Apache 文件上传组件在解析和处理上传数据中的每个字段内容时，需要临时保存解析出来的数据。因为 Java 虚拟机默认可以使用的内存空间是有限的，超出限制时将会发生 java.lang.OutOfMemoryError 错误，如果上传的文件很大，例如上传 800MB 的文件，在内存中将无法保存该文件内容，Apache 文件上传组件将用临时文件来保存这些数据；但如果上传的文件很小，例如上传 600 个字节的文件，显然将其直接保存在内存中更加有效。

setSizeThreshold 方法用于设置是否使用临时文件保存解析出的数据的那个临界值，该方法传入的参数的单位是字节。其完整语法定义如下：

```
public void setSizeThreshold(int sizeThreshold)
```

(3)　setRepositoryPath 方法

setRepositoryPath 方法用于设置 setSizeThreshold 方法中提到的临时文件的存放目录，这里要求使用绝对路径。其完整语法定义如下：

```
public void setRepositoryPath(String repositoryPath)
```

如果不设置存放路径，那么临时文件将被储存在 ava.io.tmpdir 个 JVM 环境属性所指定的目录中，Tomcat 7 将这个属性设置为了“<tomcat 安装目录>/temp/”目录。

(4)　parseRequest 方法

parseRequest 方法是 DiskFileUpload 类的重要方法，它是对 HTTP 请求消息进行解析的入口方法，如果请求消息中的实体内容的类型不是“multipart/form-data”，该方法将抛出 FileUploadException 异常。parseRequest 方法解析出 FORM 表单中的每个字段的数据，并将它们分别包装成独立的 FileItem 对象，然后将这些 FileItem 对象加入进一个 List 类型的集合对象中返回。parseRequest 方法的完整语法定义如下：

```
public List parseRequest(HttpServletRequest req)
```

parseRequest 方法还有一个重载方法，该方法集中处理上述所有方法的功能，其完整语法定义如下：

```
parseRequest(HttpServletRequest req, int sizeThreshold,
  long sizeMax, String path)
```

这两个 parseRequest 方法都会抛出 FileUploadException 异常。

(5) isMultipartContent 方法

isMultipartContent 方法方法用于判断请求消息中的内容是否是 multipart/form-data 类型，是则返回 true，否则返回 false。

isMultipartContent 方法是一个静态方法，不用创建 DiskFileUpload 类的实例对象即可被调用，其完整语法定义如下：

```
public static final boolean isMultipartContent(HttpServletRequest req)
```

2. FileItem 类

FileItem 类用来封装单个表单字段元素的数据，一个表单字段元素对应一个 FileItem 对象，通过调用 FileItem 对象的方法可以获得相关表单字段元素的数据。FileItem 是一个接口，在应用程序中使用的实际上是该接口的一个实现类，该实现类的名称并不重要，程序可以采用 FileItem 接口类型来对它进行引用和访问，为了便于讲解，这里将 FileItem 实现类称为 FileItem 类。FileItem 类还实现了 Serializable 接口，以支持序列化操作。下面介绍 FileItem 类中的几个常用的方法。

(1) boolean isFormField()方法

isFormField 方法用于判断 FileItem 类对象封装的数据是一个普通文本表单字段，还是一个文件表单字段，如果是普通表单字段，则返回 true，否则返回 false。因此，可以使用该方法判断是否为普通表单域，还是文件上传表单域。

(2) String getName()方法

getName 方法用于获得文件上传字段中的文件名。

注意 IE 或 FireFox 中获取的文件名是不一样的，IE 中是绝对路径，而 FireFox 中只是文件名。

(3) String getFieldName()方法

getFieldName 方法用于返回表单标签 name 属性的值。如<input type="text" name="name" />的 value。

(4) void write(File file)方法

write 方法用于将 FileItem 对象中保存的主体内容保存到某个指定的文件中。如果 FileItem 对象中的主体内容是保存在某个临时文件中，该方法顺利完成后，临时文件有可能会被清除。该方法也可将普通表单字段内容写入到一个文件中，但它的主要用途是将上传的文件内容保存在本地文件系统中。

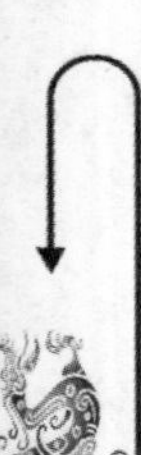

(5) String getString()方法

getString 方法用于将 FileItem 对象中保存的数据流内容以一个字符串返回，它有两个重载的定义形式：

```
public java.lang.String getString()
public java.lang.String getString(java.lang.String encoding)
  throws java.io.UnsupportedEncodingException
```

前者使用默认的字符集编码将主体内容转换成字符串，后者使用参数指定的字符集编码将主体内容转换成字符串。如果在读取普通表单字段元素的内容时出现了中文乱码现象，应调用第二个 getString 方法，并为其传递正确的字符集编码名称。

(6) String getContentType()方法

getContentType 方法用于获得上传文件的类型，即表单字段元素描述头属性 Content-Type 的值，如 image/jpeg。如果 FileItem 类对象对应的是普通表单字段，该方法将返回 null。

(7) boolean isInMemory()方法

isInMemory 方法用来判断 FileItem 对象封装的数据内容是存储在内存中，还是存储在临时文件中，如果存储在内存中，则返回 true，否则返回 false。

(8) void delete()方法

delete 方法用来清空 FileItem 类对象中存放的主体内容，如果主体内容被保存在临时文件中，delete 方法将删除该临时文件。

尽管当 FileItem 对象被垃圾收集器收集时会自动清除临时文件，但及时调用 delete 方法可以更早地清除临时文件，释放系统存储资源。另外，当系统出现异常时，仍有可能造成有的临时文件被永久保存在了硬盘中。

(9) InputStream getInputStream()方法

以流的形式返回上传文件的数据内容。

(10) long getSize()方法

返回该上传文件的大小(以字节为单位)。

9.2.3 Commons FileUpload 上传示例

注意

Commons FileUpload 组件的实例练习为 jsp-09-fileupload。

在 index.jsp 页面添加代码，该页面如图 9.5 所示。

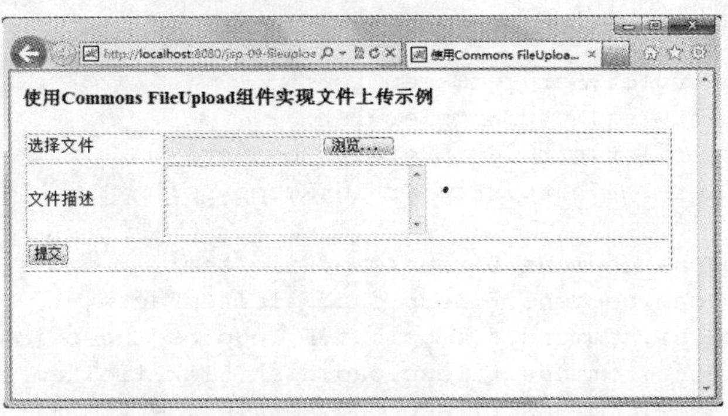

图 9.5 index.jsp 上传页面

index.jsp 页面的代码清单如下所示：

```
<%@ page language="java" import="java.util.*" pageEncoding="UTF-8"%>
<!DOCTYPE HTML PUBLIC "-//W3C//DTD HTML 4.01 Transitional//EN">
<html>
    <head>
        <title>使用 Commons FileUpload 组件实现文件上传示例</title>
```

```
    </head>

    <body>
    <h3>使用 Commons FileUpload 组件实现文件上传示例</h3>
    <form action="fileupload.do" method="post"
      enctype="multipart/form-data">
    <table border="1" width="600px">
    <tr><td>选择文件</td><td><input type="file" name="src"/></td></tr>
    <tr><td>文件描述</td><td><textarea rows="4" cols="30" name="summary">
    </textarea></td></tr>
    <tr><td colspan="2"><input type="submit" value="提交"/></td></tr>
    </table>
    </form>
    </body>
</html>
```

注意

在上传文件时，需要在 form 表单中加上 enctype="multipart/form-data"。而在开发过程中，也有可能遇到需要用 JavaScript 构造 form 表单的情况。

一般 JavaScript 构造 form，如果直接加一句 form.enctype="multipart/form-data"是不正确的，需要用 form.encding="multipart/form-data"方可。

在项目中添加 commons-fileupload 所需的 JAR 包，新创建 Servlet 名为 FileUploadServlet，代码清单如下所示：

```
package com.tjitcast.web.controller;

import java.io.File;
import java.io.IOException;
import java.util.List;
import java.util.UUID;

import javax.servlet.ServletException;
import javax.servlet.http.HttpServlet;
import javax.servlet.http.HttpServletRequest;
import javax.servlet.http.HttpServletResponse;

import org.apache.commons.fileupload.FileItem;
import org.apache.commons.fileupload.FileItemFactory;
import org.apache.commons.fileupload.FileUploadException;
import org.apache.commons.fileupload.disk.DiskFileItemFactory;
import org.apache.commons.fileupload.servlet.ServletFileUpload;

//使用 commons-fileupload.jar 包来处理上传的文件
public class FileUploadServlet extends HttpServlet {

    public void doPost(HttpServletRequest request,
      HttpServletResponse response)
      throws ServletException, IOException {
```

```
response.setContentType("text/html;charset=UTF-8");
//检查文件上传的请求是否使用了“multipart/form-data”
boolean isMultipart =
  ServletFileUpload.isMultipartContent(request);
if(!isMultipart) {
    //报错
    return;
}
//Create a factory for disk-based file items
FileItemFactory factory = new DiskFileItemFactory();
//创建一个文件上传处理器的实例
ServletFileUpload upload = new ServletFileUpload(factory);
List<FileItem> items = null;
try {
    //使用处理器对请求进行解析，它会把消息体中的每一块(部分)
    //解析成一个 FileItem 对象
    items = upload.parseRequest(request);
} catch (FileUploadException e) {
    e.printStackTrace();
}

if(items == null){
    //报错....
    return ;
}

for (FileItem fileItem : items) { //处理第一个 FileItem

    if(fileItem.isFormField()){ //如果是普通的表单输入域
        String name = fileItem.getFieldName(); //获取普通参数的名
        String value = fileItem.getString(); //参数对应的值
        //对值进行转码，防止中文乱码
        value = new String(value.getBytes("iso-8859-1"), "UTF-8");
        System.out.println(name + "=" + value);
    } else { //是文件上传域
        String fileName = fileItem.getName(); //获取上传的文件名
        //获取上传的文件的 MIME 类型
        String contentType = fileItem.getContentType();
        //获取上传的文件的大小(字节)
        long size = fileItem.getSize();

        //获取存放上传文件的目录的真实路径
        String basePath = this.getServletContext()
          .getRealPath("/files");  //获取文件名的后缀(xxxx.jpg)
        String expand =
          fileName.substring(fileName.lastIndexOf("."));
        String newName = UUID.randomUUID().toString() + expand;
        File file = new File(basePath, newName); //创建一个目标文件
        try {
            fileItem.write(file); //把上传的文件的内容写到目标文件中去
            response.getWriter().print("文件上传成功");
```

```
                } catch (Exception e) {
                    e.printStackTrace();
                }
            }
        }
    }
}
```

在项目的 WebRoot 目录下新创建一个用来保存上传文件的目录，叫作 files，然后把项目加载到 Tomcat 容器下并启动，文件上传成功，如图 9.6 所示。

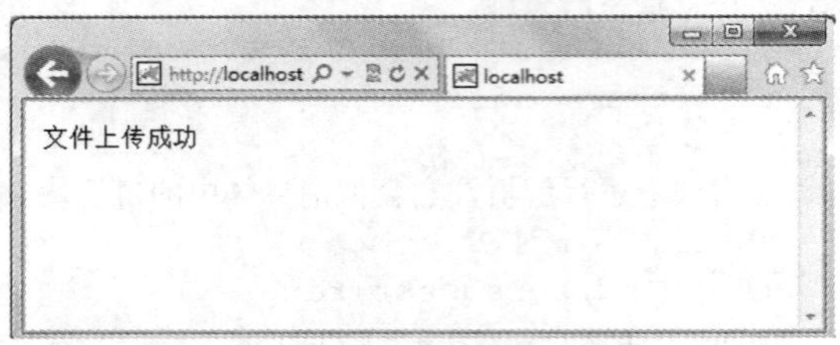

图 9.6　文件上传成功

在 MyEclipse 的 Servers 视图中展开 Tomcat，选中项目，右击，从弹出的快捷菜单中选择 Browse deployment location 命令，如图 9.7 所示。

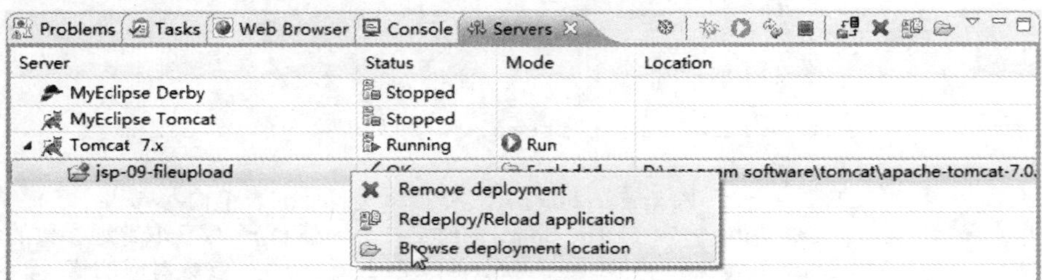

图 9.7　打开项目目录

在打开的目录中打开 files 文件夹，便可看到已经上传文件的存在，如图 9.8 所示。

图 9.8　查看上传结果

9.3　验证码功能的实现

验证码就是每次访问页面时随机生成的一张图片，图片的内容一般是数字、字母或汉字的随机组合，需要访问者把图中的内容识别出来并填写到表单中提交，如果填写的内容与图片中的内容不一致，就拒绝提交表单，这样就有效地防止了垃圾数据的产生。所以在论坛或留言板中可以看到验证码的存在，它能防止恶意灌水、广告帖等。

Java 也提供了绘制图片的功能类，在了解数字验证码、数字与英文混合验证码、中文验证码之前，先学习在 Java 中图片的生成原理。

9.3.1　图片生成原理

在 Java 中如果需要对图片进行相关的操作，那么肯定涉及 Graphics 类或 BufferedImage 类的相关方法。了解这两个类中相关方法的使用，有助于更好地理解图片生成过程。

1. Graphics 类或 BufferedImage 类的介绍

(1)　Graphics 类

Graphics 是一个抽象基类，它用于存储和显示虚拟图像，如果需要创建它的实例，必须继承它，然后通过它的派生类来完成任务。Graphics 类的 API 文档如图 9.9 所示。

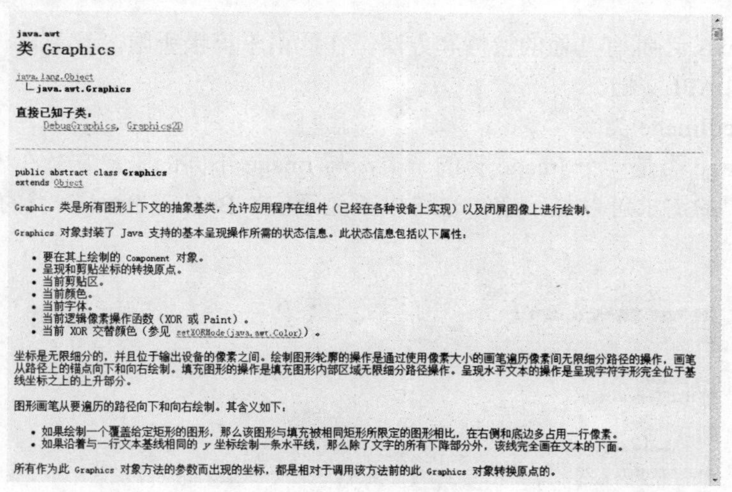

java.awt
类 Graphics

java.lang.Object
└ java.awt.Graphics

直接已知子类：
DebugGraphics, Graphics2D

public abstract class Graphics
extends Object

Graphics 类是所有图形上下文的抽象基类，允许应用程序在组件（已经在各种设备上实现）以及闭屏图像上进行绘制。

Graphics 对象封装了 Java 支持的基本呈现操作所需的状态信息。此状态信息包括以下属性：

- 要在其上绘制的 Component 对象。
- 呈现和剪贴坐标的转换原点。
- 当前剪贴区。
- 当前颜色。
- 当前字体。
- 当前逻辑像素操作函数（XOR 或 Paint）。
- 当前 XOR 交替颜色（参见 setXORMode(java.awt.Color)）。

坐标是无限细分的，并且位于输出设备的像素之间。绘制图形轮廓的操作是通过使用像素大小的画笔遍历像素间无限细分路径的操作，画笔从路径上的锚点向下和向右绘制。填充图形的操作是填充图形内部区域无限细分路径操作。呈现水平文本的操作是呈现字符字形完全位于基线坐标之上的上升部分。

图形画笔从要遍历的路径向下和向右绘制。其含义如下：

- 如果绘制一个覆盖给定矩形的图形，那么该图形与填充被相同矩形所限定的图形相比，在右侧和底边多占用一行像素。
- 如果沿着与一行文本基线相同的 y 坐标绘制一条水平线，那么除了文字的所有下降部分外，该线完全画在文本的下面。

所有作为此 Graphics 对象方法的参数而出现的坐标，都是相对于调用该方法前的此 Graphics 对象转换原点的。

图 9.9　Graphics 类的 API 文档

Graphics 类支持几种确定图形环境状态的特性。以下列出了部分特性。

- Color：当前绘制颜色，它属于 java.awt.Color 类型。所有的绘制、着色和纯文本输出都将以指定的颜色显示。
- Font：当前字体，它属于 java.awt.Font 类型。它将用于所有纯文本输出的字体。
- Clip：java.awt.Shape 类型的对象，它充当用来定义几何形状的接口。该特性包含的形状定义了图形环境的区域，绘制将作用于该区域。通常情况下，这一形状与整个图形环境相同，但也并不一定如此。

- ClipBounds：java.awt.Rectangle 对象，它表示将包围由 Clip 特性定义的 Shape 的最小矩形。它是只读特性。
- FontMetrics：java.awt.FontMetrics 类型的只读特性。该对象含有关于图形环境中当前起作用的 Font 的信息。
- Paint Mode：该特性控制环境使用当前颜色的方式。如果调用了 setPaintMode()方法，那么所有绘制操作都将使用当前颜色。如果调用了 setXORMode()方法(该方法获取一个 Color 类型的参数)，那么就用指定的颜色对像素做 XOR 操作。XOR 具有在重新绘制时恢复初始位模式的特性，因此被用进行橡皮擦除和动画操作。

熟悉了 Graphics 类的部分特性后，再来了解一下它的主要方法。

① 跟踪形状轮廓的绘制方法有 draw3DRect()、drawArc()、drawBytes()、drawChars()、drawImage()、drawLine()、drawOval()、drawPolygon()、drawPolyline()、drawRect()、drawRoundRect()、drawString()。

② 填充形状轮廓的绘制方法有 fill3DRect()、fillArc()、fillOval()、fillPolygon()、fillRect()、fillRoundRect()。

③ 诸如 translate()之类的杂项方法，将图形环境的起点从默认值(0, 0)变成其他的值。

注意

直到 Java 2D 出现以前，图形操作一直都是很有局限性的。还需注意的是，对于渲染具有属性的文本，也没有直接支持；显示格式化文本是一项费事的任务，需要手工完成。

当然 Graphics 还拥有其他的特性和方法，在此由于篇幅所限，就不再一一赘述，有兴趣的读者可查阅 API 文档。

(2) BufferedImage 类

BufferedImage 类是一个 Image 类的子类，与 Image 不同的是，它是在内存中创建和修改的，根据客户的需求可以显示它，也可以不显示它。BufferedImage 类的 API 文档说明如图 9.10 所示。

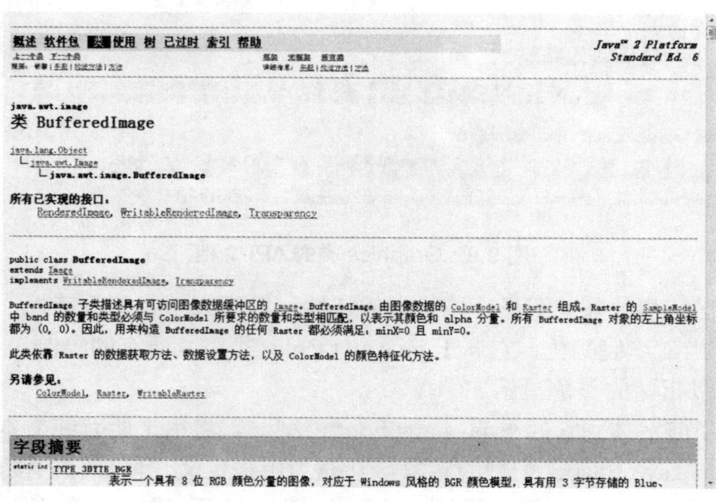

图 9.10 BufferedImage 类的 API 文档

BufferedImage 中有一个方法是 getGraphics()，它可以得到一个 Graphics 子类类型的对象。有关 BufferedImage 的其他方法可查阅 API 文档。

2. 在 Java 环境下绘制图片

在 Java 环境下要生成一幅图片，得遵守以下步骤。

(1)　设置页面类型

一般页面的类型都设置为“text/html”，如果页面要返回一个图片，则需要将类型改为“image/jpeg”，浏览器解析这个页面时，就会将返回结果当作一个图像，从而显示图像，代码编写如下：

```
<%@page contentType="image/jpeg" pageEncoding="UTF-8"%>
```

(2)　绘制动态图像

创建一个 BufferedImage，用于绘制动态图像，代码编写如下：

```
BufferedImage image =
 new BufferedImage(width, height, BufferedImage.TYPE_INT_RGB);
```

创建完 BufferedImage 后，还需要得到图形环境进行绘制，即应该获得 Graphics 或者 Graphics2D 对象：

```
Graphics g = image.getGraphics(); //或
Graphics2d g2d = image.createGraphics();
```

(3)　设置返回图片编码类型

一旦完成图像的绘制，就需要设置 response 中返回图像的编码类型。可以使用非标准的 com.sun.image.codec.jpeg 包中的 JPEGImageEncoder 类编码图像，也可以使用标准的 ImageIO 类。在使用 JPEGImageEncoder 时有一个技巧，即必须从 ServletResponse 取得 ServletOutputStream，而不能使用隐含的 JSP 输出变量 out：

```
ServletOutputStream sos = response.getOutputStream();
JPEGImageEncoder encoder = JPEGCodec.createJPEGEncoder(sos);
encoder.encode(image); //或
ImageIO.write(image, "JPEG", out);
```

到这里，有关图片的生成过程已经讲解完毕，如果读者能理解并掌握以上内容，接下来各种与图片相关的效果制作对读者也不会有较大的难度。

9.3.2　JSP 版数字验证码

在生成验证码图片的时候，就会同时生成一个 Session，其值就是验证码图片中的数字值。同时，提供输入框让用户输入，提交输入值后，与已有的 Session 值进行比较，根据比较结果做相应的判断。

数字验证码的效果如图 9.11 所示。

如果要实现如图 9.11 所示的效果，可以按照如下的方法进行操作。

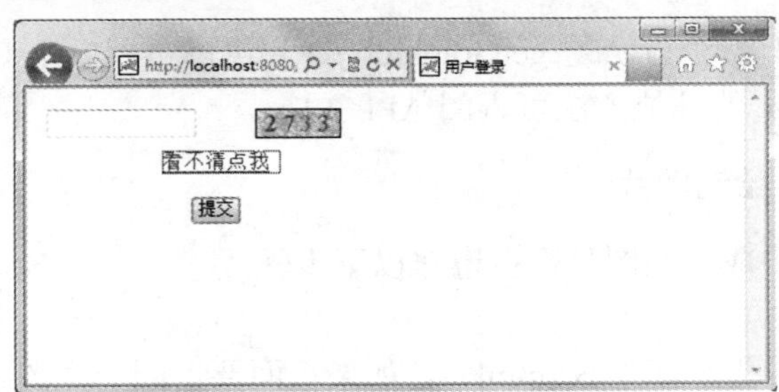

图 9.11　数字验证码的效果

1. 编写放置验证码的页面

示例中置放验证码的是 login.jsp 页面，页面的代码清单如下：

```
<%@ page contentType="text/html;charset=gb2312"%>
<%@ page language="java" import="java.sql.*" errorPage=""%>
<html>
    <head>
        <meta http-equiv="Content-Type" content="text/html;
          charset=gb2312">
        <title>用户登录</title>
        <script language="javascript">
        function loadimage() {
            document.getElementById("randImage").src ="image.jsp?"
              + Math.random();
        }
        </script>
    </head>
    <body>
        <table width="256" border="0" cellpadding="0" cellspacing="0">
            <!--DWLayoutTable-->
            <form action="validate.jsp" method="post" name="loginForm">
            <tr>
                <td width="118" height="22" valign="middle" align="center">
                    <input type="text" name="rand" size="15">
                </td>
                <td width="138" valign="middle" align="center">
                    <img alt="code..." name="randImage" id="randImage"
                      src="image.jsp"  width="60" height="20"
                      border="1" align="absmiddle">
                </td>
            </tr>
            <tr>
                <td height="36" colspan="2" align="center" valign="middle">
                    <a href="javascript:loadimage();">
                        <font class=pt95>看不清点我</font>
                    </a>
                </td>
            </tr>
            <tr>
```

```
                <td height="36" colspan="2" align="center" valign="middle">
                    <input type="submit" name="login" value="提交">
                </td>
            </tr>
            </form>
        </table>
    </body>
</html>
```

其中，<img alt="code..." src="image.jsp" ... border="1" align="absmiddle">这一句是生成验证码图片的关键代码，src 属性的值应该对应于一张具体的图片，可此处对应的是一个 JSP 文件，这就需要设置这个 JSP 的类型为"image/jpeg"。具体代码参见 image.jsp。

而"<a href="javascript:loadimage();"><font class=pt95>看不清点我</font>"则提供了一个通过链接产生验证图片的功能。

2. 编写产生验证码的页面

新建生成验证码的 JSP 文件，命名为 image.jsp，页面代码清单如下：

```
<%@ page
  import="java.awt.*,java.awt.image.*,java.util.*,javax.imageio.*"%>
<%@ page import="java.io.OutputStream"%>

<%!
Color getRandColor(int fc, int bc) {
    Random random = new Random();
    if (fc > 255)
        fc = 255;
    if (bc > 255)
        bc = 255;
    int r = fc + random.nextInt(bc - fc);
    int g = fc + random.nextInt(bc - fc);
    int b = fc + random.nextInt(bc - fc);
    return new Color(r, g, b);
}
%>

<%
try {
    response.setHeader("Pragma", "No-cache");
    response.setHeader("Cache-Control", "no-cache");
    response.setDateHeader("Expires", 0);
    int width = 60, height = 20;
    //建立 BufferedImage 对象。指定图片的长度宽度和色彩
    BufferedImage image = new BufferedImage(width, height,
      BufferedImage.TYPE_INT_RGB);
    OutputStream os = response.getOutputStream();
    //取得 Graphics 对象，用来绘制图片
    Graphics g = image.getGraphics();
    //绘制图片背景和文字，释放 Graphics 对象所占用的资源
    Random random = new Random();
```

```
    g.setColor(getRandColor(200, 250));
    g.fillRect(0, 0, width, height);

    g.setFont(new Font("Times New Roman", Font.PLAIN, 18));
    g.setColor(getRandColor(160, 200));

    for (int i=0; i<155; i++) {
        int x = random.nextInt(width);
        int y = random.nextInt(height);
        int xl = random.nextInt(12);
        int yl = random.nextInt(12);
        g.drawLine(x, y, x + xl, y + yl);
    }

    String sRand = "";

    for (int i=0; i<4; i++) {
        String rand = String.valueOf(random.nextInt(10));
        sRand += rand;
        g.setColor(new Color(20 + random.nextInt(110), 20
          + random.nextInt(110), 20 + random.nextInt(110)));
        g.drawString(rand, 13*i+6, 16);
    }

    session.setAttribute("rand", sRand);
    g.dispose();
    //通过 ImageIO 对象的 write 静态方法将图片输出
    ImageIO.write(image, "JPEG", os);
    //知道了图片的生成方法，剩下的问题就是如何将随机数生成到页面上了。要显示图片，只要
    //将生成的图片流返回给 response 对象，这样用户请求的时候就可以得到图片。而一个 JSP
    //页面的 page 参数的 contentType 属性可以指定返回的 response 对象的形式，大家平时
    //的 JSP 页面中设定的 contentType 是 text/html，所以会被以 HTML 文件的形式读取和
    //分析。如果设定为 image/jpeg，就会被以图片的形式读取和分析
    os.flush();
    os.close();
    os = null;
    response.flushBuffer();
    out.clear();
    out = pageContext.pushBody();
} catch (IllegalStateException e) {
    System.out.println(e.getMessage());
    e.printStackTrace();
}
%>
```

9.3.3 JSP 版英文与数字混合验证码

前面已经了解了数字验证码的生成过程，在实际应用中，纯数字的验证码安全系数仍不太高。数字与英文混合生成验证码的方式是较适用的方式之一。数字与英文混合生成验

证码的效果如图 9.12 所示。

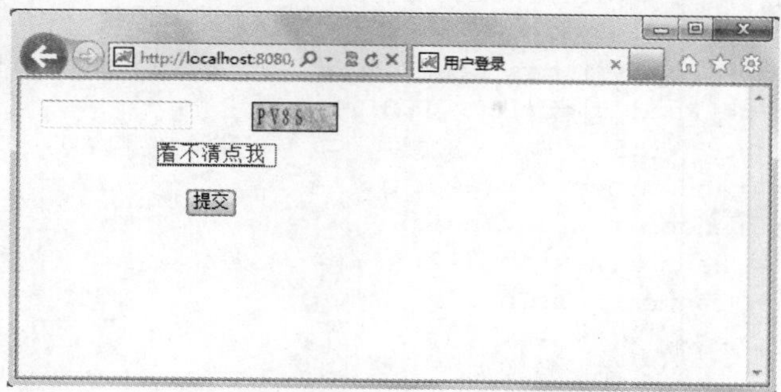

图 9.12　数字与英文混合生成验证码的效果

页面实现的主要代码如下：

```
...
<td width="138" valign="middle" align="center">
   <img alt="code..." name="randImage" id="randImage" src="enimg.jsp"
    width="106" height="30" border="1" align="absmiddle">
</td>
...
```

生成数字与英文混合验证码的代码如下：

```
<%@ page
 import="java.awt.*,java.awt.image.*,java.util.*,javax.imageio.*"%>
<%@ page import="java.io.OutputStream"%>
<%!
Color getRandColor(int fc, int bc) {
   Random random = new Random();
   if (fc > 255)
      fc = 255;
   if (bc > 255)
      bc = 255;
   int r = fc + random.nextInt(bc - fc);
   int g = fc + random.nextInt(bc - fc);
   int b = fc + random.nextInt(bc - fc);
   return new Color(r, g, b);
}
%>
<%
try {
   response.setHeader("Pragma", "No-cache");
   response.setHeader("Cache-Control", "no-cache");
   response.setDateHeader("Expires", 0);
   int width=110, height=20;
   BufferedImage image = new BufferedImage(width, height,
    BufferedImage.TYPE_INT_RGB);
   OutputStream os = response.getOutputStream();
   Graphics g = image.getGraphics();
   Random random = new Random();
```

```
    g.setColor(getRandColor(200, 250));
    g.fillRect(0, 0, width, height);

    g.setFont(new Font("Times New Roman", Font.PLAIN, 18));
    g.setColor(getRandColor(160, 200));
    for (int i=0; i<155; i++) {
        int x = random.nextInt(width);
        int y = random.nextInt(height);
        int xl = random.nextInt(12);
        int yl = random.nextInt(12);
        g.drawLine(x, y, x + xl, y + yl);
    }
    String[] s = { "A", "B", "C", "D", "E", "F", "G", "H", "I",
                "J", "K", "L", "M", "N", "P", "Q", "R", "S", "T", "U",
                "V", "W", "X", "Y", "Z" };
    String sRand = "";
    for (int i=0; i<4; i++) {
        String rand = "";
        if (random.nextBoolean()) {
            rand = String.valueOf(random.nextInt(10));
        } else {
            int index = random.nextInt(25);
            rand = s[index];
        }
        sRand += rand;
        g.setColor(new Color(20 + random.nextInt(10), 20
          + random.nextInt(110), 20 + random.nextInt(110)));
        g.drawString(rand, 17 * i + 6, 16);
    }
    session.setAttribute("rand", sRand);
    g.dispose();

    ImageIO.write(image, "JPEG", os);
    os.flush();
    os.close();
    os = null;
    response.flushBuffer();
    out.clear();
    out = pageContext.pushBody();
} catch (IllegalStateException e) {
    System.out.println(e.getMessage());
    e.printStackTrace();
}
%>
```

9.3.4　JSP 版中文验证码

现在一些网站上也出现了中文样式的验证码，页面效果如图 9.13 所示。因为中文的识别效果最佳，所以深受客户欢迎，下面就来探讨一下中文验证码的产生过程。

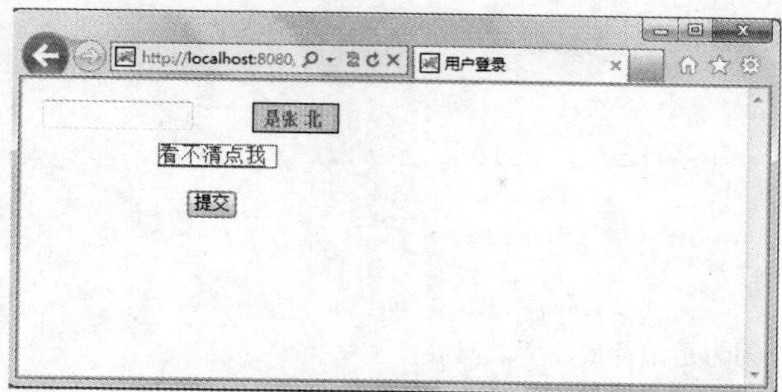

图 9.13　中文验证码的效果

页面主要代码如下：

```
...
<td width="138" valign="middle" align="center">
    <img alt="code..." name="randImage" id="randImage" src="cimg.jsp"
      width="106" height="30" border="1" align="absmiddle">
</td>
...
```

生成中文验证码的代码如下：

```
<%@page contentType="image/jpeg" pageEncoding="UTF-8"
  import="java.awt.*,java.awt.image.*,java.util.*,javax.imageio.*"%>
<%!
//生成随机颜色
Color getRandColor(Random random, int fc, int bc) {
    if (fc > 255)
        fc = 255;
    if (bc > 255)
        bc = 255;
    int r = fc + random.nextInt(bc - fc);
    int g = fc + random.nextInt(bc - fc);
    int b = fc + random.nextInt(bc - fc);
    return new Color(r, g, b);
}
%>
<%
//设置页面不缓存
response.setHeader("Pragma", "No-cache");
response.setHeader("Cache-Control", "no-cache");
response.setDateHeader("Expires", 0);
// 设置图片的长宽
int width=106, height=30;
//设置备选汉字，剔除一些不雅的汉字
String base =
"\u6211\u662f\u5f90\u5f20\u660e\u71d5\u534e\u541b\u5c24\u6731\u7ea2\u723
1\u4f20\u534e\u6768\u5510\u536b\u5b8f\u950b\u5f20\u4e2d\u56fd\u5317\u4ea
c\u4e0a\u6d77\u5929\u6d25\u6e56\u5317";

//备选汉字的长度
```

```
int length = base.length();
//创建内存图像
BufferedImage image =
  new BufferedImage(width, height, BufferedImage.TYPE_INT_RGB);
// 获取图形上下文
Graphics g = image.getGraphics();
//创建随机类的实例
Random random = new Random();
//设定图像背景色(因为是做背景，所以偏淡)
g.setColor(getRandColor(random, 200, 250));
g.fillRect(0, 0, width, height);
//备选字体
String[] fontTypes = { "u5b8bu4f53", "u65b0u5b8bu4f53",
           "u9ed1u4f53", "u6977u4f53", "u96b6u4e66" };
int fontTypesLength = fontTypes.length;
//在图片背景上增加噪点
g.setColor(getRandColor(random, 160, 200));
g.setFont(new Font("Times New Roman", Font.PLAIN, 14));
for (int i=0; i<6; i++) {
   g.drawString("*******************************************",
     0, 5 * (i + 2));
}
//取随机产生的认证码(6 个汉字)
//保存生成的汉字字符串
String sRand = "";
for (int i=0; i<3; i++) {
   int start = random.nextInt(length);
   String rand = base.substring(start, start + 1);
   sRand += rand;
   //设置字体的颜色
   g.setColor(getRandColor(random, 10, 150));
   //设置字体
   g.setFont(new Font(fontTypes[random.nextInt(fontTypesLength)],
     Font.BOLD, 18 + random.nextInt(6)));
   //将此汉字画到图片上
   g.drawString(rand, 24*i + 10 + random.nextInt(8), 24);
}
//将认证码存入 session
session.setAttribute("rand", sRand);
g.dispose();

//输出图像到页面
ImageIO.write(image, "JPEG", response.getOutputStream());
%>
```

9.3.5　JSP 版表达式验证码

现在有一些图片识别程序可以识别验证码图片，所以对于过滤垃圾信息要求较高的一些网站不得不选择其他的验证码，这也是表达式验证码盛行的原因之一。用户需要识别出图片上的表达式，并计算出结果，填写在相应的输入框中，输入结果与运算结果相符时方可提交数据。页面效果如图 9.14 所示。

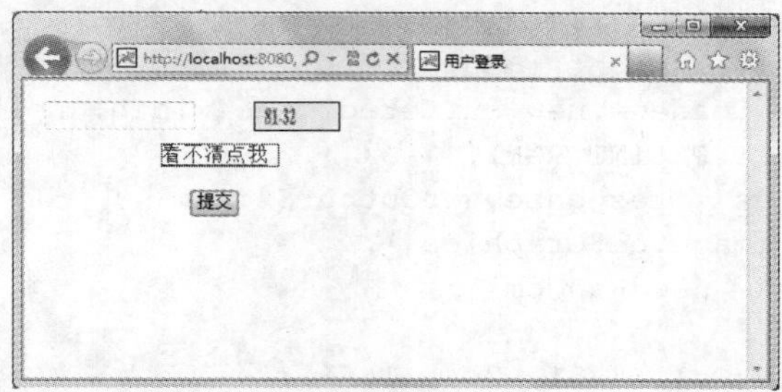

图 9.14　表达式验证码的效果

Login.jsp 页面的代码清单如下：

```
<%@ page contentType="text/html;charset=gb2312"%>
<%@ page language="java" import="java.sql.*" errorPage=""%>
<html>
...
<script language="javascript">
function loadimage(){
    document.getElementById("randImage").src = numimg.jsp?"
      + Math.random();
}
</script>
//
<tr>
    <td width="118" height="22" valign="middle" align="center">
        <input type="text" name="rand" size="15">
    </td>
    <td width="138" valign="middle" align="center">
        <img alt="code..." name="randImage" id="randImage"
          src="numimg.jsp" width="110" height="20" border="1"
          align="absmiddle">
    </td>
</tr>
<tr>
    <td height="36" colspan="2" align="center" valign="middle">
        <a href="javascript:loadimage();">
          <font class=pt95>看不清点我</font>
        ...
</body>
</html>
```

numimg.jsp 页面的代码清单如下：

```
<%@ page contentType="text/html;charset=gb2312"%>
<%@ page
  import="java.awt.*,java.awt.image.*,java.util.*,javax.imageio.*"%>
<%@ page import="java.io.OutputStream"%>
<%
```

```
try {
    response.setHeader("Pragma", "No-cache");
    response.setHeader("Cache-Control", "no-cache");
    response.setDateHeader("Expires", 0);
    int width = 110, height = 20;
    BufferedImage image = new BufferedImage(width, height,
    BufferedImage.TYPE_INT_RGB);
    OutputStream os = response.getOutputStream();
    Graphics g = image.getGraphics();
    Random random = new Random();
    //设置背景颜色
    g.setColor(new Color(251, 244, 166));
    //填充指定的矩形
    g.fillRect(0, 0, width, height);
    //设置文字的样式
    g.setFont(new Font("Times New Roman", Font.BOLD, 18));
    //设置文字的颜色
    g.setColor(new Color(198, 39, 60));
    //设置运算符号
    String[] s = { "+", "-" };
    String sRand = "";
    //设置运算因子
    int num1 = random.nextInt(100);
    int num2 = random.nextInt(100);
    int index = random.nextInt(2);
    String rand = s[index];
    //设置运算结果
    int end = 0;
    //得到运算表达式
    sRand = num1 + rand + num2;
    //绘制运算表达式
    g.drawString(sRand, 13, 16);
    if (rand.equals("+")) {
        end = num1 + num2;
    } else {
        end = num1 - num2;
    }
    session.setAttribute("rand", end);
    g.dispose();
    ImageIO.write(image, "JPEG", os);
    os.flush();
    os.close();
    os = null;
    response.flushBuffer();
    out.clear();
    out = pageContext.pushBody();
} catch (IllegalStateException e) {
    System.out.println(e.getMessage());
    e.printStackTrace();
}
%>
```

9.4　水印图片效果的实现

现在很多网站上图片一般都会加上个水印的功能，以防止别人盗用图片。下面就来探讨这种效果的具体实现。

实现水印的效果需要用到 ImageIO 类，其静态方法可以执行许多常见的图像 I/O 操作。

imageio 包含一些基本类和接口，有的用来描述图像文件内容(包括元数据和缩略图)(IIOImage)；有的用来控制图像的读取过程(ImageReader、ImageReadParam 和 ImageType-Specifier)和控制图像写入过程(ImageWriter 和 ImageWriteParam)；还有的用来执行格式之间的代码转换(ImageTranscoder)和报告错误(IIOException)。

javax.imageio 的所有实现都提供以下标准图像格式插件，如表 9.1 所示。

表 9.1　ImageIO 的可操作图片列表

图　片	读　取	写　入
JPEG	是	是
PNG	是	是
BMP	是	是
WBMP	是	是
GIF	是	否

在实现水印效果之前，先看看源图片，如图 9.15 所示。

图 9.15　源图片

在图片上添加水印效果的功能代码如下：

```
import java.awt.Color;
import java.awt.Font;
import java.awt.Graphics;
import java.awt.Image;
```

```
import java.awt.image.BufferedImage;
import java.io.File;
import java.io.FileOutputStream;

import javax.imageio.ImageIO;

import com.sun.image.codec.jpeg.JPEGCodec;
import com.sun.image.codec.jpeg.JPEGImageEncoder;

public class WaterMark {
    public WaterMark() {}

    /** */
    /**
     * 把图片印刷到图片上
     *
     * @param pressImg --
     *            水印文件
     * @param targetImg --
     *            目标文件
     * @param x
     * @param y
     */
    public final static void pressImage(String pressImg, String targetImg,
      int x, int y) {
        try {
            File _file = new File(targetImg);
            Image src = ImageIO.read(_file);
            int wideth = src.getWidth(null);
            int height = src.getHeight(null);
            BufferedImage image = new BufferedImage(wideth, height,
              BufferedImage.TYPE_INT_RGB);
            Graphics g = image.createGraphics();
            g.drawImage(src, 0, 0, wideth, height, null);

            // 水印文件
            File _filebiao = new File(pressImg);
            //创建一个 Image 对象并以源图片数据流填充
            Image src_biao = ImageIO.read(_filebiao);
            int wideth_biao = src_biao.getWidth(null);
            int height_biao = src_biao.getHeight(null);
            g.drawImage(src_biao, wideth - wideth_biao - x, height
                    - height_biao - y, wideth_biao, height_biao, null);
            g.dispose();
            FileOutputStream out = new FileOutputStream(targetImg);
            JPEGImageEncoder encoder = JPEGCodec.createJPEGEncoder(out);
            encoder.encode(image);
            out.close();
        } catch (Exception e) {
            e.printStackTrace();
        }
```

```
}

/** */
/**
 * 打印文字水印图片
 *
 * @param pressText
 *            --文字
 * @param targetImg --
 *            目标图片
 * @param fontName --
 *            字体名
 * @param fontStyle --
 *            字体样式
 * @param color --
 *            字体颜色
 * @param fontSize --
 *            字体大小
 * @param x --
 *            偏移量
 * @param y
 */

public static void pressText(String pressText, String targetImg,
  String fontName, int fontStyle, int color, int fontSize, int x,
  int y) {
    try {
        File _file = new File(targetImg);
        Image src = ImageIO.read(_file);
        int wideth = src.getWidth(null);
        int height = src.getHeight(null);
        BufferedImage image = new BufferedImage(wideth, height,
          BufferedImage.TYPE_INT_RGB);
        Graphics g = image.createGraphics();
        g.drawImage(src, 0, 0, wideth, height, null);
        g.setColor(Color.RED);
        g.setFont(new Font(fontName, fontStyle, fontSize));
        g.drawString(pressText, wideth - fontSize - x,
          height - fontSize / 2 - y);
        g.dispose();
        FileOutputStream out = new FileOutputStream(targetImg);
        JPEGImageEncoder encoder = JPEGCodec.createJPEGEncoder(out);
        encoder.encode(image);
        out.close();
    } catch (Exception e) {
        System.out.println(e);
    }
}

public static void main(String[] args) {
    // pressImage("2.png", "xmh.jpg", 352 ,46);
```

```
        pressText("真的好想你", "xmh.jpg", "宋体", Font.BOLD, 0, 20, 200, 200);
    }
}
```

public Font(String name, int style, int size)根据指定名称、样式和点大小，创建一个新Font。字体名称可以是字体外观名称或字体系列名称。它与样式一起使用，以查找合适的字体外观。如果指定了字体系列名称，则使用样式参数从系列中选择最合适的外观。如果指定了字体外观名称，则合并外观的样式和样式参数，以便从同一个系列查找最匹配的字体。例如，如果指定外观名称“Arial Bold”及样式 Font.ITALIC，则字体系统在“Arial”系列中寻找既是粗体又是斜体的外观，可以将字体实例与物理字体外观“Arial Bold Italic”相关联。将样式参数与指定外观的样式合并，而不是执行添加或减去操作。这意味着，指定粗体外观和粗体样式并不会双倍加粗字体，而指定粗体外观和普通样式也不会变细字体。

如果无法找到所要求样式的外观，则字体系统可以应用样式设计算法来获得所需的样式。例如，如果要求 ITALIC，但是没有可用的斜体外观，则可以通过算法使普通外观倾斜。

举例：

```
Font f = new Font("宋体", Font.BOLD, 20);
Font f = new Font("隶书", Font.BOLD + Font.ITALIC, 20);
```

运行以上代码，产生的水印文字与水印图片如图 9.16 所示。

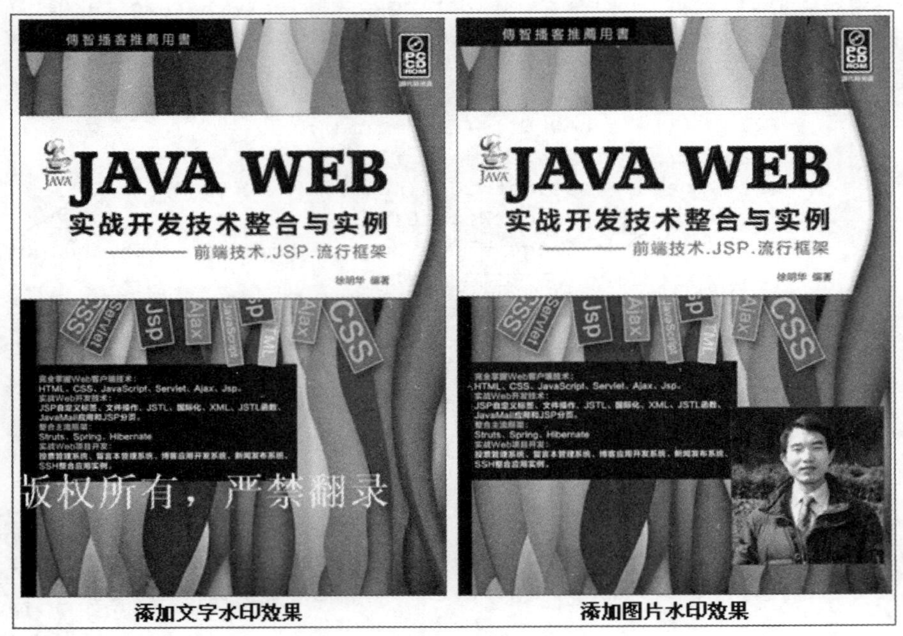

图 9.16 水印效果截图

以上 Java 类写可以写成 JSP 的形式，如下所示：

```
<%@ page autoFlush="false" contentType="text/html;charset=gb2312"
  import="java.io.FileInputStream,java.io.FileOutputStream,java.awt.*,
  java.awt.image.*,com.sun.image.codec.jpeg.*"%>
```

```
<%
out.clear();

response.addHeader("pragma","NO-cache");
response.addHeader("Cache-Control","no-cache");
response.addDateHeader("Expries",0);
String FileName = "C://money.jpg";  //in
String OutFileName = "D://money.jpg";  //out

FileInputStream sFile = new FileInputStream(FileName);
  //创建一个 FileInputStream 对象从源图片获取数据流

Image src = javax.imageio.ImageIO.read(sFile);
  //创建一个 Image 对象并以源图片数据流填充

int width = src.getWidth(null);
  //得到源图宽

int height = src.getHeight(null);
//得到源图长

if (width>70 && height>30) {

    BufferedImage image = new BufferedImage(width, height,
      BufferedImage.TYPE_INT_RGB); //创建一个 BufferedImage 来作为图像操作容器

    Graphics g = image.getGraphics();
      //创建一个绘图环境来进行绘制图像
    g.drawImage(src, 0, 0, width, height, null);
      //将原图像数据流载入这个 BufferedImage
    g.setFont(new Font("Times New Roman", Font.PLAIN, 12));
      //设定文本字体
    String rand = "NetBuilder";
    g.setColor(Color.black); //设定文本颜色
    g.drawString(rand, width-55, height-5); //向 BufferedImage 写入文本字符
    g.dispose(); //使更改生效

    FileOutputStream outi = new FileOutputStream(OutFileName);
      //创建输出文件流

    JPEGImageEncoder encodera = JPEGCodec.createJPEGEncoder(outi);
      //创建 JPEG 编码对象

    encodera.encode(image); //对这个 BufferedImage(image)进行 JPEG 编码

    outi.close(); //关闭输出文件流
}
%>
```

9.5　DAO 设计模式的理解

在实际的系统开发中，为了降低耦合性，提出了 DAO 封装数据库操作的设计模式。它可以实现业务逻辑与数据库访问相分离。相对来说，数据库是比较稳定的，其中 DAO 组件依赖于数据库系统，提供数据库访问的接口。这样可以使业务逻辑与数据库的访问操作各尽其职。

一般的 DAO 的封装有以下两个原则：

- 一个表对应一个表，相应地封装一个 DAO 类。
- 对于 DAO 接口，必须有具体的类型定义。这样可以避免被错误地调用。

DAO 模式很好地将业务逻辑与数据库访问操作相分离，使业务逻辑层无须关注底层数据库的操作。

在 DAO 模式中，将对数据的持久化操作抽取到 DAO 层，暴露出 Service 层让程序员使用，这样，一方面避免了业务代码中混杂 JDBC 调用语句，使得业务落实实现更加清晰，另一方面，由于数据访问层与数据访问实现分离，也使得开发人员的专业划分成为可能。某些精通数据库操作技术的开发人员可以根据接口提供数据库访问的最优化实现，而精通业务的开发人员则可以抛开数据层的实现细节，专注于业务逻辑编码。

DAO 模式通过对底层数据的封装，为业务层提供一个面向对象的接口，使得业务逻辑开发员可以面向业务中的实体进行编码。通过引入 DAO 模式，业务逻辑更加清晰，且富于形象性和描述性，这将为日后的维护带来极大的便利。试想，在业务层通过 Customer.getName 方法获得客户姓名，相对于直接通过 SQL 语句访问数据库表并从 ResultSet 中获得某个字符型字段而言，哪种方式更加易于业务逻辑的形象化和简洁化？

在前面的 JSTL 章节中学习过一个完成增、删、改、查功能的示例，这里将遵照 DAO 模式来改写这个示例。

在增、删、改、查的实例代码中，原本是使用 Manage 类将数据持久化到数据层，根据 DAO 模式的理解，现在将该类进行修改，修改后的代码清单如下所示：

```
//省略导包操作
public class Manage {
    ...
    public boolean insert(String name, String classes, String score) {
        Connection con = dbc.getcon();
        Statement s = null;
        try {
            s = con.createStatement();
            int count = s.executeUpdate(
              "insert into stuInfo(name,classes,score) values('"
              + name + "','" + classes + "','" + score + "')");
            if (count > 0) {
                issuc = true;
            }
        } catch (SQLException ex) {
            logger.error("添加数据出错");
```

```
            ex.printStackTrace();
        } finally {
            close2(s, con);
        }
        return issuc;
    }

    public Collection select() {
        Collection list = new ArrayList();
        Connection con = dbc.getcon();
        Statement s = null;
        ResultSet rs = null;
        try {
            String sql = "select * from stuInfo";
            s = con.createStatement();
            rs = s.executeQuery(sql);
            while (rs.next()) {
                Bean mybean = new Bean();
                mybean.setId(rs.getString("id"));
                mybean.setName(rs.getString("name"));
                mybean.setClasses(rs.getString("classes"));
                mybean.setScore(rs.getString("score"));
                list.add(mybean);
            }
        } catch (SQLException ex) {
            logger.error("查询全部信息出错");
            ex.printStackTrace();
        } finally {
            close(rs, s, con);
        }
        return list;
    }

    public boolean delete(String id) {
        Connection con = dbc.getcon();
        Statement s = null;
        try {
            s = con.createStatement();
            int count = s.executeUpdate("delete from stuInfo where id='"
              + id + "'");
            if (count > 0) {
                issuc = true;
            }
        } catch (SQLException ex) {
            logger.error("删除数据出错");
            ex.printStackTrace();
        } finally {
            close2(s, con);
        }
        return issuc;
    }
```

```
    public List up_select(String id) {
        List list = new ArrayList();
        Connection con = dbc.getcon();
        Statement s = null;
        ResultSet rs = null;
        try {
            String sql = "select * from stuInfo where id='" + id + "'";
            s = con.createStatement();
            rs = s.executeQuery(sql);
            if (rs.next()) {
                Bean mybean = new Bean();
                mybean.setId(rs.getString("id"));
                mybean.setName(rs.getString("name"));
                mybean.setClasses(rs.getString("classes"));
                mybean.setScore(rs.getString("score"));
                list.add(mybean);
            }
        } catch (SQLException ex) {
            logger.error("根据 id 查询信息出错");
            ex.printStackTrace();
        } finally {
            close(rs, s, con);
        }
        return list;
    }

    public boolean update(String name, String classes, String score,
     String id) {
        Connection con = dbc.getcon();
        Statement s = null;
        try {
            s = con.createStatement();
            int count = s.executeUpdate("update stuInfo set name='" + name
                    + "',classes='" + classes + "',score='" + score
                    + "' where id='" + id + "'");
            if (count > 0) {
                issuc = true;
            }
        } catch (SQLException ex) {
            logger.error("更新数据出错");
            ex.printStackTrace();
        } finally {
            close2(s, con);
        }
        return issuc;
    }
    ...
}
```

现在需要做的是，创建一个包，用于保存 DAO 接口，再创建一个包，用于保存 DAO 接口的实现类，如图 9.17 所示。

```
src
  org.bzc.dao
    IManage.java
  org.bzc.dao.impl
    ManageImpl.java
```

图 9.17　工程布局

创建 DAO 接口的具体代码如下：

```
...
public interface IManage {
    public boolean insert(String name, String classes, String score);

    public Collection select();

    public boolean delete(String id);

    public List up_select(String id);

    public boolean update(String name, String classes, String score, String id);
}
```

创建 DAO 接口的实现类的具体代码如下：

```
public class ManageImpl implements IManage {
    public boolean insert(String name, String classes, String score) {
        Connection con = dbc.getcon();
        Statement s = null;
        try {
            s = con.createStatement();
            int count = s.executeUpdate(
              "insert into stuInfo(name,classes,score) values('"
               + name + "','" + classes + "','" + score + "')");
            if (count > 0) {
                issuc = true;
            }
        } catch (SQLException ex) {
            logger.error("添加数据出错");
            ex.printStackTrace();
        } finally {
            close2(s, con);
        }
        return issuc;
    }

    public Collection select() {
        Collection list = new ArrayList();
        Connection con = dbc.getcon();
        Statement s = null;
        ResultSet rs = null;
        try {
```

```
            String sql = "select * from stuInfo";
            s = con.createStatement();
            rs = s.executeQuery(sql);
            while (rs.next()) {
                Bean mybean = new Bean();
                mybean.setId(rs.getString("id"));
                mybean.setName(rs.getString("name"));
                mybean.setClasses(rs.getString("classes"));
                mybean.setScore(rs.getString("score"));
                list.add(mybean);
            }
        } catch (SQLException ex) {
            logger.error("查询全部信息出错");
            ex.printStackTrace();
        } finally {
            close(rs, s, con);
        }
        return list;
    }

    public boolean delete(String id) {
        Connection con = dbc.getcon();
        Statement s = null;
        try {
            s = con.createStatement();
            int count = s.executeUpdate("delete from stuInfo where id='"
             + id + "'");
            if (count > 0) {
                issuc = true;
            }
        } catch (SQLException ex) {
            logger.error("删除数据出错");
            ex.printStackTrace();
        } finally {
            close2(s, con);
        }
        return issuc;
    }

    public List up_select(String id) {
        List list = new ArrayList();
        Connection con = dbc.getcon();
        Statement s = null;
        ResultSet rs = null;
        try {
            String sql = "select * from stuInfo where id='" + id + "'";
            s = con.createStatement();
            rs = s.executeQuery(sql);
            if (rs.next()) {
                Bean mybean = new Bean();
                mybean.setId(rs.getString("id"));
```

```
                mybean.setName(rs.getString("name"));
                mybean.setClasses(rs.getString("classes"));
                mybean.setScore(rs.getString("score"));
                list.add(mybean);
            }
        } catch (SQLException ex) {
            logger.error("根据 id 查询信息出错");
            ex.printStackTrace();
        } finally {
            close(rs, s, con);
        }
        return list;
    }

    public boolean update(String name, String classes, String score, String id) {
        Connection con = dbc.getcon();
        Statement s = null;
        try {
            s = con.createStatement();
            int count = s.executeUpdate("update stuInfo set name='" + name
              + "',classes='" + classes + "',score='" + score
              + "' where id='" + id + "'");
            if (count > 0) {
                issuc = true;
            }
        } catch (SQLException ex) {
            logger.error("更新数据出错");
            ex.printStackTrace();
        } finally {
            close2(s, con);
        }
        return issuc;
    }
}
```

从上面这段代码中可以看到，通过 DAO 模式对数据库对象进行封装，对业务层屏蔽了数据库访问的底层实现，业务层仅包含与本领域相关的逻辑对象和算法，这样对于业务逻辑开发人员而言，面对的是一个简洁明快的逻辑实现结构。这样可使业务层的开发和维护将更加简单。

9.6　上 机 练 习

(1) 为第 8 章 jstlinstance 实例添加处理中文字符乱码的功能。

(2) 创建一个登录验证的例子，并且在登录页面使用验证码效果。

(3) 使用 DAO 模式改写第 8 章的 jstlinstance 实例。

(4) 使用 Commons FileUpload 实现文件的批量上传。

第 10 章

Log4j 的应用

学前提示

在应用程序的调试和实际运行过程中，都需要获取它的一些状态信息，以方便程序的修改和性能的优化。这就要求在程序代码适当的位置中要有一些信息输出的代码。

在前面的练习中，都是使用最原始的方法，即通过 System.out.println()来完成。这种方式非常繁琐，如果要改变输出的内容或格式，还需要重新编辑源程序，更严重的是，如果程序中有很多的 println()，会严重地影响程序的性能。基于以上问题，使用 Apache 的 Log4j 是最好的解决方案之一。本章将从什么是 Log4j、Log4j 的配置、Java 程序中如何调用 Log4j 等方面来讲解 Log4j 的使用。

知识要点

- Log4j 下载与配置
- Log4j 的使用
- Log4j 的性能调优
- commons-logging 的使用

10.1 Log4j 概述

日志(Log)是指记录程序运行时状态信息的文本。在应用程序中进行日志记录，主要有以下几个目的：

- 监视代码中变量的变化情况，周期性地记录到文件中，供其他应用进行统计和分析工作。
- 将代码运行时的轨迹作为日后审计的依据。
- 担当集成开发环境中的调试器的作用，向文件或控制台打印代码的调试信息。

目前在 Java 应用领域中，有很多的日志记录工具可以使用，如 JDK 1.4 以上版本中内置的 Logger、开源的 SimpleLog、开源的 Log4j 等。其中最受欢迎的要算 Log4j 了。

Log4j 是 Apache 的一个开放源代码项目，通过使用 Log4j，可以控制日志信息输送的目的地是控制台、文件、GUI 组件，甚至是套接口服务器、事件记录器、Unix Syslog 守护进程等；用户也可以控制每一条日志的输出格式；通过定义每一条日志信息的级别，能够更加细致地控制日志的生成过程。并且可以通过配置文件灵活地设置日志信息的优先级、日志信息的输出目的地以及日志信息的输出格式。

Log4j 中有三个主要的组件，它们分别是 Logger、Appender 和 Layout，即日志写入器、日志输出终端和日志布局模式。Log4j 的类结构如图 10.1 所示。

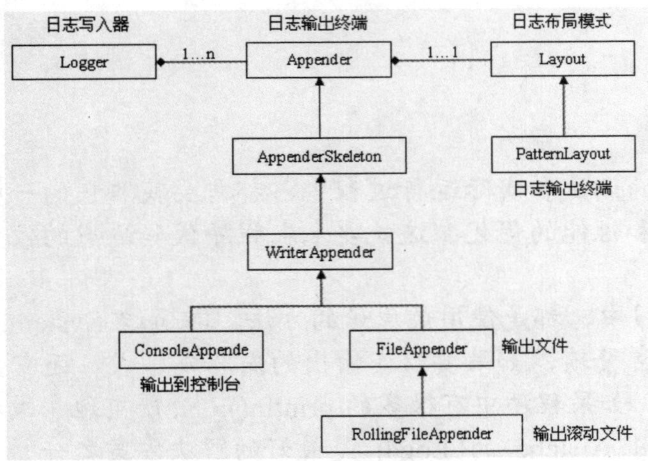

图 10.1　Log4j 的类结构

10.1.1　日志记录器(Logger)

org.apache.log4j.Logger 类的实例是用来取代 System.out 或者 System.err 的日志写出器的，主要用来输出日志信息。

可以通过以下方式来获取 Logger 类的实例：

```
//根据指定名称来获取一个日志记录器实例
Logger logger = Logger.getLogger(String name);
```

```
//根据指定的类信息中的类名获取一个日志记录实例
Logger logger = Logger.getLogger(Class clazz);
```

获取 Logger 实例之后，就可以使用它提供的以下方法来记录日志了：

```
public void debug(Object msg);
public void debug(Object msg, Throwable t);
public void info(Object msg);
public void info(Object msg, Throwable t);
public void warn(Object msg);
public void warn(Object msg, Throwable t);
public void error(Object msg);
public void error(Object msg, Thresable t);
```

Log4j 中定义了 5 种日志输出优先级别，来灵活控制输出的日志内容，按照优先级别由高到低排列，如表 10.1 所示。

表 10.1　log4j 日志输出级别的说明

名　称	描　述	级　别	调用方法
FATAL	致命错误级	对应的 level 为 0	使用方法 logger.fatal()
ERROR	错误级	对应的 level 为 3	使用方法 logger.error()
WARN	警告级	对应的 level 为 4	使用方法 logger.warn()
INFO	信息级	对应的 level 为 6	使用方法 logger.info()
DEBUG	调试级	对应的 level 为 7	使用方法 logger.debug()

Log4j 建议只使用 4 个级别，优先级从高到低分别是 ERROR、WARN、INFO、DEBUG。定义的级别越高，则较低级别的日志将不会输出。例如把日志的级别设置为 INFO 级别，则应用程序中所有 INFO 级别以上的日志信息将会输出，而 DEBUG 级别的日志信息将不被打印出来。

日志级别的设置是通过在 Log4j 的配置文件中指定的，在后面会有详细的介绍。

10.1.2　日志输出目的地(Appender)

Appender 的功能是把格式化好的日志信息输出到指定的目的地中。执行日志输出语句时，Logger 对象将接收来自日志语句的记录请求，然后发送至 Appender，Appender 将输出结果写入到用户指定的目的地。

日志目的地是通过 Log4j 的配置文件来指定的。对于不同的日志目的地，Log4j 提供不同的 Appender 类型的实现类。常用的 Appender 实现类包括：

- 用于控制台的 org.apache.log4j.ConsoleAppender。
- 用于文件的 org.apache.log4j.FileAppender。
- org.apache.log4j.RollingFileAppender——文件到达指定大小时产生一个新的文件。
- org.apache.log4j.DailyRollingFileAppender——每天产生一个日志文件。
- 用于以流格式发送到任意位置的 org.apache.log4j.WriterAppender。
- 用于添加到数据库的 org.apache.log4j.jdbc.JDBCAppender。

- 用于邮件发送的 org.apache.log4j.net.SMTPAppender。

通过在配置文件中指定不同的 Appender，就可以让日志内容输出到相应的目的地了。

10.1.3 日志格式化器(Layout)

Layout 用来把日志消息按指定的格式格式化成字符串。而具体的格式是通过 Log4j 的配置文件来配置的。

Log4j 中提供用来格式化输出结果的各种布局实现类。

- org.apache.log4j.SimpleLayout：简单布局，此布局的输出中仅包含日志消息的层次，紧跟着“-”，然后是日志消息字符串。
- org.apache.log4j.PatternLayout：模式布局，可以根据指定的模式字符串来决定消息的输出格式。它是最常用的一种格式化器。
- org.apache.log4j.TTCCLayout：日志的格式包括日志产生的时间、线程、类别等信息。
- org.apache.log4j.HTMLLayout：以 HTML 表格形式布局。
- org.apache.log4j.xml.XMLLayout：以 XML 形式布局。

在了解 Log4j 的这些基础知识后，就可以在项目中具体使用了。

10.2 Log4j 的下载与环境搭建

Log4j 的下载地址是 http://archive.apache.org/dist/logging/log4j/，下载页面如图 10.2 所示。

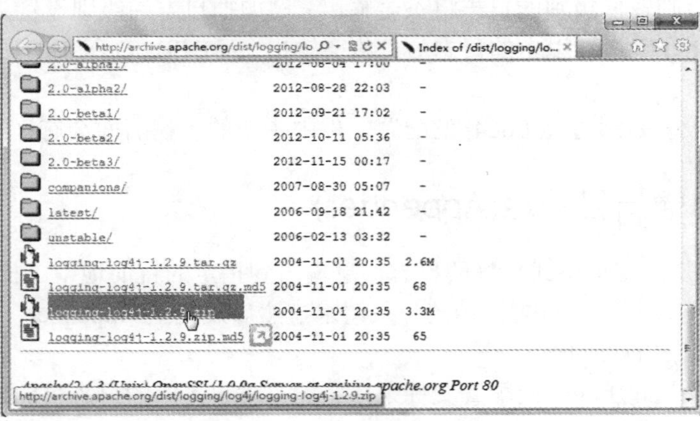

图 10.2 Log4j 的下载页面

单击页面中的“logging-log4j-1.2.9.zip”链接，即可下载 Log4j，本书使用的版本是 1.2.9，下载 logging-log4j-1.2.9.zip 到本地硬盘。

解压此文件，打开解压后的文件夹，如图 10.3 所示。

将 dis\lib 目录下的 log4j-1.2.9.jar 放置到项目的 classpath 中，对于 Web 项目，则需要将其放置于项目的 WEB-INF\lib 目录下，便完成了 Log4j 的配置。

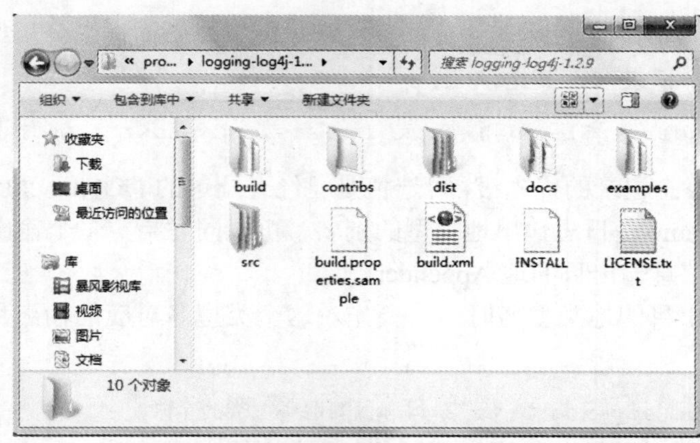

图 10.3　Log4j 文件夹的内容

10.3　Log4j 的使用

Log4j 受众多、用户青睐的原因之一，是因为它可以使用配置文件，使应用程序能更加灵活地配置 log 日志输出方式，包括输出优先级、输出目的地、输出格式。所以本节首先介绍 Log4j 的配置文件，其次介绍它的使用技巧。

10.3.1　Log4j 的配置文件

Log4j 支持两种配置文件格式，一种是 XML 格式的文件；另一种是 Java 属性文件 log4j.properties(键=值)。由于目前使用属性文件作为 Log4j 的配置文件比较流行，所以这里将以 log4j.properties 文件为主，来讲解配置文件的设置技巧。

1. log4j.properties

Log4j 属性文件方式的配置文件在它的压缩包中有样板文件。选择解压后的 examples 文件夹，打开它里面的 sort1.properties 文件，如图 10.4 所示。

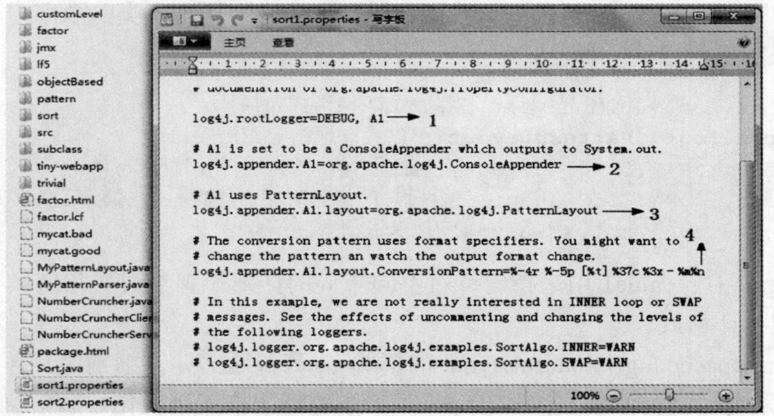

图 10.4　sort1.properties 文件的内容

sort1.properties 中的内容就是 Log4j 的一种常见配置，下面详细分析标注语句的含义。

(1) 配置根日志记录器，其语法为：

```
log4j.rootLogger = [level], appenderName, appenderName, ...
```

其中，level 是日志记录的优先级，可选值是已经介绍过的 FATAL、ERROR、WARN、INFO、DEBUG；appenderName 是日志输出地类型的别名，可以同时指定多个输出目的地。

(2) 配置日志信息输出目的地 Appender。

在指定日志输出目的地类型名时，需要先对这个类型名对应的输出目的地进行详细配置。其语法为：

```
log4j.appender.appenderName = 日志目的地实现类的全限定名
log4j.appender.appenderName.option1 = value1
...
log4j.appender.appenderName.optionN = valueN
```

其中，appenderName 是日志输出目的地类型的别名，以方便在配置日志记录器时的引用；“日志目的地实现类的全限定名”是用来指定不同的日志目的地实现类的全限定名，它的可选值是在前面介绍过的，包括以下几种：

```
org.apache.log4j.ConsoleAppender(控制台)
org.apache.log4j.FileAppender(文件)
org.apache.log4j.DailyRollingFileAppender(每天产生一个日志文件)
org.apache.log4j.RollingFileAppender(文件大小到达指定尺寸时产生一个新的文件)
org.apache.log4j.WriterAppender(将日志信息以流格式发送到任意指定的地方)
org.apache.log4j.jdbc.JDBCAppender(将日志信息发送到数据库)
org.apache.log4j.net.SMTPAppender(将日志信息以邮件形式发送)
```

而 option1、value1 用来指定针对不同的日志目的地的详细配置参数名和值。

(3) 配置日志信息的格式(布局)，其语法为：

```
log4j.appender.appenderName.layout = 布局实现类的全限定名
log4j.appender.appenderName.layout.option1 = value1
...
log4j.appender.appenderName.layout.optionN = valueN
```

其中，“布局实现类的全限定名”是用来指定格式化器实现类的全限定名，它的可选值是在前面介绍过的以下几种：

```
org.apache.log4j.HTMLLayout(以 HTML 表格形式布局)
org.apache.log4j.PatternLayout(可以灵活地指定布局模式)
org.apache.log4j.SimpleLayout(包含日志信息的级别和信息字符串)
org.apache.log4j.TTCCLayout(包含日志产生的时间、线程、类别等信息)
org.apache.log4j.xml.XMLLayout(以 XML 形式布局)
```

其中的 option1、value1 用来指定针对不同布局的详细配置参数名和值。

(4) 配置打印格式。

当使用 org.apache.logrj.PatternLayout 的模式布局时，还需要详细指定具体的输出模式字符串，Log4j 采用的是类似 C 语言中的 printf 函数的打印格式格式化日志信息，常用的打印参数如下。

- %d：输出日志产生时的日期时间。
  它的默认格式为 ISO8601 标准指定的日期和时间格式。它也可以对日期的格式进行定制。如%d{yyyy-MM-dd HH:mm:ss,SSSS}。
- %p：日志语句的级别。
- %r：从程序开始执行到当前日志产生时的时间间隔(微秒)。
- %c：输出当前日志动作所属类的全名。
- %t：输出当前线程的名称。
- %m：消息本身。
- %n：输出平台相关的换行符。
- %l：输出位置信息，相当于%C.%M(%F:%L)的组合。
- %C：输出日志消息产生时所在的类名。
- %M：输出日志消息产生时的方法名称。
- %F：输出日志消息产生时所在的文件名称。
- %L：输出代码中的行号。
- %x：输出与当前线程相关联的 NDC。

通过这些打印参数的组合使用，可以输出不同形式的日志内容，以满足不同形式的要求。

(5) 其他设置。

Log4j 的配置由于很简单，使它遍及到越来越多的应用中，它实现了输出到控制台、文件、回滚文件、发送日志邮件、输出到数据库日志表等功能。下面罗列出它的常见设置，供读者使用时参考：

```
#根记录器的配置
log4j.rootLogger=DEBUG,CONSOLE,A1,im
log4j.addivity.org.apache=true
#应用于控制台
log4j.appender.CONSOLE=org.apache.log4j.ConsoleAppender
log4j.appender.Threshold=DEBUG
log4j.appender.CONSOLE.Target=System.out
log4j.appender.CONSOLE.layout=org.apache.log4j.PatternLayout
log4j.appender.CONSOLE.layout.ConversionPattern=[framework] %d - %c -%-4r
[%t] %-5p %c %x - %m%n
#log4j.appender.CONSOLE.layout.ConversionPattern=[start]%d{DATE}[DATE]%n
%p[PRIORITY]%n%x[NDC]%n%t[THREAD] n%c[CATEGORY]%n%m[MESSAGE]%n%n
#应用于文件
log4j.appender.FILE=org.apache.log4j.FileAppender
log4j.appender.FILE.File=file.log
log4j.appender.FILE.Append=false
log4j.appender.FILE.layout=org.apache.log4j.PatternLayout
log4j.appender.FILE.layout.ConversionPattern=[framework] %d - %c -%-4r [%t]
%-5p %c %x - %m%n
#Use this layout for LogFactor 5 analysis
#应用于文件回滚
```

```
log4j.appender.ROLLING_FILE=org.apache.log4j.RollingFileAppender
log4j.appender.ROLLING_FILE.Threshold=ERROR
log4j.appender.ROLLING_FILE.File=rolling.log //文件位置，也可以用变量
${java.home}、rolling.log
log4j.appender.ROLLING_FILE.Append=true //true:添加 false:覆盖
log4j.appender.ROLLING_FILE.MaxFileSize=10KB //文件最大尺寸
log4j.appender.ROLLING_FILE.MaxBackupIndex=1 //备份数
log4j.appender.ROLLING_FILE.layout=org.apache.log4j.PatternLayout
log4j.appender.ROLLING_FILE.layout.ConversionPattern=[framework] %d - %c
-%-4r [%t] %-5p %c %x - %m%n
#应用于 socket
log4j.appender.SOCKET=org.apache.log4j.RollingFileAppender
log4j.appender.SOCKET.RemoteHost=localhost
log4j.appender.SOCKET.Port=5001
log4j.appender.SOCKET.LocationInfo=true
# Set up for Log Facter 5
log4j.appender.SOCKET.layout=org.apache.log4j.PatternLayout
log4j.appender.SOCET.layout.ConversionPattern=[start]%d{DATE}[DATE]%n%p[
PRIORITY]%n%x[NDC]%n%t[THREAD]%n%c[CATEGORY]%n%m[MESSAGE]%n%n
# Log Factor 5 Appender
log4j.appender.LF5_APPENDER=org.apache.log4j.lf5.LF5Appender
log4j.appender.LF5_APPENDER.MaxNumberOfRecords=2000
#发送日志给邮件
log4j.appender.MAIL=org.apache.log4j.net.SMTPAppender
log4j.appender.MAIL.Threshold=FATAL
log4j.appender.MAIL.BufferSize=10
log4j.appender.MAIL.From=web@www.wuset.com
log4j.appender.MAIL.SMTPHost=www.wusetu.com
log4j.appender.MAIL.Subject=Log4J Message
log4j.appender.MAIL.To=web@www.wusetu.com
log4j.appender.MAIL.layout=org.apache.log4j.PatternLayout
log4j.appender.MAIL.layout.ConversionPattern=[framework] %d - %c -%-4r [%t]
%-5p %c %x - %m%n
#用于数据库
log4j.appender.DATABASE=org.apache.log4j.jdbc.JDBCAppender
log4j.appender.DATABASE.URL=jdbc:mysql://localhost:3306/test
log4j.appender.DATABASE.driver=com.mysql.jdbc.Driver
log4j.appender.DATABASE.user=root
log4j.appender.DATABASE.password=
log4j.appender.DATABASE.sql=INSERT INTO LOG4J (Message) VALUES ('[framework]
%d - %c -%-4r [%t] %-5p %c %x - %m%n')
log4j.appender.DATABASE.layout=org.apache.log4j.PatternLayout
log4j.appender.DATABASE.layout.ConversionPattern=[framework] %d - %c -%-4r
[%t] %-5p %c %x - %m%n
log4j.appender.A1=org.apache.log4j.DailyRollingFileAppender
log4j.appender.A1.File=SampleMessages.log4j
log4j.appender.A1.DatePattern=yyyyMMdd-HH'.log4j'
log4j.appender.A1.layout=org.apache.log4j.xml.XMLLayout
```

2. log4j.xml

Log4j 的另一种配置文件是使用 XML 格式，它的配置比较麻烦、难懂一些。示例配置文件如下所示：

```
<?xml version='1.0' encoding='UTF-8'?>
<!DOCTYPE log4j:configuration SYSTEM "log4j.dtd">
<log4j:configuration xmlns:log4j="http://jakarta.apache.org/log4j/">
    <!-- 设置日志目的地类型和日志格式化器-->
    <appender name="STDOUT" class="org.apache.log4j.ConsoleAppender">
        <layout class="org.apache.log4j.PatternLayout">
            <param name="ConversionPattern"
              value="[%d{dd HH:mm:ss,SSS\} %-5p] [%t] %c{2\} - %m%n" />
        </layout>
    </appender>
    <appender name="File" class="org.apache.log4j.RollingFileAppender">
        <param name="File" value="c:/mylog4j.log" />
        <param name="Append" value="true" />
        <layout class="org.apache.log4j.PatternLayout">
            <param name="ConversionPattern" value="%d [%t] %-5p - %m%n" />
        </layout>
    </appender>

    <!-- 设置根记录器 -->
    <root>
        <!-- 设置级别 -->
        <level value=" DEBUG "/>
        <!-- 设置目的地 -->
        <appender-ref ref=" STDOUT "/>
        <appender-ref ref=" File "/>
    </root>
</log4j:configuration>
```

虽然现在提倡使用 XML 格式的配置，但它的普及毕竟需要一个过程。如果读者需要获取更多有关 log4j.xml 的知识，可参阅相关的专业书籍。

提示

① Log4j 在默认的情况下，会首先查找使用 log4j.xml 的配置，然后才去查找使用 log4j.properties。

② Log4j 的配置文件必须放置于项目的类路径(Classpath)下。

10.3.2 Log4j 的使用

前面已经对配置文件的作用及配置文件的内容进行了详细讲解，希望读者能够熟悉配置文件的写法。当配置文件编写配置好之后，就可以使用 Log4j 的 API 进行日志记录了。它的使用也比较简单，在讲解之前，先打开 docs\api 目录下的 index.html，这是 Log4j 的帮助文档，它有助于本小节的学习。帮助文档的首页如图 10.5 所示。

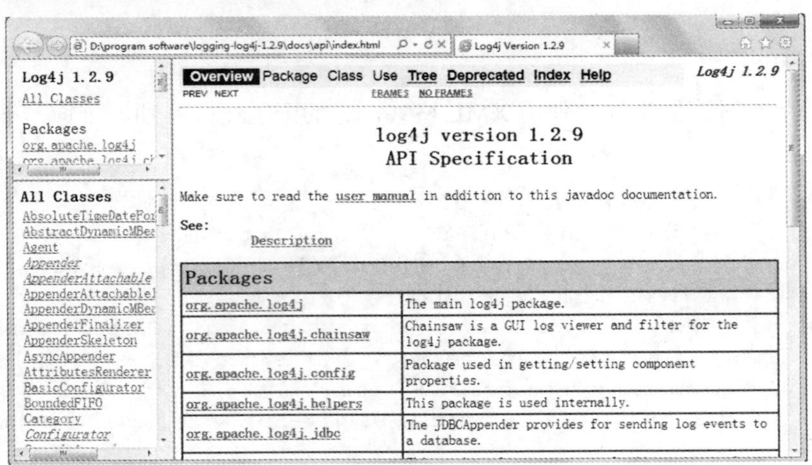

图 10.5　帮助文档的首页

在 Java 代码中使用 Log4j 打印日志信息的具体步骤如下。

(1)　获取记录器。使用 Log4j，第一步就是获取日志记录器，这个记录器将负责控制日志信息。其语法为：

```
public static Logger getLogger(String name)
```

通过指定的名字获得记录器，如果必要的话，则为这个名字创建一个新的记录器。Name 一般取本类的名字，比如：

```
static Logger logger = Logger.getLogger(ServerWithLog4j.class.getName());
```

(2)　读取配置文件。当获得了日志记录器之后，第二步将配置 Log4j 环境，其语法为：

```
BasicConfigurator.configure(); //自动快速地使用默认的 Log4j 环境
//读取使用 Java 的特性文件编写的配置文件
PropertyConfigurator.configure(String configFilename);
```

其实在默认情况下，Log4j 框架就会读取类路径下的 log4j.xml 文件或 log4j.properties。所以，一般都可以省略这个步骤。

(3)　插入记录信息(格式化日志信息)。以上两个步骤执行完毕，就可轻松地使用不同优先级别的日志记录语句插入到想记录日志的任何地方，其语法如下：

```
Logger.debug(Object message);
Logger.info(Object message);
Logger.warn(Object message);
Logger.error(Object message);
```

下面通过用一个简单的实例程序来进一步说明 Log4j 的使用方法。新建名为 LogTest.java 的文件，程序代码如下：

```
import org.apache.log4j.*;
public class LogTest {
    //创建 Logger 对象，创建时要告知 Logger 当前的 Class 是什么
    static Logger logger = Logger.getLogger(LogTest.class.getName());
    public static void main(String[] args) {
```

```
    //加载当前工程目录下 src 文件夹下的 log4j.properties 配置文件
    //若将 log4j.properties 放在工程根目录下也可不写此句，程序会自动找到配置文件
    PropertyConfigurator.configure(".\\src\log4j.properties");
    //显示 debug 的信息
    logger.debug("Debug ...");
    //显示提示信息
    logger.info("Info ...");
    //显示警告信息
    logger.warn("Warn ...");
    //显示错误信息
    logger.error("Error ...");
}
```

LogTest.java 文件中所使用 log4j.properties 文件的代码清单如下：

```
//设置根日志记录器的输出级别，目的地
log4j.rootLogger=DEBUG, stdout, R
#名为 stdout 的输出地
log4j.appender.stdout=org.apache.log4j.ConsoleAppender
log4j.appender.stdout.layout=org.apache.log4j.PatternLayout
log4j.appender.stdout.layout.ConversionPattern=%5p (%F:%L) - %m%n
#名为 R 的输出地
log4j.appender.R=org.apache.log4j.RollingFileAppender
log4j.appender.R.File=log.txt
log4j.appender.R.MaxFileSize=100KB
log4j.appender.R.MaxBackupIndex=1
log4j.appender.R.layout=org.apache.log4j.PatternLayout
log4j.appender.R.layout.ConversionPattern=%d { yyyy MMM dd HH:mm:ss } %-5p
%c - %m%n
```

为了加强读者对这段代码的理解，下面对清单中较重要的语句进行详细解说：

- log4j.rootCategory=DEBUG, stdout, R 设置要显示所有优先权等于和高于 Debug 的信息。stdout、R 表示定义了两个输出端。
- 其下面的 3 行代码表示 stdout 输出是标准输出 Console，也就是屏幕。输出的格式是 Pattern Layout。转换方式是%5p (%F:%L) - %m%n，即前 5 格用来显示优先权，再显示当前的文件名，加当前的行数。最后是 logger.debug()或 logger.info()或 logger.warn()或 logger.error()里的信息。%n 表示回车空行。
- 再加上其下面的 6 行代码，则 log 信息不仅能显示在屏幕上，而且将被保存在一个叫 log.txt 的文件里，文件最大为 100KB。如果文件大小超过 100KB，文件会被备份成 log.txt.1，新的 log.txt 继续记录 log 信息。

提示

在 Web 程序中使用 Log4j 应注意下列问题。

① JSP 或 Servlet 在执行状态时没有当前路径的概念，所以用 PropertyConfigurator.configure(String)语句找 log4j.properties 文件时，要把相对于当前 JSP 或 Servlet 的路径转化成为一个绝对的文件系统路径。方法是使用 servletcontext.getrealpath(string)语句。

例如：

//得到当前 JSP 路径

String prefix = getServletContext().getRealPath("/");

//读取 log4j.properties

PropertyConfigurator.configure(prefix + "\\WEB-INF\\log4j.properties");

② 相应地，log4j.properties 在设置某个属性时，也要在程序中设置绝对路径。例如，log4j.appender.R.File 属性设置日志文件存放位置。可以用读写*.properties 配置文件的方法进行灵活设置。

10.4 Log4j 实例应用

本例是在第 8 章中 jstlinstance 示例的基础上完成的，如果前面的示例没有完成，建议先完成第 8 章的程序。然后按照以下步骤进行修改。

(1) 新建 log4j.properties 文件。

在 src 目录中新建 log4j.properties 文件。log4j.properties 的代码清单如下：

```
log4j.rootLogger=info,CONSOLE
log4j.appender.CONSOLE=org.apache.log4j.ConsoleAppender
log4j.appender.Threshold=DEBUG
log4j.appender.CONSOLE.Target=System.out
log4j.appender.CONSOLE.layout=org.apache.log4j.PatternLayout
log4j.appender.CONSOLE.layout.ConversionPattern=[jstlinstance] %d %-5p [%t]
(%13F:%L) %3x- %m%n

log4j.appender.R=org.apache.log4j.RollingFileAppender
log4j.appender.R.File=D:\\jstlinstance_log.log
log4j.appender.R.MaxFileSize=100KB
log4j.appender.R.MaxBackupIndex=1
log4j.appender.R.layout=org.apache.log4j.PatternLayout
log4j.appender.R.layout.ConversionPattern=%-d{yyyy-MM-dd HH:mm:ss}
[%c]-[%p] %m -(:%L)%n
```

(2) 修改 StuServlet.java 文件：

```
Package com.tjitcast.servlet;
//省略导包语句，完整代码请参照所附光盘中的源代码部分
public class StuServlet extends HttpServlet{
    public static Logger logger =
      Logger.getLogger(StuServlet.class.getName());

   @Override
    protected void doGet(HttpServletRequest req, HttpServletResponse resp)
      throws ServletException, IOException {
        // TODO Auto-generated method stub
        doPost(req, resp);
    }
    @Override
```

```
    protected void doPost(HttpServletRequest req, HttpServletResponse resp)
      throws ServletException, IOException {
        // TODO Auto-generated method stub
        String method = req.getParameter("method");
        if(method.equals("save")) { //添加
            save(req, resp);
            logger.info("成功添加一条记录");
        } else if(method.equals("list")) { //列表
            list(req, resp);
            logger.info("获取全部信息");
        } else if(method.equals("delete")) {
            delete(req, resp);
            logger.info("删除一条记录");
        } else if(method.equals("edit")) {
            toEdit(req, resp);
            logger.info("进行信息编辑");
        } else if(method.equals("update")) {
            update(req, resp);
            logger.info("修改一条记录");
        }
    }

    public void init() throws ServletException {}

    public void destroy() {}
}
```

(3) 修改 StuBeanDaoImpl.java 文件：

```
package com.tjitcast.dao.impl;
//省略导包语句，完整代码参照所附光盘中的源代码部分

public class StuBeanDaoImpl implements StuBeanDao {

    private static Logger logger =
       Logger.getLogger(StuBeanDaoImpl.class.getName());
    public boolean save(StuBean stuBean) {
        // TODO Auto-generated method stub
        Connection conn=ConnectionFactory.getConnection();
        String sql =
          "insert into stu_table(userName,classes,score) values(?,?,?)";
        PreparedStatement ps = null;
        int i = 0;
        try {
            ps = conn.prepareStatement(sql);
            ps.setString(1, stuBean.getUserName());
            ps.setString(2, stuBean.getClasses());
            ps.setDouble(3, stuBean.getScore());
            i = ps.executeUpdate();
        } catch (SQLException e) {
```

```
            logger.error("添加数据出错");
            e.printStackTrace();
        } finally {
            DbClose.close(ps, conn);
        }
        if(i != 0) {
            return true;
        } else {
            return false;
        }
    }

    public boolean update(StuBean stuBean) {
        // TODO Auto-generated method stub
        Connection conn = ConnectionFactory.getConnection();
        String sql =
          "update stu_table set userName=?,classes=?,score=? where id=?";
        PreparedStatement ps = null;
        int i = 0;
        try {
            ps = conn.prepareStatement(sql);
            ps.setString(1, stuBean.getUserName());
            ps.setString(2, stuBean.getClasses());
            ps.setDouble(3, stuBean.getScore());
            ps.setInt(4, stuBean.getId());
            i = ps.executeUpdate();
        } catch (SQLException e) {
            logger.error("修改数据出错");
            e.printStackTrace();
        } finally {
            DbClose.close(ps, conn);
        }
        if(i != 0) {
            return true;
        } else {
            return false;
        }
    }

    public boolean delete(int id) {
        // TODO Auto-generated method stub
        Connection conn = ConnectionFactory.getConnection();
        String sql = "delete from stu_table where id=?";
        PreparedStatement ps = null;
        int i = 0;
        try {
            ps = conn.prepareStatement(sql);
            ps.setDouble(1, id);
            i = ps.executeUpdate();
        } catch (SQLException e) {
            logger.error("删除数据出错");
```

```
            e.printStackTrace();
        } finally {
            DbClose.close(ps, conn);
        }
        if(i != 0) {
            return true;
        } else {
            return false;
        }
    }

    public StuBean get(int id) {
        // TODO Auto-generated method stub
        Connection conn = ConnectionFactory.getConnection();
        PreparedStatement ps = null;
        String sql = "select * from stu_table where id=?";
        StuBean stuBean = null;
        ResultSet rs = null;
        try {
            ps = conn.prepareStatement(sql);
            ps.setInt(1, id);
            rs = ps.executeQuery();
            while(rs.next()) {
                stuBean = new StuBean();
                stuBean.setId(rs.getInt("id"));
                stuBean.setUserName(rs.getString("userName"));
                stuBean.setClasses(rs.getString("classes"));
                stuBean.setScore(rs.getDouble("score"));
            }
        } catch (SQLException e) {
            logger.error("根据 id 查询数据出错");
            e.printStackTrace();
        } finally {
            DbClose.close(rs, ps, conn);
        }
        return stuBean;
    }

    public List<StuBean> findAll() {
        // TODO Auto-generated method stub
        Connection conn = ConnectionFactory.getConnection();
        PreparedStatement ps = null;
        String sql = "select * from stu_table";
        List<StuBean> list = new ArrayList<StuBean>();
        ResultSet rs = null;
        try {
            ps = conn.prepareStatement(sql);
            rs = ps.executeQuery();
            while(rs.next()) {
                StuBean stuBean = new StuBean();
                stuBean.setId(rs.getInt("id"));
```

```
                stuBean.setUserName(rs.getString("userName"));
                stuBean.setClasses(rs.getString("classes"));
                stuBean.setScore(rs.getDouble("score"));
                list.add(stuBean);
            }
        } catch (SQLException e) {
            logger.error("查询全部数据时出错");
            e.printStackTrace();
        } finally {
            DbClose.close(rs, ps, conn);
        }
        return list;
    }
}
```

(4) 部署程序，启动 Tomcat 服务，访问程序。

将程序发布到 Tomcat 应用服务器之后，启动 Tomcat 服务器，在 IE 地址栏中输入“http://localhost:8080/jstlinstance/insert.jsp”，填写相应的数据，页面效果如图 10.6 所示。

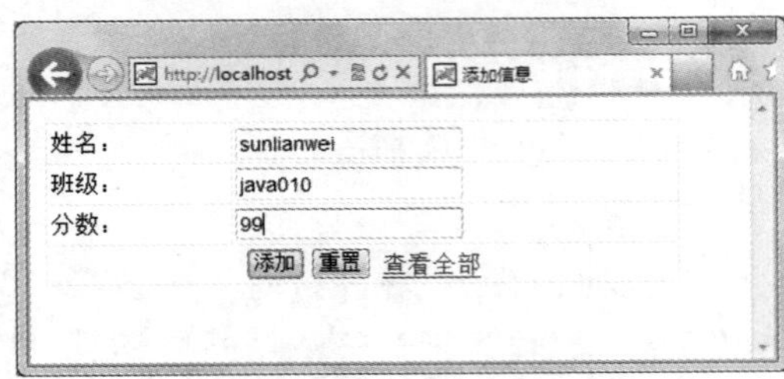

图 10.6 添加页的效果

单击“添加”按钮，程序将该记录添加到数据库。查看控制台，输出内容如图 10.7 所示。

图 10.7 添加信息后的消息效果

在完成添加以后，系统会转到学生信息列表页面，如图 10.8 所示。

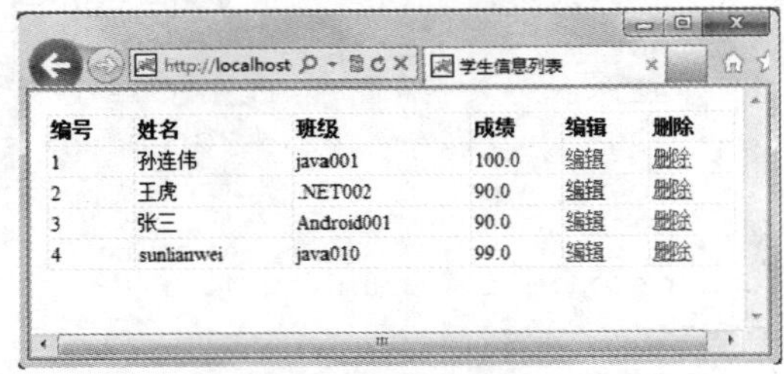

图 10.8 学生信息列表页面的效果

在如图 10.7 所示的页面中，可以单击“删除”链接，将删除与之对应的数据，单击“编辑”链接，将跳转到编辑信息的页面，如图 10.9 所示。

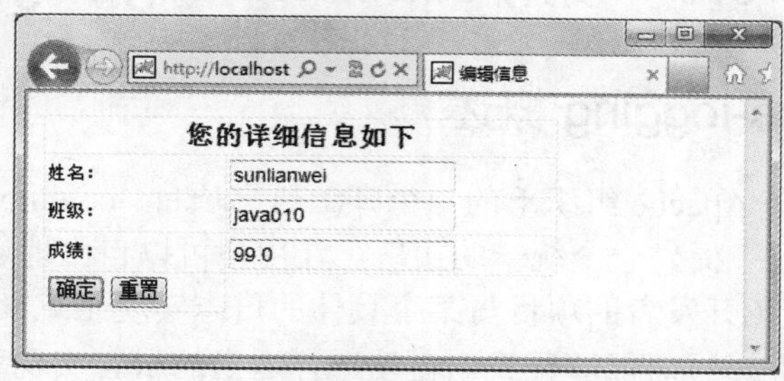

图 10.9　编辑信息的效果

修改相关数据后，单击“确定”按钮，程序将修改这条记录并跳转到列表页，此时的控制台显示的信息会记录上述的操作步骤，如图 10.10 所示。

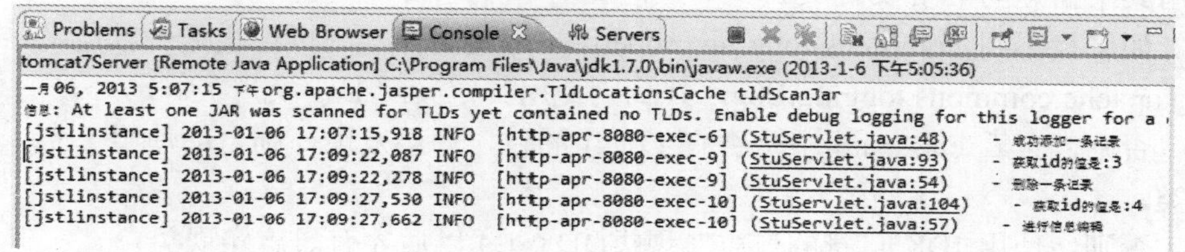

图 10.10　修改信息的日志效果

10.5　Log4j 的性能调优

Log4j 作为日志记录工具，它最终还是要在程序代码中添加信息输出语句。所以，对应用程序运行的性能肯定会有一些影响，具体影响因素如下：

- 日志输出的目的地。配置不同的日志输出目的地，意味着日志信息就会输出到不同的地方，显然，输出到控制台的速度比输出到文件系统的速度更快，输出到文件系统的速度比输出到数据库的速度要快。
- 日志的输出格式。越复杂的输出格式，日志输出的速度肯定更慢一些。
- 日志的输出级别。日志的输出级别设置得越低，输出的日志内容就越多，对性能影响就越大。

针对以上几点分析，作者建议在项目中使用 Log4j 时：在开发测试阶段，为了方便调试，日志级别可以设置得低一些，如设置为“DEBUG”级别，日志输出目的地设置为“控制台”；在发布阶段，级别可以设置得更高一些，如设置为“ERROR”级别，如果项目没有特别的要求，把日志输出目的地设置为“文件系统”即可。

如果这样还是不能满足项目的性能需要，则可能需要考虑使用 Log4j 的 NDC(嵌套诊断环境)，具体可以参考网络的一些文件。

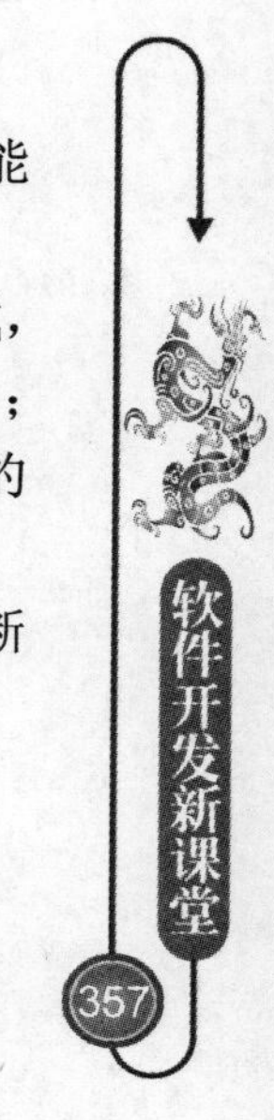

10.6　使用 commons-logging

10.6.1　commons-logging 概述

commons-logging 是 Apache 组织下的一个开源日志项目。commons-logging 的目的是为“所有的 Java 日志实现”提供一个统一的接口，让用户可以自由地选择实现日志接口的第三方组件。同时可以避免开发者的项目与某个具体的日志实现系统紧密耦合。

commons-logging 在运行时能够帮我们自动选择适当的日志实现系统，这一点非常人性化。而且它甚至可以不需要配置就能自动选择适当的日志实现系统。

commons-logging 在运行时：

(1) 首先会在 classpath 下寻找自己的配置文件 commons-logging.properties。如果找到，则会使用其中指定的 Log 实现类。

(2) 如果找不到 commons-logging.properties 配置文件，则再查找是否已定义系统环境变量 org.apache.commons.logging.Log，找到则使用其定义的 Log 实现类。

(3) 否则，查看 classpath 中是否有 Log4j 的包，如果发现，则自动使用 Log4j 作为日志实现类。

(4) 否则，使用 JDK 自身的日志实现类(JDK 1.4 以后才有日志实现类)。

(5) 最后，如果还没找到，就使用 commons-logging 自己提供的一个简单的日志实现类 SimpleLog。

可见，commons-logging 总是能找到一个日志实现类，并且尽可能找到一个“最合适”的日志实现类。

在实际项目开发中，经常会把 commons-logging 包和 Log4j 配合使用。

10.6.2　commons-logging 的下载和环境搭建

可以到 http://commons.apache.org/downloads/download_logging.cgi 下载 commons-logging 包。下载页面如图 10.11 所示。

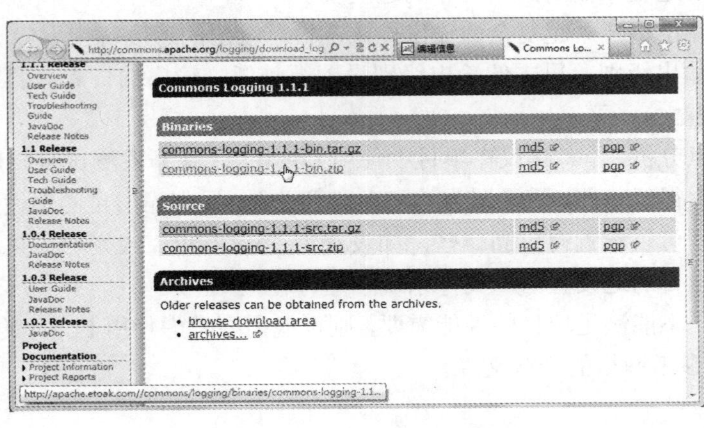

图 10.11　commons-logging 的下载页面

单击页面中的“1.1.1.zip”链接，即可下载 commons-logging-1.1.1-bin.zip 到本地硬盘。解压此文件，打开解压后的文件夹，如图 10.12 所示。

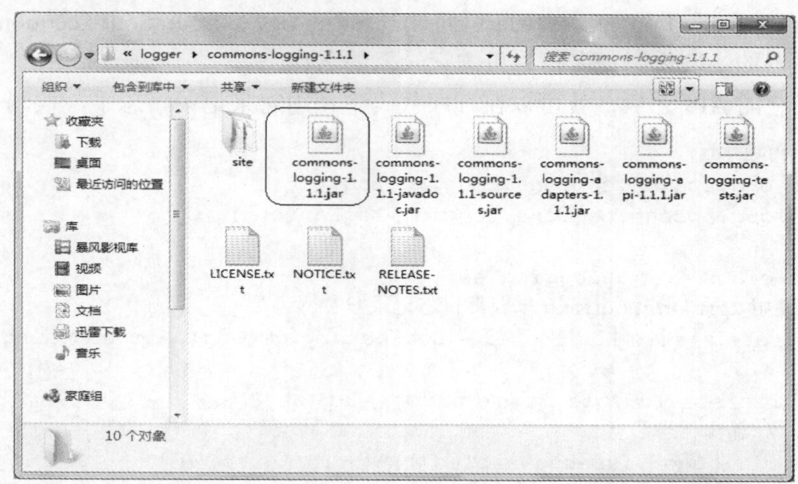

图 10.12　commons-logging 包的目录结构

图 10.12 中的圆角框部分就是 commons-logging 的使用 JAR 包。把它添加到相应项目的类路径(Classpath)中即可。

如果明确指定想要使用的日志实现系统，就可以在项目的类路径中添加 commons-logging 的配置文件 commons-logging.properties，它的内容如下：

```
org.apache.commons.logging.Log=org.apache.commons.logging.impl.Log4JLogger
```

如果我们使用的日志实现系统是 Log4j，为了简化配置，一般就不需要 commons-logging.properties 配置文件了，而只需将 Log4j 的 JAR 包放置到类路径中就可以了。这样就很简单地完成了 commons-logging 与 Log4j 的融合。如果不想用 Log4j 了，只需将类路径中 Log4j 的 JAR 包删除即可。

10.6.3　commons-logging 的使用

完成以上配置之后，就可以在项目中使用 commons-logging 了。使用前，还需要了解它的 API。在 commons-logging 的 API 中需要关注一个抽象类和一个接口。

(1)　org.apache.commons.logging.Log：日志记录器类，它主要用来完成输出日志内容的功能。常用方法如下。

- public void debug(Object msg)：记录调试级别的日志内容。
- public void debug(Object msg, Throwable t)：记录调试级别的日志内容和异常堆栈信息。针对每个级别都有类似以上两个功能的方法。
- public boolean isDebugEnabled()：是否允许输出 debug 级别的日志。针对每个级别采用类似功能的这个方法。

(2)　org.apache.commons.logging.LogFactory：日志记录器工厂，主要用来产生日志记录器实例。常用方法有：

- public static Log getLog(String name) throws LogConfigurationException：获取日志记录器的实例。用参数字符串作为日志记录器的名称。
- public static Log getLog(Class class) throws LogConfigurationException：获取日志记录器的实例。用类名作为日志记录器的名称。

了解了它的 API 之后，就可以在程序代码中使用它来记录日志了，代码如下所示：

```
//导入相应的类
import org.apache.commons.logging.Log;
import org.apache.commons.logging.LogFactory;

public class CommonLoggingTest {
    //使用 CommonsLogging 来获得日志记录器实例
    private static Log logger = LogFactory.getLog(CommonLoggingTest.class);

    public static void main(String[] args) {
        //输出日志信息
        if(logger.isDebugEnabled()) {
            logger.debug("这是调试级日志");
        }
        if(logger.isInfoEnabled()) {
            logger.info("这是消息级日志");
        }
        if(logger.isWarnEnabled()) {
            logger.warn("这是警告级日志");
        }
        if(logger.isErrorEnabled()) {
            logger.error("这是异常信息", new RuntimeException("内部异常"));
        }
    }
}
```

从以上代码来看，使用 commons-logging 来记录日志也很方便，这样可以分离应用程序与日志实现系统的耦合。编写出更具扩展性的系统。本小节的示例程序完整源代码参见配书光盘\ch10\代码\commonslogging_demo。

另外，目前还渐渐流行起使用另一个通用日志包，叫 SLF4J(Simple Logging Facade for Java)，它在功能类似于 commons-logging 包，目的也是为“所有的 Java 日志实现”提供一个统一的接口，让用户可以自由地选择实现日志接口的第三方组件。由于篇幅有限，这里不做过多的介绍，感兴趣的读者可以参考网络资源。

10.7 上机练习

(1) 编写一个登录验证的示例，并把提示信息用 Log4j 来显示。

(2) 编写一个登录验证的示例，并把登录的时间记入日志文件。

(3) 把 10.4 节的 Log4j 实例应用改写成使用 commons-logging 来包装。

第 11 章

JUnit 的应用

学前提示

随着软件项目的逐渐增大，软件测试在软件开发中的地位显得越来越重要。如果软件项目没有良好的测试流程，随着系统的增大，无论项目管理人员还是软件开发人员都有可能会对项目的前景失去信心。而单元测试是整个测试流程中最基础的部分，它要求程序员尽可能早地发现问题并给予控制。这就需要单元测试贯穿于整个开发流程之中。JUnit 是 Java 社区中知名度最高的单元测试工具。它诞生于 1997 年，由 Erich Gamma 和 Kent Beck 共同开发完成。它可以使源代码与测试分开。本章将从 JUnit 概述、JUnit 的安装与配置、JUnit 应用等方面学习 JUnit 的相关知识。

知识要点

- JUnit 概述
- JUnit 安装与配置
- JUnit 实例应用

11.1　JUnit 概述

在没有学习本章之前，可能众多的读者进行单元测试时主要是使用 Java 类中的 Main 方法，即在 Main 方法中采用一系列的 throw 语句或者 try-catch 语句来捕捉成员方法中可能出现的各种错误信息。

当最终程序发布的时候，这做法将致使程序中含有多个 Main 方法，整个工程的运行可能会出现混乱，另外测试代码与源程序没有分离，不利于代码维护；还有可能引起安全问题，例如测试中调用数据库时给定的用户名和密码没有及时屏蔽。基于此，推荐读者使用一种优秀的测试框架——JUnit。

JUnit 是 Java 社区中知名度最高的单元测试工具。它诞生于 1997 年，由 Erich Gamma 和 Kent Beck 共同开发完成。其中 Erich Gamma 是经典著作《设计模式：可复用面向对象软件的基础》的作者之一，并在 Eclipse 中有很大的贡献；Kent Beck 则是一位极限编程(XP)方面的专家和先驱。

JUnit 设计得非常小巧，但是功能却非常强大。Martin Fowler 如此评价 JUnit：在软件开发领域，从来就没有如此少的代码起到了如此重要的作用。它大大降低了开发人员执行单元测试的难度，特别是 JUnit 4 使用 Java 5 中的标注(Annotation)，使测试变得更加简单。

11.2　JUnit 的安装与配置

Eclipse 和 MyEclipse 在默认的情况下集成了 JUnit 插件，但有时候需要更新最新版本的 JUnit，这时需要下载并安装 JUnit，本节将讲述 JUnit 工具的安装和配置。

11.2.1　下载 JUnit 插件

JUnit 目前的版本是 4.11。到 JUnit 官方提供的下载主页 http://www.Junit.org 即可下载。下载页面首页如图 11.1 所示。

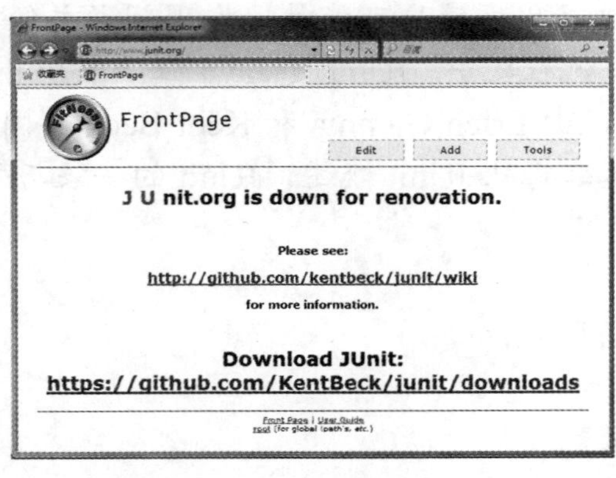

图 11.1　JUnit 的下载首页面

单击 Download JUnit 链接，进入 JUnit 的下载页面，如图 11.2 所示。

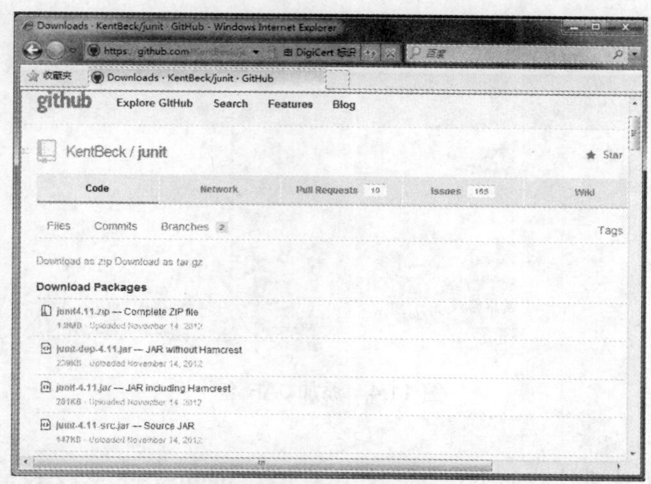

图 11.2　JUnit 的下载页面

ZIP 包中包括 JUnit 4 的帮助文档、实例及源代码等内容。如果需要这些内容，可下载“Junit4.11.zip”。如果只需要 Junit4.11.jar，可以选择“Junit4.11.jar”。本例下载的是“Junit4.11.zip”。单击 Junit4.11.zip 链接即可将其下载到本地。

11.2.2　安装 JUnit 插件

在当前位置解压 Junit4.11.zip 文件，打开 Junit4.11 目录，目录树结构如图 11.3 所示。

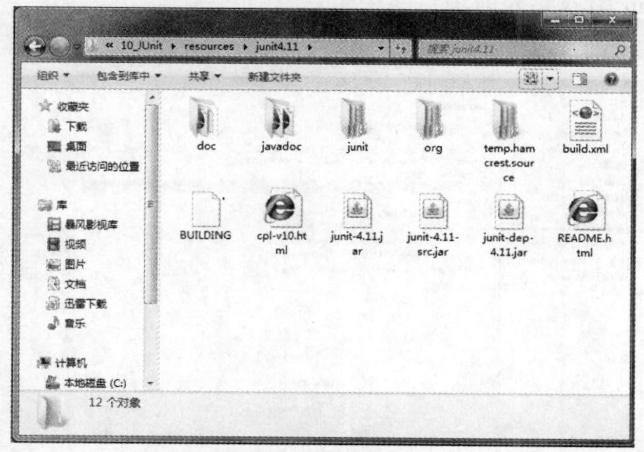

图 11.3　JUnit 目录的结构

选择 Junit-4.11.jar， 将它复制到工程的 WEB-INF\lib 目录中即可完成在 Web 应用中配置 JUnit 环境的任务。

如果要给一个 Java 应用的工程配置 JUnit，需要复制 junit-4.11.jar，然后在工程名上单击鼠标右键，从弹出的快捷菜单中选择“粘贴”命令，最后在工程中选中 junit-4.11.jar，单击鼠标右键，从弹出的快捷菜单中选择 Build Path → Add to Build Path 命令。然后将 JAR 包添加到类路径中，如图 11.4 所示。

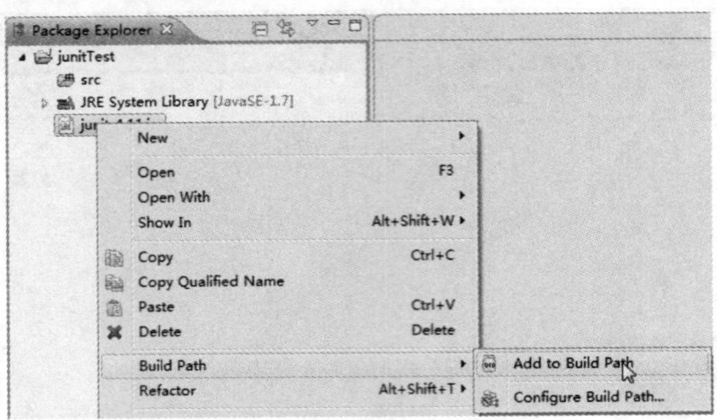

图 11.4　添加 JAR 包

注意

MyEclipse 作为最为流行的 IDE，它全面集成了 JUnit ，并从版本 MyEclipse 3.2 开始支持 JUnit 4。

前面讲述了安装最新 JUnit 插件的方法，如果要使用 MyEclipse 自带的 JUnit 插件，则需要如下操作。

打开 MyEclipse，新建名为 coolJunit 的 Web Project。在 coolJunit 工程上单击鼠标右键，从弹出的快捷菜单中选择 properties 命令，在弹出的对话框中，选择左边菜单项中的 Java Build Path，然后单击右边的 Add Library 按钮，在弹出的 Add Library 对话框中选择 JUnit，如图 11.5 所示，然后单击 Next 按钮，设置 JUnit library version 的值为 JUnit4，然后单击 Finish 按钮。这样便把 JUnit 引入到当前项目库中了。

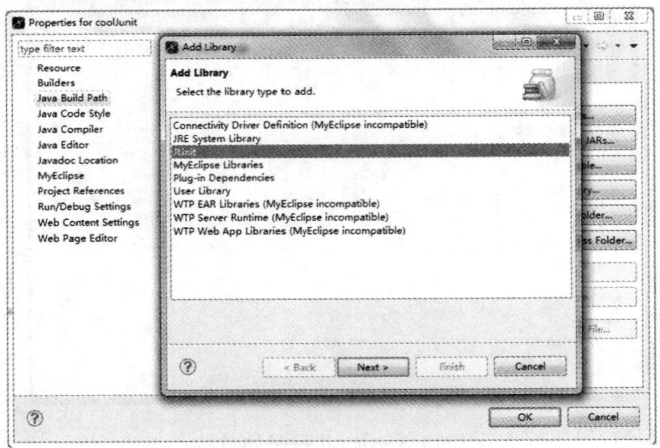

图 11.5　MyEclipse 自带 JUnit 的配置效果

11.3　JUnit 的使用

前面已经了解了 JUnit 的作用和 JUnit 的配置。接下来将详细讲述 JUnit 的 API 和 JUnit 的实例应用。

11.3.1　JUnit 帮助文档

JUnit 测试过程与 JUnit 的 API 是密不可分的，下面简要地介绍 JUnit 中比较重要的核心类，JUnit 帮助文档的首页如图 11.6 所示。

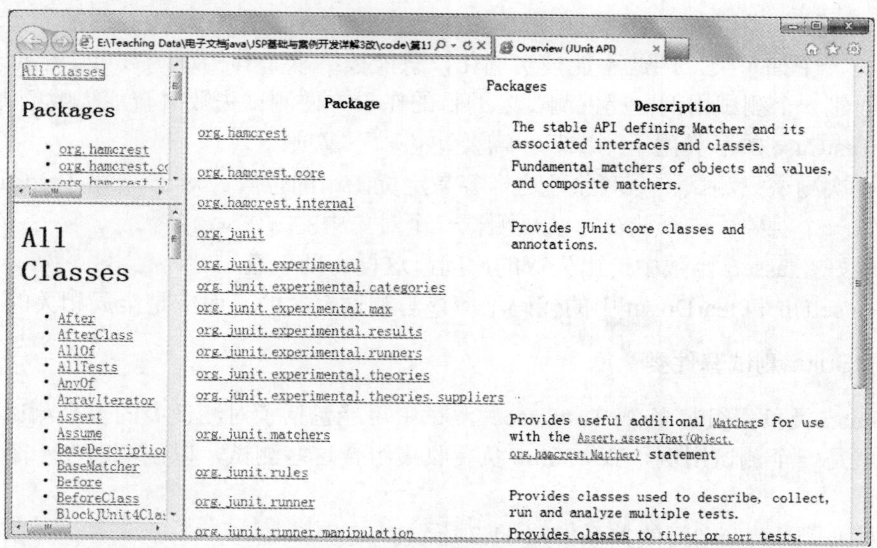

图 11.6　JUnit 帮助文档的首页

JUnit 共有 7 个包。JUnit 核心的包是 JUnit.framework 和 JUnit.runner.framework 包，负责整个测试对象的构建，runner 负责测试驱动。JUnit 有 4 个重要的类，它们分别是 TestSuite、TestCase、TestResult 和 TestRunner。另外，JUnit 还包括 Test 接口和 TestListenter 类，前几个类属于 JUnit.framework 包，后一个类在不同的环境下是不同的。下面来简单介绍一下这几个类。

1. TestResult

TestResult 负责收集 TestCase 所执行的结果。它将结果分类，分为客户可预测的错误和没有预测的错误。它还将测试结果转发到 TestListener 处理。

2. TestRunner

TestRunner 是客户对象调用的起点，它负责对整个测试过程进行跟踪。它能够显示测试结果，并且报告测试的进度。

3. TestListenter

TestListenter 包含 4 个方法：addError()、addFailure()、startTest()和 endTest()。它是对测试结果的处理和对测试驱动过程的工作特征进行提取。

4. Test 接口

Test 接口用来测试和收集测试结果。Test 接口采用了 Composite 设计模式，它是单独的

测试用例、聚合的测试模式以及测试扩展的共同接口。它的 countTestCase 方法用来统计本次测试有多少个 TestCase。在另一个方法 run()中，参数 TestResult 作为测试结果的实例，run 方法用于执行本次测试。

5. TestCase 抽象类

TestCase 抽象类用来定义测试中的固定方法。TestCase 是 Test 接口的抽象实现，由于 TestCase 是一个抽象类，因此不能被实例化，只能被继承。其构造函数可以根据输入的测试名称来创建一个测试用例，提供测试名的目的在于方便测试失败时查找失败的测试用例。

编写 TestCase 的子类用于测试时，需要注意以下事项：

- 一次测试只测试一个对象，这样容易定位出错的位置。对于一个 TestCase，只测试一个对象，一个测试方法只测试一个对象中的方法。
- 最好在 assert 函数中给出失败的原因，这样有助于查错。
- 在 setUp 和 tearDown 中的代码不应该与测试有关的，而应是全局相关的。

6. TestSuite 测试套件类

TestSuite 类负责组装多个 TestCase。测试中可能包括了对测试类的多个测试，而每个测试可能就是一个测试用例，TestSuite 负责收集组合这些测试，以便可以在一个测试中完成全部测试。

这些核心类(接口)之间的关系如图 11.7 所示。

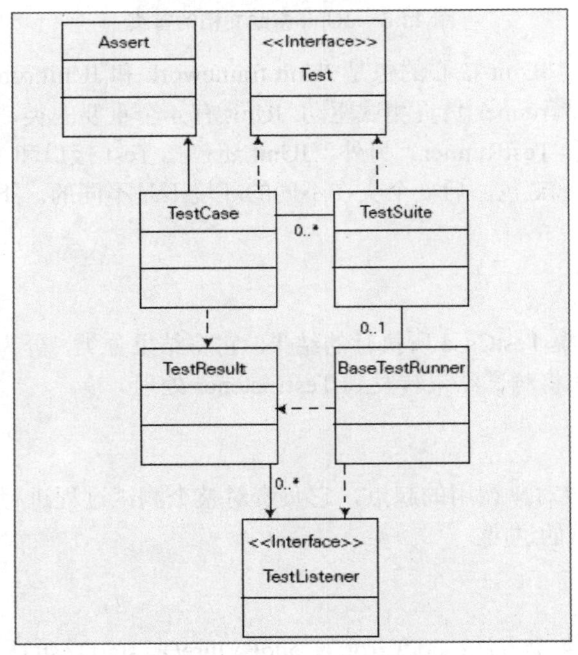

图 11.7　核心类(接口)之间的关系

有时候为了需要，TestCase 类需要重写 Assert 超类的一些方法，表 11.1 仅仅是列出了 Assert 类的常用方法。

表 11.1　Assert 类的常用方法

方 法 名	方法说明
assertEquals(a, b)	测试 a 是否等于 b。a 和 b 是原始类型数值(Primitive Value)或者必须为实现比较而具有 equal 方法
assertFalse(a)	测试 a 是否为 false(假)，a 是一个 Boolean 数值
assertTrue(a)	测试 a 是否为 true(真)，a 是一个 Boolean 数值
assertNotNull(a)	测试 a 是否非空，a 是一个对象或者 null
assertNull(a)	测试 a 是否为 null，a 是一个对象或者 null
assertNotSame(a, b)	测试 a 和 b 是否没有都引用同一个对象
assertSame(a, b)	测试 a 和 b 是否都引用同一个对象

11.3.2　JUint 实例的应用

设置好 JUnit 后，就可以使用 JUnit 测试框架进行单元测试了。下面通过一个简单的示例来说明如何使用 JUnit 测试框架完成测试。具体操作步骤如下。

注意

在使用 JUnit 的时候，建议单元测试代码和被测试代码使用一样的包、不同的目录。这样可以将测试代码与源代码区分开。

(1) 创建源文件。

在工程中新建名为 SampleCalculator.java 的类，它是一个工具类，提供了可以用来实现加法和减法功能的两个方法，代码清单如下：

```
public class SampleCalculator {
    public int add(int augend, int addend) {
        return augend + addend;
    }
    public int subtration(int minuend, int subtrahend) {
        return minuend - subtrahend;
    }
}
```

(2) 创建测试文件。在 src 上右击，从弹出的快捷菜单中选择 New → Other → JUnit TestCase 命令，弹出 New 对话框，如图 11.8 所示。

单击 Next 按钮，进入如图 11.9 所示的界面，选择测试类的版本为“New JUnit 4 test”，在 Name 文本框中入测试类的名字，在 Class under test 栏通过 Browse 按钮选择需要测试的类，然后单击 Next 按钮。

进入如图 11.10 所示的界面，在 Available methods 树列表中选择要测试的方法，此处只选择加和减的方法。下方有两个复选项：Create final method stubs 是指“创建终态方法存根”，如果选中，将在测试用例中每一个测试方法前加上 final 修饰；Create tasks for generated test methods 是指“为生成的测试方法创建任务”，如果选中，将为每一个测试方法添加注释部

分，当然具体的注释还需要用户自己手动完成，设置完成后，单击 Finish 按钮，完成生成测试类代码的任务。

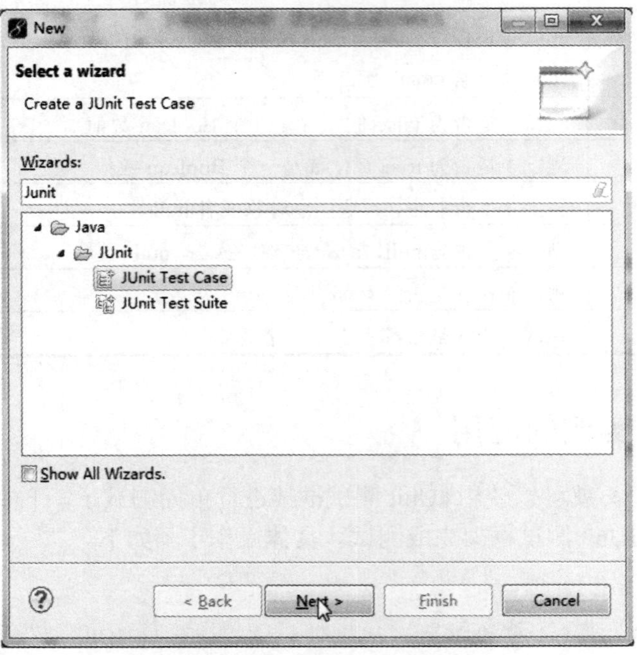

图 11.8　执行 JUnit TestCase 命令的效果

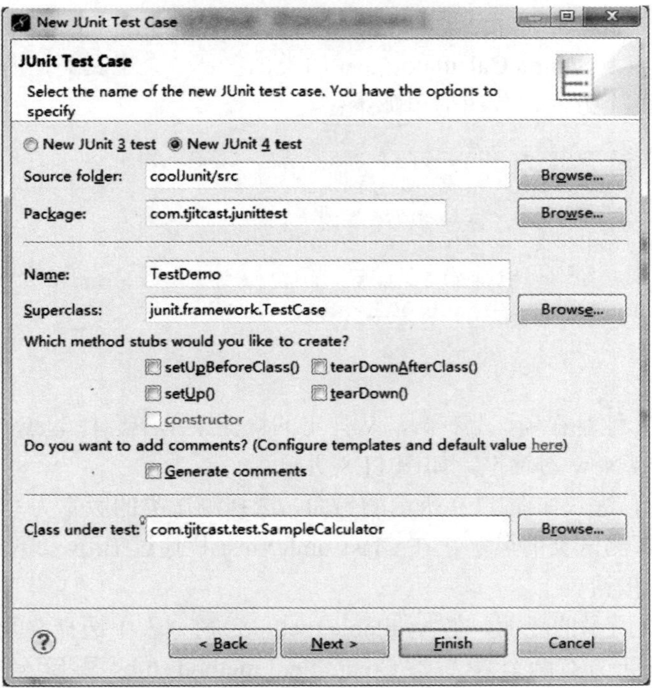

图 11.9　JUnit 设置

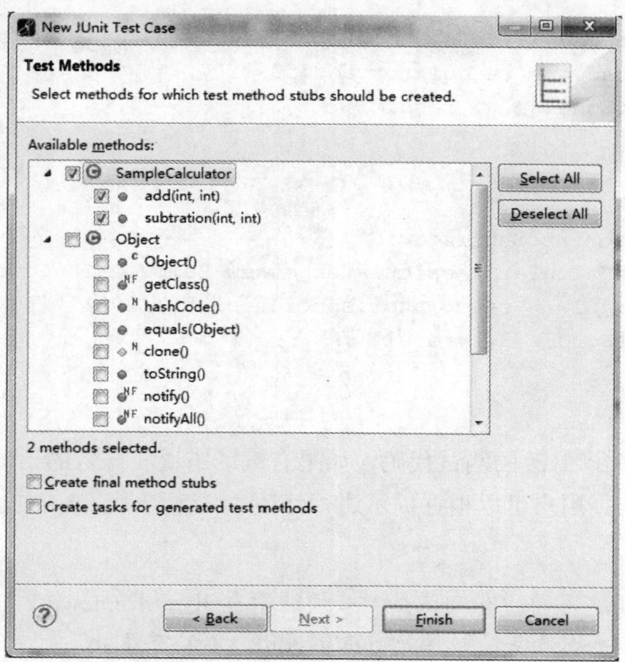

图 11.10　选择测试方法

此时，即可在编辑视图中看到 JUnit 框架为用户生成的测试用例 TestDemo.java。它的代码清单如下所示：

```
package com.tjitcast.junittest;
import org.junit.Test;
import junit.framework.TestCase;
public class TestDemo extends TestCase {
    @Test
    public void testAdd() {
        fail("Not yet implemented");
    }

    @Test
    public void testSubtration() {
        fail("Not yet implemented");
    }
}
```

(3)　修改测试文件。对测试用例的代码进行必要的修改，修改后的代码如下：

```
package com.tjitcast.junittest;
import junit.framework.TestCase;
import org.junit.Test;
import com.tjitcast.test.SampleCalculator;
public class TestDemo extends TestCase {
    @Test
    public void testAdd() {
```

```
        SampleCalculator calculator = new SampleCalculator();
        int result = calculator.add(50, 20);
        assertEquals(70, result);
    }

    @Test
    public void testSubtration() {
        SampleCalculator calculator = new SampleCalculator();
        int result = calculator.subtration(50, 20);
        assertEquals(30, result);
    }
}
```

Eclipse 会自动编译修改的测试代码，如果有编译错误和警告的话，将会在问题视图中显示出现问题的代码，用户可以根据提示进行修改。

注意

按照框架规定：编写的所有测试类，必须继承自 JUnit.framework.TestCase 类；里面的测试方法命名应该以 test 开头，必须是 public void，不能有参数。

而且为了测试和查错方便，尽量一个 testXXX 方法对一个功能单一的方法进行测试；使用 assertEquals 等 JUnit .framework.TestCase 中的断言方法来判断测试结果正确与否。

(4) 运行测试文件。选中建立的测试类，单击鼠标右键，从弹出的快捷菜单中选择 Run As → JUnit Test 命令，将显示 JUnit 测试结果，如图 11.11 所示。

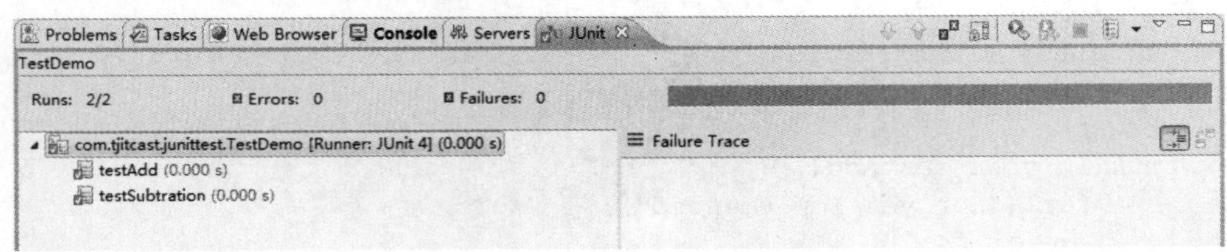

图 11.11　测试结果

在测试结果对话框中显示有运行次数、错误次数、故障次数和故障跟踪等信息。如果没有错误产生，则对话框中的进度条显示绿色，反之如果显示为红色，则说明测试失败了，并且在“故障跟踪”栏中将会显示出错的测试用例代码，通过测试用例代码就可以定位源代码中哪个方法出现了错误。这样一个简单的单元测试就完成了。

对于 JUnit 的简单应用可以到此告一段落，但细心的读者会发一个问题，在上述的示例中如果将其中的一个方法(例如 testSubtration 方法)中的最后一句 assertEquals(30, result)写成 assertEquals(40, result)后再进行测试，此时无论是对哪个方法进行测试，进度条均显示红色，如果用低版本的 JUnit 就不会出现这个问题，可能是 JUnit 4 的兼容性不太好。如果要采用继承的方式来使用 JUnit，那么读者应使用 JUnit 3.8 版本的 JAR 文件。

如果 testAdd 方法需要执行向数据库中插入数据的操作，那就需要在执行该方法前，先与数据库创建会话连接，在操作完成后，关闭数据库并释放连接，这需要如何操作呢？

需要引入两个方法：setUp 和 tearDown。

把下列代码添加到 TestDemo 中：

```
protected void setUp() throws Exception {
    System.out.println("打开数据库的连接");
}

protected void tearDown() throws Exception {
    System.out.println("关闭数据库的连接");
}
```

运行后，控制台的显示如图 11.12 所示。

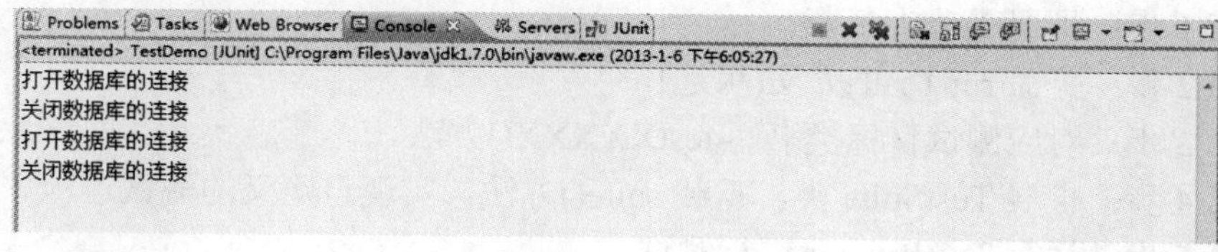

图 11.12　控制台的显示

测试运行程序(Test Runner)会在运行每个测试之前自动调用 setUp()方法。该方法一般会初始化字段、打开日志记录、重置环境变量等。在每个方法调用完毕时调用 tearDown()方法，释放占用的资源。

如果需要运行多个测试用例，则需要考虑使用 suite，这是 JUnit 的特性之一。它方便于系统单元测试的成批运行。使用起来也是非常简单的。

执行“文件”→“新建”→“其他”→“java”→“JUnit”中的 JUnit 测试套件命令，弹出 New JUnit Test Suite 对话框，单击 Next 按钮，进入如图 11.13 所示的界面。

图 11.13　创建测试套件

单击 Finish 按钮，查看生成的类文件，代码清单如下：

```
import JUnit.framework.Test;
import JUnit.framework.TestSuite;
public class TestAll {
   public static Test suite() {
```

```
        TestSuite suite = new TestSuite(TestAll.class.getName());
        suite.addTestSuite(TestDemo.class);
        return suite;
    }
}
```

这个测试程序的编译、运行与上面 TestSample 的方式是一样的。

用户在 suite 方法里面添加几个 TestCase 就会运行几个，而且它也可以添加 TestSuite 来将小一点的集合加入大的集合中来，方便了对于不断增加的 TestCase 的管理和维护。

suite 方法的作用是不是与 Java 应用程序的 Main 很类似？对于 JUnit 的使用，作为初入门的读者，应关注它的测试流程。

- 第 1 步：扩展 TestCase 类。
- 第 2 步：覆盖 runTest()方法(可选)。
- 第 3 步：对应测试目标类书写 testXXXXX()方法。
- 第 4 步：扩展 TestSuite 类，重载 suite()方法，实现自定义的测试过程。
- 第 5 步：运行 TestRunner 进行测试。

JUnit 使用中有几个值得注意的地方。

(1) 不要在测试用例的构造函数中做初始化。

当需要增加一个测试时，在书写测试用例中的构造函数中不要做有关的初始化工作，如下所示：

```
public class SomeTest extends TestCase {
    public SomeTest(String testName) {
        super(testName);
        //初始化代码
    }
}
```

一旦初始化代码产生异常，例如 IllegalStateException，JUnit 随之将产生一个 AssertionFailedError，并显示出一大堆出错信息，这样只会让人一头雾水，使用者只知道 JUnit 无法实例化某个测试用例，至于到底出了什么问题，在哪儿出的错，从提示信息中很难找到答案。如果需要对相关数据进行初始化，一般在 setUp()方法进行初始化。

(2) 不要假定测试用例中测试的执行次序。

在一个 JUnit 的测试用例类中可以包含多个测试，每个测试其实就是一个 method。虽然它们的位置上可能有先后之分，但执行次序却并不确定。如下面的代码：

```
public class SomeTestCase extends TestCase {
    public SomeTestCase(String testName) {
        super(testName);
    }
    public void testDoThisFirst() {
        ...
    }
    public void testDoThisSecond() {}
}
```

testDoThisFirst()在位置上先于 testDoThisSecond()，却不能就此假定 testDoThisFirst()会先执行。由于 JUnit 内部使用一个 Vector 来存储所有的 test，因此在不同的操作系统和 Java 虚拟机上，test 的执行次序是不可预测的。

如果需要某些测试按照特定的次序执行，可以借助于 addTest 来实现。如下：

```
public static Testsuite() {
    suite.addTest(new SomeTestCase("testDoThisFirst";));
    suite.addTest(new SomeTestCase("testDoThisSecond";));
    return suite;
}
```

这样可以确保 JUnit 先执行 testDoThisFirst()，然后执行 testDoThisSecond()。

(3)　不要干扰原始数据。

需要人工干预的代码就不要被包括在自动测试中，另外有些操作不要重复执行。

(4)　不要把测试的代码和被测的代码放在不同的目录下。

把测试代码和被测的代码放在同一目录下时，就可以在编译被测代码的同时编译测试代码，从而确保两者是同步更新的。事实上当前的普遍做法，就是把单元测试视为 Build 的一个环节。

(5)　不要随便给测试类命名。

把测试用例命名为 Test + “类名”，例如如果被测的 Class 是 MessageLog，那么测试用例就叫 TestMessageLog，这样做使得测试用例和被测的 Class 一一对应，而在测试用例中每个测试的 method 就在原来的方法名前加“test”并将原来方法名的第一个字母大写，这样可以清楚测试的是什么。正确的命名可以帮助测试代码的阅读者了解每个测试的目的。

11.3.3　了解 JUnit 的新特性

以上只是基于 JUnit 4 以前的版本进行讲解。

JUnit 4 充分利用 Java 5 的新特性，它是 JUnit 产品历史上改进最大的一个版本。

下面将深入了解 JUnit 框架，并了解新版本的一些新特性。

1. 测试方法的改变

以前所有版本的 JUnit 都使用命名约定和反射来定位测试。而在 JUnit 4 中，测试是由@Test 标注来识别的，如下所示：

```
import static org.JUnit.Assert.*;

import org.JUnit.Test;

public class TestSample {
    @Test
    public void add() {
        SampleCalculator calculator = new SampleCalculator();
        int result = calculator.add(50, 20);
        assertEquals(70, result);
```

```
    }
    @Test
    public void subtration() {
        SampleCalculator calculator = new SampleCalculator();
        int result = calculator.subtration(50, 20);
        assertEquals(50, result);
    }
}
```

使用标注的优点是不再需要将所有的方法命名为 testAdd()、testSubtration()等。这允许我们遵循最适合自己的应用程序的命名约定，例如在上例采用的约定是，测试类对其测试方法使用与被测试的类相同的名称。这用起来感觉更加舒服。

另外，TestCase 类仍然可以工作，但是不再需要扩展它了。只要用@Test 来标注测试方法，就可以将测试方法放到任何类中。在这里只需要导入 JUnit.Assert 类以访问各种 assert 方法即可。

2. 省略 setUp 和 tearDown 方法

在 JUnit 4 中，仍然可以在每个测试方法运行之前初始化字段和配置环境。然而，完成这些操作的方法不再需要叫作 setUp()，只要用@Before 标注来指示即可，甚至可以用@Before 来标注多个方法，这些方法都在每个测试之前运行——对于 tearDown，它被一个更自然的名称@After 标注所取代，可以用@After 来标注多个清除方法，这些方法都在每个测试之后运行，代码如下所示：

```
import static org.JUnit.Assert.*;

import org.JUnit.After;
import org.JUnit.Before;
import org.JUnit.Test;

public class TestSample {
    @Before
    public void init(){
        System.out.println("打开数据库的连接");
    }

    @Test
    public void add() {
        SampleCalculator calculator = new SampleCalculator();
        int result = calculator.add(50, 20);
        assertEquals(70, result);
    }
    @Test
    public void subtration() {
        SampleCalculator calculator = new SampleCalculator();
        int result = calculator.subtration(30, 20);
        assertEquals(40, result);
    }
    @After
    public void destory() {
```

```
        System.out.println("关闭数据库的连接");
    }
}
```

运行结果如图 11.14 所示。

```
Problems  Tasks  Web Browser  Console  Servers  JUnit
<terminated> TestDemo [JUnit] C:\Program Files\Java\jdk1.7.0\bin\javaw.exe (2013-1-6 下午6:05:27)
打开数据库的连接
关闭数据库的连接
打开数据库的连接
关闭数据库的连接
```

图 11.14　运行结果

3. 套件范围的初始化

JUnit 4 也引入了一个 JUnit 3 中没有的新特性：类范围的 setUp()和 tearDown()方法。任何用@BeforeClass 标注的方法都将在该类中的测试方法运行之前刚好运行一次，而任何用@AfterClass 标注的方法都将在该类中的所有测试都运行之后刚好运行一次。

例如，假设类中的每个测试都使用一个数据库连接、一个网络连接、一个非常大的数据结构，或者还有一些对于初始化和事情安排来说比较昂贵的其他资源。不要在每个测试之前都重新创建它，您可以创建它一次，并还原它一次。该方法将使得有些测试案例运行起来快得多。代码如下所示：

```
import static org.JUnit.Assert.assertEquals;

import org.JUnit.AfterClass;
import org.JUnit.BeforeClass;
import org.JUnit.Test;

public class TestSample {
    @BeforeClass
    public static void  init() {
        System.out.println("打开数据库的连接");
    }

    @Test
    public void add() {
        SampleCalculator calculator = new SampleCalculator();
        int result = calculator.add(50, 20);
        assertEquals(70, result);
    }

    @Test
    public void subtration() {
        SampleCalculator calculator = new SampleCalculator();
        int result = calculator.subtration(30, 20);
        assertEquals(10, result);
    }

    @AfterClass
```

```
    public static void destory() {
        System.out.println("关闭数据库的连接");
    }
}
```

运行结果如图 11.15 所示。

Problems Tasks Web Browser Console Servers JUnit
<terminated> TestSample2 [JUnit] C:\Program Files\Java\jdk1.7.0\bin\javaw.exe (2013-1-6 下午6:20:39)
打开数据库的连接
关闭数据库的连接

图 11.15　运行结果

4. 测试异常

异常测试是 JUnit 4 中的最大改进。旧式的异常测试是在抛出异常的代码中放入 try 块，然后在 try 块的末尾加入一个 fail()语句。

例如，下面的方法测试被零除抛出一个 ArithmeticException：

```
public void testDivisionByZero() {
    try {
        int n = 2 / 0;
        fail("Divided by zero!");
    } catch (ArithmeticException success) {
        assertNotNull(success.getMessage());
    }
}
```

该方法不仅难看，而且试图挑战代码覆盖工具，因为不管测试是通过还是失败，总有一些代码不被执行。在 JUnit 4 中，现在可以编写抛出异常的代码，并使用标注来声明该异常是预期的：

```
@Test(expected=ArithmeticException.class)
public void divideByZero() {
    int n = 2 / 0;
}
```

如果该异常没有抛出(或者抛出了一个不同的异常)，那么测试就将失败。但是如果我们想要测试异常的详细消息或其他属性，则仍然需要使用旧式的 try-catch 样式。

5. 新的断言

JUnit 4 为比较数组添加了两个 assert()方法：

```
public static void assertEquals(Object[] expected, Object[] actual)
public static void assertEquals(String message, Object[] expected,
  Object[] actual)
```

这两个方法以最直接的方式比较数组——如果数组长度相同，且每个对应的元素相同，则两个数组相等，否则不相等。数组为空的情况也做了考虑。

6. 测试集

为了在 JUnit 3.8 的一个测试集中运行若干测试类，用户需要在编写的类中添加一个 suite()方法。在 JUnit 4 中，用户可以使用标注来代替。为了运行 CalculatorTest 和 SquareTest，用户需要使用@RunWith 和@Suite 标注编写一个空类：

```
import org.JUnit.runner.RunWith;
import org.JUnit.runners.Suite;

@RunWith(Suite.class)
@Suite.SuiteClasses({TestSample.class})
public class AllCalculatorTests {}
```

在此，@RunWith 标注告诉 JUnit 它使用 org.JUnit.runner.Suite。这个运行机制允许用户手工构建一个包含测试(可能来自许多类)的测试集。

这些类的名称都被定义在@Suite.SuiteClass 中。运行这个类时，它将运行 TestSample。

有很长一段时间，JUnit 简直成了事实上的单元测试框架标准。但是，有段时间这个框架一直没有什么大的“动静”，因为没有重要的发行版本或没有引人注目的新特征出现，一度让其他的测试框架有机可乘，现在随着新版本的发行，JUnit 又出现了新的转机。如今，它提供了许多新的 API，而且现在还使用标注，所以使开发测试用例更为容易。

11.4　上 机 练 习

(1) 为第 8 章的 jstlinstance 实例添加测试用例。

(2) 创建一个登录验证的例子，并且运用 JUnit 对业务方法进行测试。

第 12 章

Ant 的应用

学前提示

“Ant”在英文中的意思为“蚂蚁”，它是“Another neat tool”的缩写，含义即“另一个整洁的工具”。它是一个基于 Java 的自动化脚本引擎，脚本格式为 XML。可以用它完成 Java 编译相关的任务。本章将从 Ant 概述、Ant 的下载与配置、Ant 管理项目等方面学习 Ant 的相关知识，并通过实例讲述 Ant 在 Java 项目中的应用，讲述编译、运行 Java 程序，以及打 JAR 包、War 包等知识。

知识要点

- Ant 的概述
- Ant 的下载与安装
- Ant 构建文件
- Ant 的使用示例
- 以 Ant 与 JUnit 结合进行单元测试

12.1 Ant 概 述

Ant 最初是 Tomcat 的一个内部组件，后来 Tomcat 项目归入 Apache 软件基金会后，Ant 的使用逐步广泛，它发展成为一个 Jakarta 子项目，赢得了无数的行业大奖，并成为用于生成开放源代码 Java 项目的事实标准。2002 年，Ant 被提升为 Apache 项目。

如果读者了解 Linux，应该对 make 有较深刻的印象。当编译 Linux 内核及一些软件的源程序时，经常需要在控制台下输入 make 命令。make 其实就是一个项目管理工具，而 Ant 所实现的功能与 make 差不多。

Ant 是基于 Java 编写的，因此具有很好的跨平台性。Ant 由一些内置任务(Task)和可选择的任务组成(当然还可以编写自己的任务)，使用 make 时，需要写一个 Makefile 文件，而用 Ant 时则需要写一个 build.xml 文件。由于采用 XML 的语法，所以 build.xml 文件很容易书写和维护，且结构很清晰，而不像 Makefile 文件有那么多的限制(例如在 Tab 符号前有一个空格的话，命令就不会执行)。Ant 的优点远不止这些，它还能很容易地集成到一些开发环境中，例如 Visual Age、JBuilder、NetBeans 等。

12.2 Ant 的下载与安装

Eclipse 和 MyEclipse 默认的情况下集成了 Ant 工具，但有时需要更新最新版本的 Ant，这时需要下载并安装 Ant 工具，本节将讲述 Ant 工具的安装、配置及运行。

12.2.1 下载 Ant 工具

Ant 工具目前的版本是 1.7，它支持 1.1 后的所有 JDK 版本。到 Ant 工具的下载主页 http://jakarta.apache.org/即可下载。下载页面的首页如图 12.1 所示。

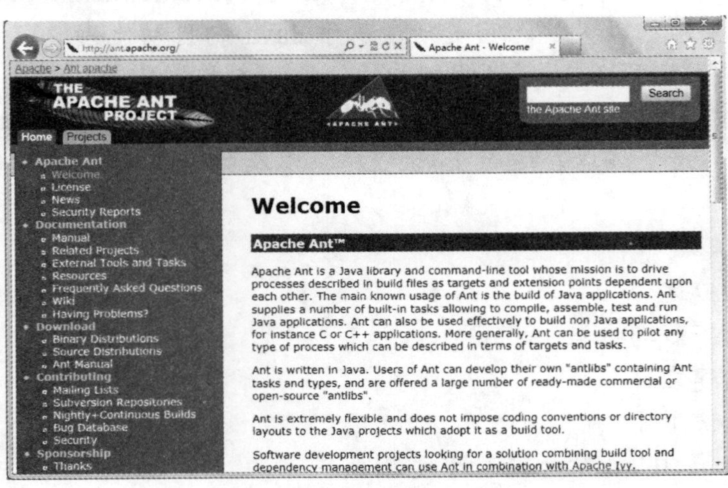

图 12.1　下载页面的首页

单击 download 链接，可以下载 ZIP 压缩包，如图 12.2 所示。

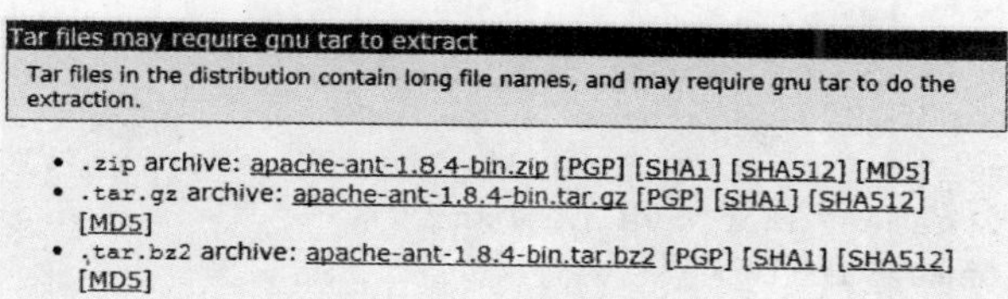

图 12.2 ZIP 压缩包的下载

将下载的 apache-ant-1.8.4-bin.zip 解压。对于 Windows 操作系统，建议解压到 C:\ant 目录中，Linux 操作系统复制至/usr/local/ant 目录中。

本书是基于 Windows 操作系统来讲解 Ant。

12.2.2 配置与运行 Ant

把 ant.jar 文件复制到所在工程，然后把它添加至类路径中，如图 12.3 所示。

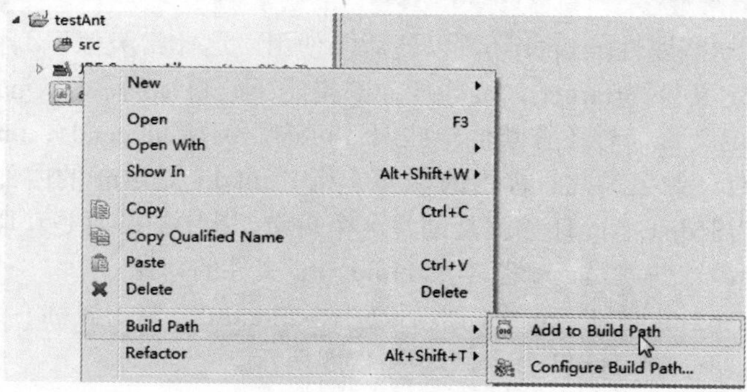

图 12.3 添加 ant.jar

打开 ant 目录，ant 目录中的结构如图 12.4 所示。

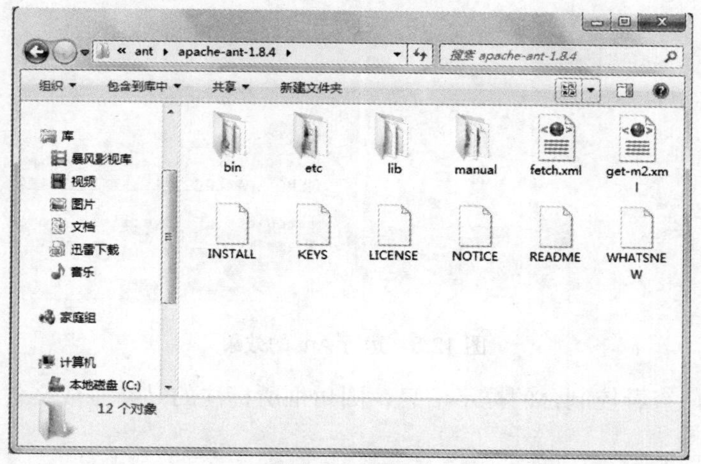

图 12.4 目录结构

在这个目录结构中，与传统的项目不同的是，用 build.xml 取代了 Makefile，build.xml 文件的代码清单如下：

```
1. <?xml version="1.0"?>
2. <project name="MyProject" default="init" basedir=".">
3.     <property name="dist" value="xmh" />
4.     <target name="init">
5.        <mkdir dir="${dist}" />
6.     </target>
7. </project>
```

为了方便说明，为每一行加了行号，第 1 行是 XML 文件的基本要素，第 2 行说明这是一个项目，第 7 行说明项目的结束 ，在第 2 行中，name="MyProject"说明此项目的名称，这个属性是可选项。basedir="."说明基本目录，此属性也是可选项。default="dist"说明项目的默认目标(target)是什么，这个属性是必选项。所谓目标，就是由一系列任务(task)组成的一个集合。每个任务(task)的书写方法如下：

```
<任务名 属性 1="属性 1 的值" 属性 2="属性 2 的值" ... />
```

第 3 行定义了一些属性(property)，以便后面使用，这非常类似于编程中定义的全局变量。从第 4 行开始定义目标(target)，name="init"指明了此目标的名称，name 属性在定义目标时必须有，当然定义目标时还有其他一些属性可选，例如 depends、unless，具体请参考 Ant 的文档。第 5 行开始定义此目标内的任务，其中 mkdir 是 Ant 的内部任务名，dir 是此任务的属性，其值为${dist}。此任务就是创建一个目录。其中${dist}是获取 dist 属性的值(就是在第 3 行定义的)。这些就是一个基本的 build.xml 文件的写法。

把上面的 builder.xml 放在 src 中，然后选中 build.xml，单击鼠标右键，从弹出的快捷菜单中选择 Run As → Ant Build 命令，如图 12.5 所示。

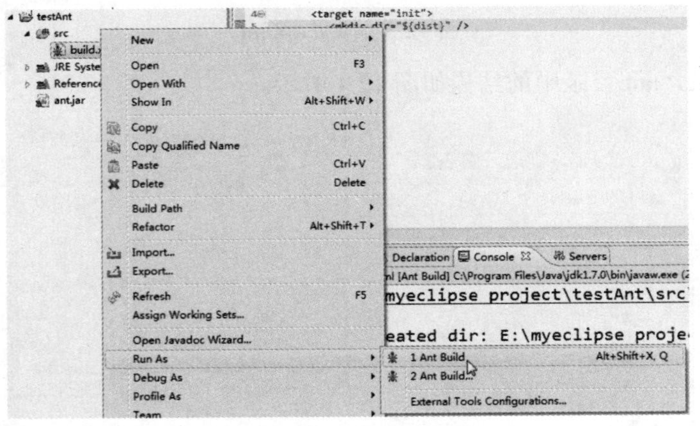

图 12.5 运行 Ant 的效果

打开控制台，查看控制台的提示信息，圆角框所标注的是新生成文件夹所在的位置，如图 12.6 所示。

以上是通过 MyEclipse 来调用 Ant 命令的，如果想在命令行执行 build.xml 命令，则需要设置环境变量。

- ANT_HOME：Ant 的安装目录。
- PATH：把%ANT_HOME%\bin 目录加到 path 变量，以便从命令行直接运行 Ant。

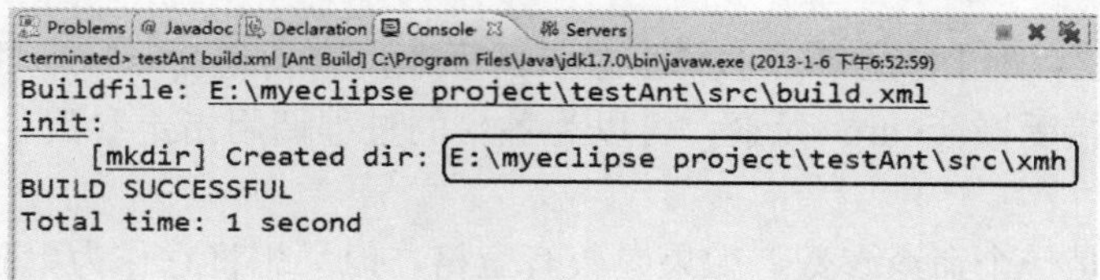

图 12.6　控制台的提示信息

例如，本例 Ant 装在 C:\ant，则在命令行下执行以下命令：

```
set ANT_HOME=c:\ant
set PATH=%PATH%;%ANT_HOME%\bin
```

在 Windows 命令提示符下工作时，每次都必须进行上面的设置，退出命令提示符后，这些变量的值又会恢复成原来的样子。为了避免这些麻烦，可以在“控制面板”→“系统”→“高级”→“环境变量”中设置。上述设置完成后，就可以使用 Ant 了。

进入到 build.xml 所在的目录，在命令行上输入 ant -buildfile build.xml，如图 12.7 所示。

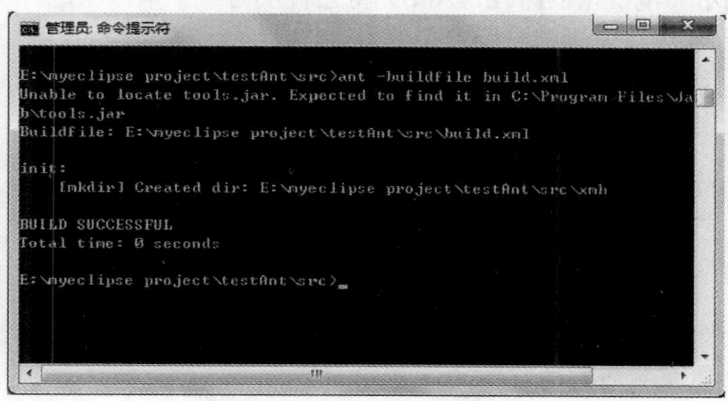

图 12.7　ant 命令行的运行结果

查看的当前目录下是否多了一个 xmh 目录。如果出错，则可能是没有把 Ant 配置好，参见前面介绍的安装及配置，重复相关操作即可。

12.3　Ant 构建文件

Ant 构建文件是由 XML 文件写成的，它由一些标签组成，下面分几个部分来介绍 Ant 构建的应用。

12.3.1　Ant 的数据类型

在构建文件中为了标识文件或文件组，经常需要使用数据类型。数据类型包含在

org.apache.tool.ant.types 包中。下面简单介绍构建文件中一些常用的数据类型。

1. argument 类型

由 Ant 构建文件调用的程序，可以通过<arg>元素向其传递命令行参数，如 apply、exec 和 java 任务均可接受嵌套<arg>元素，可以为各自的过程调用指定参数。以下是<arg>的所有属性。

- values：是一个命令参数。如果参数有空格，但又想将它作为单独一个值，则使用此属性。
- file：表示一个参数的文件名。在构建文件中，此文件名相对于当前的工作目录。
- line：表示用空格分隔的多个参数列表。
- path：表示路径。

2. environment 类型

由 Ant 构建文件调用的外部命令或程序，可以通过<env>元素指定哪些环境变量要传递给正在执行的系统命令，<env>元素可以接受以下属性。

- file：表示环境变量值的文件名。此文件名要被转换为一个绝对路径。
- path：表示环境变量的路径。Ant 会将它转换为一个本地约定。
- value：表示环境变量的一个直接变量。
- key：表示环境变量名。

注意

file path 或 value 只能取一个。

3. filelist 类型

filelist 是一个支持命名的文件列表的数据类型，包含在一个 filelist 类型中的文件不一定是存在的文件。以下是其所有的属性。

- dir：是用于计算绝对文件名的目录。
- files：是用逗号分隔的文件名列表。
- refid：是对某处定义的一个<filelist>的引用。

注意

dir 和 files 都是必要的，除非指定了 refid(这种情况下，dir 和 files 都不允许使用)。

4. fileset 类型

fileset 数据类型定义了一组文件，并通常表示为<fileset>元素。不过，许多 Ant 任务构建成了隐式的 fileset，这说明它们支持所有的 fileset 属性和嵌套元素。以下是 fileset 的属性列表。

- dir：表示 fileset 的基目录。
- casesensitive：用来设置限制文件名是否区分大小写，值如果为 false，那么匹配文件名时，fileset 不是区分大小写的，其默认值为 true。

- defaultexcludes：用来确定是否使用默认的排除模式，默认为 true。
- excludes：是用逗号分隔的需要排除的文件模式列表。
- excludesfile：表示每行包含一个排除模式的文件的文件名。
- includes：是用逗号分隔的，需要包含的文件模式列表。
- includesfile：表示每行包括一个包含模式的文件名。

5. patternset 类型

fileset 是对文件的分组，而 patternset 是对模式的分组，它们是紧密相关的概念。<patternset>支持 4 个属性——includes、excludes、includesfile 和 excludesfile，与 fileset 相同。patternset 还允许以下嵌套元素——include、exclude、includefile 和 excludesfile。

6. filterset 类型

filterset 定义了一组过滤器，这些过滤器将在文件移动或复制时完成文件的文本替换。主要属性如下。

- begintoken：表示嵌套过滤器所搜索的记号，这是标识其开始的字符串。
- endtoken：表示嵌套过滤器所搜索的记号，这是标识其结束的字符串。
- id：是过滤器的唯一标识符。
- refid：是对构建文件中某处定义一个过滤器的引用。

7. path 类型

path 元素用来表示一个类路径，不过它还可以用于表示其他的路径。路径中的各项用分号或冒号隔开。在构建的时候，此分隔符将代替当前平台中所有的路径分隔符，其拥有的属性如下。

- location：表示一个文件或目录。Ant 在内部将此扩展为一个绝对路径。
- refid：是对当前构建文件中某处定义的一个 path 的引用。
- path：表示一个文件或路径名列表。

8. mapper 类型

mapper 类型定义了一组输入文件和一组输出文件间的关系，其属性如下。

- classname：表示实现 mapper 类的类名。当内置 mapper 不满足要求时，用于创建定制 mapper。
- classpath：表示查找一个定制 mapper 时所用的类型路径。
- classpathref：是对某处定义的一个类路径的引用。
- from：属性的含义取决于所用的 mapper。
- to：属性的含义取决于所用的 mapper。
- type：属性的取值为 identity、flatten、glob、merge、regexp 其中之一，它定义了要使用的内置 mapper 的类型。

12.3.2　与文件操作相关的属性

Ant 与文件操作相关的属性主要有<mkdir>、<copy>、<delete>、<move>、<echo>、<javac>、<java>、<jar>、<war>，重点介绍如下。

1. <mkdir>标签

该标签用于创建一个目录，它有一个属性 dir，用来指定所创建的目录名：

```
...
<mkdir dir="${build}"/>
<mkdir dir="${build}/classes"/>
<mkdir dir="${doc}/>
...
```

2. <copy>标签

该标签用于文件或文件集的复制，其属性如下。

- file：表示源文件。
- tofile：表示目标文件。
- todir：表示目标目录。
- overwrite：表示指定是否覆盖目标文件，默认值是不覆盖。
- includeEmptyDirs：表示指定是否复制空目录，默认值为复制。
- failonerror：表示指定如目标没有发现是否自动停止，默认值是停止。

<copy>标签示例的代码如下：

```
<copy todir="${dist.webapps.dir}/WEB-INF/lib" overwrite="true"
 flatten="true">
   <fileset dir="${lib.dir}">
       <include name="*.jar" />
       <exclude name="j2ee.jar" />
   </fileset>
</copy>
```

todir 指定了需要复制的地点，overwrite 指定是否需要覆盖，flatten 指定是否忽略目的目录结构，如果 flatten 的值为 true，即指不管什么目录，直接复制文件到目的地，丢弃其所在结构。其中 fileset 元素所包含的区域表示的含义是——选定 lib.dir 变量所定义包下除了 j2ee.jar 以外的所有 JAR 文件。

其他复制样式如下所示。

单文件复制，代码如下：

```
<copy file="myfile.txt" tofile="../some/other/mycopy.txt"/>
```

文件复制到目录，代码如下：

```
<copy file="myfile.txt" todir="../some/other/dir"/>
```

目录对目录复制，代码如下：

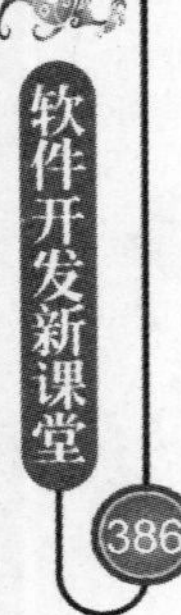

```
<copy todir="../new/dir">
   <fileset dir="src_dir"/>
</copy>
```

复制一批文件到指定目录，代码如下：

```
<copy todir="../dest/dir">
   <fileset dir="src_dir">
      <exclude name="**/*.java" />
   </fileset>
</copy>
```

复制一批文件到指定目录下，并将文件后缀名增加 bak 后缀，代码如下：

```
<copy todir="../backup/dir">
   <fileset dir="src_dir" />
   <mapper id="out" type="glob" from="*" to="*.bak" />
</copy>
```

复制一组文件到指定目录下，并且把所有文件中的@TITLE@替换成 Xmh Zah：

```
<copy todir="../backup/dir">
   <fileset dir="src_dir">
      <filter token="TITLE" value="Xmh Zah" />
   </fileset>
</copy>
```

3. <delete>标签

该标签用于删除一个文件或一组文件，其属性如下。

- file：表示要删除的文件。
- dir：表示要删除的目录。
- includeEmptyDirs：表示指定是否要删除空目录，默认值是删除。
- failonerror：表示指定当遇到错误时否停止，默认值是自动停止。

<delete>标签的示例代码如下：

```
<target name="clean">
   //删除指定目录及其子目录
   <delete dir="${dest.dir}" />
   //删除一个文件
   <delete file="${dest2.dir}" />
   //删除指定的一组文件
   <delete>
      <fileset dir="." includes="**/*.bak" />
   </delete>
   //删除指定目录及其子目录
   <delete includeemptydirs="true">
      <fileset dir="build" />
   </delete>
</target>
```

4. <move>标签

该标签用于移动或重命名一个(组)文件、目录，其属性如下。

- todir：表示目标目录。
- file：表示目标文件。

示例代码如下：

```
<target name="move">

    //移动并重命名一个文件
    <move file="file.org" tofile="file.moved" />

    //移动一个文件到另一个文件夹下面
    <move file="file.org" todir="dir/to/moveto/"/>

    //将一个目录移到另外一个目录下
    <move todir="dir/to/moveto"/>
        <fileset dir="src/dir" />
    </move>

    //将一组文件移动到另外的目录下
    <move todir="dir/to/dir"/>
        <include name="**/*.jar" />
        <exclude name="**/ant.jar" />
    </move>
    //移动文件过程中增加 bak 后缀
    <move todir="dir/to/dir"/>
        <fileset dir="my/src/dir" />
        <exclude name="**/*.bak" />
        </fileset>
        <mapper id="out" type="glob" from="*" to="*.bak" />
    </move>
</target>
```

5. <echo>标签

该标签的作用是根据日志或监控器的级别输出信息。它包括 message、file、append 和 level 四个属性，举例如下：

```
<echo message="Hello,Amigo" file="logs/system.log" append="true">
```

因为 MyEclipse 本身提供 JRE，所以这里要确认 JRE 是使用 Sun 提供的而非 MyEclipse 提供的，在 MyEclipse 中执行 Windows→Preferences 命令，在左边的树形目录中选择 Java→Installed JRES，选择正在使用的 JDK(选项前面打勾的)，如图 12.8 所示。

注意

应将正在使用的 JDK 设置为 Sun 的 JDK，否则有些 Ant 命令的运行得不到正确结果。

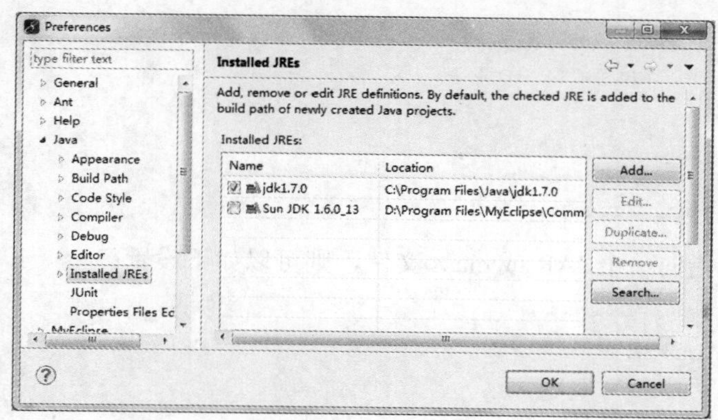

图 12.8　设置 MyEclipse 中的 JRE

12.3.3　与 Java 相关的属性

在 Ant 工具中，有一些与 Java 相关的标签，下面简要介绍这些标签的作用。

1. <javac >标签

该标签用于编译一个或一组 Java 文件，其属性如下。

- srcdir：表示源程序的目录。
- destdir：表示 class 文件的输出目录。
- include：表示被编译的文件的模式。
- excludes：表示被排除的文件的模式。
- classpath：表示所使用的类路径。
- debug：表示包含的调试信息。
- optimize：表示是否使用优化。
- verbose：表示提供详细的输出信息。
- fileonerror：表示当遇到错误就自动停止。

示例代码如下：

```
<javac srcdir="${src.dir}" destdir="${dist.classes.dir}" debug="true"
  encoding="GBK">
    <classpath refid="classpath" />
</javac>
```

srcdir 就是目标 source，是需要编译的源文件，destdir 就是目的地，编译出来的 class 的存放地。debug 参数是指明 source 是不是需要把 debug 信息编译进去，如果不加这个参数等于在命令行后面加上-g:none 这个参数。encoding 这个参数指明以何种编码方式编译 source 文件，对于有中文文字的代码来说，这项比较重要。

classpath 指明了需要应用的 JAR 包或者其他 class 文件的所在地，这也是非常重要的一个选项。使用方式如下所示：

```
<property name="lib.dir" value="${basedir}/lib" />
...
<path id="classpath">
```

```
    <fileset dir="${lib.dir}">
        <include name="*.jar"/>
    </fileset>
</path>
...
<classpath refid="classpath" />
```

如果 classpath 指向单个 JAR 或 class 文件，则可以如下设置：

```
<javac srcdir="${src}"
  destdir="${build}"
  classpath="xmh.jar"
  debug="on" />
```

2. <java>标签

该标签用来执行编译生成的.class 文件，其属性如下。

- classname：表示将执行的类名。
- jar：表示包含该类的 JAR 文件名。
- classpath：所表示用到的类路径。
- fork：表示在一个新的虚拟机中运行该类。
- failonerror：表示当出现错误时自动停止。
- output：表示输出文件。
- append：表示追加或者覆盖默认文件。

示例代码如下：

```
<java classname="hello.ant.HelloAnt">
    <classpath>
        <pathelement path="build\classes"/>
    </classpath>
</java>
```

java 命令在执行的时候需要指定.class 文件的路径，此时.class 的路径是在“build\classes”下，此时就指定路径元素 pathelement 的 path 属性值为“build\classes”，pathelement 就是“路径元素位置”的意思。

12.3.4 与打包相关的属性

在 Ant 工具中，有一些与打包相关的标签，下面简要介绍这些标签的作用。

1. <jar>标签

该标签用来生成一个 JAR 文件，其属性如下。

- destfile：表示要生成的 JAR 文件名。
- basedir：表示被归档的文件名。
- includes：表示需要归档的文件模式。
- excludes：表示被排除的文件模式。

例如：

```
<jar destfile="${dist}/lib/app.jar" basedir="${dist.classes.dir}" />
```

这就是把编译好的文件打成 JAR 包的 Ant 脚本，和前面的 javac 一样，可以放在任意位置。很明显 destfile 的值是要生成的 JAR 文件，basedir 是目标 class 文件，其他的复杂参数手册上都有，可以对照参考。例如：

```
<jar destfile="${dist}/lib/app.jar">
   <fileset dir="${build}/classes" excludes="**/Test.class" />
   <fileset dir="${src}/resources" />
</jar>
```

上面这段脚本也很容易理解，就是除了 Test.class 文件以外，把一个 source 的 resource 目录，连同编译后的 class 脚本一起打进 app.jar 包内。

2. <war>标签

为 Web 应用程序打包，destfile 指定打包后生成的文件名，webxml 指定所用的 web.xml 文件。<fileset dir="${basedir}" />将 basedir 目录下所有的文件也放在包中。

该标签用来生成一个 WAR 文件，其属性如下。

- warfile：表示要生成目标文件。
- webxml：指定所用的 web.xml 文件。
- encoding：指定打包采用的字符集。

示例代码如下所示：

```
<war warfile="${dist}/hello.war" webxml="${meta}/web.xml"
  encoding="GBK" >
   <fileset dir="./HTML" />
   <fileset dir="./JSP" />
   <fileset dir="${lib}" includes="helloapplet.jar" />
   <classes dir="${build}" />
   <lib dir="${lib}">
      <exclude name="greet-ejbs.jar" />
      <exclude name="helloapplet.jar" />
   </lib>
</war>
```

因为本书定位于 Web 应用开发，经常用到的标签有 delete、mkdir、copy、jar、target、project 等。还有很多标签的用法，这里就不再一一列举了，有兴趣的读者可参考 Ant 官方手册。

12.4　Ant 的使用示例

前面已经学习了 Ant 的配置，了解了 Ant 标签的相关用法，下面举例说明 Ant 标签的具体用法。

12.4.1 编译 Java 程序

Ant 可以代替使用 javac、java 命令来执行 Java 操作，从而达到轻松构建工程的目的。Ant 的 javac 任务用于实现编译 Java 程序的功能。下面通过一个示例来学习 javac 的使用。

(1) 首先建立名为 antstudy 的 Java 工程，建立 src 目录为源代码目录，在 src 目录下建立 HelloWorld.java 这个类文件。该类文件的内容如下：

```
public class HelloWorld {
    public static void main(String[] args) {
        System.out.println("Hello,Amigo");
    }
}
```

(2) 在 antstudy 工程的根目录下建立 build.xml 文件，在该文件中编译 src 目录下的 Java 文件，并将编译后的 class 文件放入 build/classes 目录中，在编译前，需清除 classes 目录。该文件的内容如下：

```
<?xml version="1.0"?>
<project name="javacTest" default="compile" basedir=".">
    <target name="clean">
        <delete dir="build"/>
    </target>
    <target name="compile" depends="clean">
        <mkdir dir="build/classes"/>
        <javac srcdir="src" destdir="build/classes" />
    </target>
</project>
```

(3) 在 build.xml 文件上单击鼠标右键，执行 Run as → Ant Build 命令，工程中将新增 build/classes 目录，并在该目录中生成了编译后的 HelloWorld.class 文件。

(4) 修改 build.xml，添加 java 任务，可以实现在 Ant 中使用 java 任务运行 Java 程序。修改后的 build.xml 文件的内容如下：

```
<?xml version="1.0"?>
<project name="javaTest" default="run" basedir=".">
    <target name="clean">
        <delete dir="build"/>
    </target>
    <target name="compile" depends="clean">
        <mkdir dir="build/classes"/>
        <javac srcdir="src" destdir="build/classes"/>
    </target>
    <target name="run" depends="compile">
        <java classname="HelloWorld">
            <classpath>
                <pathelement path="build/classes"/>
            </classpath>
        </java>
    </target>
```

```
</project>
```

(5) 运行该 build.xml 文件，将在控制台看到 HelloWorld 对象 main 方法的执行结果，如图 12.9 所示。

```
Problems  @ Javadoc  Declaration  Console  Servers
<terminated> antstudy build.xml [Ant Build] C:\Program Files\Java\jdk1.7.0\bin\javaw.exe (2013-1-6 下午7:11:05)
Buildfile: E:\Teaching Data\电子文档java\JSP基础与案例开发详解3改\code\第12章\antstudy\build
clean:
   [delete] Deleting directory E:\Teaching Data\电子文档java\JSP基础与案例开发详解3改\code\
compile:
    [mkdir] Created dir: E:\Teaching Data\电子文档java\JSP基础与案例开发详解3改\code\第12章\
    [javac] E:\Teaching Data\电子文档java\JSP基础与案例开发详解3改\code\第12章\antstudy\buil
    [javac] Compiling 1 source file to E:\Teaching Data\电子文档java\JSP基础与案例开发详解
run:
     [java] Hello,xmh
BUILD SUCCESSFUL
Total time: 1 second
```

图 12.9　使用 java 任务执行的结果

12.4.2　制作 JAR 文件

Ant 可以代替使用 JAR 完成部署打包 Java 类的目的。修改 build.xml 文件，添加 JAR 任务。JAR 任务的代码清单如下所示：

```
<targetname="jar" depends="run">
   <jardestfile="helloworld.jar"basedir="build/classes">
      <manifest>
         <attributename="Main-class"value="HelloWorld"/>
      </manifest>
   </jar>
</target>
```

此时将 Ant 的 project 的 default 属性设置为 JAR，即：

```
<project name="javaTest" default="jar" basedir=".">
```

然后运行该 build.xml 文件，运行完毕后，可看到在工程目录下生成了一个 JAR 包——“HelloWorld.jar”，效果如图 12.10 所示。

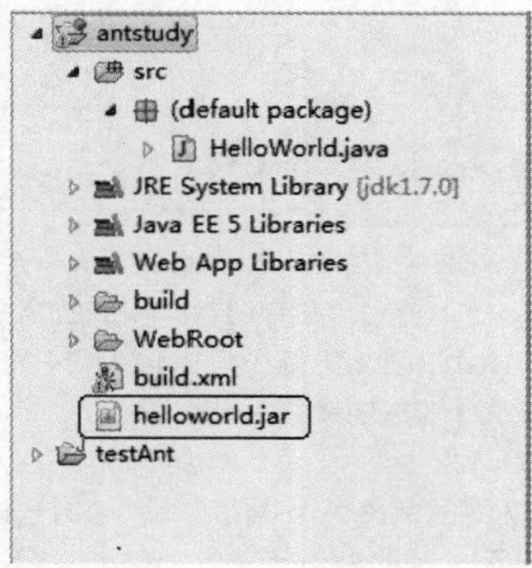

图 12.10　使用 JAR 任务执行的结果

12.4.3 制作 War 文件

对于 Web 项目，打成 War 包有利于项目的远程发布，使用 Ant 的 War 任务，可以轻松地完成制作 War 的任务。下面通过一个示例来演示 War 文件的制作过程。

(1) 修改 antstudy 工程中的 index.jsp，代码清单如下：

```
<%@ page import="java.util.*" pageEncoding="utf-8"%>
<!DOCTYPE HTML PUBLIC "-//W3C//DTD HTML 4.01 Transitional//EN">
<html>
    <head>
        <title>ant's demo</title>
    </head>
    <body>
        <h3>
            This is a demo of ant
        </h3>
    </body>
</html>
```

此页面的功能比较简单，在页面上将输出一行文字信息“This is a demo of ant”。

(2) 修改 build.xml 文件，添加 War 任务。修改后的 build.xml 代码清单如下所示：

```
<?xml version="1.0"?>
<project name="antwebproject" default="war" basedir=".">
    <property name="classes" value="build/classes"/>
    <property name="build" value="build"/>
    <property name="lib" value="WebRoot/WEB-INF/lib"/>

    <!-- 删除 build 路径-->
    <target name="clean">
        <delete dir="build"/>
    </target>

    <!-- 建立 build/classes 路径，并编译 class 文件到 build/classes 路径下-->
    <target name="compile" depends="clean">
        <mkdir dir="${classes}"/>
        <javac srcdir="src" destdir="${classes}"/>
    </target>

    <!-- 打 War 包-->
    <target name="war" depends="compile">
        <war destfile="${build}/antstudy.war"
          webxml="WebRoot/WEB-INF/web.xml">
            <!-- 复制 WebRoot 下除了 WEB-INF 和 META-INF 的两个文件夹-->
            <fileset dir="WebRoot" includes="**/*.jsp"/>
            <!-- 复制 lib 目录下的 JAR 包-->
            <lib dir="${lib}"/>
            <!-- 复制 build/classes 下的 class 文件-->
            <classes dir="${classes}"/>
        </war>
    </target>
</project>
```

代码中所提及的 target 已经进行了详细备注，具体不再一一赘述。

(3)　运行该 build 文件，更新目录后，可看到在 build 目录下生成了 antstudy.war 文件，解压后可看到其目录结构如下：

```
--META-INF
    --MANIFEST.MF
--index.jsp
--WEB-INF
    --lib
        --log4j-1.2.9.jar
    --classes
    --web.xml
```

读者可以将该 antstudy.war 文件复制到 Tomcat\webapps 目录中，启动 Tomcat，输入“http://localhost:8080/antstudy/”，访问页面如图 12.11 所示。

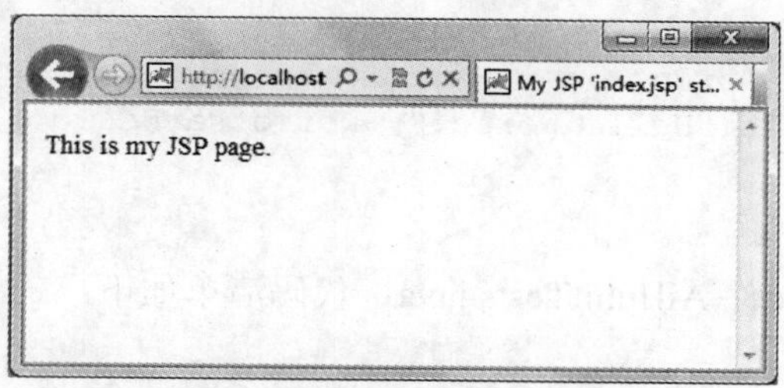

图 12.11　运行 War 文件的页面效果

12.5　以 Ant 与 JUnit 结合进行单元测试

Ant 可以进行自动化构建，而 JUnit 可以进行自动化测试，Ant 可以与 JUnit 结合，使得自动化的构建与测试变得可行。

如果要让 Ant 能支持 JUnit，建议直接将 JUnit 的 junit.jar 放置在 Ant 的 lib 目录中，并需要改变 Classpath 中有关 junit.jar 的设定。

例如将 Classpath 重新指向%ANT_HOME%\lib\junit.jar，这里已经设置 ANT_HOME 的环境变量。如果读者没有设置，可参看前面的内容。

这里通过一个示例来学习 Ant 如何调用 junit 标签进行 JUnit 测试。具体步骤如下。

(1)　新建 HelloWorld.java 文件，代码清单如下：

```
package org.xmh;

public class HelloWorld {
    public String sayHello() {
        return "Hello World!";
    }

    public static void main(String[] args) {
        HelloWorld world = new HelloWorld();
        System.out.println(world.sayHello());
```

```
    }
}
```

(2) 编写测试文件“HelloWorldTest.java”，代码清单如下：

```
package test;

import junit.framework.TestCase;

import org.xmh.HelloWorld;

public class HelloWorldTest extends TestCase {

    public HelloWorldTest(String name) {
        super(name);
    }

    public void testSayHello() {
        HelloWorld world = new HelloWorld();
        assertEquals("Hello World!", world.sayHello());
    }
}
```

(3) 编写测试套件文件 AllJunitTests.java，代码清单如下：

```
package test;

import junit.framework.Test;
import junit.framework.TestCase;
import junit.framework.TestSuite;
public class AllJunitTests extends TestCase {
    public AllJunitTests(String name) {
        super(name);
    }

    public static Test suite(){
        TestSuite  suite = new TestSuite("test");
        suite.addTestSuite(HelloWorldTest.class);
        return suite;
    }
}
```

(4) 编写 build.xml，代码清单如下：

```
<?xml version="1.0" encoding="UTF-8" ?>
//定义项目名称及位置
<project name="anita" default="" basedir=".">
    //首先声明一些变量，便于使用
    <property name="app.name" value="sayhello" />
    <property name="build.dir" value="build/classes" />
    //定义目标：依赖库检测
    <target name="JUNIT">
        <available property="junit.present"
          classname="junit.framework.TestCase" />
    </target>
```

```
    //定义目标：编译；在此目标中将建立发布目录、编译目标 Java 源文件并且指定 class 路径
    <target name="compile" depends="JUNIT">
        <mkdir dir="${build.dir}" />
        <javac srcdir="src/" destdir="${build.dir}">
            <include name="**/*.java" />
        </javac>
    </target>

    <target name="jar" depends="compile">
        <mkdir dir="build/lib" />
        <jar jarfile="build/lib/${app.name}.jar" basedir="${build.dir}"
          includes="org/xmh/**" />
    </target>

    <target name="compiletests" depends="jar">
        <mkdir dir="build/testcases" />
        <javac srcdir="src/test" destdir="build/testcases">
            <classpath>
                <pathelement location="build/lib/${app.name}.jar" />
                <pathelement path="" />
            </classpath>
            <include name="**/*.java" />
        </javac>
    </target>

    <target name="runtests" depends="compiletests" if="junit.present">
        <java fork="yes" classname="junit.textui.TestRunner"
          taskname="junit" failonerror="true">
            <arg value="test.AllJunitTests" />
            <classpath>
                <pathelement location="build/lib/${app.name}.jar" />
                <pathelement location="build/testcases" />
                <pathelement path="" />
                <pathelement path="${java.class.path}" />
            </classpath>
        </java>
    </target>
</project>
```

提示

Available 标签用来判断一个资源是否可用，其结果保存在 property 中，一般可用于根据条件执行某个 target。这里的资源包括单个类，或单个文件，或资源包下的某单个文件。其格式如下。

判断某个类是否存在：

<available property ="resource.exists" classname="package1.test1"
classpath ="dist/project1.jar" />

判断某个文件是否存在：

<available property ="resource.exists1" file = "src/test.txt" type= "file" />

判断某个资源是否存在：

```
<available property="resource.exists2" resource="package1/test2.class"
  classpath="dist/project1.jar" />
```

runtests 任务中的 depends 是定义目标，运行此目标依赖于编译目标在此目标中将运行的测试用例。

运行在窗口中进行还是在控制台进行取决于所用的 classname，“junit.textui.TestRunner”表示在控制台进行，如果改为“junit.ui.TestRunner”，则可以在窗口中运行，Ant 的 javac 任务的默认行为是调用运行 Ant 本身的 JVM 的标准编译器。然而，有时用户可能想要单独地调用编译器，例如当用户希望指定编译器的某些内存选项，或者需要使用一种不同级别的编译器的时候。为实现这个目的，只需将 javac 的 fork 属性设置为 true，例如<javac srcdir="src" fork="true" />即可。

文档结构如图 12.12 所示。

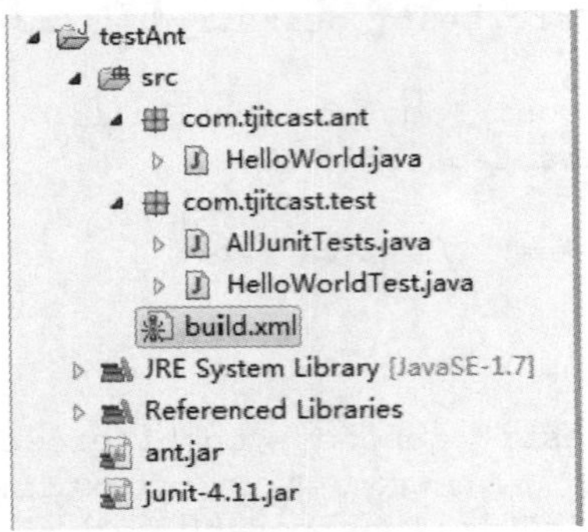

图 12.12　Ant 使用 JUnit 任务的文档结构

在 DOS 窗口下运行 ant 命令，控制台输出的内容如图 12.13 所示。

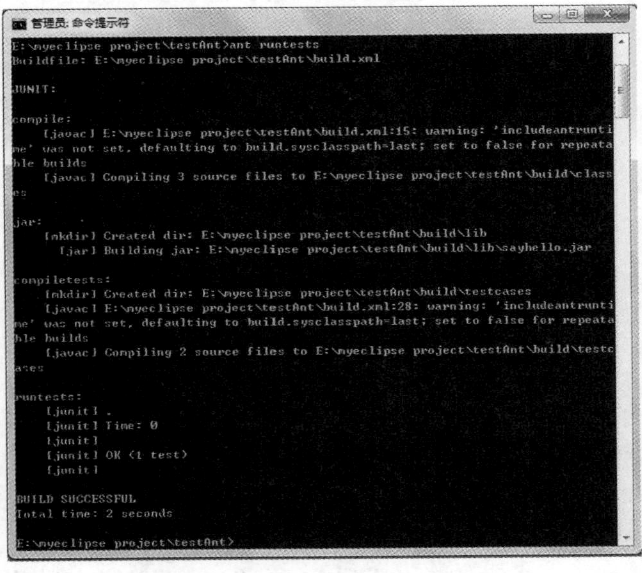

图 12.13　控制台输出的内容

下面把 HelloWorld.java 文件中的 return “Hello World!”修改成 return “Hello!!”，运行 ant runtests，会看到如图 12.14 所示的结果。

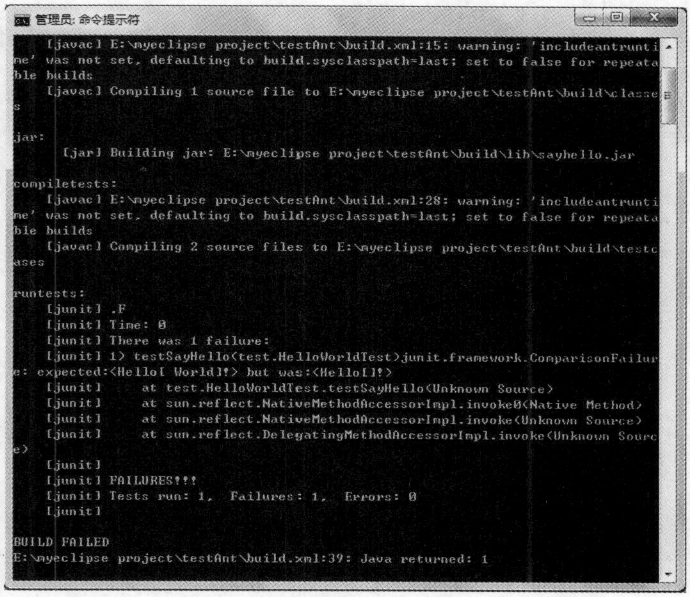

```
管理员: 命令提示符
    [javac] E:\myeclipse project\testAnt\build.xml:15: warning: 'includeantrunti
me' was not set, defaulting to build.sysclasspath=last; set to false for repeata
ble builds
    [javac] Compiling 1 source file to E:\myeclipse project\testAnt\build\classe
s

jar:
      [jar] Building jar: E:\myeclipse project\testAnt\build\lib\sayhello.jar

compiletests:
    [javac] E:\myeclipse project\testAnt\build.xml:28: warning: 'includeantrunti
me' was not set, defaulting to build.sysclasspath=last; set to false for repeata
ble builds
    [javac] Compiling 2 source files to E:\myeclipse project\testAnt\build\testc
ases

runtests:
    [junit] .F
    [junit] Time: 0
    [junit] There was 1 failure:
    [junit] 1) testSayHello(test.HelloWorldTest)junit.framework.ComparisonFailur
e: expected:<Hello[ World]!> but was:<Hello[]!>
    [junit]     at test.HelloWorldTest.testSayHello(Unknown Source)
    [junit]     at sun.reflect.NativeMethodAccessorImpl.invoke0(Native Method)
    [junit]     at sun.reflect.NativeMethodAccessorImpl.invoke(Unknown Source)
    [junit]     at sun.reflect.DelegatingMethodAccessorImpl.invoke(Unknown Sourc
e)
    [junit]
    [junit] FAILURES!!!
    [junit] Tests run: 1,  Failures: 1,  Errors: 0
    [junit]

BUILD FAILED
E:\myeclipse project\testAnt\build.xml:39: Java returned: 1
```

图 12.14　修改代码后的运行情况

将测试信息输出到控制台不利于客户查看，所以可修改 build.xml，让容器自动生成测试报告：

```
<?xml version="1.0"?>

<project name="autoBuildTest" default="report">
   <target name="setProperties">
      <property name="src.dir" value="src"/>
      <property name="classes.dir" value="classes"/>
      <property name="report.dir" value="report"/>
   </target>
   <target name="prepareDir" depends="setProperties">
      <delete dir="${report.dir}"/>
      <delete dir="${classes.dir}"/>
      <mkdir dir="${report.dir}"/>
      <mkdir dir="${classes.dir}"/>
   </target>
   <target name="compile" depends="prepareDir">
      <javac srcdir="${src.dir}" destdir="${classes.dir}"/>
   </target>
   <target name="test" depends="compile">
      <junit printsummary="yes">
         <formatter type="xml"/>
         <test name="test.AllJunitTests"/>
         <classpath>
            <pathelement location="${classes.dir}"/>
```

软件开发新课堂

```
            </classpath>
        </junit>
    </target>
    <target name="report" depends="test">
        <junitreport todir="${report.dir}">
            <fileset dir="${report.dir}">
            //设定搜寻 TEST-*.xml 文件，将其转换为 HTML 文件，而最后的结果被设定保存
            //至 report/html/目录下
                <include name="TEST-*.xml"/>
            </fileset>
            //format 属性中设定了 HTML 文件具有边框(Frame)，如果不设定这个属性，
            //则 HTML 报告文件就不具有边框
            <report format="frames" todir="${report.dir}/html"/>
        </junitreport>
    </target>
</project>
```

执行 Run as → Ant Build 命令，将会生成 HTML 测试结果报告文件的首页面，效果如图 12.15 所示。

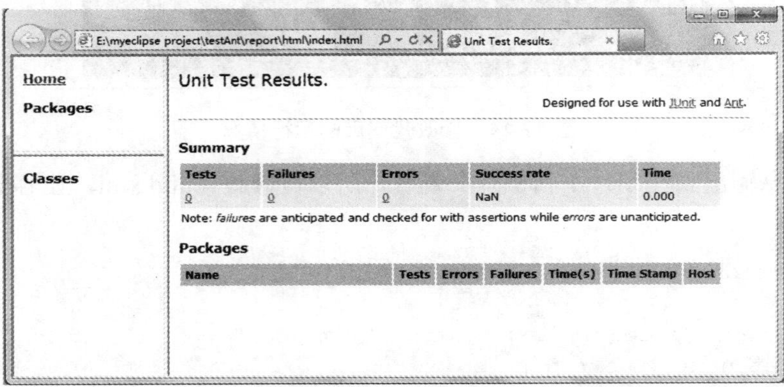

图 12.15　测试报告

12.6　上 机 练 习

(1)　用 Ant 来编译第 8 章 jstlinstance 实例中的 Java 文件，并将所有的 Java 文件打成 JAR 包，运行程序，测试是否成功。

(2)　用 Ant 来将第 8 章的 jstlinstance 实例封装成 War 包。运行程序，测试是否成功。

(3)　为第 8 章的 jstlinstance 实例编写 JUnit 测试代码，用 Ant 生成测试报告。

第13章

SVN的应用

学前提示

项目开发靠的是一个团队的能力，很少有大中型项目是由单兵作战完成的。对于团队开发来讲——能控制每个人的分工和权限，可以让多个人同时编辑同一份源代码，并由程序来提醒两次修改中存在的冲突，可以查看某一处改动是谁做的——类似这样的需求就显得尤为重要。这也正是学习SVN的缘由。它可以很好地解决上述问题，本章对于程序员是比较重要的，它可以提升管理项目开发的能力。

知识要点

- SVN概述
- SVN下载与配置
- SVN使用示例

13.1 SVN 概 述

当前的程序开发大多是由团队合作完成的。即使是一个小型项目，也需要对源代码的更改进行严格控制，这正是源代码版本管理软件的任务。

源代码版本管理软件必须支持两个核心功能：

- 提供一种方法，能够协调团队开发者对源代码进行更改，并能够有效地控制这些更改。
- 保存和管理团队所提交工作的历史记录。

团队成员能够提交最新的修改记录，并将这些更改提交到资源库让其他成员共享。同样，也可以从资源库获取最新的文件来更新本地工作空间。并且可以回到任何曾经保存过的历史版本。

当客户对软件质量要求越来越高时，版本控制在软件开发中也就成为不可缺少的一部分。SVN 是一个著名的版本控制工具，无论是对个别程序员还是一个开发团队来说，SVN 都是非常有用的版本控制工具，而且它是免费的，所以很有必要专门设立一章来学习 SVN。SVN 的英文全称是 Subversion(版本控制系统)。它主要用于记录源文件的历史。SVN 是使用“客户端/服务器”(Client/Server)模式来工作的，这也是优秀版本控制系统的发展趋势。

因为 SVN 采用客户端/服务器体系，所以代码、文档的各种版本都存储在服务器端，开发者首先从服务器上获得相关文件到本地计算机，然后在此基础上进行开发。开发者可随时将新代码提交给服务器，当然也可以通过更新操作获得最新的代码，从而与其他开发者保持一致。

将以上内容系统地归纳起来，可以清晰了解 SVN 的基本工作思路——在一台服务器上建立一个仓库，仓库里可以存放许多不同项目的源程序。由仓库管理员统一管理这些源程序。这样，就好像只有一个人在修改文件一样，避免了冲突。每个用户在使用仓库之前，首先要把仓库里的项目文件下载到本地。用户做的任何修改首先都是在本地进行，然后用 SVN 命令进行提交，由 SVN 仓库管理员统一修改，这样就可以做到跟踪文件变化，进行冲突控制等。

在学习 SVN 的时候，需要了解一些常用术语。

- Repository(版本仓库)：版本仓库用来存储所有的数据，版本库按照文件树形式存储数据包括文件和目录，任意数量的客户端可以连接到版本库，读写这些文件。当一个客户端从版本库读取数据时，通常只会看到最新的版本，但是客户端也可以看以前的任何版本。
- Revision(修订版)：每一个文件的各个 Revision 都不相同，形如 1.1、1.2.1 等，一般 1.1 是该文件的第一个 Revision，后面的一个将自动增加最右面的一个整数，例如 1.2、1.3、1.4 等。Revision 总是偶数个数字。一般情况下将 Revision 看作是 SVN 自己内部的一个编号，而 Tag 则可以标志用户的特定信息。
- Tag(标签)：用符号化的表示方法标志文件特定 Revision 的信息。通常不需要对某一个孤立的文件做 Tag，而是对所有文件同时做一个 Tag，以后用户可以仅向特定 Tag 的文件提交或者检出。另外一个作用是在发布软件的时候表示哪些文件及其哪

个版本是可用的；各文件的不同 Revision 可以包括在一个 Tag 中。如果命名一个已存在的 Tag，默认将不会覆盖原来的。

- Branch(分支)：当用户修改一个 Branch 时，不会对另外的 Branch 产生任何影响。可以在适当的时候通过合并的方法将两个版本合起来；Branch 总是在当前 Revision 后面加上一个偶数整数(从 2 开始，到 0 结束)，所以 Branch 总是奇数个数字，例如 1.2 后面 Branch 为 1.2.2，该分支下的 Revision 可能为 1.2.2.1、1.2.2.2 等。
- Module(模块)：SVN 服务器根目录下的第一级子目录。通常用于存放一个项目的所有文件。
- Check out(检出)：通常指将仓库中的一整个模块首次导出到本地。
- Check in(导入)：通常指提交整个目录结构并创建一个新的模块。
- Release(发行版本)：整个产品的版本。
- Update(更新)：从模块中下载其他人修改过的文件，更新本地的拷贝。
- Commit(提交)：将自己修改过的文件提交到模块中。

13.2　SVN 的下载与配置

在前面谈到了 SVN 是基于“客户端/服务器”(Client/Server)模式，所以首先要有一台 SVN 服务器，当然这台电脑也可以同时作为客户端来使用。本小节将从服务器和客户端两个层面来讲解 SVN 的相关内容。

13.2.1　SVN 服务器端/客户端下载

在学习使用 SVN 之前，需要先获取 SVN 服务器端的安装文件。现在 Subversion 已经迁移到 Apache 网站上了，下载地址为 http://subversion.apache.org/packages.html。在 IE 浏览器输入该地址，我们选择 Windows 版本，如图 13.1 所示。

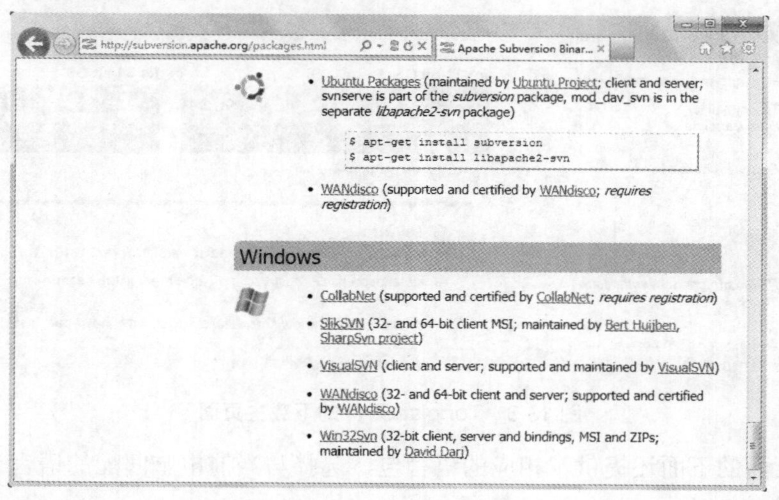

图 13.1　SVN 的选择页面

本书将以 Visual SVN 2.5.6 版作为服务器端，所以读者应点击 VisualSVN 进入下载页面，下载 VisualSVN Server，如图 13.2 所示。

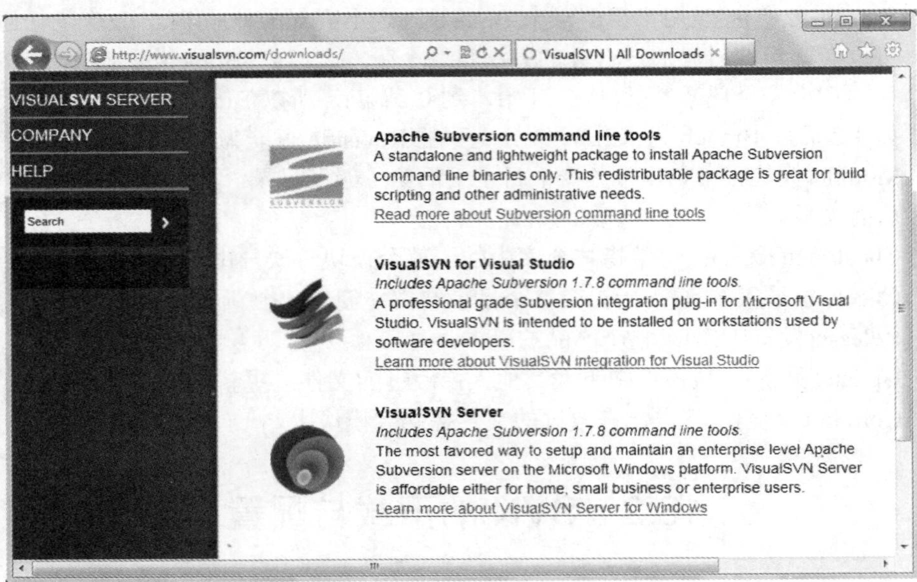

图 13.2　SVN 的下载页面

TortoiseSVN 是 Subversion 版本控制系统的一个免费开源客户端，可以到官网下载最新版本 http://tortoisesvn.net/downloads.html，如图 13.3 所示。

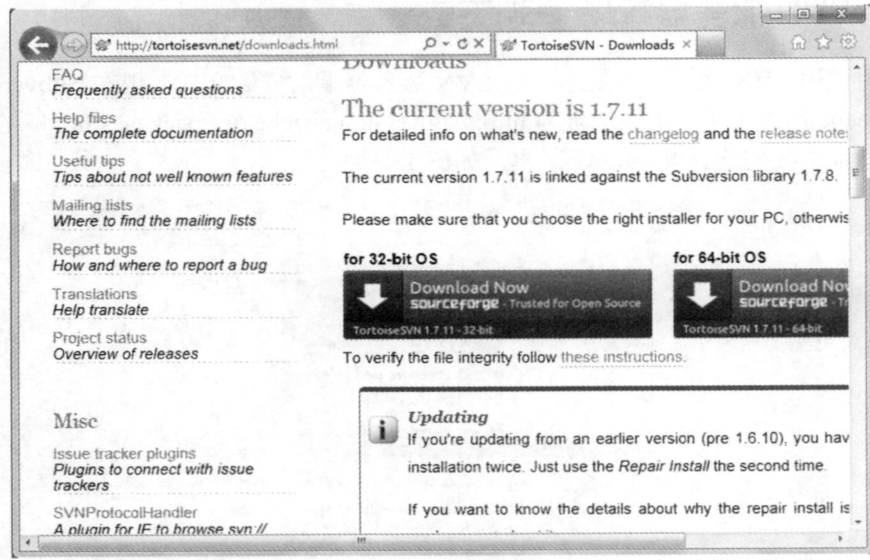

图 13.3　TortoiseSVN 的下载主页面

在下载页面的下面还提供了相应的语言包，选择与当前电脑匹配的语言包，使用起来更方便，如图 13.4 所示。

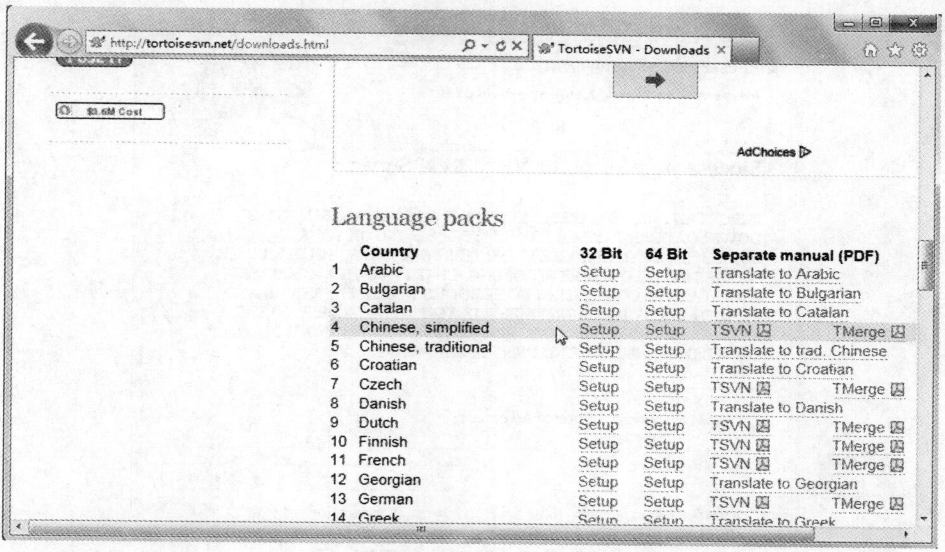

图 13.4　TortoiseSVN 下载主页面中的语言包

至此，所需要的安装文件已经准备完毕。

13.2.2　服务器端 SVN 的安装

VisualSVN 服务器端配置的具体步骤如下。

(1)　双击下载的 VisualSVN 安装包，弹出欢迎安装界面，如图 13.5 所示。

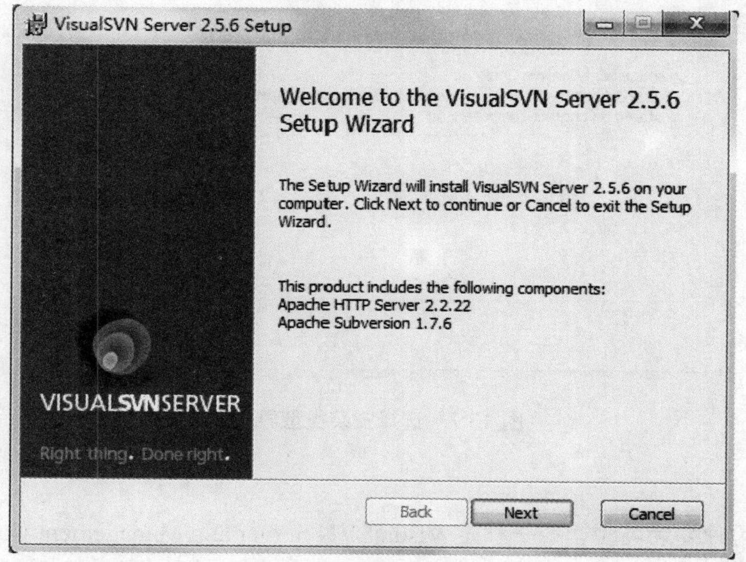

图 13.5　欢迎安装界面

(2)　单击 Next 按钮，直接进入下一步，如图 13.6 所示。

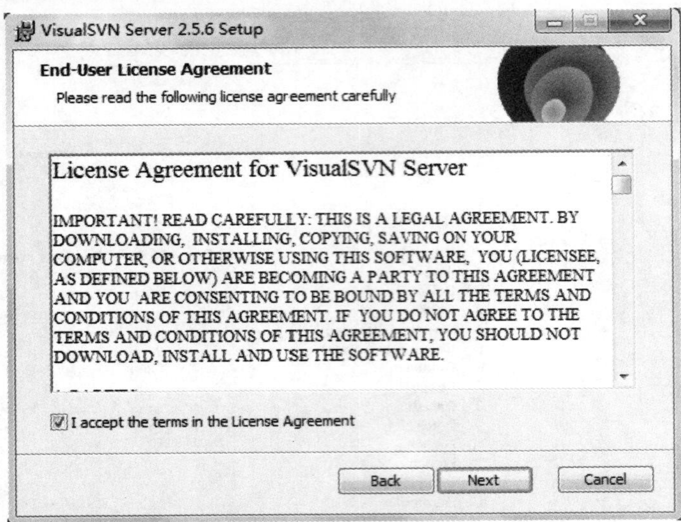

图 13.6　使用协议界面

(3) 选择同意，单击 Next 按钮进入下一步，如图 13.7 所示。

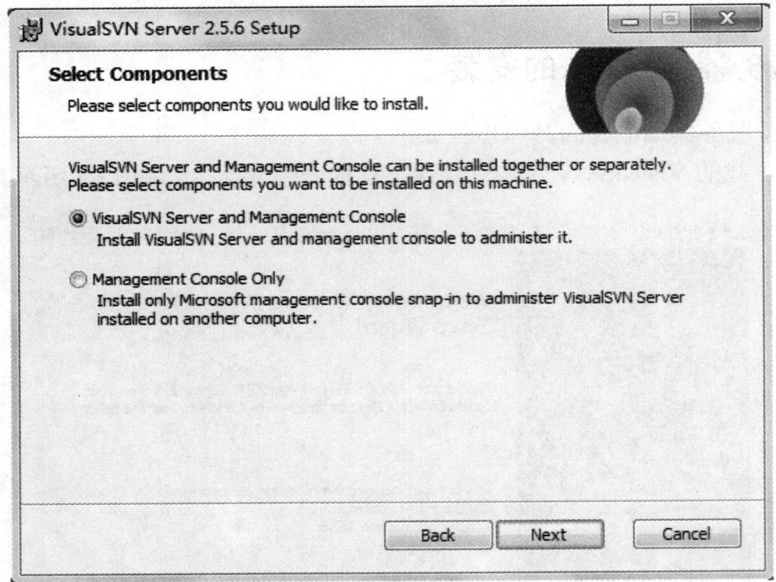

图 13.7　选择安装类型界面

提示

服务端有两种安装类型，第一种是 VisualSVN Server and Management Console，表示安装服务器端和管理面板；第二种是 Management Console Only，表示仅安装管理面板。

(4) 选择 VisualSVN Server and Management Console 单选按钮，单击 Next 按钮进入下一步，如图 13.8 所示。

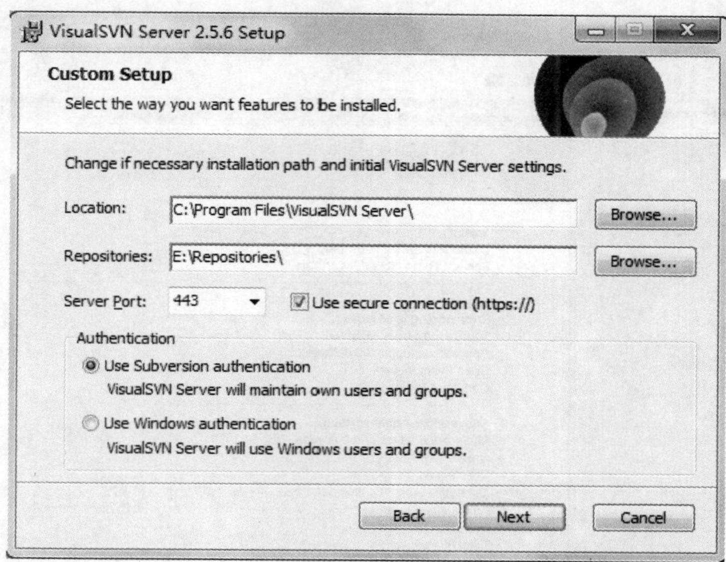

图 13.8　设置安装路径和服务器端参数设置界面

(5)　Location 是指 VisualSVN Server 的安装目录，Repositories 是指定你的版本库目录，Server Port 用来指定一个端口号，Use secure connection 选中表示使用安全连接，Use Subversion authentication 表示使用 Subversion 自己的用户认证。单击 Next 按钮进入下一步，如图 13.9 所示。

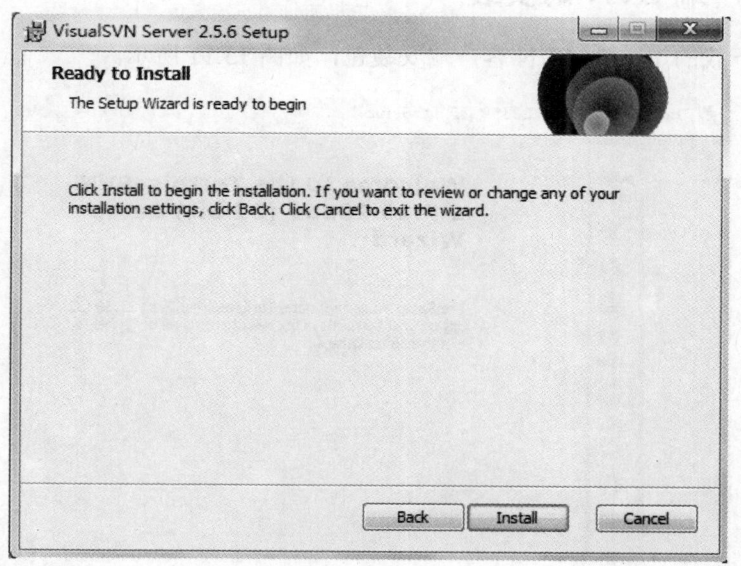

图 13.9　开始安装界面

(6)　单击 Install 按钮开始安装，等待安装完毕。然后启动 VisualSVN Server Manager，如图 13.10 所示。

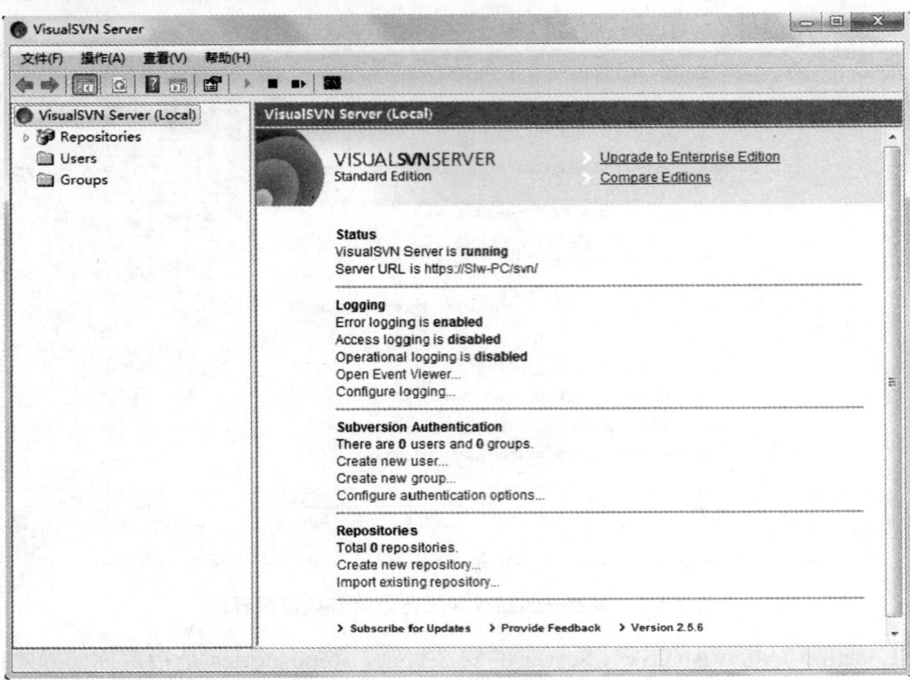

图 13.10　启动后的程序主界面

13.2.3　客户端 SVN 的安装

(1)　双击下载的 TortoiseSVN 客户端安装包，如图 13.11 所示。

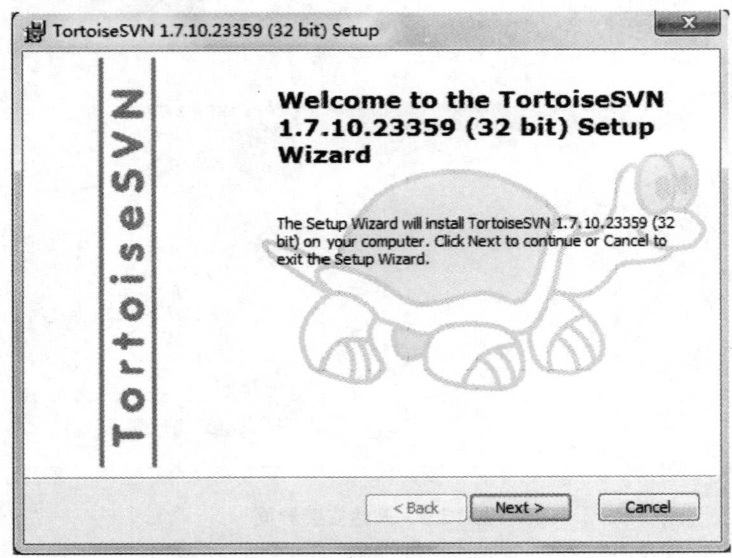

图 13.11　欢迎安装界面

(2)　单击 Next 按钮，进入下一步，界面如图 13.12 所示。

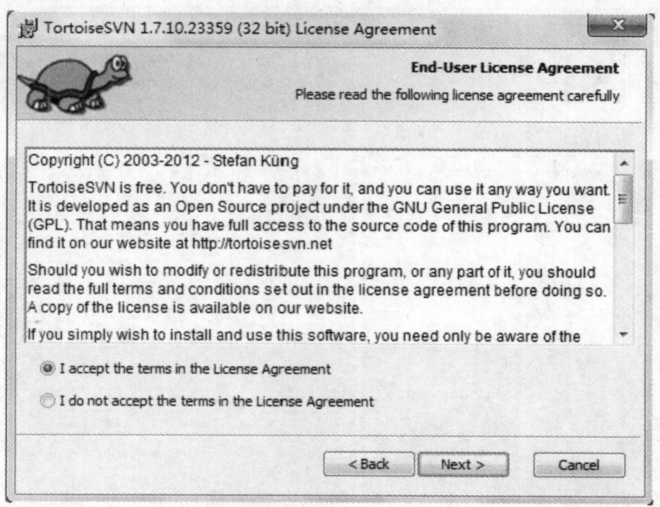

图 13.12　终端用户许可协议界面

(3) 选择同意，单击 Next 按钮，进入下一步，界面如图 13.13 所示。

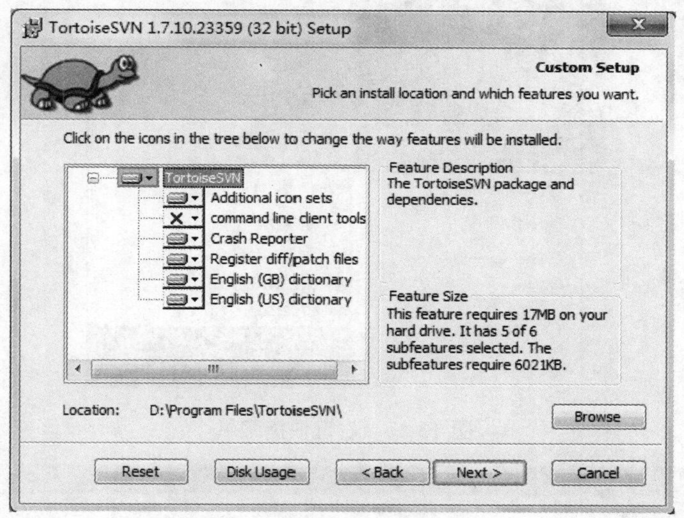

图 13.13　安装路径设置界面

(4) 选择安装路径，单击 Next 按钮进入下一步，界面如图 13.14 所示。

(5) 单击 Install 按钮开始安装，等待安装完毕。

如果 TortoiseSVN 安装完毕，那么接下来开始安装语言包，安装语言包一直单击 Next 按钮直到安装结束即可，此处就不再截图说明了。

(6) 语言包安装完成以后，在桌面任意空白处单击鼠标右键，会在右键快捷菜单中找到 TortoiseSVN，如图 13.15 所示。

(7) 选择 Settings 命令进行设置，进入设置界面，如图 13.16 所示。

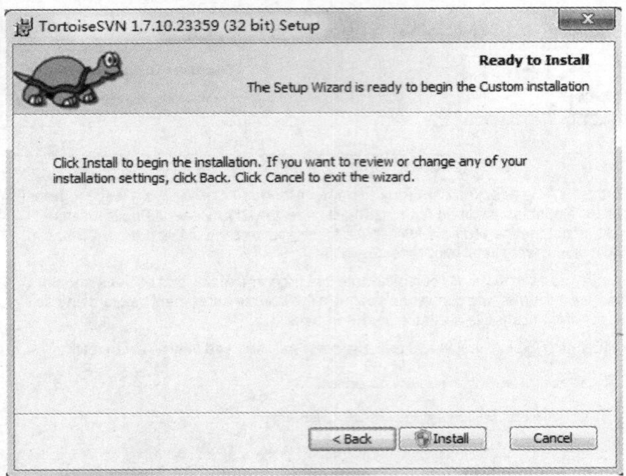

图 13.14 开始安装界面

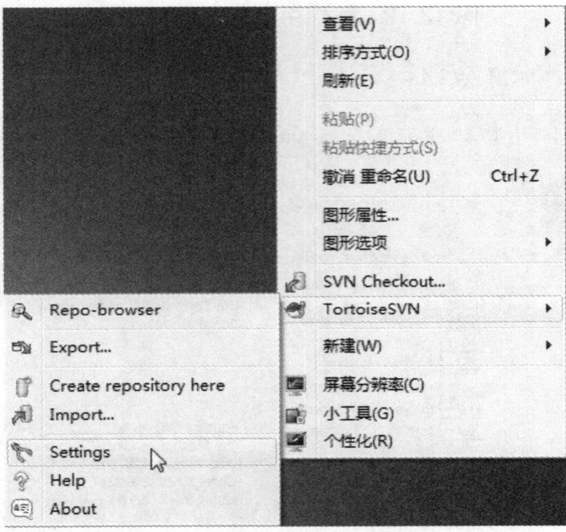

图 13.15 右键快捷菜单

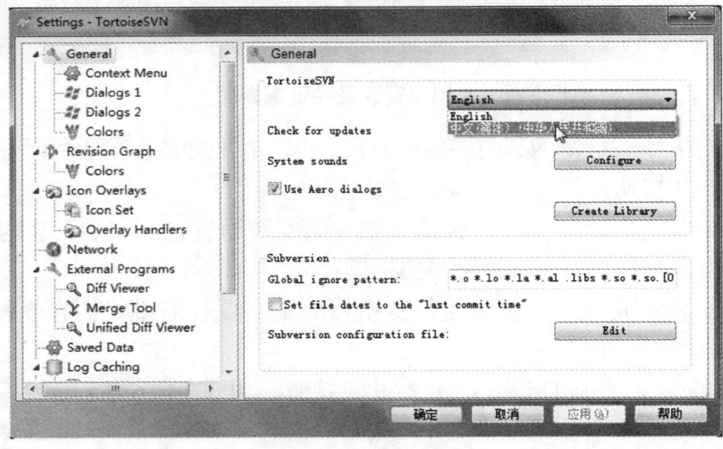

图 13.16 设置界面

(8) 设置语言选择为中文简体，然后单击“确定”按钮。再次右击和打开设置页面，就会以中文语言显示。

13.2.4　SVN 服务器端的配置

使用 VisualSVN Server 建立版本库，并把项目导入到版本库中，步骤如下。

(1) 在 VisualSVN Server 服务器端创建版本库，首先打开 VisualSVN Server Manager，如图 13.17 所示。

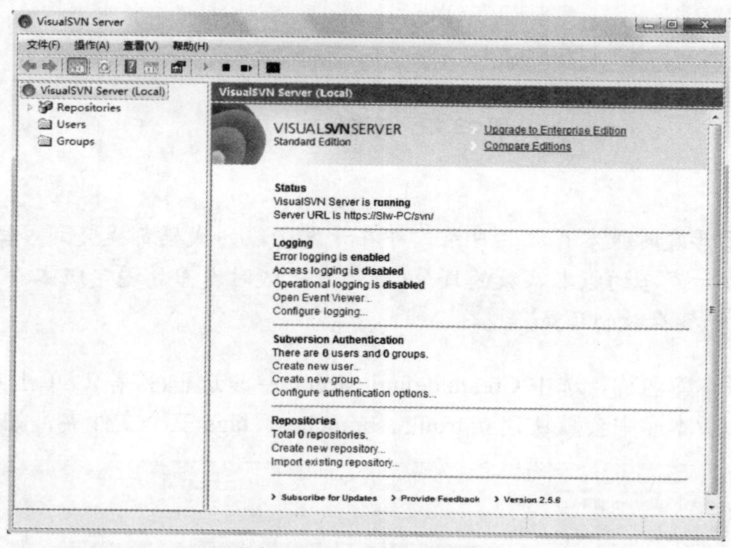

图 13.17　VisualSVN Server 的管理界面

(2) 可以在 VisualSVN 窗口的右边看到版本库的一些信息，比如状态、日志、用户认证、版本库等。要建立版本库，需要右击左边窗口的 Repository，如图 13.18 所示。

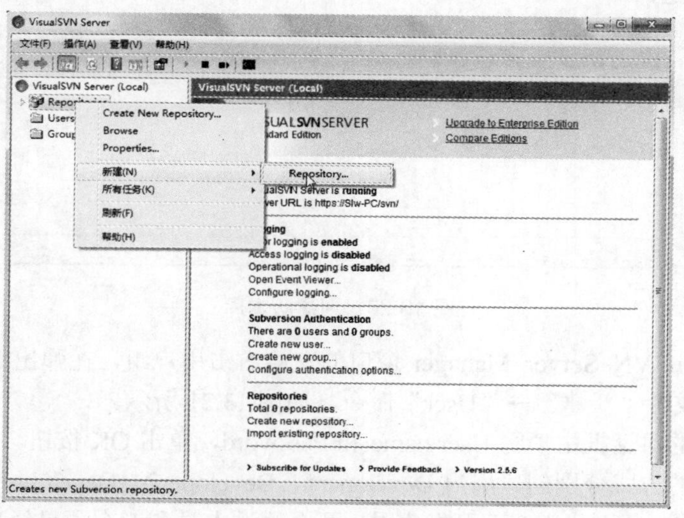

图 13.18　创建版本库

(3) 在弹出的快捷菜单中选择“Create New Repository”或者“新建”→“Repository”命令，进入下一步，界面如图 13.19 所示。

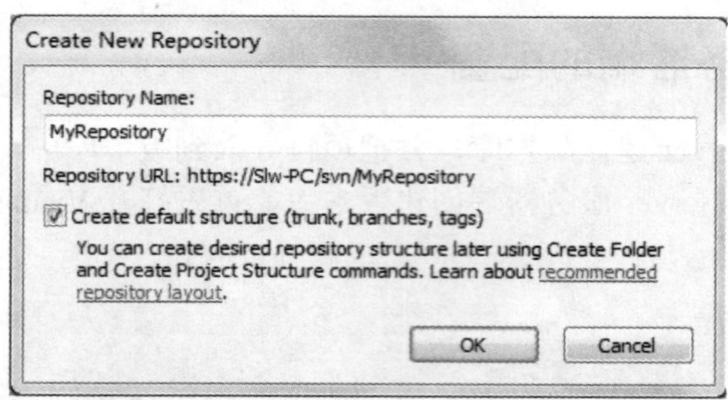

图 13.19　创建版本库界面

提示

trunk：表示开发时版本存放的目录，即在开发阶段的代码都提交到该目录上。
branches：表示发布的版本存放的目录，即项目上线时发布的稳定版本存放在该目录中。
tags：表示标签存放的目录。

(4) 输入版本库名称，选中 Create default structure 复选框(推荐)，单击 OK 按钮，版本库就创建好了，版本库中会默认建立 trunk、branches、tags 三个文件夹，如图 13.20 所示。

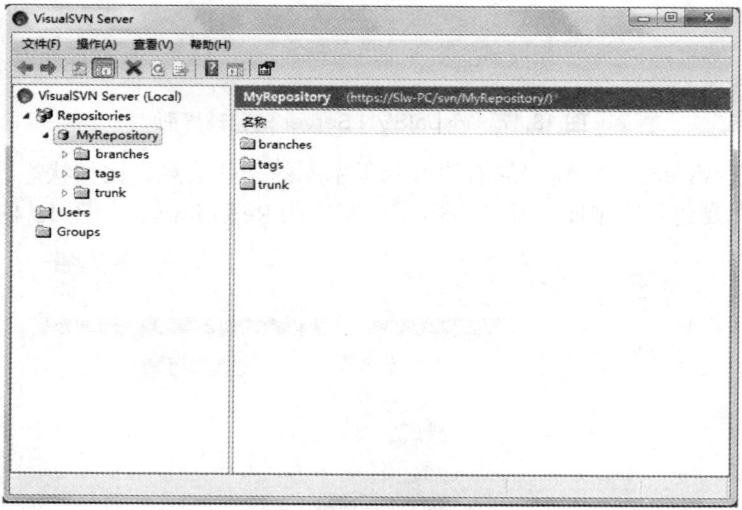

图 13.20　创建版本库

(5) 在 VisualSVN Server Manager 窗口的左侧右击用户组，在弹出的快捷菜单中选择“Create User”或者“新建”→“User”命令，如图 13.21 所示。

(6) 在弹出的对话框中填写 User name 和 Password，单击 OK 按钮，如图 13.22 所示。

(7) 用相同的方式分别创建用户 Developer1、Developer2、Developer3、Test1、Test2、Manager 六个用户，分别代表 3 个开发人员、两个测试人员和一个项目经理。然后再建立用户组，在 VisualSVN Server Manager 窗口的左侧右键单击用户组，在弹出的快捷菜单中选择

"Create Group"或者"新建"→"Group"命令，如图 13.23 所示。

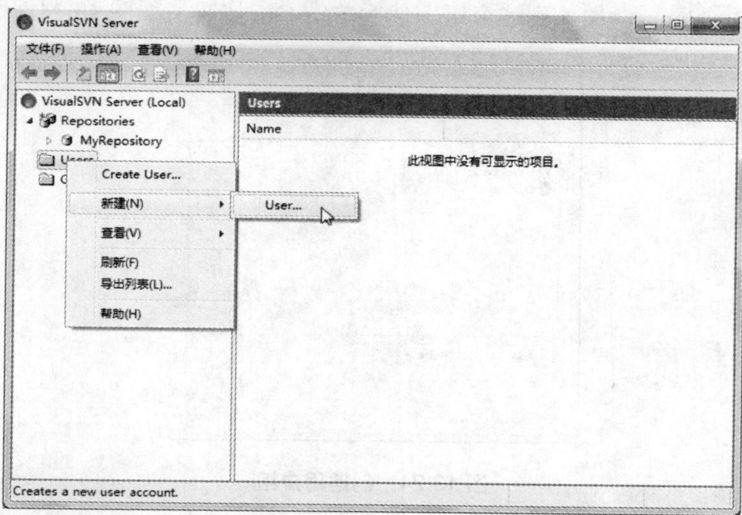

图 13.21　创建用户

Create New User

User name: Developer1

Password: ••••••

Confirm password: ••••••

User name and password are case sensitive.

OK　Cancel

图 13.22　输入用户名和密码

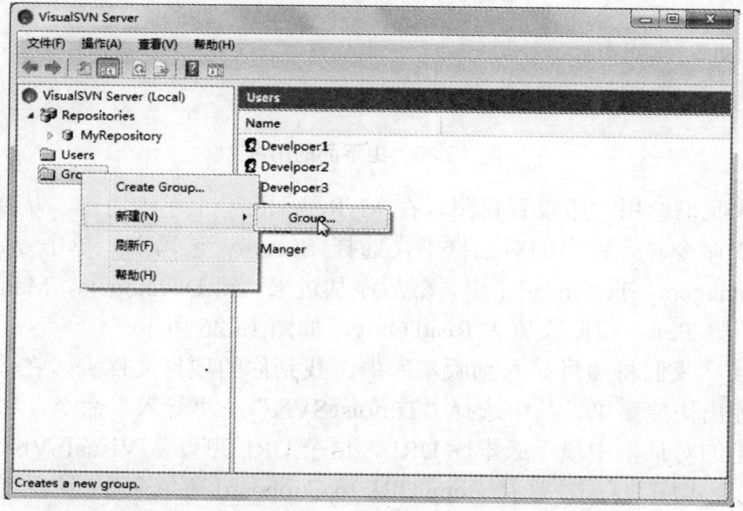

图 13.23　创建用户组

(8) 在弹出窗口中填写 Group name 为“Developers”，然单击 Add 按钮，在弹出的窗口中选择三个 Developer，加入到这个组，然后单击 OK 按钮，如图 13.24 所示。

图 13.24　创建用户组

(9) 用相同的方式创建组 Managers、Testers，如图 13.25 所示。

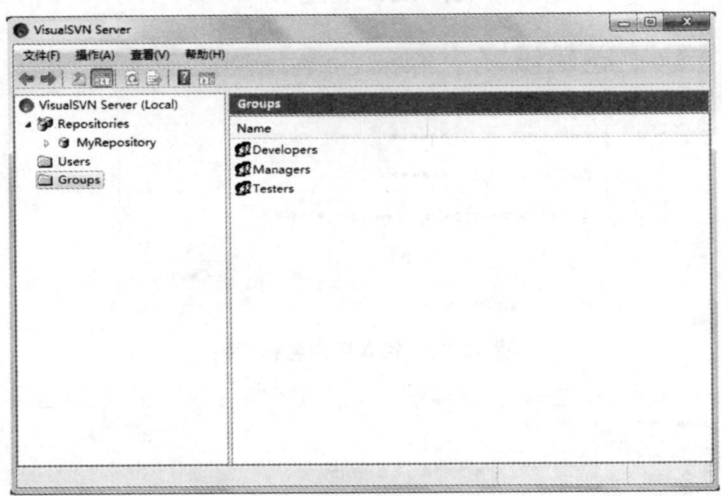

图 13.25　组下面的用户

(10) 接下来我们给用户组设置权限，在 MyRepository 上单击右键，从弹出的快捷菜单中选择“属性”命令。在弹出的对话框中，选择 Security 选项卡，单击 Add 按钮，选中 Developers、Managers、Testers 三个组，然后添加进来，给 Developers、Managers 权限设置为 Read/Write，给 Tester 权限设置为 Read Only，如图 13.26 所示。

(11) 这时候，我们将项目导入到版本库中，找到你的项目文件夹，在项目文件夹上点击鼠标右键，弹出快捷菜单，从中选择“TortoiseSVN”→“导入”命令，如图 13.27 所示。

(12) 在弹出的对话框中填上版本库 URL，这个 URL 可以从 VisualSVN Server Manager 中获取，在你的版本库上右击，选择 Copy URL to Clipboard 菜单命令，这样就把版本库 URL 复制到你的剪贴板了。将复制的版本库 URL 粘贴上，在 URL 后面加上 trunk 子路径和模块名称，然后在“导入信息”里面填上导入信息，导入项目到版本库，如图 13.28 所示。

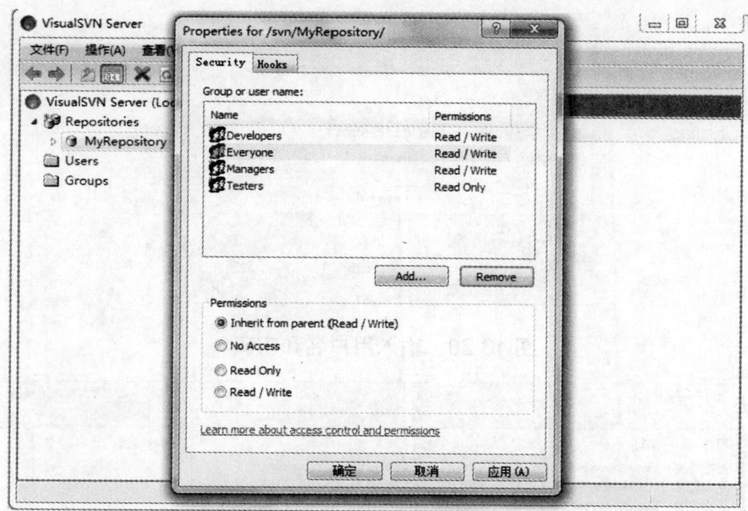

图 13.26　设置用户权限

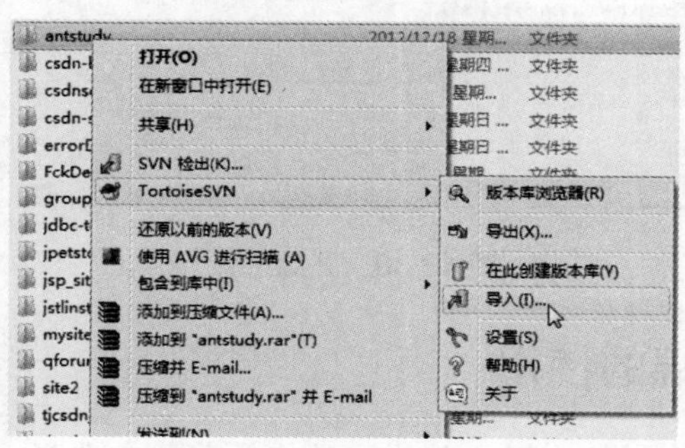

图 13.27　选择项目导入 SVN

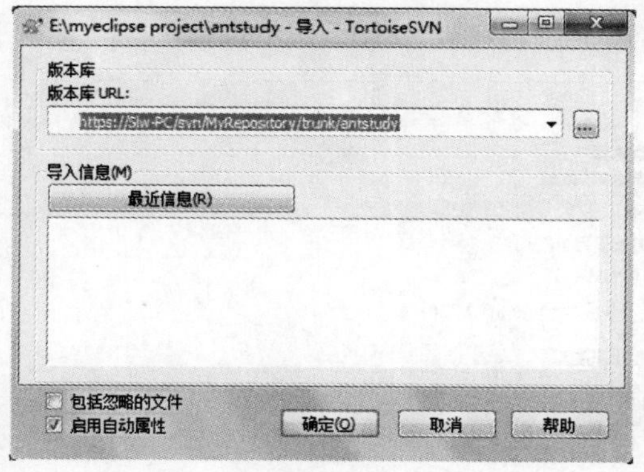

图 13.28　输入导入的 URL

(13) 单击“确定”按钮，这时会弹出用户验证的对话框，然后输入我们刚才新创建的具有权限的用户名和密码，如图 13.29 所示。

(14) 单击“确定”按钮，所选中的项目就会被导入到版本库中，如图 13.30 所示。

至此，有关服务端的操作就告一段落了。

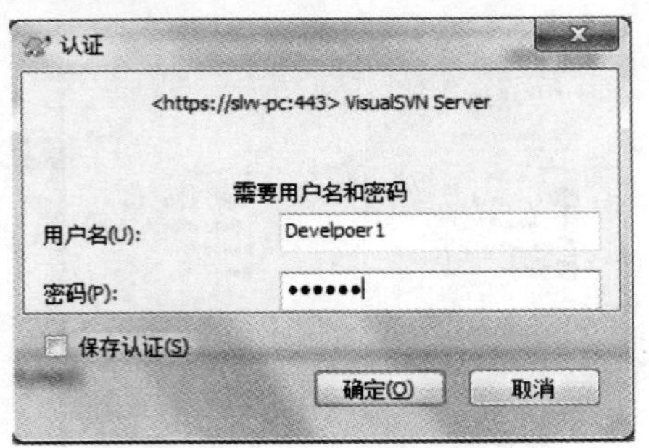

图 13.29　输入用户名和密码

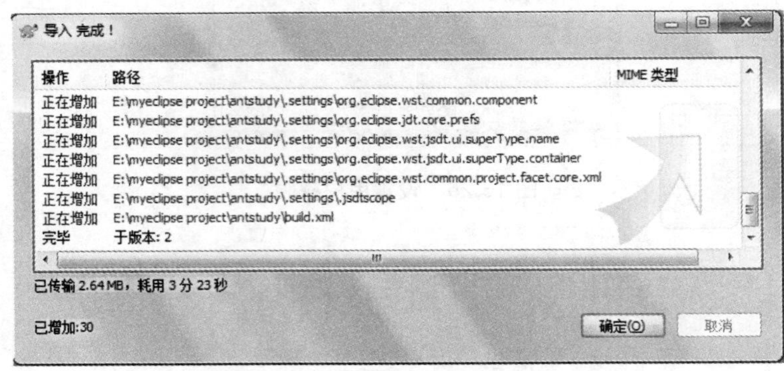

图 13.30　开始上传

13.2.5　SVN 客户端的使用

(1) 在桌面空白处单击鼠标右键，从弹出的快捷菜单中选择“SVN 检出”命令，在弹出的对话框中填写版本库 URL(具体获取方式，上面讲上传项目到版本库的时候介绍过)，选择检出目录，单击“确定”按钮，如图 13.31 所示。

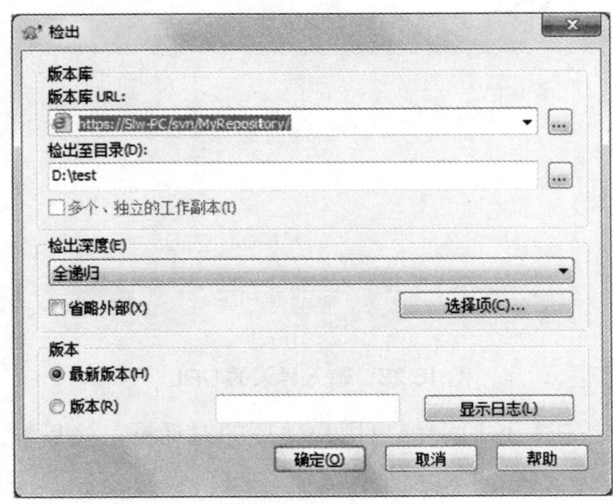

图 13.31　开始检出项目

(2) 输入用户名和密码后，开始检出项目，如图 13.32 所示。

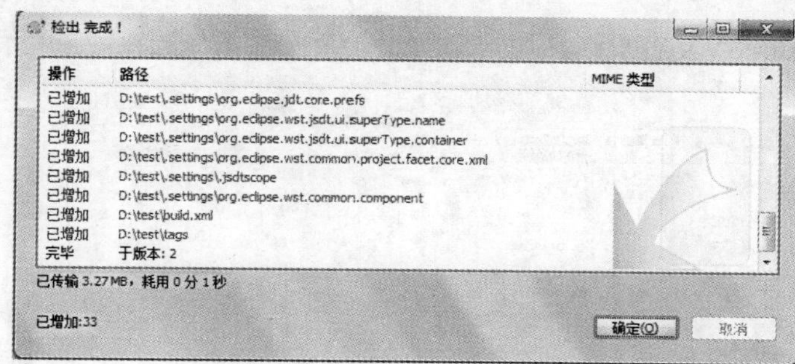

图 13.32　项目检出

(3)　检出完成之后，我们打开工作副本文件夹，会看到所有文件和文件夹都有一个绿色的√，如图 13.33 所示。

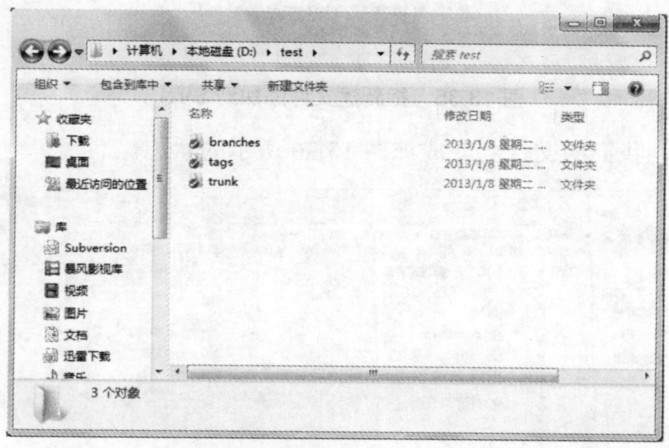

图 13.33　检出完毕的效果

通过客户端往版本库中添加一个新的文件，使用步骤如下。

(1)　在检出的工作副本中添加一个 Readme.txt 文本文件，这时候这个文本文件会显示为没有版本控制的状态，如图 13.34 所示。

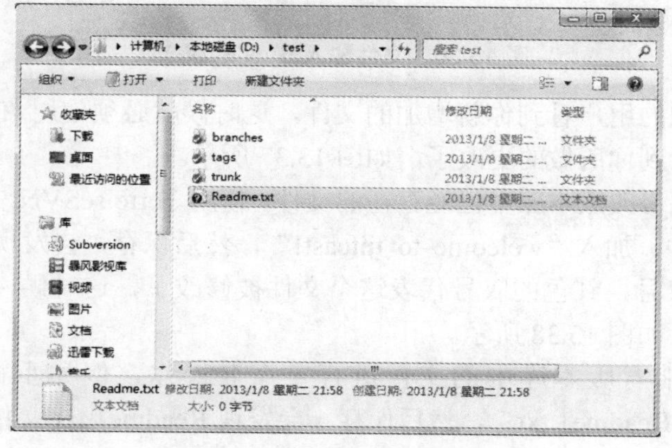

图 13.34　新添加一个文件

(2) 告诉 TortoiseSVN 客户端，用户新增了一个文件，如图 13.35 所示。

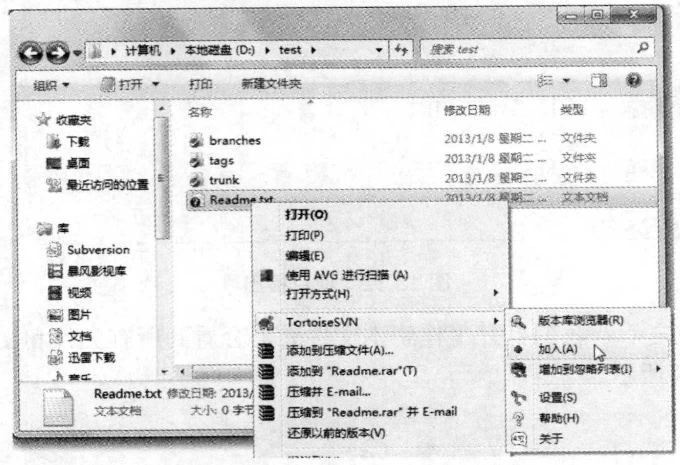

图 13.35 把新建文件添加到 SVN

(3) 加入以后，我们的文件会变成如图 13.36 所示的状态。

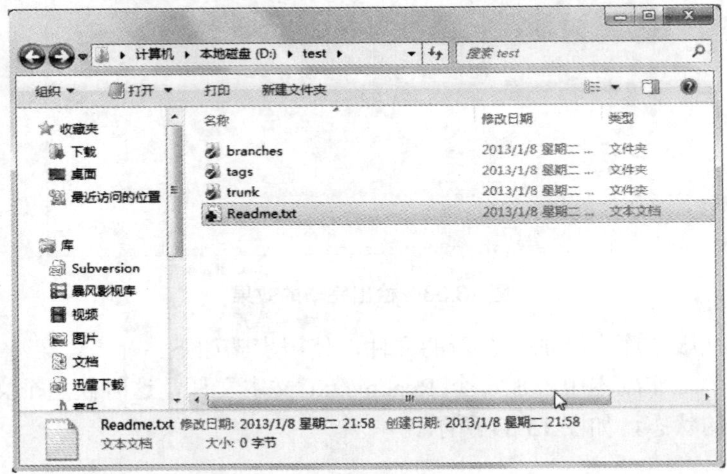

图 13.36 文件加入 SVN 的状态

(4) 如果想让别的用户看到你新增加的文件，这时候就必须使用 TortoiseSVN 进行提交，这样别人就能看到你所做的更改了，如图 13.37 所示。

(5) 通过客户端修改版本库中已经存在的文件，使用 TortoiseSVN 更新，修改工作副本中的 Readme.txt 文件，加入“welcome to tjitcast!”，然后保存，会发现 Readme.txt 文件的图标变成了红色的叹号，红色的叹号代表这个文件被修改了，这时候，提交更改，其他人即可看到你的更改，如图 13.38 所示。

(6) 通过客户端对版本库中的文件进行重命名操作，例如重命名工作副本中的 Readme.txt 文件为“Readme1.txt”，然后保存，会发现 Readme1.txt 文件的图标改变了，如图 13.39 所示。

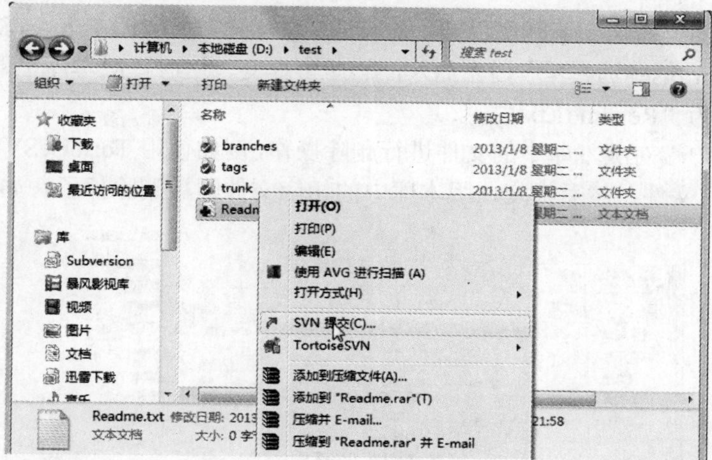

图 13.37　开始提交到 SVN

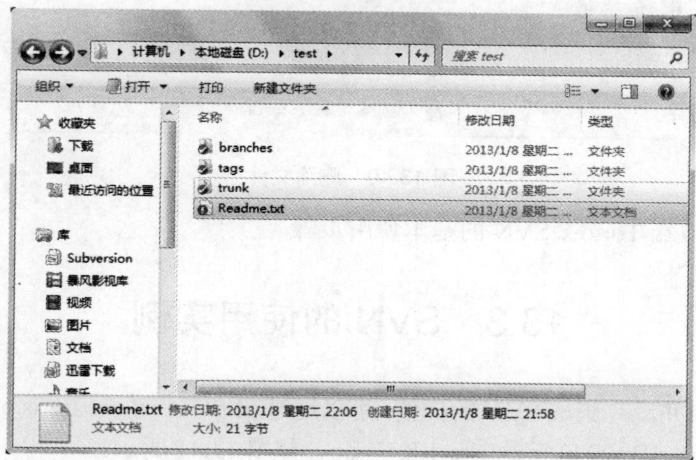

图 13.38　修改文件

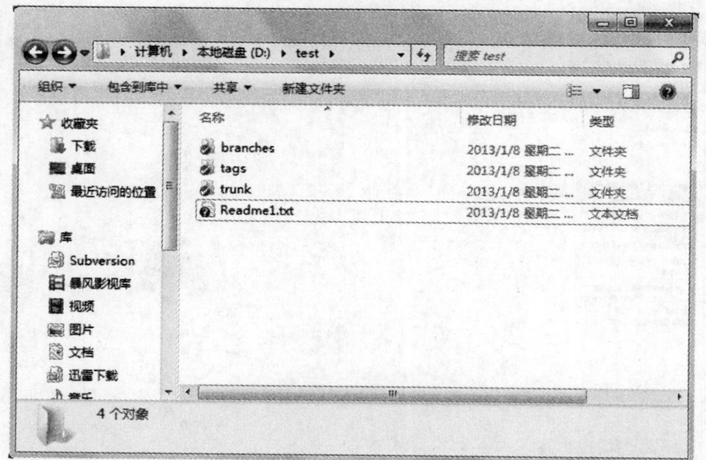

图 13.39　重命名文件

(7) 对文件的重命名和添加文件是一个道理，这时候需要告诉 TortoiseSVN 你所做的修改，需要通过 TortoiseSVN 客户端先加入，然后再提交，这时候版本库中的 Readme.txt 文件将会被重命名为“Readme1.txt”。

(8) 通过客户端对版本库中的文件进行删除操作，例如使用 TortoiseSVN 删除工作副本中的 Readme1.txt 文件，然后提交，版本库中的相应文件即被删除掉了，如图 13.40 所示。

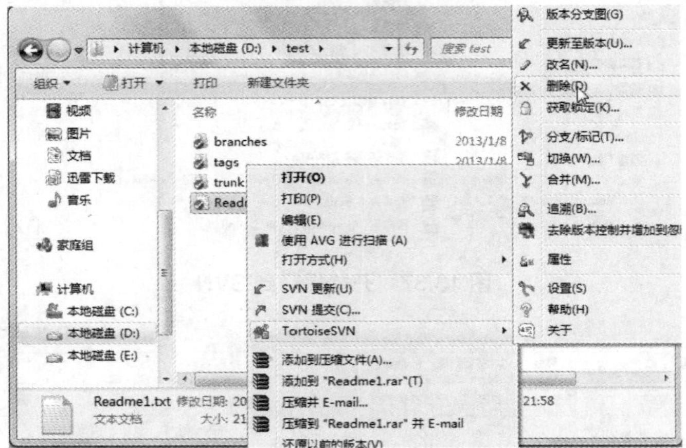

图 13.40 删除文件

以上就是客户端 TortoiseSVN 的基本使用步骤。

13.3 SVN 的使用实例

MyEclipse 中并没有集成 SVN 的插件，可以通过 http://subclipse.tigris.org/servlets/ProjectDocumentList?folderID=2240 下载 site-1.8.17.zip，如图 13.41 所示。

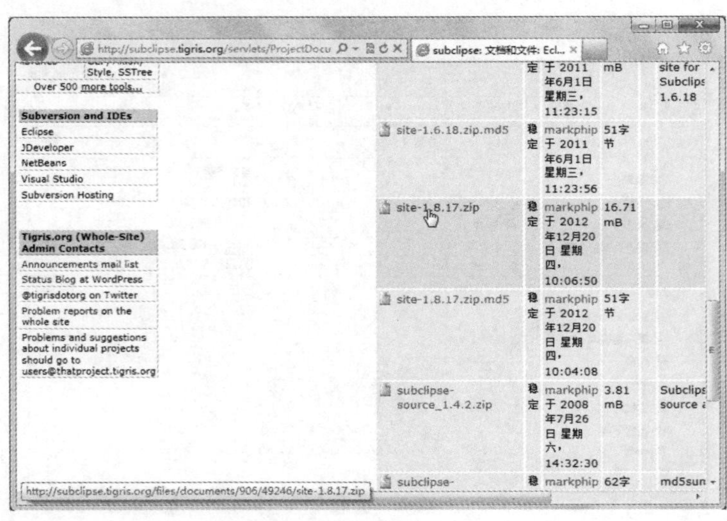

图 13.41 下载插件

(1) 下载完毕，解压后将 features 和 plugins 两个文件夹粘贴到 MyEclipse 安装目录下的 dropins 文件下，然后重启 MyEclipse 即可。如果配置成功，会弹出一个消息提示对话框，如图 13.42 所示。

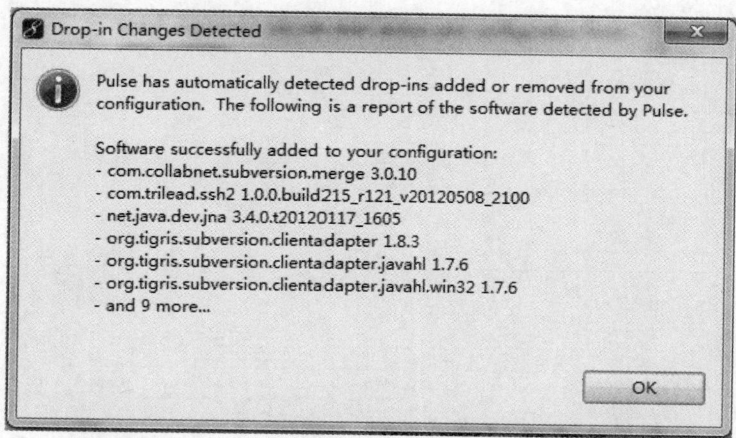

图 13.42　MyEclipse 配置成功

(2) 在 MyEclipse 中选择 Window→Preferences 菜单命令，在弹出的对话框中展开 Team 选项，就会看到 SVN 子选项，然后展开 SVN，如图 13.43 所示。

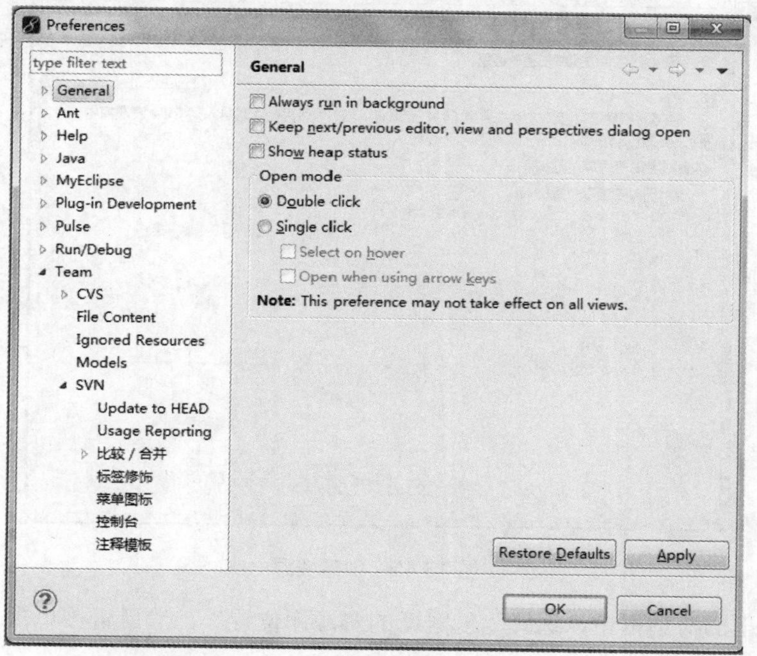

图 13.43　MyEclipse 插件添加成功

接下来，在 MyEclipse 中使用 SVN 对项目进行管理，步骤如下。

(1) 在 MyEclipse 中新建一个项目，然后选中项目并右击，从弹出的快捷菜单中选择 Team → Share Project 命令，会弹出一个对话框，如图 13.44 所示。

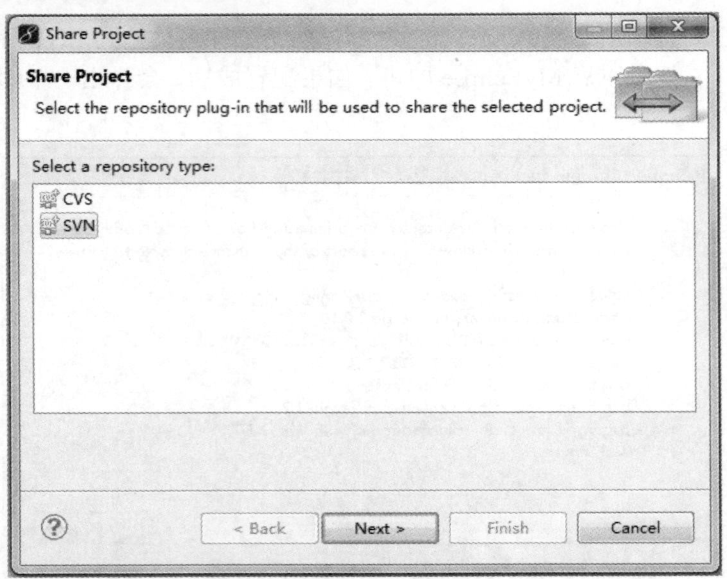

图 13.44　选择 SVN

(2) 在弹出的对话框中选择 SVN，直接单击 Next 按钮进入下一步，如图 13.45 所示。

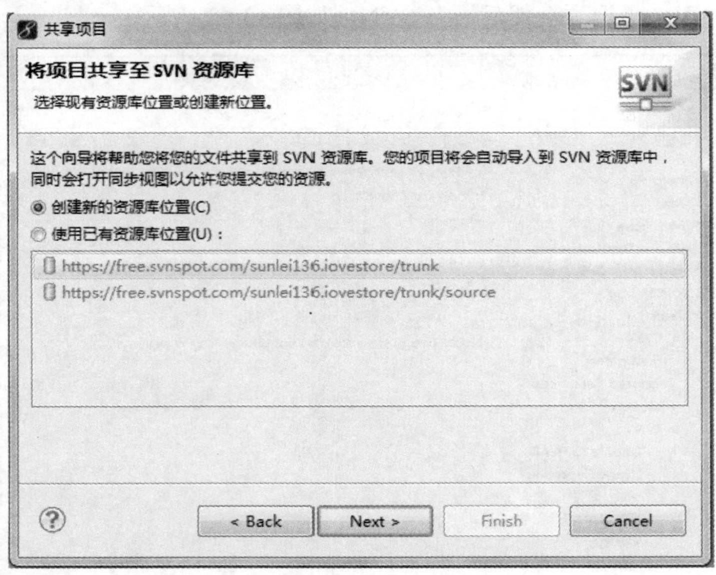

图 13.45　创建资源

(3) 在弹出的对话框中，选择“创建新的资源库位置”，然后直接单击 Next 按钮进入下一步，如图 13.46 所示。

(4) 在对话框中，输入 SVN 服务器文件库的地址，例如，作者的 SVN 文件库地址是 https://Slw-PC/svn/svn-test/svn-test-project，输入完毕 SVN 库地址，直接单击 Next 按钮进入下一步，如图 13.47 所示。

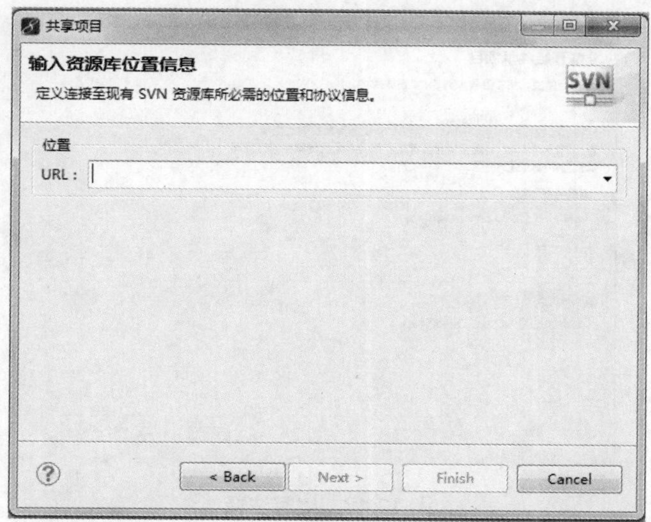

图 13.46　输入 URL

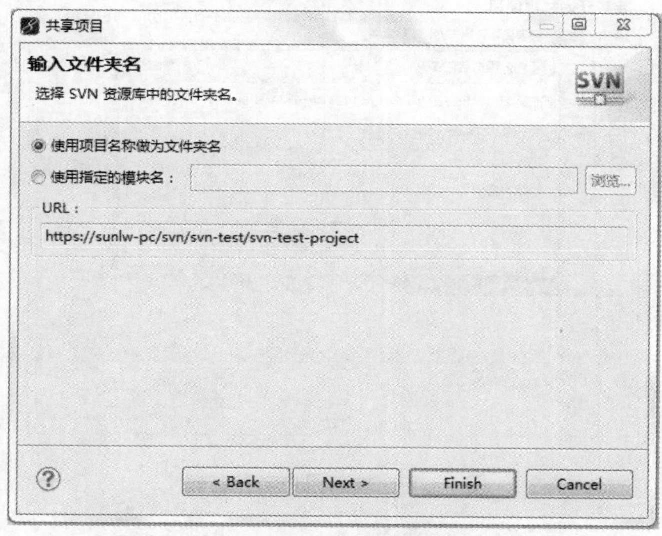

图 13.47　设置文件夹名称

(5) 在弹出的对话框中，可以选择用项目名称作为文件名，也可以指定一个，根据实际情况灵活选择，然后单击 Next 按钮进入下一步，如图 13.48 所示。

(6) 单击 Finish 按钮，开始导入项目到文件库，如果是第一次导入，那么会弹出一个对话框，让输入用户名和密码，如果第一次导入时选择保存密码，那么以后再导入就不用再次输入用户名和密码了，如图 13.49 所示。

(7) 输入完用户名和密码，可以选择保存密码，这样以后就不用再次输入，然后单击 OK 按钮，开始导入项目到文件库。

(8) 经过以上步骤，别的用户还不能访问我们的项目，需要将项目提交，才能做到真正的项目共享，选择项目名称并右击，从弹出的快捷菜单中选择“Team”→“提交”命令，效果如图 13.50 所示。

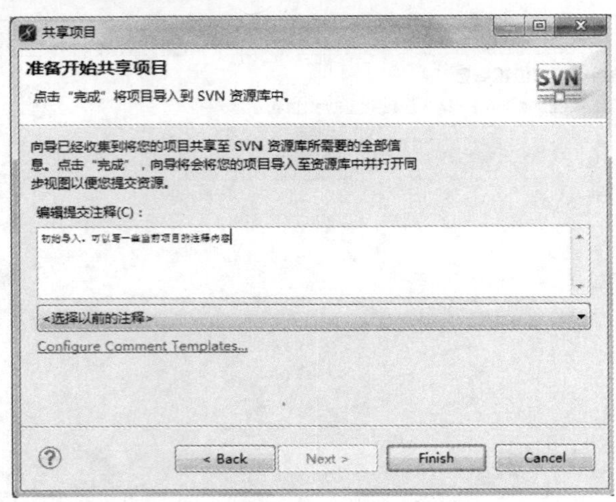

图 13.48　编写注释

图 13.49　输入用户名和密码

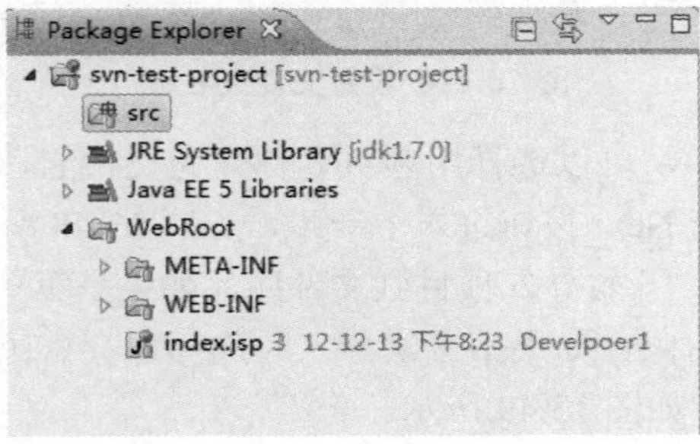

图 13.50　项目共享的效果

(9) 如果在该项目中有添加文件或者对某些文件进行了修改，那么都需要重新提交。

通过以上步骤，就可以基本掌握 MyEclipse 中 SVN 的使用，更多的使用技巧读者可以在以后的学习和工作中多用、多体会、多总结。以上就是本章针对常用的版本控制工具的

介绍和说明，希望读者都能掌握。

本章主要基于实用的角度讲解了 SVN 的相关用法，读者通过学习本章，可以将软件版本的控制熟练运用于项目开发之中，从而提高项目的开发效率。如果需要更深入地了解版本控制，可查阅相关的书籍。

13.4 上机练习

(1) 为第 8 章的 jstlinstance 示例用版本控制进行管理。
(2) 创建一个登录验证的示例，通过 SVN 客户端进行更新或发布相关文件。

第 14 章

留言管理系统

学前提示

为了方便网站与来访者之间的联系沟通，现在大多数网站都带有留言管理系统。从留言管理系统程序的来源看，大致又可分为两种：一种是由其他网站提供的；另一种是自主开发的。由于现在开发程序都是基于客户的需求，并为之量身打造的，所以留言管理系统也是多种多样。本章将从系统概述、需求分析、数据库结构设计、系统设计和功能实现等方面讲述如何实现留言管理系统的开发。

知识要点

- 留言系统的需求与分析
- 数据库表的设计
- 验证码的使用
- 监听器的使用

14.1　系 统 概 述

留言系统目前在各类网站中被广泛使用，亦即说明留言系统是网站必不可少的一部分。这也是在本书的项目实践中安排本章的目的。

留言管理系统的目的比较明确，就是提供对留言的增加、删除、修改和显示的功能。本案例基于 JSP+Servlet 环境进行开发，希望能通过本例的学习，对以后开发相关 Web 应用程序打下良好的基础。

14.2　系 统 需 求

在制作本留言管理系统前，读者一定要对留言管理系统有印象，这里通过观察著名网站的留言界面，寻找留言管理系统的特征。

查看 QQ 空间留言板主页面，如图 14.1 所示。

图 14.1　QQ 空间留言板的主页面

可以发现留言板共同拥有的选项有：留言者昵称、留言发布时间、留言内容、留言者头像等。只有拥有管理权限的用户可以对留言进行管理。基于此可以总结：完整的留言板程序至少需要面对两类用户——普通用户和管理者。在留言管理系统中，对普通用户提供的服务有发表留言和查看留言等功能。对管理员提供的服务有留言的管理等功能。

14.2.1　前台留言板块

前台留言模块主要针对普通用户，按功能分为以下模块。

(1) 发表留言：普通用户可以在留言管理系统中随意留言，如果留言的格式不符合要求，系统将给出提示。如果已经存在相似度极高的留言，系统也将给出相应的提示信息，并提示普通用户修改留言内容。

(2) 查看留言：可以查询留言信息。

14.2.2 管理留言模块

管理留言模块提供的管理功能包括留言的增加、删除、修改，具体模块如下。

(1) 登录系统：需要输入管理员账号和口令，系统将验证账号和口令是否正确，如果验证成功，则进入管理员界面；否则，系统提示账号或密码错误的信息。

(2) 管理留言：可以查看所有的留言，可以增加留言、修改留言、删除留言。

根据以上描述，系统的主要角色包括普通用户与管理员，如图 14.2 所示。

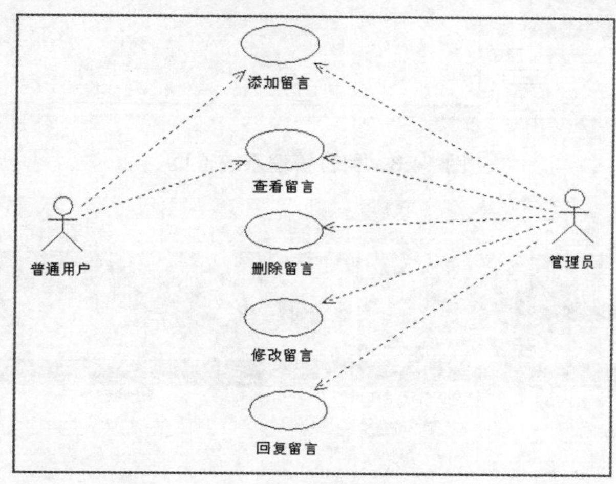

图 14.2　系统用例图

14.3 系统功能描述

在正式开发之前，应先了解一下系统实现了哪些功能。

14.3.1 浏览留言

普通用户可以浏览所有留言、查看某一留言的详细内容、搜索留言、查看友情链接、登录管理等操作。

1. 浏览留言

留言管理系统首页面如图 14.3 所示，普通用户访问留言管理系统，便可以查看最新留言，留言信息包括留言者昵称、留言时间、留言内容、管理员回复内容。

2. 查看详细留言

用户可以在每一条留言区域的右下角单击“阅读全文”链接，转到留言的信息页面，如图 14.4 所示。可以看到留言的详细信息。

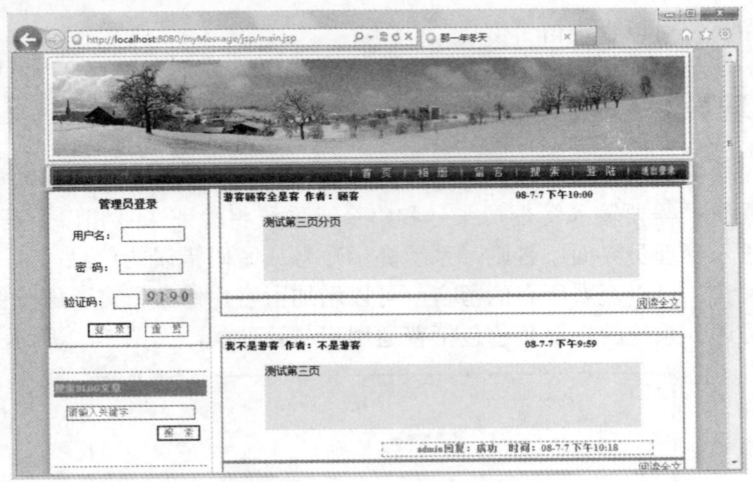

图 14.3　留言管理系统首页

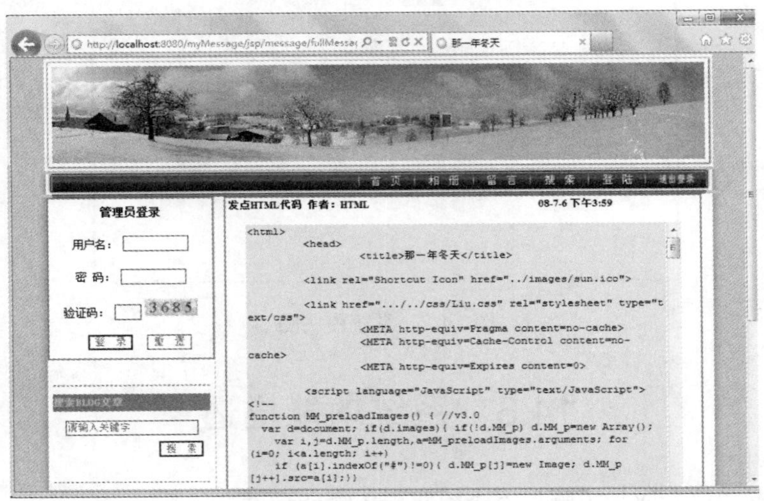

图 14.4　留言详细信息页面

3. 搜索留言

在首页的左侧，用户可以在搜索文章区域输入相应的关键字，单击“搜索”按钮，进入“关键字搜索”界面，这样有利于读者根据关键字快速地找到相关的图书。

4. 查看友情链接

在首页的左侧，用户可以根据提供的友情链接快速导航到相关的页面。这也为以后项目上线与别的网站置换链接提供方便。

5. 管理员登录

在登录界面中，输入用户名与密码，单击“登录”按钮，如果成功则转至欢迎的界面；否则将提示相应的错误信息。如图 14.5 所示为登录成功的界面。

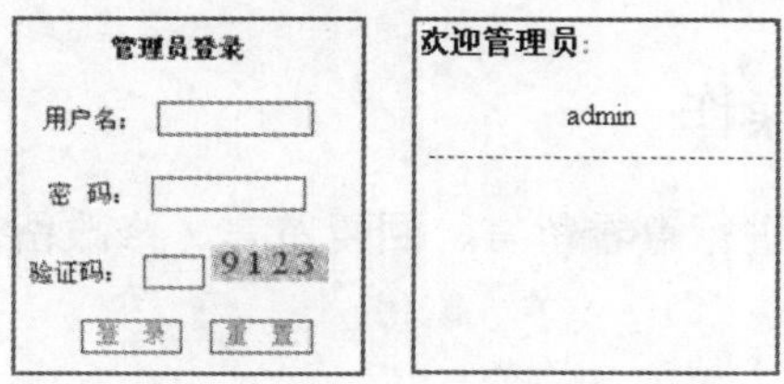

图 14.5　登录与登录成功的信息页面

6. 添加留言

当用户单击导航中的“留言”按钮时，进入“我要留言”的界面，然后输入相应的信息，单击“提交”按钮，可以提交留言，单击“重置”按钮可以取消留言，如图 14.6 所示为添加留言的页面。

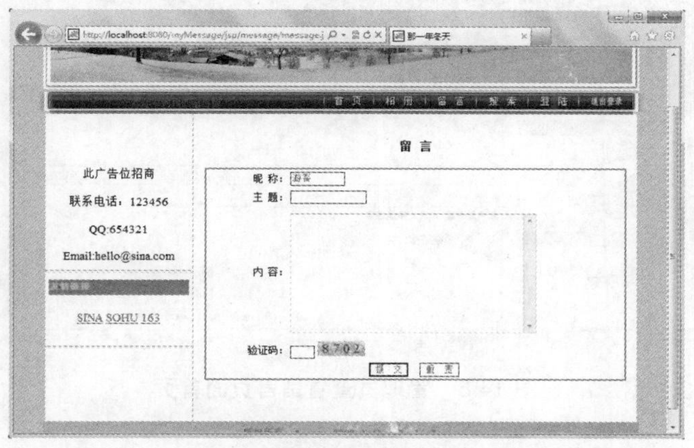

图 14.6　添加留言信息页面

为了过滤一些由注册机输入的垃圾数据，这里采用了验证码，在添加留言时需要提供验证码进行验证，如果验证码不正确，则转向错误提示页面，并拒绝提交留言信息。

如图 14.7 所示为验证码错误提示页面。

图 14.7　验证码错误时的提示信息页面

14.3.2 管理员后台操作

管理员登录系统后可以进行查看留言、回复留言、修改留言、删除留言等操作，下面分别讲述。

1. 查看留言

管理员登录后，管理员所见首页将具有使用“回复留言”、“删除留言”、“修改留言”的权限，如图 14.8 所示为管理员所见的首页页面。

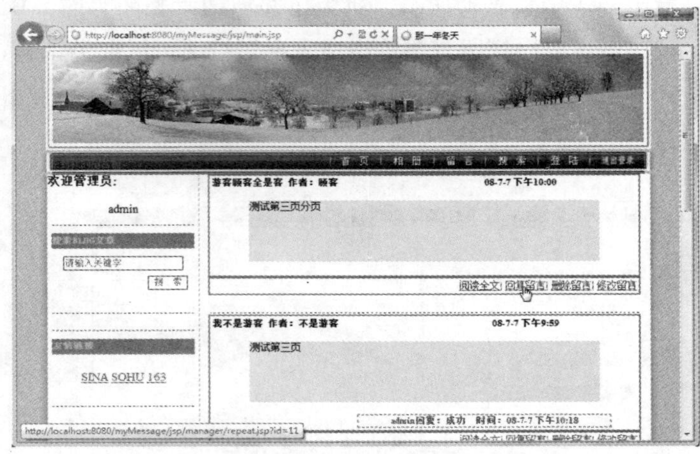

图 14.8 管理员查看留言页面首页

2. 回复留言

管理员登录后，选择“回复留言”，进入“回复留言”界面，如图 14.9 所示，管理员输入回复内容，填写验证码后，单击“提交”按钮，可以回复留言，单击“重置”按钮可以取消回复。

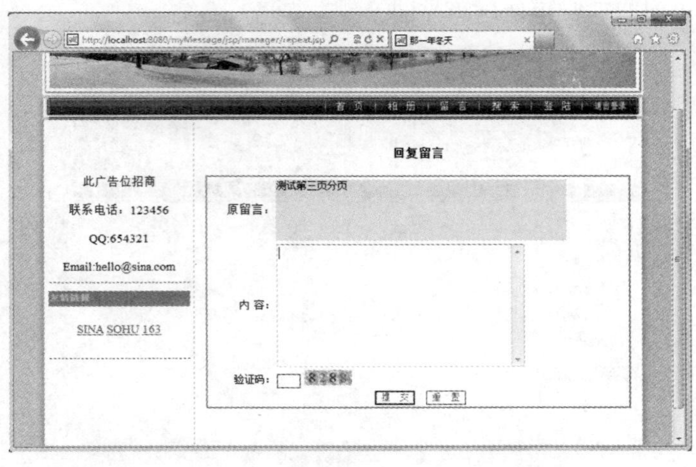

图 14.9 管理员回复留言页面

3. 删除留言

管理员登录后，选择“删除留言”，即可将留言删除。

4. 修改留言

管理员登录后，选择“修改留言”，进入“修改留言”界面，如图 14.10 所示，管理员可以在回显的内容中直接进行修改，填写验证码后，单击“修改”按钮，可以修改留言，单击“重置”按钮可以取消修改。

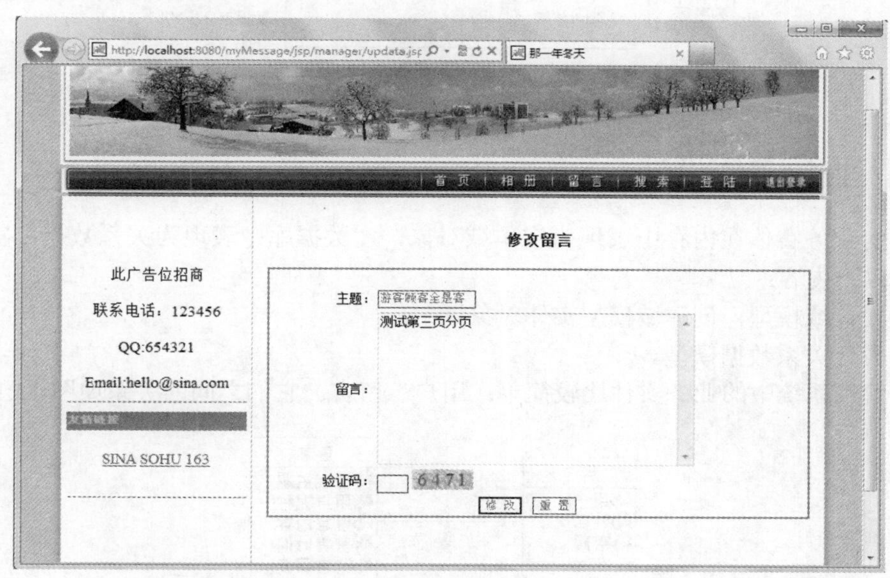

图 14.10　管理员修改留言页面

5. 退出登录

管理员登录后，可以单击导航栏上的“退出登录”链接，退出管理界面。

14.4　系 统 设 计

对需求进行了分析之后，接下来对系统的整体架构进行设计，目的是为了使读者更容易理解整个系统。

14.4.1　系统架构设计

本系统采用了 J2EE 三层架构，分别为表现层、业务逻辑层和数据模型层。MVC 三层体系将业务规则、数据访问等操作放置于中间层处理，客户端不直接与数据库交互，而是通过控制器与中间层建立连接，再由中间层与数据库交互。

表现层采用了 JSP，中间层采用了 Servlet，数据库采用了 MySQL 数据库存放数据，具体的总体构架如图 14.11 所示。

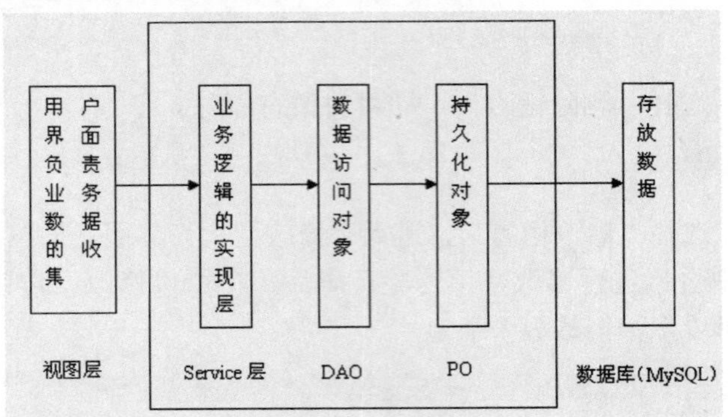

图 14.11　系统总架构设计

14.4.2　业务实体设计

系统的业务实体在内存中表现为实体域对象，在数据库中表现为关系数据，实现业务实体包括以下内容：

- 设计域模型，创建域模型实体对象。
- 设计关系数据模型。

留言管理系统中的业务实体比较简单：用户、留言。它们之间的关系如图 14.12 所示。

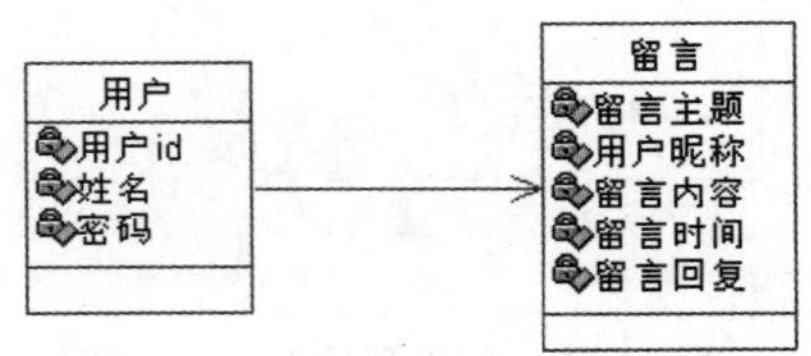

图 14.12　业务实体关系图

用户和留言：一个用户可以有一条或多条留言，一条留言对应且只对应一个用户，它们之间的关系是一对多关系。

14.4.3　业务逻辑设计

在这个实例中，采用了 DAO 设计模式实现数据层的访问。DAO 模式是 J2EE 核心模式中的一种，其主要目的就是在业务核心方法和具体数据源之间再增加一层，用这一层来连接业务方法和数据源，这样就实现了两者的解耦，如图 14.13 所示。

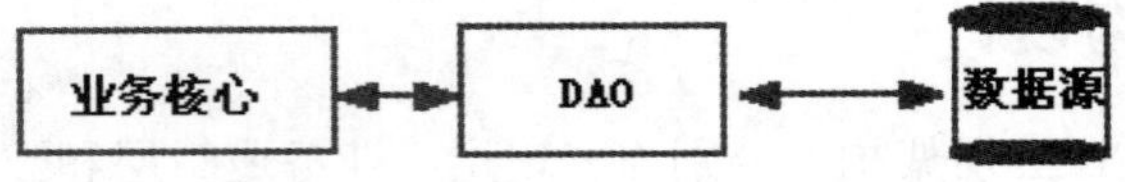

图 14.13　DAO 模式

数据源是多样化的，可能是 XML 或者关系数据库。关系数据库有不同的产品，如 MySQL 或者 Oracle。通过使用 DAO 模式，业务核心部分就不用关心数据层是如何实现数据库操作的，只关心自己的业务操作即可。数据库的操作全部交由 DAO 代理。

14.5　数据库设计

数据库设计是系统开发过程的一个重要环节，它具体可以分为两个部分：一个是概念模型设计，即 E-R 图的设计；二是物理模型设计，即数据库/表字段的设计。本章利用 PowerDesigner 来进行 E-R 图的设计的数据库建模。

14.5.1　E-R 图设计

系统的实体关系(E-R)的设计是建立在需求分析、系统分析基础之上的。在本章中，实体的设计比较简单，包括用户实体(Admin)和留言实体(Message)。系统的 E-R 图如图 14.14 所示。

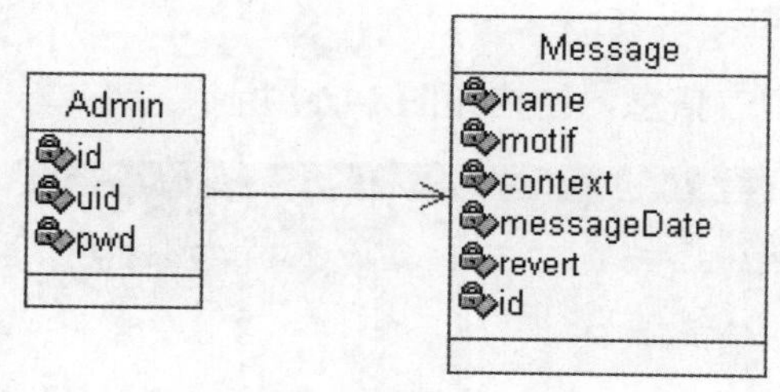

图 14.14　系统的 E-R 图

其中用户类(Admin)与留言类(Message)是一对多的关系。

14.5.2　物理建模

物理建模即数据库建模，建立在概念模型的基础上，每一个实体对应一个数据库表，实体中的每一个属性对应数据库表中的一个字段。

有关系连接的实体在生成物理模型以后，子表会继承父表的主键，生成子表的外键。

系统数据库的物理模型如图 14.15 所示。

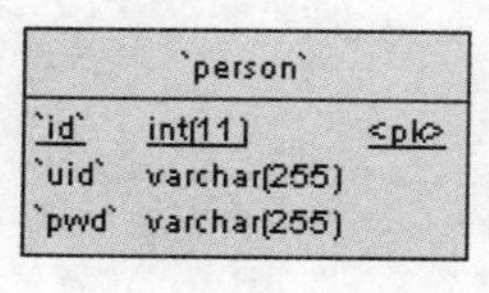

`person`		
`id`	int(11)	<pk>
`uid`	varchar(255)	
`pwd`	varchar(255)	

`message`		
`id`	int(11)	<pk,ak>
`name`	varchar(25)	
`motif`	varchar(30)	
`context`	text	
`messageDate`	varchar(30)	
`revert`	text	

图 14.15　系统数据库的物理模型

图 14.15 中列出了表的所有字段及字段类型。至此，已经确定了建立数据库的相关信息。下面就将创建相关的数据库表。在创建数据库表之前，首先要创建一个数据库。本章系统使用的数据库系统为 MySQL，数据库名为 board，数据库用户为 root。

14.5.3 设计表格

在系统中包含用户表(person)，留言表(message)，下面分别介绍它们的表结构。

1. 用户表 person

表 person 用来保存用户信息，结构如图 14.16 所示。

1 列 | 2 个索引 | 3 个外部键 | 4 高级 | 5 个 SQL 预览

列名	数据类型	长度	默认	主键?	非空?	Unsigned	自增?	Zerofill?	注释
id	int	11		✓	✓		✓		
uid	varchar	255			✓				
pwd	varchar	255			✓				

图 14.16 用户信息表的结构

2. 留言信息表 message

表 message 用来保存留言信息，结构如图 14.17 所示。

1 列 | 2 个索引 | 3 个外部键 | 4 高级 | 5 个 SQL 预览

列名	数据类型	长度	默认	主键?	非空?	Unsigned	自增?	Zerofill?	注释
id	int	11		✓	✓		✓		
name	varchar	25							
motif	varchar	30							
context	text				✓				
messageDate	varchar	30			✓				
revert	text				✓				

图 14.17 留言信息表的结构

14.5.4 表格脚本

创建上述表结构的 SQL 脚本如下：

```
/*==========================================*/
/*
SQLyog Trial v10.3
MySQL - 5.5.20 : Database - board
*********************************************************************
*/



/*!40101 SET NAMES utf8 */;

/*!40101 SET SQL_MODE=''*/;

/*!40014 SET @OLD_UNIQUE_CHECKS=@@UNIQUE_CHECKS, UNIQUE_CHECKS=0 */;
/*!40014 SET @OLD_FOREIGN_KEY_CHECKS=@@FOREIGN_KEY_CHECKS,
FOREIGN_KEY_CHECKS=0 */;
/*!40101 SET @OLD_SQL_MODE=@@SQL_MODE, SQL_MODE='NO_AUTO_VALUE_ON_ZERO' */;
/*!40111 SET @OLD_SQL_NOTES=@@SQL_NOTES, SQL_NOTES=0 */;
```

```
CREATE DATABASE /*!32312 IF NOT EXISTS*/`board` /*!40100 DEFAULT CHARACTER
SET utf8 */;

USE `board`;

/*Table structure for table `message` */

DROP TABLE IF EXISTS `message`;

CREATE TABLE `message` (
  `id` int(11) NOT NULL AUTO_INCREMENT,
  `name` varchar(25) DEFAULT NULL,
  `motif` varchar(30) DEFAULT NULL,
  `context` text NOT NULL,
  `messageDate` varchar(30) NOT NULL,
  `revert` text NOT NULL,
  PRIMARY KEY (`id`),
  KEY `id` (`id`)
) ENGINE=InnoDB AUTO_INCREMENT=12 DEFAULT CHARSET=utf8;
/*==============================================*/
/* Table: `person` */
/*==============================================*/

DROP TABLE IF EXISTS `person`;
CREATE TABLE `person` (
  `id` int(11) NOT NULL AUTO_INCREMENT,
  `uid` varchar(255) NOT NULL,
  `pwd` varchar(255) NOT NULL,
  PRIMARY KEY (`id`)
) ENGINE=InnoDB AUTO_INCREMENT=3 DEFAULT CHARSET=utf8;
```

14.6　通用功能的实现

在系统中，有些功能是所有模块共用的，比如本例中的分页查询操作，这里把它们实现为通用功能，以便其他模块也能使用。

14.6.1　分页查询功能

由于应用中的数据量较大，不可能把所有的数据都显示在一页，所以需要对从数据库中获取的数据进行限定，亦即读者所熟知的分页查询。

LoginDAO 提供了与业务相关的接口：

```
public interface LoginDAO {
    //验证登录信息
    public boolean login(Admin admin);
    //插入留言
    public boolean insertMessage(Message message);
```

```
    //获取一条留言记录
    public Message getOneMessage(int id);
    //回复留言
    public boolean repeatMessage(Message message);
    //删除留言
    public boolean deleteMessage(int id);
    //更新留言
    public boolean updataMessage(Message message);
    //获取全部记录数
    public int getAllCount();
    //获取全部记录信息
    public HashMap getAllMessage(int page_count, int row);
    //获取模糊查询全部记录数
    public int getByLikeCount(String keyWord);
    //获取模糊查询相关记录信息
    public List selectByLike(String str, int page_count, int row);
}
```

由于留言管理系统业务简单，所以分页代码没有单独封装。其中 getAllCount()方法、getAllMessage()方法、getByLikeCount()方法、selectByLike()方法都与分页相关。

LoginDAOImpl 类是 LoginDAO 接口的实现类，查看与分页相关的方法代码如下所示：

```
public class LoginDAOImpl implements LoginDAO {

    Connection con = null;
    //get all count
    public int getAllCount() {
        int count = 0;
        con = DBCon.GetConnectionMysql();
        String sql = "SELECT COUNT(id) FROM message";
        try {
            PreparedStatement pstmt = con.prepareStatement(sql);
            ResultSet rs = pstmt.executeQuery();
            if(rs.next())
            {
                count = rs.getInt(1);
            }
            pstmt.close();
            rs.close();
        } catch(Exception e) {
            e.printStackTrace();
        }
        return count;
    }

    // select by like
    public List selectByLike(String str, int page_count, int row) {
        List list = new ArrayList();
        con = DBCon.GetConnectionMysql();
        String sql =
        "SELECT * FROM message WHERE motif LIKE ? OR context LIKE ? LIMIT "
```

```
            + (page_count-1)*row + "," + row;
        PreparedStatement stmt = null;
        ResultSet rs = null;
        try {
            stmt = con.prepareStatement(sql);
            stmt.setString(1, "%" + str + "%");
            stmt.setString(2, "%" + str + "%");
            rs = stmt.executeQuery();
            while (rs.next()) {
                Message message = new Message();
                message.setId(rs.getInt("id"));
                message.setName(rs.getString("name"));
                message.setMotif(rs.getString("motif"));
                message.setContext(rs.getString("context"));
                message.setMessageDate(rs.getString("messageDate"));
                list.add(message);
            }
        } catch (SQLException e) {
            e.printStackTrace();
        }
        return list;
    }

    // select message where id = id
    public Message getOneMessage(int id) {
        Message message = new Message();
        con = DBCon.GetConnectionMysql();
        String sql = "SELECT * FROM message WHERE id =" + id;
        Statement st = null;
        ResultSet rs = null;
        try {
            st = con.createStatement();
            rs = st.executeQuery(sql);
            rs.next();
            message.setId(rs.getInt("id"));
            message.setName(rs.getString("name"));
            message.setMotif(rs.getString("motif"));
            message.setContext(rs.getString("context"));
            message.setMessageDate(rs.getString("messageDate"));
        } catch (SQLException e) {
            e.printStackTrace();
        }
        return message;
    }
    // select all message
    public HashMap getAllMessage(int page_count, int row) {
        HashMap map = new HashMap();
        List list = new ArrayList();
        con = DBCon.GetConnectionMysql();
        String sql = "SELECT * FROM message ORDER BY id DESC LIMIT "
            + (page_count-1)*row + "," + row;
```

```
        Statement st = null;
        ResultSet rs = null;
        try {
            st = con.createStatement();
            rs = st.executeQuery(sql);
            while (rs.next()) {
                DateFormat format = new SimpleDateFormat();
                Message message = new Message();
                message.setId(rs.getInt("id"));
                message.setName(rs.getString("name"));
                message.setMotif(rs.getString("motif"));
                message.setContext(rs.getString("context"));
                message.setMessageDate(rs.getString("messageDate"));
                message.setRevert(rs.getString("revert"));
                list.add(message);
            }
            rs.close();
            st.close();
            map.put("all", list);

        } catch (SQLException e) {
            e.printStackTrace();
        }
        return map;
    }
}
```

在 MySQL 中涉及到分页的操作，实际上是对 MySQL 中 limit 函数的使用，如果读者不太熟悉 MySQL，可查阅相关的文档。

接着看一下分页信息在页面上如何显示。在页面上会内定一些与分页相关的数据。代码如下所示：

```
<%
LoginDAOImpl impl = new LoginDAOImpl();
//定义当前页数
int page_count = 1;
//每页显示的记录数
int row = 5;
//总页数
int sum_page = 1;
//总记录数
int sum_row = impl.getAllCount();
try {
    page_count = Integer.parseInt(request.getParameter("page"));
    sum_row = Integer.parseInt(request.getParameter("sum_row"));
    System.out.println(page_count + " " + sum_row);
} catch (Exception e) {}
HashMap map = impl.getAllMessage(page_count, row);
%>
...相关代码可查阅源码部分
<form name="spage" method="post" action="main.jsp">
```

```
<table width="95%" border="0" align="center"
 cellpadding="0"cellspacing="0">
<tr>
<td> </td>
<td>
<%
sum_page = (sum_row + row - 1) / row;
if (list.size() >= 1) {
%>
    <div align="center">
    <input type="button"  value="首 页"
      onClick="openPage(1)" <%=page_count == 1 ? "disabled" : ""%>>

    <input type="button" value="上一页"
      onClick="openPage(<%=page_count - 1%>)" <%=page_count == 1 ?
        "disabled" : ""%>>

    <input type="button" value="下一页"
      onClick="openPage(<%=page_count + 1%>)" <%=page_count == sum_page ?
        "disabled" : ""%>>

    <input type="button" value="尾 页"
    onClick="openPage(<%=sum_page%>)" <%=page_count == sum_page ?
      "disabled" : ""%>>
    <input type="hidden" name="page" value=""> 
    <font color="red" size="5"><%=page_count%> </font> /
    <font color="red" size="5"><%=sum_page%> </font>  跳转到
    <select name="selpage" onChange="selOpenPage()">
<%
    for (int x=1; x<=sum_page; x++) {
%>
        <option value="<%=x%>" <%=page_count == x ? "selected" : ""%>>
        <%=x%>
        </option>
<%
    }
%>
    </select>
    页 
    </div>
<%
}
%>
</td>
<td> </td>
</tr>
</table>
</form>
```

这段代码中定义了每页要显示的留言条数，也设定了与分页相关的一些变量，比如总页数、当前页数，通过当前页与每页显示的条数取出了要显示的数据。

然后根据本页要显示的数据是否为零，来判断是否有分页结果，如有，则显示分页信息，包括首页、上一页、下一页、尾页、跳转页等。

14.6.2 汉字编码过滤器

系统实现了一个编码过滤器 Character 来解决汉字编码问题，代码如下所示：

```
public class Character implements Filter {
    private String ccode;
    public void destroy() {}

    public void doFilter(ServletRequest req, ServletResponse res,
      FilterChain chain) throws IOException, ServletException {
        //设定字符编码
        req.setCharacterEncoding(ccode);
        chain.doFilter(req, res);
    }
    public void init(FilterConfig config) throws ServletException {
        //获取编码值
        ccode = config.getInitParameter("ccode");
    }
}
```

Character 类执行过滤操作时，设置字符编码为 UTF-8，然后通过 chain.doFilter(req, res) 把控制转换到过滤器链上的其他过滤器。

要实现编码过滤功能，还需要在 web.xml 配置文件中加入如下的过滤器配置：

```
<!-- 配置过滤器 encode 用于过滤字符 -->
<filter>
    <filter-name>encode</filter-name>
    <filter-class>org.ly.filter.Character</filter-class>
    <init-param>
        <param-name>ccode</param-name>
        <param-value>utf-8</param-value>
    </init-param>
</filter>
<filter-mapping>
    <filter-name>encode</filter-name>
    <url-pattern>/*</url-pattern>
</filter-mapping>
```

上面设置了字符编码过滤器，它会自动过滤对服务器的所有请求。

14.7 功能模块实现

14.7.1 用户登录

登录组件关系如图 14.18 所示。

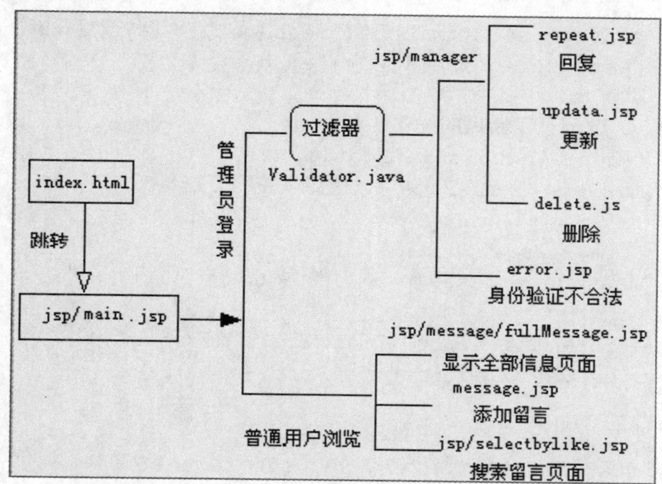

图 14.18 页面关系

视图 main.jsp 页面中设置有登录的界面，用来收集登录信息，提交给 Login 类处理。如果登录成功，则显示登录信息，否则提示错误原因。

Login 类的代码如下所示：

```
public class Login extends HttpServlet {
    public void destroy() {
        super.destroy();
    }
    public void doGet(HttpServletRequest request,
      HttpServletResponse response)
      throws ServletException, IOException {
        HttpSession session = request.getSession();
        String message = "错误原因：";
        Admin admin = new Admin();
        admin.setUid(request.getParameter("uid"));
        admin.setPwd(request.getParameter("pwd"));
        String validatior = request.getParameter("validate");
        String ccode = (String)session.getAttribute("ccode");
        LoginDAOImpl impl = new LoginDAOImpl();
        //判断验证码是否过期
        if(ccode == null) {
            session.setAttribute("message", "网页已过期，请重新登录。");
            response.sendRedirect("errors.jsp");
            return;
        }
        //验证登录
        if (impl.login(admin) && ccode.equals(validatior)) {
            // 防止重复登录
            if (!getRepeat(request, response)) {
                session.setAttribute("user", admin);
                session.setAttribute("admin", admin.getUid());
                response.sendRedirect("jsp/main.jsp");
            } else {
```

```
                session.setAttribute("message", "请勿重复登录，谢谢！");
                response.sendRedirect("errors.jsp");
            }
        } else { //验证了错后的操作
            if (!ccode.equals(validatior)) {
                message = message + "验证码错误.\n";
            }
            if (!impl.login(admin)) {
                message = message + "用户名密码错误.\n";
            }
            session.setAttribute("message", message);
            response.sendRedirect("errors.jsp");
        }
    }
    public void doPost(HttpServletRequest request,
      HttpServletResponse response)
      throws ServletException, IOException {
        this.doGet(request, response);
    }
    //是否重复登录的封闭方法
    public static boolean getRepeat(HttpServletRequest request,
      HttpServletResponse response) {
        boolean flag = false;
        List list = loginListener.list;
        for (int i=0; i<list.size(); i++) {
            Admin ad = (Admin)(list.get(i));
            if (request.getParameter("uid").equals(ad.getUid())) {
                flag = true;
            }
        }
        return flag;
    }
    public void init() throws ServletException {}
}
```

Login 类调用 doGet()方法进行登录操作，如果验证码为空或验证码错误，不需要在数据库查询用户是否存在而直接拒绝登录。反之，需要将用户名和密码传至 LoginDAOImpl 对象的 login()方法进行判断。在判断之前先调用 getRepeat()方法判断用户是否已经登录，如果用户已经登录，则给出提示“请勿重复登录，谢谢”。

14.7.2 监听用户

当用户登录成功的时候，需要将这个用户的信息记录下来，以防止用户重复登录。这个功能由 loginListener 类来完成的。

loginListener 的代码如下所示：

```
public class loginListener implements HttpSessionAttributeListener {

    public static List list = new ArrayList();
```

```
    //添加监听
    public void attributeAdded(HttpSessionBindingEvent arg0) {
        if (arg0.getName().equals("user")) {
            Admin admin = (Admin)arg0.getValue();
            list.add(admin);
        }
    }

    //移除监听
    public void attributeRemoved(HttpSessionBindingEvent arg0) {
        try {
            int n = 0;
            Admin admin = (Admin)arg0.getValue();
            for (int i=0; i<list.size(); i++) {
                Admin admin2 = (Admin)list.get(i);
                if (admin.getUid().equals(admin2.getUid())) {
                    n = i;
                    break;
                }
            }
            list.remove(n);
        } catch (Exception e) {}
    }

    //覆盖监听
    public void attributeReplaced(HttpSessionBindingEvent arg0) {}
}
```

当用户登录成功后，用户要存入 session 之中，此时需要将登录用户的信息保存起来，HttpSessionAttributeListener 可以完成此任务，它提供了 attributeAdded()方法，但执行 session.setAttribute()方法时，系统将会调用 attributeAdded()方法。这个方法有一个参数为 HttpSessionBindingEvent，通过它的 getValue()方法可以获得存入 session 的对象。

attributeRemoved()方法的功能是当从 session 中删除某对象时执行此方法。为了让整个应用程序中只有一份用户记录表的拷贝，所以需要设置存储用户列表的类型为 static。

要使这个监听器起作用，还需要在 web.xml 中进行如下设置：

```
<!-- 配置监听器 用于监听重复登录-->
<listener>
    <listener-class>org.ly.listener.loginListener</listener-class>
</listener>
```

14.7.3　添加留言

添加留言的功能并不繁琐，用户将信息提交至 Servlet，Servlet 对提交的数据进行类型转换后，调用相应的 DAO 对象与数据库表进行交互，这里是调用添加方法，如果添加数据成功，则 Servlet 对象将结果转向列表页，否则将转向为失败页。

各组件之间的关系如图 14.19 所示。

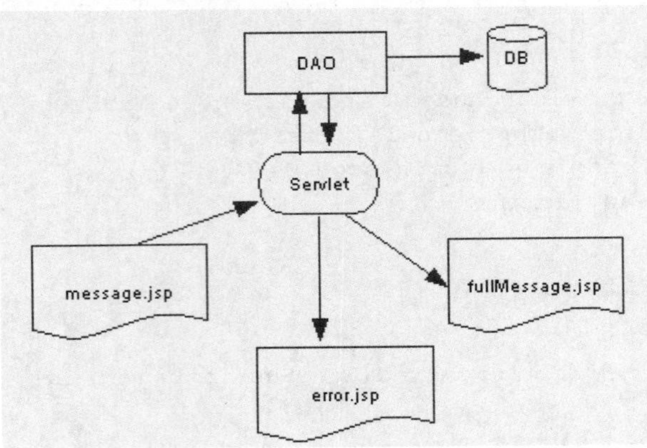

图 14.19　各组件之间的关系

视图层的 message.jsp 页面收集留言信息，提交给控制层 Servlet，交由它的 post 方法处理。MessageBiz 即是控制层 Servlet。

MessageBiz 的代码清单如下所示：

```
public class MessageBiz extends HttpServlet {

    public void destroy() {
        super.destroy();
    }

    public void doGet(HttpServletRequest request,
      HttpServletResponse response)
      throws ServletException, IOException {
        //设定返回类型
        response.setContentType("text/html");
        PrintWriter out = response.getWriter();
        this.doPost(request, response);
    }

    public void doPost(HttpServletRequest request,
      HttpServletResponse response)
      throws ServletException, IOException {
        HttpSession session = request.getSession();
        //设定返回类型
        response.setContentType("text/html");
        PrintWriter out = response.getWriter();
        //获取要操作数据的方式
        String type = request.getParameter("type");
        //调用 DAO 对象
        LoginDAO impl = new LoginDAOImpl();
        Message message = new Message();
        if (type.equals("insert")) {
            message.setName(this.getHtml(request.getParameter("name")));
            message.setMotif(this.getHtml(request.getParameter("motif")));
            String context = request.getParameter("context");
```

```
        String ccode = (String)session.getAttribute("ccode");
        String validate = request.getParameter("validate");
        if (validate == null || validate == "" || context == null
          || context == "" || !validate.equals(ccode)) {
            String error = "";
            if (context == null || context == "") {
                error = error + "留言内容不能为空！";
            }
            if (validate == null || validate == ""
              || !validate.equals(ccode)) {
                error = error + "验证码不正确！";
            }
            session.setAttribute("message", error);
            response.sendRedirect("errors.jsp");
            return;
        } else {
            context = this.getHtml(context);
            message.setContext(context);
        }
        if (impl.insertMessage(message)) {
            response.sendRedirect("index.html");
        } else {
            session.setAttribute("message", "留言失败，请重新填写留言。");
            response.sendRedirect("errors.jsp");
        }
    } else if (type.equals("repeat")) {
        //当用户执行回复留言时执行本区域代码
        Message me = new Message();
        me.setName((String)session.getAttribute("admin"));
        int id = Integer.parseInt(request.getParameter("id"));
        me.setId(id);
        String context = request.getParameter("context");
        String ccode = (String)session.getAttribute("ccode");
        String validate = request.getParameter("validate");
        if (validate == null || validate == "" || context == null
          || context == "" || !validate.equals(ccode)) {
            String error = "";
            if (context.equals(null) || "".equals(context)) {
                error = error + "回复内容不能为空！";
            }
            if (validate == null || validate == ""
              || !validate.equals(ccode)) {
                error = error + "验证码不正确！";
            }
            session.setAttribute("message", error);
            response.sendRedirect("errors.jsp");
            return;
        } else {
            context = this.getHtml(context);
            me.setContext(context);
        }
```

```
        if (impl.repeatMessage(me)) {
            response.sendRedirect("index.html");
        } else {
            session.setAttribute("message", "留言失败，请重新填写留言。");
            response.sendRedirect("errors.jsp");
        }
    } else if (type.equals("updata")) {
        Message me = new Message();
        String motif = "无主题";
        int id = Integer.parseInt(request.getParameter("id"));
        me.setId(id);
        if (request.getParameter("motif") != null
          || request.getParameter("motif") != "") {
            motif = request.getParameter("motif");
        }
        String context = request.getParameter("context");
        String ccode = (String)session.getAttribute("ccode");
        String validate = request.getParameter("validate");
        if (validate == null || validate == "" || context == null
          || context == "" || !validate.equals(ccode)) {
            String error = "";
            if (context.equals(null) || "".equals(context)) {
                error = error + "留言内容不能为空！";
            }
            if (validate == null || validate == ""
              || !validate.equals(ccode)) {
                error = error + "验证码不正确！";
            }
            session.setAttribute("message", error);
            response.sendRedirect("errors.jsp");
            return;
        } else {
            context = this.getHtml(context);
            motif = this.getHtml(motif);
            me.setMotif(motif);
            me.setContext(context);
        }
        if (impl.updataMessage(me)) {
            response.sendRedirect("index.html");
        } else {
            session.setAttribute("message","修改留言失败,请重新修改留言。");
            response.sendRedirect("errors.jsp");
        }
    } else if (type.equals("like")) {
        String keyworld = request.getParameter("keyworld");
        if (keyworld.equals(null) || "".equals(keyworld)) {
            session.setAttribute("message", "请输入查询关键字.");
            response.sendRedirect("errors.jsp");
        } else {
            session.setAttribute("like", keyworld);
            response.sendRedirect("jsp/selectbylike.jsp");
```

```
            }
        }
    }

    public void init() throws ServletException {}

    //字符转义
    public static String getHtml(String s) {
        char c[] = s.toCharArray();
        char ch;
        StringBuffer buf = new StringBuffer();
        for (int i=0, size=c.length; i<size; i++) {
            ch = c[i];
            if (ch == '"') {
                buf.append("&quot;");
            } else if (ch == '&') {
                buf.append("&amp;");
            } else if (ch == '<') {
                buf.append("&lt;");
            } else if (ch == '>') {
                buf.append("&gt;");
            } else if (ch == '\n') {
                // buf.append("<br>");
            } else if (ch == ' ') {
                buf.append(" ");
            } else {
                buf.append(ch);
            }
        }
        c = null;
        return buf.toString();
    }
}
```

本系统的核心就是留言信息的管理，其中包括留言信息的查看、修改和删除，本例中将这些针对留言表的增、删、改、查全部都定义在 MessageBiz 这个 Servlet 类中，此类处理与留言类型有关的所有操作。该类的对功能的实现主要是通过对请求参数 type 的判断，判断参数的值是发布留言还是删除留言或者查看留言，根据 type 参数值的不同，处理的方式也不同。该做法易于程序员管理、操作和维护系统。

Servlet 中另外定义了一个过滤 HTML 代码的 getHtml()方法，它是用来处理页面传来数据转义功能的，有些字符会被 HTML 自动解析，这样会出现页面紊乱的现象，为了防止这样的现象产生，需要对一些关键字符如“<”、“>”等进行转义。

14.7.4　权限管理

在留言管理中系统中，有些页面只有具有管理权限的管理员方可以查阅，比如本应用程序中的 delete.jsp、message.jsp、repeat.jsp、update.jsp。它们均放置于 manager 文件夹中，如图 14.20 所示。

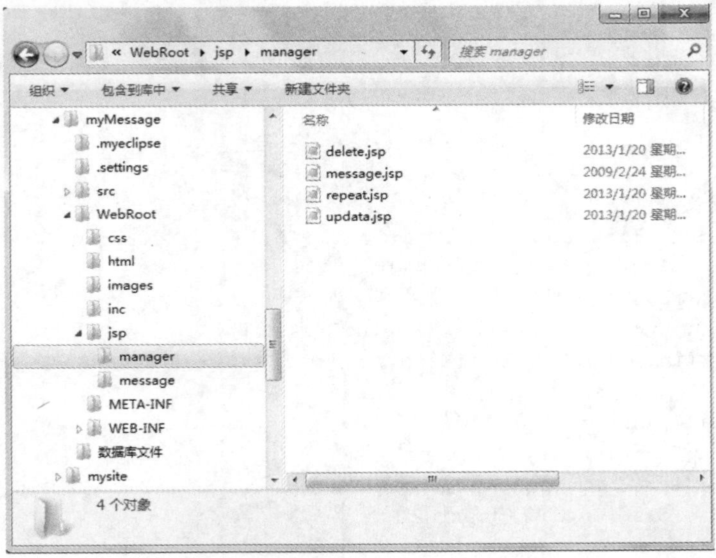

图 14.20　manager 文件夹

要对文件夹设置权限，在 Web 中一般采用 Filter 方式。代码如下所示：

```
<!-- 配置过滤器 encode 用于验证是否为合法跳转页面 -->
<filter>
   <filter-name>validate</filter-name>
   <filter-class>org.ly.filter.Validator</filter-class>
</filter>
<filter-mapping>
   <filter-name>validate</filter-name>
   <url-pattern>/jsp/manager/*</url-pattern>
</filter-mapping>
```

为 manager 下的所有文件添加过滤器 Validator，代码如下所示：

```
public class Validator implements Filter {
   public void destroy() {}

   public void doFilter(ServletRequest req, ServletResponse res,
     FilterChain chain) throws IOException, ServletException {
      HttpServletRequest reqeust = (HttpServletRequest)req;
      HttpServletResponse response = (HttpServletResponse)res;
      HttpSession session = reqeust.getSession();
      Object name = session.getAttribute("admin");
      if(name!=null && name!="") {
         chain.doFilter(req, res);
      } else {
         response.sendRedirect("../../index.html");
      }
   }
   public void init(FilterConfig config) throws ServletException {}
}
```

在访问 manager 文件夹下的页面时，从 session 中获取 admin 对象，如果 admin 对象存在，则显示相关的页面，否则转向到首页面。

14.7.5　连接数据库代码

在开发一个应用程序的时候，除了要求界面统一、美观之外，还要求代码具有较高的质量，高质量的代码如何编写呢？在这里将向读者展现隐藏在页面之后的这些功能强大的代码。

应用程序获取数据一般需要先建立与数据库的连接，再进行其他操作。在开发中不建议将连接数据库的代码直接写在业务方法中，通常的做法是提供一个连接数据库的类，将相关的数据封装起来。在本例中 DBCon.java 即担负这一职责，它提供了获取数据库连接的方法。该类中通过读取资源文件，获取数据库连接的相关数据信息。将数据库的连接信息写在资源文件中，可以方便程序员很轻松地修改数据库的连接。

代码如下：

```
//省略打包语句
public class DBCon {
    private static Properties prop = new Properties();
    //静态语句块，先执行这里的内容
    //静态语句块，读取 JDBC 配置文件内容
    static {
        //读取资源文件
        InputStream  is= Thread.currentThread()
          .getContextClassLoader().getResourceAsStream("jdbc");
        try {
            prop.load(is);
        } catch (IOException e) {
            e.printStackTrace();
        }
    }
    private DBCon(){}
    public static Connection GetConnectionMySql(String driver,
      String url, String user, String psw) {
        Connection conn = null;
        try {
            Class.forName(driver);
        } catch (ClassNotFoundException e) {
            e.printStackTrace();
        }
        try {
            conn = DriverManager.getConnection(url, user, psw);
        } catch (SQLException e) {
            e.printStackTrace();
        }
        return conn;
    }
    //获得配置文件中的各个属性节点内容
    public static Connection GetConnectionMysql() {
```

```
        String driver = prop.getProperty("driver");
        String url = prop.getProperty("url");
        String user = prop.getProperty("user");
        String psw = prop.getProperty("password");
        return GetConnectionMySql(driver, url, user, psw);
    }
}
```

在以上代码中，使用的是通过读取相关配置文件来建立连接的方式， JDBC 配置文件内容如下：

```
driver=com.mysql.jdbc.Driver  //驱动
url=jdbc:mysql://localhost:3306/board //连接地址
user=root  //连接数据库的用户名
password=root //连接数据库的密码
```

14.7.6 退出登录功能

管理员想要退出系统时，单击退出登录请求，将提交到此 ExitSerlvet 进行处理，该 Servlet 中将 session 失效，然后页面跳转回登录页面。

代码如下：

```
//省略打包语句
public class Exit extends HttpServlet {
    public void destroy() {
        super.destroy();
    }
    public void doGet(HttpServletRequest request,
      HttpServletResponse response)
      throws ServletException, IOException {
       HttpSession session = request.getSession();
       session.invalidate();  //清空 Session 中的信息
       response.sendRedirect("login.jsp");  //跳转回登录页面
    }
}
```

14.8 运 行 工 程

14.8.1 使用工具

在编写本系统时，采用的开发环境组件如下所列，读者可以对照参考，以搭建自己的环境，以便顺利入手开发。

Web 服务器：Tomcat 7.0。

数据库服务器：本章采用 MySQL 数据库。

开发平台：MyEclipse 10.6。

14.8.2　工程部署

工程部署如图 14.21 所示。读者可依此目录图分别放置相应的文件，并导入 lib 包。

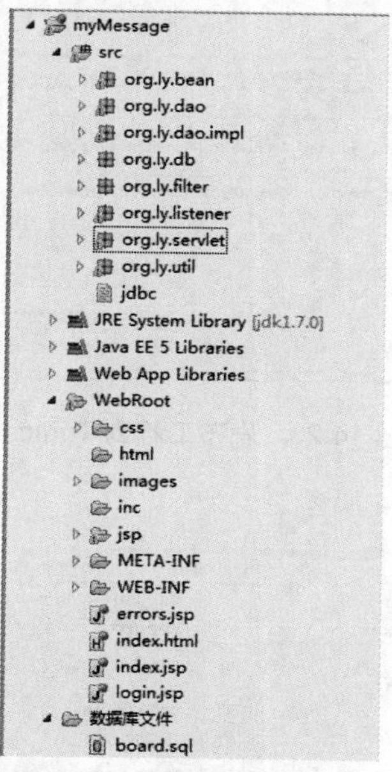

图 14.21　工程目录和包结构

14.8.3　运行程序

运行程序的步骤如下。

(1)　单击 MyEclipse 的工具 Deploy My Eclipse J2EE 按钮，显示 Project Deployments 对话框，单击 Add 按钮，如图 14.22 所示。

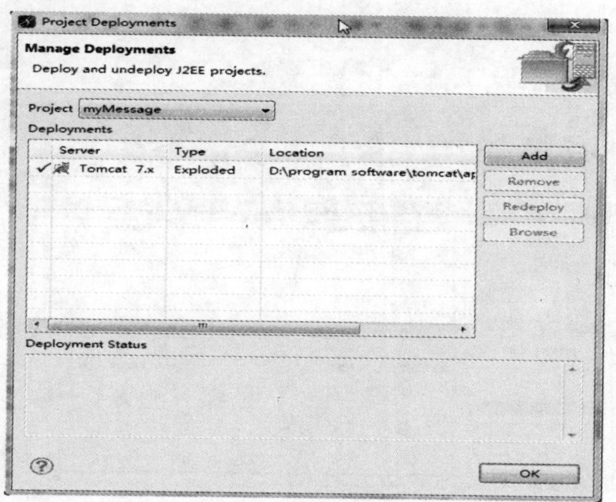

图 14.22　准备发布工程

(2) 在弹出的对话框中，从 Server 下拉列表中选择 Tomcat，如图 14.23 所示。

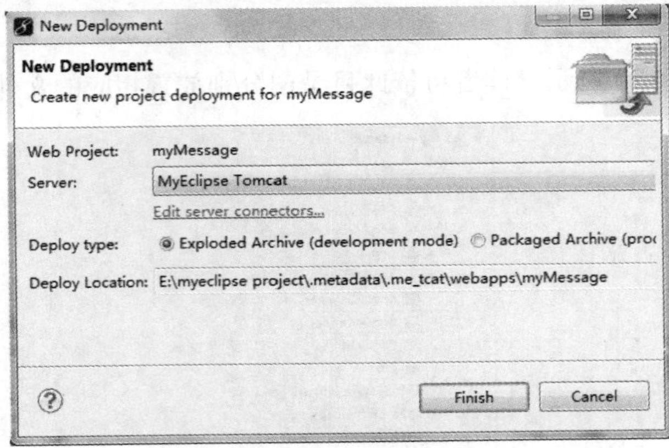

图 14.23 发布工程到 Tomcat

(3) 启动 Tomcat，如图 14.24 所示。

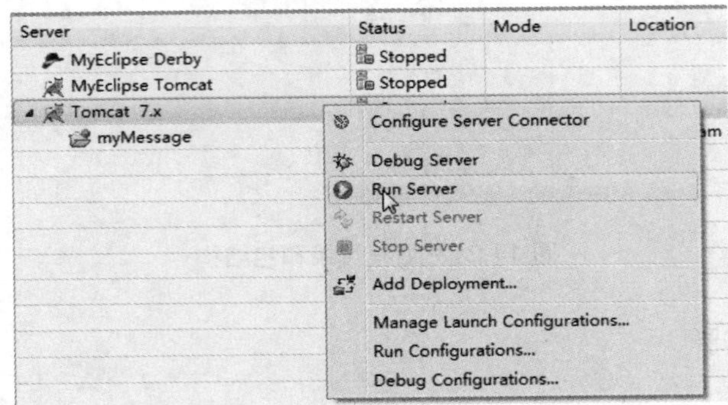

图 14.24 启动 Tomcat 容器

(4) 在地址栏中通过输入“http://localhost:端口号/工程名”来访问本系统。访问的效果如图 14.25 所示。

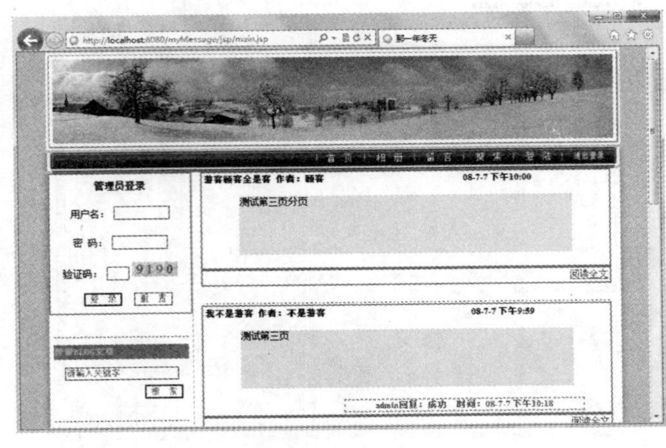

图 14.25 访问程序的效果

14.9　总　　结

本章介绍了留言管理系统，基本功能是完善的，所有功能的实现均借助于 Servlet+JSP 编写而成。读者可以通过本系统对 Servlet 的相关用法有更深入的了解。并对留言管理系统的业务逻辑有清晰的理解，本章只是介绍了基本的留言管理系统，读者可以以本章节为基础，开发多用户或多功能的留言管理系统。

14.10　上 机 练 习

(1) 将本留言系统程序的验证码改为中文验证码。
(2) 将本留言系统程序的分页功能用自定义标签表示。

第 15 章

网上商店 JPetStore

学前提示

在全球各地广泛的商业贸易活动中，电子商务已经脱颖而出，成为贸易活动中的新秀。所谓电子商务，是在因特网开放的网络环境下，基于浏览器/服务器应用方式，买卖双方不谋面地进行各种商贸活动，实现消费者的网上购物、商户之间的网上交易和在线电子支付以及各种商务活动、交易活动、金融活动和相关的综合服务活动的一种新型的商业运营模式。在 Web 应用程序开发中，涉及电子商务方面开发的案例不胜枚举。本章将从系统概述、需求分析、数据库结构设计、系统设计和功能实现等方面讲述如何实现电子商务系统的开发。

知识要点

- 购物系统的需求与分析
- 数据库表的设计
- 购物车的理解
- 购物清单结算
- 运行工程

15.1 系 统 概 述

电子商务系统的目的相当明确，就是在网络上提供商品的详细情况，然后可供访问用户查看和订购。电子商务系统除了需要给用户提供商品的增加、删除、修改和显示等传统的功能之外，还需要提供生成订单、处理订单的功能。网上商店 JPetStore 可以让读者对电子商城的开发有清晰的认识，为以后开发相关的电子商务系统打下良好的基础。

15.2 系 统 需 求

在制作电子商务管理系统前，读者一定要对电子商务管理系统有印象，这里通过观察两个著名网站的电子商务界面，来寻找电子商务管理系统的相似之处。

首先，查看国内一家著名的网上书城 China-Pub 的主页面，如图 15.1 所示。

图 15.1　China-Pub 的主页面

其次，查看淘宝网站，淘宝网站的主页面如图 15.2 所示。

图 15.2　淘宝网站的主页面

通过这两个著名网站的商务界面，可以发现共同拥有的选项有：商品的图片、商品的分类、提供搜索商品的功能等。用户登录后方可购买商品。用户选中的一些商品先存放于购物车中，在最后下订单时进行汇总。

本章所提供的并不是一个商业项目，而是一个著名的学习案例 PetStore。它是 Sun 公司为了演示 J2EE 的强大功能组织编写的一个基于电子商务网站的案例，有较高的学习价值。

原版的 PetStore 是基于 J2EE 和 iBatis 的例子，iBatis 是用来将数据持久化的一种技术，在本书中并未涉及。本章是在 PetStore 的思想和基础上用 JSP 和 JDBC 技术改写的 JPetStore，主要为读者展示电子商务网站的开发流程。

根据以上描述，系统的主要角色包括普通用户和注册用户，如图 15.3 所示。

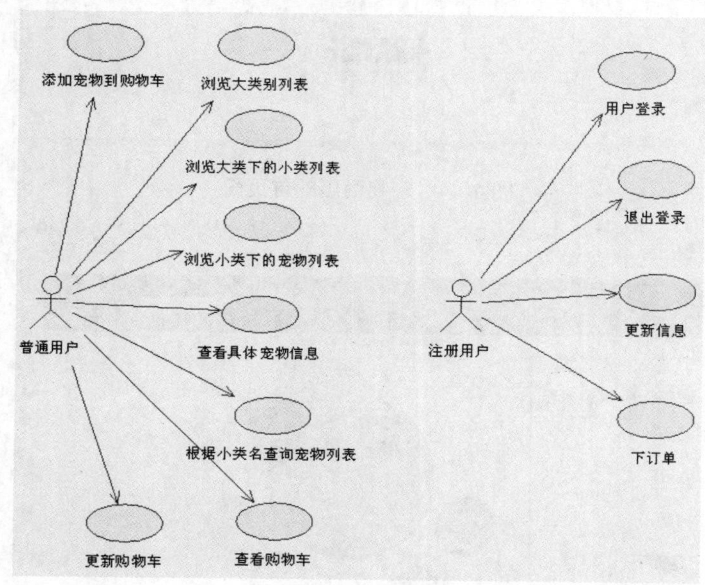

图 15.3 系统用例图

15.3 系统功能描述

在正式开发之前，应先了解一下系统实现了哪些功能。

普通用户可以浏览所有大类别商品，查看某一大类别商品下的所有小类别商品分类、小类别商品下的所有商品；搜索商品，将商品添加到购物车，更新购物车等。

1. 浏览宠物商店首页

宠物商店管理系统首页面如图 15.4 所示，普通用户访问宠物商店管理系统，便可以查看此管理系统的首页。

页面上提供了查询商品的功能按钮和进入大类别商品信息页的链接。

2. 浏览大类别列表

当用鼠标单击首页面上 Enter the Store 链接时，便进入浏览大类别商品的页面。该页面

通过图标导航和文字导航两种方式列出所有的大类别商品，用户可以单击图标或文字进入小类别商品的列表页面。如图 15.5 所示为大类别商品的列表页面。

图 15.4　宠物商店的首页面

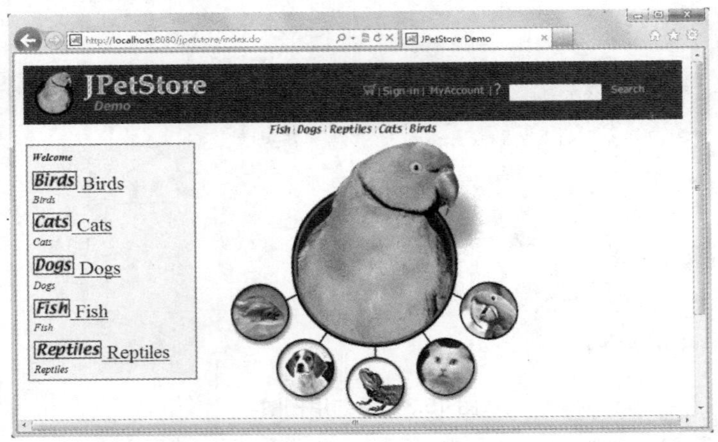

图 15.5　大类别列表页面

3. 浏览小类别列表

当用鼠标单击首页面上 Fish 链接时，便进入浏览 Fish 类别下所有小类别的列表页面。单击此页面中的 Main Menu 链接，可以返回大类别列表页面。单击 FI-FW-01，可以显示这个小类别下的所有商品页面。Previous 按钮和 Next 按钮可以导航到这个小类别列表的上一页和下一页。如图 15.6 所示为小类别列表页面。

4. 浏览小类别商品

单击 FI-FW-01，可以显示这个小类别下的所有商品页面。Previous 按钮和 Next 按钮可以导航到商品列表的上一页和下一页。单击 Add to Cart 链接，可以将商品添加到购物车中，单击 Fish 链接，可以返回到大类别名为 Fish 之下的所有小类别列表页。如图 15.7 所示为小类别 Fish 下所有的商品列表页面。

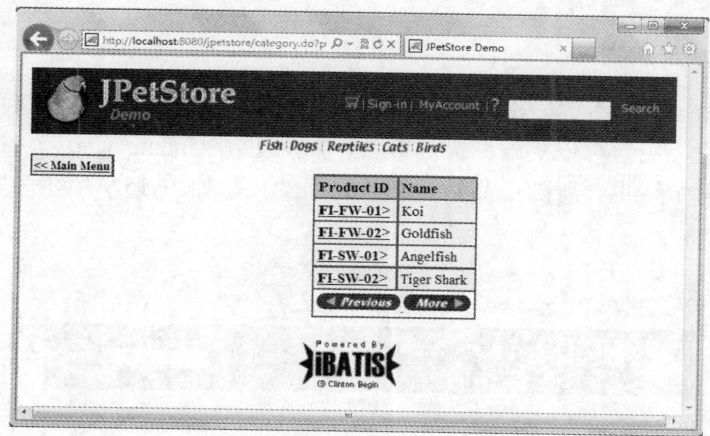

图 15.6　小类别列表页面

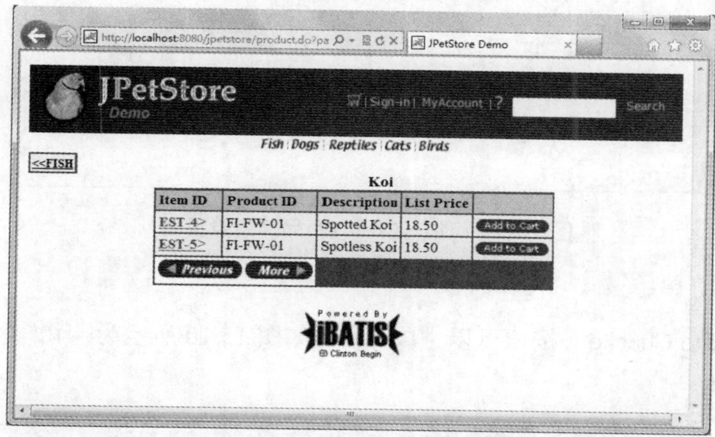

图 15.7　Fish 小类别下的商品列表页面

单击 Item ID 下的链接，可以查看具体的商品信息，此处单击 EST-4 链接，可以查看该商品的详细信息。如图 15.8 所示为具体商品的详细说明页面。

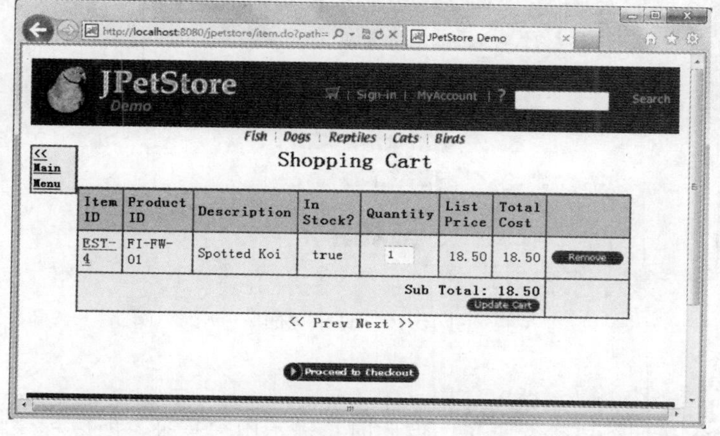

图 15.8　商品的详细信息页面

5. 将商品添加到购物车

单击 Add to Cart 链接可以将商品添加到购物车中，单击 Remove 链接可以将相对应的数据从购物车清除。用户可以更改商品的数量，然后单击 Update Cart，可以更新商品的数量，并且商品的总价钱也会跟随商品数量的变化而变化。如图 15.9 所示为购物车内所有商品的列表页面。

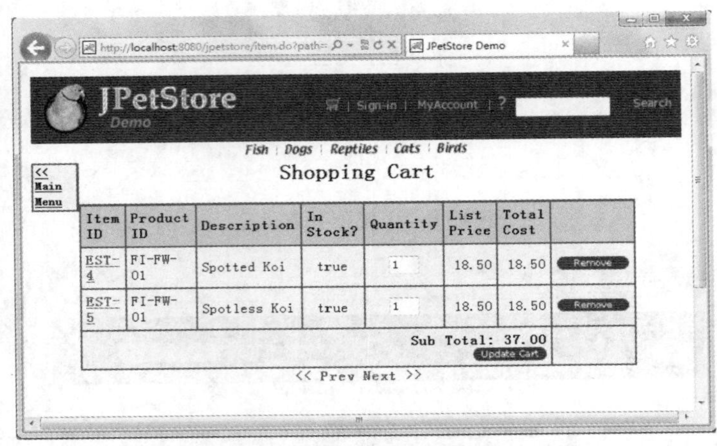

图 15.9　购物车内所有商品的列表页面

6. 生成购物订单

单击 Proceed to Checkout 按钮可以生成订单。如图 15.10 所示为购物车内所有的商品生成订单的页面。

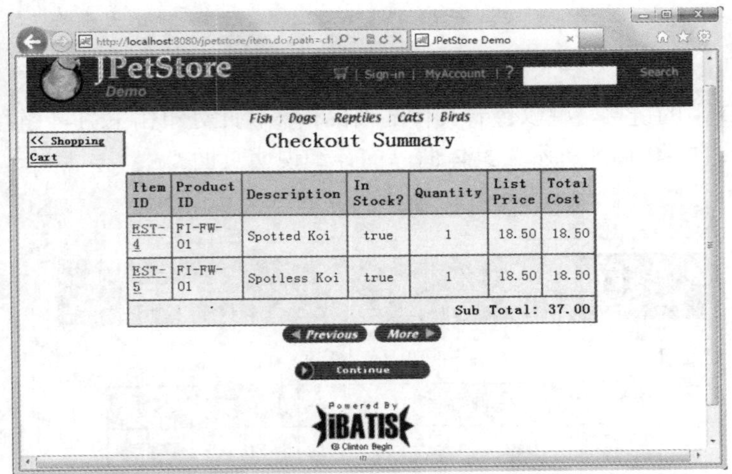

图 15.10　订单页面

7. 用户登录

单击 Continue 按钮可以提交订单。但此时将提示用户登录，所以程序将把请求转向到登录页面。如图 15.11 所示为登录页面。

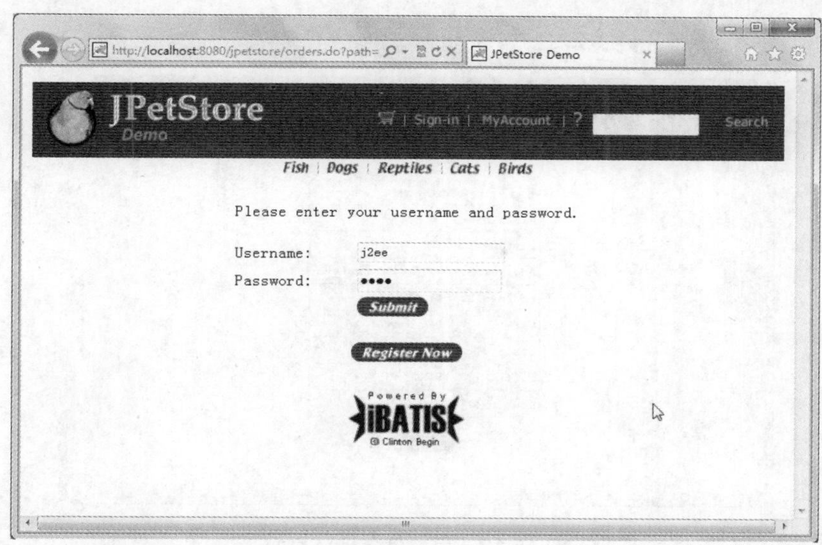

图 15.11　用户登录页面

8. 用户注册

如果用户未注册，单击 Register Now 按钮可以到用户注册页面。如图 15.12 所示为用户注册页面。

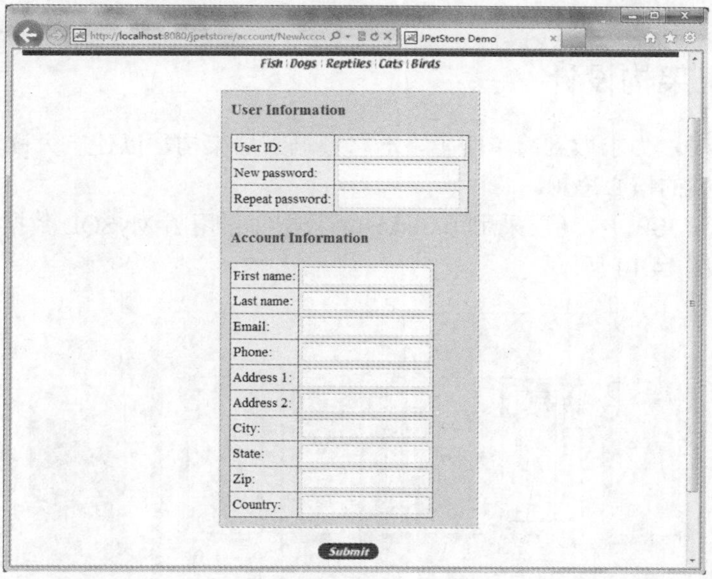

图 15.12　用户注册页面

9. 提交订单

如果用户注册后，回到订单页面，单击 Continue 按钮，将转到确认信息页，此时用户可以更改相关的联系方式，然后单击 Submit 按钮可以提交订单，单击 Sign-out 链接可以退出登录状态。如图 15.13 所示为用户信息确认页面。

图 15.13 用户信息确认页面

15.4 系 统 设 计

对需求进行了分析之后，接下来对系统的整体架构进行设计。目的是为了使读者更容易理解整个系统。

15.4.1 系统架构设计

编写本系统时，力求做到简单明了，严格遵循三层架构，以使广大读者能够迅速把握这一类型解决方案的核心思想。

表现层采用了 JSP，中间层采用了 Servlet，数据库采用了 MySQL 数据库存放数据，具体的总体架构如图 14.14 所示。

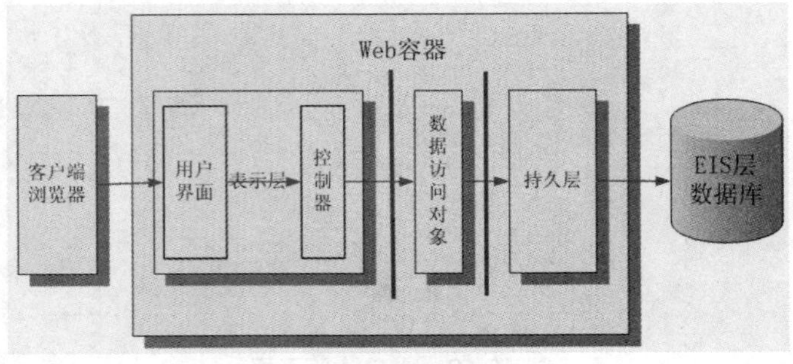

图 15.14 系统总体架构

15.4.2 业务实体设计

系统的业务实体在内存中表现为实体域对象，在数据库中表现为关系数据，实现业务实体包括以下内容。

- 设计域模型，创建域模型实体对象。
- 设计关系数据模型。

网上商店系统中的业务实体比较复杂：订单、订单状态、订单项、账户、登录信息、个性化信息、大类别、小类别、商品列表、类别欢迎信息、库存数量、物品清单、购物车。它们之间的关系如图 15.15 所示。

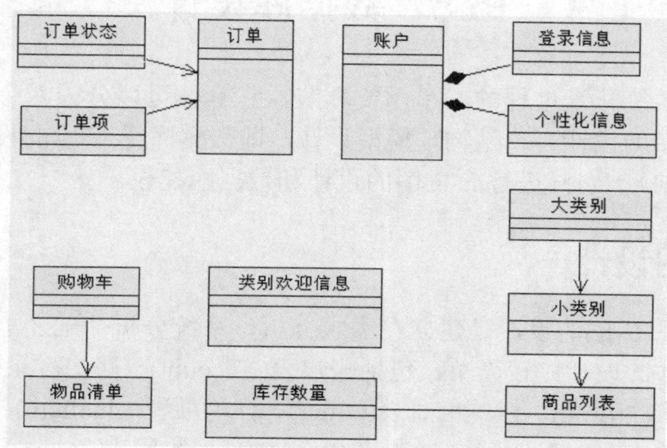

图 15.15　业务实体之间的关系

- 订单项和订单：一个订单项可以关联一个或多个订单，一个订单对应且只对应一个订单项，它们之间的关系是一对多关系。
- 订单状态和订单：一个订单状态可以关联一个或多个订单，一个订单对应且只对应一个订单状态，它们之间的关系是多对一关系。
- 账户和登录信息：是组合关系。
- 账户和个性化信息：是组合关系。
- 购物车和购物项：购物车中可以有一个或多个购物项，一个购物项对应且只对应一个购物车，它们之间的关系是一对多关系。
- 大类别和小类别：一个大类别可以有一种或多种小类别，一种小类别对应且只对应一个类别，它们之间的关系是一对多关系。
- 小类别和商品：一个小类别可以有一种或多种商品，一种商品对应且只对应一个小类别，它们之间的关系是一对多关系。

15.4.3　业务逻辑设计

在这个实例中，采用了 DAO 设计模式实现数据层的访问。DAO 模式是 J2EE 核心模式中的一种，其主要目的就是在业务核心方法和具体数据源之间再增加一层，用这一层来连接业务方法和数据源，这样就实现了两者的解耦，如图 14.16 所示。

数据源是多样化的，可能是 XML 或关系数据库。关系数据库有不同的产品，如 MySQL 或 Oracle。通过使用 DAO 模式，业务核心部分就不用关心数据层是如何实现数据库操作的，只关心自己的业务操作即可。数据库的操作全部交由 DAO 代理。

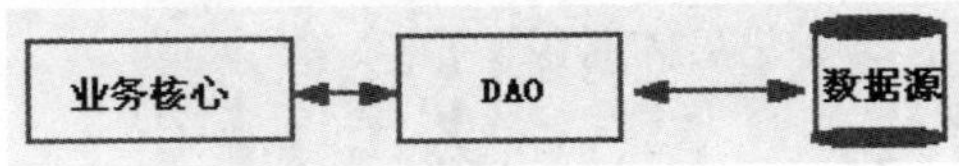

图 15.16　DAO 模式

15.5　数据库设计

数据库设计是系统开发过程的一个重要环节，它具体可以分为两个部分：一个是概念模型设计，即 E-R 图的设计；二是物理模型设计，即数据库/表字段的设计。

本章利用 PowerDesigner 进行 E-R 图的设计和数据库建模。

15.5.1　E-R 图设计

系统的实体关系(E-R)的设计是建立在需求分析、系统分析基础之上的。

在本章中，实体的设计比较简单，包括账户表(Account)、账户登录信息表(Signon)、账户登录个性化信息表(Profile)、订单信息表(Order)、订单项表(LineItem)、订单的状态信息表(OrderStatus)、大类表(Category)、小类表(Product)、商品表(Item)、类别欢迎信息表(BannerData)、库存数量表(Inventory)、供应商表(Supplier)。

系统的 E-R 图如图 15.17 所示。

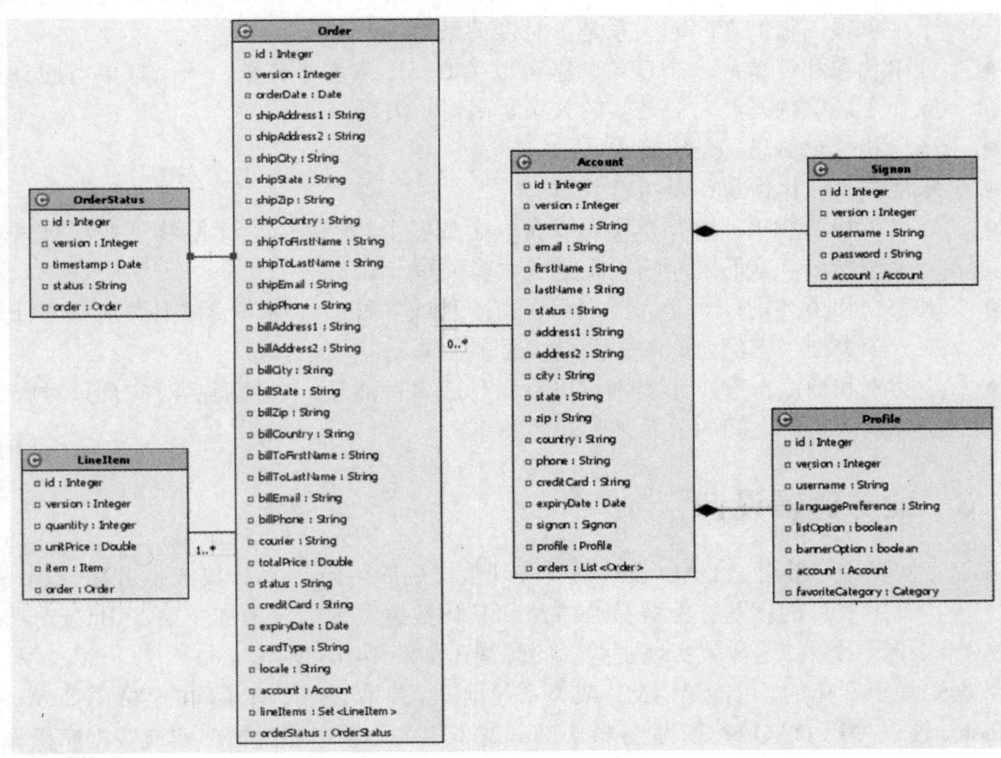

图 15.17　系统的 E-R 图

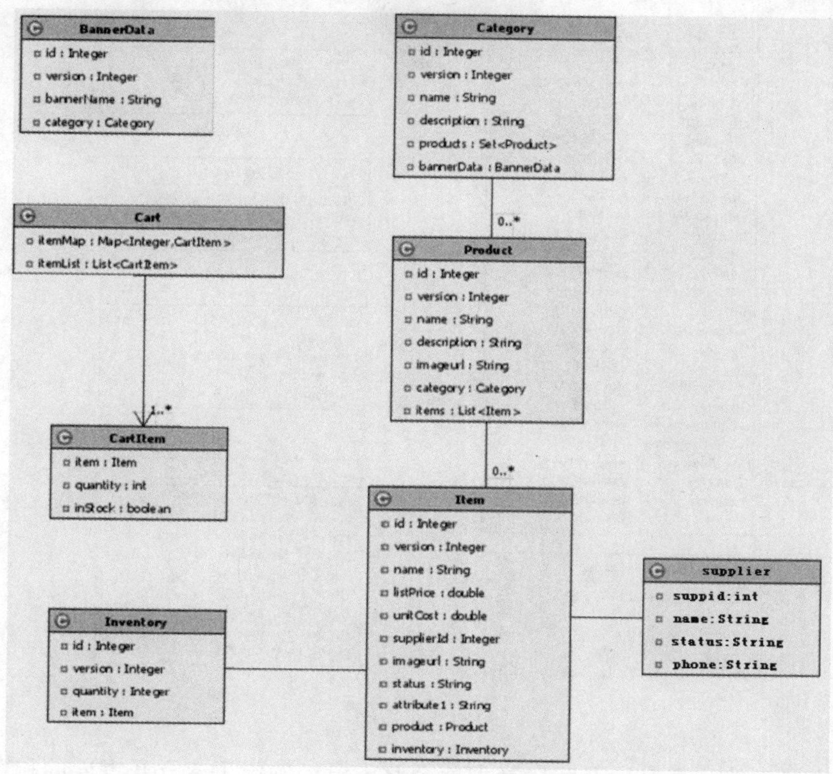

图 15.17 (续)

15.5.2 物理建模

物理建模，即数据库建模，建立在概念模型的基础上，每一个实体对应一个数据库表，实体中的每一个属性对应数据库表中的一个字段。有关系连接的实体，在生成物理模型以后子表会继承父表的主键生成子表的外键。

系统数据库的物理模型如图 15.18 所示。

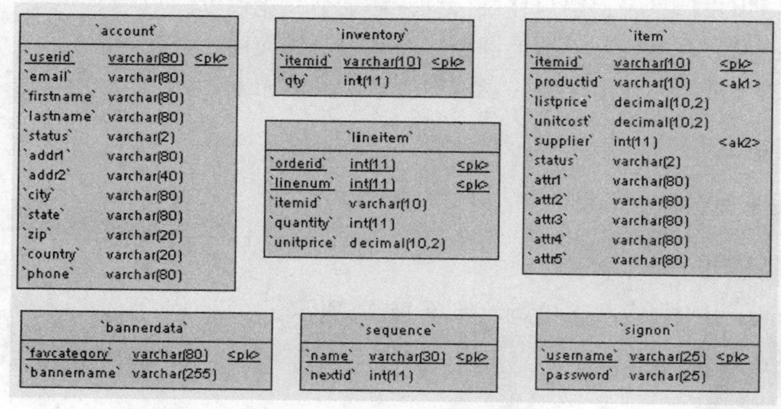

图 15.18 系统数据库的物理模型

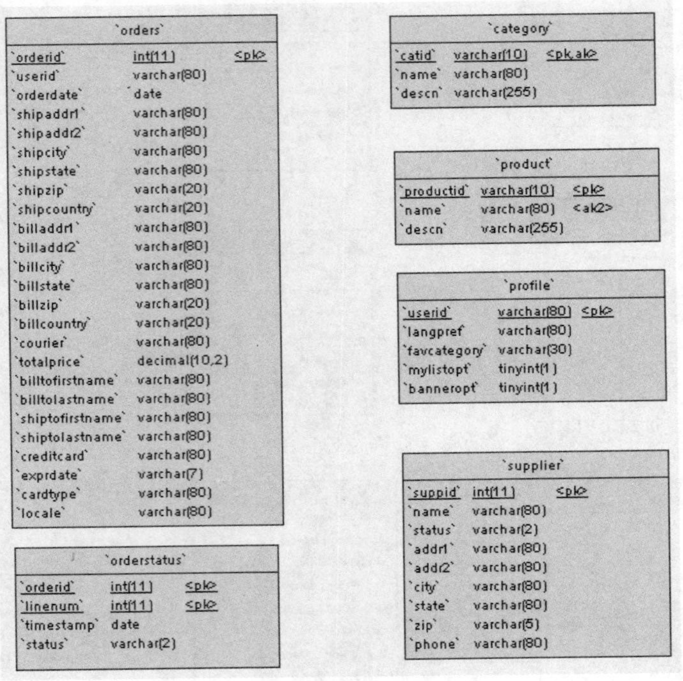

`orders`

`orderid`	int(11)	<pk>
`userid`	varchar(80)	
`orderdate`	date	
`shipaddr1`	varchar(80)	
`shipaddr2`	varchar(80)	
`shipcity`	varchar(80)	
`shipstate`	varchar(80)	
`shipzip`	varchar(20)	
`shipcountry`	varchar(20)	
`billaddr1`	varchar(80)	
`billaddr2`	varchar(80)	
`billcity`	varchar(80)	
`billstate`	varchar(80)	
`billzip`	varchar(20)	
`billcountry`	varchar(20)	
`courier`	varchar(80)	
`totalprice`	decimal(10,2)	
`billtofirstname`	varchar(80)	
`billtolastname`	varchar(80)	
`shiptofirstname`	varchar(80)	
`shiptolastname`	varchar(80)	
`creditcard`	varchar(80)	
`exprdate`	varchar(7)	
`cardtype`	varchar(80)	
`locale`	varchar(80)	

`orderstatus`

`orderid`	int(11)	<pk>
`linenum`	int(11)	<pk>
`timestamp`	date	
`status`	varchar(2)	

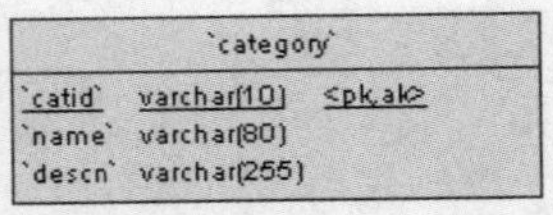

`category`

`catid`	varchar(10)	<pk,ak>
`name`	varchar(80)	
`descn`	varchar(255)	

`product`

`productid`	varchar(10)	<pk>
`name`	varchar(80)	<ak2>
`descn`	varchar(255)	

`profile`

`userid`	varchar(80)	<pk>
`langpref`	varchar(80)	
`favcategory`	varchar(30)	
`mylistopt`	tinyint(1)	
`banneropt`	tinyint(1)	

`supplier`

`suppid`	int(11)	<pk>
`name`	varchar(80)	
`status`	varchar(2)	
`addr1`	varchar(80)	
`addr2`	varchar(80)	
`city`	varchar(80)	
`state`	varchar(80)	
`zip`	varchar(5)	
`phone`	varchar(80)	

图 15.18　(续)

图中列出了表的所有字段及字段类型。至此，已经确定了建立数据库的相关信息。下面就将创建相关的数据库表，在创建数据库表之前，首先要创建一个数据库。本章系统使用的数据库系统为 MySQL，数据库名为 board，数据库用户为 root。

15.5.3　设计表格

JPetStore 是一个电子商务网站，电子商务网站的核心就是完成商务的功能，网站可以从三个方面来做分析：订单、用户、商品。

- 订单：订单信息表、订单状态表、订单清单。
- 用户：用户信息表、用户登录信息、登录个性化设置。
- 商品：商品分类表、详细类别表、商品表、供应商表、库存表。

根据以上的分析，设计出详细的表结构信息，具体如下。

1. 订单表 order

表 order 用来保存订单信息，如图 15.19 所示。

2. 状态表 orderstatus

表 orderstatus 用来保存状态信息，如图 15.20 所示。

3. 订单清单表 lineitem

表 lineitem 用来保存订单清单信息，如图 15.21 所示。

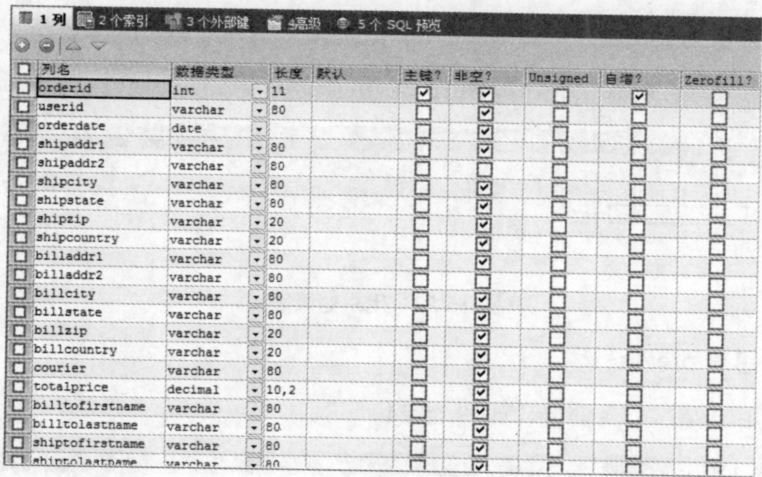

1 列　2 个索引　3 个外部键　4高级　5 个 SQL 预览

列名	数据类型	长度	默认	主键?	非空?	Unsigned	自增?	Zerofill?
orderid	int	11		✓	✓		✓	
userid	varchar	80			✓			
orderdate	date				✓			
shipaddr1	varchar	80			✓			
shipaddr2	varchar	80						
shipcity	varchar	80			✓			
shipstate	varchar	80			✓			
shipzip	varchar	20			✓			
shipcountry	varchar	20			✓			
billaddr1	varchar	80			✓			
billaddr2	varchar	80						
billcity	varchar	80			✓			
billstate	varchar	80			✓			
billzip	varchar	20			✓			
billcountry	varchar	20			✓			
courier	varchar	80			✓			
totalprice	decimal	10,2			✓			
billtofirstname	varchar	80			✓			
billtolastname	varchar	80			✓			
shiptofirstname	varchar	80			✓			
shiptolastname	varchar	80			✓			

图 15.19　订单表

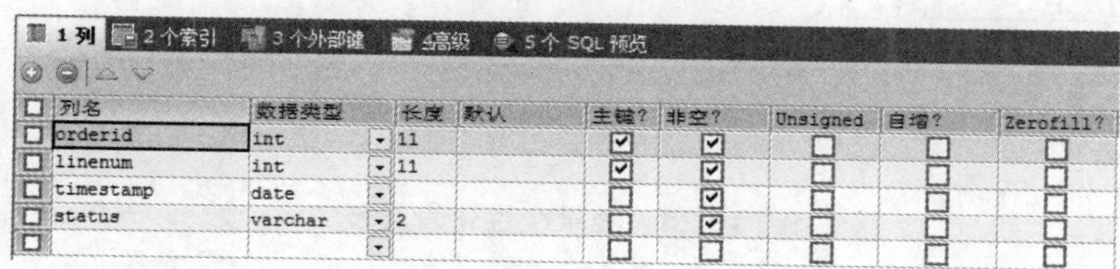

1 列　2 个索引　3 个外部键　4高级　5 个 SQL 预览

列名	数据类型	长度	默认	主键?	非空?	Unsigned	自增?	Zerofill?
orderid	int	11		✓	✓			
linenum	int	11		✓	✓			
timestamp	date				✓			
status	varchar	2			✓			

图 15.20　订单状态表

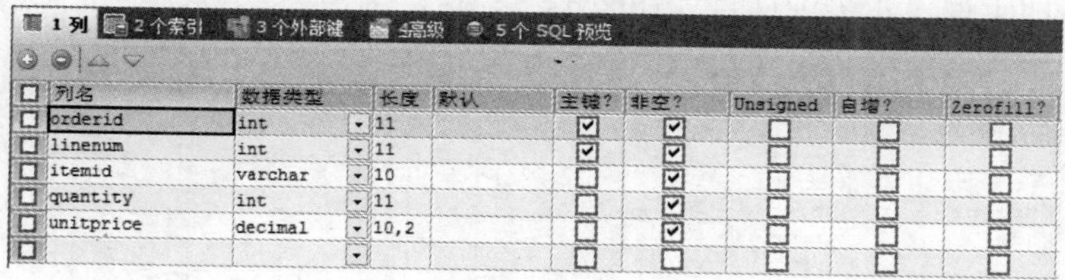

1 列　2 个索引　3 个外部键　4高级　5 个 SQL 预览

列名	数据类型	长度	默认	主键?	非空?	Unsigned	自增?	Zerofill?
orderid	int	11		✓	✓			
linenum	int	11		✓	✓			
itemid	varchar	10			✓			
quantity	int	11			✓			
unitprice	decimal	10,2			✓			

图 15.21　订单清单表

4. 账户表 account

表 account 用来保存账户信息，如图 15.22 所示。

1 列　2 个索引　3 个外部键　4高级　5 个 SQL 预览

列名	数据类型	长度	默认	主键?	非空?	Unsigned	自增?	Zerofill?
userid	varchar	80		✓	✓			
email	varchar	80			✓			
firstname	varchar	80			✓			
lastname	varchar	80			✓			
status	varchar	2						
addr1	varchar	80			✓			
addr2	varchar	40						
city	varchar	80			✓			
state	varchar	80			✓			
zip	varchar	20			✓			
country	varchar	20			✓			
phone	varchar	80			✓			

图 15.22　账户表

5. 用户登录表 signon

表 signon 用来保存登录信息，如图 15.23 所示。

1 列　2 个索引　3 个外部键　4 高级　5 个 SQL 预览

列名	数据类型	长度	默认	主键?	非空?	Unsigned	自增?	Zerofill?
username	varchar	25		✓	✓			
password	varchar	25			✓			

图 15.23　用户登录表

6. 个人信息表 profile

表 profile 用来保存个人信息，如图 15.24 所示。

1 列　2 个索引　3 个外部键　4 高级　5 个 SQL 预览

列名	数据类型	长度	默认	主键?	非空?	Unsigned	自增?	Zerofill?
userid	varchar	80		✓	✓			
langpref	varchar	80			✓			
favcategory	varchar	30						
mylistopt	tinyint	1						
banneropt	tinyint	1						

图 15.24　登录个性化设置表

7. 小类别表 product

表 product 用来保存小类别信息，如图 15.25 所示。

1 列　2 个索引　3 个外部键　4 高级　5 个 SQL 预览

列名	数据类型	长度	默认	主键?	非空?	Unsigned	自增?	Zerofill?
productid	varchar	10		✓	✓			
category	varchar	10			✓			
name	varchar	80						
descn	varchar	255						

图 15.25　小类别表

8. 商品表 item

表 item 用来保存商品信息，如图 15.26 所示。

1 列　2 个索引　3 个外部键　4 高级　5 个 SQL 预览

列名	数据类型	长度	默认	主键?	非空?	Unsigned	自增?	Zerofill?
itemid	varchar	10		✓	✓			
productid	varchar	10			✓			
listprice	decimal	10,2						
unitcost	decimal	10,2						
supplier	int	11						
status	varchar	2						
attr1	varchar	80						
attr2	varchar	80						
attr3	varchar	80						
attr4	varchar	80						
attr5	varchar	80						

图 15.26　商品表

9. 供应商表 supplier

表 supplier 用来保存供应商信息，如图 15.27 所示。

列名	数据类型	长度	默认	主键?	非空?	Unsigned	自增?	Zerofill?
suppid	int	11		✓	✓			
name	varchar	80						
status	varchar	2			✓			
addr1	varchar	80						
addr2	varchar	80						
city	varchar	80						
state	varchar	80						
zip	varchar	5						
phone	varchar	80						

图 15.27　供货商表

10. 大类别表 category

表 category 用来保存大类别信息，如图 15.28 所示。

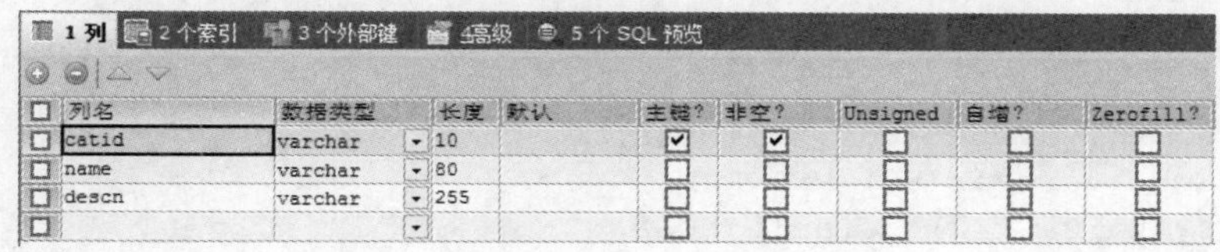

列名	数据类型	长度	默认	主键?	非空?	Unsigned	自增?	Zerofill?
catid	varchar	10		✓	✓			
name	varchar	80						
descn	varchar	255						

图 15.28　大类别表

11. 库存量表 inventory

表 inventory 用来保存库存量信息，如图 15.29 所示。

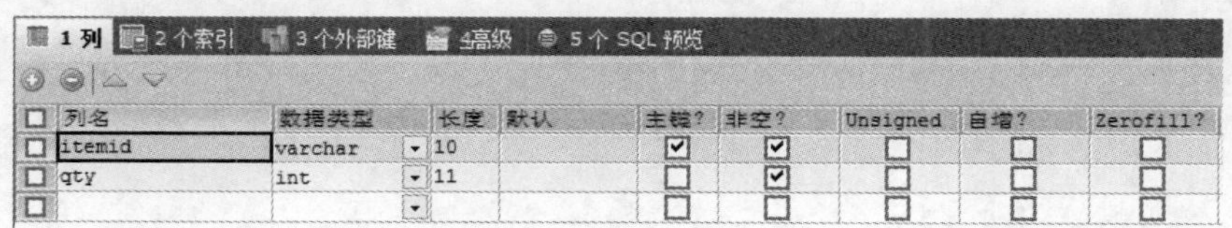

列名	数据类型	长度	默认	主键?	非空?	Unsigned	自增?	Zerofill?
itemid	varchar	10		✓	✓			
qty	int	11			✓			

图 15.29　库存表

12. 类别欢迎信息表 BannerData

表 BannerData 用来保存类别欢迎信息表信息，如图 15.30 所示。

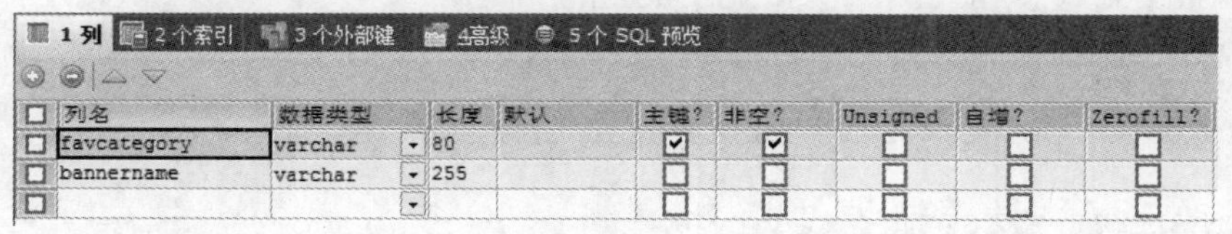

列名	数据类型	长度	默认	主键?	非空?	Unsigned	自增?	Zerofill?
favcategory	varchar	80		✓	✓			
bannername	varchar	255						

图 15.30　类别欢迎信息表

13. 主键生成表 sequence

表 sequence 用来保存主键信息，如图 15.31 所示。

1 列　2 个索引　3 个外部键　4高级　5 个 SQL 预览

列名	数据类型	长度	默认	主键?	非空?	Unsigned	自增?	Zerofill?
name	varchar	30		☑	☑	☐	☐	☐
nextid	int	11		☐	☑	☐	☐	☐
				☐	☐	☐	☐	☐

图 15.31　主键信息表

15.5.4　表格脚本

创建上述表结构的 SQL 脚本如下：

```
create database if not exists `jpestore`;

USE `jpestore`;

DROP TABLE IF EXISTS `account`;

CREATE TABLE `account` (
  `userid` varchar(80) NOT NULL,
  `email` varchar(80) NOT NULL,
  `firstname` varchar(80) NOT NULL,
  `lastname` varchar(80) NOT NULL,
  `status` varchar(2) default NULL,
  `addr1` varchar(80) NOT NULL,
  `addr2` varchar(40) default NULL,
  `city` varchar(80) NOT NULL,
  `state` varchar(80) NOT NULL,
  `zip` varchar(20) NOT NULL,
  `country` varchar(20) NOT NULL,
  `phone` varchar(80) NOT NULL,
  PRIMARY KEY  (`userid`)
) ENGINE=InnoDB DEFAULT CHARSET=utf8 MAX_ROWS=1000 COMMENT='cadastro de contas';


/*Table structure for table `bannerdata` */

DROP TABLE IF EXISTS `bannerdata`;

CREATE TABLE `bannerdata` (
  `favcategory` varchar(80) NOT NULL,
  `bannername` varchar(255) default NULL,
  PRIMARY KEY  (`favcategory`)
) ENGINE=InnoDB DEFAULT CHARSET=utf8 COMMENT='banner data';

DROP TABLE IF EXISTS `category`;

CREATE TABLE `category` (
  `catid` varchar(10) NOT NULL,
  `name` varchar(80) default NULL,
  `descn` varchar(255) default NULL,
```

```
  PRIMARY KEY  (`catid`),
  KEY `ixcategoryproduct` (`catid`)
) ENGINE=InnoDB DEFAULT CHARSET=utf8 COMMENT='categorias';


DROP TABLE IF EXISTS `inventory`;

CREATE TABLE `inventory` (
  `itemid` varchar(10) NOT NULL,
  `qty` int(11) NOT NULL,
  PRIMARY KEY  (`itemid`)
) ENGINE=InnoDB DEFAULT CHARSET=utf8 COMMENT='inventory';

DROP TABLE IF EXISTS `item`;

CREATE TABLE `item` (
  `itemid` varchar(10) NOT NULL,
  `productid` varchar(10) NOT NULL,
  `listprice` decimal(10,2) default NULL,
  `unitcost` decimal(10,2) default NULL,
  `supplier` int(11) default NULL,
  `status` varchar(2) default NULL,
  `attr1` varchar(80) default NULL,
  `attr2` varchar(80) default NULL,
  `attr3` varchar(80) default NULL,
  `attr4` varchar(80) default NULL,
  `attr5` varchar(80) default NULL,
  PRIMARY KEY  (`itemid`),
  KEY `itemprod` (`productid`),
  KEY `supplier` (`supplier`),
  CONSTRAINT `item_ibfk_1` FOREIGN KEY (`productid`) REFERENCES `product`
(`productid`),
  CONSTRAINT `item_ibfk_2` FOREIGN KEY (`supplier`) REFERENCES `supplier` (`suppid`)
) ENGINE=InnoDB DEFAULT CHARSET=utf8 COMMENT='itens';


DROP TABLE IF EXISTS `lineitem`;

CREATE TABLE `lineitem` (
  `orderid` int(11) NOT NULL,
  `linenum` int(11) NOT NULL,
  `itemid` varchar(10) NOT NULL,
  `quantity` int(11) NOT NULL,
  `unitprice` decimal(10,2) NOT NULL,
  PRIMARY KEY  (`orderid`,`linenum`)
) ENGINE=InnoDB DEFAULT CHARSET=utf8 COMMENT='line item';

DROP TABLE IF EXISTS `orders`;

CREATE TABLE `orders` (
  `orderid` int(11) NOT NULL auto_increment,
```

```
  `userid` varchar(80) NOT NULL,
  `orderdate` date NOT NULL,
  `shipaddr1` varchar(80) NOT NULL,
  `shipaddr2` varchar(80) default NULL,
  `shipcity` varchar(80) NOT NULL,
  `shipstate` varchar(80) NOT NULL,
  `shipzip` varchar(20) NOT NULL,
  `shipcountry` varchar(20) NOT NULL,
  `billaddr1` varchar(80) NOT NULL,
  `billaddr2` varchar(80) default NULL,
  `billcity` varchar(80) NOT NULL,
  `billstate` varchar(80) NOT NULL,
  `billzip` varchar(20) NOT NULL,
  `billcountry` varchar(20) NOT NULL,
  `courier` varchar(80) NOT NULL,
  `totalprice` decimal(10,2) NOT NULL,
  `billtofirstname` varchar(80) NOT NULL,
  `billtolastname` varchar(80) NOT NULL,
  `shiptofirstname` varchar(80) NOT NULL,
  `shiptolastname` varchar(80) NOT NULL,
  `creditcard` varchar(80) NOT NULL,
  `exprdate` varchar(7) NOT NULL,
  `cardtype` varchar(80) NOT NULL,
  `locale` varchar(80) NOT NULL,
  PRIMARY KEY  (`orderid`)
) ENGINE=InnoDB DEFAULT CHARSET=utf8 COMMENT='cadastro de pedidos';

DROP TABLE IF EXISTS `orderstatus`;

CREATE TABLE `orderstatus` (
  `orderid` int(11) NOT NULL,
  `linenum` int(11) NOT NULL,
  `timestamp` date NOT NULL,
  `status` varchar(2) NOT NULL,
  PRIMARY KEY  (`orderid`,`linenum`)
) ENGINE=InnoDB DEFAULT CHARSET=utf8 COMMENT='status de pedidos';

DROP TABLE IF EXISTS `product`;

CREATE TABLE `product` (
  `productid` varchar(10) NOT NULL,
  `category` varchar(10) NOT NULL,
  `name` varchar(80) default NULL,
  `descn` varchar(255) default NULL,
  PRIMARY KEY  (`productid`),
  KEY `productcat` (`category`),
  KEY `productname` (`name`),
  CONSTRAINT `product_ibfk_1` FOREIGN KEY (`category`) REFERENCES `category` (`catid`)
) ENGINE=InnoDB DEFAULT CHARSET=utf8 COMMENT='categorias';

DROP TABLE IF EXISTS `profile`;
```

```
CREATE TABLE `profile` (
  `userid` varchar(80) NOT NULL,
  `langpref` varchar(80) NOT NULL,
  `favcategory` varchar(30) default NULL,
  `mylistopt` tinyint(1) default NULL,
  `banneropt` tinyint(1) default NULL,
  PRIMARY KEY (`userid`)
) ENGINE=InnoDB DEFAULT CHARSET=utf8 COMMENT='cadastro de perfis';

DROP TABLE IF EXISTS `sequence`;

CREATE TABLE `sequence` (
  `name` varchar(30) NOT NULL,
  `nextid` int(11) NOT NULL,
  PRIMARY KEY (`name`)
) ENGINE=InnoDB DEFAULT CHARSET=utf8 COMMENT='inventory';


DROP TABLE IF EXISTS `signon`;

CREATE TABLE `signon` (
  `username` varchar(25) NOT NULL,
  `password` varchar(25) NOT NULL,
  PRIMARY KEY (`username`)
) ENGINE=InnoDB DEFAULT CHARSET=utf8;


DROP TABLE IF EXISTS `supplier`;

CREATE TABLE `supplier` (
  `suppid` int(11) NOT NULL,
  `name` varchar(80) default NULL,
  `status` varchar(2) NOT NULL,
  `addr1` varchar(80) default NULL,
  `addr2` varchar(80) default NULL,
  `city` varchar(80) default NULL,
  `state` varchar(80) default NULL,
  `zip` varchar(5) default NULL,
  `phone` varchar(80) default NULL,
  PRIMARY KEY (`suppid`)
) ENGINE=InnoDB DEFAULT CHARSET=utf8 MAX_ROWS=1000
COMMENT='cadastro de fornecedores';
```

15.6　通用功能的实现

在系统中，有些功能是所有模块共用的，例如操作数据库的相关步骤，前面的章节已有详细讲述，在本系统中下订单需要用到时间函数，在进行相关操作时需要将字符串与数字相互转换。

为了方便操作，把这些方法都放置于 ConvertUtil 类中，代码清单如下：

```
public class ConvertUtil {
    //将字符串转化为数字，如果转换失败返回为 0
    public int strToInt(String str) {
        int i = 0;
        try {
            if (str != null)
                i = Integer.parseInt(str);
        } catch (Exception e) {
            e.printStackTrace();
        }
        return i;
    }
    //返回以当前时间为基准的字符串
    public String getTime() {
        Date date = new Date();
        String pattern = "yyyy/MM/dd HH:mm:ss";
        SimpleDateFormat simple = new SimpleDateFormat(pattern);
        return simple.format(date);
    }
}
```

15.7 功能模块的实现

15.7.1 大类别显示

应用程序的首页只提供了一个 Enter the Store 的链接，单击这个链接时，将导航到大类别页面，执行过程如图 15.32 所示。

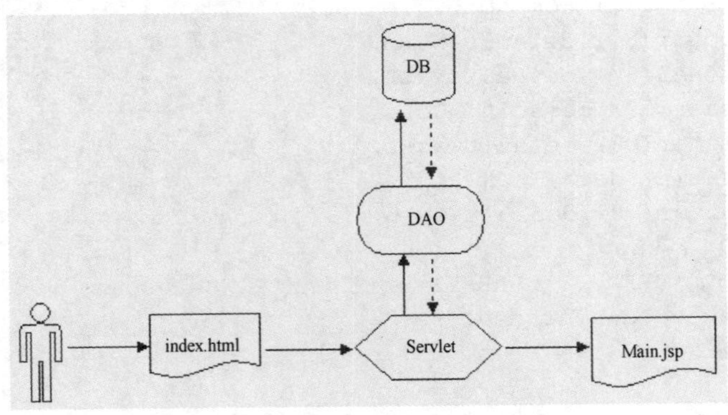

图 15.32 大类别显示流程图

要完成这个过程，需要执行以下步骤。

(1) 设置链接，为“Enter the Store”添加链接，代码如下：

```
<a href="index.do">Enter the Store</a>
```

(2) 设置配置文件，在 web.xml 中添加如下代码：

```
<servlet>
    <servlet-name>IndexServlet</servlet-name>
    <servlet-class>
        org.bzc.jpetstore.servlets.IndexServlet
    </servlet-class>
</servlet>
<servlet-mapping>
    <servlet-name>IndexServlet</servlet-name>
    <url-pattern>/index.do</url-pattern>
</servlet-mapping>
```

因为上一步骤已经设定了 url-pattern 的值，所以此代码中 url-pattern 的值必须设置为 index.do，注意必须为 url-pattern 的值添加“/”。

(3) 在 src 目录的 org\bzc\jpetstore\servlets 文件夹中新建名为 IndexServlet 的类，Servlet 本身并没有处理业务数据，而是调用 CategoryBiz 类的相关方法操作，具体代码如下：

```
public class IndexServlet extends HttpServlet {
    public void doGet(HttpServletRequest request,
      HttpServletResponse response)
      throws ServletException, IOException {
        doPost(request, response);
    }
    public void doPost(HttpServletRequest request,
      HttpServletResponse response)
      throws ServletException, IOException {
        CategoryBiz categorybiz = new CategoryBiz();
        String tourl = "";
        //因为其他页面也需要获取大类别数据，所以存放于 session 中
        HttpSession session = request.getSession();
        //初始化一个 List 对象，用来存储大类别数据
        List<Category> list = new ArrayList<Category>();
        try {
            //调用业务对象获取数据
            list = categorybiz.searchById(0, "");
            tourl = "/catalog/Main.jsp";
        } catch (Exception e) {
            tourl = "index.html";
            e.printStackTrace();
        }
        session.setAttribute("categroyList", list);
        request.getRequestDispatcher(tourl).forward(request, response);
    }
}
```

(4) 在 src 目录的 org\bzc\jpetstore\biz 文件夹中新建名为 CategoryBiz 的类，CategoryBiz 与数据库进行相互。此处需要查询的是所有的大类别数据，后面还需要根据大类别 ID 查询

大类别数据，将这两部分整合，均由 searchById()方法提供这个功能。

具体代码如下：

```
public class CategoryBiz {
    ControlDB controlDB = null;

    public CategoryBiz() {
        controlDB = new ControlDB();
    }
    public List searchById(int flag, String catid) {
        String sql = "";
        List list = new ArrayList();
        if (flag == 0) {
            sql = "select * from category";
        } else if (flag == 1) {
            sql = "select * from category where catid='" + catid + "'";
        }
        System.out.println(sql);
        try {
            list = controlDB.executeQueryCategory(sql);
        } catch (Exception e) {
            e.printStackTrace();
        }
        return list;
    }
}
```

(5) 编写封装与数据库操作的 ControlDB 类，具体可参考光盘中的代码。

(6) 编写 main.jsp 页面，它用来显示大类别数据。注意在数据库中，categroy 表中 descn 的字段值中含有标签，如<font size="5" color="blue">Fish</font>，所以在取出这样的值时，需要让页面解析这些标签，故要使用<c:out>标签的 escapeXml 属性。main.jsp 页面的部分代码如下：

```
...
<c:forEach items="${categroyList}" var="category">
   <tr>
   <td>
   <a href="${pageContext.request.contextPath}/category.do?
     path=show&categoryId=${category.catid}">
   <c:out value="${category.descn}" escapeXml="false"/>
   </a>
   <br>
   <font size="2"> <i>${category.name}</i> </font>
   </td>
   </tr>
</c:forEach>
...
```

运行 Tomcat，执行此部分操作，最终效果如图 15.33 所示。

图 15.33　大类别列表界面

15.7.2　小类别显示

在大类别的页面提供了进入大类别之下小类别列表的链接。如果想查看某一大类别下的小类别数据，只需要在相应的大类别上单击链接即可。这个执行过程如图 15.34 所示。

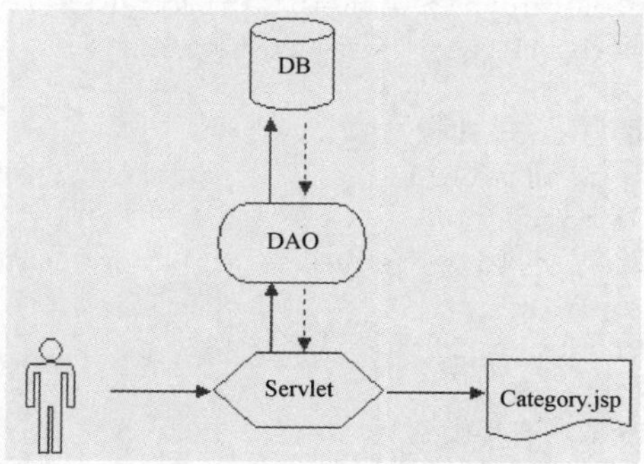

图 15.34　小类别显示的流程

要完成这个过程，需要执行以下步骤。

(1)　设置链接，为大类别项添加链接，此处以 Fish 为例，在 Fish 上创建链接代码：

```
<a href="${pageContext.request.contextPath}
  /category.do?path=show&categoryId=${category.catid}">...</a>
```

(2)　设置配置文件，在 web.xml 中添加如下代码：

```
<servlet>
    <servlet-name>CategoryServlet</servlet-name>
    <servlet-class>
        org.bzc.jpetstore.servlets.CategoryServlet
    </servlet-class>
</servlet>
<servlet-mapping>
    <servlet-name>CategoryServlet</servlet-name>
    <url-pattern>/category.do</url-pattern>
</servlet-mapping>
```

注意 url-pattern 的值必须设置为 category.do，并且要在 url-pattern 的值前添加“/”。

(3) 在 src 目录的 org\bzc\jpetstore\servlets 文件夹中新建名为 CategoryServlet 的类，Servlet 本身并没有处理业务数据，而是调用 ProductBiz 类的相关方法操作，具体代码如下：

```
public class CategoryServlet extends HttpServlet {
    public void init() throws ServletException {}
    public void destroy() {}

    public void doGet(HttpServletRequest request,
      HttpServletResponse response)
      throws ServletException, IOException {
        doPost(request, response);
    }
    public void doPost(HttpServletRequest request,
      HttpServletResponse response)
      throws ServletException, IOException {
        String path = request.getParameter("path");
        HttpSession session = request.getSession();
        List listCategory = new ArrayList();
        CategoryBiz categorybiz = new CategoryBiz();
        ProductBiz productBiz = new ProductBiz();
        String tourl = "";
        //获取 path 的值与 show 比较
        if ("show".equals(path)) {
            //获取大类别 id
            String categoryId = request.getParameter("categoryId");
            if(categoryId != null) {
                List<Product> list;
                try {
                    //获取所有小类别
                    list = productBiz.searchBycategoryId(categoryId);
                    //保存于 session 中，在整个会话有效
                    session.setAttribute("productList", list);
                } catch (Exception e) {
                    e.printStackTrace();
                }
            }
            tourl = "/catalog/Category.jsp";
        } else {
            listCategory = categorybiz.searchById(0, "");
            tourl = "index.html";
            session.setAttribute("listCategory", listCategory);
        }
        request.getRequestDispatcher(tourl).forward(request, response);
    }
}
```

(4) 在 src 目录的 org\bzc\jpetstore\biz 文件夹中新建名为 ProductBiz 的类，ProductBiz 与数据库进行交互。

此处需要查询的是所有的大类别数据，后面还需根据大类别 ID 查询大类别数据，将这两部分整合，均由 searchBycategoryId()方法提供这个功能。

具体代码如下：

```
public class ProductBiz {
    ControlDB controlDB = null;
    public ProductBiz() {
        controlDB = new ControlDB();
    }
    public List searchBycategoryId(String categoryId) {
        String sql = "";
        List list = new ArrayList();
        sql = "select * from product where category='" + categoryId + "'";
        try {
            list = controlDB.executeQueryProduct(sql);
        } catch (Exception e) {
            e.printStackTrace();
        }
        return list;
    }
}
```

(5)　编写封装操作数据库的 ControlDB 类，可查看光盘中的相关内容。

(6)　编写 Category.jsp 页面，来显示小类别数据，Category.jsp 页面的部分代码如下：

```
...
<c:forEach items="${productList}" var="product">
   <tr bgcolor="#FFFF88">
   <td>
   <b>
   <a href="${pageContext.request.contextPath}
     /product.do?path=show&productId=${product.productid}">
     <font color="BLACK">${product.productid}></font></a>
   </b>
   </td>
   <td>${product.name}</td>
   </tr>
</c:forEach>
...
```

运行 Tomcat，执行此部分操作，最终效果如图 15.35 所示。

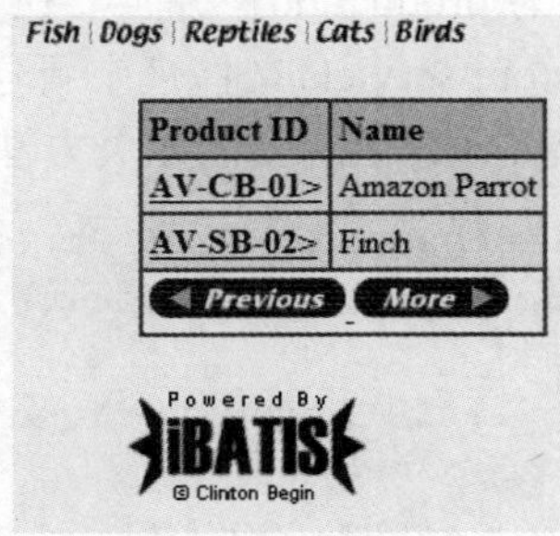

图 15.35　Fish 下的小类别列表

15.7.3 商品显示

在小类别的页面提供了进入小类别之下商品列表的链接。如果想查看某一小类别下的商品数据，只需要在相应的小类别上单击链接即可。这个执行过程如图 15.36 所示。

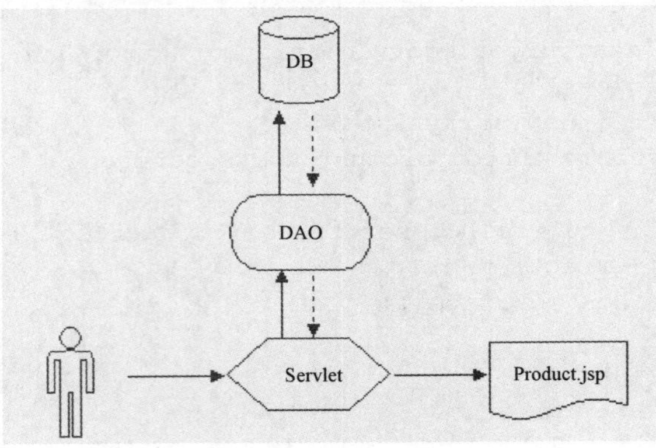

图 15.36 商品显示的执行流程

要完成这个过程，需要执行以下步骤。

(1) 设置链接，为小类别项添加链接，此处以 Fish 为例，在 Fish 上创建链接代码如下：

```
<a href="${pageContext.request.contextPath}/product.do?
  path=show&productId=${product.productid}">...</a>
```

(2) 设置配置文件，在 web.xml 中添加如下代码：

```
<servlet>
   <servlet-name>ProductServlet</servlet-name>
   <servlet-class>
      org.bzc.jpetstore.servlets.ProductServlet
   </servlet-class>
</servlet>
<servlet-mapping>
   <servlet-name>ProductServlet</servlet-name>
   <url-pattern>/product.do</url-pattern>
</servlet-mapping>
```

注意 url-pattern 的值必须设置为 product.do，并且要在 url-pattern 的值前添加“/”。

(3) 在 src 目录的 org\bzc\jpetstore\servlets 文件夹中新建名为 ProductServlet 的类，Servlet 本身并没有处理业务数据，而是调用 ItemBiz 类的相关方法操作。具体代码如下：

```
public class ProductServlet extends HttpServlet {
   public void init() throws ServletException {}
   public void destroy() {}
   public void doGet(HttpServletRequest request,
     HttpServletResponse response)
     throws ServletException, IOException {
       doPost(request, response);
   }
```

```
    public void doPost(HttpServletRequest request,
      HttpServletResponse response)
      throws ServletException, IOException {
        String path = request.getParameter("path");
        HttpSession session = request.getSession();
        List listProduct = new ArrayList();
        ProductBiz productbiz = new ProductBiz();
        ItemBiz itembiz = new ItemBiz();
        String tourl = "";
        if ("show".equals(path)) {
            String productId = request.getParameter("productId");
            try {
                List<Item> itemList = itembiz.searchByproductId(productId);
                Product product =
                  (Product)productbiz.searchById(1, productId).get(0);
                session.setAttribute("itemList", itemList);
                session.setAttribute("product", product);
            } catch (Exception e) {
                e.printStackTrace();
            }
            tourl = "/catalog/Product.jsp";
        } else {
            listProduct = productbiz.searchById(0, "");
            tourl = "index.html";
            session.setAttribute("listProduct", listProduct);
        }
        request.getRequestDispatcher(tourl).forward(request, response);
    }
}
```

(4) 在 src 目录的 org\bzc\jpetstore\biz 文件夹中新建名为 ItemBiz 的类，ItemBiz 与数据库进行交互。此处需要查询的是所有的大类别数据，后面还需要根据大类别 ID 查询大类别数据，将这两部分整合，均由 searchByproductId()方法提供这个功能。具体代码如下：

```
public class ItemBiz {
    ControlDB controlDB = null;
    public ItemBiz() {
        controlDB = new ControlDB();
    }
    public List searchByproductId(String productId) {
        String sql = "";
        List list = new ArrayList();
        sql = "select * from item where productid='" + productId + "'";
        try {
            list = controlDB.executeQueryItem(sql);
        } catch (Exception e) {
            e.printStackTrace();
        }
        return list;
    }
}
```

(5) 编写 Category.jsp 页面，它用来显示小类别数据，Product.jsp 页面的部分代码如下：

```
...
<tr bgcolor="#CCCCCC">
<td><b>Item ID</b></td>
<td><b>Product ID</b></td>
<td><b>Description</b></td>
<td><b>List Price</b></td>
<td> </td>
</tr>
<c:forEach items="${itemList}" var="item">
   <tr bgcolor="#FFFF88">
   <td><b>
   <a href="${pageContext.request.contextPath}
     /item.do?path=addItemToCart&itemId=${item.itemid}">
     ${item.itemid}></a>
   </b></td>
   <td>${item.productid}</td>
   <td>
   ${item.attr1}
   ${item.attr2}
   ${item.attr3}
   ${item.attr4}
   ${item.attr5}
   ${product.name}
   </td>
   <td>${item.listprice}</td>
   <td>
   <a href="${pageContext.request.contextPath}
     /item.do?path=addItemToCart&itemId=${item.itemid}&product">
   <img border="0" src="${pageContext.request.contextPath}
     /images/button_add_to_cart.gif" /></a>
   </td>
   </tr>
</c:forEach>
...
```

运行 Tomcat，执行此部分操作，最终效果如图 15.37 所示。

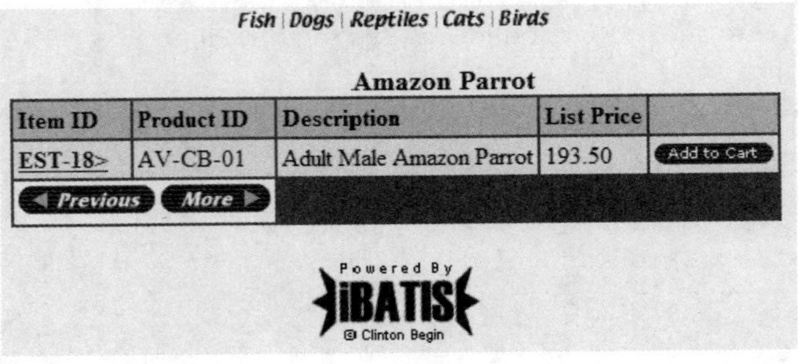

图 15.37　EST-18 商品的详细信息

15.7.4　添加商品到购物车

在商品的列表页面提供了添加到购物车的链接。单击 Add to Cart 链接可以把与之对应的商品添加入购物车中。有关购物的执行流程如图 15.38 所示。

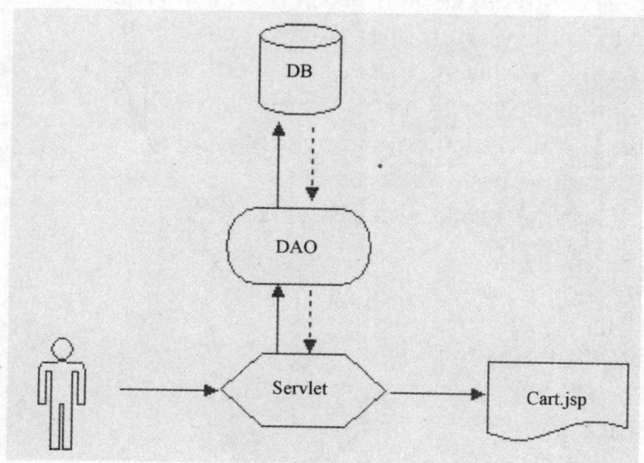

图 15.38　购物执行流程

要完成这个过程，需要执行以下步骤。

(1)　设置链接，为商品添加链接，在商品上创建链接的代码如下：

```
<a href="${pageContext.request.contextPath}/item.do? path=addItemToCart
 &itemId=${item.itemid}&product">
```

(2)　设置配置文件，在 web.xml 中添加如下代码：

```
<servlet>
   <servlet-name>ItemServlet</servlet-name>
   <servlet-class>
      org.bzc.jpetstore.servlets.ItemServlet
   </servlet-class>
</servlet>
<servlet-mapping>
   <servlet-name>ItemServlet</servlet-name>
   <url-pattern>/item.do</url-pattern>
</servlet-mapping>
```

注意 url-pattern 的值必须设置为 item.do，并且要在 url-pattern 的值前添加“/”。

(3)　在 src 目录的 org\bzc\jpetstore\servlets 文件夹中新建名为 ProductServlet 的类，Servlet 本身并没有处理业务数据，而是调用 ItemBiz 类的相关方法操作。具体代码如下：

```
public class ItemServlet extends HttpServlet {
   public void init() throws ServletException {}
   public void destroy() {}
   public void doGet(HttpServletRequest request,
     HttpServletResponse response)
     throws ServletException, IOException {
```

```
        doPost(request, response);
    }
    public void doPost(HttpServletRequest request,
      HttpServletResponse response)
      throws ServletException, IOException {
        response.setContentType("text/html;charset=gb2312");
        PrintWriter out = response.getWriter();
        String path = request.getParameter("path");
        HttpSession session = request.getSession();
        ConvertUtil cutils = new ConvertUtil();
        List listItem = new ArrayList();
        ItemBiz itembiz = new ItemBiz();
        String tourl = "";
        String error = "";
        if (...) {
            //...省略相关语句
        } else if ("addItemToCart".equals(path)) {
            //获取商品的 ID
            String workingItemId = request.getParameter("itemId");
            //购物车
            Cart cart = null;
            //所购物品项
            CartItem cartitem = null;
            //如果购物品项不存在，则创建购物车
            if (session.getAttribute("cartItems") == null) {
                cart = new Cart();
            } else {
                //如果购物品项存在，则取出购物车
                cart = (Cart)session.getAttribute("cart");
            }
            //如果已经存在此商品，则取出更新数量
            if (cart.containsItemId(workingItemId)) {
                cart.incrementQuantityByItemId(workingItemId);
            } else {
                //如果不存在此商品，则将其添加至购物车
                Item item =
                  (Item)itembiz.searchById(1, workingItemId).get(0);
                cart.addItem(item, true);
            }
            //获取购物车中所有的购物品项
            List cartItems = cart.getCartItemList();
            //将其存入 session 范围
            session.setAttribute("cartItems", cartItems);
            session.setAttribute("cart", cart);
            tourl = "/cart/Cart.jsp";
        }
        request.getRequestDispatcher(tourl).forward(request, response);
    }
}
```

注意

电子商务网站主要的特点是拥有购物车的功能，Cart.java 即是购物车类，该类使用 HashMap 保存购物车的商品信息，当用户将商品添加到购物车中的时候，HashMap 将自动保存该条信息。这里 Cart 实体域模型并不是持久化的。本例中所涉及的购物品项类 CartItem 也是如此，这两个实体对象只需要在客户会话阶段存在即可，客户会话失效后就无任何意义，所以根本不需要持久化到数据库中。

(4) 编写 Cart.jsp 页面，来显示购物车中的商品项数据，Cart.jsp 页面的部分代码如下：

```
...
<form method="post"
  action="${pageContext.request.contextPath}
  /item.do?path= updateCartQuantities">

<table align="center" bgcolor="#008800" border="0" cellspacing="2"
  cellpadding="5">
<tr bgcolor="#cccccc">
<td><b>Item ID</b></td>
<td><b>Product ID</b></td>
<td><b>Description</b></td>
<td><b>In Stock?</b></td>
<td><b>Quantity</b></td>
<td><b>List Price</b></td>
<td><b>Total Cost</b></td>
<td> </td>
</tr>
<c:if test="${cart.numberOfItems==0}">
    <tr bgcolor="#FFFF88">
        <td colspan="8"><b>Your cart is empty.</b></td>
    </tr>
</c:if>
<c:forEach items="${cartItems}" var="cartitem">
    <tr bgcolor="#FFFF88">
    <td><b>
    <a href="${pageContext.request.contextPath}/item.do?
      path=show&itemId=${cartitem.item.itemid}">
    ${cartitem.item.itemid}</a>
    </b></td>
    <td>${cartitem.item.productid}</td>
    <td>
        ${cartitem.item.attr1}
        ${cartitem.item.attr2}
        ${cartitem.item.attr3}
        ${cartitem.item.attr4}
        ${cartitem.item.attr5}
        ${product.name}
    </td>
    <td align="center">${cartitem.inStock}</td>
```

```
    <td align="center">
    <input type="text" size="3" name="quantity${cartitem.item.itemid}"
      value="${cartitem.quantity}" />
    </td>
    <td align="right">${cartitem.item.listprice}</td>
    <td align="right">${cartitem.total}</td>
    <td>
    <a href="${pageContext.request.contextPath}
      /item.do?path= removeItemFromCart&workingItemId=
      ${cartitem.item.itemid}">
    <img border="0" src="${pageContext.request.contextPath}
      /images/button_remove.gif" /></a>
    </td>
    </tr>
</c:forEach>
<tr bgcolor="#FFFF88">
<td colspan="7" align="right">
<b>Sub Total: ${cart.subTotal}</b><br />
<input type="image" border="0"
  src="${pageContext.request.contextPath}/images/button_update_cart.gif"
  name="update" />
</td>
<td> </td>
</tr>
</table>
<center>
<font color="green"><B>&lt;&lt; Prev</B></font>
<font color="green"><B>Next &gt;&gt;</B></font>
</center>
</form>
...
```

运行 Tomcat，执行此部分操作，最终效果如图 15.39 所示。

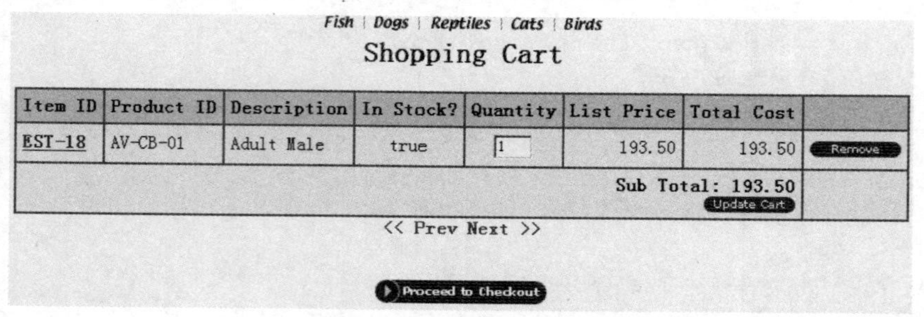

图 15.39　购物车中商品项的列表

15.7.5　购物车中商品的管理

在商品的列表页面提供了更改商品数量的输入框，用户可以更改数量，然后单击 update cart 链接，完成更新购物车的操作，当操作执行完成后，返回本页面。单击 remove 链接可

以把与之对应的商品从购物车中删除。

购物车中的商品管理是本章的重点，希望读者多花一点时间来理解以下的内容。

在购物车商品列表的代码中，有一行比较重要：

```
<input type="text" size="3" name="quantity${cartitem.item.itemid}"
 value="${cartitem.quantity}" />
```

在这个代码中，要注意 name 的值是动态生成的，是结合商品的 id 生成的。因为商品的数量值是可以改变的，所以必须为后面的程序捕获这一个值提供方便，所以这个 name 值是不能硬编码的。

(1) 设置链接。如果用户执行“删除”操作，代码设置为：

```
<a href="${pageContext.request.contextPath}/item.do?
 path=removeItemFromCart&workingItemId=${cartitem.item.itemid}">
```

如果用户执行“修改”操作，将提交表单代码设置为：

```
<form method="post" action="${pageContext.request.contextPath}
 /item.do?path=updateCartQuantities">
```

(2) 设置配置文件，针对 item 的 Servlet 已经在前面讲解过它的配置，这里不再赘述。

(3) 在 ItemServlet 类中添加处理修改和删除功能的代码，具体如下：

```
...
} else if ("removeItemFromCart".equals(path)) {
    //获取商品标识号
    String workingItemId = request.getParameter("workingItemId");
    Cart cart = null;
    CartItem cartitem = null;
    // 应该有个错误信息页跳转
    if (session.getAttribute("cartItems") == null) {
        tourl = "/cart/Cart.jsp";
        request.getRequestDispatcher(tourl).forward(request, response);
    } else {
        cart = (Cart) session.getAttribute("cart");
    }
    //如果购物车中存在此商品，删除
    if (cart.containsItemId(workingItemId)) {
        cart.removeItemById(workingItemId);
    } else {
        tourl = "/cart/Cart.jsp";
        request.getRequestDispatcher(tourl).forward(request, response);
    }
    List cartItems = cart.getCartItemList();
    session.setAttribute("cartItems", cartItems);
    session.setAttribute("cart", cart);
    tourl = "/cart/Cart.jsp";
} else if ("updateCartQuantities".equals(path)) {
    Cart cart = null;
```

```
    CartItem cartitem = null;
    if (session.getAttribute("cartItems") == null) {
        tourl = "/cart/Cart.jsp";
        request.getRequestDispatcher(tourl).forward(request, response);
    } else {
        cart = (Cart) session.getAttribute("cart");
    }
    List<CartItem> cartItem = cart.getCartItemList();
    //定义一个 Map 来接收页面上传来的所有值
    Map<String, String> parameterMap = new HashMap<String, String>();
    for (int i=0; i<cartItem.size(); i++) {
        String key = cartItem.get(i).getItem().getItemid();
        String value = request.getParameter("quantity" + key);
        System.out.println(value + "**********************");
        parameterMap.put(key, value);
    }
    //调用修改数量的方法
    cart.updateCartQuantities(parameterMap);
    //
    List<CartItem> cartItems = cart.getCartItemList();
    session.setAttribute("cartItems", cartItems);
    session.setAttribute("cart", cart);
    tourl = "/cart/Cart.jsp";
} else if ("checkout".equals(path)) {
...
```

运行 Tomcat，执行此部分操作，最终效果如图 15.40 所示。

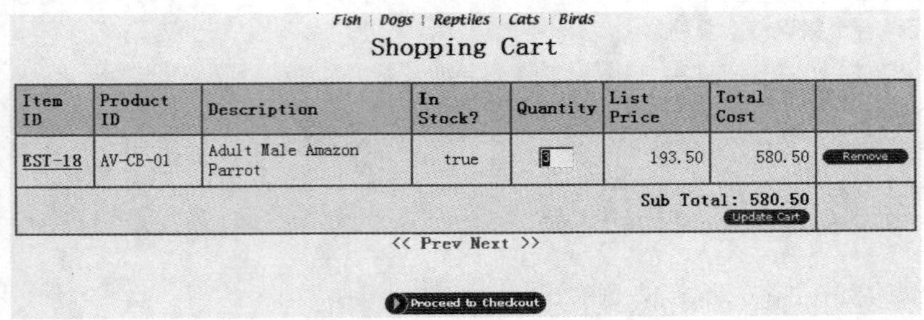

图 15.40　购物车中商品数量更新后的效果

15.8 运 行 工 程

15.8.1 使用工具

在编写本系统时，采用的开发环境组件如下所列，读者可以对照参考，以搭建自己的环境，初学者更可以据此顺利地着手开发。

- JDK：7.0。

- Web 服务器：Tomcat 7.0。
- 数据库服务器：MySQL 5.5。
- 开发平台：MyEclipse 10.6。

15.8.2　工程结构

工程部署如图 15.41 所示。读者可依据该目录图，分别放置相应的文件，并导入代码提供的 lib 包(或自行在官方网站上下载最新的 JAR 包)。

注意

图 15.41 中，src 目录下的包主要有 beans、biz、db、filters、servlets、utils，其中 beans 包中定义了项目中使用到的 bean 类，每个 bean 类映射一张数据库表，以体现 Java 面向对象的特性。biz 包下定义了对 bean 的持久化操作方法，每个 bean 类有一个与其对应的 biz 类，对 bean 的增删改查的方法都定义在相应的 biz 类中，与 db 包下定义的与数据库的连接方法、数据库关闭的方法、持久化到数据库的方法一起共同完成对数据持久化的操作。servlets 包下定义了所有的业务逻辑，与 biz 一样，每个 bean 都对应一个 Servlet 类，当用户提交请求的时候，请求到相应的 Servlet 中，然后根据用户的请求，调用 biz 类，完成对数据库的操作，处理完毕并返回结果给用户，Servlet 类主要用来处理用户的业务逻辑部分，该类不参与数据的持久化操作。Servlet 包与 Biz 包共同完成 Control 层的功能，加上 Bean 层和 WebRoot 包下的页面部分，完成 MVC 的架构。

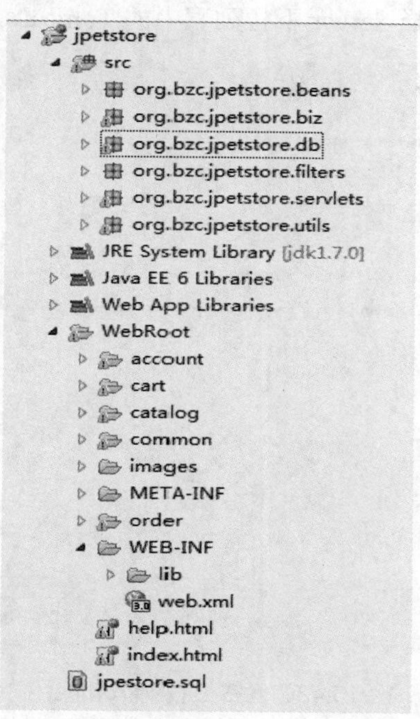

图 15.41　工程目录和包的结构

15.8.3　工程部署

部署工程的步骤如下。

(1)　单击 MyEclipse 工具栏中的 Deploy MyEclipse J2EE 按钮，显示 Project Deployments 对话框，单击 Add 按钮，如图 15.42 所示。

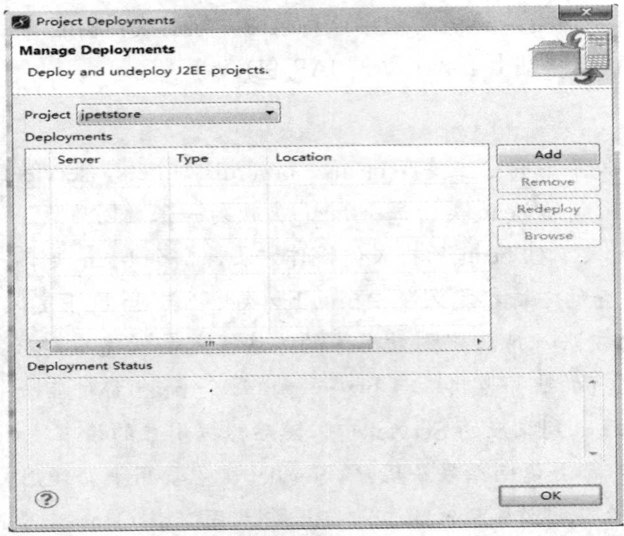

图 15.42　准备发布工程

(2)　在弹出的对话框中选择 Server 下拉列表中的 Tomcat，如图 15.43 所示。

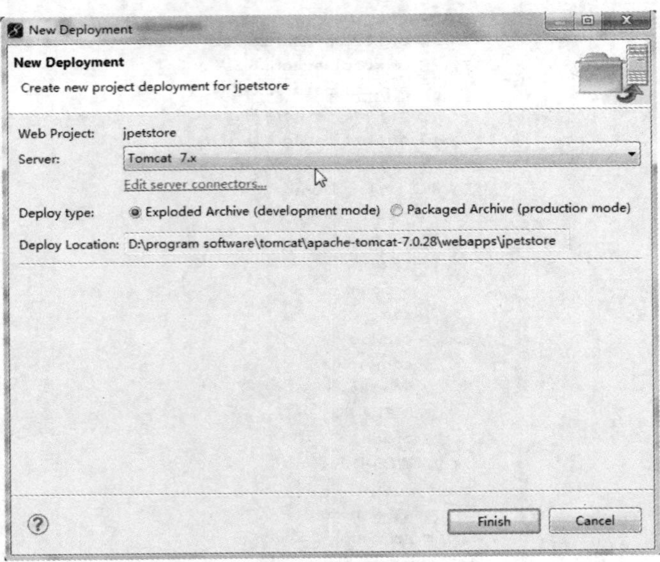

图 15.43　发布工程到 Tomcat

(3)　启动 Tomcat，如图 15.44 所示。

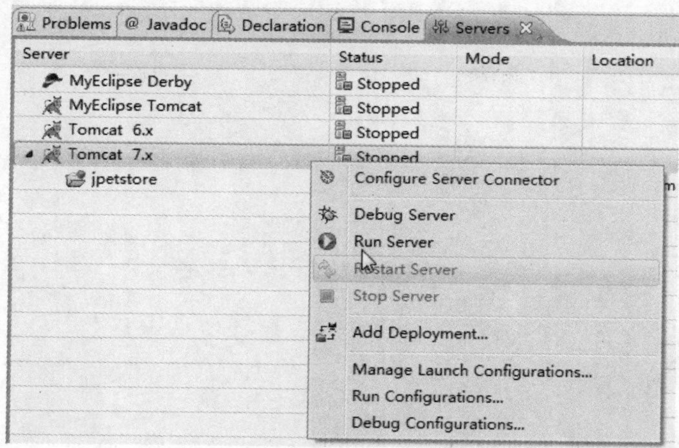

图 15.44　启动 Tomcat 容器

15.8.4　运行程序

Tomcat 启动后，在地址栏中输入“http://localhost:8080/jpetstore”，进入宠物商店的欢迎页面，如图 15.45 所示。

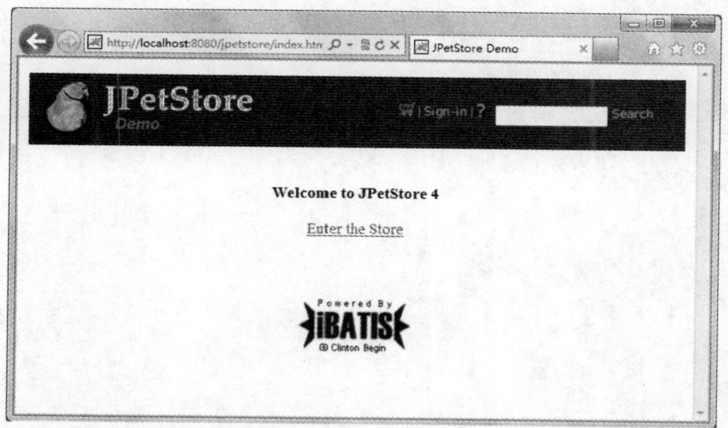

图 15.45　访问程序的效果

15.9　上 机 练 习

(1) 为本章的例子添加过滤器功能，用来处理中文字符乱码的问题。

(2) 理解本章例子的思想，以中国互动图书网 China-Pub 为例，编写一个微缩版的网上书店。

第 16 章

商家信息管理系统

学前提示

商家信息管理系统是一个针对不同商家进行研发的一套集产品发布、产品展示、产品分类、公司介绍等功能于一体的基于 B/S 结构的系统。针对大多数生产型企业和有实体店铺的商家，该系统能够帮助商家在网上及时发布最新的商品信息，进行商品展示等操作。根据客户的需要，还可以进行网上支付接口的开发，帮助商家在网上进行商品销售。系统可进行前后台两次数据验证，同时管理员的密码采用 MD5 32 位加密方式，而且对前台 URL 进行了伪静态化，使系统获得了全方位的安全保障。

知识要点

- 商家信息管理系统需求分析
- 数据库表的设计
- 项目搭建
- DAO 模式的使用

16.1　系统功能概述

商家信息管理系统功能主要包括两个方面：前台信息的展示和后台信息的管理。

(1) 前台功能包括：①首页，包括产品分类展示、商家介绍、精品展示等内容；②商家简介，包括商家信息、商家介绍；③产品展示，包括以图片形式展示所有的产品信息、产品分页展示；④求购信息，包括发布的求购信息；⑤企业相册，主要是通过相册展示产品；⑥信用档案，包括商家一系列的认证信息，例如工商认证等；⑦公司动态，包括公司当前一系列的动态信息或新闻；⑧招聘中心，包括公司或商家的招聘内容。

(2) 后台功能包括： 管理员登录、登录管理、产品类别管理、相册管理、产品管理、求购信息管理、新闻分类管理、新闻发布管理。

该项目涉及知识点比较全面，而且是来源于企业真实项目。

16.2　系 统 需 求

在开发商家信息系统之前，希望读者能够对该系统有个大致的了解。接下来就先展示一下该系统的前台页面。

前台首页如图 16.1 所示。

图 16.1　前台首页

商家简介页面如图 16.2 所示。

企业相册页面如图 16.3 所示。

联系我们页面如图 16.4 所示。

该系统其他页面就不一一展示了，通过以上几个页面，我们可以对接下来要开发的项目有一个大概的了解。商家信息管理系统前台是一个信息的展示平台，目的是为了让更多的用户去了解和熟悉商家的产品。

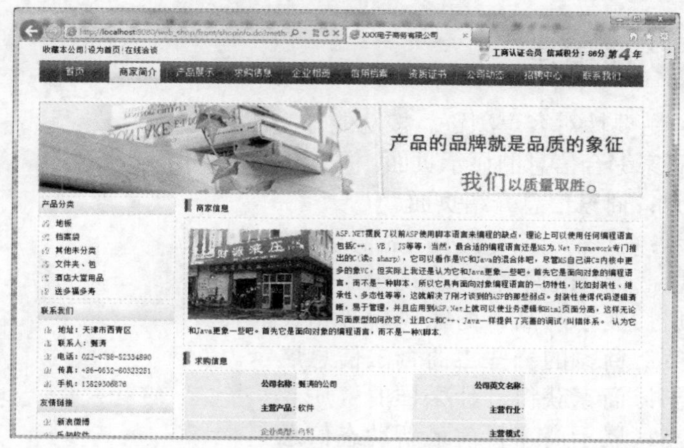

图 16.2　商家简介页面

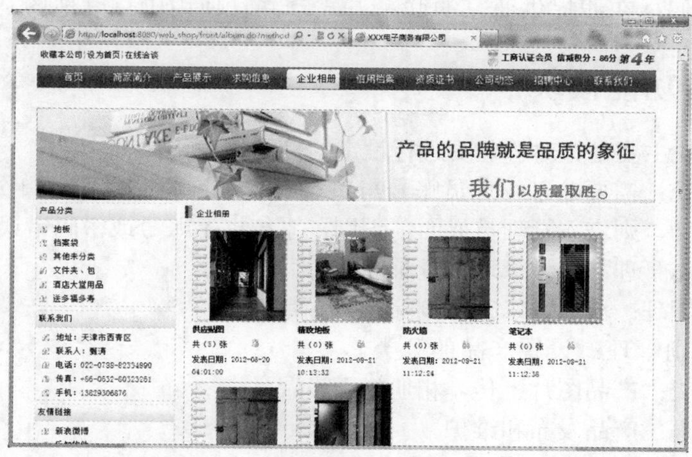

图 16.3　企业相册页面

图 16.4　联系我们页面

16.2.1 前台功能模块

前台功能模块主要针对客户浏览。按功能分为下列模块。

- 首页：商家综合信息的显示页面。
- 商家简介：商家信息介绍页面。
- 产品展示：以图片形式展示产品信息，包括分页。
- 求购信息：商家根据需要发布求购信息。
- 企业相册：展示产品、商家风貌等相关内容。
- 信用档案：商家的一些工商合法信息展示。
- 资质证书：商家获得过什么样的资质。
- 公司动态：展示商家目前最新动态信息。
- 招聘中心：展示商家发布的招聘信息。
- 联系我们：在线提供商家的联系方式，并且使用了百度地图 API。

16.2.2 后台功能模块

后台功能模块主要是针对管理员进行设定的，具体模块如下。

- 登录系统：需要输入管理员账号与口令，系统将验证账号和口令是否正确，如果验证成功，则进入管理员界面；否则，系统提示账号或密码错误的信息。
- 登录日志管理：记录管理员登录的信息。
- 管理员管理：增加、修改、删除、查看管理员。
- 产品类别管理：设置产品的分类。
- 相册分类：产品图片上传，相册封面设置。
- 产品管理：产品发布和维护。
- 求购管理：发布求购信息
- 新闻类别管理：管理新闻类别。
- 新闻管理：发布新闻。
- 资质管理：上传资质图片。
- 系统设置：可以设置系统信息。

16.3 系统功能描述

在正式开发之前，应先了解一下系统实现了哪些功能。

16.3.1 前台展示

前台就是针对客户浏览查看相关信息的。

1. 前台首页

前台首页展示了商家的综合信息，包括产品分类、精品展示、商家简介、联系我们、

友情链接等相关信息，如图 16.5 所示。

图 16.5　前台首页页面

2．产品展示页面

当用鼠标单击首页面上某个产品分类时，会进入该分类下的产品列表页面，如图 16.6 所示。

图 16.6　图片详细信息页面

3．求购信息

点击导航栏中的求购链接，进入求购列表页面，点击查看详细信息，可以查看求购的详细信息，如图 16.7 所示。

4．信用档案

信用档案页面用来显示商家的一些合法信息，如图 16.8 所示。

图 16.7 求购信息页面

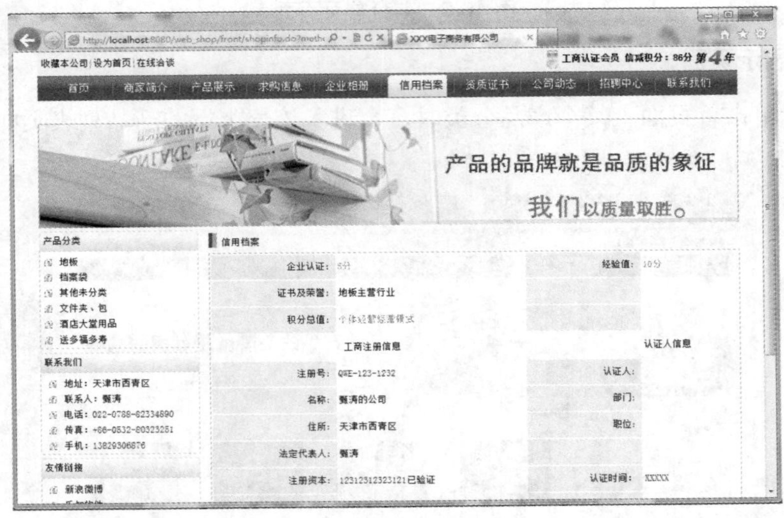

图 16.8 信用档案页面

5. 资质证书

资质证书页面用来显示该商家所获得的一些资质或者荣誉证书，如图 16.9 所示。

6. 公司动态

资质证书展示公司最新新闻或者最新动向，点击页面上的详细信息链接，进入该动态的详细页面，如图 16.10~16.11 所示。

7. 招聘中心

招聘信息展示。点击页面上的职位名称链接进入该职位的详细页面，如图 16.12~16.13 所示。

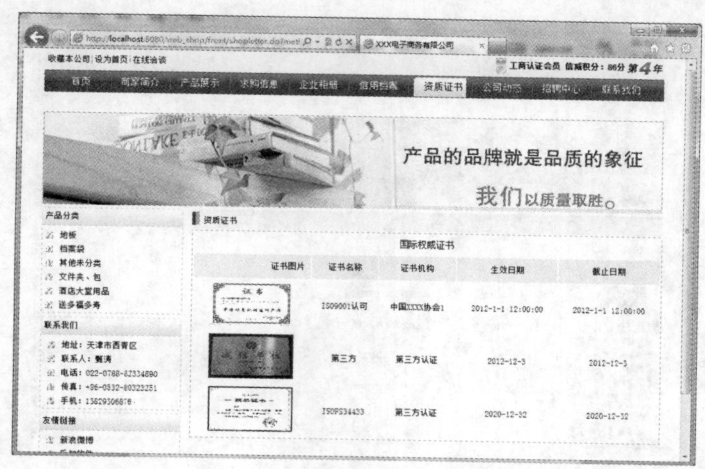

图 16.9　资质证书页面

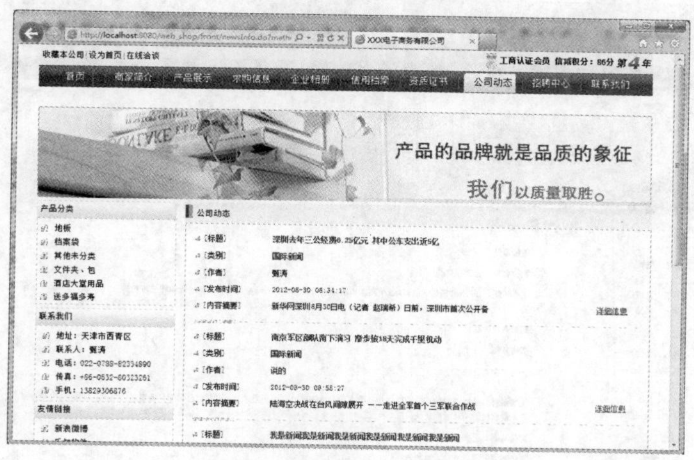

图 16.10　公司动态列表页面

图 16.11　公司动态的详细页面

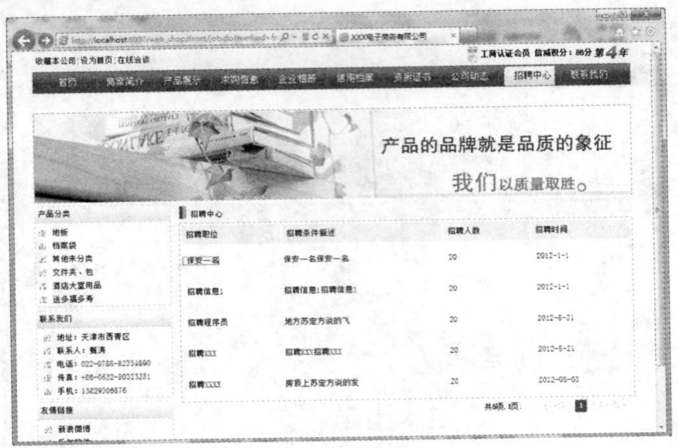

图 16.12　招聘中心列表页面

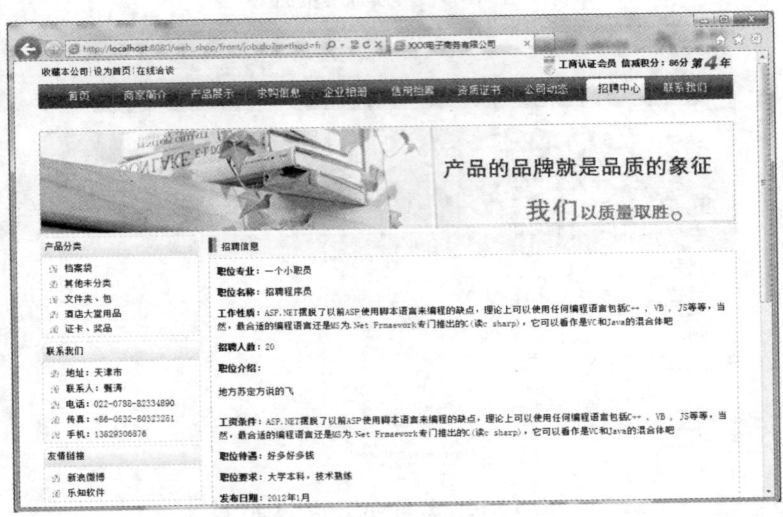

图 16.13　招聘中心详细页面

16.3.2　后台管理

1. 后台管理员登录页面

管理员登录页面需要输入用户名、密码和验证码，并且需要在前台进行验证，还需要在 Servlet 端进行后台的验证，如图 16.14 所示。

2. 管理员日志列表

记录管理员登录日志信息，管理员日志列表界面如图 16.15 所示。

3. 系统前台皮肤设置

管理员在后台可以很方便地通过该功能实现对前台页面风格的设置，可以手动添加新设置的样式文件。如图 16.16 所示为样式管理列表页面。

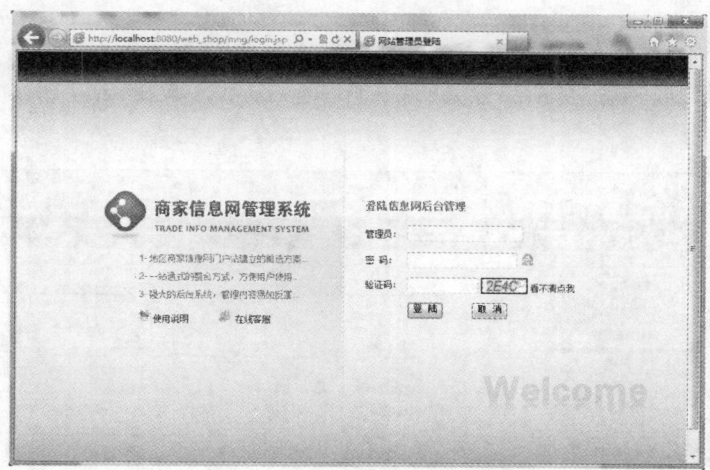

图 16.14　管理员登录页面

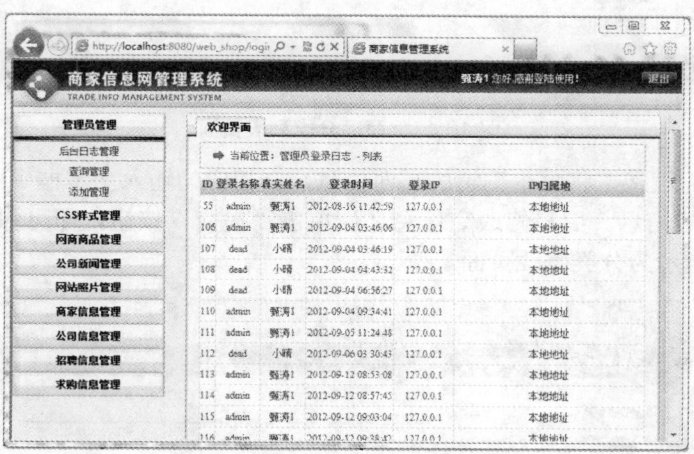

图 16.15　管理员日志列表页面

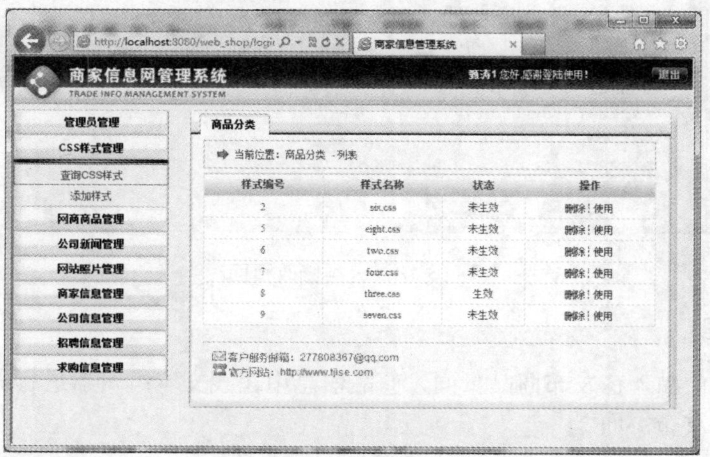

图 16.16　样式管理列表页面

4. 商品分类

在商品管理模块中，包括商品分类的添加和列表显示。如图 16.17 所示为商品分类列表页面。

图 16.17　商品分类列表页面

单击“修改”链接，将显示编辑的页面信息，在相应的输入文本框中回显出原始数据，用户可以输入新的信息。用户修改完信息之后单击“提交”按钮，即可保存修改之后的信息，如图 16.18 所示为分类修改页面。

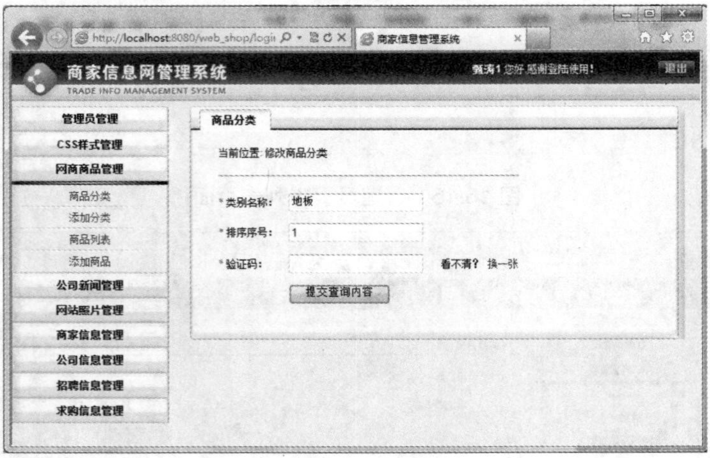

图 16.18　分类修改页面

5. 商品管理

管理员发布商品，在发布商品页面，商品信息用在线文本编辑器进行编辑。如图 16.19 所示为商品信息发布页面。

6. 新闻模块

新闻分类列表页面如图 16.20 所示，在列表页面提供删除和修改的链接。

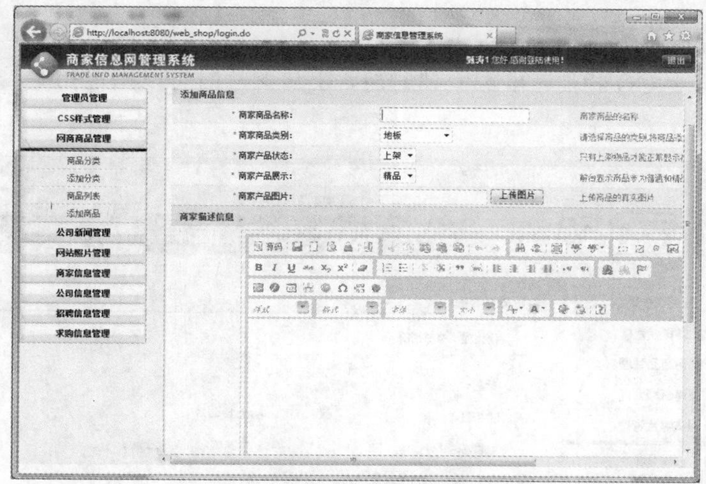

图 16.19　商品信息发布页面

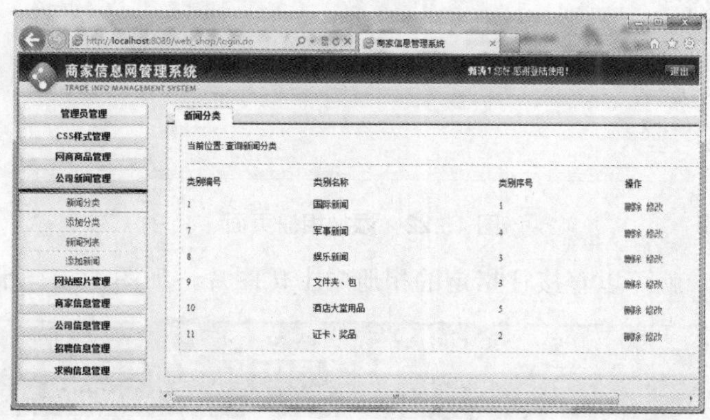

图 16.20　查询新闻分类页面

在发布新闻时，需要选择新闻所属分类，新闻内容需要用在线文本编辑器进行编辑，如图 16.21 所示。

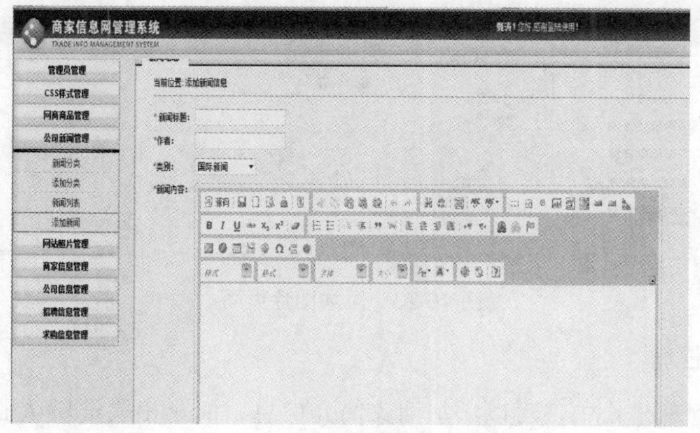

图 16.21　添加新闻信息页面

7. 相册管理

相册功能类似于 QQ 相册，能够新建相册，上传图片时可以指定相册。如图 16.22 所示为添加相册页面。

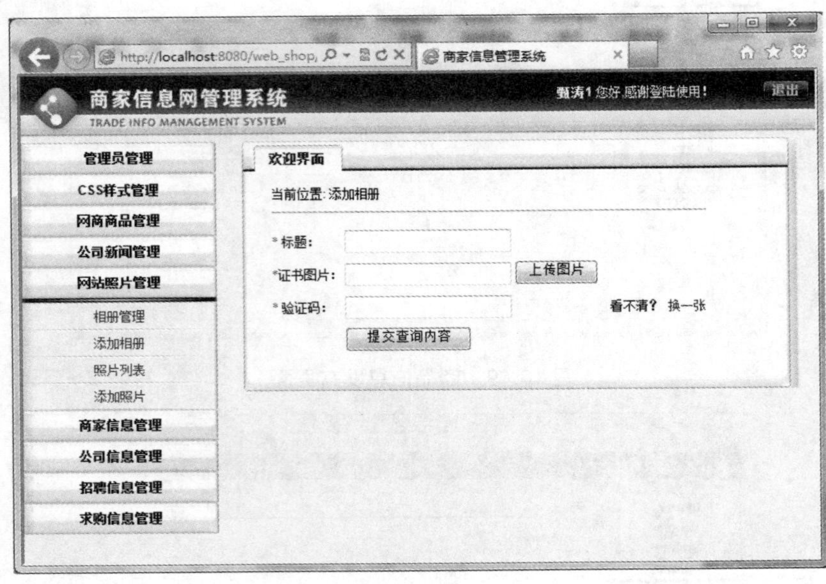

图 16.22　添加相册页面

相册创建成功，就可以直接往指定的相册中上传图片，如图 16.23 所示。

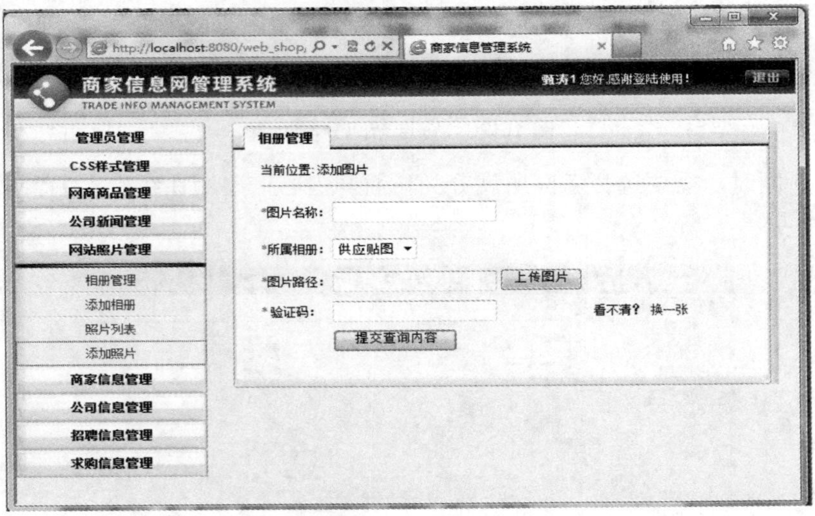

图 16.23　添加图片页面

8. 商家信息管理

在商家信息管理模块中，可以添加商家简介信息、商家相关资质认证信息以及资质证书上传。如图 16.24 所示为资质证书添加页面。

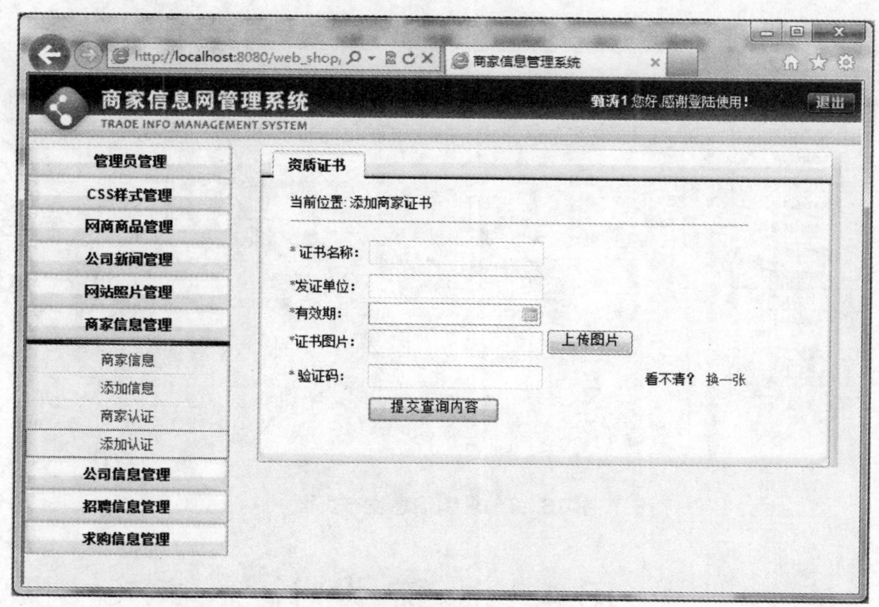

图 16.24　资质证书添加页面

9. 招聘信息管理

商家可以发布招聘信息，介绍职位信息。如图 16.25 所示为招聘信息发布页面。

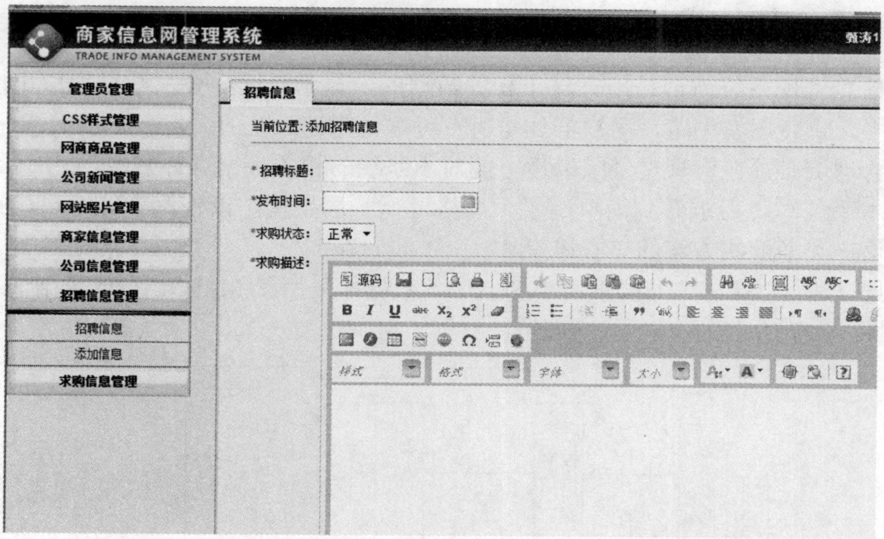

图 16.25　招聘信息发布页面

10. 求购信息管理

商家根据需求发布求购信息，可以对求购信息进行管理。如图 16.26 所示为求购信息的发布页面。

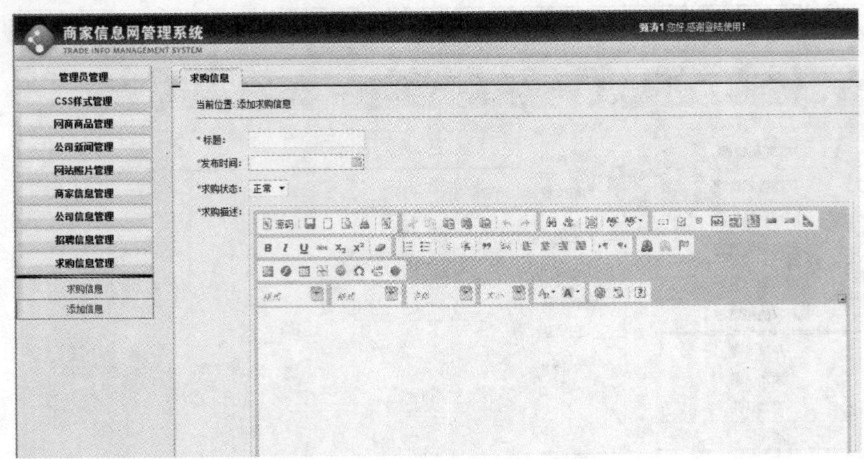

图 16.26　求购信息发布页面

16.4　系 统 设 计

在 16.3 小节对需求进行了简单的分析和页面展示之后，接下来对系统的整体架构进行设计。目的是为了使读者更容易理解整个系统。

16.4.1　系统架构设计

商家信息管理系统前台是用来显示相关数据的，显示页面需要从数据库取出所有数据列在页面中，供使用者浏览，用户群体是所有可以访问该系统的人群。

后台管理端必须在管理员登录以后才能对本系统的相关数据进行修改。

编写本系统时，力求做到简单明了，严格遵循三层架构，以使读者能够迅速把握相册管理系统这一类型解决方案的核心思想。

表现层采用了 JSP，中间层采用了 Servlet，数据库采用了 MySQL 存放数据，系统的总体构架如图 16.27 所示。

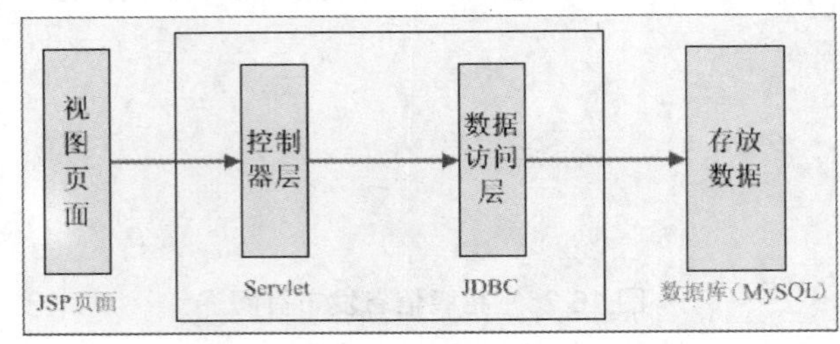

图 16.27　系统的总体架构

16.4.2　业务实体设计

系统的业务实体在内存中表现为实体域对象，在数据库中表现为关系数据，实现业务

实体包括以下内容：

- 设计域模型，创建域模型实体对象。
- 设计关系数据模型。

商家信息管理系统中的业务实体包括管理员、日志、商品分类、商品、新闻分类、新闻、相册、求职、求购、公司信息、皮肤设置、图片信息。它们之间的相互关系如图 16.28 所示。举例说明如下。

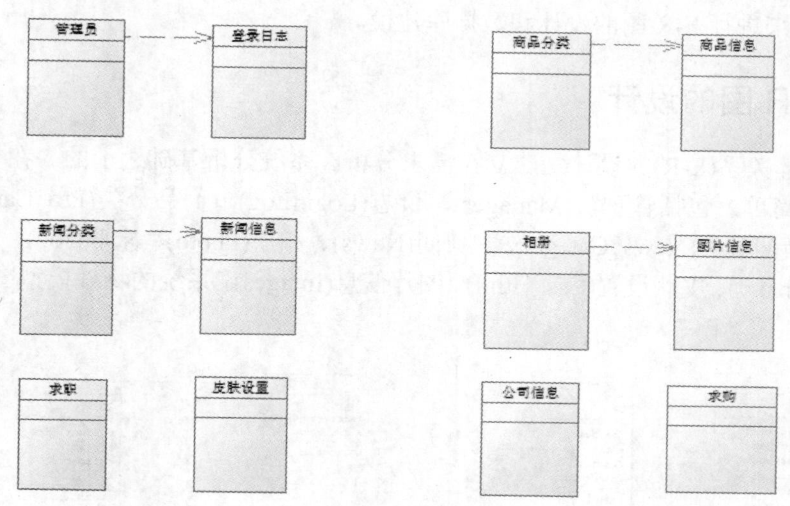

图 16.28　业务实体关系

(1) 管理员和登录日志：管理员每次登录成功，都需要记录登录的日志信息。

(2) 商品分类和商品信息：一个分类下可以有多个商品，在发布商品时必须明确指定当前商品属于哪一分类。

(3) 新闻分类和新闻信息：同样新闻每个分类下都可以有多个新闻，它们之间存在着一对多的关系。

(4) 相册和图片信息：它们之间的关系也是一对多，一个相册下可以有多个图片。

16.4.3　业务逻辑设计

在这个实例中，采用了 DAO 设计模式实现数据层的访问。DAO 模式是 J2EE 核心模式中的一种，其主要目的就是在业务核心方法和具体数据源之间再增加一层，用这一层来连接业务方法和数据源，这样就实现了两者的解耦，如图 16.29 所示。

图 16.29　DAO 模式

数据源是多样化的，可能是 XML 或者关系数据库。关系数据库有不同的产品，如 MySQL 或者 Oracle。通过使用 DAO 模式，业务核心部分就不用关心数据层是如何实现数

据库操作的，只关心自己的业务操作即可。数据库的操作全部交由 DAO 代理。

16.5 数据库设计

数据库设计是系统开发过程的一个重要环节，它具体可以分为两个部分：一是概念模型设计，即 E-R 图的设计；二是物理模型设计，即数据库/表字段的设计。本章利用 PowerDesigner 来进行 E-R 图的设计和数据库建模。

16.5.1 E-R 图的设计

系统的实体关系(E-R)的设计是建立在需求分析、系统分析基础之上的。在本章中，实体的设计比较简单，包括管理员(Manager)、日志(LoginLog)、商品分类(Pro_Category)、商品(Product)、新闻分类(News_Category)、新闻(News)、相册(Photo)、求职(Job)、求购(Buy)、公司信息(Company)、皮肤设置(Css_Html)、图片信息(Images)。系统的物理模型图如图 16.30 所示。

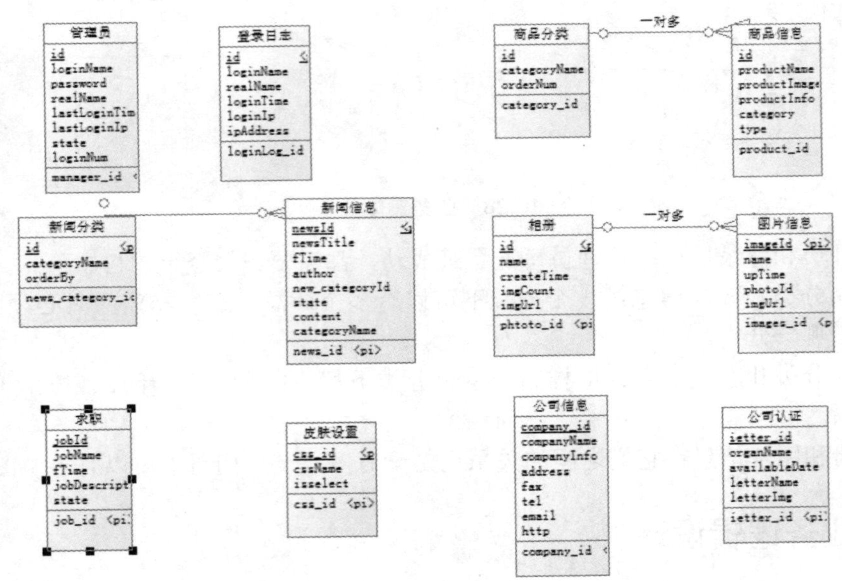

图 16.30 系统的 E-R 图

其中相片(Photo)与评论(Pinglun)是一对多的关系。类别(LeiBie)与相片(Photo)是一对多的关系。

16.5.2 物理建模

物理建模，即数据库建模，建立在概念模型的基础上，每一个实体对应一个数据库表，实体中的每一个属性对应数据库表中的一个字段。有关系连接的实体，在生成物理模型以后子表会继承父表的主键生成子表的外键。系统数据库的物理模型如图 16.31 所示。

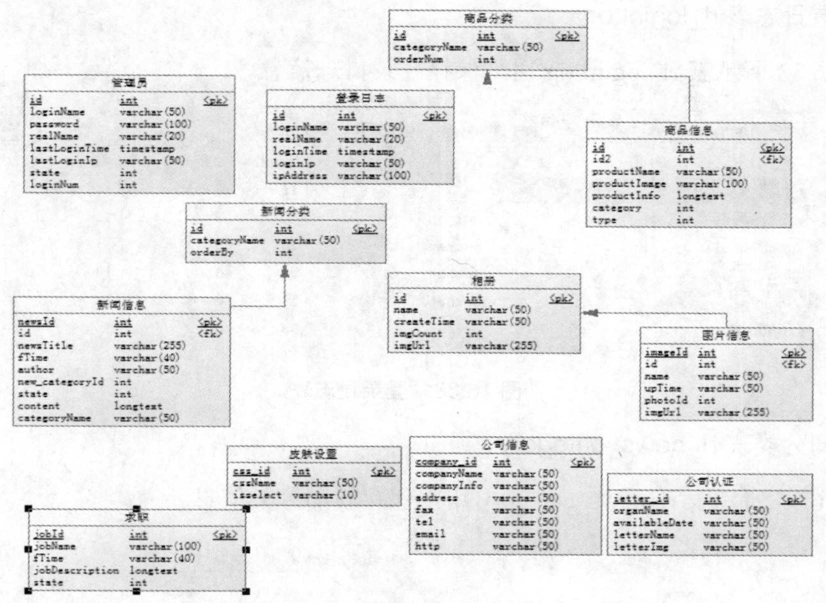

图 16.31　系统数据库的物理模型

图中列出了表的所有字段及字段类型。至此，已经确定了建立数据库的相关信息。下面就将创建相关的数据库表，在创建数据库表之前，首先要创建一个数据库。本章使用的数据库系统为 MySQL，数据库名为 test，数据库用户为 root。

16.5.3　设计表格

在商家信息管理系统中包含管理员表(rl_manager)、登录日志表(rl_loginLog)、新闻分类表(rl_news_category)、新闻信息表(rl_news_info)、商家认证表(rl_shopletter)、商家信息表(rl_shopInfo)、招聘信息表(rl_job)、图片表(rl_images)、产品类别表(rl_category_product)、产品表(rl_product)、联系我们信息表(rl_company)、求购信息表(rl_shop)、相册表(rl_photo)、样式表(rl_css)。下面分别介绍它们的表结构。

1. 管理员表 rl_manager

如图 16.32 所示表 rl_manager 用来保存管理员信息。

Name	Type	Length	Decimals	Allow Null	
id	int	11	0	☐	1
loginName	varchar	50	0	☑	
Password	varchar	100	0	☑	
realName	varchar	50	0	☑	
lastLoginTime	varchar	50	0	☑	
lastLoginIp	varchar	50	0	☑	
State	int	11	0	☑	
loginNum	int	11	0	☑	

图 16.32　管理员表

2. 登录日志表 rl_loginLog

如图 16.33 所示表 rl_loginLog 用来保存登录日志信息。

Fields | Indexes | Foreign Keys | Triggers | Options | Comment | SQL Preview

Name	Type	Length	Decimals	Allow Null	
id	int	11	0	☐	🔑1
loginName	varchar	50	0	☐	
realName	varchar	50	0	☐	
loginTime	varchar	50	0	☐	
loginIp	varchar	50	0	☐	
ipAddress	varchar	50	0	☐	

图 16.33　登录日志表

3. 新闻分类表 rl_news_category

如图 16.34 所示表 rl_news_category 用来保存新闻分类信息。

Fields | Indexes | Foreign Keys | Triggers | Options | Comment | SQL Preview

Name	Type	Length	Decimals	Allow Null	
id	int	11	0	☐	🔑1
categoryName	varchar	50	0	☐	
orderBy	int	11	0	☑	

图 16.34　新闻分类表

4. 新闻信息表 rl_news_info

如图 16.35 所示表 rl_news_info 用来保存评论信息。

Fields | Indexes | Foreign Keys | Triggers | Options | Comment | SQL Preview

Name	Type	Length	Decimals	Allow Null	
id	int	11	0	☐	🔑1
newsTitle	varchar	50	0	☐	
fTime	varchar	50	0	☐	
Author	varchar	50	0	☐	
category	int	11	0	☐	
State	int	11	0	☐	
Content	longtext	0	0	☑	

图 16.35　新闻信息表

5. 商家认证信息表 rl_shopletter

表 rl_shopletter 用来保存商家认证信息，结构如图 16.36 所示。

Fields | Indexes | Foreign Keys | Triggers | Options | Comment | SQL Preview

Name	Type	Length	Decimals	Allow Null	
id	int	11	0	☐	🔑1
letterName	varchar	50	0	☑	
letterImg	varchar	50	0	☑	
organName	varchar	50	0	☑	
availableDate	varchar	50	0	☑	

图 16.36　商家认证信息表

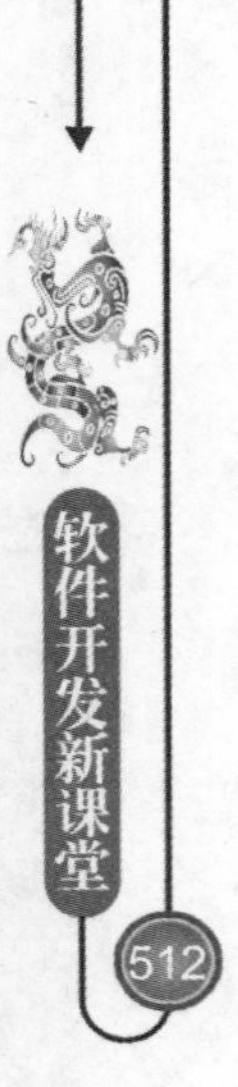

6. 商家信息表 rl_shopInfo

表 rl_shopInfo 用来保存商家信息，结构如图 16.37 所示。

Name	Type	Length	Decimals	Allow Null	
id	int	11	0	☐	1
companyName	varchar	50	0	☑	
regnum	varchar	100	0	☑	
regMoney	varchar	50	0	☑	
compgnyType	varchar	50	0	☑	
Person	varchar	50	0	☑	

图 16.37　商家信息表

7. 招聘信息表 rl_job

表 rl_job 用来保存招聘信息，结构如图 15.38 所示。

Name	Type	Length	Decimals	Allow Null	
id	int	11	0	☐	1
jobName	varchar	50	0	☑	
fTime	varchar	50	0	☑	
jobDescription	longtext	0	0	☑	
state	int	11	0	☑	

图 16.38　招聘信息表

8. 图片信息表 rl_images

表 rl_images 用来保存相册中图片信息，结构如图 16.39 所示。

Name	Type	Length	Decimals	Allow Null	
id	int	11	0	☐	1
name	varchar	50	0	☑	
upTime	varchar	50	0	☑	
photoId	int	11	0	☑	
imgUrl	varchar	100	0	☑	

图 16.39　图片信息表

9. 产品类别信息表 rl_category_product

表 rl_category_product 用来保存产品类别信息，结构如图 16.40 所示。

Name	Type	Length	Decimals	Allow Null	
id	int	11	0	☐	1
categoryName	varchar	50	0	☐	
orderBy	int	11	0	☐	

图 16.40　产品类别信息表

10. 产品信息表 rl_product

表 rl_product 用来保存产品信息，结构如图 16.41 所示。

Fields | Indexes | Foreign Keys | Triggers | Options | Comment | SQL Preview

Name	Type	Length	Decimals	Allow Null	
id	int	11	0	☐	1
productName	varchar	50	0	☐	
productImg	varchar	100	0	☑	
productInfo	longtext	0	0	☑	
state	int	11	0	☐	
type	int	11	0	☐	
category	varchar	50	0	☑	

图 16.41　产品信息表

11. 联系我们信息表 rl_company

表 rl_company 用来保存联系我们信息，结构如图 16.42 所示。

Fields | Indexes | Foreign Keys | Triggers | Options | Comment | SQL Preview

Name	Type	Length	Decimals	Allow Null	
id	int	11	0	☐	1
companyName	varchar	50	0	☐	
companyInfo	longtext	0	0	☑	
address	varchar	200	0	☑	
fax	varchar	50	0	☑	
tel	varchar	50	0	☑	
email	varchar	50	0	☑	
http	varchar	50	0	☑	

图 16.42　联系我们信息表

12. 商家求购信息表 rl_shop

表 rl_shop 用来保存商家求购信息，结构如图 16.43 所示。

Fields | Indexes | Foreign Keys | Triggers | Options | Comment | SQL Preview

Name	Type	Length	Decimals	Allow Null	
id	int	11	0	☐	1
title	varchar	50	0	☐	
fTime	varchar	50	0	☑	
description	longtext	0	0	☑	
states	varchar	50	0	☑	

图 16.43　商家求购信息表

13. 商家相册信息表 rl_photo

表 rl_photo 用来保存商家相册信息，结构如图 16.44 所示。

14. 皮肤样式信息表 rl_css

表 rl_css 用来保存皮肤样式信息，结构如图 16.45 所示。

Name	Type	Length	Decimals	Allow Null	
id	int	11	0	☐	🔑1
name	varchar	50	0	☐	
createTime	varchar	50	0	☑	
imgCount	int	11	0	☑	
imgUrl	varchar	50	0	☑	

图 16.44　商家相册信息表

Name	Type	Length	Decimals	Allow Null	
id	int	11	0	☐	🔑1
cssname	varchar	50	0	☐	
isselect	int	11	0	☐	

图 16.45　皮肤样式信息表

16.5.4　表格脚本

下面给出创建表格的脚本代码：

```
-- 管理员表
create table rl_manager
(
    id                  int          primary key auto_increment,
    loginName           Varchar(50)     unique,
    Password            Varchar(100)    not null,
    realName            Varchar(50)     not null,
    lastLoginTime       Varchar(50)     not null,
    lastLoginIp         Varchar(50)     not null,
    State               int             not null,
    loginNum            int

);

-- 登录日志表
create table rl_loginLog
(
    id                  int          primary key auto_increment,
    loginName           Varchar(50)     not null,
    realName            Varchar(50)     not null,
    loginTime           Varchar(50)     not null,
    loginIp             Varchar(50)     not null,
    ipAddress           Varchar(50)     not null

);

-- 新闻分类表
create table rl_news_category
(
```

```
    id              int         primary key auto_increment,
    categoryName    varchar(50)     not null unique,
    orderBy         int
);

-- 新闻信息表
create table rl_news_info(

    id          int     primary key auto_increment,
    newsTitle   Varchar(50)     not null,
    fTime       Varchar(50)     not null,
    Author      Varchar(50)     not null,
    category    int             not null,
    State       int             not null,
    Content longText
);

-- 商家认证表
create table rl_shopIetter(

    id              int     primary key auto_increment,
    letterName      varchar(50),
    letterImg       varchar(50),
    organName       varchar(50),
    availableDate   varchar(50)

);

-- 商家信息表
create table rl_shopInfo(

    id              int     primary key auto_increment,
    companyName     varchar(50),
    regnum          varchar(100),
    regMoney        varchar(50),
    compgnyType     varchar(50),
    Person          varchar(50)

);

-- 招聘信息表
create table rl_job(

    id              int     primary key auto_increment,
    jobName         varchar(50),
    fTime           varchar(50),
    jobDescription  longText,
    state           int

);
```

```
-- rl_images 图片表
create table rl_images(

    id              int     primary key auto_increment,
    name            varchar(50),
    upTime          varchar(50),
    photoId         int,
    imgUrl          varchar(100)
);

-- 产品类别表
create table rl_category_product
(
    id      int          primary key auto_increment,
    categoryName         Varchar(50)      not null,
    orderBy      int  not null
);

-- 产品表
create table rl_product
(
    id              int          primary key auto_increment,
    productName     Varchar(50)      not null,
    productImg      Varchar(100),
    productInfo     longText,
    state           int      not null,
    type            int      not null,
    category        Varchar(50)
);
-- 公司信息表
create table rl_company
(
    id              int          primary key auto_increment,
    companyName     Varchar(50)      not null,
    companyInfo     longText,
    address         Varchar(200),
    fax             Varchar(50),
    tel             Varchar(50),
    email           Varchar(50),
    http            Varchar(50)
);

-- 求购信息表
create table rl_shop
(
    id              int          primary key auto_increment,
    title           Varchar(50)      not null,
    fTime           Varchar(50),
    description     longText,
    states          Varchar(50)
);
```

```
-- 相册
create table rl_photo
(
    id              int         primary key auto_increment,
    name            Varchar(50)     not null,
    createTime      Varchar(50),
    imgCount        int,
    imgUrl          Varchar(50)
);

-- 网站样式表
create table rl_css
(
    id              int         primary key auto_increment,
    cssname         Varchar(50)     not null,
    isselect        int             not null
);
```

16.6 通用功能的实现

在系统中，有些功能是所有模块共用的，比如操作数据库的相关步骤，这里把它们实现为通用功能，以便其他模块也能使用。

16.6.1 操作数据库

操作数据库时需要考虑客户对数据库的常规操作，比如更换数据库用户的权限，亦即变更用户名或密码，在留言管理系统中是采用硬编码的形式，这样有一个弊端，当改变用户名或密码时，需要重新编译源程序。但有的客户可能并不了解 Java。再者可能不允许其他程序员通过编程直连数据库，所以与数据库的相关操作均通过某些功能类来完成。

本例主要从 3 个方面完成对数据库的操作：①获取与数据库的连接；②提供释放连接的方法；③提供与数据库操作相关的若干方法。下面介绍前两者。

1. 编写与数据库连接的代码

编写与数据库连接的代码需要以下步骤。

(1) 在项目的 src 目录中创建一个 jdbc.properties 文件，里面放置与数据库交互所需要的相关信息，用户以后需要修改用户名或密码时，直接在此文件进行修改即可。

jdbc.properties 的内容如下所示：

```
driver=com.mysql.jdbc.Driver
url=jdbc:mysql://localhost:3306/test?useUnicode=true&characterEncoding=U
TF-8
user=root
password=root
```

driver 指定了连接数据库的驱动名称，url 指定了数据库所在的详细路径，并且指定了连接数据库所采用的字符集为 UTF-8。

注意

这里一定要写成 key=value 的样式并且“=”的两边不要有空格，每一行结束时不用加结束符号，否则后面会取不到值。

(2) 在项目中创建名为 ConnectionFactory 的类，它将提供获取数据库连接的方法。新建 ConnectionFactory 类，提供一些静态属性：

```
public class ConnectionFactory {
    /** 设置数据库驱动类 */
    private static String driver = "";
    /** 设置数据库的 URL */
    private static String dbURL = "";
    /** 设置数据库用户名 */
    private static String user = "";
    /** 设置数据库用户密码 */
    private static String password = "";

}
```

(3) 编写静态代码块，为属性赋值：

```
static {
    Properties prop = new Properties();
    //方法链
    InputStream is = Thread.currentThread().getContextClassLoader()
            .getResourceAsStream("jdbc.properties");
    try {
        //从输入流中的数据加载成键值对
        prop.load(is);
    } catch (IOException e) {
        e.printStackTrace();
        System.out.println("加载配置文件出错");
    }
    //获取 driver 值
    driver = prop.getProperty("driver");
    //获取 url 值
    dbURL = prop.getProperty("url");
    //获取 user 值
    user = prop.getProperty("user");
    //获取 password 值
    password = prop.getProperty("password");
}
```

(4) 编写 getConnection()方法，获取与数据库的连接：

```
//获取数据库连接
public static Connection getConnection() {
```

```
    Connection conn = null;
    try {
        Class.forName(driver);
        conn = DriverManager.getConnection(url, user, password);
    } catch (ClassNotFoundException e) {
        System.out.println(" No class " + driver + " found error");
        e.printStackTrace();
    } catch (SQLException e) {
        System.out.println("Failed to get connection :" + e.getMessage());
            e.printStackTrace();
    }
    return conn;
}
```

与数据库连接时要考虑效率。第 15 章连接数据库的方式只能用在测试中，如果要用在真实项目中，则需要控制与数据库所建立的连接，每一个连接都会占用系统资源。数据库操作完毕之后需要及时释放连接。在 ConnectionFactory 类中要控制它的实例化对象，使用了工厂模式。有关工厂模式的内容可查阅与设计模式相关的知识。

2. 编写释放数据库连接的代码

编写释放数据库连接的代码需要以下步骤。

(1) 新建名为 DatabaseUtils 的类，并提供关闭结果集、关闭语句块、关闭连接的方法：

```
public class DatabaseUtils {
    //关闭连接
    public static void closeObject(Connection con) {
        try {
            if (con != null) {
                con.close();
            }
        } catch (Exception e) {
            System.out.println("关闭 Connection 异常");
        }
    }
    //关闭结果集
    public static void closeObject(ResultSet rs) {
        try {
            if (rs != null) {
                rs.close();
            }
        } catch (Exception e) {
            System.out.println("关闭 ResultSet 异常");
        }
    }
    //关闭语句块
    public static void closeObject(Statement st) {
        try {
            if (st != null) {
                st.close();
```

```
            }
        } catch (Exception e) {
            System.out.println("关闭 Statement 异常");
        }
    }
}
```

(2) 编写关闭语句块和连接的方法：

```
public static void closeObject(Statement stm, Connection con) {
    closeObject(stm);
    closeObject(con);
}
```

(3) 编写关闭结果集、语句块和连接的方法：

```
public static void closeObject(ResultSet rs, Statement stm, Connection con)
{
    closeObject(rs);
    closeObject(stm, con);
}

public static void closeObject(Statement stm, Connection con) {
    closeObject(stm);
    closeObject(con);
}
```

16.6.2 验证码工具类

验证码也是一种系统安全策略，以下代码是本系统中验证码的源码。

(1) 新建一个用来产生验证码的业务处理类 CheckCodeService，代码如下：

```
package com.tjise.util;

import java.awt.Color;
import java.awt.Font;
import java.awt.Graphics;
import java.awt.image.BufferedImage;
import java.io.IOException;
import java.io.OutputStream;
import java.util.Random;

import javax.imageio.ImageIO;

/**
 * @author csdn
 * 用来生产验证码的业务类
 */
public class CheckCodeService {

    private static String[] src = {"A", "B", "C", "D", "E", "F", "G",
```

```
        "H", "J", "K", "L", "M", "N", "P", "Q", "R", "S", "T", "U", "V",
        "W", "X", "Y", "Z", "0", "1", "2", "3", "4", "5", "6", "7", "8", "9"};
    private Random random = new Random();

    public String randomString(int num){
        StringBuilder sb = new StringBuilder();

        for(int i=0; i<num; i++) {
            int index = random.nextInt(src.length);  //[0,36)
            sb.append(src[index]);
        }
        return sb.toString();
    }

    /**
     * 用指定字符串生成指定宽度和高度的图片，并输出到指定的输出流中
     * @param src 源字符串
     * @param out 目标输出流
     * @param width 宽度(px)
     * @param height 高度(px)
     * @throws IOException I/O 异常
     */
    public void renderImage(String src, OutputStream out,
       int width, int height) throws IOException {
        BufferedImage img = new BufferedImage(width, height,
          BufferedImage.TYPE_INT_RGB); //内存图片

        Graphics g = img.getGraphics(); //获取画笔
        g.setColor(Color.WHITE);
        g.fillRect(0, 0, width, height); //画白色背景

        //画边框
        g.setColor(Color.GRAY);
        g.drawRect(0, 0, width-1, height-1);

        //画干扰圈
        for(int i=0; i<20; i++) {
           g.setColor(randColor(150, 250));
           g.drawOval(random.nextInt(width-10), random.nextInt(height-10),
              5+random.nextInt(10), 5+random.nextInt(10));
        }

        //画字符串
        g.setColor(randColor(10, 255));
        g.setFont(new Font("Arial", Font.ITALIC, 22));
        g.drawString(src, 8, height-3);

        ImageIO.write(img, "jpg", out);
    }

    /**
```

```
     * 产生一个随机颜色
     * @param min
     * @param max
     * @return
     */
    private Color randColor(int min, int max) {
        if(min > 255) {
            min = 255;
        }
        if(max > 255) {
            max = 255;
        }
        int r = min + random.nextInt(max - min);
        int g = min + random.nextInt(max - min);
        int b = min + random.nextInt(max - min);
        return new Color(r, g, b);
    }
}
```

(2) 新建一个 Servlet 类 CheckCodeServlet，代码如下：

```
package com.tjise.util;
import java.io.IOException;
import javax.servlet.ServletException;
import javax.servlet.http.HttpServlet;
import javax.servlet.http.HttpServletRequest;
import javax.servlet.http.HttpServletResponse;
/**
 * @author csdn
 *
 */
public class CheckCodeServlet extends HttpServlet {
    private static final long serialVersionUID = 8959150657713484130L;

    public void doGet(HttpServletRequest request,
        HttpServletResponse response)
        throws ServletException, IOException {
         //使用 GUI 编程的绘图功能
         CheckCodeService ccService = new CheckCodeService();
         String code = ccService.randomString(4);
         //把图片上的字符串保存起来，以供验证
         request.getSession().setAttribute("check_code", code);
         //输出到响应输出流
         response.setContentType("image/png");
         //通过发送响应头，来禁用浏览器的缓存
         response.setHeader("pragma", "no-cache");
         response.setHeader("cache-control", "no-cache");
         response.setHeader("expires", "0");
         ccService.renderImage(code, response.getOutputStream(), 80, 22);
    }
}
```

(3) 在 web.xml 中进行配置：

```
<!-- 获得验证码 Servlet -->
<servlet>
    <servlet-name>vc</servlet-name>
    <servlet-class>com.tjise.util.CheckCodeServlet</servlet-class>
    <load-on-startup>1</load-on-startup>
</servlet>
<servlet-mapping>
    <servlet-name>vc</servlet-name>
    <url-pattern>/getvc</url-pattern>
</servlet-mapping>
```

16.7 功能模块的实现

16.7.1 后台管理员登录模块

管理员登录界面设计如图 16.46 所示。

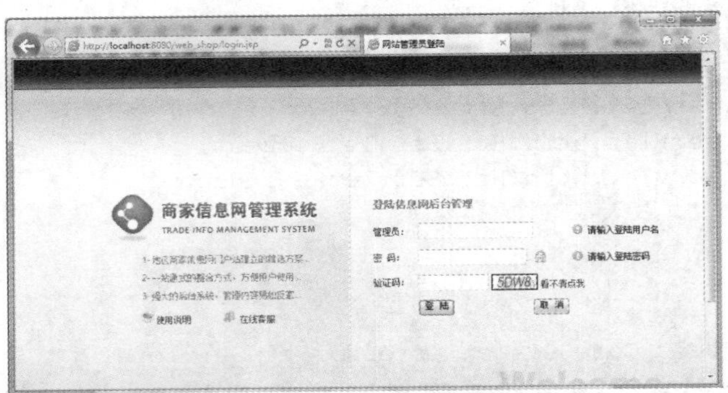

图 16.46 管理员登录页面

(1) 在登录页面使用 jQuery 对用户名和密码进行客户端的验证，代码如下：

```
<script language="javascript" type="text/javascript">
$(document).ready(function()
{
    $.formValidator.initConfig({formid:"form1",onerror:function(msg){aler
t(msg)},onsuccess:function(){alert('ddd');return false;}});
    $("#username").formValidator({onshow:"请输入登录用户名",onfocus:"用户名不
能为空",oncorrect:"用户名输入正确"}).inputValidator({min:4,max:10,onerror:"
请输正确的用户名!"});
    $("#password").formValidator({onshow:"请输入登录密码",onfocus:"密码不能为
空",oncorrect:"密码合法"}).inputValidator({min:4,max:18,
empty:{leftempty:false,rightempty:false,emptyerror:"密码两边不能有空格号"},
onerror:"请输入正确的密码!"});
});
</script>
```

以上代码验证方式需要引入 jQuery 的验证核心 js。

(2) 用户输入用户名和密码，点击登录按钮提交到 MngLoginServlet，在该 Servlet 中负责对提交过来的用户名和密码与管理员表进行校验，如果用户名和密码匹配，同时验证码输入正确，则登录成功，跳转到系统主页面，否则进行相关信息提示。该 Servlet 代码如下：

```
...
public void doPost(HttpServletRequest request,
  HttpServletResponse response) throws ServletException, IOException {
    String yzm =
      request.getSession().getAttribute("check_code").toString();
    String inputYZM=request.getParameter("verifycode");
    System.out.println(yzm+inputYZM);

    if(!yzm.equalsIgnoreCase(inputYZM)) { //验证码验证
        request.setAttribute("error", "验证码输入错误");
        request.getRequestDispatcher("login.jsp")
          .forward(request, response);
    }

    String username=request.getParameter("username");
    String password=request.getParameter("password");
    Rl_ManagerDao loginDao=new Rl_ManagerDaoImpl();
    //Rl_Manager login =
    // loginDao.validatorLogin(username, MD5Util.MD5(password));
    Rl_Manager login = loginDao.validatorLogin(username, password);
    if(null!=login && login.getId()>0) { //用户状态验证
        if(login.getState() == 1) {
            //String ip = getIpAddr(request); //获得 IP
            String ip = request.getLocalAddr();
            SimpleDateFormat sdf =
              new SimpleDateFormat("yyyy-MM-dd hh:mm:ss");
            login.setLastLoginTime(sdf.format(new Date()));
            login.setLastLoginIp(ip);
            login.setLoginNum(login.getLoginNum()+1);
            if(loginDao.update(login)) //修改最后登录时间、IP、次数
            {
                Rl_LoginLog log = new Rl_LoginLog();
                log.setLoginIp(ip);
                log.setLoginName(login.getLoginName());
                log.setLoginTime(sdf.format(new Date()));
                log.setRealName(login.getRealName());
                IPSeeker ipseeker = IPSeeker.getInstance();
                String address = ipseeker.getAddress(ip);
                log.setIpAddress(address);
                Rl_LoginLogDao logDao = new Rl_LoginLogDaoImpl();
                if(logDao.addLog(log)) { //添加日志是否成功
                    HttpSession session = request.getSession();
                    session.setAttribute("realname", login.getRealName());
                    request.getRequestDispatcher("/mng/index.jsp")
                      .forward(request, response);
```

```
                } else {
                    request.setAttribute(
                      "error", "添加日志发生了异常、请与管理员联系");
                    request.getRequestDispatcher("login.jsp")
                      .forward(request, response);
                }
            }
            else
            {
                request.setAttribute(
                  "error", "重写最后登录时间、IP、次数时、出错请与管理员联系");
                request.getRequestDispatcher("login.jsp")
                  .forward(request, response);
            }
        } else {
            request.setAttribute("error", "当前账号为禁止状态");
            request.getRequestDispatcher("login.jsp")
              .forward(request, response);
        }
    } else {
        request.setAttribute("error", "用户名或密码错误");
        request.getRequestDispatcher("login.jsp")
          .forward(request, response);
    }
}

/**
* 获取 IP 地址
*/
public static String getIpAddr(HttpServletRequest request) {

    String ip = request.getHeader("x-forwarded-for");
    if (ip==null || ip.length()==0 || "unknown".equalsIgnoreCase(ip)) {
        ip = request.getHeader("Proxy-Client-IP");
    }
    if (ip==null || ip.length()==0 || "unknown".equalsIgnoreCase(ip)) {
        ip = request.getHeader("WL-Proxy-Client-IP");
    }
    if (ip==null || ip.length()==0 || "unknown".equalsIgnoreCase(ip)) {
        ip = request.getRemoteAddr();
    }
    return ip;
}
```

(3) 在 web.xml 中配置 MngLoginServlet，代码如下：

```
<!-- 管理员登录 Servlet -->
<servlet>
    <servlet-name>MngLoginServlet</servlet-name>
    <servlet-class>com.tjise.mng.servlet.MngLoginServlet</servlet-class>
</servlet>
```

```
<servlet-mapping>
    <servlet-name>MngLoginServlet</servlet-name>
    <url-pattern>/login.do</url-pattern>
</servlet-mapping>
```

(4) 提供管理员登录 DAO 接口，新建一个接口类，名为 Rl_ManagerDao，在该接口中定义与管理员操作相关的方法，代码如下：

```
public interface Rl_ManagerDao {
    //根据用户名和密码查询用户信息
    public Rl_Manager validatorLogin(String name, String password);
    //添加管理员
    public boolean save(Rl_Manager rl);
    //根据 id 删除管理员信息
    public boolean delete(int id);
    //修改管理员信息
    public boolean update(Rl_Manager rl);
    //查询出所有管理员信息
    public List<Rl_Manager> findAll();
    //根据 id 查询管理员信息
    public Rl_Manager findById(int id);
}
```

(5) 提供 Rl_ManagerDao 接口的实现类，实现接口中定义的方法，在接口实现类中对数据库的操作采用了 commons-dbutils 开源 JAR 包，如果读者对 commons-dbutils 不熟悉，先花个几分钟看看相关文档，其实它的底层就是原生态的 JDBC，只不过做了一层很好的封装，代码如下：

```
public class Rl_ManagerDaoImpl implements Rl_ManagerDao {
    private QueryRunner qr = new QueryRunner();
    public Rl_Manager validatorLogin(String name, String password) {
        // TODO Auto-generated method stub
        Connection conn = ConnectionFactory.getConnection();
        String sql =
          "select * from rl_manager where loginName=? and Password=?";
        Object []param = {name, password};
        System.out.println(sql);
        Rl_Manager manage = null;
        try {
            manage = qr.query(conn, sql,
              new BeanHandler<Rl_Manager>(Rl_Manager.class), param);
        } catch (SQLException e) {
            // TODO Auto-generated catch block
            e.printStackTrace();
        } finally {
            try {
                DbUtils.close(conn);
            } catch (SQLException e) {
                // TODO Auto-generated catch block
                e.printStackTrace();
            }
```

```
    }
    return manage;
}
public boolean save(Rl_Manager rl) {
    // TODO Auto-generated method stub
    Connection conn = ConnectionFactory.getConnection();
    String sql = "insert into rl_manager(loginName,Password,realName,
      lastLoginTime,lastLoginIp,State,loginNum)
      values(?,?,?,?,?,?,?)";
    Object []param = {rl.getLoginName(), rl.getPassword(),
      rl.getRealName(), rl.getLastLoginTime(), rl.getLastLoginIp(),
      rl.getState(), rl.getLoginNum()};
    int i = 0;
    try {
        i = qr.update(conn, sql, param);
    } catch (SQLException e) {
        // TODO Auto-generated catch block
        e.printStackTrace();
    } finally {
        try {
            DbUtils.close(conn);
        } catch (SQLException e) {
            // TODO Auto-generated catch block
            e.printStackTrace();
        }
    }
    if(i != 0) {
        return true;
    } else {
        return false;
    }
}
public boolean delete(int id) {
    // TODO Auto-generated method stub
    Connection conn = ConnectionFactory.getConnection();
    String sql = "delete from rl_manager where id=?";
    Object []param = {id};
    int i = 0;
    try {
        i = qr.update(conn, sql, param);
    } catch (SQLException e) {
        // TODO Auto-generated catch block
        e.printStackTrace();
    } finally {
        try {
            DbUtils.close(conn);
        } catch (SQLException e) {
            // TODO Auto-generated catch block
            e.printStackTrace();
        }
    }
```

```
        if(i != 0) {
            return true;
        } else {
            return false;
        }
    }
    public boolean update(Rl_Manager rl) {
        // TODO Auto-generated method stub
        Connection conn = ConnectionFactory.getConnection();
        String sql = "update rl_manager set loginName=?,Password=?,
          realName=?,lastLoginTime=?,lastLoginIp=?,State=?,
          loginNum=? where id=?";
        Object []param = {rl.getLoginName(),rl.getPassword(),
          rl.getRealName(),rl.getLastLoginTime(),rl.getLastLoginIp(),
          rl.getState(),rl.getLoginNum(),rl.getId()};
        int i = 0;
        try {
            i = qr.update(conn, sql, param);
        } catch (SQLException e) {
            // TODO Auto-generated catch block
            e.printStackTrace();
        } finally {
            try {
                DbUtils.close(conn);
            } catch (SQLException e) {
                // TODO Auto-generated catch block
                e.printStackTrace();
            }
        }
        if(i != 0) {
            return true;
        } else {
            return false;
        }
    }
    public List<Rl_Manager> findAll() {

        Connection conn = ConnectionFactory.getConnection();
        String sql = "select * from rl_manager";
        List<Rl_Manager> logList = new ArrayList<Rl_Manager>();
        try {
            logList = qr.query(conn, sql,
             new BeanListHandler<Rl_Manager>(Rl_Manager.class));
        } catch (SQLException e) {
            // TODO Auto-generated catch block
            e.printStackTrace();
        } finally {
            try {
                DbUtils.close(conn);
            } catch (SQLException e) {
                // TODO Auto-generated catch block
```

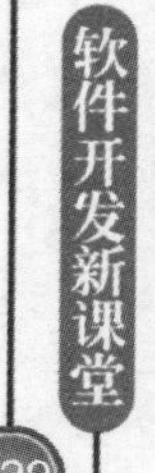

```
                e.printStackTrace();
            }
        }
        return logList;
    }
    public Rl_Manager findById(int id) {
        // TODO Auto-generated method stub
        Connection conn = ConnectionFactory.getConnection();
        String sql = "select * from rl_manager where id=?";
        Object []param = {id};
        Rl_Manager rl = null;
        try {
            rl = qr.query(conn, sql,
              new BeanHandler<Rl_Manager>(Rl_Manager.class), param);
            //rl = qr.query(conn, sql,
            // new BeanHandler<Rl_News_Category>(Rl_News_Category.class));
        } catch (SQLException e) {
            // TODO Auto-generated catch block
            e.printStackTrace();
        } finally {
            try {
                DbUtils.close(conn);
            } catch (SQLException e) {
                // TODO Auto-generated catch block
                e.printStackTrace();
            }
        }
        return rl;
    }
}
```

(6) 至此，管理员的登录功能就算结束了，可以通过访问登录页面输入用户名、密码和验证码来测试管理员的登录功能。如果登录成功，则进入系统管理首页，否则进行相关信息提示，如图 16.47 和 16.48 所示。

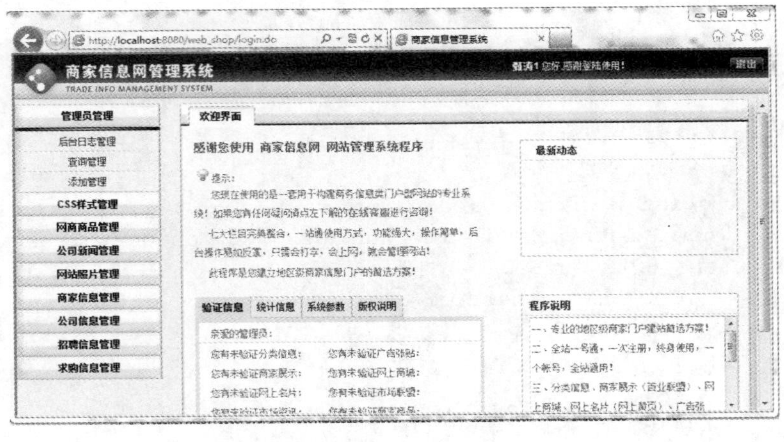

图 16.47　登录成功

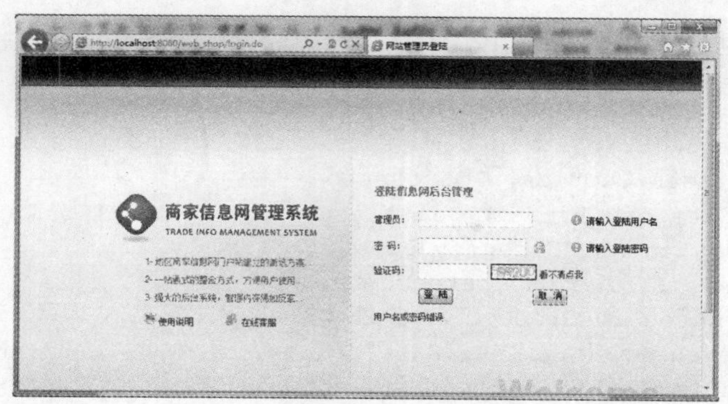

图 16.48　输入的用户信息错误

16.7.2　商品分类管理

商品分类管理主要是针对分类数据进行增、删、改、查的维护操作，那么首先介绍一下添加分类功能的实现。页面效果如图 16.49 所示，页面详细源码可查看本书所带光盘第 16 章项目的源码。

商品分类

添加商品分类

* 商家商品类别：　添加商品类别，在添加商品时可以选择该类别

* 商家商品序号：　可以提高该类别在前台显示的顺序

添加

客户服务邮箱：277808367@qq.com

官方网站：http://tjise.com

图 16.49　商品分类添加页面

管理员输入商品类别和商品序号，单击“添加”按钮提交到 Rl_Category_ProductServlet 中的 add 方法，JSP 中 form 表单的提交路径为 action="<%=basePath%> mng/proType.do?method=add"，代码如下所示：

```
protected void add(HttpServletRequest req, HttpServletResponse resp)
throws ServletException, IOException {
    //HttpSession session=req.getSession();
    //session.removeAttribute("manager");
    // TODO Auto-generated method stub
    String categroyName=req.getParameter("categroyName");
    String num=req.getParameter("num");
    Rl_Category_Product manager=new Rl_Category_Product();
    manager.setCategoryName(categroyName);
    manager.setOrderBy(Integer.parseInt(num));
    Rl_Category_ProductDao categroyDao=new Rl_Category_ProductDaoImpl();
    if(categroyDao.addCatePro(manager)){//如果添加成功调用显示分类列表的方法
        show(req,resp);
    }
}
```

当分类信息添加成功时，则调用显示分类列表的方法 show，并且跳转到列表页面，这样就能在列表页面看到最新添加的数据。show()方法的代码如下所示：

```
public void show(HttpServletRequest request, HttpServletResponse response)
 throws ServletException, IOException {
   List<Rl_Category_Product> list =
     new ArrayList<Rl_Category_Product>();
   Rl_Category_ProductDao categroyDao =
     new Rl_Category_ProductDaoImpl();
   list = categroyDao.findAllCatePro();
   if(list != null) {
       request.setAttribute("list", list);
       request.getRequestDispatcher("/mng/proCategory/category_list.jsp")
         .forward(request, response);
   }
}
```

以上分类的添加和列表的显示功能都需要调用 DAO 层 Rl_Category_ProductDao 接口中定义的方法来实现对分类数据的相关操作，那么接下来，就先在 Rl_Category_ProductDao 接口中定义好相关操作的方法，代码如下：

```
public interface Rl_Category_ProductDao {
    //添加产品分类
    public boolean addCatePro(Rl_Category_Product cate);
    //根据 id 删除产品分类
    public boolean deleteCatePro(int id);
    //修改产品分类信息
    public boolean updateCatePro(Rl_Category_Product cate);
    //查询所有的产品分类信息
    public List<Rl_Category_Product> findAllCatePro();
    //根据 id 查询产品分类信息
    public Rl_Category_Product findByIdCatePro(int id);
}
```

在 Rl_Category_ProductDao 接口中定义的方法，需要有实现类 Rl_Category_Product-DaoImpl 来实现所有的方法，代码如下：

```
public class Rl_Category_ProductDaoImpl
  implements Rl_Category_ProductDao {
    private QueryRunner qr=new QueryRunner();
    public boolean addCatePro(Rl_Category_Product cate) {
        // TODO Auto-generated method stub
        Connection conn = ConnectionFactory.getConnection();
        String sql =
        "insert into rl_category_product(categoryName,orderBy)values(?,?)";
        Object []param = {cate.getCategoryName(), cate.getOrderBy()};
        int i = 0;
        try {
            i = qr.update(conn, sql, param);
        } catch (SQLException e) {
            // TODO Auto-generated catch block
```

```
            e.printStackTrace();
        } finally {
            try {
                DbUtils.close(conn);
            } catch (SQLException e) {
                // TODO Auto-generated catch block
                e.printStackTrace();
            }
        }
        if(i != 0) {
            return true;
        } else {
            return false;
        }
    }
    public boolean deleteCatePro(int id) {
        // TODO Auto-generated method stub
        Connection conn = ConnectionFactory.getConnection();
        String sql = "delete from rl_category_product where id=?";
        Object []param = {id};
        int i = 0;
        try {
            i = qr.update(conn, sql, param);
        } catch (SQLException e) {
            // TODO Auto-generated catch block
            e.printStackTrace();
        } finally {
            try {
                DbUtils.close(conn);
            } catch (SQLException e) {
                // TODO Auto-generated catch block
                e.printStackTrace();
            }
        }
        if(i != 0) {
            return true;
        } else {
            return false;
        }
    }
    public List<Rl_Category_Product> findAllCatePro() {
        // TODO Auto-generated method stub
        Connection conn = ConnectionFactory.getConnection();
        String sql = "select * from rl_category_product";
        List<Rl_Category_Product> list = null;
        try {
            list = qr.query(conn, sql,
              new BeanListHandler<Rl_Category_Product>(
                Rl_Category_Product.class));
        } catch (SQLException e) {
            // TODO Auto-generated catch block
```

```
            e.printStackTrace();
        } finally {
            try {
                DbUtils.close(conn);
            } catch (SQLException e) {
                // TODO Auto-generated catch block
                e.printStackTrace();
            }
        }
        return list;
    }
    public Rl_Category_Product findByIdCatePro(int id) {
        // TODO Auto-generated method stub
        Connection conn = ConnectionFactory.getConnection();
        String sql = "select * from rl_category_product where id=?";
        Object []param = {id};
        Rl_Category_Product pro = null;
        try {
            pro = qr.query(conn, sql,
              new BeanHandler<Rl_Category_Product>(
                Rl_Category_Product.class), param);
        } catch (SQLException e) {
            // TODO Auto-generated catch block
            e.printStackTrace();
        } finally {
            try {
                DbUtils.close(conn);
            } catch (SQLException e) {
                // TODO Auto-generated catch block
                e.printStackTrace();
            }
        }
        return pro;
    }
    public boolean updateCatePro(Rl_Category_Product cate) {
        // TODO Auto-generated method stub
        Connection conn = ConnectionFactory.getConnection();
        String sql="update rl_category_product set categoryName=?,"
          + "orderBy=? where id=?";
        Object []param =
          {cate.getCategoryName(), cate.getOrderBy(), cate.getId()};
        int i = 0;
        try {
            i = qr.update(conn, sql, param);
        } catch (SQLException e) {
            // TODO Auto-generated catch block
            e.printStackTrace();
        } finally {
            try {
                DbUtils.close(conn);
            } catch (SQLException e) {
```

```
                // TODO Auto-generated catch block
                e.printStackTrace();
            }
        }
        if(i != 0) {
            return true;
        } else {
            return false;
        }
    }
}
```

商品分类添加成功，在列表页面的显示如图 16.50 所示。

商品分类

➡ 当前位置：商品分类 - 列表

ID	类别名称	类别序号	操作
8	档案袋	1	删除 ¦ 修改
9	其他未分类	2	删除 ¦ 修改
10	文件夹、包	1	删除 ¦ 修改
11	酒店大堂用品	3	删除 ¦ 修改
14	送多福多寿	12	删除 ¦ 修改

客户服务邮箱：277808367@qq.com
官方网站：http://www.tjise.com

图 16.50　商品分类列表页面

对于商品分类的修改和删除，在列表页面提供有相应的链接，点击修改，需要把当前分类的 id 作为参数传递到 Servlet 中，然后根据 id 先把分类的信息查询出来显示到修改页面，列表页面修改链接的代码如下：

```
<a href="mng/proType.do?method=update1&id=${list.id}">修改</a>
```

点击修改链接，会把请求发送到 Rl_Category_ProductServlet 中的 update1 方法中，代码如下：

```
Public void update1(HttpServletRequest request,
  HttpServletResponse response)
  throws ServletException, IOException {
    int id = Integer.parseInt(request.getParameter("id"));
    Rl_Category_Product category = null;
    Rl_Category_ProductDao categroyDao = new Rl_Category_ProductDaoImpl();
    category = categroyDao.findByIdCatePro(id);
    request.setAttribute("category", category);
    request.getRequestDispatcher("/mng/proCategory/category_update.jsp")
      .forward(request, response);
}
```

在 update1 方法中根据请求的 id 查询出分类原来的信息，并显示到修改页面上。

修改页面的代码可看本书配套光盘第 16 章项目源码中 proCategory 目录中的 category_

update.jsp 页面。在修改页面修改完分类信息，会把请求发送到 Rl_Category_ProductServlet 中的 update 方法，根据 id 修改分类信息，代码如下：

```
protected void update(HttpServletRequest req, HttpServletResponse resp)
 throws ServletException, IOException {
   int id = Integer.parseInt(req.getParameter("id"));
   String categroyName = req.getParameter("categroyName");
   String num = req.getParameter("num");
   Rl_Category_Product manager = new Rl_Category_Product();
   manager.setId(id);
   manager.setCategoryName(categroyName);
   manager.setOrderBy(Integer.parseInt(num));
   Rl_Category_ProductDao categroyDao =
     new Rl_Category_ProductDaoImpl();
   if(categroyDao.updateCatePro(manager)) {
      show(req, resp);
   }
}
```

修改成功，调用 show()方法，返回到分类的列表页面。修改页面如图 16.51 所示。

商品分类

当前位置: 修改商品分类

* 类别名称: 档案袋

* 排序序号: 1

修改

图 16.51　分类修改页面

在列表页面，针对商品分类删除的链接，有如下代码：

```
<a href="mng/proType.do?method=delete&id=${list.id}">删除</a>
```

点击删除链接，会把请求发送到 Rl_Category_ProductServlet 中的 delete 方法中，代码如下：

```
public void delete(HttpServletRequest request,
 HttpServletResponse response)
 throws ServletException, IOException {
   String id = request.getParameter("id");
   Rl_Category_ProductDao categroyDao = new Rl_Category_ProductDaoImpl();
   if(categroyDao.deleteCatePro(Integer.parseInt(id)))
   {
      show(request, response);
   }
}
```

删除成功，调用 show()方法，返回到分类的列表页面。

16.7.3　商品管理

商品管理包括对商品的添加、修改、删除、列表显示等功能。首先介绍一下添加商品功能的实现，页面如图 16.52 所示，页面详细源码可参考本书光盘第 16 章项目的源码。

图 16.52　商品添加页面

在添加页面使用 ckeditor 在线文本编辑器来描述商品信息。并且在添加页面上需要把产品的分类名称以下拉列表框的形式显示出来，所以这就需要修改点击添加商品的链接了，点击添加商品的链接应该先把请求发送到 Rl_ProductServlet 中的 load_add 方法，查询出所有的商品分类，然后再跳转到商品的添加页面，代码如下所示：

```
protected void load_add(HttpServletRequest req, HttpServletResponse resp)
  throws ServletException, IOException {
    List<Rl_Category_Product> list = new ArrayList<Rl_Category_Product>();
    Rl_Category_ProductDao categroyDao = new Rl_Category_ProductDaoImpl();
    list = categroyDao.findAllCatePro();
    if(list != null) {
        req.setAttribute("categorylist", list);
        req.getRequestDispatcher("/mng/product/info_add.jsp")
          .forward(req, resp);
    }
}
```

这样，在添加页面就可以动态地显示商品分类了，只要获取 categorylist 变量值，循环输出到下拉框中即可，代码如下所示：

```
<select name="category">
    <c:forEach items="${categorylist}" var="list" >
        <option value="${list.id}" >
            ${list.categoryName }
        </option>
    </c:forEach>
</select>
```

添加商品成功到列表页面，在列表页面提供删除和修改商品信息的链接；点击修改链

接，需要把当前的 id 传递到 Servlet 中，根据 id 查询商品信息，并显示到修改页面上，然后就可以进行商品信息的修改，修改成功返回到列表页面；删除商品信息时，同样需要根据 id 进行删除。此处就不再详细介绍，具体实现可参考本书光盘第 16 章的项目源码。

16.7.4 相册管理

相册分类的管理包括添加相册分类、修改相册分类和删除相册分类。添加、修改和删除相册操作成功返回到相册列表页面。如图 16.53 所示为相册列表页面。

欢迎界面

当前位置: 相册列表

相册编号	相册名称	创建日期	照片数量	封面图片	操作
3	供应贴图	2012-08-20 04:01:00	5	20120904194129.jpg	删除 修改 详细信息
4	精致地板	2012-08-21 10:13:32	0	20120904194021.jpg	删除 修改 详细信息
5	防火墙	2012-08-21 11:12:24	0	20120904194002.jpg	删除 修改 详细信息
6	笔记本	2012-08-21 11:12:38	0	20120904194146.jpg	删除 修改 详细信息
7	忿忿地	2012-08-21 11:13:15	0	20120904194042.jpg	删除 修改 详细信息
8	请问人	2012-08-21 11:13:26	0	20120904194028.jpg	删除 修改 详细信息

图 16.53 相册列表页面

在相册管理模块 DAO 接口 Rl_PhotoDao 中定义对相册所操作的相关方法，代码如下：

```
public interface Rl_PhotoDao {
    //添加相册信息
    public boolean addPhoto(Rl_Photo photo);
    //根据 id 删除相册信息
    public boolean deletePhoto(int id);
    //修改相册信息
    public boolean updatePhoto(Rl_Photo photo);
    //查询所有的相册
    public List<Rl_Photo> findPhoto();
    //根据 id 查询相册信息
    public Rl_Photo findByIdPhoto(int id);
}
```

在 Rl_PhotoDao 接口中定义的方法需要由 Rl_PhotoDaoImpl 类来实现，代码如下：

```
public class Rl_PhotoDaoImpl implements Rl_PhotoDao {
   private QueryRunner qr = new QueryRunner();
   public boolean addPhoto(Rl_Photo photo) {
      // TODO Auto-generated method stub
      Connection conn = ConnectionFactory.getConnection();
      String sql =
        "insert into rl_photo(name,createTime,imgCount,imgUrl)
        values(?,?,?,?)";
      Object []param = {photo.getName(), photo.getCreateTime(),
        photo.getImgCount(), photo.getImgUrl()};
      int i = 0;
```

```
        try {
            i = qr.update(conn, sql, param);
        } catch (SQLException e) {
            // TODO Auto-generated catch block
            e.printStackTrace();
        } finally {
            try {
                DbUtils.close(conn);
            } catch (SQLException e) {
                // TODO Auto-generated catch block
                e.printStackTrace();
            }
        }
        if(i != 0) {
            return true;
        } else {
            return false;
        }
    }
    public boolean deletePhoto(int id) {
        // TODO Auto-generated method stub
        Connection conn = ConnectionFactory.getConnection();
        String sql = "delete from  rl_photo where id=?";
        Object[]param = {id};
        int i = 0;
        try {
            i = qr.update(conn, sql, param);
        } catch (SQLException e) {
            // TODO Auto-generated catch block
            e.printStackTrace();
        } finally {
            try {
                DbUtils.close(conn);
            } catch (SQLException e) {
                // TODO Auto-generated catch block
                e.printStackTrace();
            }
        }
        if(i != 0) {
            return true;
        } else {
            return false;
        }
    }
    public Rl_Photo findByIdPhoto(int id) {
        // TODO Auto-generated method stub
        Connection conn = ConnectionFactory.getConnection();
        String sql = "select * from rl_photo where id=?";
        Object []param = {id};
        Rl_Photo photo = null;
        try {
```

```
            photo = qr.query(conn, sql,
              new BeanHandler<Rl_Photo>(Rl_Photo.class), param);
        } catch (SQLException e) {
            // TODO Auto-generated catch block
            e.printStackTrace();
        } finally {
            try {
                DbUtils.close(conn);
            } catch (SQLException e) {
                // TODO Auto-generated catch block
                e.printStackTrace();
            }
        }
        return photo;
    }
    public List<Rl_Photo> findPhoto() {
        // TODO Auto-generated method stub
        Connection conn = ConnectionFactory.getConnection();
        String sql = "select * from rl_photo";
        List<Rl_Photo> list = null;
        try {
            list = qr.query(conn, sql,
              new BeanListHandler<Rl_Photo>(Rl_Photo.class));
        } catch (SQLException e) {
            // TODO Auto-generated catch block
            e.printStackTrace();
        } finally {
            try {
                DbUtils.close(conn);
            } catch (SQLException e) {
                // TODO Auto-generated catch block
                e.printStackTrace();
            }
        }
        return list;
    }

    public boolean updatePhoto(Rl_Photo photo) {
        // TODO Auto-generated method stub
        Connection conn = ConnectionFactory.getConnection();
        String sql = "update rl_photo set name=?,createTime=?,
          imgCount=?,imgUrl=? where id=?";
        Object[]param = {photo.getName(), photo.getCreateTime(),
          photo.getImgCount(), photo.getImgUrl(), photo.getId()};
        int i = 0;
        try {
            i = qr.update(conn, sql, param);
        } catch (SQLException e) {
            // TODO Auto-generated catch block
            e.printStackTrace();
        } finally {
```

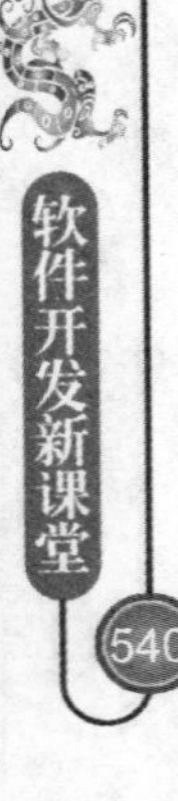

```
        try {
            DbUtils.close(conn);
        } catch (SQLException e) {
            // TODO Auto-generated catch block
            e.printStackTrace();
        }
    }
    if(i != 0) {
        return true;
    } else {
        return false;
    }
  }
}
```

然后在 Rl_PhotoServlet 中完成对相册的增、删、改、查的操作，完整代码如下：

```
public class Rl_PhotoServlet extends HttpServlet {
    private static final long serialVersionUID = -5688455719230828105L;
    @Override
    protected void doGet(HttpServletRequest req, HttpServletResponse resp)
      throws ServletException, IOException {
        // TODO Auto-generated method stub
        this.doPost(req, resp);
    }
    @Override
    protected void doPost(HttpServletRequest req, HttpServletResponse resp)
      throws ServletException, IOException {
        String method = req.getParameter("method");
        if(method.equals("add"))
        {
            add(req, resp);
        }
        else if(method.equals("show")) {
            show(req, resp);
        }
        else if(method.equals("delete")) {
            delete(req, resp);
        }
        else if(method.equals("update1")) {
            update1(req, resp);
        }
        else if(method.equals("update")) {
            update(req, resp);
        }
        else if(method.equals("frontList")) {
            frontList(req, resp);
        }
    }
    //用来在前台显示相册信息
    public void frontList(HttpServletRequest request,
```

```
    HttpServletResponse response)
    throws ServletException, IOException {
      List<Rl_Photo> list = new ArrayList<Rl_Photo>();
      Rl_PhotoDao manDao = new Rl_PhotoDaoImpl();
      list = manDao.findPhoto();
      if(list != null) {
          request.setAttribute("albumList", list);
          request.getRequestDispatcher("/front/qiyexiangce.jsp")
            .forward(request, response);
      }
  }
  //添加相册
  protected void add(HttpServletRequest req, HttpServletResponse resp)
    throws ServletException, IOException {
      String name = req.getParameter("name");
      String imgUrl = req.getParameter("picpath");
      Rl_Photo manager = new Rl_Photo();
      manager.setName(name);
      SimpleDateFormat sdf = new SimpleDateFormat("yyyy-MM-dd hh:mm:ss");
      manager.setCreateTime(sdf.format(new Date()));
      manager.setImgCount(0);
      manager.setImgUrl(imgUrl);
      Rl_PhotoDao manDao = new Rl_PhotoDaoImpl();
      if(manDao.addPhoto(manager)) {
          show(req, resp);
      }
  }
  //后台相册列表
  public void show(HttpServletRequest request,
    HttpServletResponse response)
    throws ServletException, IOException {
      List<Rl_Photo> list = new ArrayList<Rl_Photo>();
      Rl_PhotoDao manDao = new Rl_PhotoDaoImpl();
      list = manDao.findPhoto();
      if(list != null) {
          request.setAttribute("list", list);
          request.getRequestDispatcher("/mng/album/info_list.jsp")
            .forward(request, response);
      }
  }

  public void delete(HttpServletRequest request,
    HttpServletResponse response)
    throws ServletException, IOException {
      String id = request.getParameter("id");
      Rl_PhotoDao manDao = new Rl_PhotoDaoImpl();
      if(manDao.deletePhoto(Integer.parseInt(id))) {
          show(request, response);
      }
  }
  //编辑相册信息
```

```
    public void update1(HttpServletRequest request,
      HttpServletResponse response)
      throws ServletException, IOException {
        int id = Integer.parseInt(request.getParameter("id"));
        Rl_Photo category = null;
        Rl_PhotoDao categroyDao = new Rl_PhotoDaoImpl();
        category = categroyDao.findByIdPhoto(id);
        request.setAttribute("list", category);
        request.getRequestDispatcher("/mng/album/info_update.jsp")
          .forward(request, response);
    }
    //修改相册信息
    protected void update(HttpServletRequest req, HttpServletResponse resp)
      throws ServletException, IOException {
        Rl_PhotoDao manDao = new Rl_PhotoDaoImpl();
        int id = Integer.parseInt(req.getParameter("id"));
        String name = req.getParameter("name");
        String imgUrl = req.getParameter("picpath");
        Rl_Photo manager = new Rl_Photo();
        manager = manDao.findByIdPhoto(id);
        manager.setId(id);
        manager.setName(name);
        manager.setImgUrl(imgUrl);
        Rl_PhotoDao man = new Rl_PhotoDaoImpl();
        if(man.updatePhoto(manager)) {
            show(req, resp);
        }
    }
}
```

相册的增、删、改、查的业务逻辑和开发流程与以上介绍到的商品分类和商品的操作流程一样，在此就不再详细描述，对于相册的添加、修改、列表页面，可查看本书配套光盘第 16 章项目源码中/mng/album 文件夹下的 JSP 页面。

现在能够对相册进行增、删、改、查操作了，那么接下来，我们就可以往相册中上传图片了，上传图片的页面如图 16.54 所示。

图 16.54　添加图片页面

在上传图片页面，需要相册以下列表拉框的形式出现，然后可以选择图片要上传到的相册。所以在点击添加图片这个链接时，应该先到 Servlet 中把所有的相册名称查询出来，然后再跳转到添加页面。在单击“上传图片”按钮时，会弹出上传页面，如图 16.55 所示。

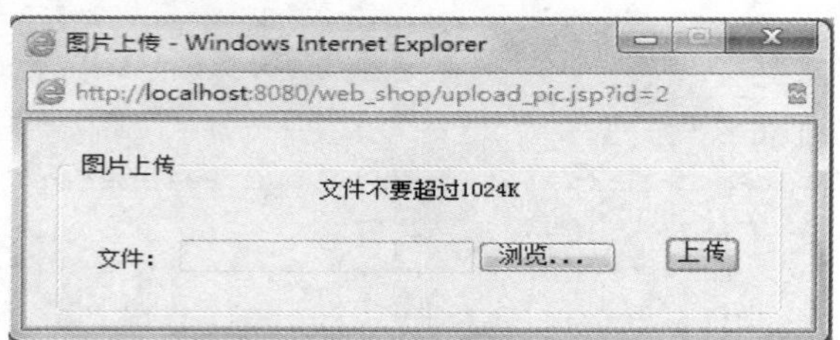

图 16.55 图片上传页面

弹出的图片上传页面实际是通过 JavaScript 弹出的一个对话框页面，代码如下：

```
<script>
function upload(id)
{
    var go = "<%=basePath%>upload_pic.jsp?id=" + id;
    var oawin = window.open(go, "_blank",
      "toolbar=0,location=0,status=0,menubar=0,scrollbars=no,resizable=0,
      width=400,height=120");
    oawin.focus();
    oawin.opener = window;
}
</script>
```

upload_pic.jsp 负责图片的上传功能实现，代码如下：

```
<%@page contentType="text/html;charset=GB2312"%>
<%@page
  import="java.util.*,java.text.*,java.io.*,com.tjise.util.DealString"%>
<%
DealString ds = new DealString();
String title = "";
String strtype1 = ds.toString((String) request.getParameter("id"));
String strclose = ds.toString((String) request.getParameter("close"));
title = "图片上传";
String name = ds.getDateTime();
name = name.replaceAll("-", "");
name = name.replaceAll(" ", "");
name = name.replaceAll(":", "");
if (strclose.equals("1")) {
%>
    <script>
    window.opener.document.all.img.value = '<%=ds.toGBK(
      (String)request.getParameter("filename"))%>';
    window.close();
    </script>
<%
}
%>
<html>
<head>
<meta http-equiv="Content-Type" content="text/html; charset=GBK">
```

```
<title><%=title%></title>
</head>
<BODY bgColor=menu topmargin=15 leftmargin=15 style="font: 9pt">
<CENTER>
<FIELDSET align=left>
<LEGEND align=left><%=title%></LEGEND>
<span style="font: 9pt">文件不要超过 1024K</span>
<form name="form" method="post"
 action="/web_shop/uploadimage.jsp?name=<%=name%>"
 enctype="multipart/form-data">
文件：
<input type="file" name="file11" size=20>
<input type="hidden" name="txt_file11" size=20>
<input type="hidden" name="txt_name11">
<input type="hidden" name="txt_type1" value=<%=strtype1%>>
<input type="submit" onclick="return submit111();" value="上传">
</form>
</fieldset>
</body>
<script>
function submit111()
{
   document.all.txt_file11.value = document.all.file11.value;
   if(document.all.file11.value=="")
      return false;
   var name1 = document.all.txt_file11.value;
   var i = name1.lastIndexOf(".");
   name1 = name1.substring(i);
   var name = <%=name%>;
   document.all.txt_name11.value = name + name1;
   var name2 = document.all.file11.value;
   var j = name2.lastIndexOf("\\");
   name2 = name2.substring(j+1);
   if(document.all.txt_type1.value == "1")
   {
      if(window.opener.document.all.ORGID.value == "")
      {
         window.opener.document.all.ORGID.value =
           document.all.txt_name11.value;
         window.opener.document.all.OLDORGID.value = name2;
      }
      else
         window.opener.document.all.ORGID.value =
           window.opener.document.all.ORGID.value + ","
           + document.all.txt_name11.value;
      window.opener.document.all.OLDORGID.value =
        window.opener.document.all.OLDORGID.value + "," + name2;
   }
   if(document.all.txt_type1.value == "2")
   {
      if(name1!=".gif" && name1!=".jpg" && name1!=".png" && name1!=".bmp"
```

```
        && name1!=".jpeg"&& name1!=".GIF" && name1!=".JPG" && name1!=".PNG"
        && name1!=".BMP" && name1!=".JPEG")
        {
            alert("图片格式不正确！");
            document.all.txt_file11.value = "";
            document.all.txt_name11.value = "";
            name = "";
            return false;
        }
        window.opener.document.all.picpath.value =
          document.all.txt_name11.value;
    }
}
</script>
</html>
```

在 Rl_ImagesServlet 中完成对图片信息的增、删、改、查的操作，代码如下：

```
public class Rl_ImagesServlet extends HttpServlet {

    private static final long serialVersionUID = -7911020618153123087L;

    @Override
    protected void doGet(HttpServletRequest req, HttpServletResponse resp)
      throws ServletException, IOException {
        // TODO Auto-generated method stub
        this.doPost(req, resp);
    }

    @Override
    protected void doPost(HttpServletRequest req, HttpServletResponse resp)
      throws ServletException, IOException {
        String method = req.getParameter("method");
        if(method.equals("add"))
        {
            add(req, resp);
        }
        else if(method.equals("show"))
        {
            show(req, resp);
        }
        else if(method.equals("delete"))
        {
            delete(req, resp);
        }
        else if(method.equals("update1"))
        {
            update1(req, resp);
        }
        else if(method.equals("update"))
        {
```

```
        update(req, resp);
    }
    else if(method.equals("jmpadd"))
    {
        load_add(req,resp);
    }
    else if(method.equals("frontList"))
    {
        frontList(req, resp);
    }
}

//前台页面显示某个相册下所有的图片
public void frontList(HttpServletRequest request,
   HttpServletResponse response)
   throws ServletException, IOException {
    int albumId = Integer.parseInt(request.getParameter("id"));
    String albumName = request.getParameter("albumNaem");
    List<Rl_Images> list = new ArrayList<Rl_Images>();
    Rl_ImagesDao manDao = new Rl_ImagesDaoImpl();
    list = manDao.findByType(albumId);
    if(list != null) {
        request.setAttribute("list", list);
        request.setAttribute("albumName", albumName);
        System.out.println(albumName);
        request.getRequestDispatcher("/front/xcinfo.jsp")
          .forward(request, response);
    }
}

//给相册添加图片
protected void add(HttpServletRequest req, HttpServletResponse resp)
  throws ServletException, IOException {
    String name = req.getParameter("name");
    String photoId = req.getParameter("photoId");
    String imgUrl = req.getParameter("picpath");

    Rl_Images manager = new Rl_Images();
    manager.setName(name);
    manager.setPhotoId(Integer.parseInt(photoId));
    manager.setImgUrl(imgUrl);
    SimpleDateFormat sdf = new SimpleDateFormat("yyy-MM-dd hh:mm:ss");
    manager.setUpTime(sdf.format(new Date()));
    Rl_ImagesDao manDao = new Rl_ImagesDaoImpl();

    if(manDao.save(manager)) { //成功
        Rl_PhotoDao edit = new Rl_PhotoDaoImpl();
        Rl_Photo photo =
          edit.findByIdPhoto(Integer.parseInt(photoId));
        photo.setImgCount(photo.getImgCount() + 1);
        if(edit.updatePhoto(photo))
```

```
            {
                show(req,resp);
            }
        }
    }

    //显示所有的图片列表
    public void show(HttpServletRequest request,
        HttpServletResponse response)
        throws ServletException, IOException {
         List<Rl_Images> list = new ArrayList<Rl_Images>();
         Rl_ImagesDao manDao = new Rl_ImagesDaoImpl();
         list = manDao.findAll();
         if(list != null) {
             request.setAttribute("list", list);
             request.getRequestDispatcher("/mng/photo/info_list.jsp")
               .forward(request, response);
         }
    }

    //根据 id 删除图片
    public void delete(HttpServletRequest request,
      HttpServletResponse response)
      throws ServletException, IOException {
         String id = request.getParameter("id");
         String photoId = request.getParameter("photoid");
         Rl_ImagesDao manDao = new Rl_ImagesDaoImpl();
         if(manDao.delete(Integer.parseInt(id))) {
             Rl_PhotoDao edit = new Rl_PhotoDaoImpl();
             Rl_Photo photo =
               edit.findByIdPhoto(Integer.parseInt(photoId));
             photo.setImgCount(photo.getImgCount()-1);
             if(edit.updatePhoto(photo))
             {
                 show(request, response);
             }
         }
    }

    //编辑图片信息
    public void update1(HttpServletRequest request,
        HttpServletResponse response)
        throws ServletException, IOException {
         int id = Integer.parseInt(request.getParameter("id"));
         Rl_Images category = null;
         Rl_ImagesDao categroyDao = new Rl_ImagesDaoImpl();
         category = categroyDao.findById(id);
         request.setAttribute("list", category);
         List<Rl_Photo> list = new ArrayList<Rl_Photo>();
         Rl_PhotoDao categroy = new Rl_PhotoDaoImpl();
         list = categroy.findPhoto();
```

```
        if(list != null) {
            request.setAttribute("categorylist", list);
        }
        request.getRequestDispatcher("/mng/photo/info_update.jsp")
          .forward(request, response);
    }

    //修改图片信息
    protected void update(HttpServletRequest req, HttpServletResponse resp)
     throws ServletException, IOException {
        Rl_ImagesDao manDao = new Rl_ImagesDaoImpl();
        int id = Integer.parseInt(req.getParameter("id"));
        String name = req.getParameter("name");
        String photoId = req.getParameter("photoId");
        String imgUrl = req.getParameter("picpath");
        Rl_Images manager = new Rl_Images();
        manager = manDao.findById(id);
        manager.setId(id);
        manager.setName(name);
        manager.setPhotoId(Integer.parseInt(photoId));
        manager.setImgUrl(imgUrl);
        if(manDao.update(manager)) {
            show(req, resp);
        }
    }

    //加载所有的相册
    protected void load_add(HttpServletRequest req,
       HttpServletResponse resp)
       throws ServletException, IOException {

        List<Rl_Photo> list = new ArrayList<Rl_Photo>();
        Rl_PhotoDao categroyDao = new Rl_PhotoDaoImpl();
        list=categroyDao.findPhoto();
        if(list != null) {
            req.setAttribute("categorylist", list);
            req.getRequestDispatcher("/mng/photo/info_add.jsp")
              .forward(req, resp);
        }
    }
}
```

Servlet 中还需要 Rl_ImagesDao 接口和实现类 Rl_ImagesDaoImpl 及相关页面，具体可查看本书配套光盘第 16 章的项目源码。

16.7.5　其他功能介绍

在该系统中的新闻管理模块、招聘管理模块、求购信息模块、商家信息模块、皮肤设置模块等就不在此详细讲述，读者只要把前面介绍的功能模块的业务流程搞清楚，剩下的

功能模块应该都可以独自完成，或者参考本书光盘第 16 章项目的源代码即可。下面来讲解一下该系统中有关过滤器的使用。

统一编码过滤器：在开发基于 Servlet 的 Web 项目中，经常会出现乱码的现象，这主要是因为编码不一致造成的，为了彻底解决这个问题，我们可以利用前面学过的过滤器知识，在每个请求到达 Servlet 之前或者每个响应到达客户端之前，利用过滤器把编码统一过滤一下，即可很轻松地解决项目中的乱码问题，具体代码如下所示：

```
public class CharsetEncodingFilter implements Filter {
    private String encoding = "UTF-8";
    public void destroy() {}
    public void doFilter(ServletRequest arg0, ServletResponse arg1,
      FilterChain arg2) throws IOException, ServletException {
        HttpServletRequest request = (HttpServletRequest)arg0;
        HttpServletResponse response = (HttpServletResponse)arg1;
        request.setCharacterEncoding(encoding);
        response.setCharacterEncoding(encoding);
        arg2.doFilter(request, response);
    }
    public void init(FilterConfig arg0) throws ServletException {
        // TODO Auto-generated method stub
    }
}
```

网站的后台必须在管理员登录之后才能访问，那么怎么防止非法登录呢？这里采用过滤器来实现，管理员登录之后，将当前管理员对象放到 Session 中去。然后当访问后台页面时将判断 Session 中管理员对象是否存在，如果存在，则进入后台，否则跳转到登录页面。具体实现代码如下：

```
public class IllegalRequestFilter implements Filter {
    public void destroy() {
        // TODO Auto-generated method stub
    }

    /***
    * 非法访问过滤
    */
    public void doFilter(ServletRequest request, ServletResponse response,
      FilterChain chain) throws IOException, ServletException {
        HttpServletRequest request1 = (HttpServletRequest)request;
        HttpServletResponse response1 = (HttpServletResponse)response;
        String str =
          (String)request1.getSession().getAttribute("realname");
        if(str!=null && !str.trim().equals("")) {
            chain.doFilter(request1, response1);
        } else {
            response1.sendRedirect(
              request1.getContextPath() + "/login.jsp");
        }
    }
```

```
    public void init(FilterConfig filterConfig) throws ServletException {
        // TODO Auto-generated method stub
    }
}
```

16.8 运 行 工 程

16.8.1 使用工具

在编写本系统时，采用的开发环境组件如下所列，读者可以对照参考，以搭建自己的环境，并顺利入手开发。

- JDK：7.0。
- Web 服务器：Tomcat 7.0。
- 数据库服务器：MySQL 5.5。
- 开发平台：MyEclipse 10.6。

16.8.2 工程结构

工程部署如图 16.56 所示，读者依据这里所示的目录结构分别放置相应的文件，并导入代码提供的 lib 包(或自行在官方网站下载最新的 JAR 包)。

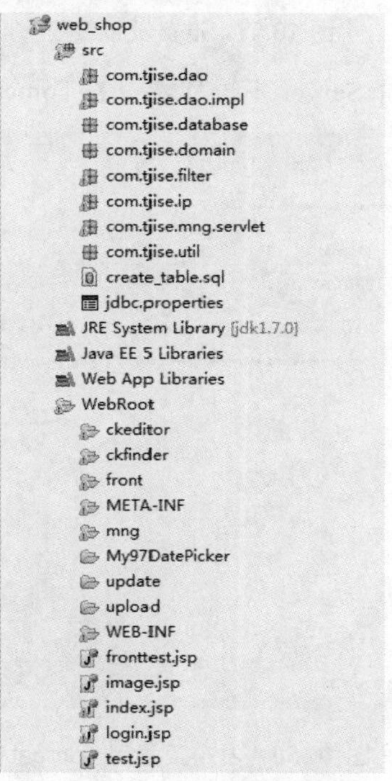

图 16.56 工程目录和包的结构

16.8.3 工程部署

运行程序的步骤如下。

(1) 单击 MyEclipse 的工具按钮 Deploy My Eclipse J2EE，将显示 Project Deployments 对话框，单击 Add 按钮，如图 16.57 所示。

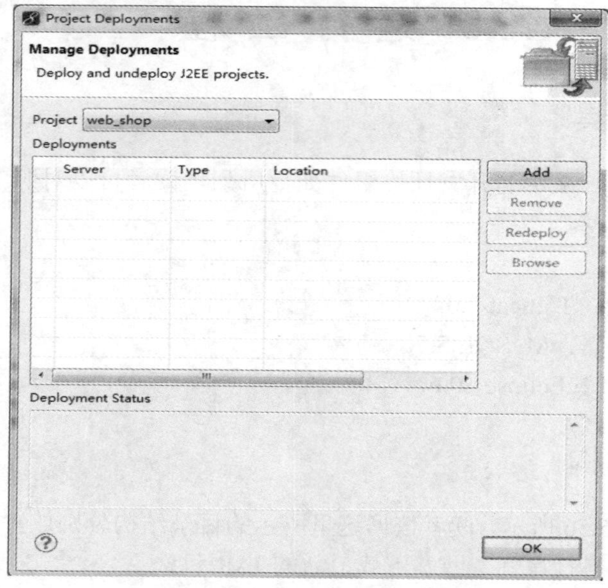

图 16.57 准备发布工程

(2) 在弹出的对话框中选择 Server 下拉列表中的 Tomcat 7.x，如图 16.58 所示。

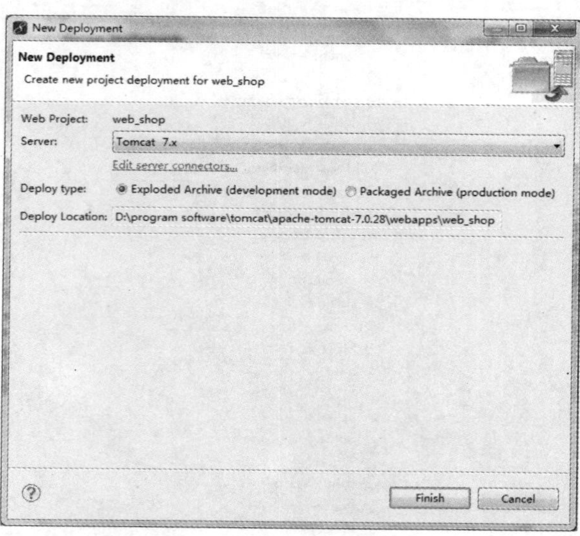

图 16.58 发布工程到 Tomcat

(3) 启动 Tomcat，如图 16.59 所示。

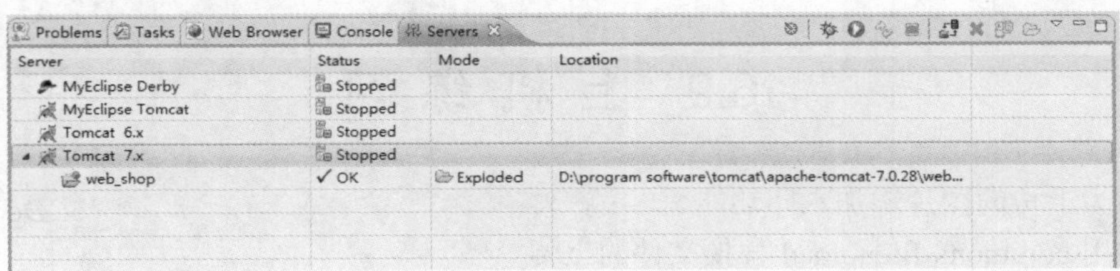

图 16.59　启动 Tomcat 容器

(4) 在地址栏里输入“http://localhost:8080/web_shop/front/index.jsp”来访问本系统前台首页。访问效果如图 16.60 所示。

图 16.60　前台首页

(5) 在地址栏里输入“http://localhost:8080/web_shop/login.jsp”来访问本系统后台登录页面。访问效果如图 16.61 所示。

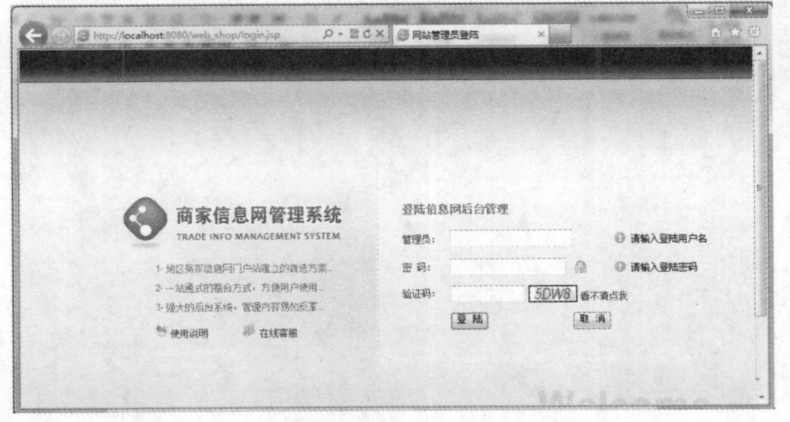

图 16.61　后台登录页面

16.9 上 机 练 习

(1) 为上传的图片添加水印功能。
(2) 用 commons-fileupload 替换文件的上传。
(3) 为项目添加网页伪静态化功能。